الخَلـقُ من الحُبّ
(وليسَ من العَدَم)

الأب د. ميشال روحانا الأنطوني

الخَلقُ من الحُبّ
(وليسَ من العَدَم)
جسرٌ منيرٌ بينَ العِلمِ والدِين

أنموذج في اللاهوت "الرازائي"

تورنوتو - كندا، 2023

العنوان :	الخَلقُ من الحُبّ "وليس من العَدَم": جسرٌ منيرٌ بين العِلم والدِين "محاولةٌ في اللاهوت الرازائي"
المؤلّف :	د. ميشال شفيق روحانا، راهب أنطوني
	bounamichel@gmail.com;
	Mobile : 961 . 81-367247
الحجــم :	17×24
عدد الصفحات :	416

طبعة ثانية منقحة تحتوي على رسوم وصور، معززة بشروحات باللغة الإنغليزية مستندة إلى النسخة الصادرة في كندا سنة 2022 تحت عنوان Creation out of Love Vs Creation out of Nihil

ISBN 978-1-7781234-7-4

©جميع الحقوق محفوظة للمؤلّف والرهبانيّة الأنطونيّة المارونيّة

دير الرئاسة العامة/ مار روكز، الدكوانه، بيروت الكبرى

ص.ب. :	55035 بيروت
هاتف :	01/681455
بريد إلكتروني :	sec.oam@gmail.com

© جميع الحقوق محفوظة . لا يسمح بإعادة إصدار الكتاب أو تخزينه في نطاق إستعادة المعلومات أو نقله بأي شكل كان أو بواسطة وسائل إلكترونية أو كهروستاتية، أو أشرطة ممغنطة، أو وسائل مِكانيكية، أو الاستنساخ الفوتوغرافي، أو التسجيل وغيره دون إذن خطي من الناشر .

الطبعة الثانية 2023

إهــداءٌ وشُــكر

أهدي كتابي هذا

إلى قداسَةِ البابا فرَنسيس

وجهِ الطُفولة والأُمومَة .

الله هو الحُب

لا يخلُقُ سِوَى من الحُب ،بِحُبٍ وفي الحُب .

خارجَ الحُب العَبَث ،

لولاه لما كانَ شيءٌ

وفيه لا نهايَةَ لأيّ كائـن .

ثُمَّ أهديه لوالديَّ اللّذين من حُبّ الله لهما وحُبِّهما لبعضهما، أحبّانا، أخويَّ، أخواتي وأنا، قبل أن نولد، فأتَينا إلى هذا العالم. ومُتّحدِين ثالوثيًّا معهما، أخضَعنا "شرائعَ الاحتمالات الخفيّة" (Hidden laws of probability) للحُب العائلي، فمجّدنا من قال لآدم وحواء يومًا: "انمَيا واكثُرا واملآ الأرض". (تك 1، 28)

وأشكرُ كلّ من عاوَنَني بمجّانيّة مطلقة للوصول بمؤلّفي هذا إلى أكمل وجهٍ مُمكنٍ تعريبًا، تصحيحًا، وتنقيحًا، الأب مارون حايك الأنطوني، الأستاذ إيلي بشاره أبو جوده وبخاصّةٍ الصديق د. إيلي نِعمةَ الله مَخّول عواد، حفظه اللهُ وابنَتَه مايا شاهِدَين للمَحبَّة.

كلمةُ رئيس عام الرهبانيّة الأنطونيّة المارونيّة

قدس الأباتي مارون أبو جوده الجزيل الاحترام

«قليلٌ منَ العلمِ يُبعِدُ عنِ الله، وكثيرٌ منه يُقرِّبُ إليه»

تلك هي التي تحضُرُني، أمام الكتاب الرابع من مواليدِ رفيق المسيرة الرهبانيّة-الكهنوتيّة، الأبِ الدكتور ميشال روحانا الأنطونيّ، تحت العنوان المميّز «**الخلق من الحُبّ - جسرٌ منيرٌ بين العِلم والدِين**»، وكأنّي بهذا العنوان صرخة تدعو إلى نقلة نوعيّة في قيمة الإنسان أمام خالقه.

ينضمّ الأب روحانا، بكتابه هذا إلى رعيل من آباء رهبانيّتنا الأنطونيّة الذين خاضوا مجالَ المعرفةِ من باب اللاهوتِ والفلسفةِ والكتاب المقدّس، ومنهم، مؤخّرا، المغفور له الأب جورج رحمه الذي رافق كاتبَنا في مسيرته هذه وترك فيه شهادةً محترمة.

واجب مقدّس على الرهبانيّة أن تشجّع وتشكر كلّ مَن مِن رهبانها يعطي ذاته للتعمق بأسرارِ الكون وسبر أغواره، حتّى يتوصّل إلى اليقينِ الجازمِ أنّ العِلمَ والمعرِفةَ لا يتعارضانِ معَ الإيمان.

فما قاله قداسة البابا فرنسيس في كتابه «فرحُ الإنجيل» بأنّ العِلم والإيمان يخدمان الحقيقة الواحدة، يجد صداه في هذا الكتاب مُعيدًا الحقّ التاريخيّ للاّهوت السريانيّ الأفراميّ المبنيّ على مفهوم «رازا» كدالّة على أمور الإيمان المسمّاة أسرارًا في اللاهوت الكلاسيكيّ.

وفيما يعتبر البعضُ أنّ العِلمَ آفةٌ تُبعِدُ الإنسان عن الخالقِ يؤكّد الكاتب أنّ العِلم الحقيقيَّ المُعمَّقَ يُؤمّن طريقًا أكثر وضوحًا ودقّة وإقناعًا إلى الحبّ الإلهيّ، تلك الطاقة المحرّكة لكلّ شيء والتي لا تحرّكها إلا نفسها.

فإن كنتَ تحبُّ شخصًا، كم يزدادُ عشقُكَ له إن تعمّقتَ في خصالِه، ووقفتَ على دقائقِ شخصيّتهِ وغناها! وكم يكون شكرك واجبًا لكلّ من علّمك حرفًا عنه وأنار لك سراجًا على دربه.

وكم يبهرُنا المؤِّلِفُ بالصورة المَجازية، كيفَ أنَّ اللهَ تواضع (زمّ نفسه إخلائيًّا) ليضعَنا قربَ قلبِه في الحبّ اللامتناهي مقارنًا بين وجود الخليقة في "أحشاء الله" ووجود الجَنين في أحشاء والدته.

فالسرُ بالمعنى "الرازائي" تخطّى الأسرارَ التي نعرفُها وأصبحَ نورَ معرفةٍ لا ندركُه إلاّ عندما نسبرُ أغوارَه وندخلُ إلى ألَقِ أنوارِه.

وكأنّي بالفيزياء الكميّة، التي توضّحُ ماهيّةَ النورِ وطريقةَ انتشارِه، ليست إلاّ شرحًا عمليًّا لإعلانِ يسوعَ أنّه نورُ العالم، وأنَّ مَن يتبعُه لا يمشي في الظلامِ، بل يكونُ لهُ نورُ الحياة. وليس عن عبثٍ تردادُنا لِعبارةِ "العِلمُ نورٌ".

وبالسياقِ عينِه يكملُ الأب ميشال نظريَّته بأن الخلقَ من الحبِّ وفي الحبِّ، وهكذا يطرحُ إشكاليةً جديدةً وهي انعدامُ العدم.

ولعلَّ هذا هو النوعُ الفريد مِنَ التبشيرِ الجديد بالكلمةِ التي ترغبُ فيه الكنيسةُ المقدّسة. فأنوارُ المسيح هي التي تُنيرُ ذِهنَ الإنسانِ ليكتشِفَ ويُبدِع.

أخي ميشال، عافى اللهُ خَزّانَ معرفتِكَ وروحانِيَّتِكَ، وَبورِكَ لكَ ولنا مولودُكَ الجديد، والعُقبى لِأبحاث جديدة نتمنّى لك فيها الابحار بالحبّ والعلمِ والقداسة.

عن دير مار روكز، الرئاسة العامة للرهبانية الأنطونية

الأباتي مارون أبوجوده

أب عام أنطونيّ

فهرس المحتويات

5	إهداءٌ وشُكر
7	كلمةُ رئيسِ عام الرهبانيّة الأنطونيّة المارونيّة
17	المُقدّمةُ العامّة

الجزءُ الأوّل
أفرامُ السُّرياني: من وِلادَةِ النور حتّى 'القَبر'

25	الفصلُ الأوّل: النورُ للعَين
28	1. العَين
30	1.1. العَينُ المُخيِّبة
31	1.1.1. مُقارعةُ العينِ بالأُذن (confrontation)
32	1.2. العَينُ المُطمئنَّة أو العَينُ النَيِّرَة (ܥܝܢܐ ܫܦܝܬܐ)
34	1.3. عَينُ 'مَريـــم'
36	1.3.1. الموقِدةُ في العَين
38	1.3.2. ركائزُ الجسرِ الأفراميّ بينَ 'كتاب الطبيعة' و'كتابِ الإيمان' (ܟܝܢܐ ܘܟܬܒܐ ܕܗܝܡܢܘܬܐ)
42	1.4. عَينُ 'بولس' مُهندسُ الإيمان (ܥܝܢܐ ܕܦܘܠܘܣ ܐܪܕܝܟܠܐ ܕܗܝܡܢܘܬܐ)
44	2. الـ'راز' في العَين
46	2.1. السرُّ بالمفهوم اليونانيّ
46	2.1.أ. تَعريفُ السرّ Mysterion
49	2.1.ب. ميزاتُ هذا السرّ وسلوكيّاتُه
51	2.2. الـ 'رَاز' (كذا) (ܐܪܙܐ)
51	2.2.أ. تحديدٌ أم وصف؟
53	2.2.ب. وَصفُ خصائصِ 'رَازًا' وسُلوكيَّتِه
57	3. السِّينرجيا وتطبيقها اللغوي

57	3.1. بحسَبِ ريتشارد باكمِنِستِر فولِر : [1+2 = 4]
60	3.2. لماذا اَستَخدَمَ 'أفرامُ' مَفهومًا أعجميًا؟
61	3.2.أ. الجَذرُ الاشتِقاقيُّ لمَفهوم السِّينرجيا وآفاقُه
61	3.2.أ – 1. الجَذرُ الاشتِقاقيُّ للمَفهوم
62	3.2.أ – 2. آفاقُ المَفهوم
64	3.2.ب. السِّينرجيا فيما بينَ الاختصاصاتِ على الصَّعيدَين اللُّغويّ والإبيستمولوجي
71	3.2.ج. السينرجيا بينَ واقعٍ وواقع، والأبعادُ المسيحانيّة للنورِ والنار
75	خاتــــمة

الفصلُ الثاني : 'النارُ' في العَين

77	
79	1. جدليّةُ "الله – النّار" (The God-Fire)
80	1.1. النارُ الإلهِيّة
82	1.1.1. **مَوقِفُ 'أفرام'**
83	1.1.2. النارُ المخلوقة
84	1.1.3. النارُ غير المخلوقة
85	1.1.4. الله – النارُ والنور
86	1.2. الابنُ – نار (The Son-Fire)
88	1.2.1. توازٍ أم رابطُ نَسَبٍ؟ (Parallelism or kinship?)
90	1.3. الروحُ–نار (The Holy Spirit-Fire)
91	1.3.1. الدَّنحُ يكشِفُ جَوهرَ السينرجيا الإلهِيّة
94	1.3.2. الشكُّ المُميت
96	1.3.3. الجَحــيم
97	1.4. الآبُ – نار (The Father-Fire)
99	1.4.1. النارُ المهلكة أم النارُ المُلهِبة؟
100	2. أيُّ نارٍ هيَ المَقصودة؟
100	2.1. تَفكيكُ النار (The deconstruction of 'fire')
104	2.2. نارُ الإيمان
106	2.3. النارُ الوِدِّيّة والنارُ العَدائيّة
108	2.4. 'الجَمرةُ الرازِيّةُ' وحدةُ القياس للواقعِ الرازائي
112	خاتــــمة

113	الفصلُ الثالث: الواقعُ 'الرازائي'
116	1. 'زوايا الرؤية' (The angles of view)
116	1.1. كيف يُمكنُ التمييزُ بين 'زوايا الرؤية'؟
119	2.1. كيفَ يُمكنُ التمييزُ بين الوُسطاء وتفسيراتهم؟
120	1.2.1. إشكاليّةُ التفسيرِ، بالمعنى العام
122	2.2.1. دَورُ المُفسِّرِ كوَسيطٍ، ومَسؤولياته
124	3.2.1. مواصفاتُ الوَسيطِ الجيِّد
126	4.2.1. جَديدُ 'أفرام'
126	4.2.1.أ. تَفسيرُ 'أفرام'
129	4.2.1.ب. الجَديدُ في تَفسيرِ 'أفرام': الواقعُ 'الرازائي'
132	2. الواقعُ 'الرازائي': زاويتُه وإظهارُ معالِمه
132	1.2. هل الواقعُ 'الرازائي' هو مزيجٌ من الشّخصيِّ والمَوضوعي؟
134	2.2. الواقعُ 'الرازائي'، هل يكون تسويةً أم خيالًا (Utopy)؟
135	3.2. ما عَسى هذا الواقع أن يَكون، وإلى أيِّ صِنفٍ يَنتمي؟
136	1.3.2. الصَّيرورَة
136	2.3.2. الحالةُ العَلائقيّة
138	4.2. إظهارُ معالِم العَلائقيّة من خلال السُلوك (Behaviour)
140	3. الفعلُ الرباعيُّ 'آرَزَ' المشتق من السرياني (ܐܪܙ)
141	1.3. الضرورات التي استَوجَبت ابتكارَ فعل 'آرَزَ' ومنه 'أرَّزَ'
	2.3. الإيضاحاتُ التي تحدُّ من التحدّياتِ والصُعوباتِ التي قد تُثيرها مختلف تَطبيقاتِ هذا الفعلِ الجَديد
143	1.2.3. التحدياتُ والصُعوباتُ المسيحانيّة
144	2.2.3. التحدّياتُ والصعوباتُ اللغويّة
146	3.2.3. التَحدّياتُ والصُعوباتُ العَملانيّةُ في تَطبيقِ الفعل
147	4.2.3. الفِداءُ في ضَوء غَشاءِ البَكارةِ والسُّرَّة
152	خاتمــــة

153	**الفصلُ الرابع: "الذاتُ"، منَ 'الجَمرةِ' إلى الشّمس**
155	1. رمزيّةُ 'الجَمرة': اشتقاقُها وأبعادُها الميثولوجيّةُ، البيبليّةُ و'الرازائيّة'
155	1.1. اشتقاقُ المُصطَلحِ 'جَمرة' وأبعادُه الميثولوجيّة والبيبليّة
157	1.2. الأبعادُ 'الرازائيّةُ' لـ 'الجَمرة'
160	1.3. رَمزيّةُ "جَمرة"
165	2. 'النورُ' في 'القَبر'
166	2.1. عَدَمُ التجانسِ بينَ 'النورِ' و'القَبر'
170	2.2. لُغزُ القَبرِ الفارغ
171	2.3. من 'الجَمرةِ' إلى 'الشمسْ': "الذاتُ" (yât ܝܐܬ)
174	2.3.1. "الذاتْ" (yât) وفَراغُ القَبر
176	2.3.2. انكشافُ "الذات الرازائيّةْ" (the râzâtic yât)
180	3. عودةُ انبثاقِ النورِ منَ المادة
183	3.1. التمييزُ بينَ القيامَة (Qiâmtâ) الانبعاثِ (Nûḥâmâ)
187	3.2. انبثاقُ النورِ منَ القَبر
189	3.3. الفيلسوف ديكارت و'أفرام': (العَقلانيّةُ مقابلَ الشموليّة)
193	خاتمــــة

الجـــزءُ الثاني:

مِكانيكا الكَمّ: من وِلادَةِ الفوتونْ إلى 'هرِّ شرودِنغر'، إلى قَبرِ المَسيح

197	**الفصلُ الخامس: 'ماكس بْلانك' (Planck) والكَمّ**
201	1. ماكس بلانك (1858-1947)
201	2. عالَمُ الكَمّ
202	2.1. 'الجسمُ الأسوَد' (Black-body)
203	2.2. النورُ، تَعريفه وسُلوكيّتُه
205	2.3. النورُ، طَبيعتُهُ و'ثابِتتُه'

205	2.3.1. مُداخلةُ العالمَين آينشتاين و'بُور' (Einstein & Bohr)
207	2.3.2. اختبارُ 'شَقّي يُونغ' (Young) وطَبيعةُ النور المُزدَوِجَة
208	2.3.2.1. اختبارُ الشَقّين: وَصفُه
210	2.3.2.2. طبيعةُ النور المُزدوجَة
213	2.3.3. الرّمزيّةُ العلميّةُ ومُضادُّ-النور (The anti-light)
213	2.3.4. مُضادُّ-النور وقيمَتُه العلميّة
215	2.3.5. رَقصةُ المَوجات
223	2.3.6. الغْلووُن (The gluon)
228	2.3.7. اعتراضُ شُعاعِ النور بواسطةِ قُرصٍ أصَمّ.
229	3. ثُنائيّةُ 'المَوج-جُزَيء' للعالمِ 'دُو بْروي' (De Broglie)
232	3.1. أيضًا وأيضًا التفسير
234	3.2. مَبدأُ 'الرّيبة' للعالِم هايزِنبرغ و'هِرُّ شرودِنغِر' (Schrödinger's cat)
236	3.3. الواقعُ، تبعًا لمَبدأ 'هايزنِبرغ'
239	3.4. 'هِرُّ شرودِنغِر' في 'القَبر'
243	4. أمامَ 'القَبر': مُقاربةٌ مختلفةٌ لمفارقةِ 'هِرُّ شرودِنغِر' (Paradox)
244	4.1. 'موسى' على جَبلِ حُوريب: الغَرابة
244	4.2. مُداخلةُ 'لابلاس' (Laplace)
245	4.3. مُداخلةُ ماكس بلانك
246	4.4. مُداخلةُ آينشتاين
247	4.5. مُداخلةُ 'شرودنغر'
249	4.6. مُداخلةُ الفيلسوف 'جان غيتون' (Jean Guitton)
252	4.7. مُداخلةُ 'أفرام'
257	خاتمـة

الجـزءُ الثالث

الخَلقُ من الحُبّ: الأمومَةُ والطفولَةُ السَّرمَديَّتان

الفصلُ السادس: هَل الزمان والمَكان مَخلوقان؟ الخَلقُ من الحُب 261

1. إشكاليَّةُ 'الزمانِ' و 'المكان' 264
1.1. إشكاليَّةُ 'الـمَكان' 266
2.1. إشكاليَّةُ 'الزَّمان' 268
3.1. إشكاليَّةُ "الزَّمَكان" (*Raumzeit*) 276

2. المَفهَمَةُ المَعرفيَّةُ والتأثيراتُ اللُّغويَّة 281
1.2. عَمليّةُ إدراكٍ أمثلَ للإشكاليَّة 286
2.2. ظاهرةُ الألسُنيَّة 288
3.2. الاسمائيَّة 290

3. نَظريَّةُ "زِم زُم" الكبَّاليَّة (zimzum צמצום) 293
1.3. إسهامُ اللاهوتيِّ 'مولتمان' (Moltmann) 294
2.3. تفسيرُ نظريَّةِ "زِمّ زُم" 296
3.3. البعدُ الدِّينيُّ-اللاهوتيُّ لنظريَّةِ "زِم زُم" 299
4.3. 'المَشكَنزَبنُا' للخَليقَةِ التي من الحُبّ 303
5.3. الأُمومَةُ الإلٰهيَّة 309
6.3. اللهُ والأُمَّهات 311

خاتمــة 313

الفصلُ السابع: الغَزلُ والثالوث: العلاقةُ بين الجاذبيَّةِ الكَونيَّةِ والحُب 315

تقديرٌ لكتاب أنطوان دو سانت-اكزوبيري: "الأمير الصغير" 315
مقدِّمــــة 317
1. مَوضعَةُ مَسألةِ الجاذبيَّةِ الكَونيَّة 319

2. مَوضَعَةُ مسألةِ الغَزْلِ (ألسْبِنّ spin) 322
1.2. دَورُ الخَيالِ والشُّعور 323

2.2. اللهُ والبَشَر	326
2.3 . الارتقاءُ من النَّظَري إلى 'الرَّازائي'	331
3. نَظريَّةُ "الزَّمزَمَة الكبَّاليَّة" و'خَلقٍ' وَسطِ النِّطاقِ الكَونيِّ: اللهُ العَليُّ اللامَحدود / النورُ اللامَحدود !	333
4. مَصدرُ الجاذبيَّةِ الكَونيَّةِ والغَزْل (ألسْبِنّ spin)	339
4.1. مَصدرُ الجاذبيَّةِ الكَونيَّةِ والقُوَّةِ الجاذبَة	339
4.2. مَصدرُ 'السـبـن' المُنتج لحَركةِ الدَّوران	352
4.2.1 . ماهيَّةُ 'السـبـن'	352
4.2.2. مَصدرُ 'السـبـن' وأنواعُ الدَوَران كافَّة : الثالوثُ الأقدَس	354
5. 'ألسْبِـن' والثالوثُ الكَونيّ	363
6. طَبيعَةُ الجاذبيَّةِ الكَونيَّةِ وعَلاقَتُها بالحُبّ	370
7. "ذاتُ" الطُّفولَة (ياتُها yât) والأمومَةُ السَّرمَديَّة	377
7.1 . كَينونَةُ الأبجَديَّةِ والمَقاطِعِ اللَّفظيَّةِ الأولى	379
7.2. نُضوجُ الأبجَديَّةِ وبَواكيرُ التَواصُلِ والإخلاء	**382**
7.2.1 . في ما يَخُصُّ سيرَتَي خَلقِ آدمَ وحَوَّاءَ والوَعدَ بالخَلاص	387
7.2.2. في ما يَخُصُّ براءةَ 'مَريمَ' من الخَطيئَةِ الأصليَّة	387
7.2.3. حَولَ "نياح" مَريمَ، أي عَدَمِ مَوتِها، وانتِقالها العَجائبيّ إلى الوَسَطِ الإلٰهي	389
7.2.3.أ. ماتت مريم مع ابنها باللحظة ذاتِها لموته	391
7.2.3.ب . استمرّت في الحياة لإتمام المهمة التي ائتمنَها عليها ابنُها	392
7.2.3.ج . أن تحمل في أحشائها جسدَ ابنها الرازائي، الكنيسة، وتضعَه في العالم	393
خاتمــــة	394
المُحصِّلَةُ العامّة	397
المُلحَق اللُّغَويّ	401
المراجع	408

المُقدّمةُ العامّة

ألخيالُ أهمُّ من المعرفة. المعرفةُ محدودةٌ
أمّا الخيالُ فيُحيطُ بالعالمِ.

(آينشتاين)

لا عتبَ على الإنسانِ لجهةِ عدمِ إيمانهِ باللهِ. إنّه، بالأحرى، خاضعٌ للعتبِ، بسببِ الفكرِ الاختزاليِّ لدَيه، كما للنقصِ في الصدقِ والصراحة.

لا يسعُنا، بعدَ أن قدّمَ قداسةِ البابا فرنسيسُ للإنسانيّةِ رسالتَه العامةَ **فليَكُنْ مُمَجَّدًا** (Laudato si) عن "بيتنا المشتركِ"، إلّا أن نتقدَّمَ، باديَ ذي بدءٍ، بكتابنا هذا له. ثمّ، من خلالِ تلكَ الرسالةِ العامةِ التي اعتنَت بما يَعتَني به كتابُنا، نُقدّمُه للعُلماءِ، آملين ألّا يُهملوه بذَريعة أنّه لن يُمكنهم أن يجدوا فيه سوى بعضِ الدعايةِ التبشيريّةِ للإيمانِ بـ"إلهٍ مجهول".

الهدفُ من هذا الكتابِ ليس، بأيِّ شكلٍ مِنَ الأشكالِ، إقناعَ قُرّائِهِ بالإيمانِ باللهِ أو بيسوعَ المسيحِ إلهًا، إذ إنَّ الإيمانَ، بالنسبةِ إلى الكنيسةِ، هوَ هِبةٌ مجانيّةٌ وغيرُ مشروطةٍ من لدُنِ اللهِ الذي ناداهُ السيّدُ المسيحُ: أبتاهُ، أبي، أبانا. هو الإلهُ الثالوثُ الذي تبنّى بشريتَنا بكلمتِه وباتَ معنا، وبتنا نحن معه (عمانوئيل). هدفُ الكتابِ، بالأحرى، محاولةُ الإجابةِ عن السؤالِ الذي لطالما يطرحُه العلماءُ أنفسُهم على الكنيسةِ عندما يسألونَها عن ماهيّةِ الإلهِ الذي تَعرضُه عليهم كأساسٍ للتقييمِ الأدبيِّ والأخلاقيِّ لإسهاماتهم، وللتطوُّرِ الذي يحقِّقونه، على مختلفِ المستويات.

المؤمنونَ من العُلماءِ سيجدونَ فيه دعوةً للتعمُّقِ في معرفةِ الذاتِ كما في معرفةِ اللهِ الذي آمنوا به، وبلاشكٍّ أحبّوه، إنما بشكلٍ قَبليٍّ (a priori). أما غيرُ المؤمنين منهم، فباعتقادِنا، سيُحسنون قبولَ تحدّي "نظريّةِ الخَلقِ من الحُبِّ" وفكرةِ "الجسرِ المنيرِ" الذي تمَّ بناءُ نصفِه، استنادًا إلى اكتشافاتِهم.

إذًا، إن كانَ "اللهُ لا يلعبُ بالنَردِ"، كما قالَ آينشتاين، فيعودُ على البشرِ أن يُقدِموا على ذلكَ. وبما أنّ اللعبَ بالنَردِ مرتبطٌ عندنا، نحن المشرقيين، وبشكلٍ شائعٍ، بلُعبةِ طاولةِ الزهرِ، فغالبًا ما يحتاجُ الأمرُ إلى نديّن. لذا، نرحِّبُ برأي كلِّ عالمٍ يشرّفنا، من غَيرتِه، أن نشاركَه رأيه، ونعتبرُ إسهامَه أساسًا لمستقبلِ "الجسرِ"، و"الحُبّ".

ونحن، كمُتأمِّلينَ في جوهرِ الأمورِ، وبما أنّنا جميعًا مِنَ الطفولةِ أتينا، وإليها يُعيدُنا الحنينُ يوميًّا، نرى فيها، وبكلِّ ما ترمزُ إليه، القاسِمَ المشترَكَ الذي يُحتكم إليه والجديرَ بكلِّ احترام.

إذًا، نكرّر، لا عتبَ على الإنسان لجهةِ عدمِ الإيمانِ. فلطالما قيل: "مَن أرادَ استطاع" (where there's a will there's a way)، إنّما في حالةِ الإيمانِ، فهذا يتخطّى إرادة البشر ولكنه لا يمنعُ البحثَ عنِ "الحقيقةِ" بالتشاورِ مع الآخرينَ، المُتبحّرين في العلومِ كما المُتبحّرين في الدِين. جَمٌّ مِنَ الألغازِ المعرفيّة يجدُ حلولًا له على ما سنبيّنه لاحقًا. فَلْنُتابع المقدّمة.

قديمٌ جدًّا هوَ سوءُ التفاهمِ بين العِلمِ والدِين. لم يتوقّف، منذُ الإغريقِ، وهوَ مستمرٌّ طالما الأخلاقُ والآدابُ الجَماعيَّين مرتبطان به، وقد ازدادَ حدَّةً إثرَ نشر "المقالِ عن المنهجِ" *Discourse on the Method* للفيلسوف ديكارت، وصولًا إلى الطلاقِ، إن جازَ التعبيرُ، أواخرَ القرنِ التاسعَ عشر. منذ ذٰلك الوقتِ، وبحُكم الدعوةِ لاعتماد مبدأ 'الوضوحِ والتمييزِ' (clarity and distinctness) الذي دعا إليه ذاكَ المقالُ، راحَ العقلُ الجَماعيُّ الأوروبيُّ يَفصِلُ بينَ ما هوَ للهِ وما هوَ للإنسانِ، حتّى توصّلَ إلى إحداثِ تحوُّلٍ في الواقعِ البشريِّ المتعارَفِ عليه لقُرونٍ، من حالةٍ يسودُ فيها اللهُ، إلى حالةٍ يسودُ فيها العلم بنظرياته التكنولوجية والاقتصادية والنفسية الواعدة للبشر بالسعادة الزمنية. فأخذ زمنُ الفلاسفة، أي الحكماءِ الذين جَمَعوا في شخصِهم المعرفةَ الشاملةَ، بالأفولِ، ليَترُكَ مكانَه لذوي الاختصاص بالعلومِ الوضعيَّة. وبقدرِ ما ازدادَ تقسيمُ 'الجامِع' (the universal) إلى 'المحدود' (اختصاصاتٍ specializations)، باتَ حضورُ اللاهوتِ في 'الجامعةِ' مُختزلًا بفرعٍ بسيطٍ منَ العلومِ الإنسانيَّة. على الرُغمِ من هذا كلّه، حافظَ عددٌ لا بأسَ به منَ الاختصاصاتِ التي تُعنى بنظريَّاتِ العُلومِ الدينيَّةِ وتطبيقاتِها، على وجودِه، ضمنَ برامج الكليَّاتِ الدينيَّةِ المسيحيَّةِ، وبخاصّة الكليَّاتُ الحَبريَّة. هذه الأخيرةُ مثَّلت مناطقَ النفوذِ النادرة للإلٰهِ الثالوثِ، الإلٰهِ الموصوفةِ علاقةُ 'الآبِ' بـ'الابنِ' فيه، في مطلعِ قانونِ الإيمانِ النيقاويِّ، بأنّها "نورٌ من نور".

لقد شكَّلت تلك العلاقةُ الأقنومية بين الآب والابن، بالروح القدس، أقنومُ الحُبّ المُساوي بين الآب والابن، ولهما، وموحِّدُهما من دونِ شرطٍ أو تراتبيَّةٍ أو تمييزٍ، مرجعًا لكلّ وحدةٍ في التعدُّد، وأدَّت دورَ الأساس لكلّ رؤيةٍ وسماعٍ ويقينيَّاتٍ 'صوفيّة' (mystics)، ومؤخّرا، كما سنثبت، لكل قاعدة علمية.

هذا الإلهُ الثالوثُ ويقينيّاته الروحيَّةُ كافّةً التي أَوحى بها للبشر قد اعتُبرَ، منذُ بروزِ نظريَّةِ "مِكانيكا الأجرامِ السماويَّة" *La Mécanique Céleste* للعالِم بيار-سيمون لابلاس، فرضيَّةً ساقطةً، غيرَ مُجديةٍ، واستُبدلَت يقينيّاتُه ووسائلُه كافّةً بيقينيَّاتِ المختبراتِ ومراكزِ الأبحاثِ الوضعيَّة. وسرعان ما وَجدت الكنيسةُ نفسَها خارج "الجامعة" التي كانَت قد أسَّسَتها. وتَرَكَ "النورُ" الذي كان يُبشِّرُ به من خلالها مكانَه لأنوارٍ مختلفةٍ تمامًا عنه، ما جعلَ أنوارَ القرونِ السابقةِ لها تبدو مُظلمة، لتُمسي"الجامعةُ" كليًّا بتصرّفِ العلم (أي العُلوم). وسَيَضعُ هذا الأخيرُ يدَه على المساحةِ الحيويَّةِ للثقافةِ والتطوُّرِ البشريَّين بكاملِهما، كما ستحِلّ، في أكبرِ الجامعات، الاختصاصاتُ الاقتصاديَّةُ والتكنولوجيَّةُ والسايكولوجية الموجَّهةُ لخدمةِ سوقِ المالِ والعَملِ، معَ الآدابِ الخاصّةِ بها، والآلةُ الحربيَّة في رأس قائمتها، في المكانةِ الأكثرِ رهبةً وتأثيرًا.

في مطلعِ القرنِ العشرين، إثر سَبرِ أعماقِ المادةِ، واكتشافِ العالِمِ ماكس بلانك، عامَ 1900، لـ'كمِّ الطاقةِ' (quantum of action)، واكتشافِ العالِم آينشتاين، عامَ 1905، للنسبيَّةِ العامةِ ولنظريَّةِ التأثيرِ الكهروضوئيّ (photo-electric effect)، أخذت نواةُ فيزياءِ الكمِّ تحتلُّ، بسرعةٍ، مكانَ الفيزياءِ التقليديِّ كما مكانَ اليَقينيّاتِ الإلحاديَّةِ التي أثارتها نظريّاتُ العالِمِ الفرنسيِّ لابلاس (Laplace).

إن 'مكانيكا الكمّ' هذه التي ستكشِفُ عن أعماقِ المادةِ، تُعتبرُ الحلَّ الذي سيُنقِذُ 'العقلَ' (Reason) منَ الإرباكِ الذي وُجِدَ فيه أواخرَ القرنِ التاسعَ عشر. أصواتٌ عديدةٌ منَ العلماءِ ستعودُ إلى الفلسفةِ لشرحِ الظواهرِ غيرِ المرئيَّةِ وغيرِ المحسوسةِ، بخاصّةٍ الرياضيَّة منها وستَتَحدَّثُ، تباعًا، عن نَفْسٍ للمادة، نوعٍ من ذكاءٍ مِكانيكيٍّ يُديرُ شؤونَها خارجًا عن أيِّ تدخّلٍ بشريٍّ. فالطبيعة، مِن أوسعِ معناها، الحجمِ الكَونيِّ، إلى أضيَقِهِ، الحجمِ دونَ الذرِّيّ، أي الكَمِّي، تُعلن عن شرائعَ خفيَّةٍ وعن سلوكٍ كاملٍ متكاملٍ خاصٍّ بها، يحميها من كلِّ الطوارئِ التي قد يُعرِّضُها لها التدخُّلُ البشريُّ. لقد أثبتت أن لديها القدرةَ على التحوُّلِ من صديقةٍ إلى معاديةٍ بمجرّد ألّا يَأخُذَ الإنسانُ بعينِ الاعتبارِ الشرائعَ الخفيَّةَ التي لـ"نفْسِها الصامِتة" والتي، في بعضِ الحالاتِ، هوَ مُدركٌ لها. فالطبيعةُ تُعلِّمُ الإنسانَ بردودِ فِعلِها المُحتَملة، تُنذرُه من خلالِ غروبِ شمسٍ، أو حالةِ ورقِ التينِ، أو حركةِ النجومِ، وحتّى من خلالِ إشعاعاتِ 'جسمٍ أسود' (black body) بما ستؤولُ إليه حالُه في المستقبل. وتاليًا، سيكونُ من المُحتَّمِ على العقلِ البشريِّ أن يأخذَ بعينِ الاعتبارِ تَوقُّعاتِ تلكَ الشرائعِ والأخطاءَ المحتملةَ من سوء تقدير دورها، وما قد يترتّبُ عن الخَلل من نتائجَ، قبل الإقدامِ على أيِّ

فعلٍ، وهذا لكي يأتيَ عملُه عقلانيًا وبموضوعيَّة.

إنّ ما لا مهربَ منه، وما يدفعُ بالوجدانِ البشريِّ للخضوعِ إلى حتميَّةِ الشرائعِ الطبيعيَّةِ، ويَفرِضُ حدودًا لأيِّ نوعٍ من الحريَّةِ العشوائية، كما للتَّفلُّتِ بشكلٍ عامٍّ، هوَ الاعترافُ بأنّ مُستَقبلَ البشريَّةِ بأسرِهِ موضوعٌ على المِحَك.

الطبيعةُ قادرةٌ، بموجبِ شرائعِها، مهما كانَ الأذى الذي يَلحقُ بها، كبركان جَبل تَمبورا (Mount Tambora 1815) الذي تسبّب بسَنةٍ كاملة من دون فصل صيف، وتسونامي عام 2011 الذي ضربَ اليابانَ مثلاً، على إعادةِ بناءِ ذاتِها ومتابعةِ مسيرتِها. **إنّها تتابعُه نحو مستقبلٍ جُذورُهُ كامنةٌ في 'ألِفِ' انطِلاقتِها، ولا ترتاحُ إلّا في مِلءِ زَمنِهِ، أي مِلءِ اكتمالها المستمرّةِ نحوَه بفضل حركة "الإخلاء" و"التجسُّد" المتتاليَين، اللامتناهيَين، بين تلكَ الجذورِ ونقطةِ الوصولِ، أي 'يائِها'.**

لقد أحدثَ جلوُّ الشرائع والرسوم الخفيَّةِ التي توصَّلَ إليها عِلمُ فيزياءِ الكمِّ والاكتشافاتُ المستندةُ إليه تحوُّلًا جذريًّا على صعيدِ العُلومِ كافّة. المكانُ والزمانُ والجاذبيَّةُ الكَونيَّةُ التي سادَ الاعتقادُ، مدَّةً طويلةً، بأنّها خاضعةٌ للاختباراتِ والقياسِ الدقيقِ من قِبَلِ الفيزياءِ الكلاسيكيِّ، بصفتِها أحجامًا مرصوصةً جامدَةً، باتت كلُّها ألغازًا، بحدِّ كينونتها، لدرجةِ التوصُّلِ إلى التساؤلِ عمّا إذا كانت مخلوقةً أم غير مخلوقة. وانطلاقًا من هذا النوعِ منَ التساؤلات بدأَ الفيزيائيون بالتعاطي الفلسفيّ-اللاهوتيّ وبالتوجُّهِ نحوَ اللاهوتيين، وبخاصّةٍ المتصوِّفين منهم، كي يمدّوا لهم يدَ العون.

على هذا الأساسِ باتَ المطلبُ، أكانَ من جهةِ العِلمِ أم من جهةِ الدِينِ، البحثَ عن 'عينٍ' كما عن 'أذُنٍ'، كلاهُما صوفيٌّ، كاللتَين تمتَّعت بهما البشريَّةُ في الحالةِ العدنيَّةِ الموصوفةِ في سفرِ التكوين. يُنتظَرُ من صاحب تَينك الحاسَّتين، أن يتحرّى عن جوهرِ أعماقِ المادةِ كما عن مصدر الطاقةِ التي تحرِّكها، وذلك حيثُ لم يجرؤ أحدٌ القيام به باستثناء الإلهِ الأسطوريِّ 'بروميثيوس' الذي، غامر للوصولِ إليه وسرقةِ 'طائرِ النارِ' خِدمةً لخيرِ البشر.

يُنتظرُ من المقاربة 'الصوفيّة' أن تعيدَ رسمَ طريقِ التوقّع والتيقّن التي أدَّت، منذُ زمنٍ طويلٍ، إلى التعرُّفِ بالإلهِ الواحدِ، الحقِّ، الصالحِ، الإلهِ الحيِّ، المُطَمئنِ، الإلهِ الآبِ الذي منه كلُّ تثليثٍ. و يُنتظرُ بالوقت نفسه من طرفَي 'النزاعِ'، العِلمِ والدِّينِ، فُسحةُ لقاءٍ إو خيمةُ موعدٍ كالمذكورةِ في سفرِ الخروجِ، والمُسمّاةِ بالسريانيَّةِ 'مَشكَنزَبنًا'، حيثُ منَ المُمكنِ

التفاكرُ الثالوثيُّ حَولَ التطوّراتِ الضروريّةِ في فهم "الحقيقةِ التبشيريّةِ" قبلَ فواتِ الأوان.

هي تلكَ الدعواتُ معَ الرسالةِ العامة، العقل والإيمان، للبابا القديس يوحنّا-بولسَ الثاني، والكتابُ المَرجع: (الدين والعلم Religion and Science)، للعالِم الأمريكي 'يان باربور'، ما حثَّنا على الإسهام. نضيف إليها ما نعيشُه في ليتورجيّتِنا اليوميّةِ المبنيّةِ على اللاهوتِ السريانيِّ الأنطاكيِّ وروحانيّته. ونصرّ، بما أعطانا من العمر، على الإسهام انطلاقًا من أحدِ أهمّ آباءِ الكنيسةِ الجامعةِ، القديس أفرامَ السريانيَّ (نصيبين - الرها، 306-373)، الأبِ، بامتياز، لمفهوم 'رازا' (ܪܐܙܐ) الذي نُعرّف عنه في المُلحَقِ اللغويِّ، وسنوَضِّحُه في الفصلِ الأوّلِ تحتَ النُقطتَين: (1,2: 2,2 و). والقديس أفرام هذا، هو أيضًا المطوّرُ الفذُّ لـمحوَريّةِ 'النّورِ'، أكانَ الطبيعيّ أم الكتابيّ، أي المذكور في الإنجيل وقانون الإيمان، وللتَرابُطِ بين النور والعينِ الذي منه استَوحينا فكرةَ "الجسرِ المنيرِ" لنربطَ بواسطتِه، بفضلِ نظريّةِ الكمِّ (الكوانتُم)، ما بينَ ضَوئيّةِ (photon) الإيمانِ وضوئيّةِ العِلم.

كلُّ هذا أتانا به 'أفرام'، ذاك المتصوِّف-اللاهوتي الكبير الذي وُلِدَ في نصّيبين، لأنه عاشَ في مَسقطِ رأسِه ظروفًا تاريخيّةً لا تختلف كثيرًا عن ظروفِنا اليومَ كمسيحيّي الشرق الأوسطِ: الريبة وانعدامُ التوقُّع كانا السائدين في تلك المنطقةِ من العالم الواقعةِ آنذاك بين سيطرة إلهِ الشمسِ الرومانيِّ وسطوة إلهِ النارِ الفارسيّ، وكلاهما مصدرٌ للنور.

في تلك المنطقةِ المنكوبةِ، وتحتَ ضغطِ المجاعةِ والمجازرِ والتهجيرِ القسريِّ، تعلَّمَ 'أفرام'، شمّاسُ الرعيّةِ ومُعلّمُ اللاهوتِ، كيفيّةَ الإصغاءِ من خلالِ جراحاتِ رعيّتِه، لنَغماتِ نواميسِ الطبيعةِ ورسومها، يعزِفُها الروحُ القدسُ، والتي كانت تَنقُلُ إليه رؤيةً أكثرَ تطمينًا عن حقيقةِ الأمورِ الواقعة. كان ذاك الروحُ الإلهيُّ ينقُلُ إليه الرؤى عن حقيقةِ واقعٍ مختلفٍ عمّا هوَ عليه واقعُهُ وواقعُ الذين آمنوا معه بالنورِ المنبثقِ منَ الإنجيل. سنصفُ 'اختلافَ' الواقعِ الموحى به هذا بـ'المختألفِ' (differAnt)، والتعبيرُ هنا للفيلسوفِ الفرنسيِّ جاك دريدا. لقد تمّ شرحُه في المُلحَقِ اللغويّةِ، وستَلي استفاضةٌ بتفسيره في النقطة (2.1) من الفصل الثاني المُعنوَن: تفكيكُ النار. إنّ هذا الواقعَ 'المختألف' هو، بالضبطِ، ما نرغبُ في وضعِه بتصرّفِ العُلماءِ حتّى يأخذوا بعينِ الاعتبارِ وجودَ ذاك 'النّورِ' غيرِ الاعتياديِّ الذي ما إن يدخلَ مجاهِرَهُم ومناظيرَهُم حتّى يوفّرَ لهُم توقُّعاتٍ أكثرَ صلابةً تجاهَ مستقبلِ الخَليقة، وما أن يُزادَ إلى ثوابتِهم ومعادلاتِهم، حتّى يؤمّنَ لهُم يقينيّاتٍ أكثرَ استقرارًا وأعمقَ مغزًى.

ولكن هل من المُمكن تصوُّر وجود نورٍ من دونِ نارٍ خلفَه؟

إن اختيارَنا لعنوان: "الخَلقُ من الحُبِّ (وليس من العدم): جسرٌ منير بينَ العلمِ والدِينِ"، والختمَ على الكلِّ بعبارةِ "محاولةٌ في اللاهوت الرازائي"، يهدفُ إلى استخدامِنا النارَ ذاتها التي أنارت عينَ 'أفرامَ' كي نُجيبَ على نداءاتِ العِلمِ والدِينِ، ونُسهِمَ، بشكلٍ يجعلُ نارَ الوحيِ الآتيةَ منَ 'الكتابِ'، كما منَ 'الطبيعةِ'، تُشعِلُ شمعةً 'مختألفةً' في الظلماتِ التي يشكو منها عالمُ اليوم، بدلَ أن، لا سمح الله، نَلعَنَها.

ولتحقيقِ ما نصبو إليه، رأينا منَ المناسبِ أن نوزِّعَ إلهاماتِنا والمعلوماتِ التي تمكَّنّا من جمعِها حولَ هذا الموضوعِ على أجزاءٍ ثلاثة:

1 - أفرامُ السرياني: من ولادة النور حتّى 'القبر'

2 - مِكانيكا الكمّ: من ولادةِ 'الفوتون' إلى 'هرّ شرودِنغِر'

3 - الخَلقُ منَ الحُبِّ: الطفولة، والأمومة السرمديَّة

وذلك بحسبِ فهرسِ المواضيعِ الوارِد سابقًا.

ندعو، بدورِنا، العنايةَ الإلٰهيَّةَ لتعينَنا في مَرامِنا، فإنَّ الكمالَ للهِ فقط، أمّا بالنسبة إلينا فهو ظاهرةٌ طَورَ الاكتمالِ الدائمِ، ثالوثيَّةٌ، ويلزمُها سينِرجيا كاملةٌ ما بينَ مصدرِ الإلهامِ والخيالِ من جهة، والفكرِ الناقدِ الموضوعيِّ الذي هوَ للقرّاءِ والقارئات، من جهة أخرى.

الجِـزءُ الأوَّل

أفرامُ السُّرياني:
من وِلادَةِ النورِ حتّى 'القَبر'

الفصلُ الأوَّل: النورُ لِلعَين

نؤمنُ بإلهٍ واحدٍ، آبٍ ضابطِ الكُلّ، خالقِ السماءِ والأرض، كلِّ ما يُرى وما لا يُرى؛ وَبِرَبٍّ واحدٍ يسوعَ المسيح، ابنِ الله الوحيدِ المولودِ من الآبِ قبلَ كلِّ الدهور... نورٍ من نور. إلهٍ حقٍّ من إلهٍ حق...

قانون الإيمان[1]

قالَ السيّدُ المسيحُ يومًا: "أنا نورُ العالَم. من يَتبَعني لا يَمشي في الظلام، بل يكونُ له نورُ الحياة".[2] بهذا الإعلان، رَفَعَ الناصريُّ، "ابنُ يوسفَ النّجار"، الذي كان الفريسيونَ يعرفونَه حقَّ المَعرفة،[3] التحدّي الدائم للضمائرِ والعلوم.

أما في ما يَخصُّ التحدّي للضمائر، فتَتَّخذُ الإشكاليّةُ طابعًا لاهوتيًّا-أنثروبولوجيًّا، ولن تكونَ مُقارَبتُنا لها إلّا من زاويةِ الأدبيّاتِ المهنيّة (professional ethics).[4] أما في ما يخصُّ التحدّي للعلوم فمن الـمُفترض، ما إن تستنيرَ الضّمائر، أن يكون لكتابنا هذا التأثيرُ الطبيعيّ كَمحفِّزٍ للتقدّمِ العلميّ-من دون تجاوزاتٍ-نحوَ الـمَصدرِ الأوحَدِ للحقيقةِ الشاملة.

في الفصل الأوّل، سوفَ نكشِفُ "الخفيَّ" من لاهوت القديس أفرام النَّصّيبينيّ، مَلفانِ

---

1 مطلع قانون الإيمان الحالي في الكنيسة المارونيّة. يلي النص الأساسي بالسريانيّة:

[نص سرياني]

... كم تمنينا لو أن هذا القانون يبدأ بإعلان: "نؤمن بالله الواحد".

2 يو 8، 12. نعتمد لمراجعنا الكتابيّة كافة الترجمة الكاثوليكيّة الرقميّة لنسخة 1993. نقارنها مع ترجمات أخرى أكثر حداثة بخاصّة نسخة الكتاب المقدّس - قراءة رعائيّة، جمعيّة الكتاب المقدّس، بيروت، 2012، ثمّ نختار النص الأنسب لعَملنا.

3 يو 6، 42.

4 Cf. Barbour Ian, Graduation Speech, 29 May 2000, Swarthmore University; http://www.swarthmore.edu/news/commencement/2000/barbour.html. [Accessed Nov. 2016]

الكنيسةِ الجامعة،⁵ الذي واجَهَ في زَمانِه عدّةَ صِراعاتٍ بين الفلسفةِ والعِلم والدِين : صِراعاتٍ مُشابِهة لِما يَشهدُهُ عصرُنا الحاضِر. وفي سَبيلِ بلوغِ مأرَبِنا، سوف نَستعينُ بالوسائلِ التي طوّرَها بنَفسِه قبل سبعةَ عشرَ قرنًا، انطلاقًا من مفهوم "العَينِ النيِّرة"، ومقارعَتِها بحاسّةِ السَمع، ثمّ بمفهومِ 'رَازَا' الذي تميَّزَ لاهوتُه به⁶. إن كلمةَ 'رَازَا' (وتُلفظُ أيضًا 'رُازُا' عند السُريان الغَربيين)، هيَ، كما ذكرنا في التمهيدِ اللُغويّ، عبارةٌ فارسيَّةٌ اقتبَسها المَلفان أفرام من سِفرِ دانيال، من كتابِ العَهدِ القَديم، ليَدُلَّ من خلالِها على ما هوَ مُعتبرٌ في لُغةِ الإنجيل اليونانيَّةِ سرًّا، من دون أن يَستعملَ عبارةَ "سرّ" الشائعةَ الاستعمالِ في أيامِه بين المذاهبِ الباطنيَّةِ (esoteric)، والتي كان يَعِجُّ بها المُجتمعُ اليونانيّ. إن مَفهومَ "سرّ" باللغةِ اليونانيَّةِ، حسب 'أفرام'، غيرُ دقيقٍ بدلالَتِه على ما يختَصُّ بغوامِضِ الديانةِ المسيحيَّةِ ومَستوراتِها، والتي ليست هيَ، بأيِّ شكلٍ، أسرارًا لها. إن هذه المُقارعة (confrontation)، بين الدين والعِلم، سوف تهيِّئُ للفِكرِ الجَماعيِّ (the collective mind) لإنسانيَّةِ الألفيَّةِ الثالِثَة، 'وَسَطًا زَمكانيًّا' (spatio-temporal-center) يلِجُهُ الفريقانِ مرتاحَين، 'وَسَطًا' صالحًا ليكون 'قُبَّةَ دَهريَّةٍ' (ܡܫܟܢܙܒܢܐ ܕܥܕܢܬܐ)⁷ للحوارِ بَينَهما.

إن "الخفيَّ" المَذكورَ أعلاه والذي نريدُ الكَشفَ عنه هو ظاهرةُ "السينيرجيا" الناتجةِ عن ترابُطِ العلاقةِ (correlation) بين "السماءِ" و "الأرض". تندرجُ هذه الظاهرة، بسبب خَفائها، في عُمقِ مَفهومِ 'رازا' النموذَجيِّ، لتتجلَّى لنا أيضًا في ترابُطِ العلاقةِ بينَ "الكلمةِ" و "الأُذُن"؛ بين "النورِ" و"العَينِ"؛ بين "النارِ" و "العَينِ"؛ وبشكلٍ عام، بين الفِكرِ الإلهيِّ والفِكرِ البشريِّ، في خِدمَةِ الحقيقةِ وسلامِ الإنسانيَّة.

يَشتمِلُ تصميمُ هذا الفصل على النُقاطِ التاليَة :

---

5   كان قد تمّ إعلانه "مُعَلِّم الكنيسةِ الجامعة" من قِبَل البابا بندكتوس الخامس عشر:
… *Nos impense rogabant, vellemus, Apostolica Nostra auctoritate, Sancto Ephrem Syro, Diacono Edesseno, titulum atque honores Doctoris Ecclesiae universae concedere et confirmare*' dete: 5 octobre 1920..

Cf. http://www.vatican.va/holy_father/benedict_xv/encyclicals/documents/hf_ben-xv_enc_05101920_principi-apostolorum-petro_lt.html. [Accessed Aug. 2017]

6   راجع المُلحق اللغوي ص. 401.

7   المرجع نفسه

1.	العَين
1.1.	العَينُ المُخيِّبة
1.1.1	مُقارعةُ العينِ بالأذنِ (confrontation)
1.2.	العَينُ المُطمئنَّة أو العَينُ النيِّرَة (ܚܙܬܐ ܥܝܢܐ)
1.3.	عَينُ 'مَريـم'
1.3.1.	الموقِدةُ في العَينِ
1.3.2.	ركائزُ الجسرِ الأفراميِّ بينَ 'كتابِ الطبيعة' و'كتابِ الإيمان' (كيانًا وكتابًا ܟܝܢܐ ܘܟܬܒܐ)
1.4.	عَينُ 'بولس' مُهندِسُ الإيمان (ܐܪܟܝܛܩܛܐ ܕܗܝܡܢܘܬܐ)
2	الـ'رازُ' في العَينِ
2.1.	السرُّ بالمفهوم اليونانيِّ
2.1.أ.	تَعريفُ السرِّ Mysterion
2.1.ب.	وَصفُ خصائصِ 'رَازَا' وسُلوكيَّتِه
2.2.	الـ'رَاز' (كذا) (ܐܪܙܐ)
2.2.أ.	تحديدٌ أم وصف؟
2.2.ب.	وَصفُ مفهومِ 'راز'
3.	السّينرجيا وتطبيقها اللغوي
3.1.	بحَسَبِ ريتشارد باكمِنستِر فولرِ: [1 + 2 = 4]
3.2.	لِماذا أستَخدَمَ 'أفرامٌ' مَفهومًا أعجَميًّا؟
3.2.أ.	الجَذرُ الاشتِقاقيُّ لِمَفهومِ السّينرجيا وآفاقُه
3.2.أ.1	الجَذرُ الاشتِقاقيُّ للمَفهوم
3.2.أ.2	آفاقُ المَفهوم
3.2.ب.	السّينرجيا فيما بينَ الاختصاصاتِ على الصَعيدَين اللُّغَويّ والإبيستمولوجي
3.2.ج.	السينرجيا بينَ واقعٍ وواقع، والأبعادُ المسيحانيَّة للنورِ والنار
	خاتمـــة

1. العَين

«تُعتبر العَين التي يتمتَّع بها الإنسان أهمَّ كُرَةٍ في الخَلق. يَتلقّى المرءُ من خِلالها حوالي ثمانينَ بالـمِئَة من الـمَعلومات الـمُكتَسبة خِلال الحياة».[8] تصفُ موسوعةُ *Universalis* العَينَ على الشّكلِ التّالي:

> إن العَينَ هي أداةُ البصر، تَلتقِطُ التَّأثيرات الضوئيَّة، تجمعُها، تُبَلوِرُ الصورةَ التي تَحملُها، ثمَّ تَعرِضُ تلك الصورةَ على الشبكة التي تحتويها... وأهميَّة العَين الفيزيائيَّة بغِنىً عن التَّعريف. عندَما تُتلَفُ أداةُ البَصر هذه بشكلٍ تام، بقُطبَيها، يَحصلُ العَمى الذي يُعتَبَرُ أخطرَ العاهات وأكثرَها إثارةً للخشيَة.[9]

ونظرًا إلى أهميَّة هذا العُضوِ الحَيَويّ، أعطى "مهندس الكَون" (أرديخلا دعُلْما ܐܪܕܝܟܠܐ ܕܥܠܡܐ) اثنتين منه لكلّ حَيوان، وبخاصّة "للحَيوان الناطق"، تحسُّبًا لفُقدانِ إحداهما. حَظيَت هذه العَين بالتكريم اللائق من قِبَل الحضارات والديانات كافّة، بخاصّةٍ من خلال إظهار التباين بين البَصر والعَمى.[10] يُعتبر البَصرُ مُهمًّا جدًّا لدرجةِ أنَّه شكَّلَ، في الكتاب المقدَّس، ذُروةَ 'أنسنة الله' (anthropomorphism) بإلحاق عَينٍ مثاليَّةٍ به من قِبَل الإنسان، عَينٌ ثاقبة تراقبُ كلَّ شيء،[11] تساعدُه في ضَبطِ الكل،[12] والسَهرِ بلا انقطاعٍ على مُتَّقيه،[13] وطَمأنة أحبَّائه.[14]

لقد أثنى المسيحُ على العَين بالإعلان، بدايةً، عن أنَّهُ هوَ النور، المادةُ التي لا تستطيعُ العَين أن تستغنيَ عنها لتُؤدّيَ وظيفتَها وتَبلُغَ كمالَها الأنطولوجيّ، ومن ثمَّ بالإشارة إلى العَين مرارًا، تارةً كفاعل،[15] وطَورًا كمفعولٍ به،[16] الأمرُ الذي سنوضحُهُ لاحقًا.

---

8 عقل سعيد، محاضرة في النادي الثقافي، عين سعاده، لبنان. 1973.

9 إنها حالة أعمى أريحا الذي لاسمه رمزيّة هامة إذ يشير إلى التراب (بالأحرى الطَمي: التراب ابن التراب. إنّه رمز آدم.

10 طوق بولس؛ النار والنور في الفكر العالمي؛ مجموعة الوجدانيات وشخصيّة جُبران؛ دار نوبيليس؛ بيروت 2000؛ ص 164–168. سنشير لاحقا إلى هذا المرجع تحت اسم 'طوق ب.'

يلفت الكاتب طوق، في الصفحة 28 من كتابه إلى أهميَّة العَين في الميثولوجيات كافّة: الشمس هي عين الإله رع المصري، وسُريا الهند، والمترا وفارونا وفيدا، هي عين آهورا مازدا في فارس، والهليوس، عين زوس. وكذلك نجد السيد المسيح يربط بشكل وثيق بين العين النور قائلًا: "سراج الجسد العين" (لو 11، 34؛ مت 6، 22)

11 2مك 12، 22 و15، 2؛ سيراخ 15، 18 و18، 12 و30، 20؛ أيوب 28، 24؛

12 قانون الإيمان باللغتين السريانيَّة والعربيَّة حافظ على تعبير الضابط الكل' (ܐܚܝܕ ܟܠ) بدل 'All mighty' التي تعني القادر على كل شيئ. ومع الطوباوي الجديد اسطفان نعمه الماروني، أعيد التركيز على هذه الصفة الإلهيَّة من خلال الشعار الذي كان الطوباوي يردّدُه أيام حياته "الله يراني".

13 مز 33، 18

14 زك 2، 12

15 لو 11، 34

16 مر 9، 47

بَرَعَ القديسُ أفرام في وصفِ الأبعاد الفائقة الوَصف لهذه 'الكُرة'، بخاصّة تلك التي يَتمتَّعُ بها المؤمنُ بالمَسيح، العَينِ الـمُفَعَّلةِ بقوّةٍ خفيّةٍ استثنائيّةٍ (ܚܝܠܐ ܟܣܝܐ ܒܥܠܡܐ)،[17] والتي تجعلُها مُكتفيةً بذاتها من النّور،[18] وقادرةً على الرؤيَةِ في النّهار وفي اللّيل، ورؤيةِ ما يُرى وما لا يُرى، عَينٍ أَشبهُ بـالعَينِ التي نَسبَها الإنسانُ لله. تُصبح هذه 'الكُرة' ولازمَتاها، النورُ والنارُ، إذ لا نورٌ من دونِ نار، أدواتٍ للعلم والـمَعرفَة، كما أدواتِ الإيمان، وبالتّالي الدينِ. وبفَضل هذه العَين، على سَبيل المثال لا الحَصر، يَستخرجُ 'أفرامُ' من 'اللُّؤْلُؤَةِ' (المَرجانة)[19] التي تستخدمُها يوميًّا آلافُ النساء وتتفحَّصُها عشراتُ آلافِ الأعيُن، معلوماتٍ، أبعادًا ورموزًا أكثرَ بكثيرٍ من غيره. يعودُ السببُ في ذلك إلى أنّه يَتمتّع، إضافةً إلى تلك العَينِ المميَّزة، بمخيّلةٍ واسعةٍ تُخَصّبُها "القُوّة الخفيّةُ" ذاتُها التي تُنشِّطُ عَينه.

نَجحَ 'أفرامُ' أيضًا في استخدامِ تلك العَينِ كوسيلةِ تواصلٍ مع "الآخر" (Das Andere)، أيًّا يكن "الآخر"،[20] حتى مع "الآخرِ المُطلقِ" القائم، حَسَبَ تعبيرِ الفيلسوف رودولف أوتّو،[21] في ما وراء الطبيعة، وما بعدَ الحياة، (Das ganz Andere)، إلى درجَةٍ من التواصلِ تسمحُ بالقول إنّ 'الآخرَ المُطلقَ' قد باتَ في عَينه.

ولكن، لَمّا كان المسيحُ قد أكّدَ في حديثه عن "سراج الجسد" الذي هوَ العَين، الفرقَ بينَ عَينٍ وعَين قائلًا:... «إن كانت عَينُك سليمةً، كانَ جسدُكَ كلُّه مُنيرًا؛ وإن كانت عَينُكَ مريضةً، كانَ جسدُكَ كلُّه مُظلمًا»،[22] فكيف لهذه الأداةِ المحدودةِ الـمَوثوقيّةِ بسبب ضعفِها، أن تكونَ صالحةً كنُقطةِ انطلاقٍ لبناءِ 'جسرٍ' بينَ وَمَضاتِ فكرِ الآباءِ السُّريانِ الممثَّلين، بشكلٍ أساسٍ، بالقديسِ أفرامَ النصيبيني، وتلك الخاصّة بـ'آباءِ' عِلمِ الفيزياءِ الكمّيّ الممثَّلين، بصفةٍ خاصّة، بالعالمَيْن ماكس بلانك و آلبرت آينشتاين؟ وهل يُمكنُها أن تُرشدَنا، بمَوضوعيّةٍ، إلى "المكان" المناسب لتَلاقيهما؟

تحت هذا العُنوانِ الفرعيِّ، العَينُ المُخيِّبة، سنواصلُ الكتابةَ مع 'أفرامَ' عن العَينِ التي يُمكن أن تُخيِّبَ الأملَ، على الرُّغم من دِقَّةِ فاعليَّتِها، وأن تُطمئن، على الرُّغم من شوائبِها.

---

[17] **Brock**, Sebastian. *The Luminous Eye: The Spiritual World Vision of St. Éphrem*. Kalamazoo: Cistercian publications, 1992. [Rev. Ed], p. 46. Henceforth, we will refer to this work by *TLE*

[18] تيمُّنا برمزيّة 'الماء الحي' في أنجيل السامريّة: (يو 4، 14)

[19] يحدثنا 'أفرامُ' عن 'المرجانة' (ܡܪܓܢܝܬܐ). ولكن بحسَبِ وصفهِ لها ولاستعمالها كحِليَةٍ لآذانِ النساء تمّ التوافق على اعتبار المقصود بها هوَ اللؤلؤة.

[20] *Cf.* Actes du Colloque XI-Alep 2006; CERO, 2007, **Brock**, *Saint Ephrem on Women in the O.T.*; p. 35.

[21] *Cf.* **Eliade Mircea**, *Le Sacré et le Profane*, folio essais # 82, Gallimard, France 1965-2008, Introduction. Henceforth, we will refer to this work by: *Le Sacré et le Profane*.

[22] مت 6، 22-23؛ لو 11، 34

1.1. العَينُ المُخيِّبة

وِفقًا للكتاب المقدَّس، وبخاصَّةٍ وصفِ أيّامِ الخَلقِ السِّتَّة، يتَّضحُ أن الكائنَ البشريَّ لم يُدرِك، منذ اليومِ الأوَّلِ لوجودِه، الواقعَ المُحيطَ به، كما لم يُدخِله في تصنيفاتِ كتبِ الدِين والفلسفةِ على رفوفِ المكتبات. كان ينبغي على الإنسانِ أوَّلًا أن يُدرِكَ أنَّه يتمتَّعُ بعَينَينِ اثنَتينِ. وكانت الطريقَةُ الوَحيدة للتوصُّل إلى هذا الإدراكِ الذاتي تتمثَّلُ في الإبصارِ وإدراكِ الإنسانِ لنفسِه بأنَّه يُبصِرُ. أوَلَم يبدأ تاريخُ الله، عمليًّا، مع آدمَ وحوّاءَ منذ أن انفتحت أعيُنُهما وأخذا يُبصِرانِ؟[23] قبل ذلك، وعلى غِرارِ الناسِ السُعداءِ، لم يكن لهُما قِصَّةٌ ولا تاريخ. ثمَّ، وبحسَبِ الكتابِ المُقدَّس، بدأ كلُّ شيءٍ من حينِ "أغوَت حوّاءُ آدمَ فأكلَ، وانفتحَت أعيُنُهما".[24] بعدَئذٍ، كان على سَلَفينا الأوَّلَينِ أن يُدرِكا دورَ أعيُنِهما.

لقد أتَتِ التَّجرِبةُ، بادئَ ذي بَدءٍ، مُفاجِئةً جدًّا لهُما، إذ إن أوَّلَ ما اكتشفاهُ هو عُريَهما: "فُتِحَت أعيُنُهما فعَلِما أنَّهما عريانانِ".[25] يُشدِّدُ القدّيسُ أفرام إلى أقصى حدٍّ على ذهولِ آدمَ وحوّاءَ أمامَ محدوديَّةِ نظرِهما البَدئيِّ في الإبصارِ قائلًا:

هكذا كانت أعيُنُهما مفتوحةً ومغمَّضةً:
مفتوحةٌ لأنَّهما كانا يريانِ كلَّ شيءٍ
ومغمَّضةٌ لأنَّهُما كانا لا يَريانِ
شجرَةَ الحياةِ وعُريَهُما.[26]

إذًا نَنضَمُّ إلى 'أفرامَ' لنقولَ إن عَينَي كلٍّ مِن سَلَفَينا انفتَحتا، لا ليَرَيا أنَّهما صارا كاللهِ، بحسَبِ زَعمِ "الحيَّةِ"، وإنما ليَرَيا عُريَهُما، بحسَبِ توَقُّعِ السلّابِ. انفتحت عَينا كلٍّ منهُما على الخَيبةِ واتَّضح أن عَينَيهِما مُخيِّبتان.[27] هل كِلا العَينَينِ عند كلٍّ منهُما مُخيِّبتان أم واحدةٌ منهُما فقط، أم أن هناك عَينًا 'مُختالفةً' تتخفّى خلفَ العيونِ الحسّيَّةِ المُخيِّبةِ لتصحَّحَ الرؤيةَ ومن ثمَّ، الرؤيا؟ هُنا يَكمُنُ السؤال.

---

23 إنها حِقبة الإنسان ما قبل العقل، الحالة الجينيَّة التي فيها لا يُمكن للمولود الجديد أن يرى أو يسمع أو يقول أي شيء.

24 Gn3, 7. Cf. **Féghali**, Paul. *Les Origines du Monde et de l'Homme dans l'Œuvre de Saint Ephrem*; Collection Antioche Chrétienne; Cariscript; Paris 1997; p. 179. Henceforth, we will refer to this work by: *Les Origines*.

25 تك 3، 7؛ يكون من المُهم جدًّا، والمفصلي، أن نَلتفِت منذ الآن إلى وجهِ الشَّبهِ (التوازي) بين انفتاحِ عَينَي آدم وحوّاء وانفتاحِ عَينَي بولس، رسول الأمم.

26 أناشيد ضدّ الهراطقة 2، 22، ص.152. راجع الخوري بولس الفغالي (*Les Origines*, p.179) والمجلة العلميَّة CSCO vol. 153, p. 29 et vol.152, pp. 38–39 ܀ ܀ ܀ ܀ ܀ ܀

27 تمامًا كما أن عُريَهُما الذي هو تعبيرٌ عن واقِعِهِما كما هو عليه، هُما اللذان قد وَجَدا نفسَيهِما غارِقينِ في عُمقِ ماديَّتِه.

يُبيّنُ سيباستيان بروك (Sebastian Brock)، أحدُ أعمدةِ الدراساتِ الأفراميّةِ، في كتابهِ *The Luminous Eye* (العَينُ النيّرَة)، انطلاقًا من أعمالِ 'أفرامَ'، ما يُفترضُ أن يكونَ الدّورَ الفعليّ لِعَينَي الإنسانِ، أو أقلّهُ دور إحداهما، إذ يَقول: "لأنّه، من خلالِ عَينهِ يُصبحُ الجسدُ، مع أعضائه، مُضيئًا بأجزائه، مُتجمّلًا بأعماله، متزيّنًا بأحاسيسه، ومُطّرِدًا بكلّ مكوّناتِه".[28] عند هذا الوصف، نقفُ أمامَ أمرَين. فإما نحن إزاءَ جانبٍ تفاؤليّ لدورِ العَين، وإما بصدَدِ دورٍ مستقلٍّ لعَينٍ من الاثنتين، إذ يَبدو، انطلاقًا من النصِّ المقدّس ذاتِه، أن هذا الدورَ لم يَكُن قطعيًّا لعَينِ حوّاء. أيُّ عَينٍ إذًا يُشار إليها هُنا، ولماذا أصرّ المسيحُ على تذكيرنا بميزةٍ أنطولوجيّةٍ للعَينِ، مشيرًا إلى دَورِها كسراجٍ للجسَدِ؟

كذلكَ، يُشيرُ الأبُ الملفان طانيوس بو مَنصور، الأفراميُّ بالسّليقةِ، إلى الصّفةِ التي يُعطيها مار أفرام للبَصرِ، إذ يَقول: «على صعيدِ المَعرفةِ، يتمتّعُ البصرُ بدَورٍ تَصحيحيٍّ أمام التّفسيراتِ التي يُحدِثها السّمع».[29] إن هذا لَصَحيحٌ تمامًا في حالِ اعتُبِرَت العَين السّراجَ السّليمَ للجسَد، لكنَّ واقعةَ حوّاءَ مع "الحيّةِ" تُثبِتُ أن الأمرَ ليسَ دائمًا كذلك. من هُنا، يتمُّ التوصُّلُ إلى الاستنتاجِ أن إبرازَ العلاقةِ بينَ البصرِ والسّمعِ، أو مُباشرةً بين العَينِ والأُذن، يتأتى من التوازي الذّكيِّ (parallelism) الذي يستخدمُه 'أفرامُ' ليُثبتَ أن الحواسَ البشريّة، على الرّغم من تفاعُلها السّببيّ في ما بينَها، لا تَكفي وحدَها لتُوضّحَ الحقيقةَ الإلهيّةَ للخلاصِ وتأكيداتِه. وهذا ما يَنطبقُ على حوّاءَ القديمةِ، كما على توما الرّسولِ الشَّكّاك. كيفَ سارَتِ الأمورُ مع عَينَيهما؟

1.1.1. مُقارعةُ العينِ بالأُذنِ (confrontation)

يبدو أن حالةً علائقيّةً ما (relationality)، بين اللهِ والإنسانِ، هيَ السبيلُ الأوحدُ لتلافي تلكَ الخيبةِ المذكورةِ آنفًا.[30] فَلو كان البصرُ، بحدِّ ذاتِه، كافيًا لتَصحيحِ التّفسيراتِ المَبنيّة على السّمعِ، لما ضلّت حوّاء، ولا توما الرّسولُ بعدَها. من هذا المُنطَلقِ تُعتبَرُ حالةُ الرّسولِ توما الأكثرَ جرأةً لأنّه طلبَ اللمسَ إضافةً، وأصبحَ، بالتّالي، النموذجَ الأدقَّ عن فئةِ المفكّرينَ

---

28 TLE, p. 82

29 Bou Mansour Tanios, *La Pensée Symbolique de Saint Éphrem le Syrien*, [Bibliothèque de l'Université Saint-Esprit XVI], Kaslik/Liban, 1988 ; p.112. Henceforth, we will refer to this work by: *La Pensée*.

30 تعبيرٌ مأخوذٌ عن أصلٍ إنجليزيّ لدلالتِهِ الدقيقَةِ على ظاهرةِ التبادُل مع الترابُط. نوعٌ من الظاهرة بين البشري والإلهي يورِدُه 'أفرامُ' بالمقارنة بين عينِ حوّاءَ وعينِ مريمَ: (أناشيد في الكنيسة 37، 5) (*Cf*. TLE, p. 82), (*Cf*. CSCO vol. 198, p. 93).

الوَضعيّين (positivists). الواقعُ هوَ أن 'توما'، وعندَ دعوةِ يسوعَ له ليلمسَهُ ويضعَ يدَهُ في جُرح جَنبهِ ويدَيهِ، صدَّقَ وآمَنَ، قبل لمس الجرح، وكأن شيئًا ما قد لَمَسَ، أقلّهُ، عَيّنًا من عَينَيه اللّتينِ كان الشكُّ قد عتّمَهُما. فما إن استنارَت تلكَ العَينُ حتى دَفعَت بـ 'توما' إلى أن يسجدَ وينقلَ للبشريّةِ أوّلَ عَقيدةٍ إيمانيّةٍ مبنيّةٍ على تأكيدٍ موضوعي: "ربّي وإلهي".[31] من البديهيّ إذًا أن تؤكّدَ صلواتُ الكنيسة، بشكلٍ عام، أن نعمةَ القيامةِ هي التي فعَّلَت عَينَه فأدرَكَ.

لكنّ هذا الاعترافَ الموضوعيّ بالإيمانِ يَبقى بالنِّسبَةِ إلى الوضعيّين المُغالين، قابلًا للنّقاش، إذ قد سلَّمَ 'توما' بما لا يُرى في ما يُرى، وبما ليسَ في الحسبانِ - أي غير المفهوم - في ما هوَ في الحسبانِ ومفهوم، وذلكَ قبل أن يلمسَ مادةَ البحثِ بيده. إن هذا ما يُستنتجُ، على الأقلّ، من النَّصّ الإنجيليّ. يُثبتُ الرسولُ توما، بهذا الاعتراف، أن الحالةَ العلائقيّةَ المذكورةَ آنفًا ضروريّةٌ لفَهمِ 'سرّ' القيامة، وأنّها هيَ ما يسمحُ بالتحوّلِ اللازم، الأوحد على صعيدِ تلكَ 'العَين'، والتي يبدو أنّها شاملةٌ لكلّ الحواس، بخاصّةِ حواس النّظرِ والسَّمع واللّمس مُجتمعةً. لقد سمّى 'أفرام' هذه العَين، 'عَينَ الإدراك' (ܚܢܟ ܕܢܚܦ)،[32] إذ هيَ مُزوَّدةٌ بأذنٍ، ومُهيَّأةٌ لكي تكونَ - أو على الأقلّ لكي تُصبحَ - السِّراجَ المُطمئنَ للجَسد. ما هي الشروط لهذا الاطمئنان؟

1.2. العَينُ الـمُطمئنّة أو العَينُ النَّيِّرة (ܚܢܟ ܥܚܢܟ)

قد يحتاجُ النظرُ البشريّ إذًا إلى عَينٍ 'مختألفة' (differAnt) نجدُها في الثّقافاتِ، تحتَ اسم 'عَينِ القلبِ' او 'عَينِ العقلِ'، أما وفقًا للدّيانات البوذيّةِ فيشارُ إليها بـ'العَين الثالثة'. إنّها عَينٌ تتمتّعُ بهبتَي 'رؤية' و'سماع' ما يتخطّى الحواسَ البشريّةَ، وتستطيعُ أن ترى وتتفحّصَ أيضًا ما هوَ ما بعد الفيزياء التقليديّ (beyond)، ما بعد الشمسِ ونارها، أي 'الوَسَط' (center) الذي ينبثقُ منهُ كلّ يَقين.[33] يُطمئنُ 'أفرام' هنا أن اللهَ ليسَ كالنّارِ التي لا يُمكنُ للبشرِ الدنوُّ منها بدون إيذائهم، ولا كالشمس التي يؤذي نورُها العَينين،[34] وبأنّه إذا كانَ من الصعبِ إدراكُ 'سرّ' الشمس والنار فإن إدراكَ اللهِ مُمكنٌ بفَضل التجسّد. ومتى أدركَ الإنسانُ أنّه يملكُ هذه القُدرةَ الإبصاريَّةَ التي تَضعُ في مُتناولِه قُدراتٍ تتخطّى عَينَيه الدُّنيويَّتينِ، ودُنيويّة عَينَيهِ، كما

---

[31] يو 20، 24 - 29. تُكرّرُ الصلواتُ قائلةً: إن نعمةَ القيامة هي التي لامست 'عين' قلبه.

[32] أناشيد في الفردوس 1، 4؛ راجع: (La Pensée, p. 115; CSCO vol 174, p. 2)

[33] إن هذه النُّقطة هي من أهمّ ركائز الصوفيّة حيث يُلغى حرفُ الـعين، بحدّ ذاته دورَ الدالّة الأساس في أبعاد المتصوّف. راجع: طوق ب.، ص. 147. راجع أيضًا مقال .Varenne Jean, Karma, Epiphyse, Yoga في موسوعة Encyclopædia Universalis. سنشير إلى هذا المرجع في ما بعد بحرفي E.U.

[34] La Pensée, p. 219. Cf. H Fid 72,21-22 ; CSCO vol. 154, p. 222

لو أنّها عَينٌ ثالثةٌ،[35] من طبيعةٍ 'مُختَألفةٍ'، مُقدَّسَةٍ، موجودةٍ فيه وإنّما ليست منهُ، لا يعد بإمكانه عَدم البحثِ عن مَصدَرِها.

يُشيرُ يسوعُ المسيحِ بنَفسِهِ، إلى الرسولِ توما، عن مَصدرِ هذه القوّةِ المُحوِّلةِ قائلا: «ألأَنَّكَ رَأيتَني آمنتَ؟ طوبى للّذينَ يؤمنونَ ولَم يَروا».[36] إذًا المصدرُ هوَ الإيمانُ كما يُنشِدُه مار أفرام:

إن مفاتيحَ التّعليمِ الفاتحةَ لكلِّ الأسفارِ
فتحَت أمامَ عَينيَّ كتابَ المَخلوقاتِ،
كنزَ الفُلكِ، إكليلَ الشَّريعةِ.
بِرواياتِه وقصائدِه، أدركَ الكتابُ الخَليقةَ وسُرَّ بمُتقِنِها
ورأى كلَّ جَمالاتِها وفَرِحَ بمزيِّنِها.[37]

بهذه الأبياتِ، يؤكِّدُ 'أفرامَ'، أنّه، في ضوءِ إيمانٍ مستقيمٍ، عنى به "مفاتيحَ المعرفة الفاتحة لكلّ الأسفارِ"، يُمكِنُ فقط للشخصِ البشريِّ أن يكتسبَ العَينَ المطمئنّةَ، العَينَ النيِّرةَ، أداةَ التفسيرِ الصحيحَ للكتابِ المقدَّسِ (ܟܬܒܐ - the Book) و'للطَّبيعةِ' أيضًا (ܟܝܢܐ - the Nature).[38] يشيرُ 'أفرامَ' إلى قوّةِ الإيمانِ هذه ويَصِفُها بـ'العَينينِ الخفيَّتينِ'، خلافًا للعَينينِ الجَسديَّتينِ الظاهرَتَينِ،[39] ويُعلِّمُ أيضًا أن المـقاربةَ بين 'النورِ' و'العَينينِ' تسمحُ بتحديدِ الإيمانِ بـ'العَينِ' القادرةِ على رؤيةِ ما لا يُرى، وأنَّ ما لا يُرى هذا يصُبُّ في خانةِ المُعجزاتِ، كالتي صَنعَها يسوعُ أو كالوعدِ الذي قَطعَه اللهُ لإبراهيم.[40]

ما إن أدركَ الإنسانُ وجودَ هذه 'العَينِ' الخارقةِ القادرةِ على رؤيةِ ما لا يُرى، ومصدَرَها الموثوقَ به، حتى باتَ مسؤولًا عن تسميَتِها باسمٍ خاصٍّ بها، هوَ من، منذ التكوينِ، عادت إليه تسميةُ كلِّ الأشياءِ. لقد قرَّرَ 'أفرامَ' أن يُطلِقَ عليها اسمَ 'العَينِ النيِّرة' (ܥܝܢܐ ܫܦܝܬܐ - عَينًا شَفيًّا) إذ قال:

يا ربّ، طوبى للذي اكتسَبَ
العَينَ النيِّرةَ التي يَرى من خِلالِها
كيف يُحيطُ بكَ السَّاهرون.[41]

---

35 Le Sacré et le Profane, p. 56 (the eye of the dome)
36 يو 20، 29
37 أناشيد الفردوس 6، 1. راجع أيضًا: TLE. p. 51; CSCO vol 174, p. 19
38 TLE p. 51
39 La Pensée p. 80
40 Ibid. Cf. H Eccl 38,2 et 24,3 ; CSCO vol. 198, p. 52 et p. 93.'
41 TLE, p. 84; Cf. H Fid 3, 5; CSCO vol. 154, p. 8.

ܒܠܚܘܕ, ܠܗܘܢ ܙܡܝܪ ܗܘܐ. ܚܠܦ ܥܒܕܐ ܕܚܡ ܚܝܐ
ܚܝܟ ܫܒܚ ܚܝܡ ܚܝܐ

اعتمدَ الاختصاصيّ 'بروك' هذه التسميةَ، كما ذكرنا آنفًا، عنوانًا لأحد أهم مؤلَّفاته في اللاهوت الأفراميّ. ويُعتبر ما قام به دليلًا قاطعًا على أهميّة هذه الأداةِ التي تَتَقَصّى ما لا يُمكن تقصّيه من مُعطياتِ 'الكِتاب' ومُعطياتِ 'الطبيعة'. حتّى 'الملكوت' الذي تملأ علاماتُه ورموزُه الخَلق، ليس بِعَصيٍّ على جلالةِ تلكَ العَينِ الإيمانيّة. هل لَدينا نماذجٌ عن تلكَ 'العَينِ' المُطمئنّة تُبرز مُلاءَمَتها، أم يجب اعتبارها فقط أنموذَجًا نظريًّا (طوفسًا ܛܘܦܣܐ)؟

استجابةً لتحدّي الملاءَمة هذا سَنَدرُس، كما يفعلُ العُلماءُ الوَضعيّون، أنموذَجين من العُيون: عَين مريم والدةِ يسوعَ المسيح، وعَين بولسَ الرّسول.

3.1. عَيــــــنُ 'مَريـــــم'

في ضوء تحليل 'العَين' الذي توَصَّلنا إليه أعلاه، وحسَب وجهةِ نظرِ 'أفرامَ' في الثنائيّة "عَين – نور"، يَطالُ التَّحوُّلَ حتّى 'العَينَ النيّرة' لتُصبحَ 'مريمُ' المثالَ لذلك التحوُّل.

إن 'مريمَ' قد تميّزَت بإنعام خاصٍّ وهو أن يتّحدَ في 'عَينَيها'، في الوَقتِ نفسهِ وبشكلٍ كاملٍ، البَصرُ وفِعلُه، وفاعِلُهُ، والمفعولُ به، وأيُّ مفعولٍ ثان يساعدُ على كمالِ أدائه، سواء أكانَ مفعولًا معَهُ أم فيهِ أم لأجلِه، أي يسوعُ المسيح ابنُها الذي ما مِن شيءٍ إلّا ويدُلُّ عليه. فلنُفسِّر ذلك:

في حالةِ العَينِ النيّرة، لا يعودُ لإعراب جُملةِ "مريَمُ تَرى ابنَها" أيُّ علاقةٍ بقواعدِ اللّغة. فبِمُجرَّدِ اصطفاءِ مريمَ وعَصمِها من الخطيئةِ الأصليّة، وحَبَلِها بالكلمةِ – الإله، ومن ثمَّ الحُبُّ الذي بينهما، يُصبحُ إعرابُ هذه الجُملةِ وتحليلُها المنطقيّ مستحيلًا، إذ يَمنَعُ، عندئذٍ، تشابُكُ الطبيعتَين، الإلهيّةِ والبشريّة، التَّمييزَ بين الفاعلِ والمفعولِ به والفِعلِ الذي يجمعُهما. إن الفاعلَ والمفعولَ به والمفاعيلَ الأخرى، حتّى الفعلَ نفسَهُ تدخُلُ كلُّها في وَحدَةٍ "سِرّانيّةٍ" من السِّريانيّةِ ذاتِها التي لفعلِ الحَملِ الذي به كان لأُذنِ مريمَ ولسَمعِها وللكلمةِ – الإله أن تتّحدَ ثلاثتُها بالفعلِ 'سَمعَ' (ܥܢܕ ܫܡܥ) أو بالأمرِ الإلهيّ "فَليَكُن" (ܗܘܐ). سوفَ نكشفُ في الفَصلِ الثالث عن نوعِ السِّريانيّةِ المقصودةِ هنا. أما 'أفرامَ' فيُهيّئُنا لها بهذه الأبيات:

يستنيرُ من تعليمِكَ
صوتُ المتكلِّم وسَمعُ المُستَمِعِ إلَيه.
كما البُؤبؤُ من العَينِ
فلتَستَنِر الأذُنُ من إشعاعاتِ صَوتِكَ.[42]

"كما هوَ البؤبؤُ من العَينِ" قالَ 'أفرامُ'، كذلك يكونُ الطفلُ من أُمِّه: تُصبحُ عَينُ مريم

H Eccl 37,1. Cf. TLE, p. 82. Cf. CSCO vol. 182, p. 92.   42

ابنَها، ويُصبحُ ابنُها بؤبؤَ عَينِها، لا بل بؤبؤَ عَينَيها.[43] ألا تقولُ المرأةُ 'الآراميّةُ' لولدِها: «أنتَ عَينَيّ»، وأحيانا، لدقّةٍ أكثر: «أنتَ بؤبؤُ عَينيّ»؟ إن هذه العادةَ لا تزالُ رائجةً حتّى يومِنا هذا عند سكانِ الشرقِ الأوسط.

إضافةً إلى ذلك، وبما أن 'ابنَ مريمَ' هوَ 'النورُ'، سيُصبحُ أيضًا، بالفعلِ ذاتِه، نورَ عَينَيها. ويُشهَدُ اليومَ أيضًا على الأمّهاتِ، بناتِ اللُّغاتِ الساميَّةِ، بقولِهِنَّ لأولادِهنَّ بشكلٍ لا إراديّ: "يا نورَ عِينَيّ".

إن الكتابَ المقدَّس يَشهَدُ على أن هذه العبارةَ كانت مَستخدمةً لدى العِبرانيّين من زمنِ 'طوبيّا' البار، ويُفسِحُ في المجال واسعًا لإعطائِها دورًا مهمًا في الرمزيّةِ التي كان يميلُ 'أفرامَ' إلَيها. يقول 'الكتاب': «ما إن فتحَ 'طوبيّا' عَينَيه، كما أمرَهُ الملاكُ رافائيل، حتّى شهَقَ قائلًا لابنِهِ: "إني أراكَ يا وَلَدي ونورَ عَينيّ!"».[44] وبما أن 'ابنَ مريم' هوَ عَيناها، وفي الوقتِ ذاتِه نورُ عَينَيها، يَجعلُها هذا الأمرُ تَنظرُ من خِلالِ ابنِها، وترى ابنَها من خلالِ نورِ ابنِها، الذي هوَ النورُ الأوحدُ الذي يَسمحُ برؤيةِ ما هوَ لطبيعَةِ ابنِها. وقد وضَّحَ الفيلسوفُ 'جاك دِريدا' هذا الأمرَ بتفسيره لنظريَّة 'الاختلاف' بقولِهِ: «إن المسافة الزَمَكانيّة بينَ الدالّةِ والـمَدلولِ إليه، وما يُشيرُ هذا الأخيرُ إليه، تَتقلّصُ إلى أقصى درجةٍ، حتّى أنّها في بعضِ الحالاتِ تزولُ كُليًّا». نجدُ مثالًا على هذه الحركةِ المسافيَةِ في حالةِ الحُبِ، بحسب وصف بطلَةِ 'نشيدِ الأناشيد' له.[45] من هذه الـمُقاربةِ تحديدًا استقَينا العُنوانَ أعلاه "النورُ للعَيـن"، إذ إن مار أفرام كانَ قد طمأنَنا إلى أنَّ هذا 'النّورَ' لا يُعمي البَصر.

يَلي أنَّ هذا التَّحوُّلَ الحاصلَ لعَينِ مريمَ بفِعلِ نورِ ابنِها، والذي ما كانَ ليَلحظه أحدٌ لولا الحُبُّ الكبير الذي كانَ يُلهِبُ قلبَ 'أفرامَ' لها بصِفَتِها والدةَ الإله،[46] يُؤدّي بنا إلى سببٍ آخرَ مُسبِّبٍ لهُ. إنّه المصدرُ الذي يُوَلِّدُ نورَ عَينَي 'مريم'. إنّه النارُ الإلٰهيَّةُ، النارُ التي سنَتَحدّثُ عَنها لاحقًا كأداةٍ أساسيّةٍ لِلّاهوتِ الأفراميّ. وبما أنّه لا نور من دونِ نار، كانَ لا بدَّ للنورُ المولودُ منها أن يُشارِكَ تلك النار طبيعَتَها. أينَ توجدُ تلكَ النار؟ وما هيَ مَوقِدَتُها؟

---

43 هذه الاستعارة تُستخلص أيضًا من مفهوم العُرس بين النور والعين الذي غالبًا ما يستخدمُه 'أفرامَ' في اناشيده مثل: "عندما اعتَلنَ العريسُ المجيدُ ليُقدِّس العُرسَ والعَروس". راجع (*TLE*, p. 143)

44 طو 11، 14. نلفُت إلى أنّها المرّة الوحيدة في الكتاب المقدّس التي يُجمع فيها بين 'ابن' و'نور' و'عينين'.

45 نش 8، 6. "اجعلني كخَتمٍ على قَلبك": يدعونا هذا إلى التفكير حولَ المسافة بين الخَتمِ والقَلب.

46 "من القبر تصرخ عظامي: مريم هي والدة الإله". راجع الموقع الإلكتروني الخاص بالخوري بولس الفغالي: http://boulosfeghali.org/2017/frontend/web/index.php?r=site/text&TextID=4795&SectionID=34&CatID=484 [Accessed Jul. 2017]

1.3.1 . الموقِدةُ في العَين

يأتينا أفرام المتزهّد، الذي تَتفحّصُ عَينُه المُنيرةُ ما لا يُمكِنُ أن تَتفحّصَه عَينٌ زمنيّة، بِحلٍّ لِلُغزِ المـوقِدةِ هذا، بحُكمِ رُؤيَتِه 'الواقع' (reality)[47] الذي كان يُبشِّرُ به بِشموليّةٍ غيرِ قابلةٍ للتَّجزِئة. تُعَلِّمُنا أبياتُ شِعرِه أنّه طالما أنّ النورَ قد وُلِدَ من حشا 'مريم'، فعلى تلكَ النّارِ أن تكونَ أيضًا في حَشاها. لذا يُنشِدُ قائلًا: "وَلَجَتِ النارُ الحشا، واتّخذَت لها جَسدًا وظَهرَت".[48]
كما وأنّها أيضًا في 'حشا' عَينِ مريم (أو أقلَّهُ نورِها)، فيُنشِدُ 'أفرام' هذه الحقيقةَ قائلًا:

هوّذا العالَم، وله عَينانِ ثابِتتان:
حَوّاءُ هي عَينُه العَمياءُ، اليُسرى؛
اما عَينُه اليُمنى – النيّرة – فهيَ مَريَم.[49]

ولم يعُد 'أفرام' يَتحدَّثُ هنا عن 'عَينِ مَريم' بشكلٍ حَصريٍّ، إنّما عن 'مريم' التي أصبحت شموليًّا، أي على صعيدِ الإنسانيّةِ منذ التكوين، العَينَ المقدَّسةَ (sacré) في مُقابلِ عَينِ حَوّاءَ الزمنيّةِ (profane). إنّها كمِصباحٍ متوهِّجٍ، مُنوَّرَةٌ ومُعطيَةٌ للنّورِ في آن، كمَوقِدَةٍ (foyer)، كفُرنِ الخُبزِ (بيت لحم).[50] إنّها 'عَينُ الأمومةِ' التي يُسنِدُ إليها المَجمعُ الفاتيكانيُّ الثاني كلَّ أنواعِ العُيونِ التي على الكَنيسةِ أن تتَّصفَ بها لخلاصِ النفوسِ والعالَم: عَينُ الأمِّ، عَينُ المـُربّيةِ وعَينُ الرّحمةِ (Mater, Magistra, et Caritas)، وهذا على سبيل المثال لا الحَصر.

يُدخِلُ 'أفرامُ' إلى مُعجَمِه الشعريّ كلَّ 'عَينٍ' يحتاجُها لهَدَفِه التعليميّ والرَعَويّ، بدون أن يخفي أنّ 'عَينَ مريمَ' هيَ تلكَ الفريدة التي يريدُ إعلانَها ويرغَبُ في أن يَكتَسِبَها كلُّ مؤمنٍ ومؤمنة، لأنّ من خلالِ هذه العَينِ يَجبُ أن تُرى الأمورُ كافّة ولا يُمرَّ أمرًا خارجًا عنها. بغير ذلك تقعُ كلُّ التجلّياتِ المـُقدَّسَة (hierophanies) و"أسرارُ" الكنيسة كافّة، في خانة العَبَثيّةِ

---

47 لما كانت كلمة "واقع" التي يقابلها كلمة "reality" لا جمعَ لها، من جذرها، يناسبنا لتعريب "realities"، تفحَّصنا أفضل المعاجم فهدتنا إلى مفهوم "الحقائق الماثلة" فاستعملناه.

48 أناشيد في الإيمان 4، 2)؛ راجع: La Pensée, p. 81. Cf. CSCO vol. 154, p. 9: يحلِّل الأب بو منصور رمز الحشا أو الرّحِم، ويفيدُنا بما يلي: "بالنسبة لتعدُّديّةِ المعاني التي يحملُها النور، والمـركَّزة على الألوهة والإيمان، تتَّخِذُ تعدُّديّةُ معنى رحِم (ܪܚܡ) أهمّيةً أوليّة بسبب قدرتها على الدالّة والربط بين مراحل مختلفة من تاريخ الخَلاص. وهذا ينسحب أيضًا على 'رحِم المعموديّة' الذي يمثِّل، بحسَب 'أناشيد الدِنح'، المشكوكِ بأصالتها الأفراميّة، المكان الذي يتم فيه الحصول على 'لِباس' الابن الوحيد، ملك المملكة السماويّة." (أناشيد الدنح، 9، 2؛ 13، 14). نرغب بأن نلفت، مع تأييدنا لجماليّةِ وصحّة هذا التحليل، إلى أنّ الأهمّيّةَ الأساسيّةَ لمفهوم 'رحِم'، حتى ولو كان تعدُّديّةِ الدلالات، تكمُن في أنّه المكان الوحيد الذي يتمُّ فيه كلّ تقاطعٍ أو تصالُبٍ حَيَويّ، ومن بينها اكتساب الثوب، أكان ثوبَ الابن أم ثوب آدم، وبخاصّة، المكان الوحيد من حيث تنطلق كل سينرجيا مسيحانيّة جامعة.

49 أناشيد في الكنيسة 37، 5) (Cf. CSCO vol. 198, p. 93)

50 ليس بالصدفة أن يعني اسم موقع ولادة المسيح، 'بيت لحم' (ܒܝܬ ܠܚܡܐ)، الآراميُّ الأصل، 'بَيتَ الخُبز'، أي 'الفُرن'.

(absurdity)، الأمرُ الذي تَنفيه ليتورجيّاتُ الكنائسِ المسيحيّةِ عندما ترنّمُ في كلِّ قُدّاسٍ، وقبلَ تناولِ القُربانِ مباشرةً: "الأقداسُ للقدّيسين تُعطى..." 51

علاوةً على ذلك، وبالعودةِ إلى العَين، بصفَتِها 'موقدةُ النور' و 'سراجُ الجَسدِ' المذكورَين أعلاه، يَتمتّعُ أيضًا كلُّ مالِكٍ لتلكَ العَينِ بالفِكرِ الـمُطابقِ لها، وهذا ما يُؤكّدُه بولسُ الرسول بقَولِه: «وأمّا نحنُ، فلَنا فكرُ المسيح». 52

خِتامًا، نلمُسُ، بفَضلِ 'نشيدِ النورِ' الشّهيرِ الذي تركَهُ لنا القديسُ أفرام، مدى التِزامِه بوالدةِ المسيحِ، 'مَوقِدَةِ' النارِ الإلهيّةِ الفائقةِ الوَصف، وبابنِها الذي 'يُشرِقُ' من 'وَسَطِ' أمِّه كما 'يُشرِقُ' من 'الوَسَطِ' الثالوثيّ الإلهيّ:

ها هوَ النورُ 'يَخرُجُ' من 'مكانِهِ' ويأتي إلى 'مكانِنا'
لن يَعلمَ البشرُ أبدًا موقعَ انطلاقِه .
المجدُ لهُ ولِمَن يُرسِلهُ،
لأنَّ مجدَهُ يَشعُّ في النّور. 53

وقد كان بإمكانِ 'أفرام' و'رَعيّتِهِ' أن يفتَخِروا بهذا النّشيدِ أمامَ الحضاراتِ كافّة، التي كانت تُحيطُ بهما من عَبَدةِ الشمسِ والنارِ والنورِ وأيِّ كائنٍ مخلوقٍ آخرَ (ityâ ܐܝܬܝܐ) يُعتبَرُ إلهًا، إنّما لا يَخفى على أحدٍ اللُّغزُ الذي يُثيرُه هذا النّشيدُ ألا وهوَ موضِعُ وجودِ هذا 'المكانِ' (atrâ ܐܬܪܐ) الذي يَتحدّثُ 'أفرام' عنهُ والذي سنبحثُ فيهِ لاحقًا لتسهيلِ اللقاءِ بينَ عيونِ عُلماءِ الفيزياءِ والفَضاءِ وعيونِ اللاهوتيين.

يقول 'أفرام': "إنّ البشرَ لن يَعلموا أبدًا الـمَوضِعَ الذي يَنطلِقُ منهُ هذا النّور"، من هُنا تبرُزُ الحاجةُ إلى بذلِ مجهودٍ علميّ، ولدقّةٍ أكثر في الكلامِ، لنوعٍ من بَحثٍ في 'الكوسموغرافيّة'، أو في 'البَصروغرافيّة' (ophtalmography)، مبنيٍّ في الحالتين على عِلمِ الفيزياءِ البَصريّ (optics) والتموّجيّ (waves) و/أو على علمِ الفيزياءِ الكمّي (quantic)، في محاولةٍ لتحديدِ موضعِ المَصدرِ الأنطولوجيِّ لذاكَ النّور. سوف يتوجّبُ أيضًا تحديدُ مسارِه ونقطةُ التقاطِه، على أملِ النجاحِ في تحديدِ 'قُبّتِه الدّهريّةِ' (مشكنزبنا ܡܫܟܢܙܒܢܐ) في عَصرِنا. وللدقّةِ نفسِها المذكورة سابقًا، سوف يتوجّبُ علينا تحديدُ 'موضِعِه' في 'زَمكانٍ ما' من أواسِطِ عيونِ البشر. سيَبدو الأمرُ شبيهًا بالبحثِ عن مكانِ إقامةِ يسوعَ المسيح، بحسبِ إنجيلِ يوحنا. 54 في

---

51   كتاب القداس الماروني، بكركي 2005، ص 742
52   1قور 2، 16
53   الشحيمة المارونيّة، المطبعة الكاثوليكيّة، بيروت، 1981، صلاة الصباح، النشيد الثالث، ص 124. من الممكن ألّا يكون هذا النشيد أفرامي الأصل إنّما، لكثرةِ ما كتبَ 'أفرام' من أناشيد بموضوع النور، نسبَ التقليدُ إليه.
54   الإنجيل واضح بهذا الصدد: ما إن بدأ يسوع رسالته حتى اتّخذ له عنوانا. بحسَبِ يو1، 38-39 دعا يسوع

النّهاية، إن لم يكن موعدُ لقاءِ العلمِ والدِينِ عند منابعِ 'النورِ' تحديدًا، فأينَ يكون؟

1.3.2. ركائزُ الجسرِ الأفراميّ بينَ 'كتابِ الطبيعة' و'كتابِ الإيمان'. (كيانًا وكتابًا ܟܝܢܐ ܘܟܬܒܐ)

كان الهراطقةُ المحيطونَ بـ'أفرام' وبأبناءِ رعيّتِه يَعبُدونَ المخلوقاتِ: الشمسَ والنورَ، والنارَ تحديدًا، التي كانت في مُتناوَلِ حَواسِهم. كانوا يرفضونَ البشارة المسيحية التي سَتُنَبِّهُهم على الواقعِ المدلول إليه من خلالِ هذه الرموزِ والدلالاتِ المختلفةِ. كان ينبغي عليهم أن يُدركوا أنّه لم يكن لهذه الكائناتِ (ityé ܐܝܬܝܐ) قيمةٌ مقدّسةٌ إلّا بمقدارِ ما تدلُّ على "خالقِ كلّ ما يُرى وما لا يُرى"، وتكونَ له 'تجليّاتٌ مقدّسةٌ' (hierophanies) في الكَون.

إنّ 'أفرام' كرجلِ إيمانٍ وعقلٍ بالوقتِ نفسِه، مكلّفٍ من قِبَلِ أسقُفِه بتَنشئة المؤمنينَ لاهوتيًّا ودينيًّا، وَجَدَ نفسَهُ مُضطرًّا للدفاعِ عن استقامَةِ إيمانِه في وجهِ الهرطقاتِ كافّةً، بخاصّةٍ تلك التي تُعرّضُ الإيمانَ المسيحيَّ القويمَ للخطرِ.[55] كانَ يكرّسُ نفسَهُ لدحضِ 'التعاليمِ المزيّفةِ' للتياراتِ الأخرى، بخاصّةٍ عقائدِ الغنوصيّين التي كانت أشبَهَ بالتيّاراتِ الإلحاديّةِ والوضعيّةِ المعاصرةِ. وفي الوقتِ عَينِه، في خُطى الرّسولِ بولس، كانَ 'أفرام' يشعرُ بواجبِ الكرازةِ الإنجيليّةِ وجذبِ الجميعِ إلى ربّهِ وإلهِه. كان يرغبُ في إقناعِ كلّ إنسانٍ بأنّ المسيحَ، هذا الإلهَ والمُخلّصَ، 'نورَ العالمِ' الذي يُبشِّرُ به، يُقيمُ في وَسَطِ عَينِ كلّ واحدٍ منهُم، ولَو 'راقِدًا' أو 'نائمًا'. كان يَعتبِرُ، بالتّالي، أنّ حَمْلَ كلّ إنسانٍ على اكتشافِ عَينِه النيّرةِ في انعكاسِ مرآتِه الخاصة يعني إيقاظَهُ من غَيبوبَتِه أو نزعَهُ من جَهلِه، وتهيئتَهُ لاكتشافِ 'اللؤلؤةِ' (ܡܪܓܢܝܬܐ) المُقترَحةِ عَليه والتي هيَ القُدرةُ على التوقّعِ والتيقّنِ.[56] وأيًّا تَكن الحَسنةُ أو السيّئةُ الناتجةُ عن تمتّعِ الإنسانِ بالعَينِ المُطمئنّةِ، أو مُعاناتِه من العَينِ المُخيبةِ، تَبقى الحقيقةُ، بالنسبةِ إلى 'أفرامَ'، أنّ كلّ يقظةٍ روحيّةٍ تتطلّبُ جهدًا وتفكّرًا بالانعكاساتِ المتأتّيةِ عن 'مرآةِ' الذاتِ، كما التفكّرُ بما يُرى وبما لا يُرى، بخاصّةٍ، بما يتعلّقُ بالحقيقةِ المُطلَقةِ والأبعادِ الدينيّةِ للنفسِ ومعرفةِ الذّاتِ. يَعتبرُ 'أفرامُ' أنّ كلَّ توانٍ في هذا المجالِ أمرٌ سيّءٌ للغايةِ.[57] وبالتّالي، وفي سبيلِ رؤيةِ ما رأتهُ 'عَينُ مريمَ'، أو الاكتفاءِ

---

[55] تلميذَي يوحنّا المعمدان لعنده. فقالا له: "رابي، أين تقيم؟". فأجابهما: "تعاليا وانظرا". فأتياه ورأيا أين يقيم وحلّا ضَيفين عليه طوال ذاك اليوم. أين كان هذا؟ في ما بعد سيُعطي لأناس آخرين بعض الأدلة عن بيته: "للثعالب أوجرة ولطيور السماء أعشاش أما ابن الإنسان فليس له ما يسند عليه رأسه". (متى 8، 20). فبموجب هذه الأدلة نتساءل نحن أيضًا: أي GPS يمكنه أن يدلنا إلى الموقع الذي يقطن فيه 'نور العالم'؟ *Les Origines*, p. 18-19

[56] راجع أش 55، 11؛ عبارتان كمفتاحين أساسيين لفهم فيزياء الكمّ، ستتكرّران بكثرة.

[57] بهذا الصدد، ألّفَ 'أفرام' صلاةً يجدر بكلّ إنسان ان يعتبرها خاصّته حتى في أيامنا هذه: "ربي وسيد حياتي،

بما رأَته ’عَين‘ الإنجيليِّ يوحنّا، أو ’عَين‘ القديسِ بولُس، أو حتّى الاكتفاءِ بما رأتهُ ’عَين أفرام‘ والشعورِ بالاستعدادِ "لبَيعِ كلّ شيءٍ لشراءِ الحقلِ الذي يوجدُ فيه الكنزُ المدفون"،[58] نحتاجُ إلى العَينِ النيِّرة، عَينِ الإيمان:

أنتَ، كلُّ ما فيكَ رائعٌ،
وأيًّا تكُن الوُجهَةُ التي أبحثُ عنكَ من خِلالِها
أراكَ قريبًا، ومعَ ذٰلكَ بعيدًا، فَمَن يَستطيعُ أن يدركَكَ؟
لا يُفلِحُ أيُّ بَحثٍ ببُلوغِكَ.
إذ إنّه، ما إن يَقتَرِب من مَرامِهِ حتّى يتَقطَّع ويَتوقَّف،
كَونُهُ قصيرَ المَدى جِدًّا نسبةً إلى جَبَلِكَ،
في حين أنَّ الإيمانَ يُدركُكَ، كما الحُبُّ مع الصلاة [59]

تُعيدُنا كلماتُ ’أفرامَ‘ الشّعريَّةُ هذه إلى مشهدِ الخَلقِ لنعذرَ حوّاءَ في سُقوطِها، إذ لم تكُن تَتمتّع بعد، لا بِحُبٍّ ولا بإيمانٍ ولا بعدمِ إيمانٍ، لأن عَينَيها لم تكونا بعدُ قد انفتَحتا. باختصار، لَم تَكُن حوّاءُ بعدُ مُستعِدَّةً لمغامرةِ مَعرفةِ لا الذّاتِ ولا الآخر.

بالفعل، في مقابلِ خيبةِ أملِ آدمَ وحوّاء، لدى اكتِشافِهما عُريَهُما، يُبرزُ الكِتابُ المقدَّس "القيمةَ" المحفّزةَ التي دَفعَت حوّاءَ لاتّخاذِ قرارِ أكلِ الثّمرةِ الـمُحرَّمة: "رأتِ المرأةُ أن ثمارَ الشّجرةِ طيِّبةٌ للمأكلِ وشهيَّةٌ للعيونِ وأنَّـها مُنيةٌ لاكتساب قُدرةِ التّمييزِ، فأخذَت من ثمرِها وأكلَت".[60] كانتِ المرأةُ، ’حواء‘، تَسعى، في النِّهايةِ، إلى التَّمييزِ بينَ الأنا والآخر (*Das Andere*)، و’الآخر المطلق‘ (*Das ganz Andere*)، وبالتّالي، بين الحُبِّ وعدمِ الحُبِّ، إذ كيفَ سيُمكِنُها أن تشعُرَ بأنّها محبوبةٌ إن لم تُميِّز بينَ الذّاتِ والآخَر؟ يقولُ تفسيرٌ مُستلهَمٌ من أنغامِ كنّارةِ ’أفرامَ‘ أن حوّاءَ أكلَت من ثمرِ الشَّجرةِ بعَينَيها أوّلًا قبلَ أن تقعَ في ’الفخِّ‘.[61] يشيرُ القديسُ أفرام مرنِّمًا:

من الواضحِ أن مريمَ هي أرضُ النورِ
الذي يُضيءُ، من خلالِها، العالَـم وسكانَهُ

أبعد عنّي روح الكسل والإحباط والتسلُّط والكلام الفارغ. نعم، أيها الربُّ والملك، أعطني ان أرى خطاياي وألا أحكُمَ على أخي، فإنك انت المبارك إلى أبد الآبدين، آمين".

58 مت 13، 44

59 أناشيد الإيمان 4، 11. ’الإيمان هوَ العين القادرة أن ترى كل ما هوَ خفي، وعليها، بدورها، أن تكون مدعَّمةً بالحُبِّ والصلاة‘. راجع (*H Fid* 4,11 ; *TLE*, pp. 80-81. *Cf. CSCO* vol. 154, p. 13)

60 تك 3، 6

61 يُذكِّر بولس الفغالي في مقاله المُعنون: الإفخارستيّا وحضور المسيح بعادةٍ قديمة في الكنيسة المارونيّة ترمز إلى تناول القربان بالعَينين قبل الفم. كتبَ الفغالي ما يلي: "كان تناول القربان يتمّ باليدين، لا على اللسان، وذٰلك قبل أن أضاع التقليد السريانيّ عُمقَه الكبير. كان المؤمن يأخذ القربان ويلمُس به عينيه قبل أن يأكله..." (راجع صلاة الشكران من نافور القداس السابق تقديسه.)

بعدَ أن كانوا قد وقَعوا في الظَّلامِ بسبَبِ حوّاءَ مصدَرِ كلِّ الشرور.
إن رَمزيَّتهُما لتُشبِّهُ بجسَدٍ ذي عَينَين: إحداهُما عَمياءُ ومُعتَمَةٌ،
بينَما الثانيةُ، بعكسِ الأولى، نَيِّرَةٌ وصافيَةٌ، تُعطي النورَ للجَميع.[62]

من يُمكِنهُ لومَ 'حوّاءَ' في سَعيها إلى التَّمتُّعِ بعَينِ 'مريمَ'؟ إن مُشكلَتها الوحيدة، مقارنةً مع مشكلةِ 'موسى' الذي صمَّمَ انطلاقًا من شعورِهِ القَوميِّ على إنقاذِ شعبهِ بقَتلِ الجُنديِ المصريِّ، هي أنها أرادتِ التَّمتُّعَ بتلكَ العَينِ، خارجَ التدبيرِ الخَلاصيِّ، أي من دونِ دَعوةٍ من خالِقها الذي هوَ ربُّ الأزمنةِ (Chronos) والبَشرِ وكل أنواعِ العُيونِ والشَّجَرِ.[63]

إضافةً إلى ذلك، وبفضلِ الوَسيلةِ الذَّكيّةِ 'للمتوازيات' التي اعتمَدَها 'أفرامُ' في أسلوبِهِ التَعليميِّ، مُستَعيرًا من الفَيلسوفِ أفلاطون التسآليّةِ (maieutics)،[64] يَدفعُ 'أفرامُ' بمُحاوريهِ ليَستَنتِجوا بأنفسِهم ما يُريدُ منهم أن يَفهموهُ عن الحَقيقَةِ. لا يَتوانى 'أفرامُ' عن اتّهامِ حوّاءَ بأنّها مَصدَرُ الشرورِ كافّةً، ولكنّهُ، في الوقتِ عَينِهِ، يعذرُها: إن كانت حوّاءُ هي العَينُ العمياءُ والمـُعتَمة، فَإلامَ تكونُ تلكَ العَينُ مُتلهِّفةً إن لم يَكن للنّورِ؟ وما الذي وسوسَت لها به الحيَّةُ بزهوٍ، أليسَ بالتَّمتُّعِ بنورِ معرفةِ الخيرِ والشرِّ؟ لماذا تُلامُ إذًا إن كانت تَعتقدُ أنها 'تأكُلُ' 'النورَ الحقيقيَّ' الذي يَسمحُ لها بأن 'تَرى'؟[65]

بكلامهِ هذا يَدحَضُ 'أفرامُ' جميعَ الذين دَمغوهُ بألوانِ كراهيَةِ النِّساءِ، لأنّهُ لو كانَ كذلك حقًّا، لما تمكَّنَ من جَمعِ نساءِ رعيّتِهِ حولَهُ، تحتَ لواءِ 'بناتِ العهدِ' 'Bnot Qyomo'، اللواتي أطلقنَ، برعايتِهِ، ما يُسمَّى اليوم، في المعنى الحديث، حركةَ انعتاقِ المرأةِ (emancipation). لم يَكُن في نيّةِ 'أفرامَ' أن يُهينَ 'أمَّ البَشرِ' أو المرأةَ في العهدِ القديم، بل كانَ بالأحرى يسعى إلى إقناعِ بناتِ رعيّتِهِ اللواتي استعَدنَ كرامتَهُنَّ الزمنيّةَ بأن يُدركنَ أنّهُ يُمكِنُ للعَينِ أن تُشكِّلَ أيضًا مصدرًا للشّقاءِ بما أنّها حرّةُ اللجوءِ، إبّانَ سعيها لاكتشافِ الذّاتِ والآخر، إلى مَنابعِ نورٍ غيرِ نبعِ الإيمانِ بيَسوعَ المسيحِ.[66] من خِلالِ هذا التضادِ (contrast)، يُبرِزُ 'أفرامُ'، كمُربٍّ صالحٍ، ما تُعلِّمُهُ

---

62 أناشيد في الكنيسة 37، 3؛ راجع (TLE, p. 82. Cf. CSCO vol. 182, p. 92)

63 خر 2، 11

64 'مَنهجيّة التَّوليد' (maïeutique) التي يعيدُها أفلاطون لمعلّمِهِ سُقراط. راجع معجم عبد النور المفصّل، دار العلم للملايين، 2004.

65 راجع بولس الفغالي، المحيط الجامع، خروج.

66 أعمال المؤتمر الحادي عشر، حلب، 2006. مطبوعات مركز الدراسات والأبحاث المشرقيّة، 2007، المقدمة ص 2. مقال باللغة الإنجليزيّة للعلامة سيباستيان بروك:

Brock S., Saint Ephrem On Women in the Old Testament.

(سنعرِّف عن هذا المرجع في ما بعد بالاسم التالي: أعمال المؤتمر الحادي عشر).

الكنيسة، وفي الوقتِ نَفسِه يُلمِّحُ إلى البناتِ والنِّساءِ اللَّواتي هنَّ بطبيعتِهنَّ الأكثرَ تأثُّرًا بهَجماتِ الهَرطقاتِ (وهذا صحيحٌ حتّى يومِنا هذا) بأن يَكُنَّ حكيماتٍ بعدم انسياقهِنَّ لميولِ عُيونهِنَّ.[67]

من خلال وضعِه مِثالَي 'المرأة'، القديم والجديد، أمامَ 'بناتِ العَهدِ'، يُرسي 'أفرامُ' الركيزتَينِ الأوليَّين للجسرِ بينَ العَقلِ والإيمانِ، بينَ 'الكِتابَينِ' السّالِفَي الذِّكر، ويَدعو المرأةَ إلى حُسنِ استخدامِ حُرِّيتها، وإلى الخِدمةِ، في الكنيسةِ، تمامًا كما يفعلُ الرَّجلُ أخوها في العِمادِ.[68] إنّه يدعوها إلى اكتِسابِ عَينَي 'أمِّها' في الخَلاص، و'أُختِها' في العِماد، عَينَ 'مريم'، لِكي تَتَحَمَّلَ مسؤوليَّتها بشكلٍ شاملٍ في مَسيرةِ الخَلاصِ الإلهيِّ 'Mdabronuto'. كانَ يكفيه لهذا الهدف، مع ردِّ الاعتبارِ إلى نِساءِ العَهدِ القَديم في عيونِ نِساءِ رعيَّتِه، أن يُذكِّرَهُنَّ بكلماتِ المسيح: «وإذا شكَّكتكَ عَينُكَ، فخيرٌ لك أن تَقلَعَها وتُلقيَها عنك».[69] وبقدرِ ما كانت المؤمناتُ يتأكَّدنَ من أن البديلَ المُقترَح عن عيونهِنَّ الزمنيَّة هوَ 'عَينُ والدةِ الله'، البديل المُشرِّفُ والثمينُ للغاية، كانت دعوتُه تَلقى تجاوبًا أكبرَ وقابليَّةً أفضلَ للتَّطبيق.

إذًا، من الواضح أنَّه، ومنذُ أن قدَّمَ المسيحُ ذاتَه للبشر 'نورًا للعالَم'، من خِلالِ 'حشا عَينِ' والدَتِه، أصبَحَ موضوعَا 'العَينِ' و'البَصر' مَعلمَينِ أساسيَّينِ للإنسانيَّةِ والكنيسة بكلِّ ما يَتعلَّقُ بالتَّوعيةِ الذَّاتيَّة في الحالةِ العَلائقيَّة كما في الحُريَّةِ الإنسانيَّة.[70] إن النَّجاحَ، مثلَ 'مريم'، في القَولِ ليَسوع: «أنتَ عَينايَ» أو «أنتَ عَينايَ ونورُهما»، هوَ الرَّدُّ على التَّحدّي المرفوعِ أعلاه، وهو، بعد الخِبرة، قابلٌ للتَّطبيق.

ما هي خِبرةُ القدّيسِ بولس مع هذينِ المَعلَمَين، وماذا يَنقُلُ للذينَ يقولونَ إنَّ "المباركةَ بين كلِّ النِّساء" كانت استثناءً؟

---

[67] قصة التحدّي بين عيني 'أفرامَ' وعيني السيدة الرهاويّة التي أوردها 'بروك' في مطلع مقاله عن 'مار أفرام والمرأة في العهد القديم' 'Saint Ephrem on Women in the Old Testament'، هي، في هذه الحالة، عميقة المغزى لجهة تحديد ميول العينين، والتساوي بين الرجل والمرأة في الوقوع بالخطأ.

[68] أعمال المؤتمر الحادي عشر، ص 43

[69] مر 9، 47؛ مت 18، 9

[70] يميز 'أفرامُ' بين ما خلقه الله 'بالرمز' (ܐܪܙܐ) وما خلقه 'بالكلمة' (ܡܠܬܐ) وأيضًا ما خلقه بالأمر (ܦܘܩܕܢܐ) (راجع بولس الفغالي، المرجع نفسه، ص 55). إن كانت الكينونة (ܟܝܢܘܬܐ)، أوّل ما خلقه الله بالكلمة (ܡܠܬܐ)، هي النور، فهذا لأنّه، عزَّ وجلَّ، كان متوقَّعا، حكما، لدور عيني الإنسان الذي سيخلقه. وإن فعل هذا بالكلمة، فلكي يضيء، على أساس التماثُل، بين 'العين والنور' (ܥܝܢܐ ܘܢܘܗܪܐ) من جهة، و'الإدراك والكلمة' (ܚܟܡܬܐ ܘܡܠܬܐ) من جهة أخرى. هذا ما تؤدّي إليه رمزيّة الآيَة الثالثة من سفر التكوين. قد نقول بأنّها خلاصة الأبعاد الدينيّة كافّة التي استوحت منها ديانات الشعوب الأخرى: صلة العين بالشمس، الرؤية الطبيعيّة المعرفيّة. لقد قُدِّرَ لموسى النبي أن يتعلَّم كل هذه الأمور كابن لفرعون.

4.1. عَينُ 'بولس' مُهندسُ الإيمان (ܡܗܕܣܢܘܬܐ ܕܗܝܡܢܘܬܐ)

في حالِ اعتبارِ 'مريم' استثناءً منذُ أن تمَّ الحَملُ بها في حَشا أمِّها حنَّة، لا يعود باستطاعة أحدٍ، أفضلَ من 'بولسَ' رسولِ الأمَم، أن يشهَدَ لقابليَّةِ التطبيقِ تلك، على صعيدِ هذينِ المَعلَمَين.[71] علينا إذاً أن نسألَ عَينَيهِ اللتين تعمَّدتا بـ'النَّار' و'الرُّوح' على 'طريق دِمَشق'. كان لا بدَّ لـِ'عَينيهِ'، بسببِ الفكرِ الاختزاليِّ الذي فرضَهُ جمودُ الشَّريعةِ والتعاليمِ الفرّيسيَّةِ المتشدِّدةِ والفَوقيَّةِ، على نفسِهِ، أن تَخضَعا لتدخُّلِ طِبٍّ 'لاهوت-بَصريّ' (-ophtalmo theologic) لاكتسابِ التمييزِ الذي تحدَّث عنهُ يسوعُ، بعد شفائهِ للأعمى منذُ الولادَةِ:

> وَعَرَفَ يَسُوعُ بِطَردِهِ خَارِجًا، فَقَصَدَ إِلَيهِ وَسَأَلَهُ: أَتُؤمِنُ بِابنِ اللهِ؟ أَجَابَ: مَن هُوَ يَا سَيِّدُ حَتَّى أُومِنَ بِهِ؟ فَقَالَ لَهُ يَسُوعُ: الَّذِي قَد رَأَيتَهُ، وَالَّذِي يُكَلِّمُكَ، هُوَ نَفسُهُ! فَقَالَ: أَنَا أُومِنُ يَا سَيِّدُ! وَسَجَدَ لَهُ. فَقَالَ يَسُوعُ: إِنَّنِي لِعَامِلِ التَّمييزِ قَد جِئتُ إِلَى هَذَا العَالَمِ، حَتَّى يُبصِرَ الَّذِينَ لَا يُبصِرُونَ، وَيَعمَى الَّذِينَ يُبصِرُونَ.[72]

يا للتَّشابهِ بين المعجزتين! بعدَ ذلكَ، باتَ 'بولس' غيرَ مهتمٍّ بأن يحميَ حياتَهُ، أو قوميَّتَهُ، أو حتَّى ديانتَهُ اليَهوديَّة، ما يَعني طريقةَ رؤيَتِهِ لله وتفسيرَهُ له. لقد أصبحَ همُّهُ الأوحَدُ أن يحميَ هذا النورَ اللهَابَ الذي 'فتنَهُ' بـ 'عُنْفٍ'.[73] أما 'العُنْفُ'، فبسَببِ العَمى، الأمرُ الذي يَسمحُ بوَصفِ تَقاطعِ النُّورِ مع العَينَينِ بـ'السِّرِّ الرَّهيب' (mysterium tremendum) كالوقوعِ بين يدَي الله الحيِّ. أما 'الانفتانُ' فبسَببِ المشاهدَةِ الإلهيَّةِ التي سَمحت للرسول ببلوغ 'السماءِ الثَّالثة'،[74] ما يَسمَحُ بوَصفِ التَّقاطعِ عينِهِ بالفاتنِ (fascinans)، وكلُّ ذلك على مُستوى المُثُلِ (Numen)، بحَسبِ تَعبيرِ الفَيلسوفِ 'رودولف أوتّو'.[75]

يبدو أنَّ ظاهرةَ 'العُنفِ الفَتَّانِ'، أو 'الفَتنِ العَنيفِ'، تَسيرُ جَنبًا إلى جَنبٍ مع 'الأسرارِ الخَلاصيَّةِ' (mysteria salutis) بقَدرِ ما تُعالجُ تلكَ 'الأسرارُ' الخُصوبَةَ 'الإلَه-إنسانيَّةِ' (كذا) أو 'الإنسان-إلهيَّة'.[76] وينسحِبُ على ما سَبقَ أيضًا، بحَسبِ ما يُشيرُ إليه الأبُ بو مَنصور،[77]

---

71 أليس لهذا تَرجَّى يسوع المسيح ليحرِّره 'من جسد الموت'؟ (رو 7، 24) فقط مريم، بفضل اصطفائها ووحدتها السَّويَّة (الرابط بين حبل الخَلاص والسرَّة) بإبنها كان بإمكانها تخطي هذا العائق.

72 تعريب هذه الآيات (يو 9، 35 - 39) الذي قام به المؤلِّف باللغة الفرنسيَّة يختلف عن النصوص العربيَّة التي لا تتحدَّث عن تمييز إنَّما عن حُكم.

73 تشبيهًا بنار عُلَّيقة موسى وبنار السيف المتقلِّب الذي يحمي طريق العودة إلى جنة عدن.

74 2 قور 12، 2 - 10

75 Le Sacré et le Profane, Introduction.

76 Girard René, La Violence et le Sacré, Pluriel N0 897; Hachette, juillet 2011. Page 54

77 *La Pensée*, p 280

القولُ بأنّ تلكَ الظاهرةَ تَضعُ أسُسَ ما يُسمّى الـمُفارقَة البولُسيَّة (paulinien paradox) الذي عَرَفَ 'أفرامَ'، كعادتِه، كيفَ يُسلِّطُ الضَّوءَ عليها، بتَوسُّلِ مَنهجيَّةِ التَّضادِ (contrast) بين الألَـمِ والمَجد، إذ يقول: "... حيث يكثر الألمُ، يفيضُ المجدُ...".[78] ثمّ يُؤكِّدُ 'أفرامَ' ذلكَ بوضوحٍ ويُشدِّدُ على تلك الـمُفارقة باتّهامِ 'بطرسَ' بأنّه لم يكُن مُدرِكًا الخَفيَّ من حَقيقَتِها عِندما حاولَ أن يُوفِّرَ على المسيح الآلام، مُدافعًا عنهُ بالسَّيف. لم يكُن 'بطرس' يُدرِكُ أن عظمةَ المجدِ سَتكونُ بمِقدار عَظمةِ الألم. على هذا الأساسِ يَبقى الصَّليبُ لِـ'أفرامَ' أداةَ ظَفرٍ ومجدٍ، وفي هذهِ الـمُعادلَةِ، تكمُنُ، برأيهِ، دالّتُه الأولى والأساس. ولكنّ ذَينكَ الظفرِ والمجدِ لم يَتِمَّ بلوغُهُما إلّا من خِلالِ الامّحاءِ الكامِلِ للذّات، من خلالِ موتٍ فظيعٍ على الصَّليب.[79]

يَكفي اعتمادُ العَهدِ الجديدِ كمَرجَعٍ لنجدَ فيهِ شهودًا قد عاشوا ذاكَ الاِستنتاج: 'زكريّا' (الإصابة بالبكم، وولادةُ الوريث)؛ 'إليصابات' (حملُ العاقرِ في شَيخوخَتها)؛ 'مريم' (الأمومةُ البتوليَّة، الاتّهام بالزنى، السَّيف)، 'المَعمدان' (الاختيارُ من الرَّحِم الأموميّ، وُعورَةُ الصَّحراء، قَطعُ الرأس)، 'يسوعُ المسيح' ابنُ الله بالذات، (مُعانَقَةُ أمٍّ، معانقةُ الصَّليب) إلخ.[80] على أنَّ الحالةَ الأخيرةَ هيَ التي تركَت الأثَرَ الأكبرَ في نفسِ 'أفرامَ'، وفَتحَت عَينَيهِ على 'سرِّ' التَّجسُّدِ الفائقِ الوَصف.

إذًا، لقد خُصِّبَت حياةٌ جديدةٌ في عَينَي 'بولس'، وأُوكِلَت إليه رسالةٌ جديدة. وعلى مثال 'مريم'، سُرعانَ ما اكتسَبَ 'العَينَ النَّيِّرة'، مَوقِدَةَ (hearth) نارِ الغَيرةِ الإلهيَّة، 'الحَشا' (مُستعيدينَ التّشبيهَ الـمُفضَّل لدى 'أفرامَ') للعَلاماتِ والرُّموزِ والنّبوءاتِ كافّةً التي كانت تربُطُ بينَ قَديمِهِ (شاولُ الشريعة) وجَديدِه (بولس البشارة). فبناءً عليه، باتَ على جميعِ التّفسيراتِ أن تَخضَعَ للتَّغييرِ وللتَّحوُّلاتِ نَفسِها، مُرورًا بتِلكَ 'العَينِ' التي اتَّخذَت دورَ 'المُحفِّز' (catalysor) ودورَ 'الكُورِ' (فلنَفتَرضهُ نَوَويًّا) الذي تَتَطهَّرُ بِنارِهِ (وافتِراضًا بـأشعاعاته) كلُّ العلاماتِ والرُّموزِ، حتّى الاسمِ 'شاولُ' بالذّات، وتَتعمَّدُ بالرّوحِ الأزليِّ، وتَتحوّلُ إلى 'أسرارٍ' مسيحانيَّةٍ، لا بل، بالأحرى،

78 *H Fid* 82,11-12. *Cf. CSCO* vol. 154, pp. 253-254

79 *La Pensée*, p. 280

80 مقطع من صلاة الترجّي (بوعوثا) لصباح أحد الموتى المؤمنين من كتاب 'التشمشت الماروني' (لا يزال مخطوطًا)، يَصِف، بحسَبِ القديس يعقوب السروجي، لحظةَ القرار الإلهي بخلق العالم على الشكل التالي:
❖ ܢܣܒ ܐܒܐ ܥܦܪܗ ܕܐܕܡ ܒܝܬ ܐܝܕܘܗܝ ܩܕܝܫܬܐ ❖ ܩܪܐ ܗܘܐ ܠܒܪܗ ܘܗܟܢ ܐܡܪ ܠܗ ❖ ܗܢܐ
ܠܨܠܝܒܐ ܡܪܝܡ ܠܟ ܘܡܒܙܚ ܒܟ ܡܫܬܥܒܕܘܬܟ ❖ ܗܢܐ ܠܩܒܪܐ ܡܥܠ ܠܟ ܘܡܨܥܪ ܠܟ ܘܡܫܝܛ ܠܟ ❖ ܐܢ ܨܒܐ
ܒܪܐ ܐܢܐ ܠܗ ❖ ܘܐܢ ܠܐ ܨܒܐ ܐܢܬ ܠܐ ܐܒܪܝܘܗܝ ❖ ܘܐܡܪ ܠܗ: ܒܪܝܘܗܝ، ܡܛܠ ܕܡܢ ܡܪܝܡ ܠܒܫ
ܐܢܐ ܠܗ ❖ ܘܡܣܝܒܪ ܐܢܐ ܚܫܐ ܘܦܪܩ ܐܢܐ ܠܥܠܡܐ، ما يعني: أخذ الآبُ بيَدِيه المُقدسَّتين تُرابَ آدم؛ نادى ابنَه، وهاكُم ما قالَهُ له: "هذا هوَ الذي على الصليب سيرفعُك ويسخرُ منك. هذا هوَ الذي سيُدخلُكَ القبرَ ويَحتقرُك ويَرذُلك. إن شئتَ خلقتُه. إن لم تشأ لا أخلُقُه". فأجابَه: "اخلُقهُ، لأني من 'مريمَ' سألبَسُه وأحتمِلُ الآلام وأُخلِّصُ العالم".

إلى 'سِرٍّ' واحدٍ، أوحَد، هوَ 'المسيحَ'. وعليه نجدُ أن أقوالَ 'بولسَ' التي تَكشِفُ ازدواجيَّةً في شَخصِه، تُصبحُ أكثرَ مَوضوعيَّة.[81] ولكِن بأيّ ثَمنٍ؟ هل بثَمنِ اختبارٍ في عالَم 'المثل' الذي يتحدَّثُ عنه الفيلسوف رودولف أوتّو، والذي يؤدّي إلى مفارقةٍ (paradox) نفسانيَّةٍ لدى من يتحمَّل عبءَ وَحيٍ يَظهَر بمَظهر "الجاذبِ المـُرعِب" (tremendum)، وفي الوقت نفسِه، "الفاتنِ المُخيف"،[82] أم بثَمنِ فقدانِ السَّيطرةِ بالكامِل على الذَّات، لدرجةِ القول: «لستُ أنا من يَحيا بعد، بل هوَ، المسيحُ، يَحيا فيَّ».[83]

هكذا، وَصلنا مع 'بولس' إلى النُّقطةِ الّتي تَبلُغُ فيها قابليَّةُ تطبيقِ 'العَينِ النيِّرة' ذُروتَها، والتي يتوازنُ فيها 'المُرعِبُ' و'الفاتِن'، كما تَوازنَ، في حالةِ 'مريم'، الـ"كَيفَ؟" (Quomodo) والـ"لِتَكُن مَشيئَتُكَ" (Fiat)، وفي حالةِ 'دانيال' بين 'حُلم الأمبَراطور' و'الكَشفِ الإلهيّ'.

إنّه لَمِنَ الضروريّ الآن، للتَقدُّم في بحثِنا، أن نتعمَّق أكثر، فورًا، بإشكاليَّةِ مفهوم 'السِّرّ' الذي يشير 'أفرام' إليه بالمـُصطَلَح السُّريانيّ 'رَازَا' (ܪܐܙܐ)، وصيغةُ الجمعِ منه 'رَازا' (ܪܐܙܐ)، لأنّه سيؤَدّي دورَ الركيزةِ الثالثةِ بعد العينِ والنور، التي لا بُدَّ منها لبناءِ الجسرِ بينَ الدِّينِ والعِلم، بينَ 'الكتابِ' المقدَّس و'كتابِ' الطبيعة.

إن 'العَينَ' و'النورَ' والـ'رازَ' ستَضمِنُ ثلاثتُها مُغامرتَنا مع العَلاقةِ 'التَّرابطيَّةِ' (correlation) بين الإلهيّ والإنسانيّ، ومع السِّينِرجيا الكامِنةِ خلفَها، والمجازفة في التَّقريبِ بين المـَفهومَين السَّائدَين للخَلق: 'الخَلقُ من العَدَم' الخاص بالكتابِ المقدَّس، و'الانفجارُ الكبير' (Big Bang) الخاص بعلمِ الفيزياءِ الكمِّي، لنصل بهما إلى "الخلق من الحُب"

2. الـ'رازُ' في العَين

ألا يُوازي القَولُ "الراز في العَين"، قَولَ "السِّرِّ في العَين"؟

يَظهَرُ مصطلحُ 'راز' في الكتاب المقدَّس، للمرَّة الأولى، في سفر دانيال 2، 18، في آيةٍ من جزءٍ مُتنازَعٍ على قانونيَّتِه بين الكنيسةِ الكاثوليكيَّةِ والسُّلطةِ العِبريَّة. كُتِبَ هذا الجزء من سفرِ دانيال، أساسًا، باللُّغةِ الآراميَّة. وإن عبارةَ 'راز' التي نجدُها فيه هي ذاتُ أصلٍ فارسيّ، أي من البيئَة التي تمَّ فيها الحَدَث. يَلي النَّصُّ الأصليّ، كما وَرَدَ في الكتابِ المقدَّس السُّريانيّ:

---

81   مثلا: في 2 قور، 4–16

82   عب 10، 31. ملاحظة: بين نوعَين من الواقع، الأسمى والأدنى.

83   غل 2، 20

ܗܝܕܝܢ ܕܢܝܐܝܠ ܠܒܝܬܗ ܐܙܠ
ܗܝܕܝܢ ܕܢܝܐܝܠ ܠܒܝܬܗ ܐܙܠ
ܘܠܚܢܢܝܐ ܘܠܡܝܫܐܝܠ ܘܠܥܙܪܝܐ ܚܒܪܘܗܝ،
ܘالحَنَنيّا ܘالميشائيل ܘالعَازاريّا حَبْري
ܡܠܬܐ ܗܘܕܐ ܓܠܐ : ܕܢܒܥܘܢ ܪܚܡܐ ܡܢ ܩܕܡ ܐܠܗܐ ܕܫܡܝܐ
مِلْتَا هُودا جَلَّا : دِنِبعون رَحِما مِن قدم آلُها دَشمَيّا
ܥܠ ܪܐܙܐ ܗܢܐ ܕܠܐ ܢܐܒܕܘܢ ܕܢܝܐܝܠ ܘܚܒܪܘ̄
عَل رازا هُانَا دلَّا نيدون دانيال وحَبراو
ܗܝ ܥܡ ܫܪܟܐ ܕܚܟܝܡܐ ܕܒܒܠ .
عَم شَركّا دحَكيما دبَابِل .
ܗܝܕܝܢ ܠܕܢܝܐܝܠ ܒܚܙܘܐ ܕܠܠܝܐ ܡܠܟܐ
هُيدان لدَانيال بحِزوا دلِليَا
ܐܪܙܐ ܗܢܐ ܓܠܐ . ܘܕܢܝܐܝܠ ܒܪܟ ܠܐܠܗܐ ܕܫܡܝܐ
رازا اِتجلي . ودَانيال بَارخ لآلُها دَشمَيّا[84]

ما يَعني:

عادَ دانيالُ إلى بَيتهِ وأعلمَ حَننيا وميشائيلَ وعَزريا أصحابَه بالأمرِ ليَتَرجّوا رَحمةً من لَدُن إلهِ السَّماءِ، بما يَخُصُّ هذا 'الرازَ'، لِئَلّا يُستَأصَلَ دانيالُ وأصحابُه مع سائرِ حُكماءِ بابل. عِندَئذٍ، انجَلى 'الرازُ' لدانيال في رؤيةٍ ليليَّةٍ، فبارك دانيالُ إلهَ السَّماءِ.

سنُحاولُ، في سبيلِ الإجابةِ عن سؤالِ المقارنةِ المطروحِ أعلاه، أن نكشفَ عن الاختلافِ النَّوعيّ القائمِ بين كلمة 'سرّ' اليونانيّة (*mysterion*) والكلمةِ الفارسيَّةِ 'رازِ' (*râz*). إنّها مَسألةٌ مهمّةٌ جدًّا لمَوضوعِنا. سنفعلُ ذلكَ بإخضاع مُصطَلَح "السرّ" أوّلًا للبحثِ، وبعدَهُ "رَازَا"، ومن ثم السينرجيا الخاصّة التي ترافِقُهما والتي لا تسمحُ بأيِّ اختزالٍ في الموضوعِ.

قبلَ أن نَنكبَّ على ذلكَ، نُشدِّدُ على القول إنَّ نَقلَنا لنصِّ نبوءَةِ 'دانيال' كما هوَ، ولو بالسُّريانيَّة، يُقرِّبُنا من 'القُوَّةِ' (حَيلا) التي ألهَمَتهُ والتي تَبقى، في كلِّ الأزمِنَةِ، 'خَفِيَّةً' (كَسيَأ) وراءَ حُروفِه. إنّها مسألةُ إيمانٍ وقناعةٍ.

إضافةً إلى ذلك، يُساعدُنا هذا المَقطَعُ، وكأنَّهُ إشارةُ سَير، على رؤيةِ الكلماتِ تَرتَسمُ خريطةً تؤدّي إلى وُجهةٍ محدَّدةٍ تقعُ فيما بعد آفاقِ حُكماءِ بابل ومَجوسِها وعَرّافيها.[85] يقولُ النَّصُ على لسانِ كبيرِ الحُكماءِ البابليّينَ الذينَ كانوا يقدِّمونَ أعذارَهُم للمَلِك نَبوخذنَصَّر عن عدم تَمَكُّنِهم من حَلِّ لغزِ الحُلمِ الذي رآه : «الأمرُ الذي سألَ الملكُ عنهُ عَويصٌ ولا أحدَ يُبيِّنُه

---

84 Dn 2: 17-19; Syriac Bible 63DC; United Bible Societies 1979; UBSEBF 1987-3M; ISBN 564 03212 3; p.692, translation done by the author.

85 من المفيد جدًّا لفتُ الأنظار إلى ما ورد في أحداث ميلاد السيد المسيح، حيث نجد كلمة الله تُحدِّثُ، بواسطة النَّجم، الظاهرةَ ذاتها، إنّما بالخطّ المُعاكسِ: من بابلَ إلى بيتِ لحمَ، للوصولِ إلى الهدفِ ذاتِه، نبع الحقيقةِ، 'الحُبّ'.

أمامَ الملك، ما خَلا الآلهةَ الَّذينَ لا سُكنى لَهُم مع البَشر». [86] بهذه التَّعابير يُعرِّفُنا النصُّ البيبليُّ، بما هوَ عليهِ، على مكانٍ ما، هوَ سُكنى الآلهة، ذات أبعادٍ ثُلاثيّةٍ حَيويَّةٍ جدًّا لتَطويرِ الـمُقارنةِ بينَ 'السرِّ' و'رَازًا'، لأن الـمَفهومَ "رَازًا" يَكمُنُ في ذلك الـمكان.

بدايةً، كيفَ يُفهم السرّ، انطلاقًا من أصلِهِ اليوناني *Mysterion*؟

1.2. السرُّ بالمفهوم اليونانيّ

يُقسَمُ هذا الجزءُ من البحث إلى بابَين:

أ- تَعريفُ السرّ *Mysterion*

ب- ميزاتُ هذا السرّ وسلوكيّاتُه

1.2. أ. تَعريفُ السرّ *Mysterion*

قبلَ حدوثِ التّجسُّدِ الإلٰهيّ الذي، بالنسبة إلى المَسيحيَّة، بدأ يَفصلُ بشكلٍ 'مختألف' بينَ الـمُقدَّس (the sacred) والزمنيّ (the profane)، كان من الـمُمكِن استِنتاجُ تَعريفٍ للسرِّ بالمعنَى العام للمُقدَّس، وليسَ بالمَعنى الخاص، وذلك من الـمَشهدِ الحاصِلِ مع 'دانيال' في 'بابِل'. إنّهُ ظاهِرةٌ مقدَّسةٌ (hierophanic) مبنيّةٌ، لُغويًّا على فِعلٍ وفاعلٍ ومَفعولٍ بهِ ومُلحقاتِها، تُشكِّلُ كلُّها تجليًّا إلٰهيًّا في الكَون، يَختصُّ به راءٍ أو نبيّ، ويَصعُبُ على العُمومِ تَصديقُه. وقبلَ التقدُّمِ في 'تشريحِ' هذا التعريفِ العام للسرِّ، سنُشيرُ إلى الـمُعطياتِ الـمَوسوعيّة الحاليّة لمفهومِ *Mysterion*:

تُبيّنُ لنا تلكَ الـمُعطياتُ وجهَينِ للمَفهومِ المـقصود، ينتَمي أحَدُهُما إلى الدِّياناتِ الأسراريّةِ والآخرُ إلى العالَـم المسيحيّ حيثُ يكتَسِبُ الـمُصطَلَحُ اليونانيُّ *Mysterion*، على ما يَبدو، انطلاقًا من استِعمالِ بولسَ الرسول له، كاملَ اتِّساعِه.

ومن دونِ التَّوقُّفِ عند أصولِ هذا الـمَفهومِ في الدِّياناتِ الأسراريَّةِ القديمةِ (esoteric)، بخاصّةٍ الدِّياناتِ الميثولوجيَّة لِمنطقَةِ الكتابِ المقدَّس، نَلفتُ إلى قولٍ جامعٍ ومأثورٍ على مرِّ الزّمنِ ألا وهوَ: «إن مُجرَّدَ التَّحدُّثِ عن السرِّ يُدنِّسُه، أي، بِمعنًى آخر، يُقَوِّضُه»، [87] وهذا ما جعلَ الصَّمتَ - أي التَّكتُّمَ - سيِّدَ الـمَوقِف، والقاعِدةَ الأساس، في الدِّياناتِ الغنوصيَّةِ

86 دا 2، 11

87 *E.U.*, Mystère, article written by Édouard Jauneau.

التي ازدَهرَت في عالَمِ البحرِ المتوسِّط، وقد أحسنَ الأعضاءُ المطَّلعونَ على أسرارِها (the initiated) حِفظَهُ. وقد وَجَدَت هذه القاعَدةُ أيضًا تطبيقَها العَمليّ، بشكلٍ مُمَيَّزٍ، في نطاقِ شعبِ الكتابِ المقدَّس، من خلالِ التكتُّم حتى عن ذكرِ الاسمِ المقدَّس لله: 'يَهوه'.

كاد التكتُّم المقدَّس هذا يَبقى من دونِ أهميةٍ كُبرى لولا تعارُضُه مع مَجيءِ الكَلِمة - الإله الذي صار إنسانًا ليكشِفَ كلَّ ما حُفظ خفيًّا (كسيًا ܟܣܝܐ)، قيدَ الصمتِ، لزمنٍ طويلٍ.

وإن بَدا ممّا سبَقَ أنّه من غيرِ الممكنِ حَسمُ تَعريفٍ بسيطٍ وأوحَدٍ، واضحٍ ومحدِّدٍ، لـ 'السرِّ' Mysterion، فذلكَ يعودُ إلى جُملةِ استخداماتِه التي توسَّعت، بخاصّةٍ في نصِّ الكتابِ المقدَّس، لكثرةِ ما بدّلَ العبرانيونَ من أماكنٍ وآلهةٍ وظُروف. كذلكَ، يجب أن يؤخَذَ بالاعتبار عاملُ الزَّمنِ الخَلاصيّ، إذ كلَّما كان تدبيرُ فداءِ البشرِ يَتكشَّفُ من خلالِ النُّبواتِ والظُّهوراتِ الإلهيّةِ المتتاليةِ في الكونِ، كان مفهومُ السرّ، (sôd بالعبريّة) يَكتسبُ مزيدًا من الأبعادِ والعُمقِ. ويَجوزُ القولُ إن الرُّموزَ أيضًا كانت 'صمّاءَ- بكماءَ'، تَبحثُ عن مَعانيها في وِجدانِ الإنسانِ العاقلِ.

بناءً عَليه، يُمكن القولُ إن السرَّ Mysterion، تحتَ شكلِ "الظّاهرةِ الإلهيّةِ" المفروضِ كِتمانُها، كان مَفهومًا يتطوَّر، بشكلٍ دائمٍ، لغايةِ البشارةِ لمَريم، وقد كانَ الكاهنَ زكريّا آخرَ المضطَرِبينَ بسببِه إذ لن يكونَ الرمزُ 'يوحنّا'، ابنُه، من سيُعطي المَعنى للطفلِ يسوع، إنما يسوع، المسيح المنتظَر، هو من سيُعطي، بدايةً، كاملَ المَعنى لكينونةِ 'يوحنّا' وحياتِه، ثلاثةَ أشهرٍ قبلَ وِلادتِه، من خلالِ 'العَينِ المُنيرة' التي اكتسبَتها والدتُه والشهادةِ التي أدَّتها للحاملةِ به،[88] ثم، وبشكلٍ نهائيٍّ، عندما سيُفكُّ الخَرَسُ الذي أصابَ زكريّا والدَه بسببِ شكِّه بمَضمونِ البشارةِ الإلهيّةِ له. فبحسبِ النصِّ، لم يُفك لسانُه من مجرَّدِ الحبلِ العجائبيِّ بالولدِ من زَوجتِه العجوزِ العاقرِ، ولا من مجرَّدِ لقاءِ الحُبليَين وإسباغِ 'العَينِ النَيِّرة' على الجنينِ من خلالِ 'عَينِ' أمِّه إليصاباتِ،[89] إنما سَيُفكُّ فقط عند وِلادةِ 'الصَّوتِ المُنير' الصارخِ لـ'كلمةِ الله' وتسميَتِه يوحنّا، عندها "نَطَقَ زكريّا" أبوه وابتدأ عهدُ "السرِّ الجَليّ" الذي لا يُكتَم: رازا.

إن التمييزَ بين قدسيّةِ 'السرِّ المكتوم' (mysterion) وقدسيّةِ 'السرِّ الجَليّ' (râzâ) سيبدأ باتّخاذِ مَجراه، منذ ذاكَ الحدثِ، إنما بدون التوصُّلِ إلى قاعَدةٍ شاملةٍ وحاسمة، إذ في ما يدعو 'السرّ' الأوَّلُ إلى الصَّمتِ عنه صمتًا مُبرمًا، يدعو الآخرُ إلى التكلُّمِ عليه تحتَ طائلةِ الدَّينونة.[90] وبلغَت المفارقةُ ذُروتَها، كما أشرنا، في بشارةِ زكريّا الذي حُكِمَ

---

88   مر 1، 7؛ لو 7، 27؛ وبخاصّةٍ مت 3، 14-15.

89   لو 1: 39-45.

90   " ولكن من يُنكِرني قدّامَ الناس أنكرُه أنا أيضًا أمامَ أبي الذي في السموات". (متى 10، 33)

عليه بالصَّمتِ لكَيما يَنطُقَ الصَّمتُ، وليس أيُّ صَمتٍ، إنما هو أولا صَمتٌ سُلوكيَّة أحشاءِ عَجوزٍ عاقرٍ تَقعُ حُبلى، ثم قلمُ الكاهن الذي كتب "يوحنا". ولو لم يتَعاكس ذاكَ الصَّمتُ 'المُقدَّس'، والتَّكتُّماتُ التي لا عدَّ لها، مع حدَثِ تجسُّد 'الكلمة-الإله' الذي صارَ إنسانًا "ليَتَكلَّمَ" ويَجلوَ كلَّ ما بقيَ لزمَنٍ بعيدٍ خفيًّا، لاستمرَّ ذاكَ الصَّمتُ عقيمًا، لا جدوى منه.

يُثبِتُ 'أفرام' ويؤكِّدُ أنه فَهِمَ جيِّدًا سببَ اختلاط الأمور على مسيحيّي كنيسة نَصّيبين في ما بينَ السِّرِّ المُجلي للألوهَة والسِّرِّ الغنوصيِّ الكاتم لها، وما شابهَهُ ممّا هوَ سائدٌ في المدينة. لقد كمَنَت المُشكلةُ في أصولِ الكلامِ وعلاقتِه المباشَرة بتَسلسُلِ اشتقاقِ الفعلِ والفاعلِ والمفعولِ به وما يليه من مفاعيل، كما بتَركيبةِ الجُملةِ التي تَحكُمُ علاقةَ تلكَ المشتقّاتِ ببعضِها وسُلوكيَّتِها. إن كِلا 'الكلمةِ الـمُتجسِّدِ'، و/أو 'الفعلِ الـمُتجسِّدِ'، باتا منذ لحظةِ التجسُّدِ، يتطلّبانِ شراكةً معيّنةً مع هذا التسلسُلِ التوالُديِّ وتَركيباتِه. وعليه، باتَ يَنبغي على الكلماتِ والمُصطلحاتِ والمفاهيم والرموز عُمومًا، مع تركيبِ الجملة التي تَحكُمُها، أن تكونَ 'نيَّرةً' لتَخدُمَ الظُّهورَ الإلهيَّ في الكَون.[91] بات من غير السهل على أيِّ لفظٍ أو كلمةٍ أو تَركيبِ جُملةٍ أن يَخدُمَ قضيّةَ 'أفرامَ'، أيًّا تكُن اللُّغةُ التي تَنتَمي إليها تلكَ الـمُعطياتُ، وأيًّا يكن النَّمَطُ الذي تُسكَبُ فيه، شعرًا كان أم نثرا، أم رمزيًّا، ما لم يكن "نيّرا"، سواءً أتى من أسلوبِ هوميروس أم من أسلوبِ بَرديصان خصمِه، الداعيةُ الأخطرُ، في زمنِه، على الإيمانِ المسيحي الـمُستقيمِ.

إذًا، يَبدو أنّه، مع توالي السنين، ابتعدَ السرُّ، بقدسيَّتِه 'الزَّمنيَّة'، كثيرًا عن قدسيَّتِه الدينيَّة النبويَّة. فبَينَما استمرَّ مَفهومُ 'سرّ'، من الناحيةِ الزمنيَّة، يُخَبِّئُ أمرًا 'جامدًا' (static)، كما هي الحالُ في الرَّمزِ عمومًا، ويَعتمدُ على 'التَّعميَة' لحِمايَةٍ قُدسيَّةٍ إيهاميَّة، نجدُ أنَّه، في ملءِ الزَّمنِ، بنَظَرِ الكنيسة، بات من غير الـمُمكنِ له أن يخفى، من ناحيةِ القُدسيَّةِ النبويَّةِ، أيُّ أمرٍ جامد، لأنَّهُ، بعدَ أن كانَ ديناميَّ التَّخَفّي قبلَ التَّجسُّدِ، تَحوَّلَ بعدَه إلى 'سرٍّ' بمعنى 'رازٍ' ديناميّ الاعتِلانِ، ومُلزِمًا بالإعلانِ، من دون أيِّ خِشيَةٍ من التَّدنيسِ أو التَّقويضِ.[92]

يؤكِّدُ مار أفرام أن الرُّموزَ بذاتِها، سواء كانت نابعةً من الكتابِ المقدَّس (ܐܪܙܐ) أم من

---

[91] E.U. même article précédent. "The term 'mystery' was, so to speak, baptized by St. Paul, and imposed itself on Christian authors." (Google translation)

ما معناه: مفهومُ السرِّ قد عُمِّدَ من قِبَلِ بولس الرسول وفَرَضَ ذاتَه على الكُتّابِ المسيحيين.

ملاحظة: بعد هذا الحدث لا يعود مُستغرَبًا الحديث عمّا يُعتبر عمادَ التعابير والمفاهيم والرموز إلخ.

[92] مر 16، 15

الطبيعةِ الكَونيّةِ (حنكم)، أم من الاثنَينِ معًا، هي ما بلغَ ملءَ معانيه وتفعَّلَ (dynamised) من خلال 'رازائية' التجسّد، وبالتّالي باتت المراهناتُ القديمة للدياناتِ الباطنيّة، كمراهناتِ التيّاراتِ الغنوصيّة، غير جديرةٍ بالثّقة من الزاوية الدينيّة. سنَجِدُ لاحقًا ذورةَ هذا التبرير الأفراميّ ضمنَ القِسمِ الذي نتحدَّثُ فيه عن رمزِ الشَّمس، الثُّلاثيِّ الأبعادِ والأفراميِّ بامتياز.

خُلاصةً، يُمكن القَولُ إن لـعبارةِ 'سرّ'، بالمعنى اليوناني، أكثر من تَعريفٍ لُغوي. الأمرُ يَتعلَّقُ، برُمَّتِهِ، بالسِّياقِ الذي تُستخدَمُ فيه هذه العبارة، أو بالأحرى هذا الـمَفهوم. بناءً عليه، سنُحاولُ الخروجَ من هذهِ الـمُعضِلةِ بالتَّعرُّفِ إلى هذا الـمُصطلحِ، والتَّعريفِ به، انطلاقًا من ميزاتِهِ وسلوكيّاتِه (behavior).

2.1.ب. ميزاتُ هذا السرّ وسلوكيّاتُه

هل يُمكن أن يُدنَّسَ السرّ أو، بمعنًى آخر، أن يُقوَّض؟ كيف يَتصرَّفُ السرّ في حالاتٍ مُشابهة؟

إن كانَ السرّ، بالمعنى الزَّمنيّ، لا يَسَعهُ إلّا أن يُدنَّسَ ويُقوَّض نظرًا لضَعفهِ تجاهَ النَّزعةِ البَشريَّةِ إلى الخيانةِ والنُّكران، فإن السرَّ، ببعده المسيحيَّ، لا يبدو كذلك أبدًا، بما أن المسيحَ شجَّعَ الاسخريوطيَّ على إنجازِ الـمُؤامرةِ التي كانَ قد حاكَها ضِدَّه. (يو 13، 27)

يُرشدُنا مُعجَمُ اللاهوتِ الكاثوليكيَّ إلى الخصائصِ الأساسيَّةِ الثلاثِ المنسوبةِ إلى الأسرار، من خلالِ تعليمِ الكنيسة، وهي كما يلي:

- حقائقُ على قياسِ العقلِ الإلهيَّ، فائقةٌ بشكلٍ لا متناهٍ على كلِّ عقلٍ مخلوقٍ، بشريٍّ وحتّى ملائكيّ؛
- لا يمُكنُها، بالتّالي، أن تَصلَنا إلّا من خِلالِ الوَحي؛
- حقائقُ، على الرُّغم من مَعرفتنا بها من خِلالِ الوَحيِ الإلهي، تَبقَى محجوبةً بغشاءِ الإيمانِ المقدَّس، ومحاطةً بسحابةٍ قاتمة.

يَبدو أن التَّحدّيَ الذي تَفرضهُ هذه الخصائصِ والتحليلَ الذي سبقَ، قد حَيَّرا مار أفرام، خصوصًا بصفتهِ مُديرًا للتعليمِ الدِّيني ومُدافعًا عن قِوامِ الإيمانِ المسيحي. وبما أن غاصبي الدِّينِ، والخَونةَ، سيستَغلُّونَ "السَّحابةَ القاتمةَ" تلك في مُحاولاتِهم إطلاقَ العَنانِ لتَفسيراتِهم العَشوائيّةِ وكسبِ مؤيِّدينَ لهم، رأى 'أفرامَ'، الراعي والمُربي الصالح، أنّه من الضُّروريّ العملَ على إزالةِ تلك الحِجّة، خصوصًا الميـزَةَ الأخيرةَ، غيرُ الـمُلائمة، إذ لا يصحُّ أن تَبقى أيُّ 'سحابةٍ'

بينَ الله الذي تأنَّسَ، بفعلِ الحُبِّ، والذين أحَبُّوه.[93] فهُم الذين اتّخذَ لهُ مِنهُم أمًّا وجسدًا وضعفًا، وحتّى موتَهُم قد اتّخذَه أيضًا لينصرهم عليه، وخطيئتَهم، ليَتحمِلَ تبعاتها ويحوّلها باستِشهادِهِ إلى 'انفِتاحٍ' على رَحمتِهِ. وهذا ما حدا بالقديسِ أغُسطينوس ليَصِفَها بـ'الخطيئةِ السَّعيدة' (*felix culpa*).

إن مَفهومَ السرّ، مع 'سَحابَتِهِ'، يبقى بالنسبة إلى أبناءِ رعيَّةِ 'أفرامَ' وبناتِها النّصِّيبيّين، السُّريانِ كما الفُرس، البُسطاء، الفُقراء، الـمُضطَرِبين والقَلقين، حالةً تجريديَّة ميستيكيَّةً - أسطوريَّة، مُعقّدةً وغامضةً جدًّا. هل يَجوزُ لِـ'العَليّ' (the Most High) الذي أصبحَ، بـإخلاء ذاته (kenosis)، 'وَطِيًّا' (Most Low) لأجلِ أولئك الفقراءِ الذين يُعنى بهِم 'أفرامَ'، أن يَترُك بينه وبينهُم سَحابةً تُعطِّلُ تواصلَهُم معه؟ لا بُدَّ إذًا من حُصولِ تحوُّلٍ ما في المفاهيم.

لقد اعتبرَ 'أفرامَ' أن السرّ *Mysterion* مع ميزةِ 'السحابةِ القاتمة' خاصَّتِه غير مناسبٍ للروحانيَّةِ المسيحيّة وذلك بدليلِ تدخُّلِ يسوعَ في نَظرِ بولسَ الطرسوسي وحَياتِه، على طريق دمشق. فإن 'العَتمةَ' لا تَسمح لوجوهِ أبناءِ 'العهدِ' وبناتِه بالتألُّق. فكيف يُطلبُ منهُم ومنهُنَّ، في حالةٍ كهذه، أن يكونوا كاملينَ كأبيهِم السَّماوي؟ عليهِ إذًا، أن يُتِمَّ أنسَنَةَ هذا النوع من 'السرّ'، أي جعلهُ أليفًا. وتأليفُ شيءٍ يبدأُ بإعطائه اسمًا علمًا، تمامًا كما أعطى آدم أسماءً لكلِّ المخلوقات التي وُضعَت بتصرُّفِه، وكما سَيُعطي بعدَئذٍ أيضًا اسمًا للمرأة التي صُنعت من لحمه وعظمه، وكلُّ ذٰلك لكي تُلطِّفَ ميزات 'السرّ' وسلوكيّته تدريجًا، بشكل يتماشى مع أبناء الملكوت وبناته.[94] وعليه، راحَ 'أفرامَ' يفتِّشُ عن اسمٍ صالحٍ لهذه الغاية، فوجدَه لدى النبيّ دانيال واقتبَسهُ من عِندِه. إنّه مُصطلحُ 'راز'، وقد جعلَ منه مَفهومًا بديلًا لـمُصطَلحِ "سرّ"، صالحًا لخدمةِ الحالةِ النَصيبينيَّة كما للكنيسةِ بأسرها. كيف، بالتالي، يُمكن فهمُ مصطلحِ 'رَاز'؟

93 إن 'غيمة' التجلّي كما الصعود لم يحجبا الرؤية للرسل الحاضرين لأن محبّة المسيح المتجسدة بتعليمه وبوصاياه الأخيرة لا تسمح بأن يقال إنه تركهم. صعد بالجسد الهيولي الذي استمر فيه معهم بعد القيامة كي يرسِّخ حبّه في قلوبهم ويطمئنهم بأنّه معهم "كُلَّ الأَيَّامِ إِلَى انقِضَاءِ الدَّهرِ" (مت 28، 20). لذا، بعد الصعود، احتاج التلاميذ أن ينتظروا الروح القدس ليمنحهم 'القوّة الخفيّة' الضروريّة كي يتمكّنوا من اختراق أيّ 'غيمةٍ جديدة'.

94 يمكن أيضًا التشبيهُ مجازًا بتغيير الأسماء من قِبَلِ الله للذين يصطفيهم لخاصّته: أبرام أصبح إبراهيم، يعقوب - إسرائيل إلخ، ويتميّز هذا التحويل الهادف إلى خلق انتماءٍ بشكلٍ جوهريٍّ بضمِّ اسم الألوهة كاملًا - إيل على سبيل المثال - إلى الاسم الزمنيِّ أو حرفٍ من أحرف اسم الألوهة 'يهوَه' 'ه'، 'هو'، 'يه'. ونُلاحظ في الكتاب المقدَّس ظاهرة تحويل الاسم ذاته، بحسَبِ الاعتقاد الديني الظرفي. على سبيل المثال: نتنائيل يصبح ناتانياهو مع تحوُّل الشعب من اعتماد اسم الألوهةِ إيل إلى يهوَه. مثلٌ آخر: إيلي - إلياهو إلخ.

2.2. الـ 'رَازْ' (كذا) (ܪܐܙܐ)[95]

هذا الجزءُ من البحث يُقسَمُ أيضًا إلى نُقطَتَين:

أ - تحديدٌ أم وصف؟

ب - ميزاتُه وسلوكيّاتُه

2.2.أ. تحديدٌ أم وصف؟

يُخبرُنا الملفان البريطاني سيباستيان بروك عن أصلِ هذه الكلمَة وأبعادِها اللّغويّة في مقالتِه المُعنوَنة: في البحث عن القديس أفرام. يؤكّد بروك أن الهدفَ من اختيارِ 'أفرامَ' مُصطلحَ 'رَازَا' كان لتَلافي كلِّ أشكالِ التّحديد (definition) لما هوَ مقدَّس. كان القديسُ أفرام يرتابُ من مُصطلحٍ "تحديد" الذي يَنطوي ضِمنًا، من الناحيةِ اللغويّة، على "حُدودٍ" (Fines باللّاتينيّة)، والتي توحي بدورِها بفكرَة المـحدوديّة، فأقصاهُ من باب استحالة تحديدِ اللّامحدود. لذلك، كتبَ بروك: «إن أهمَّ مُصطلحٍ استخدَمهُ 'أفرامُ' بالسُّريانيّةِ هوَ 'رَازَا'».[96]

بناءً عليه، ألا يكون ادعاءً مِنّا أن نُعطيَ تحديدًا خاصًّا لـ 'رَازَا'، الذي هو، بجوهرِه، غيرُ قابلٍ لأيّ تحديد؟ ما العملُ إذًا؟ هل يُمكن أن تُوجدَ معرفةٌ واقعيّةٌ أو علميّةٌ من دون تحديدات؟

لقد شكّلَ الوقوعُ في تحديدِ اللّامحدود وسواسًا لدى أفرام، فوجدَ نفسَه محتاجًا إلى مُصطلحٍ 'يُحدِّدُ' و'لا يُحدِّدُ' في آن. إن مُصطلحَ 'رَازَا' الذي يَرقى إلى زمنِ الـمَنفى البابلي، والمأخوذ من الـفارسيّة،[97] أي من الإيرانيّة، كما طابَ للملفان 'بروك' أن يلفتَ إليه، يحمِل بذاتِه رَمزيَّةً

---

95 نفيد بأن هذا التعبير الفارسي يبدأ أساسًا بهمزة القطع كأن نقول:ءرَاز، وقد أسقطت الهمزة لتسهيل اللفظ؛ عليه نجدُ هذه الكلمة، في مُعظم الحالات، مكتوبةً بالسُّريانيّة مع ألفٍ مكتومةٍ في أوّلها (مع خط تحتها، ما يعني أنّها مُبطَلة، لا تُلفظ). لقد عمّت في ما بعد كتابتُها بالشّكلِ التالي 'رَازْ'. أمّا الألف في آخرها فهي البديل، باللغة السريانيّة، عن "ال التعريف" بالعربيّة. فعندما نكتب 'رَازْ' وكأنّنا نكتب 'كتاب' وعندما نكتب 'رَازَا' فكأنّنا نكتب 'الكتاب'، وللوضوح كان لا بدّ من التنويه. في بعض الأحيان نضيف الفتحة عمدًا للتذكير بأننا نعتمد على لفظ الألف كما في اللهجة السريانيّة الشرقيّة (مثل A بالفرنسيّة) وليس مثل (O) كما في اللهجة السريانيّة الغربيّة. (راجع الملحق اللغوي ص. 401)

96 راجع أعمال المؤتمر الحادي عشر، ص 22؛ بحسَب النص الأصلي باللغة الإنجليزيّة يقول البروفسور بروك ما يلي: 'The most important term that he uses is, in syriac, (rozo)'

97 دا 2: 24-47. عمليًّا، كُتب هذا المقطع من سفر النبي دانيال باللغة الآراميّة... راجع: المحيط الجامع في الكتاب المقدّس والشرق القديم، المكتبة البولسيّة وجمعيّة الكتاب المقدّس، طبعة أولى، 3200. ملاحظة: عند بحثنا عن كلمة 'سِرّ' (mystère) في برنامج (Ichtus) الإلكتروني المتخصّص بالكتاب المقدّس، من خلال النسخة الأورشليميّة (Bible de Jérusalem) أدهشتنا ندرة استعمالها: سبع مرّات في سفر دانيال، مرّة واحدة في سفر الأمثال، مرّة واحدة في سفر المزامير، مرّة واحدة في سفر الجامعة، ثلاث مرّات في سفر الحكمة، ومرّتين في سفر بن سيراخ. فقط عند 'دانيال' أصلُها فارسي وتُكتب، كما أشرنا أعلاه، مع ألفٍ مُبطَلة في

مقدَّسة، وهي 'التّحرير'.[98] إنّه يرمزُ إلى تحريرِ شعبِ إسرائيل، تمامًا كما رمَزَ إليه 'كأس' يوسفَ-مصرَ، ابنِ يَعقوبَ، في سفرِ التّكوين، و'عصا' موسى في سفرِ الخروج. وبالتالي، إنّه يصلُحُ لكي يؤدّي دورَ الدّالةِ (sign - symbol) الطيِّع في الإشارة إلى اللاّمَحدود من دون أن يُحدِّدَه.

صَحيحٌ أن هذه المُقارنةَ المجازيَّةَ - واتّصالَها بمراحلِ 'التّحرير' - مهمّةٌ جدًّا ولكنَّها ليست بكافيةٍ لتَسمح بإظهارِ معالِمَ تُساعدُ على تَصوُّرِ ماهيّةِ المفهوم 'رَازَا' أو حتّى تَصوُّرِ الوسطِ الذي يَنتَمي إليه.

ونظرًا إلى ما لهذا المُصطَلحِ من تأثيرٍ في المَشهدِ الجاري في النَّص الآرامي، في ما يَخصُّ العلاقةَ بين 'دانيال' ومَنبَعِ إلهاماتِه، يُضيفُ 'بروك' سببًا أو ذَريعةً إضافيَّةً يؤيّدُ فيها اختيارَ أفرام لـه. يَتمثَّلُ هذا السَّببُ في العلائِقيَّةِ (relationality) المذكورةِ آنفًا والتي، بفضلِ التَّجسُّدِ، باتَت "معيَّةً" عَمّانوئيليَّة (الله معنا). نَعَم، هناك علاقةٌ "مَعيَّةٍ" بين اللهِ والإنسانِ وهذا حقٌّ منصوصٌ عنه في سفر التكوين، كانت الخطيئة قد عطّلته. إنّه جزءٌ لا يَتجزَّأُ من العدالةِ الإلهيّة (*zadiqûtâ*)، ولولا هذا 'التَّعاون' لما تحقَّقَ لا تجسُّد ولا 'رازٌ'.

إننا ندعم، بقناعة، حساسيَّةَ أفرام تجاهَ أيِّ تحديدٍ في ثقافةٍ دينيَّة، بخاصّةٍ في الثقافةِ المَسيحيَّة. فما إن تَدخُلُ قِيَمٌ كـ"العلائقيَّة"، و"المعيَّة"، و"النِّسبيَّة الإيجابيَّة" أحيانًا، حتّى تَسقُطَ التَّحديدات. لذلكَ يُستعاضُ عن التَّحديدِ بوصفٍ مبنيٍّ على الحِسِّ السَّليم (الإفراز)، يَسمَحُ بالتَّحوُّل، في ضوءِ نوعيَّةِ سُلوكيَّةِ المُصطَلَح، من المبادئ إلى الأدَبيات. هذا يَعني أنّه، في مجالِ التَعريفِ عن قيمةٍ ديناميَّةٍ، يجبُ الانتِقالُ إلى ما هوَ أبعدُ من التَّحديداتِ العقائديَّةِ الجامدَة والقيامُ بذلكَ من خلالِ إظهارِ خَصائصِ المُصطَلَح وسُلوكيَّته. وهذا ما يَنطبِقُ على 'الراز' الأفراميّ.

إذًا، بما أن التحديد، وحتّى إظهارَ الحدود، غيرُ مُمكِنٍ في هذه الحالةِ الخاصّةِ، فلنُظهر، من خِلالِ وَصفِ خَصائص 'رَازَا' وسُلوكيَّتِه التي سبق وكشَفنا بعضًا منها، ماهيَّتَه والوَسَطَ الذي يَنتَمي إليهِ.

أوَّلها. ذلك أن أحداث السِفر كانت تدور في بابل وكان 'دانيال' يتوجَّه إلى لملك باللُّغة الفارسيَّة. يؤكّد الدكتور فكتور الكك الاختصاصي باللغة الفارسيّة، بأن هذه اللفظة القاطعة (ء) المُبطَلَة تأتي من تقليد عشائريٍّ تمييزي لا يزال مُتَّبعًا في إيران. راجع القاموس: فرهنك مبين، عربي - فارسي، كامل المنجد ابجدي، مترجم قاسم بوستاني، إنتشارات فقيه، تهران، 1373هـ.: (سرّ).

98 أعمال المؤتمر الحادي عشر، ص 22. إثر مقابلة شخصيَّة لنا مع الدكتور فكتور الكك، تأكَّد لنا أن هذه العبارة هي فارسيّة الأصل (إيرانيّة)، ولا تزال متداولة. وفي ما يختص بمعناها يُثني د. كِك على ما أتى في مقال بروك، بأن 'رازا' هي دالّة من العالم الحسيّ تُشيرُ إلى واقعٍ يتخطّى قُدرةَ الفهمِ البشريَّة. هذه العبارة مؤهلة لتأخذ دورها على فلك تعابير فيزياء الكمّ.

2.2.ب. وَصفُ خصائِصِ 'رازًا' وسلُوكيَّتِه

أن يكونَ 'الرازُ الأفراميّ، في العَينِ، يَعني، استنادًا إلى ما سبَقَ، أنها تتمتّعُ، بالفِعل ذاتِه، بالعلائقيّةِ والتعاوُن.[99] وهل نجدُ أفضلَ من هاتينِ الصِّفتَينِ ليُؤسَّسَ عَليهما التآلف (the taming)؟ كلُّ ما ينقُصُ لغايةِ الآن هوَ تحديدُ 'الوَسَط' (the center) حيث يتِمُّ اللِّقاء. ألا تُشكِّلُ 'العَين' بذاتِها هذا الوَسَطَ بامتياز؟ لكن المُقلق هو أن العَينَ تكشِفُ، بخاصّةٍ إن كانت كعَينِ 'مريم' أو 'بولس'. ألا يُعرِّضُ هذا الكَشفُ المُصطلَحَ الجديدَ، الأليفَ، لخَطرِ التَّدنيسِ والتَّقويض؟ الإجابةُ هي بالنَّفي، حُكمًا، لأنّهُ كما سبق وقلنا، وإن كانَ السِّرُّ الزَّمنيُّ مُعرَّضًا للتَّدنيسِ أو التَّقويض، فإن يسوعَ المسيحِ واثِقٌ، كما ذكرنا أعلاه، بأنَّ لا شيءَ يستطيع تدنيسَ تجسُّدِه أو تَفاعُلِه مع جنسِ أمِّه. إنّهُ، بالأحرى، يتحدّى أعداءَهُ بأنْ يَتمكَّنوا من فعلِ ذلك، وبالوقتِ نفسِه نجدُهُ يطلبُ من تلاميذِه، في وصيّتِه الأخيرة لدى صعودِه، أن يذهبوا ويُبشِّروا العالَمَ أجمَع بـ'الرازِ' خَاصَّتِه - ما يَعني التّبشيرَ به هوَ شخصيًّا بصِفتِه 'رازِ أبيهِ'، أي أبيه بالذات إنَّما بشكلٍ 'مختلَف' (differAnt) - عالِمًا بأنَّه، كلَّما تعرَّضَ هذا 'الرازُ' لـ 'تدنيسٍ'، أي كلَّما أصبحَ عَلنيًّا، ازدادَ قداسةً ومناعةً وإقناعًا، والعكسُ صحيح. فنُكرانُه أو الاستحياءُ به، يُخضِعانِه للتَّشكيكِ وخسارة ما قام به من فداء... إن أفعالَ الأمرِ مثل: اذهَبوا، كُلوا، خُذوا، بَشِّروا، عَمِّدوا، اشفوا، اغفِروا، صالحوا، أحِبّوا، اخدِموا، اسهروا، صَلُّوا وغيرها تُصبِحُ، عند تطبيقِها 'لِذكرِه'، أفعالًا متَّسمةً بالطّابَع الرَّازائي (مؤَرَّزة)، فاعلُها وفعلُها والمفعولاتُ المتمِّمَةُ لها، المَفعولاتُ كلُّها، بدون استثناءٍ، هيَ هُوَ، 'رازُ أبيه'. فإنّهُ هُوَ الوَصيّةُ والمُوصي والموصَى به، والذي فيه تَتَحقَّقُ مَشيئةُ الكلّي القُدرة، الآبِ الضابطِ الكلّ،[100] الذي قال عَنهُ ابنُه المُتجَسِّدُ إن كلَّ ما نَطلبُهُ منه باسمِه، نَنالُهُ، أي يُعطى لنا باسمِه،[101] حتى ولو كان ذلك لأجلِ ذاتيّتِنا وخَيرِنا الشّخصيّ. أما في ما يَخُصُّ خيرَهُ هُوَ الذاتيّ، فقد خصَّ به، بدوره، 'الآخر'، وأكَّد أن كلَّ ما نَفعلُهُ لأحدٍ 'إخوتِهِ الصِّغار'، فلَهُ نَفعلُه.[102] إذًا، إنّه هُوَ ألكلُّ بالكلّ.[103] إنّه هوَ المتقاسَمُ والمُعطي والموحَى بِه. إنّه هُوَ الحُبُّ والمحبّةُ والحقُّ والعدلُ والرّحمَةُ والشّفاءُ والحياةُ والفَرحُ والصّلاةُ وغيرُها... لقد أكَّدَ، بشكلٍ حاسم قائلًا: "وبهذا يعرِفُ الجميعُ أنَّكم تلاميذي إذا كنتم تحبُّون بعضُكم بعضًا"،[104] و«لأنَّه حيثُما اجتمَعَ اثنانِ أو

---

99 ما يعني نوعًا من المرآة. إنَّها الأداة الفلسفيّة والسايكولوجيّة التي دخلت حيِّز الاستعمال منذ حقبَة أفلاطون.

100 فقط الكنيسة النّاطقة باللغة العربيّة حافظت على تعبير 'الضابطِ الكلّ' ما يعني الذي يراقب كل شيءٍ بدقّة ويضبط سلوكيّته، وهذا متأتٍّ من اللغة السريانيّة بقولها 'أحيد خول' (ܐܚܝܕ ܟܠ)، الذي يُمسك بكلِّ‌شيءٍ.

101 يو 16، 23-34

102 مت 25، 40

103 1 كو 15، 28

104 يو 13، 34-35

ثلاثةٌ باسمي كنتُ هناك بَينَهُم»،[105] و«الحقَّ الحقَّ أقولُ لَكُم إنَّكُم لن تنهوا التنقَّلَ في مُدن إسرائيل كلِّها حتى يكونَ ابنُ الإنسان (رازُ أبيه) قد أتى».[106]

إذًا، نظرًا لهذه الخَصائص وتلك السُّلوكيّة، وإيمانًا منّا بتعاليمِ الكَلِمَةِ المُتَجَسِّدِ يُمكِن القَولُ بثِقَةٍ إن مفهومَ 'رازا' يَقِفُ على المَقلَبِ الآخر من مفهوم 'السرّ'.

لا يسعنا إلّا أن ننحنيَ أمام هذا الإسهام الأفرامي الذي أرادَ أن يَقومَ مفهومُ 'رَازَا' مَقامَ كَلِمَةِ الله الأزليّ، الأقنومِ الثاني، الدّينامِيّ، الحيِّ والمُحيي، نورِ العالَمِ الذي لا يُمكِن لأيِّ مِكيالٍ أن يَحجِبَهُ، ومِلحِ الأرضِ الذي يُحيي طعمَ كلِّ ملحٍ 'فاسدٍ' ويُعيدُ إليه الأمَلَ بمنفعته، والمَعنى لوجودِه.[107]

و لكي نختتِمَ هذا العُنوانَ الفَرعيَّ بدون أن نكونَ قد حدَّدنا أو قُمنا بإظهارِ حدودٍ، نُلَخِّصُ تعريفَنا بـ'رازا' على الشَّكلِ التالي:

'رازا' ليسَ مصطلحًا جامدًا، كأيِّ دالَّةٍ (sign) أو رَمزٍ (symbol). إنَّهُ، هوَ، علَّةُ وجودِ الرُّموزِ والدَّلالاتِ ومُعطيها مَعناها. إنه مفهومٌ حيٌّ، استمراريُّ الاكتِمالِ وعلائقيٌّ بشَكلٍ تبادُليٍّ بينَ واقِعَينِ مقدَّسينِ: أحَدُهُما مُقدَّسٌ بجَوهرِه، والآخر بالتَّجَسُّد. إنّه لا يمتُّ بصِلَةٍ إلى الزَّمَنيِّ أو السرِّيّ. إنّه وسيطُ التآلف المُتَبادَلِ المَوصوفِ بوضوح في مَثَلِ "الشاب الغنيّ". وفي الوقتِ عَينِه، هوَ قوّةُ الجَذبِ كَما هيَ مَوصوفَةٌ في مَثَلِ "الابن الضال". أما أدواتُهُ فهيَ العَينُ، كما يَستخدِمُها يَسوعُ في نصِّ "الشاب الغنيّ"، وإخلاءُ الذات (kenosis) كما يتِمُّ إبرازُها لَدى والدِ "الابنِ الضال" ولَدى "السامريّ الصّالح".

بناء على ذلكَ، نفهم سبب إظهار بروك هذه العلائقيّة التي قد تجعلُ كلَّ رمزٍ وسرٍّ، وما شابَهَهُما من العَهدِ القديم، 'رَازًا' بـ'القوَّة'، بانتظارِ أن يتحوَّل، مع التجسّد، إلى 'رازٍ' بـ'الفعل'.

يقول بروك: «يُلازِم 'الرازَ' جَوهريًّا ما يُسَمِّيهِ أفرام القوَّةَ الخَفيّة (ܚܝܠܐ ܟܣܝܐ)».[108] إنّها القوَّةُ الخفيّةُ عَينُها التي أنارت وتنيرُ كلَّ ما أُعِدَّ لِمَجيءِ 'الرّازِ الابن' وكلَّ ما تلَا وسيَلي مَجيئَه، من الألفِ إلى الياء، والتي ستُعطي هذَينِ الكُلَّينِ معناهُما. وإن كانَ من المُمكنِ إسنادُ تلكَ القُدرةِ إلى رمزٍ ما وتَسميتُه بدَورِه، 'راز'، كدالَّةٍ، أو إلى مَجموعَةِ رُموزٍ

---

105 مت 18، 20
106 مت 10، 23
107 أناشيد الميلاد 10،15. راجع (.CSCO vol. 186, p. 83)
108 أعمال المؤتمر الحادي عشر، بروك، ص 18. يقول بروك بالإنغليزيّة في مقاله المعنون: في البحث عن مار أفرام (In Search of Saint Ephrem) ما يلي:

"Inherent in the râzâ there is what Ephrem calls the hidden power." (ḥaylo kasyo)

'رازي' (râzê)، كما هوَ المَقصودُ بالقول في صلاةِ الإفخارِستيَّة المارونيَّة: « ܓܡܝܪܘܬܐ ܡܚܣܝܢܝܬܐ ܘܡܠܝܬ ܐܪܙܐ » (Gmûrtâ mḥasionitâ w malyat râzê)، فَإنَّ ذلكَ مُمكِنٌ فَقَط، بقدرٍ ما تَحتَوي تلكَ الرّموزِ الخاصّة من قُوَّةٍ (حَيل) مِنَ 'الرازِ' البَدئيِّ. فَلَو لم يَكُنِ الطُّعمُ (graft) مؤمَّنًا منذ البدء لَبَقِيَت كلُّ الرُّموزِ زمنيَّةً ولكانَ العالمُ مُختَلِفًا تمامًا.

وإن خَطَرَ في بالِ أحدٍ أن يَقولَ: «أنتُم تَجعَلونَ من مَفهومِ 'رازِ' المسيحِ بذاتهِ»، نُجيبُهُ مع أفرام، مُنحَنينَ أمامَ القُربانِ المقدَّس: «أنتَ قلتَ. إنَّهُ 'هوَ' بذاتهِ».[109] إنَّهُ 'رازُ' أبيهِ[110] و'رازُ' الإنسانِ،[111] هذا الإنسانُ الذي ما إن يُعَمَّدُ حتَّى يُصبِحَ بدَورِهِ 'رازَ' المسيحِ، وهذا ما يَعني أن نَرى الأمورَ بوسعٍ، بشموليَّةٍ وبتَعَدُّديَّةِ الأبعادِ (multidimensional).

انطلاقًا من هذه الرؤيةِ النَيِّرَة، ولو عَسيرَة، نَستطيعُ القولَ إن الرمزيَّةِ عند أفرام خَضَعَت، بالمُطلَق، لتَحَوُّلٍ جَذريٍّ بفضلِ التجسُّد. ونتيجةً لذلكَ، نجحَ أفرام حيث فَشِلَ اللاهوتي أوريجانوس. فقد تجنَّبَ أفرام، باعتمادِهِ مَفهومَ 'رَازًا'، المَخاطرَ التي واجهَتِ أوريجانوس بشكلٍ خارجٍ عن إرادةِ الأخير، بخاصَّة إشكاليَّة عدم المساوات بين الآبِ والابنِ في الثالوث الأقدس، المرتكزة إلى الآية 28 من الفصل 14 من إنجيل يوحنّا، حيث يقرّ يسوع في ختامها حرفيًّا بأن الآب أعظم منه.[112]

تعيدنا فرضيَّة التحوّلِ هذه التي أخضَعَت لها الرمزيَّة على مُستوى جذورِها، مباشرةً، إلى جَوهرِ إشكاليَّةِ تحديدِ الأنماط (paradigms)، التي، منذ أفلاطون ولغايةِ اليَوم، توجِّه المعالِم العامَّة للإبيستمولوجيا. سَنتوَسَّع بهذه النُقطةِ في الفصلِ التالي المُتمحوِر حولَ ما سنخصّه بتَسميةِ 'الواقعِ الرازائيِّ' وتَطبيقاتِهِ.[113]

الآن، وتبعًا لطريقة فهم بروك لـأفرام، يُمكِنُنا الاستنتاج أن كلَّ رمزٍ كامنٍ، سواء أكان في 'الكتابِ' أم في 'الطبيعةِ'، أصبحَ، بفضلِ 'الكلمةِ المُتجسِّد'، مُنَشَّطًا، مُتَأجِّجًا، فِعلًا ناشطًا بذاتِه، كائنًا حيًّا فاعلًا ومُتفاعلًا كالنَجمةِ التي هَدَت المجوسِ في الميلاد، بهدف الدلالة إلى 'بيتِ لحمِ' الكون.[114] هذا هوَ مفهومُنا لـ'العلائقيَّةِ'. حتَّى البشر الذين يكونونَ ما قَبل العماد

---

109 يو 18، 37

110 يو 10، 30؛ 14، 9؛ كو 2، 2

111 لو 11، 30

112 إنها إشكاليَّة تفوُّق الآب على الابن جوهريًّا، وقد دارت هذه الجدليَّة، أيام أوريجانوس.

113 Blanzat Pierre; Pour une théologie holistique de l'évangélisation. Quels modèles d'évangélisation dans les ecclésiologies de la Réforme? Mémoire de Maîtrise; Faculté de Théologie de Montpellier; Juin 1999. P13, note 19.

114 يذكر بولس الفغالي في كتابه عن الأصول: Les Origines بالمسلَّمة الفلسفيَّة: "الله وحده هوَ الكائن، كل ما تبقى هوَ خلائق". لا اعتراض على هذه المسلَّمة. إنّما نتساءل عن مدى تأثير التجسّد فيها وحلول

'صُوَرًا' (sûrâtâ) و 'أشباهًا' (ṣalmê) لله، يصبحون، بعده أرواز له. في هذه الحال، إنّ شَبَهَ الله (ṣalmâ) المذكور في المقطع الشعري التالي لمار أفرام، بعد أن يكون قد خَضَعَ للاتحاد (ܚܠܛ) والمزج (ܚܠܛ) اللذَين حلًا به، لا يُمكن أن يُفهَمَ إلّا من زاوية 'رازا':

التسبيح للحكيم (الذي) صار أخًا لنا
فوحّد ḥlat بذلك الألوهيّة بالبشريّة.
الأولى من أعلى والأخرى من أسفل
ومزج mzag الطبيعتين كألوان
فنشأ مثالٌ ṣalmâ: إلهٌ - إنسان.[115]

إن المعمّدين، بعد أن يصبح كلّ منهُم ومنهنّ 'رازًا' خاصًا وشخصيًا لأبيه السماوي، لا يستمرّ كلامُهم، بعد العماد، ولا أفكارُهم، على النّمط نفسه التي كانت عليه قبلًا.[116] من المفترض أن يكون 'مطعوم' النار المقدّسة قد تملّكَ بهم وبهنّ، ومع بعض الشاعريّة المستعارة من مار أفرام يُمكن القول إن الرمزَ (symbol) المستكينَ فيهم وفيهنّ، قد عُمّد بالنار والروح في نهر الأردن، ليُصبح 'رازًا' حيًا إلى الأبد. إنّه لا يستمرُّ 'إشارةً' (sign) مَيتَةً كلافتات السير التي على قارعَة الطريق، بل يصبح بالأحرى ناطقًا،[117] ساطعًا كعلّيقة حوريب، مرافقًا كنجم الميلاد، وكجميع كائنات الكون منشدًا ومُمجّدًا ليدلَّ ويُرشدَ إلى الذي أحياهُ ويُحييه على الدوام، إلى 'الحقّ' (šrârâ) الذي يتخطّى واقعَ الرمز عَينه. كلُّ هذا هوَ 'الراز'.

بعد هذا التظهيرِ الدقيقِ والمُبهرِ، ما عَساها أن تكون، بالمُطلق، تلكَ 'القوّةُ الخَفيّةُ' (hayla kasyâ) التي تَغلغَلَت في الخَلقِ عبرَ التجسُّد، سوى كلمةِ الله، كما وصفَها النبي أشعيا بوَحيٍ من الله: "لَقَدْ أَقْسَمْتُ بِذَاتِي، وَخَرَجَتْ مِنْ فَمِي، بِكُلِّ صِدْقٍ، كَلِمَةٌ لا تُنقَضُ"،[118] أو:«هكذا تَكُونُ كَلِمَتِي الَّتِي تَصْدُرُ عَنِّي مُثْمِرَةً دَائِمًا، وَتُحَقِّقُ مَا أَرغَبُ فِيهِ وَتُفلِحُ بِمَا أَعهَدُ بِهِ إِلَيها"؟[119] ألا نَتَحسَّسُ بعض السّينرجيا خَلفَ هذه الكَلِماتِ المُتَلَهِّبَة؟

القوّة الخفيّة فيها الـ(ܚܝܠܐ ܟܣܝܐ). هل الإنسان يسوع المسيح، الذي هوَ 'رازُ' أبيه، ليس 'كائنا' (ܐܝܬܝܘ ܡܕܡ)؟ أليس هذا هو الأفق الذي كان يبحث عنه أفرام من خلال مفهوم 'رازا'؟

115 أناشيد الميلاد 8، 2؛ راجع بو منصور، *La Pensée*، ص48- 49. في الحاشية 38 نقرأ ما يلي: الثابت في الترجمة 'البسيطة' (ܨܠܡܐ) هو اعتماد عبارة 'صلمو' كترجمة لصفتي 'صورة الله ومثاله' التي وردت في سفر التكوين. Cf. *CSCO* vol. 186, p. 59.

116 1بط 2، 1-3؛ في 2، 5

117 عد 22 ظن 21-30

118 إش 45، 23

119 إش 55، 11؛ راجع أيضًا عب 4، 12-13

3. السِّينِرجيا وتطبيقها اللغوي

على الرُّغم مِن أنّ مؤلِّفَ نَصّ سفرِ 'دانيال' كَتَب بالآراميَّةِ، لكنّه استخدَمَ مُصطَلَحًا فارسيًّا 'راز' وذلك ليُشيرَ إلى ما يُعتَبَرُ عادةً، في لُغَتِهِ الأَصليَّة، أمرًا مُبهَمًا، لُغزًا، سرًّا (بمعنى الأمر المكتوم). لماذا يَفعَلُ مؤلِّفٌ ما ذلك؟ إن هذا السّؤال هوَ ما أثار في ذاكِرَتِنا مَفهومَ 'السينِرجيا' والدّورَ الهامَّ الذي يُمكِنهُ أن يؤدِّيَهُ في أُفُقِ كِتابِنا. إن لم نَنجَح في إقناعِ قُرّائنا بأهَميّتِه، سيَبقى إسهامُنا إزاءَ أفرام وتزهُّدِه 'الرّازائيّ' (*râzâtical* mystics) ناقصًا، وسَيَكونُ الرّابطُ بينَ عَصرِهِ وعَصرِ الفيزياءِ الكَمّي واهيًا. سَنُحاولُ النّجاحَ في مَهَمَّتِنا هذه بفضل مُهندِسٍ أمريكيٍّ شَهيرٍ اسمُهُ ريتشارد باكمِنستِر فولِر.[120] يُفيدُنا المرجع أدناه عن "سينِرجيا الهَندَسَةِ وديناميَّتِها" (Energetic and Synergetic Geometry) التي انبَثَقَت من 'عَيـنِ العَقلِ' والّتي تَمتَّعَ العبقري 'فولِر' بها.[121]

1.3. بحسَبِ ريتشارد باكمِنستِر فولِر: [4 = 2+1]

يقدِّمُ لنا مؤلِّفُ الكتابِ عبقريَّةَ 'فولِر' بطريقتَين: الأولى نثريَّة والأخرى شِعريَّة. تَصِفُ الأولى مَزايا العَبقريّ 'فولِر' وتُبرزُ قُدرَتَهُ كَإنسان:

> To be born to test every preconceived notion, and to reject every 'can't do' of man:

> لقد وِلدَ ليختَبِرَ كلَّ مفهومٍ مُكتَنَهٍ سابقًا، وليرفُض أيَّ "لا أستطيع" عند الإنسان.

إنّه، إذًا، يقدِّمُ لنا السيّدَ 'فولِر' كَشَخصٍ مالِكٍ لقُدرَةٍ نادِرَة على إخضاعِ مُعطَياتِ حَقيقَةِ الـمَعـارِفِ القَديمةِ واكتِسابِ آفاقٍ أوسَعَ من خِلالِ التأمُّلِ بما يُسَمّيهِ (كُليَّةُ الـمُشكِلَة) (the totality of a problem)... يَزيدُ المؤَلِّفُ روبرتسون قائلًا عن 'فولِر':

> ... The tutor and mentor of the excited imaginations of student, scholar and thinker among all people, bringing to them the surging power of fresh, unimpeded thought patterns.

أي أنّه "كانَ المُربّي والـمُرشِدَ للخيالِ الوثّابِ لَدَى الطُّلابِ والعُلَماءِ والـمُفَكّرينَ بين الشّعوبِ كافّةً، حامِلًا إلَيهِم القُوَّةَ الـمُتَدَفِّقَةَ لأنماطِ تَفكيرٍ جَديدةٍ تَتَخطّى العَوائِق"،[122] ومن بَينِها الـمُعادَلة الشّهيرة 1 + 2 = 4 التي سَتَكونُ مِفتاحًا أساسًا لـمَوضوعِنا.

120 Donald W. Robertson, Mind's Eye of Richard Buckminster Fuller, St Martin's Press, New York, 1974. سنشير إلى هذ الكتاب في ما بعد باسم، Mind's Eye، اسم يبدو أفراميًّا للغاية

121 الفصل الثالث من الكتاب

122 المرجع نفسه، ص 13. هل ينطبق هذا القول على القديس أفرام؟

أما التعريفُ الثاني عَن 'فولر' الذي يقدِّمُهُ الكتابُ على الطَّريقَةِ الشّعريَّة، فيُظهِرُ الحَدسَ الذي كانَ يَتَمتّعُ به هذا العبقريُّ والذي سَمَحَ لَهُ بـِ'إحداثِ فَرقٍ (make difference) وتَعريفِ تَلامِذتِه إلى "واقِـــعِ اللامَـــرئي" (The reality of the unseen)[123]:

سَألوا: "لِمَ المنازِلُ مُستَديرَةٌ"؟	They asked, "Why houses in the round?"
أجاب: ولماذا تُجعلُ مُربَّعةً؟	Why make them square? said he.
بل، لِمَ بالـمُطلَقِ، تَقييدُ الأفكار	But more, why tie your thoughts at all,
بـالـمُستَديرِ أو الـمُربَّعِ أو عِلمِ الهَندَسةِ القَديم،	To round, or square, or old geometry,
لقد ماتَ وباتَ غَريبًا عن كلِّ واقِع.	That's dead and strange to all reality.
فَإن الكَونَ حَياةٌ وحَرَكَة.	For Universe is life and motion.
هُناكَ أشكالٌ وطاقاتٌ أكثرُ بكثيرٍ	There's more of form and energy
يَجِبُ أن نُفَكِّرَ بِشموليَّة.	We must think comprehensively.

لكَم يَطيبُ هذا الكلامُ لـ أفرام!

قبلَ الـمُباشَرةِ في تَحليلِ سُلوكِ مُؤَلِّفٍ ما بَحثًا عن الإجابةِ عن سؤالِنا: لماذا يفعل مُؤَلِّفٌ ذٰلكَ؟، ونَظرًا إلى أنَّنا في فقرةِ التَّعريفِ عَن السِّينِرجيا في بُعدِها العِلميّ، فَلنُلقِ نَظرةً سَريعة على عَبقَريَّةِ هذا الـمُهندِسِ، الذي استَطاعَ، بفَضلِ 'عَينِ العَقلِ' (mind's eye)، أن يَتميَّزَ كَما فَعلَ آينشتاين قبلَهُ، وكما فعلَ أفرام أيضًا يومًا. ما الذي يَكمُنُ في عين عقله (العَينِ الثالثَة)، وهل هوَ فِعلًا 'سرٌّ' أم أنَّ 'الراز' الحيَّ الذي قَدَّمنا لهُ، هوَ الذي جَعَلَهُ، بالأحرى، قادِرًا على ذٰلكَ، أي على تَمييزِ الواقع غيرِ المَرئي؟

يَدعو 'فولر' إلى التَّفكيرِ بِشُموليّة. وفي سَبيلِ جَعلِ تَلاميذِهِ يَفهَمونَ مَعنى ذٰلك، يَروي عنهُ 'روبرتسون' ما يلي:[124]

> كانَ يقولُ في بِدايةِ شَرحِهِ عَن عِلمِ الهَندَسةِ الجَديد، وهوَ يَحمِلُ أمامَ صَفِّه أنموذَجًا بَسيطًا مؤَلَّفًا من ثَلاثَةِ مُثَلَّثاتٍ مَربوطَةٍ إلى بَعضِها كَسِلسِلَة:

---

123 المرجع نفسه، مدخل الكتاب. تعريب المؤلِّف. لقد ترك الكاتب روبرتسون ملاحظة توحي بأن مؤلِّف هذا المقطع الشعري هوَ 'فولِر' بالذات. إذًا، نرى أن النمط الشعري يفرض نفسه مرَّةً جديدة.

124 المرجع نفسه، ص 15

إنَّ مُثَلَّثًا واحِدًا مُتَساويَ الأضلاعِ...

مُعَلَّقًا مَع اثنَينِ آخَرَينِ...

يُمكِنُ طَيُّهُ على شَكلِ خَيمَةٍ ثُلاثِيَّةِ الجَوانِبِ

فَتُكَوِّنُ قاعِدَتُها مُثَلَّثًا رابِعًا

وداعِمًا القَولَ بالفِعلِ، يَقلِبُ 'فولِر' الخَيمَةَ إلى الوَراءِ لَيَظهَرَ مُثَلَّثُ القاعِدَة، ويُتابِعُ بِإثارَةٍ مُتَزايِدَة: "إنَّ الظهورَ غَيرَ المُتَعَمَّدِ لهذا المُثَلَّثِ الرابِعِ هو إثباتٌ للسينرجيا التي هيَ سُلوكيَّةٌ غَيرُ مُتَوَقَّعَةٍ لِنَظامٍ ما مِن قِبَلِ أجزائِه: 1 + 2 = 4". [125]

رسم 1: مُثلَّثاتُ 'فولِر' والهَرَمُ الناتِجُ عن جَمعِها

نحنُ واثِقونَ بأنَّ أيَّ لاهوتيٍّ يَقرأُ هذه الفِقرةَ سَيَشعُرُ بِصَدمَةٍ غريبَةٍ تُنيرُهُ وتوقِظُ فيه رَغبةً في أن 'يَكونَ أكثَرَ' (être plus)، لا مِن جِهَةِ المَعرِفَةِ بالأمورِ وأسبابِها فحسب، إنَّما بِالقُدرةِ على تَخَطّي الذاتِ لِلتَوَصُّلِ إلى فَهمٍ شُموليٍّ يَنطَبِقُ على مَفهومِ 'رازِ' الأفراميِّ، وبِخاصَّةٍ على مَفهومِ الثالوثِ الأقدَس. مَن مِنّا خَطَرَ في بالِه مَثَلًا أن يَسعى إلى فهمِ أيقونةِ الرّاهبِ الروسيِّ 'روبليف' الشَّهيرة، بِشُمولٍ، ويَستَنتِجَ مِنها أنَّ المُعادَلَة: 1+1=3 (الآب+الابن= الآب+الابن+ الروح القدس) لَيست بالشمولِ الكافي، وأنَّهُ، استنادًا إلى السِّينرجيا، كَما قَدَّمَها 'فولِر' تُصبِحُ: 1 + 2 = 4 [الآب+ (الابن+ الروح القدس) = الآب+ الابن+ الروح القدس+ الخَلق]، وَبِدِقَّةٍ أكثَر: الآب+ الابن+ الروح القدس+ الانسان)؟

---

125 المرجع نفسه، ص 25. إراحة لضميرنا من عبء الخَلَل الدائم الذي يتأتى من الترجمة والتعريب، ومع قناعتنا بالسينرجيا التي تنتج عن تعاون لغتين مختلفتين، تطبيقا لنظريَّة فولِر (1+1=3) ، نُتبع مباشرة النص الأصلي:

Beginning his explanation of the new geometry, he would say, holding before his class a simple model consisting of three triangles hinged together in a chain,
One equilateral triangle... hinged to two others... can be folded into a three-sided 'tent' whose base is a fourth triangle.
 Having suited action to the words, he tilts the tent backwards to show the base triangle. Now, Bucky continues with mounting excitements: "The inadvertent appearance of this fourth triangle is a demonstration of synergy: which is the behavior of a system unpredicted by its parts: 1+2=4".

رسم 2: تمرين بسيط في النقد الفنّي: هل كان ’روبليف‘ يُفكِّر شموليًّا؟

سَنُجيبُ عَن هذه الفَرَضيّاتِ في خُلاصاتِنا، بعدَ مُقارَنةِ البُعدِ الرّابعِ لـ’فولِر‘ معَ البُعدِ الرّابعِ لـ’آينشتاين‘، ورَبطِ الكُلّ بالأبعادِ الّتي استخدَمَها أفرام ليُثبتَ لِعَبَدَةِ النّارِ أنَّ النارَ هيَ أيضًا مَخلوقَةٌ ’من العَدم‘، وللهَراطِقَةِ أنَّ اللهَ هوَ حقًّا ثالوثٌ.[126] فلنَعُدِ الآنَ إلى مَوضوعِنا لنُحاوِلَ الإجابَةَ عن السّؤالِ الأوّل: لماذا قَد يَفعَلُ مؤلِّفٌ ذٰلكَ؟

2.3. لِماذا ٱستَخدَمَ ’أفرامُ‘ مَفهومًا أعجَميًّا؟

إنَّ كلَّ ما قيلَ آنفًا عَن ’فولِر‘ وعَبقَريَّتِه مع مُختَلَفِ ٱستِخداماتِ نظريّةِ الـ*Comprehensive Design* (التصميمُ الشامل) ٱلخاصّةِ بهِ، وعن مَفهومِ السِّينِرجيا خِلالَ القَرنِ العِشرين،[127] يَدفَعُنا إلى الافتِراضِ أنَّ ظاهرةَ السّينِرجيا كانَت هَدفًا لـأفرام، وبالتّالي يَجِب أن تكونَ ذاتَ أهمّيّةٍ أساسيّة لكِتابِنا. نَبدَأُ شَرحَ ذٰلك، بإيجازٍ، ضِمن النُّقاطِ الثلاثِ التاليَة:

أ. الجَذرُ الاشتِقاقيُّ لـمَفهومِ السّينِرجيا وآفاقُه

ب. السّينِرجيا في ما بَينَ الاختِصاصاتِ على الصَعيدَين اللُغَويّ والإبيستمولوجي.

ج. السّينِرجيا بَينَ واقعٍ وواقِعٍ والأبعادُ الـمَسيحانيّة

126 Cf. *E.U.*, *La Métaphysique Primalitaire*, article written by de Campanella T.

127 راجع عظة البابا بنديكتوس السادس عشر، حيث أتى قداسته على ذكر السينرجا قائلاً: "الخبز هوَ ثمرة السماء والأرض مشتركين. وهذا يفترض السينرجيا بين طاقات الأرض وعطايا السماء، ما معناه الشمس والشتاء. وأيضًا المياه التي نحتاجها لنعد العجين للخبز. لا يمكنها أن تكون من صنعنا".
Cf. *Homily Of His Holiness Benedict XVI*; Saint John Lateran, Thursday, 15 June 2006

3.2. أ - الجَذرُ الاشتِقاقيُّ لمَفهوم السّينِرجيا وآفاقُه

سَنُعالِجُ ضِمنَ هذا العُنوانِ الفَرعيِّ نُقطَتينِ مُختَلِفَتينِ:

1. الجَذرُ الاشتِقاقيُّ للمَفهوم
2. آفاقُ المَفهوم

3.2. أ - 1. الجَذرُ الاشتِقاقيُّ للمَفهوم

بحَسَبِ القَواميسِ والمَوسوعاتِ نَجِدُ أنَّ كَلِمَةَ 'سِينِرجيا' مُشتَقَّة من اليونانيَّةِ السكولائيَّةِ، من الاسمِ المؤنَّثِ *sunergia*. في زَمَنِ أفرام، كانت الكلمةُ قيد التداولِ في الأدبِ اليونانيِّ. سَيَستعمِلُها أيضًا اللاهوتي والفيلسوف الكبير توما الأكويني (القرون الوسطى) ليُعالِجَ مَسألَةَ المَعقولاتِ الّتي تَقِفُ خَلفَ المَعرِفَةِ الحقِّ، والّتي تَتأتّى مِن مَصدَرَينِ مُختَلِفينِ. نَستَطيعُ القَولَ، مِن خِلالِ التَّفسيراتِ الّتي جَمعناها عن هذا المُصطَلَح، إنَّ السّينِرجيا هِيَ: "تَعاونٌ أو اتّحادُ عِدَّةِ عَناصِر، مُنتَمِيَةٍ إلى عِدَّةِ اختِصاصاتٍ، مِن أجلِ إنجازِ مَهمَّةٍ ما". ونجِدُها كذلك تَحمِلُ عمومًا المَعنى التّالي: "تَضافُرُ قِوًى مُتقاطِعَةٍ بهَدَفِ نَتيجَةٍ واحِدَةٍ مُثلى، مَعَ اقتِصادٍ في الوَسائل".[128] يَجِبُ التَّمييزُ، وفقًا لقاموس Lalande، بينَ السّينِرجيا "ذاتِ الطابَع الحرِّ، الفاعِل، المُستَقِلِّ والحيّ"، والسّينِرجيا "ذاتِ طابَع الأداءِ المُشتَرَكِ (coaction) القائمِ على التّرابُطِ المِكانيكيِّ الانفِعاليِّ".[129] أما بحَسَبِ الفيلسوف Alfred Fouillée، فالسّينِرجيا "تَطبَعُ نَظريَّة "الأفكارِ المحرِّكةِ" (main ideas)، أي "العَقلِ كعِلَّةٍ فاعِلَةٍ لتَوجيهِ الأفكارِ وتَنظيمِها" (propensity) كَي تَتَحَقَّقَ من خِلالِ فِعلٍ واعٍ.[130]

---

128 راجع القاموس الفرنسي (Larousse).
يفيدنا القاموس الفرنسي بأن التوفير في الوسائل يمكن أن يُفهم بالمعنى المِكانيكي، انطلاقًا من الوقود المستهلك في الناتج عن علاقة الوزن بالسرعة والطاقة الضروريّة للعمل، الأمر الذي ينعكس على الاقتصادين الشخصي والوطني. مجازًا، يمكن القول ذاته بالنسبة إلى التدبير الخَلاصي المُسمّى بالفرنسيّة (économie du salut) وبالسريانيّة 'مدبرُنوتًا' إنَّما ليكون الوزن هنا هوَ وزن الخطايا كما أتى في صلاة 'يا أبانا الحقّ' (ܐܒܘܢ ܕܒܫܡܝܐ) السريانيّة الأصل، والسرعة هي المذكورة في صلاة 'أسرعوا أسرعوا أيها الضعفاء...' (ܐܣܪܥܘ ܐܣܪܥܘ ܐܝܗܐ ܡܚܝܠܐ) وما هوَ مُستهلك هنا هوَ الحُبّ المسيحاني المفترض به أن يُستهلك لخَلاص الشخص البشري، تلك الوحدة الصغرى الطبيعيّة للجماعة الكنسيّة، جسد المسيح. الخطيئة، في هذه الحال، هي كل ما يُعيق السينرجيا، والخاطئ هوَ من يتصرّف بما يتنافى وتوفير الوسائل تلك.

129 Lalande, André. *Vocabulaire Technique et Critique de la Philosophie*, PUF, 1988.
130 *Ibid.* Fouillée, Morale des idées forces, conclusion p. 352.

2.3. أ - 2. آفاقُ ٱلـمَفهوم

تُسَلِّطُ كلُّ هذه التَّفسيراتِ لِمَفهومِ السّينِرجيا الـمَزيدَ منَ الضّوء على الطَّريقَةِ الّتي اتّبَعَها أفرام. سَنُسَمِّي هذه الطَّريقَة: الأفق الكنسيّ.

كَنسيًا، نَحنُ مُعتادون على مُصطَلَح 'سينودُس' الـمُشتَقّ، بِدَورِه، مِنَ الكلِمَة اليونانيَّة (*sunodos*) والّتي تَعني ٱلاجتِماع. إنَّهُ ٱجتِماعُ ٱختِصاصيينَ بهدَفِ إعادَةِ تَنظيم الجُهودِ والقُدُراتِ والمَواهِب، إثرَ انحِطاطٍ مُعَيَّن، لإعادَةِ الإقلاعِ والانطِلاقِ والتَّقدُّمِ معًا مُجَدَّدًا، بتَزامُنٍ (synchronization) ملائم.[131] مع عبارة synchronization نَلتَقي مُجَدَّدًا بِالبادِئة *sun*، مُضافًا إليها *chronos*، هذه المرَّة، أي الزَّمَن باليونانِيَّة، لتُعطيَنا *sunchronos*، التعبيرَ الذي يشيرُ إلى ضَرورةِ تَناسُقِ الوقت بين كلّ المُشاركين في الـمَجموعَةِ السينودوسيَّة، وسُرعَتِه، وجَدوَلِ مواعيد كلٍّ منهم بحَيثُ لا يَحصُلُ أيُّ تَضارُبٍ بين أوقاتِهم، وبالتَّالي تَوَقُّفُ حرَكَةِ التّقدُّم. بناءً عليه، يَتنافى كلُّ مَفهومٍ مُتَمتّعٍ بالبَادِئَةِ *syn, sun* مع أيِّ نَوعٍ من فَوضى التوقيت، من أُحاديَّةِ الرّأي، من الاختِزاليَّة كَما منَ العَزل، الأَعداءِ الأخطرِ لِلـشَّراكَةِ التي هيَ الـ *koinônia*، أي 'التكاؤنيَّة' (to be together - *Mitzein*)، خُلاصَةُ 'جَسَدِ الـمَسيح'.[132] فقد طبّقَ أفرام، بِعَبقَريَّةٍ، كلَّ هذه الـمَفاهيم الّتي تَتَمتّعُ بِالبادِئَةِ *sun* لِلحِفاظِ على تَضامُنِ كَنيسَتِهِ النَّصَيبينيَّةِ وَوَحدَتِها الخاضِعَةِ لأنواع الفظائع كافّة: "أعداءٌ من الخارج وأعداءٌ من الدّاخِل" على ما كَتَبَ، حتَّى سُقوطِ الـمَدينَةِ بأيدي الفُرس.

لم يَكتفِ أفرام بالأمورِ الكلاسيكيَّة في تَنشِئَةِ الـمَوعوظينَ الجُدُد وإنعاشِ الرَعيّة. لَقد تَوصَّلَ، بعدَ شعورِهِ بِأهميَّة سينِرجيا الشِّعرِ الّذي يُلهِبُ النُّفوسَ لَدى أعداءِ الإيمانِ المُستَقيم، إلى أن يَعتَمِدَهُ خَيرَ اعتِمادٍ وَيُقدِّمَهُ لَهُم. واستطاعَ، بِفَضلِ هذا البُعدِ الشعريِّ، أن يَتَخطّى واقِعَ أترابه الزَّمنيّ الـمَحدود، ويَجعَلَ خَفِيَّ البَتوليَّةِ الدّائِمَةِ لِمَريَمَ جَليًّا من دون الخَشيَةِ مِن تَدنيسِ 'الراز' فكانت "العَذراءَ قَبلَ الميلاد وفيه وبعده".[133]

إنَّ الأفضَليَّةَ الّتي تَمتَّعَت بِها شَاعريَّةُ أفرام، مُقابِلَ شاعِريَّةِ مُعارضيهِ، تَمثَّلَت في عُنصُرِ الحُبِّ الذي كانَ يُنَمّيه في قَلبه للعذراء مريم. إنَّها، بالنِّسبَة إلَيه، العَذراءُ ٱلأبَديَّةُ التَّوليدِ لِلإله - الكلمة، وذلكَ مِن خِلالِ الـمَسيحِ وَلَدِها، كَما مِن خِلالِ جَسَدِهِ 'الرّازائي'، ألا وهوَ الكنيسَة. وتُظهِرُ قَصائِدُه عُنصُرَ ٱلحُبِّ الـمُمَيَّز الّذي فَعَّلَ سينِرجيا حَياتِه وَلاهوتِه. لَم

---

131 ..*Ibid*. من اليونانيّة •*sunkhronos* συγχρόνως: مع = *sun* و*Khronos*= الوقت = التـزامُن.

132 راجع مت 18، 20؛ يو 13، 34 – 35

133 لو 8، 10؛ نشيد "أرسل الله ابنه"، الميلادي، المرنَّم حتى يومنا هذا في الكنيسة المارونية، والمنسوب إلى مار أفرام.

يَكتفِ أفرام ، الخَبيرُ بالتَّربية ، بِأن يَكتُبَ عن حبِّهِ لِمَريمَ وابنِها، ويُعلِّمَه للآخرين ، بل رَبطَهُ (put it in coaction) 'بالقوَّة' الـمُفَعَّلة لعُنصر جَوقَة الترنيم الذي قيلَ فيه : «الإنشادُ عبارةٌ عنِ الصَّلاةِ مَرَّتين» . لهذه الغاية ، أسَّسَ مَجموعاتِ 'بَناتِ العَهد' (Bnât Qyâmâ) – عهدِ العِفَّة – ، وشَجَّعَهُنَّ على مُنافسةِ الشُبَّان ، إخوَتِهنَّ في العماد، في خِدمَة الصَّلاة والليتورجيا . فَعَلَ أفرام أيضًا، هوَ سيِّدُ الثنائيَّات (dichotomies)، العُنصَرَ السينرجيَّ المَبنيَّ على التحَدِّي والتكامُلِ بينَ الـمَجموعاتِ منَ الجِنسَين وكأنَّنا بهِ قَد لَمَسَ ، منذُ ذٰلكَ الوَقت ، بإلهامٍ من الروحِ القُدُس ، أنَّ قَصائدَهُ التعليميَّة-الدينيَّة المؤلَّفَة من كَلماتٍ موحَاة ، ما إن تُنشَدَ بِأصواتٍ رجاليَّةٍ مُمتَزِجَةٍ مع أصواتٍ نِسائيَّة حَتَّى تُؤدِّيَ إلى بُعدٍ رابعٍ، غَيرِ مُتوقَّعٍ، ألا وهوَ، بحسَبِ قاعدة 'فولر' (1 + 2 = 4) ، الجَوقَةُ الـمَلائكيَّة ، فيصبح لدينا:

(الوحيُ الملحَّن) + (الأصواتِ الرجاليَّة + الأصواتِ الأنثَويَّة) = الثلاثةُ معًا + الحالة الملائكيَّة.

كانَ أفرام عَلى حقّ. ولدَينا في واقِعِنا الكنسيِّ الدَّليلُ الـمَحسوسُ على ذٰلكَ ، لأنَّ أناشيدَهُ وألحانَهُ لا تَنفَكُّ تُرتَّلُ حتَّى يَومِنا هذا. وتُشدِّد الليتورجيا المارونيَّة على هذا العُنصرِ الـمَلائكيِّ، مُذكِّرةً بأنَّ المؤمنينَ يُمجِّدونَ اللهَ بالاتِّحادِ مَع السَّاروفيم وَالكاروبيم وَأجواقِ النَّعيم .

لقد أثبَتَ القديسُ أفرام أنَّه على حَقٍ بشَأنِ التَّفعيلِ السينرجيِّ للواقعِ الـمُتناهي من خِلالِ الـ'راز' (الكلِمَة الـمُتجسِّد) وتحويلِهِ ، بفَضلِ اتّحادِهِ 'الرازائي' مَع الروحِ القُدُسِ ، إلى واقعٍ لامُتناه . ونظرًا إلى أنَّ الواقعَين ، الـمُتناهي واللامُتناهي ، يَتَّحِدانِ في الليتورجيا في 'رازِ' الإفخارستيّا ، كَما اتَّحدا ، في أحَدِ الأيَّام ، في حَشا 'مريم' وأنتَجا واقِعًا 'مختألفًا'، خارجَ كُلِّ توَقُّعٍ ، نشيرُ إليه باسم 'الواقع الرازائي' يُمكِّنُنا من أن نَكتُبَ وفقًا للمُعادلة 1 + 2 = 4 :

(قوَّةُ التَجَسُّد) + (الواقع الماديّ + الواقع الإلٰهي) = الثلاثةُ معًا + الواقع 'الرَّازائي'.

[تذكير : نَكتُب 'مختألفًا' مع 'همزة القَطع' في وسطها لنعني بها (differAnt) وليسَ فَقط مختلِف (different) بحسَبِ ما قدَّمنا لهذا المَفهوم الفلسفي في التمهيد اللُّغوي].

سنعودُ لاحقًا إلى فَرضيَّةِ 'الواقعِ الرَّازائي' هذه ، ونقارنها بـ'الواقعِ الكَمِّي' (quantic) الذي باتَ العِلمُ يتحدَّثُ عنهُ باستمرار .

كانت هذه بعضَ آفاقِ مَفهومِ السِّينيرجيا تَقَدَّمنا بها من ناحيَةِ إسهامِنا اللاهوتيّ الذي يُشكِّلُ رفاقَ النَبيَّ دانيال، الذين كانوا يُرتِّلون ويُمجِّدونَ اللهَ معًا في نارِ الأتون الرَّهيبَةِ، المثالَ عنهُ (ܛܘܦܣܐ ܕܝܠܗܘܢ). وعلى الرُّغمِ من أنَّ الكِتابَ المقدَّسَ زاخِرٌ بأنواعٍ وأشكالٍ أخرى من السينرجيا ، إلَّا أنَّ نُبوءَةَ دانيال شَكَّلَت المِحوَرَ الأساس لِـأفرام لأنَّ هذا النوعَ من 'السِّينودُسْ'،

أو السّينرجيا، سَيؤيّدُهُ الـمُعَلِّمُ الإلٰهيّ عِندَما يؤكّدُ لاحِقًا أن ما حَصَلَ في ذاكَ الأتونِ سَيتكرَّرُ بشكلٍ سينِرجيٍّ كُلّما اجتَمَعَ اثنان أو ثَلاثةٌ بِاسمِه. إن العُنصُرَ الرابعَ، غيرَ المتوقَّع، الذي سبَّبَ دَهشةَ نَبوخَذنَصَّر عِندَما رآهُ في الأتون معَ العِبرانيينَ الثلاثة، سَيكونُ حاضرًا بينهم، لا مَحالَة. فكيفَ لَو اتَّحدَ اختِصاصانِ مَعرِفيّان أو أكثَر، أو بَعضُ اللغاتِ بِاسمِه؟

2.3. ب. السّينِرجيا فيما بينَ الاختِصاصاتِ على الصّعيدَين اللُغَويّ والإبيستمولوجي

سَمحَت صيغَةُ (1 + 2= 4) لـ'فولِر' أن يَبنيَ هذه القُبَّة الجِيوديزيّة.[134]

رسم 3: الرؤيا الشموليّة

يُشكِّلُ هذا التَّصميمُ، بالنِّسبَةِ إلَينا، وَوِفقًا لِلعُلومِ الهَندَسيَّة، كمالَ الأنموذَجِ في الشَّكلِ (form) كما للتماثُلِ (symmetry)، والتناسُق (coordination)، والتَّحصُّنِ والانفِتاح على السَواء. إن النَّظرَ إليهِ، من خارجِهِ، يسمَحُ بأن نَرى فيهِ الكَونَ، الشمسَ، القمرَ، الكُرَةَ الأرضيَّة، كُرةَ العَين، 'لؤلؤَةَ أفرام'، القُربانَة، الكَلِمَة، سواء أكانَت اسمًا أم فِعلًا، النُّقطَة، كما أيضًا الذَّرَّةَ كي لا نذهبَ إلى أصغَرِ من ذٰلكَ. يَتَمنّى كلُّ مُهندِسٍ أن يَتمكّنَ من إنجازِ كيانٍ بهذا الكمالِ، ومِنهُم بولُسُ الرّسول الذي يَصِفُهُ أدبُنا الكنسيّ - السُّريانيّ بأنَّه "مُهندِسُ الإيمان". إنَّه سَيكونُ أيضًا، بالـمَعنى المجازيّ، مُهندِسَ "قُبَّةِ الكنيسة البُطرُسيّة" بالمطلق.

لا تَنطبِقُ صِفةُ "غَيرِ الـمُتوقَّع" (inadvertent) على أيِّ طَرَفٍ من أطرافِ هذا الشَّكلِ أو المِثالِ (prototype) الذي يَتحدّثُ عنهُ 'فولِر' في تَجربَتهِ الهَندسيَّة. إنَّ هذا الشَّكلَ 'الجيوديزيّ' هوَ هوَ، لا يَتَغيَّرُ، أيًّا كانتِ الزّاويَةُ التي يُنظَرُ إلَيهِ مِن خِلالِها. فأينَ يُمكن أن

134 مركز المعارض الدوليّة نفّذه المهندس فولِر عام 1965 في مدينة مونتريال، كندا، ولا يزال قائمًا.

يَختَفي عُنصرُ المُفاجَأة، أي العُنصرُ غَيرُ المُتوقَّع فيه؟

الإجابةُ تَكمُنُ في أيقونَةِ 'روبليف' بالذَّات، هيَ التي أتَينا للتَّوِّ على إخضاعِها للنَّقدِ اللاهوتي، والنقدُ الهَندَسيُّ جزءٌ لا يَتَجزَّأ منه. إنَّها في وَسَطِه، في نُقطَةِ التِقاءِ الارتفاعات، النّقطةِ التي وَضَعَ فيها 'روبليف' كأسَ التَّجسُّدِ والفِداء.

إنَّ المَسأَلَةَ التي تَطرَحُ ذاتَها هُنا هيَ التالية: كيفَ يُمكنُ رؤيَةُ هذا الوَسَط، أو كيفَ نجلوه للآخَرين؟ في هذه الحالةِ الكرويَّةِ لا تَنطبِقُ نظريَّةِ 'فولِر' بشكلٍ عاديٍّ، إنَّما الأمرُ مُمكنٌ فَقط بواسطة السَبرِ بـ'المِنظار' (endoscopy) كالذي أجرَتهُ عَينُ أفرام النيِّرةُ على 'اللؤلؤة' إذ قال:

يا إخوتي، أخَذتُ في أحَدِ الأيّام لؤلؤةً.
ورأيتُ فيها أسرارَ المَلَكوتِ كافَّةً،
رموزَ جَلالتِه ونماذِجَها.
أصبَحَت يَنبوعًا، ومِنها نَهَلتُ 'أسرارَ' الابن. [135]

إنَّ أداةَ اللؤلؤة هذه، أو بالأحرى هذا المثالَ الذي استخدَمهُ أفرام لرؤيةِ ما لا يُرى يَصلُحُ، وِفقًا للمَنطِقِ السَّليم، في المَجالَين المَعرفيّ واللغَويّ. يَكفي استبدالُ مفهومُ 'كُرَة' (sphere) أو 'لؤلؤَة' بـ 'لُغَة' أو 'كَلِمَة'، كأن يقولَ أفرام: "يا إخوَتي، أخَذتُ في أحَدِ الأيَّامِ كَلِمةً أو لُغةً... لإدراكِ أهمّيتِها". إنَّ كلَّ لُغةٍ أو اختِصاصٍ يَبدو من النَّظرةِ الخارجيَّةِ إليه، أي قبلَ اختِبارهِ القَبليِّ (a priori)، كاملًا، صافيًا ومكتفيًا بذاته، يُعتلَن، بعدَ الاختبار والوُلـــوج إلى داخِليَّتِـــه (a posteriori)، مُحتاجًا إلى عملٍ مُترابطٍ (coaction) وإسهامٍ من عناصرَ ومن لُغاتٍ واختِصاصاتٍ أخرى لِكَيما يَنفَتِحَ 'قَلبُ كُرَةِ الحَقيقةِ' الكامِنةِ فيهِ للاكِتشاف.

---

135 أناشيد الإيمان 81، 1؛ 1 :‏ *Cf. TLE*, p. 124; *CSCO*, vol. 154, p.248. - تابع النص الأصلي:

ܚܕܐ ܡܢ ܝܘܡܝܢ	ܡܢ ܟܣܝܐ ܥܒܕܬ ܐܢܫ
ܫܩܠܬ ܠܗ ܡܪܓܢܝܬܐ	ܘܬܦܢܟܬܗ
ܘܚܙܝܬ ܒܗ ܐܪܙܐ	ܗܘܬ ܡܒܘܥܐ
ܕܡܠܟܘܬܐ ܕܡܪܢ	ܘܫܬܝܬ ܡܢܗ ܐܪܙܝ ܒܪܐ

يُعلِّقُ البروفسور بروك قائلًا: "بينما يُقلِّبُ أفرام، في تأمُّلاته، اللؤلؤَةَ بيده، تَعرِض هي بدورها على فكره الخَلَّاق رموزًا متعدّدة ومختلفة، وبخاصّة رمزَ الملكوت" (حسبَ إنجيل متى 31، 54)؛ أمَّا هوَ فقد أضاف: "الحقيقة، الإيمان، الكنيسة، مريم، البتوليَّة، وقبل الكل، نفس المسيح وجسدُه القُرباني".

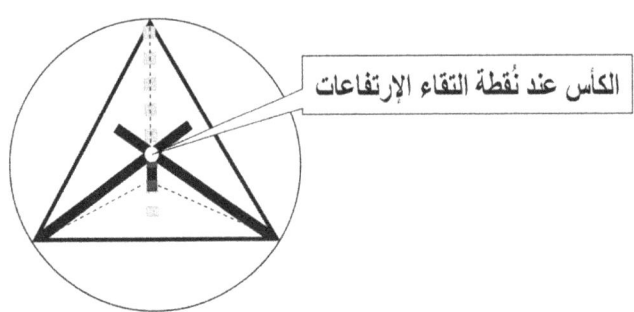

رسم 4: نُقطة تقاطُع الارتفاعات الأربعة

كانَ يتوجَّبُ على أفرام، تجاهَ الغنوصيّينَ وعَبَدةِ الشّمس، أن يَسبُرَ أغوارَ مَفهومِ الشّمسِ ليُثبِتَ لأولئِكَ الـمُدَّعينَ أنّ حَقيقةَ مُعتَقداتِهم لَيست كافيةً بِحدِّ ذاتِها. إنّه سيَلتَزِمُ سَبرَ أحشاءِ الكَلماتِ والأسماءِ ليُعلِّمَهُم قِراءَةَ ما تُخفيه عنهُم وليسَ ما هوَ ظاهِرٌ منها، وليَحُثَّهُم على اكتِسابِ القُوَّةِ (*Haylâ*) الإلٰهيّةِ التي تُشكِّل ذاكَ 'الواحدَ' الإضافيّ الذي يُكسِبُهم العَينَ النَيِّرَة، وبِالتّالي الخارِقَةَ لما لا يُختَرَق، والقادِرَة على استِبصار كلِّ ما لا يُمكِنُ تَوَقُّعُهُ وما يُسيءُ إلى حَقيقَةِ التّجَسُّدِ والفِداء.

وإضافةً إلى الجُهودِ الهادِفَةِ إلى جَلي حَدَقةِ العَينِ وكذلك وَجهِ الـمِرآة الذي يَسمَحُ بالاِستِبطانِ (introspection)، وبالفِعلِ ذاتِهِ كَسبِ الجَميعِ للمسيحَ، يَجبُ ألّا يُعتبَرَ أيُّ شيءٍ مُستَبعدًا عنِ الوسائِلِ التي يَستَخدِمُها الـمُفَسِّر (the interpreter).[136] فإن كلَّ 'وَحدَةٍ' تُفعِّلُ سينرجِيًّا 'وَحدَةً' أُخرى لتُعطِيا معا ثلاثَ وَحداتٍ، مُرَحَّبٌ بها، بخاصّة متى كانت تلك 'الوَحدَةُ' من لُغةٍ مُختَلِفَةٍ عن اللُغةِ العِبريَّةِ، وتُفَعِّلُ، سينِرجِيًّا، 'وحدَةً' من لُغةِ الكِتابِ المقدَّس العِبريَّة، والعَكسُ صحيح.

فبالمسيحِ يسوعَ، على ما علّمَ القديسُ بولس (غل 3، 28)، تمَّت المصالحة، وبات أيّ تمييزٍ فوقيٍّ، انتفائيٍّ، حتّى بينَ لُغَةٍ وأخرى، غير وارد. أصبحت كلّ لُغةٍ ناشِئَةٍ عن 'لَعنَةِ بابِلَ' الـمُفتَرَضة، وضَروريَّةٍ للعودَةِ إلى اللُغة البَدئيّةِ التي تُسهِّلُ الحِوارَ والتّفاهُمَ والقُدرَةَ على التوقّع والتيقّن، وبالتّالي، على السّلامِ والهَناءِ بين الله والبَشر، مَوضِعَ تَرحيب.

إن الإجابةَ عن السؤال: "لماذا قد يَفعَلُ مؤلِّفٌ ذلكَ؟" تَحتَمِلُ وَجهين: إمّا لافتِقارِ مُعجَمِ لُغَتِهِ إلى مَفهومٍ يُشيرُ بالضّبطِ إلى ما يُريدُ قَولَهُ، وبِالـمَعنى المُلائِمِ لِسياقِهِ، وإمّا لأنّ الـمَفاهيمَ المـَعنيَّةَ والمَوجودَةَ في لُغتهِ والناتِجَةَ عن واقعٍ مَرَّ عليه الزّمن، باتَت تَتَحمَّلُ أكثَرَ من معنًى.[137]

136 اكو 9، 19-23

137 بو منصور، *La Pensée*، ص 94

في سياقِ الحالة الأخيرة، يَجوزُ أن تَكونَ تلك المفاهيمُ قد فَقَدَت أيضًا دلالاتِها الخاصّة، أو، على الأقل، باتَت تُعاني من تَراكُماتِ الخَلفيّاتِ الأُسطوريّةِ أو الخيميائيَّةِ (alchemist)[138] لدَرجةِ أنَّها فَقدت من فاعليَّتِها بالنسبة إلى الواقعِ المُستجِد، وبات استعمالُها يؤدّي إلى التَضليل.[139] بالتالي بات استخدامُها يَتطلّبُ تَجريدَها من الأسطوريّة (demystification)، وتجديدَها (regeneration)، لإعادةِ تأهيلِها وتحويلِها إلى الـمعنى المطلوب، ما يُعتبرُ أمرًا مُعقّدًا جدًّا ومنافيًا للبساطةِ الـمَعرفيَّة. تَنتُجُ عن هذه الصّعوبَةِ إحدى الحاجَتين التاليَتَينِ: إمّا صَوغُ مَفهومٍ جديدٍ، كلمةٍ أو فعلٍ، وإمّا استِعارَةُ واحدٍ مُطابقٍ للحاجَةِ مِمَّن يَملِكُهُ، بِخاصّةٍ من الثّقافاتِ الـمُجاوِرة.[140]

في الحالةِ الأولى، قد يَستلزِمُ تَعميمُ العِبارَةِ المُختَرعةِ في الثقافَةِ الشّعبيّةِ و'الرَعَويّة' وتَرسيخُها في "الحسِّ العام" وقتًا غيرَ مَنظور. أمّا في الحالةِ الثانيةِ المتعلّقةِ باستعارَةِ مُصطلحٍ مُجرَّدٍ من كلّ ما يخصُّ اللُغة الأُم، مُصطَلَحٍ من المجالِ نَفسِهِ المرغوبِ وُلوجُه، وإدخالُه إلى البناءِ اللُغويّ الجَديد، فالأمرُ يَبدو أكثرَ مُلاءمَةً، لأنَ هذهِ الحالة تسمحُ بالاِستِفادَةِ من أبعادٍ صوفيَّةٍ ثلاثَة:

1- من بُعدِ الغرابة، أي المَألوف وغير المألوف في آن: مُصطلحٌ يَبدو مَنطقيًا في سياقِه وسهلَ القِراءَة، إنّما، في حالِ لَم يَسبق إعدادُ الأشخاصِ لفهمه (initiation)، يَبقى مُبهمًا لأنَّه يرمُزُ فقط إلى ذاتِهِ، ولا يَدُلُّ إلّا على الفِكرَةِ التي يُحَمِّلُهُ إيّاها الكاتِب.

2- من بُعدِ الـمَصدَرِ المجهولِ للمَفهومِ والّذي لا يُصبحُ مَعروفًا إلّا من خلالِ تفسيرِ الأسبابِ التي أوجَبَت استِخدامَهُ كمَفهومٍ أعجَميّ،

3- من بُعدٍ تحييريٍّ محتومٍ يستمرُّ حتّى بعد التعريفِ عن الـمُصطلح، بخاصّةٍ في حالةٍ شبيهةٍ بما يُسمّى 'سرًّا' باللُغة العربيّة، المُستَعملةِ في المسيحيّة.[141]

---

138 المرجع نفسه، ص 17: "إنّه لعلى بعضٍ من أثرٍ ميثولوجيٍّ ضاربٍ في القدم ما تطعَّمت المعاني الأكثر نبويّةً" (بول ريكور)

139 المرجع نفسه، ص 131

140 فهي، على الرَّغم من اختلاف اللغة أو اللهجة، تتشاركُ المناخَ نفسَه والعاداتِ وحتّى العقليَّة، بخاصّةٍ، في حالتنا، العقليَّةَ الدينيّة. إنّها ظاهرة مألوفة، تردَّدت على مدى العصور ولا زالت تتكرّرُ كلَّ ما تمَّ السعيُ خلف عباراتٍ يونانيَّةٍ، فارسيَّة أو لاتينيّة، قديمة، أو من أي لغةٍ مختلفةٍ عن اللغة المستعملة في النصّ. فقط وجدنا عند الفيلسوف دِريدا الجرأة على اختراع عبارةٍ جديدة لمفهوم مُختلِفٍ ومن اللغة ذاتها للنصّ: *différAnce*، وقد عرَّبناها: 'اختِلاف'. يكفي أن نلفُتَ إلى ندرةِ النصوص البيبليّة والآبائيّة والتفسيريَّة (**exégétiques**) التي لا تخضع لهذه السينرجيا. كلمات مثل **'أبّا' و'طابيطا' و'مَران آتا' وإيلي- إيلي- لما شبقتان**، الآراميّة ستستمرُّ مختلفةَ الجَرسِ في آذان سامعيها وتُنشّطُ كلَّ نصٍّ يستعملها.

141 كي لا نُتهم بالتناقُض، نلفت إلى أن أفرام الذي كان يرفُض أيَّ 'غيمةٍ' تحجُب بيـن الله الآب وأبنائه، على مثال المسيح الذي رفض أيضًا أمرًا من هذا القبيل بينه وبين تلاميذه (يو 15، 15)، قَبِلَ، بطاعةٍ مقدّسة، مسافةً لا يُمكن عبورها بين الحالة البشريَّة والحالة الإلهيّة كما أرساها الابن بتجسُّده. (مت 24، 36)

باقتباسِهِ 'رازا'، اعتَمدَ أفرام حالةُ البعدِ الثاني،. بفعلَتهِ هذه، يجعلُنا نشعرُ بعُمقٍ وبقوّةٍ كما لو أنَّهُ غامرَ، وهوَ، بالفعل، كذلك،142 لأنَّ ما يَبحثُ عنهُ يشكِّلُ نُقطةَ ارتكازٍ يُفترَضُ بها أن تُساعدَهُ على التَّخلُّصِ من شكٍّ ما كانَ يُراودُه. إنَّ تفعيلَ لُغتِهِ السُّريانيّةِ سينرجيًّا، من خلالِ استخدامِ مَفهومٍ فارسيٍّ كانَ المُغامرةً بالذَّاتِ، لأنَّهُ لو فَعَلَ هذا من خلالِ اللّغةِ اليونانيّةِ، لكانَ الأمرُ مقبولًا كما حصلَ في مفاهيمَ عديدةٍ مثل 'أطليتو ܐܬܠܝܛܐ' و'قنطوريون ܩܢܛܘܪܝܘܢ' واللتين ليستا سوى سَرينةٍ لكلمتي athlète و centurion اللاتينيّتَي الأصل، وذلك نظرًا إلى أنَّ اللُّغتين قد باتَا مُتنَصِّرتَين. أما القيامُ بذلك مُستعينًا بالفارسيّةِ فالأمرُ في غايةِ الدِّقَّةِ، بخاصَّةٍ من النَّاحيةِ الإجتماعيّةِ السِّياسيّةِ. فعدا أنَّ المذاهبَ الفكريّةَ الفارسيّةَ مُزدوجةُ الآلهةِ وغريبةٌ عن وَحدانيّةِ الله (monothéisme)، ما يَجعَلُها هرطقاتٍ بالنِّسبةِ إلى الكتابِ المقدَّسِ، هي عَدائيّةٌ على الصعيدِ الاجتماعيِّ السياسيِّ، بسبب الحربِ الدائرةِ بين الفُرسِ والرومان، ونصِّيبين هي مَكسَرُ العَصا. وعلى الرُّغمِ من أنَّ مفهومَ 'رازا' قد استَلَّ من نُبوءةِ دانيال، إلّا أنَّ هذا لا يُعوِّضُ عن أنَّه اقتُبِسَ من ثقافةٍ واقعُها غريبٌ ومعادٍ لواقعِ الإنجيل. علاوةً على ذلك، نجدُ أنَّ هذه المُفردةَ كانت، ولا تزال، تَنتَمي إلى عائلةٍ لغويّةٍ (philologic) مُختلفة تمامًا.

إنَّ أفرام الذي لم يكن يَستطيعُ إلَّا أن يتأثَّرَ بهذه التفاصيل، والذي قرَّرَ المُغامرةَ (كما فعل الإلهُ الأسطوريُ بروميثيوس Prometheus قبلَهُ)، لا يَتوقَّفُ، على ما يَبدو، عندَ الأبعادِ المُعطاةِ لهذا المصطَلَحِ في نُبوءةِ دانيال، لأنَّه رآهُ من زاويةٍ مُختلفة، إذ بينَ 'رازِ دانيال' و'رازِ أفرام'، كانَ التَّجسُّدُ قد حلَّ وبلَغَ أوجَه. أصبَحَ التَّجسُّدُ المصفاةَ (filter) التي يَرى أفرام من خلالها كلَّ الأمورِ ويقرأُها ويُحلِّلُها. إنَّ الإلهَ الذي وَثِقَ به 'دانيال' لكشفِ حُلمِ نَبوخَذنصَّر143 وألغازه قد اتَّخذَ جسدًا لِيُعطيَ جميعَ البشرِ ما أعطاهُ لـ 'دانيال' في بابل، ولـ 'يوسُف'، في مِصر، قبلَهُ.144 فلقد باتَ التَّجسُّدُ مِفتاحَ كشفِ كافّةِ الرّموزِ والألغازِ التي تُعيقُ التّفسيرَ الصَّحيحَ للخَلقِ ولعلاقتِهِ مع خالقِهِ، إلٰهِهِ الآبِ، إلٰهِهِ الابنِ الوحيدِ.145

---

142 هذا الإنجاز الذي أسهم بتخطي أفرام أترابه بأشواطٍ، يتقاطع عن كثب مع ما أتى به، في عصرنا الحديث، العالِم النفساني كارل غوستاف يونغ الذي باقتراحه تحديدًا بديلا لمفهوم 'الرمز' (symbol) جعله يَتمَيَّز عن مفهوم 'الدَّالة' (sign)، لأن هذه الأخيرة، بالنسبة إلى 'يونغ'، تمثّل شيئًا معروفًا تمامًا كما أن الكلمة تمثّل ما تدلّ إليه. عاكسَ 'يونغ' هذا الوضع بالتحديد الجديد للرمز الذي يُشير، برأيه، إلى أمرٍ خفيٍّ لا يُمكن جلوُّه ولا تعريفه بدقة. فلنعتبر السيد المسيح المثال على هذا 'الرمز' (symbol) والذي هو بدوره مثالٌ أعلى (Archétype) عن 'الأنا' (The Self).

(Cf. Young G.C., Psychological Types, 1921, p. 601)

ترجمة المؤلِّف عن النصّ الإنجليزي للكاتب H. Godwyn Baynes (1923)

143 دا 2، 27-28

144 تك 41، 15-16

145 يكاد C. G. Yung يدعو، استنادًا إلى كلام المسيح الموجه للإنسان لكي يكون كاملًا "كما أن أباكم السماوي

يَتَخطّى أفرام الأبعادَ التي تحدَّثَ عنها القديسُ بولس،[146] وذلك بفَضلِ الـمَعالِـمِ الثلاثةِ المذكورَةِ آنِفًا والتي هيَ 'العَينُ النيِّرةُ'، و'النورُ'، و'النّارُ' (الطاقة)، ويُبرِزُ في واقعِ ما بعد التّجسُّدِ ثَمانيَةَ أبعادٍ للخَلقِ، ستّةٌ منها مألوفةٌ جدًّا وهيَ: الأبعادُ الأربَعةُ الناشِئَةُ عن الاِعتبارِ الشائع بأن العالَـم مُسطَّحٌ ذو حدودٍ قائمةٍ، ضِمنَ أربعِ زوايا،[147] ثمّ بُعدانِ تَحدَّثَ عنهُما المسيح، بإصرارٍ، وهُما 'الأعلى' و'الأسفل'،[148] ويُضيفُ أفرامُ إلَيهما بُعدَي 'الدّاخلِ' و'الخارِج'.[149]

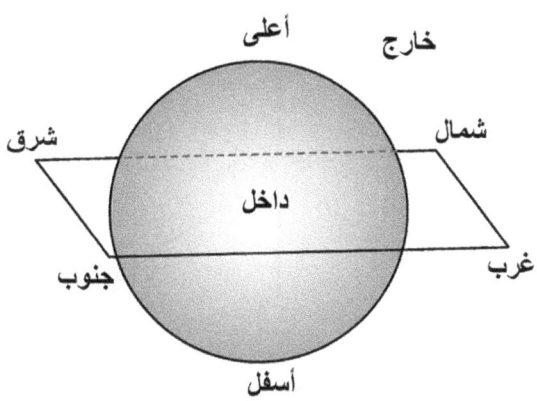

رسم 5: وعندما تدور، يدورُ الكلُّ حول الوَسط

على هذا الصَّعيد، تبدأُ السّينرجيا الناتجة عن تعاون الاِختِصاصاتِ العلميّة واللُّغوية والدِينيّة في تَخطّي مَعاييرَ واقعٍ محدودٍ بمُصطلَحاتٍ زمنيّةٍ، وبتفسيرات مَحصورَةٍ ضِمنَ آفاقٍ غيرِ مُفَعَّلَةٍ بما هوَ 'إلهيّ'. إنّها تتبلوَر بالواقع الجديد ومَعاييرِه، أي بالواقعِ 'المُختألف' (الرازائي) المذكورِ أعلاه والذي أجادَ حُكماءُ نَبوخَذنَصَّرَ في وَصفهِ. في هذا الواقعِ يَقتَرِنُ الزمنيُّ والمقدّس، ويَبدو أن 'القوّةَ' (*ḥayla*) التي تَحدَّثَ عنها الملاكُ جبرائيلُ مع 'مريم' لم تُخَصِّبْ فقط 'مريم'، إنّما مع قبولِ 'مريم' بإجابتها: "فليكُن"، خُصِّبَت أيضًا كلُّ الأسماءِ والكلماتِ والأفعالِ والحروفِ والمقاطِع اللفظيّة (syllables) التي يعرِفُها البَشر.

في هذا التقاطُعِ الخاص (particular chiasmus) الذي هوَ التّجسُّد، ومع اعتبارِ 'الراز' انعِكاسًا للحَقيقةِ (*šrârâ*) الكامنةِ خلفَ رمزٍ أو نمطٍ أو صورةٍ أو أنموذَج، رأى أفرام 'راز المسيحِ' بالـمُطلق.[150]

كامل"، لاستبدال الآب بالمثال الأعلى (l'Archétype)؛ راجع: مت5، 48؛ و1 عد 17، 13.

146 أف 4، 9 – 10

147 *Les Origines*, p. 133; *La Pensée*, pp. 23, 66, 88 (pluridimentionnelle), 308; et note 25, p. 542

148 يو 8، 23

149 *Les Origines*, pp. 131-133; 224

150 *TLE*, p 45

وبالتالي، يُصبحُ ’رازُ ٱلمسيح‘، لُغويًّا، مَركَزَ الالتِقاءِ (convergence center)، أو بالأحرى الـمَوشور الكُليّ الشّفافيّةِ (the entirely transparent prism) الذي من خلالهِ يَتحوَّلُ كلُّ اسمٍ زمنيٍّ إلى اسمٍ مقدَّس، أيًّا كان مَصدَرُه ووُجهتُهُ وزاويَةُ انكِسارِ أشعَّتهِ. يُصبحُ ’راز ٱلمسيح‘ هوَ الـمُحفِّزُ لكُلِّ علائِقيَّةٍ بينَ الواقِعَين، الزّمنيّ والمقدّس، كما هوَ مذكورٌ آنفًا، والمانِعُ لأيّ مُعوِّقٍ للتواصُلِ بَينَهُما.

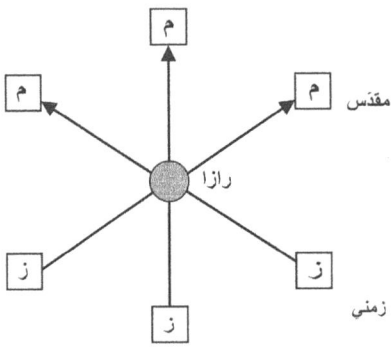

رسم 6: الذي به كلُّ شيء‘، وبه يتحوّلُ كلُّ شيءٍ من زمنيٍّ إلى مقدّس

عَمَليًّا، ما كانَ التَّقدُّمُ الذي نعرِفُهُ اليومَ على صعيدِ الدّراساتِ البيبليّةِ ليتَوصَّلَ إلى ما توصَّلَ إلَيه لَو لم يُفسَح المجال واسِعًا لهذه السّينِرجيا الجامعَةِ للاِختصاصاتِ على الصّعيدَينِ اللُّغويّ والمَعرفيّ. إنَّ الـمِفتاحَ "الصّغيرَ" الذي كان يُبحَثُ عنهُ، خلالَ فترةٍ طويلة، لنَجاحِ تِلكَ الدّراساتِ، كانَ ’تواضع التّجسُّد‘، أي ’إخلاءَ الذّات‘ (kenosis)، الذي مَنحَهُ ’سيّدُ العَهدَينِ‘ مجّانًا لكَنيستِهِ الواحدَةِ والوحيدَةِ، كما للبشريَّة. إن أيَّ تَقدُّمٍ ما كانَ مُمكِنًا، ولن يكونَ، من دونِ هذا التواضع.

نختُمُ بدَعوةِ اللُّغويّينَ وعلماء المعرفة إلى أن يقتَدوا بـ أفرام، في مُقاربتِهم لأبحاثِهم وتحليلاتِهم للظَواهرِ (phenomena) والسبَبيّاتِ (causalities)، فيأخذوا بالاِعتبارِ العَلاماتِ المذكورَةَ آنِفًا والـمُشتَقّةِ من التّقاطُعِ التَّجَسُّديّ، كما يَفعلونَ ذلكَ، مع ما يَشتَقُّ من تَقاطُعِ ’مِكانيكا الكَمّ‘ (chiasmus) ونِسبيّةِ آينشتاين. إنّنا ندعوهُم أيضًا ألّا ينسَوا، خِلالَ تحليلِ الكَلماتِ والأسماء، أنَّ الذي حوَّلَ اسمَ ’أبرامَ‘ إلى ’ابراهيم‘، و’يَعقوبَ‘ إلى ’إسرائيل‘، وغيرَهما من الأسماء، تَرَكَ في كلّ مكانٍ حُروفًا ومقاطِعَ لَفظيَّة، مَنظورةً وغيرَ منظورَة، قد تَسمَحُ بـ’التفعيلِ السّينِرجيّ‘ للاِختِصاصاتِ واللُغاتِ والأسماءِ، أسمائِنا نحن،[151] واسمِه ’هوَ الذي هوَ‘

151 راجع جاك دريدا في تعليقه على اسمه، ص. 103 – 106؛ 169؛ 182.

YHVH[152].

كما أن على هؤلاءِ اللُغَويّينَ والبيبليّينَ واللاهوتيّينَ ومُهندِسي المعرفَةِ الشاملةِ أن يُصَفّوا القلب والنوايا، بإخلاءِ الذاتِ من الأنانيَّةِ والكِبرياءِ والغُرورِ العازِلِ الآخرِ، كَي يتمَكَّنوا من التِقاطِ تِلكَ الشَّذَراتِ من الواقعِ 'الرّازائيّ' ويَسمَحوا لها بأن تَتغَلغَلَ في روحِهِم وفكرِهِم لِيَكونوا بدَورِهِم مُفَعِّلينَ سينِرجيًّا. إنَّ هذه الحروفَ وهذه المقاطِعَ اللفظيَّةَ حيَّةٌ ولها أصواتٌ صادِرةٌ عن 'الصَّوتِ' الذي فَعَّلَ، سينِرجيًّا، صوتَ المعمَدان. فتلكَ الشّذراتُ 'الرازائيّةِ' تُشكِّلُ، بحدِّ ذاتِها، اختِصاصًا لُغويًّا وإبسيتمولوجيًّا خاصًّا بها، اختصاصًا لا يَفتَقِرُ، إطلاقًا، إلى الموسيقى والشِّعر. إن رِجالَ العِلمِ والدِين، وفي الحالتَين، رجالَ الضمير، يربَحون بتَبنّي مَسلكيَّةِ 'الإخلاء الذاتي' هذه، الـمُفَعَّلَةِ سينِرجيًّا، ومَعهُم تربَحُ البشريَّةُ والكَونُ على السَّواء.

فَلنَنتقِل إلى النُقطةِ الثالثة، إلى دِراسَةِ ظاهِرَةِ السينِرجيا بَين واقِعٍ وواقِع، وإلى دراسَةِ الأبعادِ الـمَسيحانيَّةِ للنّورِ والنّار.

2.3. ج. السينِرجيا بينَ واقعٍ وواقع، والأبعادُ المسيحانيَّة للنورِ والنار

إن الكَلمةَ الإله، بإشعالِهِ الحَشا الـمَعصومَ لِـ'حَوّاءَ عَدنِ الجَديدَة'، اتَّخذَ مِنهُ جَسدًا (*sarchs*)، آخذًا، بالفِعلِ ذاتِه، على عاتِقِه، كلَّ 'شرور' هذا الـجَسد، سواء أكان 'شرَّ الخطيئة' (*malum culpae*)، أم 'شرَّ الألم' (*malum paenae*)، وخرجَ منهُ 'ابنُ الإنسان'. وبنِسبيَّةٍ معيَّنة-نِسبيَّةٍ إيجابيَّةٍ واضحةِ الـمَعنى وحَسَنةِ التَّرتيب-ومع اتّخاذِ المسيحِ على عاتِقِهِ الحالةَ البشريّةَ بكُليّتِها، ما عدا فعلِ الخطيئَة، نقَل إلى 'البَشَريّ' حالاتِ طَبيعَتِهِ الإلهيَّة، على ما عُرِفَت فيه بعدَ إخلائه ذاتَه (*kenosis*). أوَلَيسَ هوَ الذي أكَّدَ أن الأعمالَ كافّةً التي

152 استنادًا إلى المحيط الجامع للخوري بولس الفغالي، نستفيد من الشرح التالي: "تعود التوراة بهذا الاسم إلى <هيه> أو <هوه> (كان، وجد): أنا هوَ من هو، أنا هوَ أرسلني إليكم (خر 3: 14). والمدلول: الكائن مع نشاط. 'أنا هوَ من هو' تدلّ على كينونة الله وعمله. (خر 33: 19؛ حز 12: 25).... لا نستطيع أن نقول كيف كان العبرانيون يلفظون اسم يهوه إذ ليس من حركات للتشكيل. وعندما أخذوا يضعون الحركات امتنعوا عن التلفّظ باسم يهوه". راجع الموقع الإلكتروني، البشاره: http://www.albishara.net/dictionary/m/read/5806?nav_show= تمّ تفحّصه خلال أيلول 2016.
نضيف ما أوردناه في النسخة الأجنبيّة لكتابنا:

Yhovah; YhWh יהוה; comes from Haya; Name of the Eternal God (Jéhovah, or more precisely, Yahvé) = 'the One Who is': 1) The Proper Name of the Unique God; 2) Not pronounced except for Hebrew tetragrammaton YHVH (Yahvé); *Cf. Ichtus*.

صَنَعَها يَستطيعُ أن يَصنَعَها أيضًا الذينَ يؤمِنونَ به، حتّى أنَّهُم قادِرونَ أن يَصنَعوا أكثرَ منها؟[153] إنّه لبإمكانهم، طَبعًا، القيامُ بها وأكثر، شَرطَ أن يُحافِظوا على عَصَبِ السّينرجيا بينَ بَعضِهِم البعض، كما هيَ الحال بينَه وبينَ أبيه.

تَتَشرَّفُ الليتورجيا المارونيَّةِ باحتِواءِ نَصِّها الإفخارستيّ على تَذكيرٍ بِقواعِدِ هذا التبادُل، من حيثُ الطبيعتان، انطِلاقًا من 'الجَوهَر'، والسّينِرجيا التي تأخذ مجراها من لَحظَةِ التَحوُّلِ، من جَوهَرٍ إلى آخَر، في ما يُسمّى الاستحالة (*Transubstantiation*) فتقول:

> وحَّدتَ يا ربُّ لاهوتَكَ بناسوتِنا، وناسوتَنا بلاهوتِكَ، حياتَكَ بمَوتِنا ومَوتَنا بحياتِكَ؛ أخذتَ ما لنا ووهبتَنا ما لكَ لتُحيِيَنا وتُخلِّصَنا...[154]

إن العَلاقةَ 'الترابطيّةَ' (correlation) الكامِلةَ بينَ الطبيعةِ الإلٰهيّةِ والطبيعةِ البشريَّةِ التي يَعترفُ بها أفرام في رَحم 'مريم' هي مصدرُ السّينِرجيا بينَ واقعٍ وَواقع: "دَخلتِ النارُ إلى الحشا واتّخذت جَسدًا وظهرَت".[155] وإن كانت هذه هيَ الحالةُ بينَ الطبيعةِ الإلٰهيّةِ والطبيعةِ البشريَة، فما عساها تكونُ بينَ الواقِعِ الإلٰهيّ والوا قِعِ الكَونيّ؟

عَمليًّا، إن 'كلمةَ الله' الذي ألهَبَ حَشا مريمَ هوَ الذي ألهَبَ أيضًا حَشا الطبيعة البيئيَّة بأسرِها. لقد قامَ بذٰلك من خِلالِ ماءِ العِمادِ في الأردُن متَّخذًا بالفعلِ ذاتِه، على عاتِقِه، كلَّ مُعوِّقاتها (entropy)، ونقلَ إليها عنايتَهُ ليَخرُجَ منها 'ابنُ الله'. الرّوحَ القدسَ حاضِرٌ هنا أيضًا، كما في زمنِ التكوين، وكما في زمنِ حَبَلِ مَريم. إذًا، تِبعًا للتَّقليدِ نقول: إن لَعنةَ المقاطعَةِ بين الـمَخلوقِ والخالق، النّاتجةَ عن خطيئةِ آدمَ وحوّاءَ، لم تكُن تَعني أنَّ الواقِعَينِ، الإلٰهيّ والزمنيّ، باتا غيرَ متساكنَين بعدَ تلكَ السّقطَةِ في الكَون وإنّما تَعني، بِبَساطة، أن السّينِرجيا التي كانت بينَهُما قد تَعطَّلَت إلى حين. فإن الواقِعَينِ مع طاقاتِهما استمرّا مَوجودَين، دومًا، في الـ'هُنا'، من كِلا الطَّرفَين، لأن اللهَ لا يَسمحُ أبدًا بأن يُناقِضَ ذاتَهُ. وقَد أثبَتَ ذٰلكَ إثرَ حادثة 'الطوفان' في سيرة نوح.

إذًا، مُنذ ما يُسمّى بالخَطيئَةِ الأصليَّة، أكملَ الكَونُ مسارَهُ وتابعَ آدمُ وحوّاءُ حياتَهما. حتّى

153 يو 14، 12

154 كتاب القداس الماروني، بكركي، 2005، ص. 739.

155 أناشيد الإيمان 4، 2 - إلى النهاية. راجع *CSCO* الجزء 154، ص. 9 وما يتبع: من المتعارف عليه وجود خطَّيـن لعلم الكريستولوجيا: الكريستولوجيا من أسفل والكريستولوجيا من عَلو. الخطّ الأوَّل يستند إلى إنجيل يوحنّا الذي يبدأ بالكلمة الذي تجسَّد، أما الثاني فإلى الأناجيل الإزائيّة الثلاثة التي تبدأ بالميلاد وسلالة المسيح البشريّة صعودا إلى القيامة. ألم يحن الوقت للتكلم على 'كريستولوجيا من مركز التقاطُع' (Chiasme)، من القلب على سبيل المثال؟ هذا النوع من العِلم المسيحاني يبرز اللقاء بين الصاعد والنازل مع الأخذ بعين الاعتبار الديناميّة والسينرجيا اللتين تنبثقان منه، من لحظة تخصيب البشريّ بالإلٰهيّ.

قايين، بعدَهما، لم يُبَد عن وجه الأرض. أما اللهُ فلطالما استمرّ ينتظِرُ خلَفَ "شُعلَةِ النارِ المتقلِّبةِ" عَودةَ الابن الضال. إن نارَ التحدّي بين النبيّ إيليّا وكهنة البعليم، هي الشاهدُ الأهمُّ على الفرقِ بينَ غيابِ تلكَ السّينرجيا وحُضورِها. وبالتّالي، إن كانَ البَشريُّ قد أُهِّلَ للتألهِ بِفَضلِ التجسّدِ، فإنّ الواقعَ المُسمّى بالزّمَنيّ، والكونَ، والطبيعةَ – الجَسَدَ البَشريَّ ضِمنًا –، قد أُهِّلَت جميعُها كذلكَ لهُ، بفضلِ عمادِ المسيحِ في الأردن:

للعِلَّةِ نفسِها التي دَخَلَ بها الحَشا
نَزَلَ في الأردن.
للعِلَّةِ نفسِها التي دَخَلَ بها القَبرَ
دَخَلَ إلى فِردَوسِه :
من أجلِ أن يَغمُرَ الإنسانيَّةَ بكلِّ العِلَلِ.[156]

لقد أثبتَ يسوعُ أنَّ فِكرةَ 'جَعلِ كلِّ شيءٍ جديدًا' الواردةَ في سفرِ 'الرؤيا'[157] لا تَعني الهَدمَ وإعادةَ البناءِ، وإنما إعادةَ تَفعيلِ التّرابُطِ correlation بينَ الطّبيعتَينِ والواقعَينِ، بِحَيثُ لا تعودُ السّينرجيا بينَ 'القوى الخَفيّةِ' (haylê ksayâ) و 'القوى الظّاهِرَةِ' (haylê glayâ) قابلةً للسّقوطِ مجدَّدًا. هذا هو الدورُ الرئيسُ للروحِ القُدُسِ الذي أبرَزَهُ يسوعُ بِشدَّةِ: حِفظُ حَيَويّةِ هذه السّينرجيا بينَ الإلهيّ والبَشريّ، بينَ المقدَّسِ والزّمَنيّ، إلى درجةِ ألّا يَبقى من الزّمَنيِّ شيءٍ، لا بِـ'القُوَّةِ' (in potency) ولا بِـ'الفِعلِ' (in act).[158] إن هذا ما تَقومُ عليه الأبعادُ المسيحانيّةُ للتَّدبيرِ الخَلاصيّ، نارٌ ونورٌ استمرَّت كينونَتُهُما بِـ'القُوَّةِ'، لزَمَنٍ طويلٍ، حتّى حَلّا بِـ'الفعلِ'، لزمنٍ ما، إبانَ حياةِ المسيحِ، ولتعودَ كَينونَتُهُما للاستِمرارِ بينَ 'القُوَّةِ' و 'الفِعلِ' حتّى نهايةِ الأزمِنةِ ونهايةِ الزمان.

إذًا، نكرِّرُ لذواتِنا، أنَّ 'رازَ' التّجسُّدِ، كما سبَقَ ذِكرُهُ، هو الذي يَعتبِرُهُ أفرامُ 'الرّازِ' بالمُطلَقِ، والذي تَجتمِعُ فيهِ (converge) كلُّ 'الأروازِ' الأخرى والممكِنَةِ، كلُّ ما كانَ منها بِـ'القُوَّةِ' في العَهدِ القَديمِ وكلُّ ما حلَّ 'بالفِعلِ'، مُنذُ الميلادِ حتّى يَومِنا هذا.

---

156 أناشيد الدنح 10، 3؛ راجع *CSCO* جزء 186، ص. 181.

ܗܘ ܚܝܠܐ ܕܥܠ ܗܘ ܠܓܘ ܓܘܫܡܐ
ܗܘ ܚܝܠܐ ܢܚܬ ܗܘܐ ܠܓܘ ܢܗܪܐ
ܗܘ ܚܝܠܐ ܕܥܠ ܗܘ ܠܓܘ ܩܒܪܐ
ܗܘ ܚܝܠܐ ܥܠ ܠܓܢܬܐ
ܕܢܥܬܪ ܠܐܢܫܘܬܐ ܒܟܠ ܥܠܠܢ

157 رؤ 21، 1 و5.

158 تكون العلاقة كما استوعبها أفرام، بين المقدَّس بالمطلق والمقدَّس المخلوق كما بين 'الراز' بالمطلق و'الراز' المخلوق.

كَذَلِكَ، بِرَمزيَّةٍ استثنائيَّةٍ، وفي سبيلِ "تحقيقِ كلِّ عَدالةٍ"، يشملُ أيضًا خلاصُ هذا 'الرّازِ' المُطلَق أبعادَ الخَلقِ الكَونيَّة كافَّة.[159] إنَّنا نجدُه هوَ عَينه، نارُ الروحِ القدُسِ ونورُ العالَم، يتجسَّدُ بالبشارةِ في حَشا 'مريم' ليتأنَّسَ، ويَتأوَّنَ (get born again in *the hic et nunc*) بعمادِه في نهرِ الأردُن، هوَ اللهُ – الابن ، الكلمةُ – الإله الذي بهِ كانَ كلُّ شيءٍ... ليَتَجَنَّسَ كونيًّا.

تَدعَمُ اللغةُ بذاتها ذلك، عندما تُعلِمُ أنَّ 'الكلمةَ-الإله'، بتَجَسُّدِه في حشا بشريٍّ يتجنَّسُ بشريًّا، وبحُلولِه في حشا الماءِ الكَونيِّ بالعِمادِ، يتجنَّسُ كَونيًّا (cosmic): سيَحِلُّ الثنائيُّ، "الكلمة – النار"، في 'حشا' ماءِ الأردُنِ ويَمنَحُها 'قُدرَةَ' تحويلِ الرجالِ والنساءِ إلى 'آلِهَةٍ'، إلى جُزَيئاتٍ مؤلَّهةٍ، والكونَ إلى جنَّةِ عدن.[160] هذا ما يَعنيه تمامًا تَقديسُ الكَون.[161]

إنَّ المسيحَ، إذ أمدَّ الماءَ بنارِهِ الــمُتأجِّجة لِيَجعلَ منهُ حشًا أموميًّا لجَسدِه 'الرّازائيّ'، يَرمي إلى تَحويلِ كلِّ المخلوقاتِ المنظورةِ وغيرِ المنظورةِ في الكَونِ إلى 'رازائيَّة'، فيصنعُ منها واقعًا 'رازائيًّا'. لَنَتصوَّر السِّينِرجيا التي يُمكِنُ أن تَنتُجَ عن ذلك! أوليسَ ما كانَ يحتاجُ إلى ألفِ عامٍ ليحصُلَ سَيحصُلُ، مِن حينِه فصاعدًا، في طَرفَةِ عَينٍ؟ لقد أحبَّ أفرام كثيرًا طَرفَةَ العَينِ هذه. (ܐܦܦ ܟܢܦ *rfâf ʿaynâ*).[162]

تَبقى كَلِمةٌ نقولُها بشأنِ سينِرجيا الإخلاءِ (kenotic synergy) المَذكورةِ آنفًا، والتي هيَ الشرطُ الأساس للتَجَسُّدِ والتآلُفِ (taming). إنَّ هذه السِّينِرجيا هيَ براغماتيَّةٌ وتَخدُمُ، كإجابةٍ عن السُّؤالِ الذي طرحَهُ 'الشّابُ الغنيُّ' على المسيح: "ماذا أعمل...؟".[163] يبدو أنَّ هذا السُّؤال الذي يطرحُه شخصٌ مُتعلِّمٌ وغنيٌّ لم يَكُن من بابِ التَّوسُّلِ إنما يَحتمِلُ، بالأحرى، بعضَ الـمُقاومةِ العَقلانيَّةِ (rationalism) لفكرةِ إخلاءِ الذاتِ، وبالفِعلِ ذاتِه، للتآلفِ الذي اقترحَتهُ 'نَظرةُ' 'المُعلِّمِ الصّالحِ' الذي 'أحبَّهُ'.

تَتمثَّلُ ذُروةُ السِّينِرجيا النّاتجة، في الحالةِ هذه، عن تَقاطُعِ 'النظرتَين' باقترانِ (conjunction) إخلاءِ الذاتِ الإلهيَّةِ بإخلاءِ الذاتِ البَشريَّةِ. إنما نَجاحُ هذا الاقتران يفترضُ تَضافُرَ القوى لإنجاحِ 'الحَدَثِ' مَعَ اقتصادٍ في الوسائلِ. لكنَّ الشابَ الغنيَّ لم يَكُن قد دَنا من

---

159 مت 3، 15. راجع:

Cassingena François, o.s.b; *Hymne sur l'Épiphanie; Hymnes Baptismales de l'Orient syrien, Spiritualité Orientale*, n° 70 Abbaye de Bellefontaine.

160 المرجع نفسه.

161 المرجع نفسه، 5. بنزولهِ في الأردُنِ لقَّح المسيحُ، إن جاز القول، المياه بنعمةِ ألوهيتهِ المقدَّسةِ'. (تعريب المؤلِّف).

162 *Les Origines*, p. 56

163 مر 10، 17 – 22

'المعلِّمِ الصّالحِ' فارغَ اليدَين. كان قد قامَ بأعمالٍ كثيرةٍ خيّرةٍ وعَكَفَ على أن يكونَ رجُلًا صالحًا بدون أن يُخلِيَ ذاته من شيءٍ، لذا صدَمَهُ يسوعُ عندما طالبَهُ بأن يُشابهَهُ بالكامِل ويتبَعَهُ، فمَضى حزينًا. ومَضى يسوعُ أيضًا حزينًا لأنّه كان على وشكٍ أن يُحقّق 'هُنا، في الأسفل' (here-below)، بينَهُ وبينَ الإنسانِ، مُعجِزَةَ السّينرجيا التي يَتمتَّعُ بها 'فَوق' (up-above) مع أبيه. لكنّ هذا الشابَ الغنيَّ الذي حاولَ يسوعُ أن يتغَلغَلَ في روحهِ وفِكرهِ من خلالِ العَينَينِ خيَّبَ، إن صحَّ التعبيرُ، أمَلَهُ. لقد حاولَ يسوعُ أن يَجعَلَهُ يَفهمُ أنّهُ يَبحَثُ عن شخصٍ مثلِه ليُتمِّمَ سابقةَ الاختبارِ السّينرجِيّ، لكنَّ غِنى الشاب انتَصَر، ولَو لِحين...[164]

إن 'السّينرجيا الإخلائيّةِ للذاتِ' هيَ الظاهِرَةُ التي ستُوَجِّه، منذُ الآنَ فصاعدًا، مَدَّ البَشرِ وجَزرَهُم في حُصولِهم على دَورٍ في التّدبيرِ الخَلاصيّ. إنّها 'سينرجيا' الأبوّةِ كما الأُمومَةِ مع الطِفلِ، والخالِقِ مع الـمَخلوقِ، والشّريعةِ الإلهيّةِ مع الشّريعَةِ الطّبيعيَّة، وتحديدًا الشرائعِ الفيزيائيَّةِ الناتجَةِ عنها والتي أسهَمَت في تَجسُّدِ الكَلمةِ-الإلهِ ليُصبحَ بَشريًّا ويكونَ لهُ أُمٌّ ويعيشَ ويموتَ لِكَي "يَجعَلَ الكَونَ جَديدًا".

خاتمــة

إن استِخدامَ أفرام المُصطَلَحَ الفارِسيّ 'راز' (*râz*) كانَ لكلِّ الأسباب التي ذكرناها، إذ لا بدَّ أن يكونَ قد اكتَشفَ، وهوَ الخبيرُ في اللُّغاتِ البشريَّةِ، كما في لُغةِ الروحِ القدس، في 'الحَمضِ النَوويّ' الخاص بهذه العِبارَة، ما اكتَشفَتهُ نِساءُ العهدِ القديمِ في 'الحَمضِ النَوويّ' الخاص بـ'إبراهيمَ' و'يعقوبَ' و'داودَ' وكلّ سُلالَتِهم التي يَتَحدَّرُ منها المسيح. فلا بدَّ أن يكونَ أفرام قد اكتشَفَ أنّها العبارةُ الوحيدةُ في الكتابِ المقدَّس التي هيَ علامةٌ ورمزٌ لـ"سرٍّ" مُعيَّن، بدون أيّ لَبسٍ. إنه رأى في هذه الـمُـفرَدةِ الأعجَميَّةِ وغيرِ الأعجميَّةِ في آنٍ، عُنصُرًا موحِّدًا بين 'الخَفيّ' (*kasyâ*) و'الجَليّ' (*galyâ*)، وفي الوقت عينه، عُنصرًا، ولو بدا 'سريًّا'، لا يَخشى أبدًا أن يُكشَفَ أو يُعرَفَ، بل بالأحرى، ينبغي أن يُشاعَ، قدرَ الإمكان، وأن يُلامَ الذين لا يُفشونَه.[165]

ستَكونُ المعالِـمُ الأفراميّةُ التي كُشِفَت أعلاه، أي العَينُ والنّورُ والنّارُ والسّينرجيا و'الراز' وإخلاءُ الذّات، مفيدَةً جدًّا لنا، في ما يَخُصُّ الكلامَ على 'الوِلادَةِ' و'الانبثاقِ' اللّذين يمثّلانِ الحركةَ الدّاخليَّةَ، الكامِلةَ، والـمُكتَفيَةَ بذاتِها للأقانيمِ الإلهيّةِ الثلاثَة، كما يرسُمُها الراهب 'روبليف' في أيقونَةِ الثالوث الأقدس. من هذه الحركَة، كما افترَضناهُ معرفيًّا مَعَ النابغَةِ

164 سيعود للانتصار مع دعوة القديس انطونيوس الكبير
165 رؤ 22، 10 – 20.

الأمريكيّ ’فولر‘، تَتفجّرُ السَينرجيا ’الرازائيّة‘ التي تُنيرُ عقولَ الباحثين عن الحقيقة فتُشكِّلُ بينَ الآبِ والابنِ والروحِ القُدُس مصدَرَ القوَّةِ الخَفيَّةِ (*ḥayla kasyâ*) التي يَتحدَّثُ عنها أفرام، والتي تُعتبَرُ الشاهِدَةَ على حضورِ الخالقِ في الـمَخلوق. ولا يُمكنُ رُؤيَةُ هذه القُوَّةِ الإلٰهيَّة إلّا بعَينٍ نَيِّرَةٍ مُشابهَةٍ لعَينِ ’مريم‘ ولِعَينِ بولس الرسول.

إن استِهدافَنا، أنطولوجيًّا، النارِ الإلٰهيّة، كما نَدَّعي أنّنا سنَفعَلُهُ الآن، أي النارَ كأداةٍ أساسيّةٍ لِلاهوتِ الأفراميِّ، والّتي هيَ من الطبيعةِ ذاتِها للنّور الـمَولودِ مِنها، يَضعُنا حَتمًا أمامَ تحدّي السؤالِ الكبير الذي كانَ يُطرح، بالتأكيد، في زَمنِ أفرام: هل إن تلكَ ’النارَ‘ التي يَنطلِقُ منها ’النورُ‘ و’الحرارَةُ‘، والتي تَبدو الشمسُ الزمنيَّةُ تجليًّا لها (hierophany)، مَخلوقَةٌ أم لا؟ وبالتالي، أيُّ نوعٍ من النّار هيَ؟

نَسألُ ’الأمَّ‘ التي حَملَت بـ ’النارِ‘ وأَنجَبَت ’النورَ‘ أن تُعيرَنا انتباهَها ولَو لـِ’رفَّةِ عَينٍ‘ لِكَي نَنجَحَ في الإجابةِ عَن هذه الأسئِلَة في الفَصلِ التّالي.

الفصلُ الثاني: ’النارُ‘ في العَين

ولما حلَّ اليوم الخَمسون كانوا كلُّهم معًا، في مكان واحد. فحدثَ بغتةً صوتٌ من السّماء كصوتِ ريحٍ شديدة تعصفُ، وملأ كلَّ البيتِ الذي كانوا جالسين فيه. وظَهرَت لهُم ألسنةٌ مُنقسِمةٌ كأنّها من نارٍ، فاستقرَّت على كلِّ واحدٍ منهُم. (أع 2، 1-3.)

إن يسوع، وقبلَ صعودِه، كان قد تنبّأ بهذه العَنصرةِ الشّهيرة التي ستؤسِّسُ ’لبُرجِ الكنيسة‘ الذي هوَ جسدُه ’الرازائي‘، كبُرجٍ مماثلٍ لبُرجِ بابِل. تنبّأ لتلاميذِه أن ذهابَه يَصُبُّ في مصلحَتهِم لأنّه، إن كانَ لا يـَمضي، فلن يأتيَ الروحُ القدُس (البارَقليط) ليضعَ حدًا لـ’لَعنةِ بابِل‘.[166] فإن كان اللهُ قد هبطَ في ’بابِل‘ وبَلبَلَ ألسنةَ بُناةِ البرجِ الذين كانوا جميعًا يتكلّمونَ اللغةَ ذاتَها حتى بات بعضُهم لا يَفهمُ لغةَ الآخر،[167] فإنه هبطَ في العَنصرة، بنارِه، ليشفيَ، بالكيّ، الجُرح الذي تُسبَّب به كِبرياءُ الإنسان، وليُحقّقَ نقيضَ ذلك. إنّه ’بُرجُ الكنيسة‘، مكانُ التلاقي والتّفاهمِ والسلام، على مثال جنَّة عَدن.

سَنسعى في هذا الفصل الـمُعنوَن ’النارُ في العَين‘ إلى كشفِ ماهيّةِ تلك ’النار‘، ونتَّخذ موقفًا من الجَدليّة التي أثارها أفرام تجاهَ الذين كانوا يَعتبرونَها إلهًا ويعبُدونَها، وأنّها، بالتّالي، غيرُ مخلوقة. كيفَ تناولَ أفرام هذه المسألة؟ وكيفَ استخدَمها كوسيلةٍ لهِدايةِ الـمُتردِّدين التائقين إلى النّور الحقيقي؟

سنُحاول الإجابةَ عن هذين السؤالَين، مُعتمدينَ على بعض الـمُعطيات من الفلسفة ’التفكيكيّة‘ (deconstructionist) التي استخدمَها الفيلسوفُ جاك دِريدا، وسنتَّبعُ الطريقةَ عَينَها للإجابة عن السؤال التالي: ما هي تلك النار؟ سوفَ نستخدمُ المفتاحَ ’رَازَا‘ لنوَضِّحَ، أو لدقّةٍ أكثر بالتعبير، لنُوَجّه نحو ’واقعٍ رَّازائيٍّ‘ نَقرأُ فيه ما لا يُقرأُ خارجَه، ونجدَ له وحدةَ قياسٍ (unit of measurement) صالحةً لأن تُقارَنَ بـوَحدةِ القياس الكَمّي (الكوانتُم)، نقيس بها حدَّةَ تلك النار، سنتَّبعُ التصميمَ التالي لنصِلَ في سَعينا إلى خَواتيمَ مُقنِعة:

---

166 يو 16، 7.

167 تك 11، 7.

1. جدليّةُ "الله – النّار" (The God-Fire)
   1.1. النارُ الإلهيّة
      1.1.1. مَوقِفُ 'أفرام'
      1.1.2. النارُ المخلوقة
      1.1.3. النارُ غير المخلوقة
      1.1.4. الله – النارُ والنور
   1.2. الابنُ – نار (The Son-Fire)
      1.2.1. توازٍ أم رابطُ نَسَب؟ (Parallelism or kinship?)
   1.3. الروحُ – نار (The Holy Spirit-Fire)
      1.3.1. 'الدِّنحُ يكشفُ جَوهرَ السينرجيا الإلهيّة
      1.3.2. الشكُّ المُميت
      1.3.3. الجَحيم
   1.4. الآبُ – نار (The Father-Fire)
      1.4.1. النارُ المهلِكة أم النارُ المُلهبة؟
2. أيُّ نارٍ هيَ المَقصودة؟
   2.1. تَفكيكُ النار (The deconstruction of fire)
   2.2. نارُ الإيمان
   2.3. النارُ الودّيّةُ والنارُ العَدائيّة
   2.4. 'الجَمرةُ الرازائيّةُ' وَحدةُ القياس للواقع الرازائي

خاتمــة

1. جدليّةُ "الله - النّار" (The God-Fire)

إن توقَ الحضارات إلى إيجادِ جوابٍ عن السّؤال: "ما هي النار؟" قد كلّفَ، إذا ما صدَّقنا مُختلف الأساطير، عشراتِ آلافِ السنين، وملايين القَتلى، وذلك بفعلِ الحروبِ بين الآلهةِ وسُقوطِ عِدَّة ممالك. لقد صمَّمَت عدَّةُ دياناتٍ 'أسطوريّة'، وبخاصّةٍ المصريّة والفارسيّة والرومانيّة، على اعتبارِها إمّا الإله بالمطلق، وإمّا إلهًا، أو، أقلّه، أداةً إلهيّةً نظرًا إلى طبيعَتِها الأثيريّة (etheric) وقُدرتِها على 'أثــيَرَة' (to etherize) كلّ ما تَصلُ إليه. بالـمُقابل، وحيثما تمكّنت النفوسُ المتديِّنة، بواسطة المُماثلة (analogy)، من اعتِبَار الشمسِ، بإشعاعِها الضّوئي وقُدرتها الحراريَّة كأقدس تجلٍّ للنار، اتّخاذتها إلهًا، إلهَ الآلهة، العليّ، الكلّيّ القُدرة، والذي به تَرتبطُ كلّ حياةٍ في مملكةِ النهار، القادِر وحدَه على وَضع حدٍّ لـمَملكة الليل. بالتالي، لم يكُن بوسع تلك الأساطير إلّا أن تَعتبِرَ حفظَ النارِ في المعابد والمنازل مقدَّسًا،[168] وأن سَرقتَها من مساكن الآلهة، متى فُقدت من عند البَشر، فِعلٌ بطوليٌّ بامتياز.[169]

إن الكتابَ المقدَّس الذي عَكَس مقدَّساتِ الحضاراتِ المجاورة، كما في 'مرآة'، يَعكِسُ أيضًا، انطلاقًا من سفرِ التّكوين، تَفوُّقَ النار نسبةً إلى العناصرِ الأساس الثلاثة الأخرى من الطّبيعة، والتي تَتَمَثَّل، بحسبِ قُدماء اليونان، بالماءِ والهواءِ والتُّراب. تُستَشفُّ إحدى علاماتِ هذا التّفوُّق من خلال استِخدام الله لها لمنعِ آدمَ وحوّاءَ من العَودةِ إلى الجنّة: "وَسَيفًا مُشتعِلًا مُتقلِّبًا لِحراسةِ طَريقِ شَجرةِ الحياة".[170] كان بإمكانه تَعالى أن يُحيط الجنّة بقناة ماءٍ لأن مُصطَلحَ النار، حتّى تلك الصَّفحةَ من سفرِ التّكوين، لم يكُن بعدُ قد وَردَ ولا مرّةً واحدَة، في حين أن الـمُصطلحات المائيّة كانت متوافرة بكَثرة. وحدَه، مصطلحُ "الاشتِعال" يُستخدَمُ هنا للمرّة الأولى.

إن كلّ تلك النُقاط الأُسطوريّة والرّمزيّة كانت تُثير فضولَ النّفسِ الإنسانيّةِ المتعطشةِ إلى التمييزِ ووضوحِ الرؤيا. وكانت سِلسلَةٌ من الإشكالياتِ تفرضُ ذاتَها، بقدرِ ما كانت الحضاراتُ تتشابكُ من خلال التِّجارةِ وتَبادلِ المعلومات، أو بقَدرِ ما كانت تَتَصادَم في حروبٍ اقتصاديّةٍ أو دينيّةٍ أو، ببساطة، بحروبِ إشباعِ عُقدَة الفَوقيّة. وما الجدليّةُ التي كانت تَنتُج عن ذلك وتَشغَل الأوساطَ الفكريّة والدينيّة، ومنها ما يُبرِزُها سفرُ دانيال، إلّا جدليّةُ اعتبارِ النّار إلهًا أو اعتبارها مخلوقةً من العدم، أسوَةً بكل ما خَلقَهُ الإلهُ الأحد، إلهُ ابرهيمَ وإسحقَ ويعقوب،

---

168 طوق ب.، ص. 165؛ راجع أيضًا: **Bachelard G.**; *La Psychanalyse du Feu; Le complexe de Prométhée*, Folioessais, Gallimard; 2008; p. 68.

إلى هذا، بالأحرى، ترمز الشموع في ليتورجيّتنا، في نذورنا كما في التعبير عمّا هوَ بطوليٌّ من أعمالنا. سرقة النار على طريقة بروميثيوس تُوازي 'اغتصاب الملكوت عُنوةً' (مت 11، 12)

169 المرجع نفسه

170 تك 2، 24

كما أتى في 'كتاب اليَهود'. لكنّ حتّى النصّ البيبليّ ذاتَه غيرُ واضحٍ ودقيقٍ في هذا الصَّدَد. ماذا تُمثّل مَوضوعيًّا هذه 'الشُّعلة' التي تحمي الحدودَ بين مَملَكةِ 'شجرةِ' الحياة ومَملَكةِ 'شجرةِ' الـمَوت؟ من أين أتى الله بها؟ هل هيَ فعلًا غيرُ مخلوقةٍ وبالتالي إلٰهيَّة، أم نوعًا من السرافيم، أم تَشخيصًا لصِفَةٍ إلٰهيّةٍ ما، كالعَدالةِ على سبيل المثال؟ هل تَنتمي إلى المخلوقات غيرِ المذكورةِ في النّص؟ إن هذه الأسئلة التي كانت تُغذّي المِلَلَ ومُختلفَ التيّارات في زَمن أفرام، كما تُغذي هيَ نَفسُها اليوم النظرياتِ العِلميَّةَ الـمُلحِدة، كانت تُزعج الكنيسَة وتُعيقُ رسالةَ التبشير. كان يَنبغي على أفرام إذًا أن يَجد الأجوبةَ عنها في سَبيل الدّفاع عن العقيدةِ المسيحيّة. كيف فعلَ ذٰلكَ؟

1.1. النارُ الإلٰهيّة

الواقع أنَّ الكلمةَ الأولى من 'قاموس النار' في نصّ سِفر التَّكوين لا تظهر إلّا في الآية الثالثَة من الفصل الحادي عشر تحتَ عبارة (לִשְׂרֵפָה *srephah*) حيثُ قرَّر البشرُ أن يَبنوا 'بُرجَ بابل' عَقِبَ إخضاعِهم لتلكَ النارِ واكتِشاف أهميَّتها في صُنع اللِّبن. الإشارة الوحيدة التي توحي بوُجود شيءٍ مُتعلِّق باللَّهَب قبلَ هذا الحَدث هي، كما ذكرنا أعلاه، 'شعلةُ السَّيف' الواردةِ في 'تك 3، 24' والتي هي ذاتُ طبيعةٍ، لا بُدّ من اكتشافِها.[171] تُمثِّلُ هذهِ الطبيعةُ أيضًا لُغزًا آخرَ يُضافُ إلى الأوَّل، احترامًا للمُعادلةِ العامّة التي تَعني: "هذه الشُّعلة هي من تلك النار". ولكن، لابدَّ من التّذكُّر دومًا أن النارَ والشُّعلةَ كانتا أداتَي دَمارٍ وإبادة في مُعظمِ الأحيان من مَسيرة الكتاب المقدَّس كما في تاريخ الحَضارات، سواء أكان لدى الآلهة كالإلٰه 'زوس' أم لدى الملوكِ الأرضيينَ كالملِك نَبوخذنصّر، وذٰلكَ على سبيل المثال لا الحصر. وكانتا تُعبِّران عن غَضبِ صاحِبِهما وتُنفِّذان عُقوباتِه. بما يخصّ الكتابَ المقدَّس، كان مفهومُ 'الجَحيم' يَشتمِلُ على أفظع تلكَ العُقوبات. وفي السّياق ذاتِه، كانت النارُ والشُّعلةُ الممثّلتَان بأَوج حِدَّتِهما في البرق والرّعد، سِلاحين أساسيَّينِ للآلهة، وفي حال التّحالفِ الظّرفي مع الملوك كانت تقرِضُهما لهم ولشُعوبهم. من جهة أخرى، كانت المسألةُ الأساس لـمُتجبِّري هذا العالَـم تَتمثّل في الحفاظ على الحقِّ المقدَّس والحَصريّ في استخدام هذا النّوع من الأسلِحة، لكي لا تُستَعمل لا من آلهةٍ ولا من بشرٍ غيرِهم، وإنّما لتَخدُمَ فقط مصالِحَهم الخاصّة. من هذه النُّقطة بالذّات، نَشأ تَعارُضُ المصالح بينهُم وبين يسوع الناصريّ الذي أعلنَ جهارًا: "جِئتُ

171 النص الأورشليمي للكتاب المقدّس يذكر فقط 'وشعلةُ سيف'. لا يأتي على استعمال كلمة 'نار'، إلاّ إذا تمَّ اعتبار الكاروبيم، كالسِرافيم، كائنًا روحيًّا من النار، له أربعةُ وجوهٍ وستةُ أجنحة، يراقب على مدار 360°. مصدر الاسم 'سِرافيم' العِبريّ هوَ 'سَراف' أو 'سِراف' ويَعني النار. ليس لأسباب شعريَّة فقط يصف أفرام الملائكة بالناريّين.

لأُلقيَ على الأَرضِ نارًا، وما أَشدَّ رَغبَتي أَن تَكونَ قد اشتَعَلَت". [172]

من هذا المنحى، لا تُعتَبر المسيحيَّةُ بريئةً سياسيًا من خلال تقديمها للشعوب مُخلِّصًا، رَجلًا ثائرًا صَلَبَه شعبُه على صليب تَعلوهُ كتابةُ 'I .N .R .I.'، أي 'يسوعُ الناصريّ ملك اليَهود'. لقد قتلتهُ سُلطاتُ شعبِه لأنّه كان يتحدّى نفوذَهم ويُبشّر بملكوتِ عدالةٍ غريبٍ عن حُكّامِ زمانِه. وتمثَّلت ذُروةُ التّحدّي في أن هذا الثائرَ أعلنَ نفسَه أزليًا وراغبًا في زرع النارِ والحربِ في كلّ مكان. كان يدَّعي أنّه يَملكُ مصادرَ النّور التي تَتألَّفُ منها الشّمسُ ظاهرًا، إضافةً إلى مَنابع ماءِ الحياة الأبديَّة. كذلك، كان يزعم أنّه يَتحكَّمُ بمصادرِ النار وكل ما هوَ أثيريّ، بخاصّةٍ النفوس، لأنّه كان يَفرضُ عليها العِمادَ بالنَار والرّوح، ويُحيي الأموات. [173]

علَّمَ أفرام، إضافةً، أن يُمجِّد الجميعُ كلَّ صفاتِ هذا الإنسان - الإله الذي جَعلَ جسدَه ودمَه أيضًا، الذّبيحةَ بامتيازٍ قبل موتِه، وخلّدهما تحتَ شكلَي الخُبزِ والخَمر لكي يقتاتَ منهُما أتباعُه يوميًا ولا يموتوا أبدًا. [174] وتُعتبر ذبيحتُه بديلاً عن الـمُحرقات الدمويَّة كافّة في الديانة اليَهوديّة، وفي الحضارات كافّة، كما عن النّار التي كانت تَلتهِمُها. وعلى الرُّغم من أنّه كان قد أكّدَ أن مَملكتَه ليست من هذا العالَـم، إلّا أن كلَّ ما قالَه وعَلَّمَه كان يُشكّل ذَريعةً كافية لجبابرة الممالكِ والامبراطوريات لكي يُدافعوا عن أنفُسِهم بمزيدٍ من العُنف، في وَجهِ هذا الملِك الدّخيل، ولكي يَضطَهِدوا تلاميذَه وأتباعَه.

إن عدمَ ذكرِ الكتاب المقدّس أن الله هوَ الذي خلقَ النار سمحَ للشعوبِ الأُخرى كافّة، التي كانت تشعُرُ بالراحة لدياناتِها الناريّة، برفض هذه الدّيانةِ الجديدةِ والدِّفاع عن مُعتقداتِها التي وَجدَت فيها أقصى حدٍّ نسبيٍّ من الاستِبصار والطمأنينة إذ إن الشمسَ تُشرقُ كلَّ يوم.

يَسمح لنا هذا التّحليل بالتّساؤل عمّا إذا لم يكُن التدبيرُ لظهورِ الـمَجوس، في حدَثِ الميلاد، سوى للتّأكيد لشُعوبهم الفارسيّة بأن ألوهَتَهم اتّحدَت جَوهريًا بألوهة المسيحيّين، وقد ينطبقُ هذا التساؤل عَينُه على 'الكَلِمة' (*Logos*) (*λογος*) الذي حلّ محلّ 'الحِكمَة' (*Sofia*) (*Σοφια*) في الكتاب المقدّس ليُلَمِّحَ لليونانيين بالاتّحاد الأقنومي عَينِه بين أسمى آلهتِهم وإلٰه المسيحيّين. استنادًا إلى هذا التساؤل، يتحَوّلُ جحودُ الإمبراطور الروماني يوليانوس (Julian the Apostate) الذي كان أفرام وغيرُه من آباء الكنيسةِ قد كفَّروه بسبَبِ عَودتِه بالإمبراطوريّة الرومانيّة إلى عِبادةِ الشّمس، إلى أمرٍ مشروعٍ كدفاعٍ عن إلٰهٍ كان خَلفَ كلّ أمجادِ أسلافِه ما قبل انتِشار المسيحيّة. [175] كان يَنبَغي على تعليم أفرام أن يستندَ إلى أساسٍ متين في سبيل

172 لو 12، 49

173 أناشيد الإيمان 1، 4 - 7. راجع *CSCO* جزء154، ص. 3 - 4.

174 يو 11، 25

175 الحقبة الرومانيّة التي تعود إليها آثار بعلبك، في لبنان، (مدينة الشمس Héliopolis) ليست سوى شاهد عليها.

الدِّفاع عن إيمانه، بعيدًا عن الهفوات الكتابيّة والعثرات اللغويّة وعدوانيّة الحَضارات الأُخرى، بخاصّةٍ الحضارة اليهوديّة التي كانت ترفضُ رفضًا قاطعًا الاعترافَ بالإيمان المسيحي، والأسوَأ من ذٰلكَ، كانت تَسعى إلى مَحوِ ذكرِه. لذٰلكَ، كان من الـمُهمّ تَسليطُ الضوءِ على مَصدر هذه النار التي منها كلّ نور، على الصّعيدَين الإلٰهي والبشري على حدّ سواء.

بَنى أفرام لنفسِه 'قلعةً' ليتحصَّن فيها، بعد أن وازنَ جيدًا بين الدّليلِ وعَكسِه، وستُشكّلُ إجابتُه عن السؤال الأساس، عن مَصدرِ النّار، الضّمانَة لتلك القَلعة في تلك المَعركَة. فَلنتفحَّص إجابتَه عن كَثَب.

1.1.1. مَوقِفُ 'أفرام'

كتب 'أفرامَ':

> بِحسب شهادةِ الكتاب المقدّس، إن السماءَ والأرضَ والنارَ والهواءَ والماءَ خُلقت من العَدَم. أما النّورُ الذي صُنِع، منذ اليوم الأوّل، والصنائعُ الأُخرى التي تمّت لاحِقًا فقد صُنعَت من شيءٍ ما... كتبَ [موسى] قائلًا: "إن الله خلقَ السماواتِ والأرض". حتّى لَو لم يكتُب أن النّارَ والماءَ والهواءَ قد خُلقت، إلّا أنّه لم يُقَل أيضًا إنّها صُنعت. بالتّالي يُستنتَجُ أنّها نشأت من العَدَم، كما نَشأت السماواتُ والأرضُ من العَدَم. (ضد الهراطقة 1، 14).[176]

إن أفرام، ومن دون أن نبحثَ عن مَصدر أفكارِه وإلهاماتِه وثوابتِه، سيَجتهدُ في التمّييز بين 'نارٍ' و'نار' بتَمييزِه بين نورِ الكائِنات المخلوقة الذي كان يَعتبرُه "قصيرو البصرِ" إلٰهًا، وبالتالي النارِ الناشئ عنها، و'النورِ' غير الـمَخلوق الذي أرادَ المسيحُ أن يكون التجسيدَ الحَصريَّ له، و'النار' التي ينبثقُ منها. ونظرًا إلى أن العقل البشريّ كان قد تعلّم جيدًا، بفضلِ المنطقِ الأرسطيّ، أن يميِّز بين السّبب الأوّليّ والأسباب الأخرى، تعلّم أيضًا كيف يُسنِدُ النورَ إلى النار وأن يَرى فيها، نظرًا إلى قدرتها الأثيريّة، غايةَ العِبادة. لذٰلكَ، توَجَّبَ على أفرام، بخاصّة بعد وصولِه مُهجَّرًا إلى مدينة الرّها عاصمةِ عبادة الشمس، أن يوَضِّح اللُغزَ الكامِنَ خلفَ النار المخلوقَة، كما الذي يَكمُنُ خلفَ النار غيرِ الـمَخلوقة، وبالتالي خلفَ طبيعة كلّ نورٍ يُنسب إلى كلٍّ من النارَين.

176 *Les Origines*, p. 50. Cf. Mathews E.G. & Amar, J.P., *Saint Éphrem the Syrian, Selected Prose Works: Commentary on Genesis; Commentary on Exodus; Homily on Our Lord; Letter to Publius. Translated by E. G. Mathews Jr. and J.P. Amar*. Edited by K. McVey [The Fathers of the Church, 91], Washington (DC), 1994. p.85. Later on, we will refer to this work by: *Selected Prose Works*.

2.1.1. النارُ المخلوقة

بالنسبة إلى النار المخلوقَة، ومن خلال تعليقِهِ على سفر التكوين، يُحيّرُ 'أفرامَ' خُصومَه بدفاعٍ رائع يمُكن وَصفُه بـالأرسطيّ، دفاعٍ سيُثبِت بفَضله أن النارَ ونورَها، وحتّى الشمس، هي كائناتٌ مخلوقة. ويكشِفُ بذكاءٍ ما بقيَ مُستَتِرًا في نصِّ الكتاب المقدَّس مُثيرا المعاني الـمُضمرَة المُستَتِرة في 'أحشاء' الكلمات بحدّ ذاتها.

على الرُّغم من هذا التأكيد الوارد في المقطع المذكور آنفًا (ضدّ الهراطقة 1، 14)، أراد 'أفرامَ'، برزانةِ المعلّم المعهودة فيه، أن يُشير إلى الأهميّة الأساس للأشياء التي كان يعبُدُها خصومُه بإعطائها أساسًا بيبليًا، فكتبَ لهم:

> لأن النور الأوّل الذي خُلق كان جيدًا فعلًا، أدّى خِدمتَه بتألّقه لثلاثة أيام، وخدمَ أيضًا، كما يُقال، تكوُّنَ كلّ الأشياء التي أنتجتها الأرضُ في اليوم الثالث وولادتَها. ثمّ كانت الشمس في السماء لتُنضِجَ كلَّ ما نبتَ تحتَ نورها.[177]

لا ينكر 'أفرامَ' إذًا أنّه كانت للنورِ وحرارتِه أهمّيّةٌ أساس في العالَـم المخلوق، إنّما يشير فقط، شعريًّا، إلى أن أهميَّتَهما هي من درجةٍ ثانية، وتتأتّى من الخِدمة التي يؤدّيانها، متمِّمَين بذلك الـمَهمّة الخاصّة بهما، وللفَترةِ الـمُخصّصةِ لهما.[178] بالانتظار، كانت الشمس مستَتِرةً دومًا في 'السماء' (firmament) لتَحلَّ محلَّهُما بظهورِها في اليوم الرابع:

> يُقال إن من هذا النّور، الـمُنتَشِر الآن، والنّار
> اللذين كانا قد خُلقا في اليوم الأوّل
> الشمسُ التي وُجدَت في 'السماء'، كانت![179]

يَختتِم 'أفرامَ' هذه النُقطةَ الأساس للخلقِ 'من العَدم'، وما تلا اليومَ الأوّل للتكوين، مؤكّدًا بوضوحٍ وثِقَةٍ وسُلطانٍ أن الفِعلَ "خَلَقَ" خاصٌّ بما وُصف عن النّشاط الإلهيّ في اليوم الأوّل، وتحديدًا عن الآية الأولى للفصل الأوّل من سفرِ التكوين. بعدَئذٍ، لن يكون شيءٌ مخلوقًا، وإنّما مصنوعًا. حتّى جسدَ آدم سيكونُ مصنوعًا. على هذا المستوى من التّحليل، يُطرح السؤال التالي: ماذا سيحدُثُ للنور الذي كان يسوغُ مدلولَه، ولنار الروحِ القُدس المذكورة في شاهد هذا الفصل؟ وماذا سيحدُث، بالتّالي، لقانون الإيمان النيقاويّ، الذي يتَطلَّبُ أن تكون العلاقةُ بين الابن والآب نورًا من نور، وليس نورًا من نار؟

---

177 *Ibid.*

178 يولي 'أفرامَ' أهميّةً كبرى لتتابع الأسباب ودور الخَلائق الوسيط، بخاصّة تلك التي خُلقت من العدم في مساء اليوم الأوّل كونها موجَّهةً مسبقًا لأهداف محدَّدة. وما إن يتمّ المطلوب منها حتّى تختفي من النَص.
راجع: (*Selected Prose Works*, p. 80)

179 *Selected Prose Works*, p. 81

1.1.3. النارُ غير المخلوقة

على هذا الدِّفاع المنوَّر للقدّيس أفرام الذي عَرضناه للتوّ، والذي تبدو دِقَّتُه من دِقَّة موازين العُلوم، ومقياسُ زمنِه 'رَفَاتُ عَينِ الله' وليس ثواني الزَمَن، أن يكونَ قد 'صَقَلَ' ما يَكفي من المُعطياتِ للإجابة عن السؤال الأخير. هل يتجرَّأ 'أفرامُ' الذي يرفُضُ عبادةَ النّار والنّور بحُكم أنَّهما كائنَين مخلوقَين على التوصيَّة بعبادتِهما بصفتِهما كائنَينِ غير مخلوقَين، أي كالله؟

كان واضحًا لـ 'أفرامَ' أنَّ سفرَ التَّكوين لا يذكرُ شيئًا عن النار وأنَّ ما سيُدافع عنه بعد الآن في ما يخصُّ هذه الجدليَّة، سيستمدُّ حيثيَّتَهُ من 'الخواء' البيبلي الشهير، 'التوه وبوه' الذي يشكِّل وسَطًا انتقاليًا يخدم كنَمَطٍ لواقعٍ 'خَوائيّ' ناشئٍ من العَدم (ܠܐ ܡܕܡ لُا مِدِم)، أو كمَصدرِ رموزٍ بامتيازٍ لكلِّ ما هوَ غامضٌ، عديمُ الشّكل، غير مُنظَّم، وباختصار، غير مُدرَكٍ لأنه غير مَعقول. ولمَّا كان لا معنًى عمليًا لـ 'توه وبوه'، بات كلُّ معناه، بالنسبة إلى أفرام، يكمُن في أنَّه لا مَعنى له.

"بلا معنًى"، يُصبح هذا 'الوَسَط'، هذا 'المكان' (ܐܬܪܐ أترًا)، إمَّا شبيهًا بمرحلة النفسِ البَبَّغانيَّة السابقة للإدراكِ البشريّ، وإمَّا شبيهًا بمرحلة الألوهة غير المُدرَكَة وغير المعقولة، على السَّواء. إنّه 'وسَطٌ' يُمكن أن يُعاد إليه كلُّ ما يقدرُ الحِسُّ السَّليم (common sense) أن يُدركَه بـ 'القوَّة' من دون أن يكون، بالضّرورة، مُدرَكًا من قِبَل المنطق بـ 'الفعل'، كالنار غير المخلوقة في موضوعِنا. إنَّها الفَرَضيَّةُ الوَحيدة التي تُقدِّم جوابًا عن السؤال المطروح أعلاه عن مصدرِ شُعلة 'السَّيفِ المُتلهِّب'. وبما أنَّ الله رأى في نِهاية اليوم السادس، وقبل أن يستريحَ يومَ السبت، أنَّ كلَّ ما خلقهُ كان حسنًا، لا بل حسنًا جدًّا، وبما أنَّ لا شيءَ يُمكنه أن يكون حسنًا خارجًا عن الله، فهذا يؤدّي إلى القياس المنطقي التالي:

لأنَّه لا حُسنَ يصدُرُ عن سيِّئٍ،
'الخواءُ' حسنٌ،
وبالتالي 'العدمُ' الذي أُخذ منه التكوين، حسنٌ...

عليه، إن كان كلُّ ما خُلِق حسنٌ، فلا بدَّ أن يكونَ أثرًا من آثار 'الصالح' الذي خَلقَه. فمِنَ الواجب، بالتالي، أن يُحدَّد موقعُ كلٍّ من تلك الآثار، والموقعُ العام الذي وَضَع فيه ذاك 'الصالح' الخَلقَ بأكمَلِه: هل وَضعه 'خارجًا عنهُ' أم 'داخِلَه'؟

وفي النهاية، كيفَ تُعرفُ النار المخلوقة، وتُميَّزُ من 'النار' غير المخلوقة؟ وكيفَ تُحدَّدُ معالِمُ المكان الذي يتواجدُ فيه كلٌّ منهما؟ إنَّها المـهمَّةُ التي سَيَشرَعُ فيها أفرام متأمِّلًا

بـ'المِرآة'، [180] بـ'اللؤلؤة'، بمَطلَع إنجيل يوحنّا، وبغَيرها، وهامسًا على أنغام خَفَقان قلبه: «هوذا النور يُغادر وَسَطَهُ ويَحِلُّ في وسَطِنا»، أو: «أشرقَ النور على الأبرار... يسوعُ ربُّنا أشرقَ لنا من حشا أبيه...». [181]

وحدَهُ المنطقُ الطفوليّ والنقيّ بمستوى رمزيّةِ نصّ التَكوين ونبوءاتِ الأنبياء، المنطقُ المطابقُ لدعوةِ يسوعَ إلى العَودةِ إلى الطفولةِ للمؤمنين، يسمحُ بالقولِ إن هذه النّار غير المنظورةِ وغير الواردةِ في آياتِ اليومِ الأوّل من التَكوين تَقبَعُ في 'التوه بوه' بالذّات، في 'لا مكانٍ' و'لا وجودٍ' مُعَيَّنين. هذه النارُ، التي يؤكّدُ أفرام كينونَتها، حتّى قبلَ اليومِ الأوّل، تَنتَمي أيضًا إلى 'لا زمنٍ' مُعَيَّن. ما طبيعتُها إذًا وما طبيعةُ وَسَطِها؟

تنقسمُ أجوبةُ 'حُكماءِ' العالَم إلى فِئَتَين: يقولُ بعضُهم إن هذا المنطق 'عَبَثيٌّ' لأن كلّ ما يحدثُ في هذا السياق هوَ خارجٌ عن مفاهيمنا. ويقول بعضُهم الآخر إن هذه النار لا يسعُها إلّا أن تكونَ اللهُ بذاتِه لأنَّهُ هوَ وحدَه، من حيثُ المفهوم، كائنٌ منذ الأزَل بالمواصفات المذكورة آنفًا. ما رأي أفرام في ذٰلكَ؟

4.1.1. الله – النارُ والنور

يُمكن للصورةِ المجازيّة عَينِها للنّار المخلوقةِ الكامنةِ في مَفهوم 'الأرض' من الآيةِ الأولى من سفر التكوين، أن تنطبقَ على القَولِ بأن النّار الإلهيّة كانت هي أيضًا كامنةً، خَفِيَّةً، في مَفهوم 'سماءٍ' و'سماوات' معًا، (šamayim) الوارد في المزمور 115، لا سيَّما وأن الجَذرَ العِبريَّ لهذه الكَلِمة لا مُفرَد له، وهذا ما يتسبَّبُ بالالتباس في ترجماتِ الكتاب المقدَّس. فبَعضٌ منها يُترجم: "إلهُنا في السماء"، وبعضُها الآخَر: "في السماوات". ولكن، في الحالتَين، لم يكن من المُمكن حلّ مشكلةِ من تمّ تبشيرُهم من 'الأُمم' في تساؤلِهم عن سَكنِ الخالقِ في المَخلوق، ما فرضَ اعتبارَ سماءٍ ما، خارجًا عن السماوات المخلوقة كافّة، سماءٍ 'لا مخلوقة' تكون مسكِنًا للخالق.

توحي الآيةُ 16 من المزمور 115 بسماءٍ من هذا النوع إذ هي تُنشد: "سماءُ السماواتِ للربّ"، الأمرُ الذي يُضفي مرونةً على هذا المزمور، ومُطابقةً أنسب مع صلاة 'الأبانا' بحسَب ما علَّمنا إيّاها الربُّ يسوع. إن دِقّةَ هذه النُّقطة تزدادُ حساسيَّةً مع الآيةِ 4 من المزمور 148 التي تُنشد: "سبِّحيه يا سماءَ السَّماواتِ ويا أيَّتُها المياهُ التي فوقَ السَّماوات!" ممَّا يحفظ، على الأقل، سماءً بعيدةً عن مياه الخَلق.

---

180 TLE p. 83؛ من المُثبَت أن أفرام كان مندهشًا بما تؤدّيه المرآة من دور. ليس المرآة على ما نعرفُها اليوم، إنّما المرآة التي من المعدن والتي كان من الواجب الحفاظ على لمَعانها لكي تعكسَ النور، وبالتالي وجهَ مالكها.

181 ܒܫܡܝܐ ܢܗܝܪ ܠܘܝܬܟ... ܡܢ ܒܥܕ ܚܫܘܟܐ ܟܣܝܐ ܕܠܡ ܡܢ ܚܘܒܐ ܕܐܒܘܗܝ.

باختصار، إن 'أفرامَ'، إذ كان يتأمّلُ في المعنى 'الخفي' للوَحي الذي لا ينقُصهُ شيءٌ من الواقعيّة والملاءَمة لِيَصلُحَ، تمامًا كما المعنى الظّاهرَ منه، كسلاحٍ في الجدليَّة، يَفتَحُ نافذةً على 'الشمس' التي في 'سماء السماوات' حيث تَقطُن منذ الأزل نارٌ ذاتُ طبيعةٍ إلٰهيّةٍ مع نورِها وحرارتِها.

انطلاقًا من هذا التصوُّر، تُنسَبُ صِفاتُ النّار ونورُها وحرارتُها، الخاضعةُ ثلاثتُها للاستبطان (introspection)، بالأصالة، إلى الأقانيمِ الإلٰهيّةِ الثلاثة، ولن تعود تُنسَبَ إليها بالتشابُه، في ما بعد، بل للبشريِّين، كأن يوصفُ شخصٌ، على سبيل المثال، بأنّه محبٌّ، مُشعٌّ وحَميم، ما يعني أن تُنسَب إليه صفاتٌ هي بالأصل إلٰهيّة...

لم يبق لدى 'أفرامَ' أيُّ شكٍّ بالصِّلة بين النار والله، بخاصّة، على صعيد الثالوث، يؤكّد له ذٰلك نبضاتُ قلبِه. وسيضَعُ نظريَّته هذه قيدَ التّطبيق ليُقرِّب الحسَّ السليمَ البشري من الحسِّ السليمِ الإلٰهي، وليس العكس. سيُنمي بالعِفّة والفَقر والطّاعة والـمُثابرة جميعَ صفاتِه الزُّهديّة، والشِّعريّة، لكي يُصبح 'كَنّارةَ' الروحِ القدُس، ويَتمكّنَ من إقناع الجميع، من دون تمييز، أن الله الآبَ، والِدَ يسوع الناصريّ القائل عن نفسه إنّه 'نور العالَـم'، هوَ 'نارٌ'، وبأن الله، الثالوث بامتياز، هوَ بالتالي منبَعُ كلِّ حياةٍ وكلِّ طاقةٍ ضروريَّةٍ للحياة: الشمسُ، النارُ، النورُ، الحرارةُ وغيرها. وأن كلَّ ما هوَ موضوعٌ في مُتناول البشر ومن أجلِ خيرِهِم، سواء أكان مخلوقًا أم مصنوعًا، ناشئٌ عنه.

ماذا فعل 'أفرامَ' لكي يُبسِّط الألغازَ المسيحانيّة، الـمُحبطة، الناتِجة عن مفهوم الله - النار مثل: "أنا نورُ العالَـم..."، "العمادُ بالروح والنار"، "انحدارُ الروح على شكل ألسنةٍ من نار"، وغيرها؟

2.1. الابنُ - نار (The Son-Fire)

في ما كان 'أفرامَ' يسخَرُ بعَبَدَةِ المخلوقات،[182] من بينها النار، ويضعُ حدًّا لذاك النّقاش من خلال نظريّة 'الخفيّ والجليّ'، نجدُه مُرتاحًا بالرَّبط إلى أقصى حدٍّ بين 'النار' وإلٰه الكتابِ المقدَّس، الثالوثيِّ الأُحاديّة (Triune)، الآب والابن والروح القدس.[183]

182 *Les Origines*, p. 51

183 وإن بدا 'أفرام' متردّدا بعض الشيء في ذكر الكواكب بقصائده ضد الهراطقة التي ألفها في مناخ قريب من التأثير الكلداني، لم يكن الأمر كذٰلك في قصائده 'في الإيمان' التي كتبها في الرها، حيث بات غيرَ خائفٍ من ذكر الشمس بإعجاب. هدفه كان الإثبات للوثنيين بأن الكوكب الذي يعبدون ليس سوى رمز للثالوث الأقدس وللبنوّة الإلٰهيّة. (راجع *Les Origines*, p.107)

كتب سيباستيان بروك تحتَ عنوان الألوهةُ نارٌ في كتابه الشهير العَينُ النيِّرة: "كثيرًا ما يصفُ 'أفرامُ' الألوهةَ بالنار"،[184] مُثبِتًا هذا من خلال أحد أجمل أبيات قصائده المُلهَمة: "هكذا، خلالَ التجسُّد، دخلتِ النارُ إلى الحشا، واتَّخذت جسدًا، وظهرت"[185].

يبتهجُ 'أفرامُ' بالروح ويفسِّرُ الحدثَ لمؤمنيه قائلًا: "مُباركون أنتُم، يا إخوتي. لقد جاءَت نارُ الرَّحمة ترمِّدُ خَطاياكُم وتُطهِّرُ أجسادَكم وتُقدِّسُها"[186].

إنّهم مباركون لأن 'أفرامَ'، من بابِ خِبرته، واثقٌ من أن هذه النارَ الرحيمةَ والمُطهِّرة، وإن كانت في بعض الحالات 'آكلةً' لا بل 'مُرمِّدَة'،[187] تطمَئنُ لهل الأحشاءُ، سواء أكان حشا الأذن،[188] أم حشا الأم، العَين، الماء، وحتَّى حشا الخشب، وبالتالي القلوبِ والعقولِ أيضًا. حتَّى حشا 'الآب' يَطمَئنُّ لها لأنَّه يجدُ فيها، بفضل السِّينرجيا بينه وبين الابن، الاستِبصار والرضى، بخاصّةٍ بعد التجسّد.[189]

مع مفهوم 'الحشا' العزيز على قلب 'أفرامَ'، نجدُ أنفُسَنا في 'حشا' مَوضوعِنا، أي في صُلبِه. فالملاكُ جبرائيل قال بالفعل لـ'مريم'، لدى نَقلِهِ البُشرى الشهيرةَ إليها: "إن الروحَ القدسَ يحلُّ عليكِ وقُدرةُ العليِّ تُظلِّلُكِ ولذٰلكَ فالقدوس المولودُ منكِ يُدعى ابنِ الله"[190].

إذًا، ما من شكٍّ مطلقًا في أن الابن، الكلمَة، في هذا السِّياق، هوَ المقصود بـ'النّار'.

---

184 TLE p.41

185 أناشيد في الإيمان 4، 2؛ TLE، ص. 42؛ CSCO، جزء 154، صفحات 9-16. (لمن لديهم، زادهم القدرة على أن يروا نار الابن التي لا تُرى، التي شفت حماة سمعان – بطرس من الحمى الظاهرة، (أناشيد في البتوليّة 25، 14). أما في ما يخص وجود المسيح في حشا البتول مريم كما في الخبز فيصفه أفرام بشكل مشابه، كنار، (أناشيد في الإيمان 10، 17. راجع CSCO جزء 154، ص. 51).

ها النار والروح في حشا والدتك
ܗܐ ܢܘܪܐ ܘܪܘܚܐ ܒܥܘܒܐ ܕܝܠܕܬܟ
النار والروح في النهر حيث تعمدت
ܗܐ ܢܘܪܐ ܘܪܘܚܐ ܒܢܗܪܐ ܕܒܗ ܥܡܕܬ
النار والروح في معموديّتنا الشخصيّة
ܢܘܪܐ ܘܪܘܚܐ ܒܡܥܡܘܕܝܬܢ
النار والروح القدس في الخبز وكأس الخلاص
ܒܠܚܡܐ ܘܟܣܐ ܢܘܪܐ ܘܪܘܚܐ ܕܩܘܕܫܐ

186 TLE، ص. 41. راجع 'أناشيد في الدنح' 3، 10؛ CSCO جزء 186، ص. 148.

187 تث 4، 24؛ عب 12، 29

188 "من الحشا الصغير لأذن حوّاء دخل الموت واكتسح كل شيء؛ بواسطة الأذن الجديدة، التي لمريم، دخلت الحياة وربحت كل شيء". (أناشيد في الكنيسة 49، 7. راجع أيضًا رو 10: 17-21).

189 لو 12، 49.

190 لو 1، 35

إن ’الابنَ-الكلمة‘ *Logos*،[191] الذي سيقول لاحقًا عن ذاتِه إنّه نور العالَـم، هوَ الذي دخلَ في الحشا البَشريّ واتّخذ جسدًا وظهر. يعودُ الفضلُ لعقل مار أفرام، المنوَّر بفعلِ العِماد، واللّاقِط لمَوجاتِ الوَحي الإلٰهي، في ربطِ النَّسَبِ (parenté) بين ’الكلمة‘ و’النار‘ في حشًا بشريّ. كيفَ أمكنه ذٰلكَ؟

1.2.1. توازٍ أم رابطُ نَسَب؟ (Parallelism or kinship?)

تعقيبًا على العلّامة ’إدموند بك‘ (Edmund Beck)، الجامع والناشر لمُعظم نصوص مار أفرام، مطلع القرن العشرين، مترجمًا إياها إلى اللاتينيَّة وناقدَها، يشير الأب بو منصور إلى التوازي الذي يعتمِدُ عليه شعرُ ’أفرامَ‘ ليجمعَ بين الأمور التي لا تُجمَع، والتي تَنتمي إلى طبيعتَي المسيح الإلهيّة والبشريّة، من دون الوقوع في أخطاء المونوفيزيّة (الطبيعة الواحدة) أو الازدواجيّة (الطبيعيتَين المُتراكبتَين من دون اتّحادٍ أقنوميّ)، اللّتَين كان ينتقِدُهما بشدّة بصفتهما هرطقات. كتبَ بو منصور:

يوازي ’أفرامَ‘ بين الله الذي يَدخلُ ويخرُجُ ابنَ إنسان، و’النار‘، أي الطبيعةِ الروحيّةِ والإلٰهيّة، التي تَدخلُ في الحشا الأموميّ، تتَّخذُ جسدًا وتخرُجُ منه:

لأنّه الهٌ بدُخوله، وابنُ إنسانٍ (برنوشو)، بخُروجِه.
يا لها من دهشةٍ وحيرَةٍ في أن نَسمع:
لقد دَخلتِ ’النارُ‘ إلى الحشا (الأمومي)،
واتّخذَت، لَبِسَت، جسدًا (لِبشِت فَغرُا) وخَرجَت.[192]

على الرُّغم من أنّنا نُشيد بالموازاة كما نُشيد بالتّلاعُب على التّضادِ في الأسلوب الشّعري، إلّا أنّنا نؤيّدُ، في كلّ ما يُشيرُ إلى ’الرّحم‘ و’الأحشاء‘، فعلَ "نسَبَ"، ومنه النسب والقرابة، بدلًا من "توازى". إن الإلٰهيّ والبشريّ، النارَ والجَسد، الـمُتوازيَين خارجَ الحشا-أي اللذين، من ناحيةِ الرياضيات، لا يلتقيان أبدًا-ما إن يَتخطّيا طَبيعتَيهما الخاصّتَين لإتمام التدبيرِ الخَلاصيّ في الطاعةِ للحُب الإلهيّ المتمثّل بالروح القدس، روح الأبوّة والبنوّة، حتّى يلتَقيان

---

191 نجد لدى القديس أوغسطينوس في مؤلّفه (*De Trinitate XL, 20*) وصفًا هامًا جدًا عن العلاقة بين ’الكلمة (المؤنَّثة باللغة العربيّة) والكلمة (المذكّر) والتي تُستعمل في المسيحيّة للدلالة على كلمة الله (Verbum)،حيث يقول: "هكذا تكون الكلمةُ التي تُصدي في الخارج دلالةً ’لتلك الكلمة‘ التي تلمَعُ في الداخل، والتي يُفضِّلُ تسميتُها بـ’ذاك الكلمة‘ (Verbe)... وكما أن كَلِمَتَنا تصبحُ صوتًا من دون أن تتحوّلَ إلى صوت، يتّخذ ’كلمة الله‘ جسمًا من دون أن يتحوّل، قطعيًّا، إلى جِسم. بـ’اتّخاذِهِ جسمًا‘، بِلِبسِهِ له، نقول، وليس بتلاشيه فيه... والأمر نفسه يَنسحب على اتّخاذ الكلمة الإلٰه صوتا". هذه النظريّة تجدُ لها تطبيقًا مثاليًّا في حال كان الكلمةُ الإلٰهُ نارًا. (تعريب المؤلِّف).

192 أناشيد في الإيمان 4، 2. راجع (*La Pansée* p. 234; *CSCO* vol. 154, p. 9)

في الرَّحِم الأمومِيّ عَينِه، في الأحشاء عَينها، لينشأ بينهُما نَسَبٌ كما في حالة يوحنّا والمسيح في التِقاء الحُبليَّين، ولا يكونُ لنَسَبهما انقِضاء. من هنا، تَتَّخِذُ السِّينرجيا بين الابن و'النار' كلَّ بهائها. ما هي طبيعة هذا النَسَب؟

قد يكونُ هذا النَسَبُ من طبيعةِ العلاقةِ بين النار والفتيةِ الثلاثةِ في أتونِ 'بابلِ'،[193] أو من طبيعةِ العلاقةِ بين 'يونان' والحوت الذي ابتَلعه.[194] هنا، يُصبح الخَفيُّ خلفَ زيارة 'مريم' لقريبَتِها 'أليصابات' جلِيًّا. كيف؟

إن يسوع و'يوحنا' لا بُدّ سيكونان نسيبَين من دون الزيارة، ولكن الوَضع يُصبح مختلفًا مع الزيارة. فالذي أعطى الطفلَ لـ 'أليصابات' لا يَعترف لـمَلكوتِه بعلاقة الجَسد والدَّم البَشريَّة. هذا ما سيُعلنُه لاحقًا كشرطٍ لازم لقُبول المؤمنين في 'عائلتِه' الناصريّة.[195] إنّه لا يَعترف إلّا بالنَسَب الناشئ عن 'الروح والنار' لأن منه فقط انبثاقُ النور. لذلك، يجوز القول بأن 'مريم' سارَعت إلى زيارة نَسيبَتِها 'أليصابات' بالاندِفاعٍ عَينِه الذي جعلَها تَقبل بالحَبَل وتُعلن تجاوبها بالعبارة المفتاح للتكوين: "فَلْيَكُنْ".

لا بُدَّ من الإشارَة، منذ الآن، إلى هذه الصورةِ الـمَجازيّةِ 'للحشا الأمومِيّ' التي تَتَخَطّى كلَّ توقُّع والتي يَجمعُ 'أفرام' انطلاقًا منها عدّة نماذج ليُخرجَ منها مَفهومَ 'رازا'. ففي الحشا الأمومي فقط يُمكن للخطوط المتوازية أن تَلتَقي على مسطحٍ واحِدٍ، مساحةِ التدبير الخَلاصيّ، من دون أن يتأثّرَ جوهرُها الخاص أو تخضَع طبيعتُها الخاصة لتغييرٍ أُنطولوجيّ. كلّ ما يتغيّر هو الخليقةُ بحُكم التقاطع. إنّها تَرتَقي مُتسامِيةً إلى واقعٍ 'رازيٍّ' مُنيرٍ وقابلٍ للاشتِعال حيثُ تتبادل الـمُتوازيات القُبول ببَعضِها والرضى بالهدف المشترك. هذا هو التحوُّل 'الرازائي'، إذ به تَجعلُ القوّةُ الإلهيّة مُمكنًا ما ليسَ بِمُمكنٍ عند البَشر، ويقدِّم البشريُّ إسهامه، بخاصة الرحم الأمومِيّ، وتَنتصِرُ السِّينرجيا 'الثالوثيّة' بديناميّتِها. ماذا عن روحِ الله؟ هل هوَ أيضًا نار؟

---

193 راجع (*La Pensée*, p. 234, note 70 bas de page). يستفاد من هذا المرجع بأن طرفًا ثالثًا وسيطًا لا بدّ منه لهذا النوع من القرابة. فالشخص الرابع الذي قارنه نبوخذنصّر بأحد أبناء الآلهة (دا 3، 92)، والنسيم العليل والندى اللذان أحاط بهما الملاك الفتيان الثلاثة في الأتون (دا 3، 50) قد يمثّلان علامةً نبويّةً عن العماد المسيحاني الذي يجعل المؤمنَ منيعًا: "شعرة واحدة من رأسه لا تهلك البتّة" و"من دون علم أبيه" (مت 10، 30 و لو 21، 18)، أو رمزًا عن القوّة الخفيّة (ܚܝܠܐ ܟܣܝܐ) الذي سيأتي، في ما بعد، عن 'الرازيات' أو 'الأرواز' على ما تَلفُتُ إليه الليتورجيا المارونيّة في ترانيمها، بعد المناولة: "أكلت جسدك المقدّس لا تأكلني النار" (ܐܟܠܬ ܦܓܪܟ ܩܕܝܫܐ ܠܐ ܬܐܟܠܢܝ ܢܘܪܐ). لا يمكن للقرابة مع الإلهي إلّا أن تكون بالروح القدس والنار، أو بالروح الذي هوَ النار الإلهيّة والمتواجد في النَفَس، في الزيت، في الخبز، في الخمر إلخ.

194 يون 2، 1-2

195 مر 3، 33-35. 'مَن أمّي وإخوتي؟'... مَن يعمَلُ بمَشيئةِ الله هوَ أخي وأختي وأمّي'

3.1 . الروحُ-نار (The Holy Spirit-Fire)

إن في مشهدِ العَنصرةِ لدليلًا حسيًّا على 'ناريّة' الروحِ القُدس. يواصلُ 'بروك' كتابتَه تحت الشِّعار عَينِه: "النارُ هي أيضًا رمزُ الروح" (*H Fid* 40, 10). ويَستندُ لهذا التَّوكيد إلى صُوَرٍ أفراميّةٍ أُخرى: "الروحُ في الخُبز، والنارُ في الخَمر"؛[196] "أُنظر: النارُ والروحُ في الحشا الذي حمَلَكَ؛ أُنظر: النارُ والرّوحُ في النهرِ الذي عُمِّدتَ فيه".[197]

يحضُرُ لنا في أناشيدِ الدِّنح عددٌ وافِرٌ من معاني النار التي تُفهمُ تارةً كنارٍ يُؤجِّجُها الشّرير،[198] وطورًا كنارِ العمادِ التي تُمثِّلُ الروحَ القُدُس.[199] ما كان دورُ الروحِ القُدس في مَعموديةِ الابن؟ بالطبع، لم يكُن موجودًا هناكَ فقط لتزيين مَشهدِ خُضوعِ يسوعَ الناصريّ لمعموديةِ يوحنّا!

فلنتخيَّل مع 'أفرامَ' 'النارَ' نازلةً في الماء لكيما 'يتِمَّ كُلُّ برّ'.[200] من الواضحِ هنا أن 'أفرامَ' يُلمِّحُ إلى الـمَعموديّة الفريدَةِ من نَوعِها التي يُمكن للمسيح أن يَنالها والتي سيُعمِّدُ بها البشريّة والخَليقةَ جمعاء: "لا تُعمَّد النار إلّا بالنار"،[201] لأن الماء، عمليًّا ومنطقيًا، يُخمِدُ النارَ أو يُطفِئُها.[202] حتّى 'يوحنّا' بذاته لم يكُن ليَفهَمَ ما كان يَقصِدُه يسوع بـ: "أن يَتمَّ كُلُّ برٍّ". إن كان يسوع يُصرُّ على النزول في المياه 'الدّنِسَة' للعالَـم، فذلكَ لأنّه كان يَرى في خُطوته هذه تحقيقًا لمشيئَة أبيه، فيُسارِعُ الآبُ بإعلان الرِّضى من خِلال كلماتٍ مُميَّزة مُذكِّرًا الابنَ بأنّهُ كما ولدَهُ إلٰهيًّا منذ الأزل، يَلِدُه في هذه اللّحظةِ أيضًا مَسيحًا في الزَّمن. من جهتِه، وبفعلِ الطّاعة، يُثبِت الابنُ للآب أنَّه يؤيّدُ تَوَلُّدَه والهدفَ من رسالته في آن.

---

196 أناشيد في الإيمان 10، 8 . راجع : *TLE*، ص. 41 ؛ *CSCO* جزء 154 ، ص . 131 و50 .

197 أناشيد في الإيمان 10، 17. راجع *TLE*، ص. 110: أنظر أيضًا: *La Pensée* ، ص. 234 وخصوصًا 397؛ و*CSCO* جزء 154، ص.51.

198 أناشيد في الدنح 8، 7. نعتقد بأن المقصود بالشرير هنا هوَ الروح البشري الخاضع للمعوقات الكَونيّة. بما أنّه لم يكن بعد قد حصل على الروح القدس، جعل من النار الزمنيّة إلهًا، قاصدًا من خلالها كل الآلهة الناريّة الممكن وجودها. راجع *CSCO* جزء 186، ص. 170.

199 أناشيد في الدنح 8، 6. راجع *La Pensée* ، الحاشية 70؛ *CSCO* جزء 186، ص. 170.

200 مت 3، 15

201 C. W. MITCHELL, M.A., C.F., *Against Mani*, volume 2, p.6/11, (1921). 'And if Fire was mixed with Fire, and Water with Water and Wind with Wind, it necessarily follows that Light also (was mixed) with Light! Now that these Natures are akin one to the other all reasonable beings know, apart from madmen – but perhaps even madmen apart from the Manicheans; http://www.tertullian.org/fathers/ephraim2_7_mani.htm; [Accessed Jan. 2008]

202 *Ibid*. p.5/11; ... and how does Water love Fire that absorbs it or Fire loves Water that quenches it?

إن الدّنح الذي يُعبِّر فقط عن حَدثِ ظهور الثّالوثِ الأقدسِ للمرّة الأولى في الكَون المخلوق يُصبح فعلَ تجديدٍ للعهد بين الآبِ والابن من أجل توليدٍ وطاعةٍ أبديّتَين. وإن ماءَ العِماد الذي سيُعيد تَقديسَ طبيعةِ الكَون بأسره سيُصبحُ 'الحَشا الـمُتلَهِّب' الذي يُمكن أن تُستَقى منه 'النار' الـمُنقّيةُ والـمُقدِّسةُ من دون أن تؤذيَ أحدًا. أما العُبورُ من الأبديّ إلى الزمنيّ الذي يفرِضُه التدبيرُ الخَلاصيّ فيجبُ ألّا يتَسبَّبَ بأيّ تَغييرٍ في سينِرجيا العلاقةِ بينَ الآبِ والابن، بل عليه بالأحرى أن يُشكِّل عاملَ إعادةِ تَفعيل السّينِرجيا بين الخالقِ والخَليقَة التي فُقِدَت بِعِصيانِ يومٍ من الأيّام، كما قيل آنفًا. إنّنا نَدعو أنفُسَنا إلى الغَطسِ مُجدّدًا في ماء المعموديّةِ تلك بَحثًا عن جَوهرِ هذه السّينِرجيا.

1.3.1 . الدِّنحُ يكشِفُ جَوهرَ السينِرجيا الإلٰهيّة

إن الآبَ الذي يلدُ الابنَ أزليًّا بشكلٍ لا يُدركُه البَشر، يُجلي في هذا الوقتِ بالذّات قوَّةَ التّعاطُف بينَه وبينَ الابن، تلك القوّة السرمديَّة التي تَتخطّى الأبَديّ والزّمنيّ. في الرّوح القُدسِ تَتِمُّ كلُّ هذه الأُمور، في واقعِ 'مختألفٍ' (*differAnt*) للواقِعَين الإلٰهيّ والبَشريّ. وفي واقع التّجسُّدِ الذي لا تُشكّلُ الـمَعموديّةُ سِوى مَرحلةٍ مِنه، يَتِمُّ كلُّ شيء، والرّوحُ القدُسُ هوَ الشاهدُ على ذٰلك كما أنّه ضامنُ الشّعلةِ المُنبثقة منه والّتي ستَتَوزَّع على رؤوس الرُّسلِ ومريم في العَنصرة. فالروحُ القُدُس 'المُنبثِق من الآبِ والابن' هوَ هُنا،[203] بشكلِ حَمامةٍ، جَناحاها الـمُتحرِّكان يُذكِّران بحركةِ شُعلةِ عُلّيقةِ موسى، وذٰلك لكي يُنجزَ معه، هوَ الـمُعمِّد، عِماد الماءِ الذي كان لا بدَّ له، كمادة تكوينيَّةٍ، من أن يُعمَّد بدورِه بالرّوح والحَقّ، ويتحوّلَ إلى حشًا متلهِّبٍ يولِدُ أبناءً وبناتٍ لله أبيه.

لذٰلك، ليس فقط على أبطال مشهد الدنح أن يكونوا قد سمِعوا الكلمات الأبويَّة: "أنت ابني الحبيب، عنك رضيت"، أو "هذا هوَ ابنِيَ الحَبيبُ الَّذي عَنه رَضِيت"، بل على كل من يُعمَّد حتى يومنا هذا، ويَرغبُ الولوجَ في السينرجيا ذاتِها من التوليد الإلٰهي.[204]

أن يكون الله الأبُ قد قال: "أنت ابني الحبيب، عنك رضيت" يَعني كأنّه قال: "أنتَ ابني وأنا اليومَ وَلدتُك".[205]

إن هذه السينِرجيا الـمُنبثِقة من التّوليدِ الـمُستمِرّ من الآبِ للابن، توليدٌ يُفترَضُ به أن يكونَ قد حَصَل تلقائيًّا وثالوثيًّا ما قبل التّجسُّد، ومع التّجسُّد، في الزمانِ والمكان، بتَدخُّلٍ علنيٍّ من الرّوح القُدس، قد تَسبَّبَت بالكثيرِ من الآلام والمشاكلِ للكنيسة، ما دَفع 'أفرامَ' إلى

203 مت 3، 17؛ مرّ 1، 10؛ لو 3، 22.

204 يو 4، 23

205 عب 1، 5؛ 5، 5؛ راجع 1يو 5، 1.

أن يَكتُبَ في الأمر ما يلي:

القادرُ على التّفحُّصِ سيَفهم ما يَـتَفحَّصُه.
إن مَعرفةً تَستطيعُ أن تحتَويَ الكُليَّ المعرِفَةِ هي أعظَمُ منه،
لأنّه بإمكانِها أن تَبدوَ قادرةً على استيعابِه بكُلّيتِه.
إذًا، إن من يَتفَحَّصُ الآبَ والابنَ يَدّعي أنّه أعظَم منهُما!
وهيهاتِ أن يكونَ هذا مُمكنا!
فليَكُن مُحرَّمًا التّفَحُّصُ بالآب والابن؛ كِبرياءُ الرّمادِ والغُبار![206]

إن هذه الطّريقةَ في القَول: "أنا اليَومَ وَلدتُك" لا يُمكِنها أن تَكونَ إلّا صدًى لِرَمزيّةٍ موجَّهةٍ لحَواسِ البَشرِ الخمس، لأن عُيونَهم لا تَستَطيعُ رؤيةَ الله. فضلًا عن ذٰلك، يعود 'أفرامَ' مرارًا إلى العلاقةِ بين العَينِ والأُذُنِ ليُثبِتَ أن الأُذنَ تَستطيع، من الزّاويةِ 'الرّازائيّة'، أن تحُلَّ مَحلَّ العَين في رُؤيةِ الحقائقِ الإلٰهيّة، وبالتّالي، يكون قَولُ الآبِ الذي ظلَّلَ الدِّنحَ يُنجِزُه فِعليًّا، وليسَ فَقط يَشهَدُ للابن. بالنسبة إلى 'أفرامَ'، كما إلى الكنيسَةِ الشَّرقيّة جَمعاء، كان الدِّنحُ، لا الميلاد، يُشكِّلُ العيدَ الأهم. هذا لا يَحتاجُ إلى مَرجعٍ ليَتِمَّ إثباتُه بما أن بعضَ الكنائسِ الشرقيَةِ لا يزالُ يَحتفلُ بعيدِ الميلادِ مع الدِّنح، في السادس من كانون الثاني، حتّى يومنا هذا. إن كُلًّا من العيدَين يَشمَلُ، بالنِّسبةِ إليها، دِنحًا مُختلِفًا عن الآخَر من حيثُ الشَّكل، وإنَّما مطابقًا له من حيثُ الجوهر. إذًا، لا يُمكن فهمُ كلماتِ الله الآبِ إلّا في ضَوء تأكيدِ التّوليدِ الدائِم للابنِ من قِبل الآب، وهذِه المرَّة، في ضَوءِ استحضارها في المكانِ والزمان. وكما في التّجسُّد، يَتخلّدُ كلُّ هذا بواسطةِ الروحِ القدس.[207] إن التشديدَ على عبارة 'اليَوم'، بالـمَعنى الزَّمني، هوَ لأجلنا نحنُ البَشر، لأنّه لا تقويمَ في الحالة السرمديَّة حيثُ 'اليومَ' هناكَ هوَ تعبيرٌ عن حاضرٍ مُستمرٍّ وزَمنٍ وحيدٍ لتَصريفِ فعل 'وَلَّدَ'، الأمرُ الذي يُثبت أن ولادةَ الابنِ من أبيه، وانبثاقَ الرّوح منهُما، يُشكّلان السينِرجيا الوحيدَة، السرمديَّة، في حشا الثّالوث. عليه، إن الابنَ-النّار في الماءِ الزّمنيّ، لم يكُن يُتمِّمُ وحده تقديسَ مياهِ الغَمر،[208] فقد 'انحدَرَ' الروحُ-النّار وحلَّ على هذا الماء، وظلَّلتهُ قُوّةُ العليّ، فوُلِدَ 'المسيحُ' من الرّوحِ القُدس والغَمرِ، لذاك الغَمر.[209]

في هذه المعموديّة، حدَثَ تحوُّلٌ مُشابهٌ لذاك الذي سيَحصُلُ في 'قانا'، وإنّما المياهُ الزمنيّة هي ما تَحوَّل، هذِه المرَّة، إلى مياهٍ 'مُروَّزة'. يَجوزُ القَولُ إن يسوعَ سيُخرِجُ الخَمرَ لاحقًا من هذا الماءِ بالذّات. هل كانت 'مريم' تدري، عندما طَلبت من ابنِها أن يُلبّيَ احتياجاتِ المدعُوين، بأن الماءَ الذي سيُحوِّلُ خمرًا هوَ من ماء ذاك العماد، كما كانت تَعلمُ أن ابنَها

206 راجع *TLE*، ص. 27
207 أناشيد في الإيمان 10، 17: "انظُر، النارُ والروحُ في معموديَّتِنا. في الخُبز وفي الكأس النار والروح القدس".
208 *Les Origines*، ص. 45 – 46؛ 57؛ 68 . راجع أيضًا *TLE*، ص. 26 و*La Pensée*، ص. 155.
209 فويرقٌ نموذجيٌّ نلفت إليه بيـن توليد الابن وتوليد المسيح.

قد عَمّدَ الـمَعمدانيَّ خِلالَ لقائِها مع نَسيبَتِها أليصابات التي كانت في الشّهر السادِس من الحَبَل؟[210] إن إعدادَ الماءِ بالنّار من أجل وِلادةِ الخَمرِ هوَ كإعدادِ 'مريم' بالعصمةِ من الخَطيئةِ الأصليّة في سبيل حَملِها لـ'الراز' في حشاها وإلباسِه جَسدَها الأُمومي. هذا 'الراز' يحلُّ محلَّ الماءِ والنارِ والنورِ والخَمرِ والخُبزِ وكُلِّ ما هوَ جَيِّدٌ وسارٌّ للبَشر،[211] وكلِّ ما كان يُقدَّمُ كأضاحٍ، بخاصّة الدمويّة منها، الحملان والخراف على سبيل المثال لا الحصر.[212] وإن لم يكن ليحلَّ محلَّها حرفيًا، فأقلَّهُ يكونُ قد أخذها ضمن سينِرجيا التجسُّد وباتَت 'مؤَزَّرَةً'، أي قابلةً لأن تكون أضاحي في العَهدِ الجَديد. هذا هوَ النطاق الذي يغطيه 'الراز' الـمُتجَسِّد الذي تَلتَقي فيه 'الرازيّات' كافّةً، والتي تَمتَّدُ جُذورُها عَميقةً حتّى اللحظة، من سِفر التّكوين، التي تمَّ فيها الأَمر: "فليكُن نور".[213]

بعد أن جرى تَطعيمُه بالتجسُّد، بات 'رازا'، المفهوم - اللُّغز، يشارك الطُّعمَ صفاتَه ليخضَعَ بدَورِه لصيغَة الحاضِر الدّائم، ولٰكن في حالتِه، كما لفَتَ الأب بو مَنصور، خضوعًا تدريجيًّا نحو كمالِ معناه. إنّه تَحوُّلٌ في صَيرورةٍ طالما أن الخَليقَة في صَيرورة، والتَّدبيرُ الخَلاصيُّ أيضًا. إن ما يَكمُنُ خلفَ تَطوُّرِ مَعنى 'رازا' هوَ من جِهةٍ جَدليّةُ الحُريّةِ والواجِب بينَ الخالقِ والخَليقة، ومن جِهةٍ أُخرى 'القُوَّةُ الخَفيّة' التي تُنشّطُ 'الراز' وتَجعلُهُ قادرًا على الجُلوِّ بقَدر ما يتَمكَّنُ العقلُ البشريّ، بفضل العِلمِ والنِّعمَة، من التّمييز بشكلٍ أفضل بينَ الأبعاد المتعَدِّدةِ كما بين أنواعِ 'الواقع' التي تؤثّرُ في جُلُوِّه.

أن يُغطّي 'رازا' مَعنى التّوليد في الـمُطلق انطلاقًا من حَشا الآب لا يُمكنُ أن يكونَ كتغطيتِه له في الواقِع الـمَلموس استنادًا إلى حَشًا آخر، موجّهًا نحوَ مَهمَّةٍ مُحدّدة. إنّه في النّهاية فنُّ فهمِ الأفعالِ والكَلِمات. فالقَول على سبيل المثال 'أُحبُّكَ' في الـمُطلق لا يَتطابَقُ مع قَولِه حصرًا لشخصٍ يُمثّل مِحورَ حُبٍّ أو شَغَفٍ شخصيّ. وهذا ما يَنطبقُ أيضًا على الهِبات. فإن الابنَ الذي وُلِدَ من حَشا الآب من الأزَل، أُعطيَ هبةً للإنسانيّة من خلال حَشا 'مريم'، ولِلكَون من خِلال حَشا الطبيعة، أي من ماءِ الأردن. أن يُردِّدَ الصوتُ الإلٰهي 'أنت ابني، أنا اليومَ ولدتُك' يَجب أن يُفهم بالتّناسُق مع الظرفِ الزّمَكانيّ للحَدَث كما مع السامِعين الذين تُوَجَّهُ إليهِم الرّسالة. إن الذين لهم عيونٌ تُبصِر وآذانٌ تسمَع يُؤمنون ويُؤكّدون أن كلَّ ما سُمّيَ 'أفعالَ التّوليد' ما هوَ

210 أناشيد في الميلاد 4، 16 - 18

211 *Les Origines*, p. 126

212 الليتورجيّة المارونيّة تلفُتُ إلى عدم دمويَّة الذبيحة بالقول: "يا من اعددت لنا هذه الذبيحة غير الدمويَّة". راجع كتاب القداس الماروني، بكركي، 2005، ص. 728

213 اللؤلؤة التي كرّس لها أفرام عددا لا بأس به من الأبيات الشعريَّة هي رمز لهذا 'الراز' إذ يقول فيها: "هذه اللؤلؤة أروتني، فقد حلّت مكان الكتب والتفسيرات كافّة، كما مكان قراءتِها". راجع (أناشيد في الإيمان 81، 8؛ *TLE*، ص. 125

إلّا 'فعلٌ واحدٌ'، ولا يُشكِّلُ إلّا حركةً وحيدةً بين الآب والابن، حركةً تؤدّي بدَورِها، وبانبثاق الروحِ القُدس، إلى السّينرجيا الوَحيدَة بينَ الأقانيمِ الإلهيّة الثلاثة.[214] فالتّوليدُ والانبثاق والحَرَكةُ الأقنوميّة التي لم تكُن في أُفُقِ البَشر، قد دَخلَت، لِمرَّةٍ واحدة، في هذا الأُفُق من الواقعِ 'الرازائيّ' الـمُميَّز 'بزَمكانيَّتِه'، وباتَ بإمكانِ الإنسان أن يَصِفَ ذاك الحَدَث بوَسائِله الـمَحدودَةِ التي تُصرِّفُ نحويًّا بعدَّةِ أزمِنَةٍ لا تُؤمِّن سِوى معانٍ نسبيّةٍ ومحدودَة.

و'التّوليد' في الـمَخلوق كان، ولا يزال، وسيبقى يَحصُلُ بالرّوحِ القُدس، هذا 'النّار' الذي لا يَنفكُّ ينبثِقُ من الابنِ والآب، والذي به سيُعمِّد الابنُ كلَّ شَيء، بدايةً بماءِ مَعموديَّتِه، من ثَم، بعد الصلب، بـ'نارِ' دَمِه،[215] وسيُجدِّدُ كلَّ شيء.[216] إنّه الـمُعَزّي والـمُلهِم. إنّه الذي يَبقى مَعنا ويُعلِّمُنا أمورَ الملَكوت. إنّه هو، لا الابن، الضامنُ للسّينِرجيا الخفِيَّة الحاملةِ للكَون. أليس هذا الواقعُ ما جعلَ الابنَ يُصرُّ على القَولِ لتَلاميذِه: "مِن الخَيرِ لكُم أن أذهَب، فإن كنتُ لا أذهَب لا يَجيئُكم 'المُعَزّي'، أما إذا ذهبتُ فأرسلُه إليكم"،[217] وأن يُؤمِّنَ لهذا الروح حمايةً غيرَ قابلةٍ للجَدل؟.[218] هل يَحقُّ لنا بعدُ أن نَشُكَّ بناريَّةِ الرّوحِ القُدس؟

2.3.1. الشكُّ المُميت

أن نشكَّ في كَونِ الروح 'نارًا' يؤدّي إلى تأزيم علاقةِ النار والماء، أي العلاقةِ بين الصّيغتين: التّعميد بالروح القُدس والنار، والتّعميد بالروح القُدس والماء، فلنُقارن بين هذين القَولين:

قال المعمداني: "سيُعمِّد يسوعُ بالروحِ القدُس والنار". [219]

قال يسوع: "ما لم يُولد الإنسان من الماء والروح". [220]

هل يُمكن الاستِنتاج من هذين القَولين العِماديَّين أن الماءَ هوَ النار أو وِعاءُ 'النار'؟ وأيُّ نار؟ وفي حالةِ الماء، أيّ نوعٍ من الماء؟ هل هوَ من نوع الماء الذي سال من جنب يسوع على الصليب والذي تذكُره الليتورجيا المارونيّة مرّةً مع الخمر في تَحضير القرابين، ومرّةً أُخرى كحَشًا في طقسِها العِمادي؟[221] أم إنّه من نوعِ 'النَّفطا' (*Naphtha*) أو 'النَّفطار' (*Nephthar*)،

---

214 راجع إيقونة الثالوث الأقدس لـ'روبليف'.

215 لو 12، 50: "وعَلَيَّ أن أَقبَلَ مَعموديَّةً، وما أَشَدَّ ضِيقي حتّى تَتِمّ!"

216 رؤ 21، 5: "هاءَنَذا أَجعَلُ كُلَّ شَيءٍ جَديدًا"... "أُكتُب: هذا الكَلامُ صِدقٌ وحَقّ".

217 يو 16، 7

218 مت 12، 31 – 32.

219 لو 3، 16؛ يو 1، 33؛ مت 3، 11

220 يو 3، 5؛ لماذا لم يكتف يسوع بالقول: "من الروح" بحسَبِ ما ورد في لو 3، 16؟ وكيف نرضي ما كتبه الإنجيلي يوحنّا في الآية 1، 33.

221 كتاب رتبة المعموديّة الماروني، بكركي 2003، ص. 48

ذاك 'الماءُ' القابلُ للاشتِعال الذي كان رمزُه موجودًا منذ زمنِ النبي نَحَميا والمَكابيين؟ [222]

إن السؤالَ الذي يفرضُ نفسَهُ هنا، كما على صعيد 'الرازيّات' كافّةً، هوَ التالي: ما الذي يَجعلُ أنموذجًا أو رمزًا كالماءِ يُصبحُ جَوهرَ أمرٍ خفيٍّ، مقدَّسٍ، على ما يعنيه 'رَازا'؟

الجوابُ، حسبَ أفرام، أوحَدٌ وحاسم. إن الروحَ القدسَ هوَ الكَفيلُ بذلكَ تمامًا كما حصلَ عند الخَلقِ والتجسّد. فأسطورةُ ولادةِ 'اللؤلؤةِ'، أو 'المرجانة'، [223] التي يُبرزُها 'أفرام' في أناشيدِه حولَ الدّنحِ تَشفي كلَّ شكٍّ أو تَساؤل. يَكتبُ سيباستيان بروك ما معناه:

> معتقدٌ واسعُ الانتشار في العُصور القَديمة يُؤكِّدُ أن اللآلئَ تولدُ عندما يَصعقُ برقٌ مَحارًا في البحر. أما 'أفرام' فيرى في هذا الاتّصال لعنصرين مُختلِفَين، رمزًا لولادةِ المسيح بالجَسد انطلاقًا من الرّوح القُدس من جهة (نار البرق)، ومن مريمَ العذراءَ من الجهة الأخرى، أي الجسم المائي للمَحار. المسيح هوَ إذًا في آنٍ معًا 'اللؤلؤة الإفخارستيّة' و'اللؤلؤة المولودة' من الرّوح ومريم. فنحوَ هذا التماثلِ بين التجسّد والافخارستيا علينا أن نُوجِّهَ أنظارَنا الآن. [224]

يتصلُ الواقعُ الإلهيُّ بالواقع البشريِّ بالشُّعلة، الشَّرارة، شَهبِ الصاعِقة (ܫܠܗܒܝܬܐ šalhêbitâ)، مع مراعاةِ نِظامِ العلاماتِ والرّموز. كيفَ تُضرَمُ النارُ في مياهِنا الزمنيّة إن لم يكُن بـ'الشَّرارة' ذاتِها التي ألهَبَت النارَ في رَحِمِ مريم؟ [225]

---

222 2 مك 1، 36، هذا الاسم يرد مرّتين فقط في الكتاب المقدّس. المرّة الثانية في سفر دانيال 3، 46 حيث سيستعمل هذا السائل لتذكية النار إلى ما فوق الأتون ...

223 كلا اللؤلؤة والمرجانة من نتاج البحار الدافئة المياه، وكلاهما مستخدم في عالم الجواهر ومن المُمكن أن يتشاركا اللون الأبيض نفسه. يبقى من المهم أن نعرف أيّ الحلى كان الأكثر رواجا بين نساء مجتمع 'أفرام' في حينه، وهل كان له ارتباط ببعض الخرافات الشعبيّة مثل حدوَة الحصان مثلا؟

224 *TLE*، ص. 126-127.

225 مع تقديرنا لما ورد عن هذا الاسم في المراجع العربيّة نظرًا لأن اسم مريم هوَ اسم سورة بحدِّ ذاتها من القرآن الكريم، فضّلنا تعريب ما توصّلنا إلى جمعه من المراجع الأجنبيّة الأكثر تخصّصا باللغات. فبينما نجد في الموسوعة الشاملة *E.U* المعنى اللغوي الحصري، نجد في القاموس الجامع ما يلي: باليونانيّة يلفظ 'مَريَم'، وبالعبريّة 'ميريَم'. وبحسَب علم الاشتقاق (إتيمولوجيا) معنى الاسم ليس بواضح على الرُّغم من المحاولات العديدة لتفسيره... أكثر الاحتمالات هوَ أن يكون، كاسم موسى، من أصل مصري، والجذر الأساسي فيه هوَ لفظة 'مري' والتي تعني 'أحبَّ'. أما التفسير المشتق من الاستعمالات الشعبيّة له فهي أكثر إنارة: منهم من يتّخذ له جذر 'را–آه' العبري ويعني 'رأى' ومنه 'الرائيّة' أي التي تساعد على الرؤية، أي بشكل عام 'النبيّة' (خر 15، 20)؛ نراجع أيضًا (تك 22، 2-14) حيث يترجم القديس إيرونيموس كلمة 'موريّا' بـ 'أرض الرؤيا' أو من الجذر 'ور'، لَمَعَ، ما يجعل اسم ميريم يعني 'مضيئة البحر'؛ أو من الجذر 'ور' بمعنى 'أيقظ'، ما يحوّل المعنى إلى 'مثيرة البحر'. يرى 'إيرونيموس' في 'مريم'، 'مهدئة البحر' أي باللاتينيّة (Stilla Maris)، ما انبثق منه (Stella Maris) أي 'نجمة البحر'. إنّما يمكن أيضًا لـ'مرّ–يم' أن تعني 'بحر المرارة'.

إذًا، إن الماءَ الذي يَقصدُه يسوع في حديثِه مع نيقوديموس يَعني النار، وإنه لنارٌ بالرّوح القدُس. أجَل، يَقتضي مَفهومُ 'رَازا' هنا أن تُشيرَ علامةُ الماء، من دونِ أن تَتوقّف عن أداء مَعنى الماءِ الطبيعي، إلى النار، نارٍ حقيقيّةٍ غيرِ مَجازيَّة، نارٍ ذات واقعٍ 'مختألفٍ' لا يُمكنُ، من دونِها أن تَحصلَ أي سينِرجيا أو تَحوُّلٌ عاديّ (transmutation)، أو تحوّلٌ جوهريّ (transsubstantiation).[226] يُصبح الماءُ 'لا ماءً' (non-water) والنارُ 'لا نارًا' (non-fire).[227]

إن الشك في كونِ الروحِ القدُس نارًا 'يَكسِرُ التماثُل' بين طَرفَي واقعِ التجسُّد، 'أَلِفِهِ' و'يائه'، كما يُسقِطُ كلَّ سينِرجيا بينَ واقعَين 'مُختألِفَين'. وإنقاذُ 'النار' هنا يُمسي إنقاذَ العِماد وتخليصَ بابِ العَودة إلى جنَّةِ عدنٍ، الـمَنفَذِ الوحيد إلى مَلكوتِ الله. هل من نقطةِ ارتكازٍ أُخرى لإبعادِ كلّ شكٍ حولَ طبيعةِ الرّوح القُدس الناريّة؟

3.3.1. الجَحــيم

أجل، إنّه الجَحيم، المكانُ الأوّل الذي زارَهُ المسيح ليُعيد إلى لأبرار حقوقَهم، هم الذين كانوا يَنتظرونَه فيه مُعذّبين منذُ زمنٍ طويل. يَـتَّخذُ هنا أسلوبُ أفرام الرّمزي ملءَ أبعاده في صورة 'أتون النارِ المتّقِدة' المذكورة في نبوءَة دانيال.[228] كما انحدَر ملاكُ الله إلى الأتون وخلّص الفِتيان الثلاثَة من النار الزّمنيّة، هكذا انحدرَ يسوع إلى وَسطِ الجَحيم كي "يَجعَل كلَّ شيءٍ جديدًا" بالنِّسبة إلى الأبرارِ الذين كانوا يَنتَظرونَه فيهِ منذ الأزل، وذٰلكَ وفقًا للنُّبوءات التي أُرسِلَت إليهِم.[229] فلنتخيَّل 'النارَ الإلٰهيّة' تدخُل الجَحيمَ لكَسرِ أقفالِ الأبواب الموصدَةِ وتحرير الأبرارِ الذين كانوا يَنتظرونَ 'المَجيء' بفارغِ الصّبر: انفتحَت 'سماءُ' السّماواتِ فوقَ الصّليب والرّوحُ اتّخذَ له مكانًا في هذا الـمَشهد الجَديد مُرافِقًا الابنَ لحظةً بلحظة. أخذَت 'قُوّة' الآب الجحيمَ في 'ظِلِّها' فتبَدَّلَ كلُّ شيء. وبدلًا من أن يَبتَلِعَ الجَحيم في حَشاه النارَ الإلٰهيّة التي تَقتَحمُه،[230] اكتسبَ هوَ طابعًا 'رازائيًا'. أخذتهُ موجةُ السينِرجيا التوليديّة ذاتُها وتحوَّلَ بفعلِ 'كلمة – الله'، ووُلِدَ المسيحُ من الآب للمرَّة اللامَعدودة، وُلِدَ بالرّوح القدُس وقامَ من الموت. لم يولَد هذه المرّة في الأزل، ولا في المكان والزمان، ولا في "الزَّمَكان"، ولا في الكائنات، وإنّما في ما دون المكان والزمان، في واقع 'مختألفٍ' هوَ 'الواقع الرازائي'، وبات

226 فقط علم فيزياء الكمّ يمكن أن يشرح كيفيَّة حصول ذٰلك.

227 تمّ استعمال هذه الصيغة من النفي في نبوءة هوشع 2، 25: "وأَزرَعُها لي في الأرض وأَرحَمُ [غَيرَ مَرحومَة] وأَقولُ لِـ[لَيسَ بِشَعبي] أَنتَ شَعبي". وهوَ يقول : "أَنتَ إِلٰهي".

228 سفر دانيال، الفصل 3

229 يون 2، 3: "إلى الربِّ صَرَختُ في ضيقي فأَجابَني، مِن جَوفِ مَثوى الأَمواتِ استَغَثتُ فسَمِعتَ صَوتي". راجع أيضًا: 1صم 2، 6 ؛ وهوَ 13، 14

230 توجد هذه الصورة المجازية في مختلف الحضارات

هذا الجحيم جزءًا من هذا الواقع. وهذا يحتاج إلى عقيدة كنسيّة تشمُلُه.

ماذا يُسمّى الجحيم بعد تبدُّلِه؟ ماذا يحصُلُ أو قد يحصُلُ فيه؟ قبل الإجابة عن هذين السؤالين، فَلنرَ إن كانت صورة الآب التي غالبًا ما تُميَّزُ بواسطةِ الصوتِ الـمُتكلِّم، هي أيضًا ذاتَ طبيعةٍ قابلةٍ للاشتعال.

4.1. الآبُ - نار (The Father-Fire)

لا يَخفى، من خلال نصّ العَهدِ القديم، أن النار هي أيضًا رمزٌ لله حتّى قبل أن ينجليَ الثالوث وقبل أن يُعترفَ بالله أبًا،[231] أو يُدرك كأوحد.[232]

بدايةً، ومع الحِقبَة الموسويّة، حِقبَة إعداد الأُمَّة اليهوديّة، بَدأ كلُّ شيءٍ انطلاقًا من عُلّيقةِ جبلِ حوريب، تلك العُليقة التي كانت تَتلهَّب نارًا من دون أن تَحترِق.[233] إنّ واقعًا غير مَفهومٍ دَفعَ بموسى، ابنِ البَلاطِ الفِرعونيّ، وصاحب التنشِئةِ الشاملة، إلى أن يُصمِّمَ، من باب الفُضول، على أن يَميلَ ليَستبينَ ما يحصل. يقولُ الكِتاب: "فتَجلّى له ملاكُ الربّ في لهيبِ نارٍ من وَسطِ العُلّيقة".[234] لم يكُن الملاكُ لا اللهيبَ ولا النار. لقد كان 'يهوه' بذاتِه الذي، قبلَ أن يُعرِّفَ عن اسمِه، وما إن رأى موسى يُحاول الاقترابَ حتّى ناداهُ من وَسطِ العُلّيقة التي لا تَستهلِكُها النار وأسمَعه الكلِمات التالية:

> موسى، موسى... لا تدنُ إلى ههنا، إخلع نعلَيكَ من رِجلَيك فإن الموضِعَ الذي أنت قائمٌ فيه أرضٌ مقدَّسة... أنا إلٰهُ أبيكَ، إلٰهُ إبرهيمَ وإلٰهُ إسحقَ وإلٰهُ يَعقوب". فستَرَ موسى وَجهَهُ، إذ خافَ أن يَنظُرَ إلى الله.[235]

هذا النَّص أساسٌ لموضوعِنا حيث أصبح المشهَد، بفضل التّجسُّد، مألوفًا لنا، ونَستطيعُ الاقترابَ منه من دون أن نَخلعَ نَعلَينا. إنّه فُسحتُنا نحن الذين نحمِلُ النارَ في قلوبِنا، وإنه نِطاقُنا المعهود.

---

231 فكرة 'الأب' هنا ترتبط بالابن المتجسِّد وليس بالصورة المجازية التجسيميَّة التي نجدُها في سفر الخروج 4، 22 حيث يقارن الله الابن البكر للفرعون بابنٍ بكرٍ له هوَ 'إسرائيل'.

232 استمرَّ الله مُعتبَرًا 'إلٰه الآلهة'...

233 خر 3، 1 – 6

234 يؤكِّد القديس أوغسطينوس أنّه كان ' اللهُ بذاته'. راجع مؤلّفه De Trinitate, II, XIII

235 من المهم أن نلفت إلى الإبتهاج الذي يُفترض أن يكون قد تركه هذا اللقاء في قلب مار أفرام إذ، بمجرّد أن يعني اسم موسى 'المأخوذ من المياه' أو بالمعنى الأصح له، استنادًا إلى الدراسات الإتيمولوجيّة الحديثة، 'ابن المياه' (راجع المحيط الجامع في الكتاب المقدّس والشرق القديم)، يُفهم لماذا خاف موسى من تركيز نظره على الله. فإن كان الله نورًا فقط، لا تفسير لخوف المياه منه. أهميَّة معموديَّة المسيح تكمن، كما أبرزها أفرام، في أن النار قد اقترنت بالماء.

قبل المباشرةِ بدِراستِه التّفسيريّة لـمُحاوَلة فهمِ خَفايا ’الشّرارة‘ التي أحدَثَت هذه النار وهذا اللّهيب، نُفضِّل أن نَستمِرَّ في ذكرِ المراجِع الكتابيّة الأكثر تأثيرًا، والتي تَصفُ ’الله الآب‘ بالنار، كما كل ما يَدورُ من أمورٍ ذاتِ طبيعةٍ اشتِعاليّة حولَ مَفهومِه.

لدى النبيّ صموئيل، نجدُ صلاةً على لسان ’داود‘ الملك:

> في ضيقي الرَّبَّ دَعَوتُ.. دُخانٌ صعِدَ مِن أَنفِهِ ونارٌ آكِلَةٌ مِن فَمِه وجَمرٌ اتَّقَدَ مِنه. أمام بَهائِه اتَّقَدَ جَمرُ نار. أَرعَدَ الرَّبّ مِنَ السَّماء وأَطلَقَ العَلِيُّ صَوتَه أَرسَلَ سِهامَه فبَدَّدَهم والبُروق فهَزَمَهم.[236]

الكلامُ ذاتُه يَرد في المزمورِ 18 قائلًا:

> إلى إلٰهي أهتِف... سَطعَ دخانٌ من أنفِه ومن فيهِ نارٌ آكلةٌ، جَمرٌ متّقدٌ... من بهاء حضرَتِه مرَّت سُحبُه. أرعدَ الربّ من السماء.[237]

ويؤكّد ’أشعيا‘ أيضًا، عدّة مرّاتٍ، هذه الطبيعةَ الاشتعاليّةَ. أما الأكثرُ تأثيرًا منها فنجدُه في الآياتِ: أش 29، 6؛ 30، 27؛ 30، 33 والتي تَقضي بأن يكونَ، إمّا الله، إمّا لسانُه وإمّا نفختُه نارًا آكلةً أو شبه نارٍ آكلة.

الجديرُ بالذكر هنا أن غضب اللهِ ليس دائمًا هو ما يَدفَعُ الكاتِبَ الـمُلهَم إلى وصفِه بالنار، وإنّما، بخاصّة، حبّه للإنسان وغَيرته عليه.[238] هذا الأمرُ سيسمَحُ بولوج طيّاتِ أُسُسِ الرأفَةِ الإلٰهيّةِ والغَيرة القاسية. يُرنِّمُ أبطالُ نشيدِ الأناشيدِ قائلين:

> اجعَلني كخاتَمٍ على قلبِكَ كخاتَمٍ على ذراعِك. فإن المحبّة قويّةٌ كالموتِ والغَيرةَ قاسيَةٌ كالجَحيم. لهيبُها لهيبُ نارٍ ولَظى الرب...[239]

ويقول سِفرُ تَثنيةِ الاشتِراع، بوُضوح: "لأن الربَّ إلٰهَكَ هوَ نارٌ آكِلةٌ، إلٰهٌ غيور".[240]

إن الأمرَ اللافتَ هنا والذي نُدخلهُ، عمدًا، في هذه المرحَلةِ ليكونَ في خِدمةِ الـمُفسِّرين هوَ الرّابطُ الذي يُمكنُ تصوُّرُهُ انطلاقًا من وَجهَي النار الإلٰهيّة، أي ’نارِ الغَضب‘ و’نارِ الحُب‘، النارِ التي تُهلِك والنارِ التي تُلهِب، مع ما قاله يسوع في أحد الأيام: "جِئتُ لأُلقِيَ عَلَى الأَرضِ نَارًا، وما أَشدَّ رَغبَتي أَن تَكونَ قدِ اشتَعَلَت!"[241] أيَّ نارٍ كان يَقصِدُ يسوعُ في هذه الآيةِ؟ النارَ المهلكةَ أم النارَ المُشعلة، المُلهبة؟

---

236 2 صم، 7 - 15. كل آية من آيات الكتاب المقدّس تصف لنا النار وكل ما يمتّ إليها، كالبرق على سبيل المثال، هوَ حيويٌّ بالنسبة لموضوعنا. وممّا أثار إعجابَنا هوَ ما استوحاه أفرام من هذه المقاربة ليشبِّه ولادة المسيح من مريم بولادة اللؤلؤة من المحار بتدخُّلٍ من البرق. راجع (*TLE*، ص. 125 - 126)

237 مز 18، 9 - 14

238 هي غيرة الله هنا من الآلهة الكذبة. ’إهيه‘، استنادًا إلى الوصيّة الأولى من الوصايا العشر، يرفض أي إله غيره.

239 نش 8، 6

240 تث 4، 24

241 لو 12، 49؛ راجع رؤ 8، 5: النار التي ضرب الملاك بها الأرض.

1.4.1. النارُ المهلِكة أم النارُ المُلهِبة؟

إن كانتِ الآيةُ 49 من الفصل 12 من إنجيلِ لوقا تَحتوي مُعضلةً فذٰلك، بحقٍّ، لأنّه يصعُب تمييزُ ما إذا كان يسوعُ يَعني النارَ الـمُهلِكَة أم النارَ الـمُلهِبَة، كما يذكرُ ’أفرامُ‘: ”لهذه النارِ الإلٰهيّة مظهرٌ مُزدوجٌ، يُمكِنُها أن تُقدِّس وإنّما يمكنُها أيضًا أن تُهلِكَ“.[242]

عليه، إذا ما اعترَفنا، من جهة، بنوعَي نارٍ جَوهريَّين ومُضادّين، وَقعنا في نَوعٍ من الازدواجيّة المانويّة التي تَعترِفُ بمَبدأي الشرِّ والخَيرِ في أساسِ الكَون. وإن سلّمنا، من جهةٍ أخرى، بأن يسوعَ يَعني الاثنين معًا، سيكونُ الأمرُ عبثيًا، إذ هو يَعلمُ أنّه يَفترِضُ أن يكونَ للإثنينِ المصدرُ عَينُه، أبوه. ولكن، كما رأينا أعلاه، على غِرارِ العَديدِ من الآباءِ السُّريان، يقومُ ’أفرامُ‘ بوصفِ يسوعَ في نهرِ الأردنِ بـ’النار‘. ألا يجوزُ، بالتالي، القولُ إنّ دخولَ يسوعَ التاريخَ الكَونيّ يُشكِّلُ، بحدّ ذاتِه، جزءًا لا يتجزّأ من التّمنّيَ الذي عبَّرَ عنه من صميمِ قلبِه؟ من جهةٍ أخرى، يتّضِحُ من التأمّلِ بعمقٍ في مَعنى هذه الآيةِ أن قلقَ يسوعَ لم يكُن مُرتبِطًا بفعلِ زَرعِ النار، لأن ذٰلك كان قد سَبقَ وتحقّقَ بالتجسّد، إنّما كان قلِقًا بالأكثر ليراها تأخذُ مجراها، تَضطرمُ، والكائناتُ تَشتعِلُ بها، أي تَستَنير.[243]

ما من أحدٍ إلّا واختبرَ شمعةً تأبى أن تَشتعِلَ بعودِ الثِقاب الذي يُقرَّبُ منها. عليه، يُسجَّلُ تمايُزٌ واضحٌ بين النارِ ككائنٍ قائمٍ بحدِّ ذاتِه لا يَنتَمي إلى زمانِ المخلوقات ومكانِها، ولا يحتاجُ، أو لا يكادُ يحتاجُ إلى أحدٍ ليُشعلَه، والكائناتِ الأخرى التي تَحتاجُ إلى نارٍ لتشتعِلَ منها، والتي لا تَشتعِلُ كلُّها بالمعدَّلِ عَينِه، وقد يتواجَدُ بينَها ما لا يُمكنه أن يشتَعِلَ أبدًا، الأمرُ الذي يُفسِّرُ قلقَ يسوع.

يؤكّدُ إنجيلُ ’يوحنّا‘ وُجهةَ النّظرِ هذه، من خلالِ الكلماتِ التاليَة: ”والنورُ يضيءُ في الظُلمَة والظُلمةُ لم تُدركه... كان النورُ الحقيقيّ... أتى إلى خاصّتِه وخاصّتُه لم تَقبلهُ“.[244]

---

242 راجع *CSCO* جزء 186، ص. 148. نضيف ملاحظة سنستفيد منها في ما بعد: تترك مقاربة بعض نصوص الكتاب المقدّس لمادة النار وأسبابها، ونتائجها، شعورا لدينا بأن الله يُخرج إمّا نارًا مهلكة (من غضبه) وإمّا نارًا محيية ومنقّيَةً من إشفاقه ورحمته. هذا الشعور مزعجٌ لأنّه يسهّل لازدواجيّة في الألوهة تألّمت الكنيسة منها ولا تزال، والتي تُترجم بالتمييز بين إله العهد القديم وإله العهد الجديد، ’إهيه‘ و’الثالوث‘. وإذا ما قبلنا بصدور نوعين متناقضين من النار في الله، لا يمكن تفسير ذٰلك، استنادًا إلى المقارنة بالتشابه بين المخلوق والخالق، سوى بوجود إلٰهين إذ، من المصدر نفسه لا يمكن أن يخرج نوعان متناقضان من النار. بالتالي، نميل، كما الفيثاغوريين، لتأييد أحاديّة المبدأ الخالق، وبأنّ من الله لا يخرج سوى نار واحدة ووحيدة كما هي الحال بالنسبة إلى ’كلمته الوحيد‘. فيمسي الاختلاف في تأثير هذه النار محصورا بالإنسان، بحسَبِ استعداداته: من تلاءمت خامَتُه مع هذه النار تطهّر بها وأحيَته، ومن تنافت خامَتُه وإياها، أهلكته. ’ألنار‘ المقصودة هذه تُحدِّثُ عن الله، وتَتكلّم بالنيابة عنه. (2بط 3، 17؛ عب 4، 12).

243 اكتشاف العالِم آينشتاين لجُسيم الضوء (الفوتون) يَلقى صدًى واسعًا على هذا الصعيد. ستتضّح هذه النُقطة في الفصل الخامس.

244 مقدمة إنجيل يوحنّا.

إذًا، لا يُمكن التّفكيرُ هنا بـ'نارَين' مُستَقلّتين في آنٍ، لأن ذٰلكَ سيُشكّل، إمّا تَضادًّا في الله الأوحد وإمّا إيمانًا بإلٰهين أحَدهُما مبدأُ الخَير، والآخر مبدأُ الشّر.

حتى ولو كانت هذه الآيةُ متبوعةً بآيةٍ عن النِّزاع بين الأهلِ والأنسباء، لا شيءَ يُثبِتُ أن 'النارَ' التي عَبّرَ يسوعُ عن رغبةٍ شديدةٍ في أن تُلهِبَ كلَّ شيءٍ، الرموزَ والدلالاتِ والصُّوَرَ، وبالتالي، الألسنةَ والقلوبَ والأممَ، حتّى الأُمّةَ اليهوديّة، تتعارضُ مع رسالتِه كـأميرِ السلامِ والوئام. بالتالي، نشعرُ بأنّنا مَدعوّون إلى التسليمِ مع 'أفرامَ' بأنّه، كما لا يوجدُ سوى إلٰهٍ واحدٍ في الكَون الذي يُرى والذي لا يُرى، هكذا أيضًا لا تُوجد سوى نارٍ واحدةٍ، وأن النارَ التي يتحدَّثُ عنها يسوعُ لا يُمكن أن تكونَ سوى 'كلمةِ' أبيه، أي هوَ نفسُه، أو الروحِ المنبثقِ منه وأبيه. إنّها، بالنتيجةِ، الحُب الذي يولدُ هوَ منه، ومنه ينبثقُ الروحُ القدُس.

لكن، من أين تأتي النارُ التي تُعاقِبُ وتُهلكُ وتُفني، وتحديدًا، نارُ الجحيم؟ سنعودُ إلى هذا السؤالِ لاحقًا عندما نُقارنُ النارَ 'الرازائيّة' بالنارِ الكَميَّة. فلنعُد إلى الآب.

إن جرى التأكيدُ، بالاستناد إلى ألسنةِ نارِ العَنصرة، ومَعموديّةِ الابنِ في نَهرِ الأردُن، والمعموديّةِ بالروحِ والنارِ، وكلِّ الأدِلّة التي تَقضي بأنّ الله (الآب) هوَ نارٌ، فهذا ليس كافيًا. يجبُ علينا أن نوَضِّحَ طبيعَةَ تلك النارِ لأنّه، انطلاقًا منها، ستُميِّزُ طبيعَةُ التَطعيم بينَ العِلمِ والدِين، وبين 'الراز' والخَليقة.

2. أيُّ نارٍ هيَ المَقصودة؟

يساعدُنا الفيلسوف الفَرنسي الـمُعاصِر، جاك دِريدا على إيجادِ الجوابِ الـمُقنِعِ عن هذا السؤال. إن الاعتراف بالحَدسِ والقُدرةِ التّحليليّة اللذَين يَتمتّع بِهما الفِكرُ البشري يُسمحُ بالقولِ إنّه يُفترضُ بهذه النار أن تكونَ شيئًا مشابِهًا 'لِلا نارٍ' (to a non-fire) تبعثُ 'لا نورًا' (a non-light) إلخ. هل ينطبقُ ذٰلكَ على حالتِنا هذه؟

1.2. تَفكيكُ النار (The deconstruction of 'fire')

بتوسُّلنا، نحنُ أيضًا، هذه 'اللا' التفكيكيّةِ، لا نقصُدُ من خِلالها الدلالةَ على نفيٍ صريحٍ متعارَفٍ عليه، بمعنى 'انعدامِ' الشيءِ، بل نُريدُ، بدلًا من ذٰلكَ، أن يُفهَمَ أنّه، إن كانَ لمفهومٍ ما، أو لأي مُصطَلح، جذرٌ واضحٌ، مُحدّدٌ، ثابتٌ، وبالتالي غيرُ قابلٍ للتّفكيكِ، يتِمُّ إمّا إخضاعُه لنظيرٍ له، أو لنقيضِه، فالضِّدُ يُظهِرُ حُسنَه الضّدُ، أو لـهذه 'اللا' الأنطولوجيّةِ،[245] ليُستخرجَ منه

245 يستعمل أفرام هذه 'الوسيلة اللغويّة' ليُعبرٌ عن أمور من الصعب التعبير عنها بطريقة أخرى، وتتسبب بالخَلل العقائدي. مثلا، المعرفة عند السيد المسيح ابن الله: هل، استنادًا إلى (متى 24، 36) حيث يعترف المسيح بأنّ لا أحد يعرف وقت نهاية العالم، ولا حتّى هو، إلّا الآب، يمكن القول بأنّه دون أبيه مرتبة؟ وبأن معرفته كأقنوم تنقص عن معرفة أبيه؟ وبالتالي هوَ ليس مساويًا لأبيه؟ بتعريبه للمقطع 25 من النشيد رقم

أفضلُ ما يُمكن أن يُقدِّمَه للفَهمِ البشريّ. ولمّا كان، بحسَبِ الفلسفةِ الأفلاطونيّة، لكلِّ دالّةٍ مدلولٌ إليه من الطبيعة ذاتِها،[246] فإن الدالّة 'نارٌ' يجبُ ألاّ تدُلَّ أو تُشيرَ، عند كِتابتِها إلاّ للنارِ الطبيعيّةِ فقط، وذلك بحُكم واقِعها وطبيعتِها الخاصَّين بها. لكنَّ الفلسفةَ تابَعت وأثبَتت مع أرسطو أنّه يُمكن للدلالاتِ أن تَدُلَّ، في الوقتِ عَينِه، إلى ماهيّةٍ من واقِعها وطبيعَتِها، وتُشيرَ إلى ماهيّةٍ من واقعِ 'مختألفٍ' لها، موجودٍ وغير موجودٍ في آن، كواقع الميتافيزيقا الأرسطيّةِ، غريبٍ كليًّا عن واقعِ التركيبةِ اللغويّةِ المألوف. فعبارةُ 'إنسان'، على سبيل المثال، ذاك الصورةُ والمثالُ لله، تدلُّ على الإنسانِ المألوفِ، وتشيرُ إلى الله. إذًا، لا غَرو أن يُقالَ عنه 'إله'. ويُمكنُ عكسُ الدالّةِ فتُسبَغُ على اللهِ صفاتُ الإنسانِ، حتّى يتجسَّمَ إنسانًا أو 'ابنَ إنسان'. في هذا السياق، تبلُغُ كلماتُ اللاهوتيِّ الشهير كارل رانر (Karl Rahner) ذُروتَها، هوَ القائلُ: "عندما يريدُ الله أن يكونَ ما ليس اللهَ، يكونُ الإنسان. هذا هوَ عمقُ سرِّ الكائن البشري".[247]

كيف يَكونُ هذا الواقِعُ بعدَ تَفكُّكِه؟ نَعودُ لنلتقيَ مع جاك دِريدا، حولَ مفهومِ 'الاختئلاف' (*differAnce*).

يُحاول جاك دِريدا، ذو الأصولِ اليهوديّة (السَفَرديم)، بجُرأتِه الساميَّةِ، ومن دونِ أن يكونَ قد عرَفَ مار أفرامَ – وكم تَمنيّنا لو كانَ عرفَه – أن يجعلَ ديانتَه أكثرَ إلفةً، فيتآلفَ معها.[248] إنه يجدِّد، بشكلٍ معاصرٍ، الرّمزيّةَ الأفراميّةَ التي دافَع بها أفرام عن القَضيّة عَينِها. إضافةً إلى ذٰلكَ، كان يُرضي قلقَ 'أوغسطينوس'[249] من ناحيةِ الحثِّ على إدراكِ أنه، في ما يخصُّ الكتابَ المقدَّس، نظريّة الدّلالاتِ لأفلاطون ليست كافيةً، وأنّه يَنبغي مَعرفةُ الـمُشارِ إليه، مُسبقًا،

---

77 من أناشيد الإيمان الأفراميّة، كتب بولس الفغالي ما يلي: "عارفُ الكُلِّ صارَ لا عارفًا". كل الفرق يكمُن في هذه 'اللا'. كان من المُمكن للمترجم أن يكتب 'صار غيرَ عارفٍ'، ما يعني، جاهلاً، الأمر المرفوض تمامًا لأنّه في الحالة الأولى نلمس الإخلاء، أي التخلي عمّا كان يعرفه مع الاحتفاظ به في خلفيّة ما، بينما في الثانية نلمس فقدان المعرفة، أي نفيها، الأمر الذي يتعارض مع الصفة الإلهيّة. فمثلا لو أن أوريجانوس التفت إلى هذه الوسيلة إبان وضعه دراسته عن المساواة بين أقانيم الثالوث بحسَبِ (يو 14، 28) لوجد حلًّا مثاليًّا.

246 Augustine; *De Maestro*, VIII, 23: "We signify the things we speak of, and what comes forth from the speaker's mouth is not the thing signified, but the sign by which it is signified. We make an exception for signs that signify themselves."

ما معناه: "بالفعل، أن نتكلّم يعني أن نلفُظ الدالّة عمّا نقوله. وما يخرُج من فمنا ليس الشيء بحدِّ ذاته إنّما الدالّةُ التي تُعبِّر عنه".

247 Rahner, Foundations, 212-14; Cf. Haight, Roger S. J. *Jesus symbol of God*. Orbis books. N. Y. 1999, p. 326. (When God wants to be what is not God, man comes to be. This is the depth of the mystery of the human being).

248 في سبيل هذا التآلف، وإذ كان هوَ مختونا بحسَبِ شريعة موسى، لم يُقدِم على ختانة ولديه الذكرَين، ليس تمرُّدًا، إنّما تفضيلا لتحريرهما من 'العلامة' التي ترمز إلى صرامة الشريعة، وفتح عَينيهما على ختانة القلب بالحُبّ الذي يفتحه على الآخر، بدلا من أن يقفله، فينغلق على ذاته.

249 راجع (Augustine, *De Maestro*, X, 34). حيث نقرأ: "عليَّ أن أُجهِدَ نفسي لإقناعك، إذا لزم الأمر، بأنّنا لا نتعلّم شيئًا بواسطة الدلالات المُسمّاة كلمات، لذا، كما قلت لك، ليست الدالّة هي ما يجعلنا نعرف الأشياء إنّما معرفة الأشياء هي ما يُعطي للكلمة قيمتَها، أي معناها الخفي في الصوت".

لإدراكِ ما تُشيرُ إليه الدالّة. فالقديسَ أوغسطينوسَ الذي كانَ مشغوفًا بالواقعِ 'الرازائي'، على غرار 'أفرامَ'، والذي كتبَ في أحدِ الأيامِ حكمتَه الشهيرةَ: *"Crede ut intelligas"*، أي "أؤمنُ كي أفهمَ"، أثّر بشدةٍ في الفيلسوف دِريدا، الذي سيرُدُّ له الجميل، من خلالِ مؤلّفِه *Circumfession*، والمقصودِ به "الختانُ بالإيمانِ"، من دونِ أن يَعلَمَ بأنّه سيَخدُم، في الوقتِ عينِه، رمزيَّةَ أفرام.

تَستنتجُ دراسةٌ أُجريَت حول نظريّة 'دِريدا' في جامعة كيبِك، Trois-Rivières، ما يلي:

> إن مفهومَ دِريدا لنظريّةِ 'الدالّةِ' مُرتبطٌ، أساسًا، بِبُنيَةِ الفلسفةِ الغربيَّةِ. وقد أعادَ هوَ النظرَ بتصوُّرِ العَلاقةِ المباشرةِ بينَ الدالةِ والمدلولِ إليه. فلنأخذ على سبيل المثال، دالة "الماء".
>
> ماء ← كوب ماء، قطرة ماء، بركة، مطر، بحيرة، H_2O
>
> لدى قراءةِ كلمةِ "ماء"، قد يذهبُ بنا الفِكرُ إلى قطراتِ ماءٍ، إلى بحيرةٍ، إلى الرّمزِ الكيميائي H_2O إلخ... ولا نُفكّرُ، بالضّرورةِ، بصورةٍ ثابتةٍ للماءِ أو بِمثالٍ نظريٍّ عامٍّ له. كذلكَ، كل ما تشير إليه الدالةِ "ماء" يُحيلُنا بدَورِه إلى دالة أخرى. هذه السِّلسِلةُ اللامُتناهيَةُ من دالة إلى أخرى تُترجَمُ بلُعبةٍ لا ختام لها، 'تَفتَحُ' النصَّ، تنقُلُه، وتجعلُه مُتحـرِّكًا.[250]

بمعنًى آخرَ، إنّها إشكاليّةُ تَعدُدِ الدلالات. ألا نكونُ في حالة حَراكٍ أكثرَ، مع سينِرجيا، إذا ما أعدنا بناءَ المراحِلِ التي بناها يومًا المراقِبُ البيبليُّ البِدائيُّ؟ لنضرب مثلا من سفر التكوين:

> قال اللهُ: "ليَكُن جَلَدٌ في وَسطِ المياهِ، وليكُن فاصِلًا بين مياهٍ ومياه".
> فصنَعَ اللهُ الجَلَدَ وفصلَ بين المياهِ التي تحتَ الجَلَدِ والمياهِ التي فوقَ الجَلَد، فكانَ كذلكَ.[251]

يبدو أن الهمّ الأوّل للكاتب المقدَّس ليس قياس الفلسفة اليونانية كي نقتنع ونفهم بتمييز "الما؟" و"الكيف؟" و"اللماذا؟". همه الأساس هو القبول التلقائي بما كتب، على حاله، لنقبل أيضًا، بالشمسَ تُنشأُ في الجَلَد، بين مياه ومياه، من النارِ الأوَّليّةِ ومن نورِ اليومِ الأوَّل.

إن السبيلَ الأوحدَ لجعلِ الـمُتَحرِّكِ ثابتًا، ولـمَنحِ مؤمني 'نَصّيبين' و'الرّها' المزيدَ من التوقّع والتيقّن بشأن مَصيرهِم، هوَ أن يوجد أحدٌ، موثوقٌ به، لديه معرفةٌ مُسبقةٌ، كمواطن

250 *Cf.* Lucie Guillemette et Josiane Cossette, http://www.signosemio.com/derrida/deconstruction.asp [Accessed Jun. 2019]. *Cf.* more specifically the article "Some General Characteristics of Deconstructive Readings". http://web.utk.edu/~misty/Derrida376.html [Accessed Jun. 2019] (Translated by the author)

251 تك 1، 6-7

كهفِ أفلاطون" الذي غامرَ وحرَّر نفسَه، أو كيوحنّا الإنجيليِّ أو بولسَ الرسول. هل كان هذان الأخيران ليَتحلَّيا، على سبيل المثال، بالـثـقةِ الكبيرَةِ التي لدَيهِما بنفسِهِما لو لم يرَيَا ويتذوَّقا، وبالتالي، يَعرفا؟ وأفرام؟

بهذا، نكونُ قد توصَّلنا إلى قناعةٍ بأنّه يُمكنُ أن يكونَ للدّالةِ الواحدةِ مدلولٌ إليه خاصٌ بواقِعِها الطبيعيِّ الذي يُرى، ومدلولان آخران خاصّان بالواقع البيبلي: واحدٌ جليٌّ وآخرُ خفيٌّ يتخطّى الجليّ. ومع 'الواقعِ الكَمّي' المعاصرِ، قد يُصبح للدّالةِ عَينِها مدلولٌ إليه إضافيٌّ، ما بعدَ الخفي، سواءٌ أكانَ فيزيقيًّا، ميتافيزيقيًّا أم رمزيًّا.

ومتى اختلطَتِ الدلالاتُ في بعضِ الأحيان، كما في حالِ الدالّةِ 'حشا' على سبيل المثال، يعودُ إلى الخبراءِ أو الرائينَ كـ'أفرامَ' أن يُميّزوا مُختلفَ استعمالاتِها وأن يَضعوا الإصبعَ على الـمُشار إليه من خلالها: حشا الله (الآب)، حشا الماءِ، حشا اللؤلؤة، حشا الأُذنِ، حشا 'مريمَ'، حشا حوّاءَ إلخ. وعندما تتأتّى الفروقاتُ عن اختلافٍ بين الواقعَين اللذين يَنتمي إليهما المدلول إليهما، أو المدلول إليه والمشار إليه، يأخذُ مفتاحُ 'الاختئلاف' مجراه، لأنّه ليس صحيحًا ولا منطقيًّا التّحدثُ عن فروقاتٍ اختلافيّةٍ بين أمرين لا يَتَشاركان الواقعَ نفسَه ولا الطّبيعةَ عَينَها. فبينَ حشا حوّاءِ القَديمة، على سبيل المثال، وحشا حوّاء الجديدة 'مريم' ليس اختلاف، بل 'اختئلاف' نَجَم عن تدخُّل 'الكَلمَةِ-الإلهِ' الذي، بموجب سفر 'الرؤيا'، "جعلَ كلَّ شيءجديدًا"، بشكل 'مختألفٍ'، في واقعِ 'مختألفٍ' لا يشبِهُ إلّا ذاتَهُ ولا يدُلُّ ولا يُشيرُ إلّا إلى ذاته.

نُعيدُ التأكيدَ أن هذا ما أرادَهُ أفرام، باعتمادِه الـمَفهومَ 'راز'، والذي، من خلاله، نعتَمِدُهُ نحن أيضًا في مُحاولتِنا هذه لبناءِ الجسرِ بين العِلم والدّين. في هذا السياقِ، ما الذي يحلّ بالمفهوم "نار"، أو بالأحرى بالدالّةِ التي تشير إليه؟

تَحتوي الطبيعَةُ (كتابُ الكائناتِ) النارَ كما يَحتويها نصّ الكتابُ المقدَّس. وكانَ أفرام يَختبرُ النارَين في الوقتِ عَينِه: نارَ الفُرسِ الذين كانوا يُهاجمونَ مدينتَه الأُمّ باستِقتالٍ، ليَسلبوهُ إياها، و'نارَ الهراطقةِ' الذين كانوا يُهاجمونَ ديانتَه للتّسبُّبِ له بخَسارتها. ولكن، يبدو أن نارًا ثالثةً كانت تتراءى لـأفرام في أفق النصِّ المقدَّس، تَتّخذُ دورَ الدّرعِ الواقي، وذلك بحسبِ صاحبِ المزاميرِ، كما بحسبِ سِفرِ دانيال، إذ ما الذي يُمكنُه أن يحميَ من النارِ العدائيّةِ، عندما يستحيلُ أن تُخمَدَ كلُّ النيرانِ بماء طوفانٍ ما، سوى نارٍ وِديّةٍ هي نارُ الإيمان.[252] ما المقصود بهذه النار؟

252 مز 18، 8-15

2.2. نارُ الإيمان

هي 'نارٌ مقدَّسة' ألهبَت قلبَ 'أفرامَ' من دون أن يتمَكَّن أحدٌ من رؤيتها، إنما، أيضًا، من دون أن تُخفى على أحد. فالذين فهموا عن أي نارٍ نتَحدَّثُ، وإلى أيّ نارٍ نُشير، يشاطروننا التنشئة عَينَها، وبالتالي، لا صعوبة لديهم بالاعتراف، بنارٍ رازائيّة'، هي، في آنٍ، واقعيّةٌ وغيرُ واقعيّة، ملموسةٌ وغيرُ ملموسة، روحيّة وغيرُ روحيّة، إلخ... أما الذين لا يَعترفون بذلك أو لم يَفهموننا، نقولُ بوضوحٍ إنّها نارُ العنصرةِ، نارُ حوريبَ، نارُ النبي إيليا، إلخ.، وبشكلٍ عام، نارُ اللهِ، كما سبقَ وذكرنا. قد نُتَّهم بالتخيُّل الشاعري! ربّما. لكن العملَ مع 'أفرامَ' يَفرضُ نَفحةً شِعريّةً في سبيل تخطّي معوّقات التعبير، ولطالما ألهَمت النار الشعراء. وفي مرحلةٍ مُعيّنة من كتابنا هذا، سنشيرُ إلى أن الشِّعرَ يشكّلُ أيضًا، للعلماء، وسيلةَ تعبيرٍ مثاليّة عن الواقعِ الكمّي.

فلنَمل الآن نحو مصدرِ تلك 'النار'، كما فعلَ موسى في حوريبَ، ساعينَ، ولو من بعيدٍ، إلى طريقةٍ عِلميَّةٍ، تَطبيقيّةٍ، للإجابةِ، قدرَ الإمكانِ، عن السؤالِ الأساس: ما المقصود بهذه النار؟

لمّا كان العِلمُ يَفتقرُ إلى سُبُل الدنوِّ من النار بُغيةَ التعرّفِ إلى نَوعِها وطَبيعتِها وفِئَـتِها، كنارِ الشّمسِ على سبيل المثال، يَدرُسُها مُستندًا إلى تأثيراتِها في وسائلِ الاختبارِ المتَوافرةِ له، فيَنجح بإعلامِنا متى تكون نار هذا الكوكبُ مع حرارتِها مفيدةً للحياةِ البشريّة أو مضرّةً بها.

باختِصار، المقصود إذا هي نارٌ أليفة مُطَمئنةٌ مُفيدة لحياةٍ أفضل. لذا تُعلّمُنا الحضاراتُ كافّةً، وعُلومُ الأساطيرِ، أن القمرَ كانَ، أكثرَ من الشمس، 'صديقًا حميمًا' للبشر،[253] والدليلُ على ذلك هوَ أن أكثريّةَ التقاويمِ الأولى للزّمنِ كانت قَمريّةً. وذلك يَعني، أيضًا، أن النارَ تُقاسُ بمِقدارِ ما تَترُك للعقلِ البشريّ من إمكانِ التوقّع والتيقّن والاطمئنان. وهذا ما سنُثبِتُه في الجزءِ العلمي من هذا الكتاب. وإن كانت توجدُ اليومَ موازينُ حرارةٍ إلكترونيّةٍ في أنحاءِ مُدنٍ شتّى، فذلكَ ليس فقط للإشارةِ، مِخبريًا إلى الحرارةِ السائدةِ، وإنّما لإعلامِنا، عِياديًّا، أي طبيًّا، عن مدى ملاءَمةِ حرارة 'النار' السائدة لحياتِنا.

نار الإيمان هي العطيّة الإضافية التي تساهم بالاستِبصارَ والتيقُّنَ والأمانَ، المعاييرُ الفارقةُ التي كان 'أفرامُ' يبحثُ عنها، خلالَ سنواتِ الاعتداءاتِ التي كانت تَشهدُها مدينتُه، وكان يبحثُ عنها بمسؤوليّةٍ رعويّةٍ لا مَدنيّة. فعندما تَتخطّى نارٌ ما الـمَعاييرَ، كالنار التي أهلكت سَدومَ وعَمورةَ، على سبيل المثال،[254] أو نارِ الحادي عشر من أيلول، سنة 2001، في نيويورك، يقلقُ 'الحيوانُ العاقل' ويقعُ في اضطِرابٍ تامٍّ ناتجٍ عن عدَمِ إمكان الاستِبصار والتيقُّن. ويُثبت علمُ النَّفس أن هذه من أسوأ الأوضاعِ التي قد يَعيشُها شخصٌ أو مجموعةٌ من الأشخاصِ، يَخرجُ منها بصَدمةٍ مزمنةٍ، لأن الإنسانَ لم يولد لفظائعَ مماثلة. لابدَّ من التذكيرِ هنا بزوجةِ

253 طوق ب. ص. 154 - 157

254 تك 19، 24 - 26

لوطَ وابنتيه.²⁵⁵ إن هذا الموضوعَ من الأهميَّة بحيث يكفي الاطِّلاع على مواقعِ المكتباتِ الإلكترونيَّةِ لملاحظةِ العدد الكبيرِ من المنشوراتِ الحاليَّةِ في مجالَي العلوم والدِّين التي تتناول ما يُمكنه أن يُقدِّمَ للإنسانِ التيقُّنُ والاستبصارُ للاطمئنان إزاءَ مُستقبلِه ومُستقبلِ أحبَّائِه والعالَم.²⁵⁶ أوليسَ هذا هوَ جَوهرُ رسالةِ المسيح ودَعوتِه إلى الإيمان به، للطّمأنينة والخَلاص من حُكمِ 'الموت'؟²⁵⁷ فلنتذكَّر فقط تشبيهَ الدَّجاجةِ وفراخِها الذي استَخدَمَه خلال تأمُّلِه وضعَ أورشليم.²⁵⁸ ولنراجع كم من الكنائسِ أُسِّست، ومن المزاراتِ بُنيت، خدمةً لهذه الغاية.²⁵⁹ إن تأثيرَ الاكتشافاتِ العلميَّةِ والتقدُّم الهائلَ الذي شَهدَه القرنُ العشرون زادا هذا القلقَ لدى الشعوبِ كافَّةً تقريبًا، بخاصَّةٍ، شعوبِ البلدان الصّناعيَّة. فمَن أفضلُ من أفرام، نظرًا إلى الاعتداءاتِ المستمرَّةِ التي عايشها، على مسقطِ رأسه 'نصيبين'،²⁶⁰ ومن ثَم المجاعةِ التي سادَت في 'الرُّها'، مدينةِ نزوحِه مع رعيَّتِه، استطاعَ أن يَختَبرَ نفسيًّا وجسديًّا، حقيقةَ التركيبةِ الهشَّةِ لكلِّ ما هوَ مَخلوق، وتاليًا، أهميَّةَ هذه النار للحفاظِ على الرَّجاء، حتى النفسي.²⁶¹

في مجموعةِ أناشيده المُعنوَنة "المَيامر النصّيبينيَّة"، يُطلِقُ 'أفرام' على العالَم تسميةَ 'المعمورةِ' (ܥܡܘܪܬܐ عومرا)، ويُعبِّرُ عن طابَعِه الزائل، من خلالِ فِعلَي 'تَلاشى' (ܛܠܠ طلِق) و 'بَطَلَ' (ܒܛܠ).²⁶² كما أنَّه، بإظهارِ التَّضادِ بين شرِّ الإنسان وصلاحِ الله، شكَّل قسمٌ كبيرٌ من أناشيدِ مؤلَّفِه هذا دراسةً، بكلِّ ما للكلمةِ من معنىً، حولَ انحدارِ المسيح إلى عالَمِ الأمواتِ والشهداءِ ليمنَحَ الأحياءَ التوقُّعَ والتيقُّن بشأنِ مصيرِ أحبَّائهم الذين كانوا يَسقطونَ يوميًّا متمَسِّكين بنارِ الإيمان. كذلكَ، بالنسبةِ إلى لاهوتِ الشهداءِ، فقد استلهَمَهُ القدّيسُ أفرام من علاماتِ آلامِهم ورموزِها. تقولُ صلاةٌ تُنشِدُها الكنيسةُ المارونيَّةُ في القَومةِ الثانيةِ المخصَّصةِ للشهداء، من ليلِ الأحدِ، إن الشهداءَ يتقدَّمون نحوَ اللهِ بأيادٍ مليئةٍ بعظامِهم كلآلئٍ، ويَتشفَّعونَ للأحياء:

---

255 تك 19، 30-38
256 راجع: Ford, Kenneth W. *The Quantum World: Quantum Physics for Everyone*. Cambridge, Massachusetts - London, England; Harvard University Press, 2004, Introduction. سنعرِّف عن هذا المرجع في ما بعد باسم *The Quantum World*
257 يو 11، 25-26، وأنهى السيد المسيح قائلاً: "أتؤمنين بهذا؟".
258 لو 13، 34؛ مت 23، 37
259 Scientist Church، على سبيل المثال، ومزاراتِ العذراء العالمية مثل "سيدة لورد"، فرنسا، ومؤخَّرًا "مار شربل"، لبنان.
260 TLE p.16; Cf. Actes du Colloque XI-Alep 2006; CERO, 2007, Brock, *In search of Saint Éphrem*, article, p.18
يستفيد مسيحيو الشرق من إعادة قراءة مؤلَّفات مار أفرام، في ضوء ما أصابهم خلال عشرات السنين الماضية، ولا يزال مستمرًّا...
262 *La Pensée*, p. 127

لكُم البخورُ الزكيُّ،
عِظامُكم هي لآلئُ.
لتكن الدِّماءُ التي سالت من أعناقِكُم
رأفةً للكَونِ أجمع.
فمن عِظامِكم تنبثُق معونةٌ للبشر.[263]

إننا نجدُ أنفسَنا أمامَ مشهدٍ مسرحيٍّ حَقيقي. إن نارَ الإيمانِ تعمل بشكل يتخطّى فيه "الوَسَطُ الإلهيُّ" كلَّ زمانٍ ومكان، يتجاوز كلَّ حقيقةٍ ماثلة، ويجعل الكنيسةَ، في آنٍ، واقعًا مميَّزًا، إسكاتولوجيًّا، حاضرًا في 'الدنيا' و'الآخرة'، جناحًا في تَشفُّع دائم للجناح الآخر، كنيسةً حيّةً، بنعمةِ ذاك الذي غلبَ الموتَ وأمسَكَ، بدونِ منازِع، بزمامِ عالـمَي الخُصومَة بين آلهةِ الميثولوجيات.

بفضلِ القوَّةِ الشِّعريّةِ و'نارِ' الروحِ القُدس التي تَغلغَلَت في أناشيدِه، يَحذفُ 'أفرامَ'، كخبير، كلَّ مظاهرِ الانتظارِ والفَصل إذ، في المكانِ والزمانِ الآنيّين، تُصبِحُ الحقائقُ الإيمانيّةُ، التي يَتَحدَّثُ عنها، واقعيّةً وموطَّدة. إن نورَ الله حاضرٌ هنا، بلا ريب، على أن 'أفرامَ' يرى أن الإفخارستيا هي بالأحرى الموجودةُ هنا، هي 'الرازُ المليئ 'بالرازيّات'، هي الجَمرةُ الغافرةُ (Gmurtâ Mḥasyânitâ) هي اللؤلؤةُ. إن الافخارستيا هي المرآةُ التي تجعلُ أحَدَ وَجهَي إيقونةِ الكنيسةِ يرى الوجهَ الآخَر، كما لو أن الكنيسةَ تَتمرّى على ذاتِها، وأن المسيحَ الذي وَضعَت الرعيّةُ فيه ثقتَها يُسيطرُ أيضًا على عالمِ الأمواتِ، بخاصّةٍ عالمِ الشُّهداءِ الذين دماؤهم هي 'بذارُ الكنيسة.'[264]

مَن كان لِيُدركَ أفضلَ من 'أفرامَ' أهميَّةَ نارِ الإيمانِ التي تُعيدُ للهشِّ المُتلاشي مُقوِّماتِه، ولفِقدانِ الرؤيا استبصارَها، لتجعلَهُما جِسرًا نحوَ ما يَنبغي أن يكونَ من تَيقُّنٍ واستقرارٍ مُبهجين. هل تنطبق صفاتُ النار الإفخارستية هذه على النار الوِدّيّةِ والنارِ العَدائيّةِ المذكورتين أعلاه؟

3.2. النارُ الوِدّيّةُ والنارُ العَدائيّة

نظرًا إلى أن النارَ الموجودةَ في الكَون، بأشكالٍ شتّى، يُمكن أن تكونَ مفيدةً متى تمّتِ السيطرةُ عليها، ومُؤذيةً متى كانت خارجةً عن السَّيطرة، يَسهُل علينا أن نَفهمَ رمزيَّتَها المكنونةَ بين غِلافَي 'الكتاب'. فالعلاقةَ بين 'نارِ' الكتابِ المقدَّس، المُسمَّاةِ نارَ الله، ونارِ

---

263 garmaîkûn margâniâtâ
hwâ ḥnânâ lkûloh tibêl
ʿudrânâ labnainâšâ

dalwotkûn ʿeṭrâ halyâ
dmâ dardâ men ṣawraykûn
w hâ nâbʿin mên armaîkûn

264 Cf. *La Pensée*, pp. 61-62.

الطبيعةِ، الـمُسمّاةِ نارَ البَشرِ، من جهةِ تأثيرهِما و'سلوكِهما' في نظامٍ تيوقراطيٍّ، الحُكمُ فيه لله، تعكسان تطبيعَ الإلٰهيِّ بالإنسانيّ، أي صناعَةَ الإلٰهِ الإناسي أو صياغتَه الأنتروبومورفيّة.

لقد دفعَ هذا التطبيعُ بالاستعاراتِ والتشبيهاتِ إلى أن تَنسُبَ إلى اللهِ النارَ الاصطِناعيّةَ الـمُعقّدَةَ التي اخترعَها صُنّاعُ الحروبِ ووسائلِ الإبادةِ: نارٌ وكبريت معًا، على سبيل المثال، كاللذَين حلّا على سدومَ وعمورة؛ 'نارٌ وبَرَدٌ' معًا، مزيجٌ لا ندري ماذا نقولُ عنه سوى أنّه يجوزُ أن تكونَ هذه الاستِعارةُ مأخوذةً من سقوطِ نَيزكٍ في ليلِ بردٍ قارس... إذًا، نحن أمام صعوبةٍ في التمييزِ بين نارِ اللهِ الغاضِبِ ونارِ الـمَلكِ الغاضِب. بالنسبةِ إلى إسرائيلَ، يبدو أن النارَين باتتا نارٌ واحدةٌ، نارٌ عدائيّةٌ ومُرعبة، حتى أنه يُمكن اعتبارُها نارَ الله الموضوعةَ، بشكلٍ عامٍّ، بتصرُّفِ ملكِ إسرائيل. أما نارَ النبيِّ (إيليا) أو نارَ الوحيِ (حوريب) أي 'النارَ' الودِّيّةَ التي يُفترضُ أن تنبعَ من العدالةِ، أو من الحُبِّ، الإلٰهيّين، لا من الغَضَبِ، هي 'مُختألفةٌ'. فحيثُ نجدُها، تكون بسيطةً، مُعبِّرةً، ومُطمئنةً للمستحقّين – تحمِل رسالةً من سيِّدِها وتُنفِّذُ مشيئتَه، على نحوٍ تامٍّ – وخَلاصيّةً، لأنّها تُتمِّمُ التدبيرَ الإلٰهيَّ الدائمَ الصَيرورة.لكن مصدرُ 'نار الإيمان' هذه ليس من نطاق الكَون، وتعجزُ عندها الاستعاراتُ والتشبيهات التقليديّة. يؤكِّدُ لنا هذا سفرُ نشيدِ الأناشيدِ، في حديثه عن الحُبِّ، إذ يَعجزُ عن تشبيهِه. بمَ يُشبِّه نشيدُ الأناشيد الحُبَّ؟ بالألمِ والـمَوتِ، وبأفضلِ الأحوالِ، بالجحيم. ويُشبّه سِماتِ الحُبِّ بلهيبِ نارِ الرّبِّ التي لا تستطيعُ المياهُ الغزيرةُ أن تُطفِئَها ولا الأنهارُ أن تغمُرَها.[265]

إن نارَ الغَيرةِ تجاهَ بيتِ الربِّ التي ألهبَت قلوبَ الآباءِ والأنبياءِ والتلاميذِ والشهداءِ والقديسين، وبخاصّةٍ يسوعَ نفسَه، تتمتّعُ أيضًا بميزةِ تُسلِّطُ الضوءَ، بشكلٍ أفضلَ، على طبيعتِها الإفخارستيّا.[266] إنّها نارٌ تُلهب، وقد تُجمِّرُ، لكنّها لا تستهلِكُ أبدًا، بخاصّةٍ، قُدرةَ الإنسانِ على الاحتكامِ الحُرِّ،[267] في حين أن نارَ الطبيعةِ تَحرقُ وتَستهلِكُ. وهذا ما يشكّلُ أحَدَ أخطرِ مشكلاتِنا البيئيّة. أما نارُ 'الكتابِ'، فكما قال 'أفرامُ'، تارةً تهلكُ، وطورًا لا، إذ الأمرُ يتوَقّفُ على مَصدرِها البشريِّ الشكلِ، أو الإلٰهيِّ، كما على المادةِ التي تُلهِبُها، أصالحةً هي أم طالحةً، كما سبقَ ذكرُه. فلَو كانت نارُ الإيمانِ والغَيرةِ، نارُ الروحِ الـمُعزِّي، هي نفسُها نارُ البشر، لما كانت عَنصَرةٌ ولا اهتداءٌ لكورنيليوس على يدِ القديسِ بطرس.[268]

لقد وعدَ يسوعُ تلاميذَه بهذه النارِ من دونِ أن يَحرُمَ منها الذين آمنوا به من غير اليهود فأحلها، بقوّة الروح القدس في الخبز والخمر. إن هذه النارَ، باحترامِها إرادةَ الإنسانِ، تُلهبُ قلبَهُ ونَفسَهُ بدونِ أن تَستهلِكَهُما (تِلميذَي عِمّاوس)، ذٰلكَ لأن هذه النارَ، التي يُسمّيها 'أفرامُ' نارًا بَدئيّةً، تَكمُنُ ساكنةً في قلبِ الإنسانِ، منذ أن نفخَ الله الحياةَ في أنفِه، تمامًا

---

265 نش 8، 6 – 7

266 يو 2، 6 – 7

267 *TLE*، ص. 36

268 أع 10، 44 – 48

كـ'النارُ' التي افترضَ 'أفرام' أنّها قد خُلِقت، ضِمنًا، مع خلقِ السماواتِ والأرض. أما تَنشيطُها المسيحانيّ فينتَظِرُ اللقاءَ الشخصيّ، على طريقةِ تلميذَي عِمّاوس، واكتسابَ نعمةِ الإيمانِ، على طريقةِ الرسول توما.

الإسهامُ الأفراميُّ هوَ الذي أنهى جدليّةَ مصدرِ النور الذي أمرَ الله بأن يكونَ، في ما لم يكُن بعدُ قد قيلَ شيءٌ في 'الكتابِ' عن خَلقِ النار.[269] الجديرُ بالذكر هُنا أن 'أفرامَ'، وعلى الرُّغم من إصرارِه على استعمالِ نموذجِ 'الشمسِ – النورِ – الحرارةِ' لإثباتِ ثالوثيّةِ الإلهِ الواحِد، لم يكُن قد أعطى، بَعدُ، جوابًا واضحًا، ولا تفسيرًا حاسمًا، بالمعنى العلميّ، لماهيّةِ النارِ، التي كانت دومًا، ومنذُ الأزَلِ، في مَنزِلةِ مَصدرِ 'النور الرازائي'.

لقد ألهبَت صفاتُ الجَمرةِ الإفخارستيّةِ فينا غيرةً مقدّسةً لنُتِمَّ ما بدأهُ أفرام في أحَدِ الأيام، ونَرفعَ الحِجابَ عن ماهيّةِ النارِ الوِدّيةِ التي هيَ مصدرُ النور الذي كان يَتحدَّثُ عنه يسوعُ عندما أعلن: "أنا نورُ العالَم". من تلك النار يُمكِنُ القولُ إنَّ 'الشرارةَ الرازائيّة'، كما 'الجَمرةَ الإفخارستيّةَ' تكتسِبانِ قوّتَهما. هذه الجَمرةُ الأخيرة، العزيزةُ على النبيّ أشعيا كما على أفرام، والتي يُمكِنُ الاحتفاظُ بها ونَقلُها والتي هي نارٌ و'لا نار' في آنٍ معًا، كيف يُمكِنُ أن تُفيدَنا؟ هل يُمكِنها أن تكونَ وَحدةَ قياسٍ للواقِع الرازائي؟

4.2. 'الجَمرةُ الرازائيّةُ' وَحدةُ القياس للواقِع الرازائي

نذكرُ هنا أن الذي خلق آدمَ من التُّراب نفخَ في أنفِه 'شيئًا مختالفًا'، شيئًا جعل منهُ كائنًا عاقلًا، صورةً لخالِقِه، وحاشا أن يُناقِضَ اللهُ نفسَه. إن 'الرازائيّ' في هذا المشهَد، مع محاولتِنا تفسيرَ 'أفرام' على أفضلِ ما يُمكن، يَحُثُّنا على الفهمِ أنّ 'الطُّعمَ' موجودٌ في كيانِنا، ولو بشكلٍ 'خفيٍّ'، وأنَّ هذا 'الخفيَّ' يُشير إلى 'خَفيٍّ' أكثرَ تقدُّمًا، في ما بعدَ 'الخفيِّ' اليوميِّ 'للأسرارِ' (mysteries) أو 'التفسيرِ' (exegesis). "الطُّعمُ" هوَ 'الجَمرةُ-الرّازُ' بذاتِها، أو بمعنًى أدَقَّ، بحسبِ ما يرِدُ في ليتورجيّةِ القداسِ المارونيّ: "الجَمرةُ الغافِرةُ والمليئةُ 'رازيّاتٍ'" (ܓܡܘܪܬܐ ܡܚܣܝܢܝܬܐ ܘ ܡܠܝܬ ܐܪܙܐ).

عند الخَلقِ، زُرِعَ الطُّعمُ الإلهيّ، بشكلٍ عام، في الخَليقةِ بأسرِها، ونَفخَهُ الله، بشكلٍ خاصٍّ في أنفِ الكائنِ البشريّ. يُسمّي البابا يوحنّا-بولسُ الثاني هذا الطُّعمَ 'الشرارةَ'، فيُعلِّقُ، متأمِّلًا بجِداريّةِ الخَلقِ التي رسمَها مايكِل آنجِلو قائلًا:

---

[269] *Les Origines*، ص. 58: ... أعمالُ اليومِ الأوّل خُلِقت من العدم... أما الشمس فخُلِقت من النار، وبقيّةُ الخَلائق من الموادّ الأوّليّةِ للخليقة. وقد كتب مار أفرام في مقالِه ضدّ الهراطِقة أنه، بحسَبِ شهادة الكتاب المقدَّس، السماء والأرض والنار والهواء والماء خلقَت من العدم، أما النور والأعمال التي تلتهُ في اليوم الأوّل، فقد صنعَت من شيء. (ترجمة المؤلِّف، بتصرُّف).

فَصَارَ آدَمُ نَفسًا حَيَّةً' (تك 2، 7). إن عبقريَّةَ مايكِل آنجلو الخالدةَ صَوَّرَت، على سقف السكستينا، اللحظةَ التي ينقُلُ فيها اللهُ الآبُ 'الطاقةَ الحيويّةَ' (vital energy) للإنسانِ الأوّل، جاعلًا إياه 'كائنًا حيًا'. يبدو أن شرارةً غيرَ مرئيّةٍ تظهرُ بين إصبعِ اللهِ وإصبعِ الإنسانِ المَمدودِ أحدُهُما للآخر، حتّى يكادا يتلامَسان. يضعُ اللهُ في الإنسانِ رعشةً من حياتِه الخاصّةِ، يخلقُه على صورتِهِ كمثالِه. في هذه 'النفخَةِ' الإلٰهيّةِ، يوجدُ مصدرُ كرامةِ الإنسانِ الفريدة.[270]

لدى التجسُّدِ، حصلَ العكسُ. بمشيئةٍ إلٰهيَّةٍ، تمّ قبولُ 'الطُعم البشريِّ' من الثالوثِ الأقدسِ عمومًا، والابنِ، خصوصًا. بقبولِ مريمَ، مجيبةً: "فليكن"، تَمّت موافقةُ البشريّةِ التي كانت تئنُّ، منتظرةً هذا الحدثَ، حدثَ تبادُلُ الشرارةِ الإلٰهيّةِ بالجسدِ البشريِّ، أي بالأمومة والطفولة، معَ السماء. فتُنشِدُ 'السماءُ'، في الليتورجيا السريانيّةِ استنادًا إلى نشيدٍ لشاعرٍ مجهولٍ إنّما مُسندٌ إلى مار أفرامَ بصِفَتهِ نشيدًا مريميًا، داعيةً 'الأرض' بالقول: "أعطني أُمًّا، أُعطيكِ الألوهيّةَ". هنا يكمُنُ التقاطعُ العظيم. إنّه يَحصُلُ، عندما 'تَصعقُ' شرارةُ الخَلق جسدَ مريمَ لكي تُصبحَ 'الجَمرةُ الإلٰهيّةُ' وَحدَةَ قياسٍ لواقعٍ خلاصيٍّ لا يُقاسُ إلّا بتَعاقُبِ هذه 'الصّواعِق'، أي هذا التبادُل. فبِقَدرِ ما تَتّبِع الإنسانيّةُ، مهما كانت خاطِئةً، أنموذَجَ 'مريمَ'، وتفتحُ بابَ رَحِمِ أُذنِها للكلمة - الإله بشكلٍ يسمحُ 'للجَمرةِ' بالتكاثُرِ، بواسطةِ التحوُّلِ الرازائي، بقدرِ ذٰلك تتحقّقُ، ومعها، تبلُغ الخَليقةُ كمالَها. هذا التواتُر أوحَتهُ لنا نظريّاتُ فيزياء الكَم.

وبما أنّه ليس للخَليقة رحِمٌ مَلموسٌ، وأن ماءَ الأردنِ كانَ البديلَ له، فماذا يكون البديلُ عن رَحِمِ أحشاءِ أذنِها؟ البديلُ هو، ببساطةٍ، أذنُ كلِّ شَخصٍ، ولا شيءَ غيرَ ذٰلكَ.

يؤكّد العهدُ القديمُ أنّ اللهَ كان يخاطبُ دومًا، شعبَ إسرائيلَ، بدعوتِه إلى فتحِ أُذنَيه، واسعًا، لسماعه: "اسمَع يا إسرائيل".[271]

إن 'الجَمرةَ' الناتجةَ عنِ الالتقاءِ بينَ كلمةِ اللهِ والأذنِ البشريّةِ يُمكنُها أن تَخدُمَ جيدًا كوحدةِ تحوّلٍ رازائيٍّ، كما أن 'لؤلؤةَ أفرامَ' الناتجةَ عنِ الالتقاءِ بينَ البرقِ ومحارِ البحرِ هي وحدةُ إثراء. تُقدِّمُ لنا الطبيعةُ ظاهرةً مشابهةً تَطيبُ للقديسِ أفرام. إنّها ظاهرةُ 'الكَمأ'، ذاك النباتُ الذي ينمو في الصحراءِ في الشرقِ الأوسطِ، ويُقال عنه إنّه لا يَنبُت إلّا بفعلِ التقاءِ بين الرّعدِ والأرض.

270 *Cf.* http://www.vatican.va/holy_father/john_paul_ii/messages/urbi/documents/ /hf_jp-ii_mes_ 20001225_urbi_fr.html.; [Accessed Jul. 2019].

271 تك 49، 2؛ مز 81، 9؛ با 3، 9. تثنية الاشتراع والأنبياء يستعملون فعل الأمر هذا كمفتاح لتعاليمهم. في (تث 27، 9)، يربط المشترع الصمت بالسماع. أما النبيُّ حزقيال (36، 4) فيدعو حتّى الأماكن التي يقطنها إسرائيل للإصغاء: "لِذٰلك، يا جبالَ إسرائيل، اِسمَعي كَلِمَةَ السَّيِّدِ... والتِّلالَ والمَجاريَ والأَودِيَةِ...". والرب يسوع ذكّر بها. (مر 12، 29)

كان يوحنّا-بولس الثاني مُحقًّا في تفسيره جداريّةِ مايكِل آنجِلو في الخَلق: "إن كانَ الخَلقُ عمليّةً لامتناهيةً، فإنَّ خلاصهُ هوَ أيضًا كذلكَ، وبالتالي، تَعاقُبَ الشرارة. فهي تَتكرَّر على غرارِ شرارةِ شمعةِ مُحرِّكٍ سيارةٍ يُصدرُها مولِّد وموزِّع".[272] يبقى أن تُعدَّ البشريّةُ 'فَلَيَكنها' على مثالِ 'فَلَيَكُن'، 'مريم'، وإلّا فإن المحرِّكَ يتوقَّفُ عن توَليدِ الشراراتِ، وتتعطَّلُ السينرجيا، كما ذكرنا أعلاه.

في تلك المرَّةِ المُميَّزة، في التجسُّد، مرَّ التيارُ بين إصبعِ الله وإصبع حوَّاءَ الجديدةِ، أُمّ جميعِ الأحياء، وأومَضَت الشرارةُ في كونِنا. حدثَ برقٌ وأخصِبَت 'اللؤلؤةُ' في رَحِمِ 'مريَمَ' المُطيعة. إنَّه، انطلاقًا من تلك اللَّحظةِ، عادَ كلُّ شيءٍ ليكونَ صالحًا من جديد. وكانت مريمُ أوّلَ شخصٍ يُرنِّم:

وَحَّدتَ يا ربُّ لاهوتَكَ بناسوتِنا،
وناسوتَنا بلاهوتِك،
حياتَكَ بموتِنا وموتَنا بحياتِك.
أخذتَ ما لنا ووَهبتَنا ما لكَ...[273]

هل يكون الانفجارُ الكَونيُّ (Big Bang) حدثًا مشابهًا لحدثِ مرورِ التيارِ يومًا بين إصبعِ الله وإصبعِ آدم؟

كيف يُمكن أن يكونَ قد تمَّ توحيدٌ على نمطِ "وحَّدتَ يا رب لاهوتَكَ بناسوتِنا" من دون صعقٍ أو رعدٍ؟ هل يُدرك الكهنةُ الموارنةُ، الذين يُرنِّمون هذه الكلماتِ، بعدَ التكريسِ، ما الذي يَجري بين أيديهم؟ أولَيسَتِ الشرارةُ، الصاعقةُ، هي النارُ، قبل أن تتحقَّقَ نارًا، بالتقائِها مادةً سريعةَ الاشتعالِ لتُشعِلَها؟ ما الذي أشعلَ الماءَ في مصباحِ القدّيسِ شربل؟ وبالنسبةِ إلى أمثالِ 'شربل' تأتي الإجابةُ من الكتابِ المقدَّسِ: "وإليكم الأغرب: في الماء الذي يَطفئُ كلَّ شيءٍ كانت النارُ تزدادُ اضطرامًا. إن عناصِرَ الكونِ تدافع عن الصدّيقين".[274]

بناء على ذلكَ، يُمكننا التأكيدُ أن النارَ البدئيَّةَ، التي حَيَّرت لاهوتيّي القرونِ الأولى، والتي هي موضوعَ تمحيصِنا، كانت موجودةً دومًا، كما أن أحرفَ فعلِ التكوينِ (ك،ا، ن) موجودةٌ في

---

[272] يرجعنا هذا إلى الكناية الأرسطيّة للمُحرِّك الذي يحرِّك ولا يحرِّكه شيء.

[273] Ḥayedt mâr alohûtoḳ bnâšutaan,
wo nošutaan balohûtoḳ.
Ḥayûtâḳ bmitûtaan, wo mitutaan bḥayûtâḳ,
šqalt dilaan wo yhabt laan dilâḳ...

[274] حك 16، 17-19.

الكائناتِ كافّةً، وأحرفَ فعلِ الخَلق (خ، ل، ق) موجودةٌ في كلِّ المخلوقاتِ، وأحرفَ فعلِ ’ولَد‘ (و، ل، د) موجودةٌ في كلِّ الـمَواليدِ، وبالتالي، في كلِّ جنسٍ وفي الخصوبةِ بالذات. لو لم تكُنِ المادةُ الملتَهبةُ موجودةً، منذُ البدايةِ، كما تبيَّن من "نِفطارِ نحَميا" المذكورِ سابقًا، لَمَا استطاعة أيُّ شرارةٍ أن تُشعلَ النيِّراتِ، وتُنيرَ عيونَ المخلوقاتِ وتُدفئَ قلوبَها. إنّها، نوعًا ما، الظاهرةُ ذاتُها التي، وبِحَسبِ النظريّاتِ الأنثروبولوجيّةِ الجديدةِ التي تدحضُ الداروينيّةَ، ترافقُ، أيضًا، تعريفَ "الإنسانِ العاقلِ" بالقول: **لو لم يكنِ الإنسانُ عاقلًا، منذ جرثومةِ تكوينِه، لَمَا صار إليه أبدًا.** والإثباتُ على ذلكَ هي الأجناسُ الأخرى من القرود العليا (Apes) التي لم تعرفِ التعقُّلَ إلى اليوم. إن هذه النظريّةَ لثابتةٌ ونهائيّةٌ، وتُشكّلُ أداةً صالحةً للاستِبصار. وعليه، هل يحقُّ، بعدَ أن سلّمنا بفكرة ’الإله - النار‘،[275] أن نستمرَّ في التساؤل عن ماهيّة النار بالمَفهوم العِلمي؟

إننا، هنا، نتحمّلُ مسؤوليّةَ الإجابةِ بـ’نَعم‘ عن هذا السؤال. وإذ تلزمُنا نقطةُ ارتكازٍ للمضيِّ قُدُمًا في تحليلِنا للتوصُّل إلى ما توصَّلَ إليه الفيلسوف ديكارت في سَعيِه للتخلُّصِ منَ الشكّ، نتّكلُ على القديسِ أفرامَ الذي لن يُخيِّبَ أمَلَنا.

نبدأ بالقول: إنّ النارَ المقصودةَ هنا هي ’رازائيّة‘، وهذا يعني أنّها نارٌ خفيّةٌ تَسمحُ لنا باستِشعارِ أو استِبصارِ ’خفيَّين‘، أكثرَ تقدُّمًا ممّا استَبصرَه الأنبياءُ، أو من ’الخفيّ‘ الذي استَشعَرتهُ واستبصَرته نساءُ العهدِ القديمِ في جيناتِ (D.N.A.) السُّلالةِ التي سيأتي منها المسيحُ، والتي يُشير إليها العلّامة ’بروك‘.[276] إنّه استشعارٌ ’خفيٌّ‘، كالذي شَعرَت بهِ ’مريمُ‘ المعصومةُ من الخطيئةِ الأصليّةِ، عند البشارة. إنّها النارُ ’الرازائيّةُ‘ التي كانَ يسوعُ ابن الإنسانِ يراها ويرغبُ، بشدّةٍ، أن يبدأَ كلُّ الناسِ بتلمُّسها. إنّها النارُ التي عمِلَت سرمديًّا كي لا يكونَ في الوجودِ سوى كلِّ نارٍ مُفيدةٍ وخصبةٍ ومُطَمئِنة. لا شيءَ يمنعُ من تسميةِ هذه النارِ ’الحُبّ‘، ’العِشقَ‘، ’الغَيرةَ الإلٰهيّةَ‘، فالأهمُّ هوَ أن تكونَ واحدةً، كما أن اللهَ واحدٌ، وثالوثيّةً، كما أن اللهَ ثالوث. من تمكَّنَ من رؤيتِها أو رؤيةِ ما تُخفيه يندفعُ إلى بذلِ حياتِه وقبولِ كلّ أنواعِ إخلاءِ الذات (kenosis) لامتلاكِها أو لجعلِها تمتلِكُه. في حالةِ النارِ هذه، احتواؤها يعني تسليمَ مُحتَويها باحتِوائها له، كما يُلمّح له جبران خليل جبران الذي يُشاطرُ ’أفرامَ‘ ما يشاطرُه إياه كلُّ عارفٍ بالليتورجيا السُريانيّة: "إذا أحبَبتَ، لا تقُل: اللهُ في قلبي، بل قل أنا في قلبِ الله".[277]

---

275 ولن نكون الوحيدين نسبةً لجيلنا من الرُهبان المُتعمِّقين في الروحانيّة الأفراميّة، إذ نجدُ الشاعر والأديب الأب مارون حايك الأنوني يسكُبُ هذه القناعةَ شعرًا قائلًا: في البدء كانت النار، وكان النور من وهج النار، وانبثق دفءٌ أبديّ. راجع:
الحايك مارون، النارُ كان... ويليه هذياني!، ديوان شعرٍ رؤيَويّ، دار الفكر اللبناني، بيروت، 1999

276 راجع أعمال المؤتمر الحادي عشر، *Saint Ephrem on Women in the O.T.*

277 جبران خليل جبران، النبي، في المحبّة، دار الأندلس للطباعة والنشر، بيروت - لبنان، 1999. سنشير إلى هذا المرجع في ما بعد كما يلي: جبران، النبي

خاتمــة

إن ظاهرةَ 'النارِ'، كما أحسنَ العالِمُ غاستون باشلار (Gaston Bachelard) استخدامَها، سَمحَت لِطبِّ الأمراضِ النفسيَّةِ أن يلامِسَ صميمَ لجَّةِ النَّفسانيَّةِ البشريَّةِ والخصوبةِ، أي الحياة. وتكريمًا لـ'ملفانِ الكنيسة' مارِ أفرام، عمّدناها 'نارًا رازائيَّة'.[278]

تبعًا لهذه 'النارِ'، يجوز القولُ إن الآبَ والابنَ والروحَ القُدسَ هم 'نارٌ'. اللهُ 'نار'، وما ينبثق طبيعيًّا منها هما النورُ والحرارةُ. أما النور فهو، كما حدّدناه في الفصلِ الأوَّلِ، "اللازمةُ التي تُعطي العَينَ عِلَّةَ وجودِها".

كانت هذه 'النارُ' تُلهِب نصَّ الكتابِ المقدَّسِ، 'رازائيًّا'، وكان النورُ الإلهيُّ ينيرُه، رُوَيدًا رُوَيدًا، بِقَدرِ ما كانتِ السينِرجيا بينَ الاثنينِ تُدفِّئُ الكلَّ وتجعلُ منه شمسًا 'رازائيَّةً' سيؤالفُها 'أفرامُ' ليجعلَ منها أنموذجًا (ܛܘܦܣܐ) للاهوتِه الثالوثيّ.

هكذا، نكونُ قد نجَحنا في الكشفِ عن هُويَّةِ هذه النارِ، واتّخاذِ موقفٍ منَ الجدليَّةِ التي أثارَها 'أفرامُ' في حياتِه، تجاه المتديّنين الذين كانوا يَعتبرون النارَ المخلوقةَ إلهًا، إذ إن النارَ 'الرازائيَّ' كانت تتخطَّى مرحلةَ تفكيرِهم. وتوصَّلنا أيضًا إلى تفاهمٍ مع 'أفرامَ' على وجودِ نارٍ إلهيَّةٍ تُولِّدُ نورًا إلهيًّا 'تنبثِقُ منهما حرارةٌ إلهيَّةٌ'، لكن الثلاثةَ، مع اعتذارِنا من مرجعياتِ الديانات الأخرى، هي ذاتُ طبيعةٍ ترُدُّنا إلى واقعٍ من الطبيعةِ 'المُختالفةِ' المذكورةِ أعلاه التي لا يستطيعُ أن يبلُغَها أو يفهَمَها سوى الأشخاصِ الذين يتمتَّعون بـ'النارِ في العَينِ'، أي بالإيمانِ بيسوعَ المسيح. فمن الطبيعيِّ الآنَ التساؤُلُ عن 'الواقعِ الرازائي'، هذا الذي سبق ذِكرُهُ مرارًا، والذي تَنتمي إليه هذه النار. هذا هوَ التحدّي للفصلِ التالي.

---

278   وتكريمًا للفيلسوفِ دريدا، نقول فيها: نار مختألفة. راجع المُلحق اللغوي ص. 401 .

الفصلُ الثالث: الواقِعُ 'الرازائي'

... إن كانت هذه الرموزُ تُعطي، من جهةٍ، مزيدًا من القدرةِ للعَقلِ لأنّها تسمحُ له بسبرِ غَورِ السرِّ بأساليبه الخاصّةِ التي يَتمسّكُ بحقٍّ بها، فإنّها، من جهةٍ أُخرى، تدعوه إلى تخطّي واقعها الرمزيّ ليتلقّى المعاني الأساسيّة، البَعديّة، التي تحمِلُها. ففيها توجدُ، مسبقًا، حقيقةٌ خفيّةٌ يُحالُ إليها الفِكرُ، ولا يُمكنهُ تجاهُلهَا من دونِ أن يقوّضَ الرمزَ نفسَه المُقترح عليه.[279]

القديس يوحنّا-بولس الثاني

يشكّلُ الواقعُ، كما الحقيقة، تحديًّا أنطولوجيًّا للضميرِ العلميِّ، بخاصّةٍ في ما يتعلّقُ بالعُلومِ الوضعيّةِ، كما لضميرِ الإنسانِ الـمُتديِّنِ، وذلكَ منذ زمنٍ طويل. في الكتابِ السابعِ مِن 'الجمهوريّة'، أدخَلَنا أفلاطونُ إلى واقعٍ أوّل يُهيّئُ أرضيّةً أكاديميّةً أو، لدقّةٍ أكثرَ في التعبير، يهيّئُ البُنى التحتيّةَ للأرضيّة الأكاديميّة لعلمِ استخدامِ الدلالاتِ (signs) والأنماط (styles) والمثُل (types) والرموزِ (symbols) وقوّةِ الجدليّةِ (dialectics). لقدِ اقتبسَ من 'الأورفيين' (Orphics) أسطورةَ 'أهلِ الكهفِ' المشهورة (Myth of the Cavern) التي تمثّلُ، بالنسبةِ إليه، التوهُّـمَ المحتمَلَ من البشرِ لواقعِهم. وبفضلِ فنِّ التسآليّةِ (maïeutics)، قامَ بتطويرِها إلى مَسرحةٍ صالحةٍ لبناءِ كلِّ واقع. فلنستعرض هذهِ الاستعارةَ (allegory) الآنَ، لتكونَ نصبَ عيونِنا، مع تقدُّمِنا في البحثِ والتحليل:

> سجناءُ مكبّلون في مكانٍ لا يرَون فيه من العالَـمِ سِوى الظِّلال التي تعكِسُها على حائطِ الكهفِ أمامَهُم نارٌ مشتعلةٌ، بعيدًا خَلفَهم؟ أيّ واقعٍ يستطيعونَ أن يُدركوه؟ هذا هوَ السؤالُ الذي وضعَه أفلاطون على فم سُقراطَ ليطرحَه على تلميذِه 'غلوكون'... وحينَئذٍ، لو استطاعوا التحادُثَ فيما بينَهُم، ألا تَعتقِدُ أنّهم كانوا سيُسمّون الظِّلالَ التي يرونها أشياءَ واقعيّة؟[280]

279 يوحنّا-بولس الثاني، الرسالة العامة 'الإيمان والعقل'، 1، 13.

280 Plato, *The Republic*, Book VII, p. 373. *Cf.* http://www.idph.net/conteudos/ebooks/republic. pdf [Accessed Jun. 2019]. From now on, we will refer to this book as The

في هذا الفَصل، سنتوقَّفُ عند الإسهامِ الذي تركَهُ لنا 'أفرام'، في ما يخصّ تأكيدَ واقعٍ، لطالما كان مُهمَلًا، واقعٍ وَصفناه بـ 'الرازائي'. يتوزَّعُ طرحُنا على ثلاثةِ محاور:

1 - 'زوايا الرؤيةِ'، (The angles of view) المحورُ الذي يدعمُ نظريَّةً مُشابهةً لنظريَّةِ 'آفاقٍ' (Horizons)، للفيلسوفِ الألمانيِّ هانس - غيُورج غادامر (Gadamer)، والذي يبحثُ في 'الزوايا' التي كثيرًا ما يعتَمِدُها البشرُ في النظرِ والتحليلِ والحُكم...

2 - الواقعُ 'الرازائيُّ'، زاويتُه وإظهارُ معالِمه.

3 - فعلُ 'آرَزَ'[281] من الفعلِ السريانيّ 'راز'، الضروريُّ للربطِ بين الدين (الحِقبَةِ الآبائيَّةِ) والعِلم (حِقبَةِ فيزياء الكمّ) والخَلقِ من الحُب.

وسنتَّبعُ التَّصميم التالي لتَفصيلِهِ والتوصُّلِ به إلى رؤيةٍ واضحةٍ عن الواقعِ المنشودِ:

1. 'زوايا الرؤية' (The angles of view)
1 .1. كيف يُمكنُ التمييزُ بين 'زوايا الرؤية'؟
1 .2. كيفَ يُمكنُ التمييزُ بين الوُسطاءِ وتفسيراتهم؟
1 .2. 1. إشكاليَّةُ التفسيرِ، بالمعنى العام
1 .2. 2. دَورُ المُفسِّرِ كوَسيطٍ، ومَسؤولياتُه
1 .2. 3. مواصفاتُ الوسيطِ الجيِّد
1 .2. 4. جَديدُ 'أفرام'
1 .2. 4. أ تَفسيرُ 'أفرام'
1 .2. 4. ب الجَديدُ في تَفسيرِ 'أفرام': الواقعُ 'الرازائي'
2. الواقعُ 'الرازائي': زاويتُه وإظهارُ معالِمه
2 .1. هل الواقعُ 'الرازائي' هو مزيجٌ من الشَّخصيِّ والمَوضوعي؟
2 .2. الواقعُ 'الرازائي'، هل يكون تسويةً أم خيالًا (Utopy)؟

---

281 كما أن الفعل الذي صغناه باللغة الإنجليزية (râzify) سيحرر هذه اللغة من تبعات الفعل (mystify) كذلك لدينا القناعة بأن هذا الفعل الجديد الذي نتقدم به للغة العربيّة سيضفي عليها ديناميّة أرفع، لجهة التعبير عن الحالات الموصوفة بالتصوّف والروحانيات، وبخاصّة المسيحيّة منها، المبنيّة على 'راز' التجسّد الإلٰهي والتي أسَّست لواقعٍ مميَّز كما سبق ذكره. لا بدّ من أفعال جديدة ترافق تطوّر المعرفة وتشعباتها بين العلم والدين وغيرهما.
Republic.

2.3. ما عَسى هذا الواقع أن يَكون، وإلى أيِّ صِنفٍ يَنتمي؟

2.3.1. الصَّيرورَة

2.3.2. الحالةُ العَلائقيّة

2.4. إظهارُ معالِـم العَلائقيّة من خلال السُلوك (Behaviour)

3. الفعلُ الرباعيُّ 'آرَزَ' المشتق من السرياني (ܐܪܙ)

3.1. الضروراتُ التي استوجَبَت ابتكارَ فعل 'آرَزَ' ومنه 'أرَّزَ'

3.2. الإيضاحاتُ التي تحِدُّ من التحدِّياتِ والصُعوباتِ التي قد تُثيرُها مختلفُ تَطبيقاتِ هذا الفعلِ الجَديد

3.2.1. التّحدّياتُ والصُعوباتُ المسيحانيّة

3.2.2. التحدّياتُ والصعوباتُ اللغويّة

3.2.3. التَّحدِياتُ والصُّعوباتُ العَملانيَّةُ في تَطبيقِ الفِعل

3.2.4. الفِداء في ضَوءِ غَشاءِ البَكارةِ والسُرّة

خاتمة

1. ’زوايا الرؤية‘ (The angles of view)

أن يوصَفَ أحدُهم بالقولِ إنَّ ”في عَينِه بركارٌ“، يَعني أنّه قادرٌ على رسمِ دائرةٍ صحيحةٍ بِـيَدٍ حُرّة. تشبيهيًا، يُمكِنُنا تَطبيقُ القاعدةِ عَينِها على من بإمكانه رَسمُ زوايا ذاتِ انفراجاتٍ مضبوطةٍ: 45^0 أو 60^0 أو 90^0 أو غيرِها، بدونِ الاستعانَةِ بمِنقلةٍ فنقول: ”في عَينِه مِنقَلةٌ“. إن كان هذان التعبيران يؤدّيان إلى استنتاجٍ ما، فهما يؤدّيان إلى التأكيدِ أن أشخاصًا قادرين أكثَرَ من غيرِهم على حصرِ ’حقولِ الرؤية‘ (fields of vision)، وتحديدِ زواياها للبشر، ثمّ استغلالِ الطّيبَةِ الطبيعيّة لدى المجموعاتِ، بقصدِ دفعِها إلى الرؤيَةِ والفَهمِ من خلالِ الزاويةِ التي رُسمت لها فقط، لا غير. إنّهم وُسطاءُ (mediators) ومُتوسّطون (intermediaries) موجودون، على الرُّغم من أن أفلاطون لا يَذكُرهُم في أسطورةِ ’أهل الكهفِ‘ خاصّتِه. قد يكونون نوعًا من ’الجِنِّ‘ أو من الـمُتألّهين أو، بِبَساطةٍ، فلاسفةً مثلَ سُقراط أو دَواهٍ وصوليين. إن الإشكاليّةَ التي تواجهُنا هنا، كما واجَهت ’أفرامَ‘ في أيامِه هي التمكُّنُ من الإجابةِ عن الأسئلةِ التي يطرحُها كلُّ مؤمن:

1 - كيف يُمكنُ التمييزُ بين ’الزوايا‘؟

2 - كيف يُمكنُ التمييزُ بين المفسِّرين؟

1.1. كيف يُمكنُ التمييزُ بين ’زوايا الرؤية‘؟

إننا، من خلالِ تَحليلِ مُقدِّمةِ هذه النُقطةِ، في ضَوءِ كلماتِ البابا يوحنّا-بولسَ الثاني التي اعتَمدناها شاهدًا لهذا الفصلِ الثالثِ، نجدُ أنفسَنا أمامَ إشكاليّةِ العَلاقةِ بينَ العَينِ والنّورِ التي تمّت مقاربتُها في الفَصلِ الأوّل، في سبيلِ إجراءِ مقارنةٍ بين إسهامِ ’اليونانيينَ‘ وإسهامِ أفرام.

قبل حوالى ثمانيةِ قرونٍ من ’أفرامَ‘،[282] نجدُ أفلاطون، استنادًا إلى سُقراط، وبواسطةِ فنِّ التسآليّةِ (maïeutique)، يَستخدمُ النماذِجَ والرموزَ، في حوارٍ بليغٍ جدًّا، حتّى لو لم يكن شِعريًّا، لِحَثِّ مُحاورِه على رؤيةِ الواقعِ بعَينٍ جديدة، من زاويةٍ جديدةٍ، بحسَبِ ما تفرضُه مصلحةُ ’الجمه وريّة‘.[283] كانَ أفلاطونُ، بحسَبِ سقراطَ، يَسعى إلى الجمهوريّةِ، وكانَ ’أفرامُ‘، بحسبِ يسوع، يسعى إلى الملكوت. إنّهُما، أي الجمهوريّة والملكوت، على ما يُستشَفُّ منَ النظرةِ الأولى، أنموذَجان يُعانيان المِثاليّةَ واليوتُبيّا ما يَكفي لشلِّ تطبيقِهما، على الرُّغمِ من

282 بالنسبة إلى الحقائق الجامعة، يخرج الزمن عن صِيغ الصرف ليدخل مصاف الحاضر التصاعدي. هذا ما اكتشفه أفلاطون وما تمكن أفرام من فهمه ووضعه بالتصرُّف. وهذا نفسه ما نحاول تحمُّل مسؤوليّة نقل مشعله، مضطرمًا، إلى الأجيال القادمة.

283 غلوكون، على ما يبدو، كان من أسرى ’الكهف‘.

زاويتَي الرؤيَةِ المختلفتَين اللتَين تُظهرانِ معالِمَهما. والدليلُ على ذٰلكَ هوَ أن سقراطَ قَتلَ نفسَه طوعًا، قبل أن يَرى حُلمَه يتحقّقُ، والمسيحُ أيضًا ذاقَ الموتَ طوعًا، كِلاهُما مُتَّهمٌ بالإخلالِ بشرائعِ النِّظامِ، بخاصّةٍ تلك المرتَبطةِ بعِبادةِ الآلهةِ، ومن بينِها تقليدُ التطهيرِ بحسبِ الشريعةِ الموسَويّة.[284]

إن مُتَّهميهما هم إذًا رجالُ 'النِّظامِ' الذين يُحدِّدون حقولَ الرؤيةِ، ويَحصُرون زواياها، لكي يُطابقَ كلُّ إنسانٍ مُفكّرٍ نفسَهُ على مُعطياتِ 'الأمرِ الواقعِ' الذي يفرِضونَه هم. وفي هذا ما هوَ أخطرُ الأمورِ، لأنّه إذا ما صدَّقنا سِفرَ الجامعةِ،[285] نَرى أن الواقعَ المفروض تفرِزُه الجدليّةُ الماديّةُ الـمُرتبطةُ بمصالحِ الأقوياءِ الأكثرَ نفوذًا، وذٰلكَ بشكلٍ متواترٍ ومتواصلٍ، في الآنِ والمكانِ الجيوسياسيّين. إن هذه الدوّامةَ هي التي تَسمحُ لكاتبِ السِفرِ بالقَول: "لا جديدَ تحتَ الشمس". لقد حصلَ كلُّ ذٰلك، قبلَ زمنٍ طويلٍ من جدليّةِ كارل ماركس. إن رجالَ النِّظامِ، أُولئك الذين عارضَهُم سقراط، والمسيحُ في ما بعد، هُمُ الذين يُؤدونَ الدّورَ السريَّ بالتلاعُبِ بالواقعِ العامِّ وبوَضعِ حُجُبِ تَفسيراتِهم والظلالِ التي يرَونها والـمُثُلِ التي يتوقونَ إليها في نبضاتِ قلوبِهم أمامَ عيونِ سُجناءِ الكهف.

يصفُ سقراط رجالَ النِّظامِ أولئك بالكلماتِ التالية:

> ... إن المتسوِّلينَ والمتَعطِّشينَ إلى الـمَصالحِ الخاصّةِ يتوَجّهون نحوَ الشؤونِ العامَّةِ، مُقتَنعين بأنّها المكانُ الذي يُحصِّلون من خِلالِه تلكَ المصالحَ... يتَقاتلون إذًا للحُصولِ على السُّلطةِ، فتُخسِّرُ هذه الحربُ الداخليّةُ و'الغرائزيّةُ' القائمين بها وسائرَ المدينة.[286]

وهذا ما يفعلُه المسيحُ 'برجالِ النِّظام'، من خلالِ قائمةٍ من 'الويلاتِ' التي اخترنا منها اثنين موجَّهين إلى عُلماءِ الشريعة:

> الويلُ لكم لأنكم تُحمِّلون الناسَ أحمالًا ثقيلةً ولا تَمسّونها أنتم بإصبعٍ واحدة... الويلُ لكم يا علماءَ الشريعة! استَولَيتُم على مِفتاحِ المعرِفَةِ، فلا أنتم دَخلتُم، ولا تَركتُم الداخلين يدخُلون![287]

من هذين الوصفَين، المتباعدَين زمنيًا، والمنتَميَين إلى وَضعَين مُختلِفَين تمامًا، تَنفتِحُ حقيقةٌ أدبيّةٌ شاملةٌ أمامَ كلِّ عَينٍ قَلقَةٍ حيالَ إيجادِ الزاويةِ الصالحةِ لرؤيةٍ تؤدّي إلى حياةٍ

284 راجع الجميِّل بطرس، صلاة المؤمن، الجزء الثالث، المطبعة الكاثوليكيّة، بيروت، 1967، ص. 622؛ يوستنيانوس؛ الدفاع 1، 64، 102.

285 سفر الجامعة 1، 1 – 11.

286 راجع جمهوريَّة أفلاطون، الفصل السابع.

287 لو 11، 39 – 53.

سعيدة. ولكن، على الرُّغمِ من أن البِركاراتِ والـمَناقلَ هي أدواتٌ عامةٌ وواحدةٌ، إلّا أنّها، ما إن تتجسَّدُ في عَين أحدٍ ما حتّى تتلوَّن بلونِ عَينِه، كما تلوَّنت يومًا في عَينِ حوّاء. إن كلماتِ ’آدم الجديد‘: "سراجُ الجسدِ هوَ العَين. فإن كانت عَينُك سليمةً، كان جسدُك كلُّه منيرًا، وإن كانت عَينُك مريضةً، كان جسدُك كلُّه مُظلمًا"،[288] تنطبق على كلّ أداةٍ تُصبح جزءًا لا يَتجزّأ من العَين أو الجسد. هذا ما يُفسِّر التنوُّعَ اللامحدودَ لزوايا الرؤيةِ بين البشرِ، حتّى بين الـمُنتَمين إلى المجموعةِ عَينِها. من هُنا، تَبرُزُ الحاجةُ إلى مُرشدٍ تكونُ عَينُه نيِّرةً، ويكونُ نزيهًا، قدرَ الـمُستطاعِ، وإلّا تَنطبِقُ كلماتٌ أُخرى قالَها المسيح: "أتركوهُم. هم عُميانٌ قادةُ عميان".[289]

إن التنوُّعَ، بخاصّةٍ إن كان موجَّهًا من قِبَلِ أنظمةٍ، قد يؤدّي إلى زوايا وحقولٍ للرؤيةِ مناقضةٍ للخَيرِ العامِ، وذٰلك بسببِ استِغلالِ التسآليّةِ لغَسلِ الأدمِغَة. كان سُقراطُ ’الجمهوريّة‘ يَدعو سُكانَ المدينةِ إلى رؤيةٍ للواقعِ مختلفةٍ تمامًا عن التي يَدعوهُم رجال النِّظامِ إلى اعتمادِها. في سِفرِ الجامعةِ بذاتِه، نجدُ أيضًا مجموعةً تدعو إلى قراءةٍ للواقع، معاكِسةٍ للحِكمَة التي أوحَت بالسِفر. وماذا عنِ المسيح؟ ألم يعاكِسِ النِّظامَ برَغبَتِه في إخضاعِ كلّ شيءٍ لمشيئةِ أبيه؟ بالتالي، يجوزُ القولُ إنَّ التسآليّةَ سلاحٌ ذو حدَّين، وإنّ علينا أن نُفتِّشَ في مصالحِ الـوَسيطِ لا في عَينِه، عن البِركار والـمِنقَلة اللذين يستعمِلُهُما في تفسيره، إذ إن الـمُعلِّمَ الإلٰهيّ قد حدَّدَ موضِعَ الشرِّ بامتيازٍ، في ازدِواجيّةِ العِبادةِ لإلٰهين معًا، وعلى هذا الأساسِ، يجدُر تحليلُ زوايا رؤيةِ مُختلِفِ الوُسطاءِ والمفسّرين، سواءَ في العِلمِ أو في الدِين.

كان ’أفرامُ‘ مُرهَفَ الإحساسِ إزاءَ هذه الظاهرةِ الاجتماعيَّة - السياسيَّة والدينيَّةِ التي للمالِ فيها التأثيرُ الأكبرُ. لذٰلكَ، استطاع أن يَكشِفَ جيّدًا عن زوايا رؤيةِ أخصامِه وقِصَرِ بَصرِهم، ويَعرفَ كيفيَّةَ تَطويقِهم. وفي سبيلِ الإجابةِ عن السؤالِ الأساس الذي يَطرحُه التائقون إلى الحقيقة وهو: "كيف يُمكن التَمييزُ بين الزوايا؟"، لم يكتفِ بأن يدُلَّهُم على الزاويةِ الأصحِّ، كما لو أنّه يُعطيهم سمكةً في ليلِهمِ الحالكِ، بل كتبَ لهم كلَّ ما كتبَ ليُعلِّمَهم الصيدَ في ماءِ معموديّةِ المسيحِ (أناشيد الدنح). علَّمَهُم أن يتعرَّفوا إلى ذواتِهم، في ’مرآةِ‘ الكنيسةِ، ويحدّدوا أصلَهم، في ضوءِ ’التكوينِ‘، لِكي يَعرفوا نوعَ الصَّيدِ الذي يَليقُ بهم، صيدِ اللآلئِ على سبيل المثال، والزاويةَ التي يجب أن يتّبِعوها للنجاحِ في ذٰلكَ، لأن هذه الزاويةَ، غالبًا ما لا تكونُ، بالضَّرورةِ، إحدى الزوايا الأوسَعِ في هذا العالَـمِ، وغالبًا ما لا تكونُ من طبيعةِ الزوايا التي يكونُ ضِلعاها في الشكل الهندسيِّ المسطّح. لِحُسن الحظِّ، وبموجبِ التَّجسُّدِ الإلٰهيِّ، غالبًا ما يقع أَحَدُ ضِلعَي هذه الزاويةِ، موجودًا في الفَلكِ الإلٰهي. علَّمَهُم ’أفرامُ‘ أن يتعرَّفوا

288 لو 11، 34.

289 مت 15، 14.

إلى 'النورِ' الحقيقيِّ و'الشمسِ' الحقيقيّةِ، وأن يُدركوا أن حُريَّتهم في الاختيارِ واتّخاذِ القرارِ، مقدَّسةٌ بالنسبةِ إلى خالِقِهم.

في مدينةِ نَصيبينَ، التي كانت مسرحَ هذه الظروفِ كلِّها، تمكَّنَ 'أفرامُ'، بفضلِ مثالِ 'دانيالَ' في الأتونِ، أن يدلَّ أبناءَ رعيَّتِه وبناتِها على النموذجِ الأكثرَ تناسُبًا مع وضعِهم. سيُعلِّمُهم دانيالُ أن خلاصَ النفوسِ محاطٌ بنارِ الفُرس، خارجَ أسوارِ مدينتِهم، وبنارِ الهرطقاتِ، داخلَ تلك الأسوارِ، وأن الحلَّ الأوحَدَ هو ذاك الذي اعتَمدَه 'دانيالُ' ورفاقُه، فجعلهُم يبلُغون المعادلة: 1+2=4. هذا المُتدخِّلُ الرابعُ، غيرُ المُتوقَّعِ، هوَ الوسيطُ والضامِنُ الأوحدُ لزوايا الرؤيةِ السليمةِ لتحقيقِ حُلمِهم، حُلمِ 'الفردوسِ' الذي يَسبِرونَه في نبضاتِ قُلوبِهم.

لٰكن هذا 'الرابعَ' المُطمئنَ الذي لا يُقهَر ما هوَ إلَّا 'ابنُ الإنسانِ'، رازُ دانيالَ بذاتِه، يَتجلَّى عبرَ ملائكةٍ، مثل جبرائيلَ ورافائيلَ، وتلامذةٍ ومعاونين، مثل بولسَ الطرسوسيِّ، وآباءِ الإيمانِ الجامعينَ (universals) مثل 'أفرامَ' و'يعقوبَ' و'أتناسيوسَ'... يشكّلون، على مثالِ مُعلِّمِهم، علاماتِ أزمنةٍ حيّةٍ، ووُسطاءَ للتدبيرِ الخَلاصي. كيف يمكنُ، في ضوءِ تعاليمِ مار بولس،[290] التمييزُ بينَ الوسطاءِ؟[291]

2.1. كيفَ يُمكنُ التمييزُ بين الوُسطاءِ وتفسيراتِهم؟

بحسب أفلاطون، يبدأُ كلُّ شيءٍ في عالَمِ المُثلِ، بالنورِ المُنبعِثِ من أشعَّةِ النارِ البَدئيَّةِ لخَلفيَّةِ الكهفِ، وصولًا إلى أُذنِ المُصغي إلى الوَسيطِ المُفسِّرِ. لم يكن أفلاطون الشخصَ الوحيدَ الذي كتبَ أنَّ كلَّ شيءٍ يَبدأُ بالنارِ والنورِ. فالكتابُ المقدَّسُ كتبَ ذٰلكَ أيضًا. كيف فسَّرَ 'أفرامُ' بدايةَ كلِّ شيءٍ، هوَ الذي كان يُناضِلُ، بخاصّةٍ، ضدَّ نظرياتِ اليونانيينَ؟ انطلاقًا من هذا السؤالِ، سنُسلّطُ الضوءَ على ما يلي:

1. إشكاليّةُ التفسيرِ، بالمعنى العام.
2. دورُ المفسِّرِ، كوسيطٍ، ومسؤولياتُه.
3. مواصفاتُ الوَسيطِ الجيِّد
4. جديدُ أفرام.

---

290 1 كور 3، 4.
291 غل 1، 8.

1.2.1. إشكاليّةُ التفسيرِ، بالمعنى العام

يَتحدّث أفرام، بدَوره، بناءً على الكتابِ المقدَّس، عن النارِ البَدئيّةِ الموضوعةِ في خَلفيّةِ الخَلقِ، مُعتبرًا إياها موجودةً، مَخفيّةً ضمنَ مفهومِ 'الأرضِ' التي خُلِقَت منَ 'العَدمِ'، في أوّلِ يومٍ من التكوينِ، هي والسماءُ في آن.[292] يُشكِّلُ هذا الاعتبارُ مجهودًا تفسيريًّا، سواءٌ أكانَ من جهتِه أم من جهةِ أفلاطون. وإضافةً إلى ذلكَ، وبشكلٍ شخصيٍّ (subjectif)، يَذكُرُ أفلاطونُ العلاماتِ والرموزَ، الشبيهةَ بأشجارِ الفردوسِ، كما يَذكُرُ أيضًا نوعًا من حُرّيةِ الاحتكامِ، والقدرَةِ على الفَهمِ (الروحَ العاقلِ Noûs) الذي يدفَعُ بالإنسانِ إلى الخروجِ من العُبوديّةِ والانفتاحِ على المُطلق الذي يشعُرُ به في 'قلبِه'. يَذكُرُ 'أفرامُ' من جِهَتِه، المَلَكَةَ عَينَها تحتَ اسمِ "الفكرِ" (ܚܘܫܒܐ مَحشبة)، ولدقّةٍ أكثرَ في التعبيرِ "الحُسبان". وهكذا، في حينٍ أن اللهَ، بحسبِ موسى، يضعُ الإنسانَ في حلقةِ الموتِ المُقفَلةِ تُجاهَ مَعرفةِ الخيرِ والشرِّ: المَعرفةُ = الموتُ،[293] يدعوهُ 'سقراط' إلى أن يَتخطّى هذه الحَلقةِ ويتعرَّفَ، بالتّمامِ، إلى ما يَلزمُ أن يَعرفَهُ لإرضاءِ تلكَ المَلَكَةِ وإدراكِ الذاتِ: "إعرَفْ نفسَكَ بنفسِك".[294] إن تَداعياتِ إهمالِ هذين الأمرَينِ، التخطّيَ والتعرُّفَ، وكلَّ ترَدُّدٍ في احترامِهما، نجدُها واضحةً في مشهدِ تجربةِ حوّاءَ، وبشكلٍ أفضل، في مشهدِ بشارةِ مريم.[295]

ها نحن أمامَ مَصدَرينِ مُختلفَينِ للتفسيرِ، مُحيِّرينِ، بما فيه الكفايةُ، ليُدخِلانا في جَدليّةٍ لا تَنتهي بين الإيمانِ والمعرفةِ. فكما تَطلَّبَ العقلُ يومًا أن تَتساءَلَ الكنيسةُ: ما المطلوبُ لاعتبارِ أحدِ أسفارِ الكتابِ المقدَّسِ سِفرًا قانونيًّا، هكذا يتطلّبُ العقلُ نفسُه اليومَ التساؤلَ: ما المطلوبُ لاعتبارِ تفسيرٍ ما صحيحًا؟

في النهايةِ، لا يَخفى على أحدٍ أنَّ الأمرَ يستحقُّ أن نعرفَ أنَّ الفِعلَ "ماتَ" بذاتِه، هو أيضًا جزءٌ لا يتجزّأُ من المَعرفةِ، وبالتالي يستحقُّ أن يكونَ للهِ أمٌّ بشريّةٌ، حتى ولو أن ذلكَ سيُكلِّفُه تأليةَ الجنسِ البشريّ بالموتِ عنه على الصليبِ. يُرنِّمُ 'أفرامُ'، في أناشيدِه المُعنوَنةِ 'في الإيمانِ'، ما معناه:

إن كنتَ يا إنسانُ عاجزًا عن فهمِ ذاتِك، فكيفَ لك أن تَفهمَ اللهَ؟...
وإن كانت مَلَكَتُكَ الإدراكيّةُ لا تستطيعُ أن تعرِفَ ذاتَها، فكيفَ تجرؤُ
على هَمسٍ ما يَتعلّقُ بميلادِ من يعرفُ كلَّ شيءٍ؟[296]

---

292 راجع الحاشيتين 176 و 269.
293 تك 2، 17؛ و3، 3.
294 راجع يوحنّا-بولس الثاني، الرسالة العامة الإيمان والعقل، المقدِّمة.
295 'يا حوّاء اعرفي نفسكِ'.
296 الفغالي بولس، أناشيد في الإيمان (1-40)، سلسلة ينابيع الإيمان، عدد 15، منشورات الجامعة الأنطونيّة،

ثمّ تواجِهُنا أدواتُ المعرفةِ، العَينُ التي تَحدّثنا عنها في الفصلِ الأوّلِ على سبيل المثال، والتي نجدُها، سواء أكان لدى سُجناءِ الكهفِ أم لدى آدمَ وحوّاء. إن الأمرَ الأخلاقيَّ في أسطورةِ ’أهل الكهفِ‘ هوَ أن المؤلّفَ سمحَ لصُوَرِ البشرِ واشباهِهِم تلك، أن تَتمتَّع بعيونٍ ترى. أما الأمرُ اللّاأخلاقي فهو أنّه قيّدَ أقدامَهُم وأعناقَهم، وبالتالي عيونَهم، حارمًا إيّاهم الرؤيَةَ إلّا من زاويةٍ واحدةٍ ومحدّدة. إن الزاويةَ هذه هي ما يُشكّلُ مِعيارَ عدالةِ وطيبةِ الوسيطِ الـمُتخَفّي بينَ ظلالِ الأشياءِ وحَقيقةِ واقعها. إنّها زاويةٌ لا تُقاسُ بدرجاتٍ حسابيّةٍ بل، بالأحرى، بدرجاتِ الثقافةِ والنزاهةِ في تَفسيرٍ مُتجرّدٍ ومحرِّرٍ يَسمحُ بالانفتاحِ على الـمُطلق. لقد طبّقَ ’أفرامُ‘ هذه المبادئَ على أبناءِ رعيَّتِه وبناتِها، مُتحدّثًا إليهم عن الفِردوسِ وأهمّيّة العَدالةِ والعِفَّةِ لاكتسابِه:

من يمتَنِع عن الخمرةِ بالانفِصالِ
تكون كرومُ الفِردوس كلُّها في تصرُّفِه،
ويَفرح بأن يَقضيَ على الأفخاخِ الـمَنصوبةِ له الواحدَ تلوَ الآخرِ،
وإن كان الذي يعاشرُها مُتعبِّدًا بتولًا.
فهي تُعطّل لديه النَّواةَ الصّلبةَ التي تَحتاجُها عِفّتُه
لكي لا يَعودَ يقعُ في هوّةِ خِدرِ ’التزاوج‘.[297]

في النهاية، لكلّ واقعٍ زاويةٌ يَرسُم البِركارُ دائرتَهُ وِفقًا لقياسِها، كذلك للفِردوسِ الذي لا يُرى (*lâ mêthaziân*)، زاويةٌ أيضًا. ما الذي يُحدِّدُ أفضلَ انفراجٍ واتجاهٍ لزاويةِ الفردوسِ تِلك، والطولَ الصحيحَ لِضِلعَيها – الهوائيَّين (antennae) – لبلوغِ الواقعِ الذي يصِفُه البشرُ ’بالفردوسي‘؟ يُجيبُ ’أفرامُ‘: "الكتابُ والطبيعةُ" مع مُفسِّرين كالرّسولِ بولسَ والآباءِ المؤمنينَ والأساقفةِ القديسينَ الذين مَدَحَهُم. وقد توصّل، هوَ نفسُه، بفضل ما تعلّمَه منهم إلى أن يَفضَحَ أخطاءَ الأريوسيّين والمانَويين الذين شوّهوا تعليمَ النَصّ المقدَّس.[298] لذا، ولعُمق

2007، مقدمة زائد نشيد أوّل مقطع رقم 16.

297 أناشيد في الفردوس 7، 18؛ راجع *CSCO* جزء 174، ص. 29. (تعريب المؤلّف)
ܐܝܢܐ ܕܡܢ ܚܡܪܐ ܨܐܡ ܗܘܐ ܒܦܘܪܫܢܐ
Aynâ dmen ḥamrâ ṣâm wâ bfûršânâ
ܠܗ ܫܘܚܢ ܝܬܝܪ ܓܘܦܢܘܗܝ ܕܦܪܕܝܣܐ
Leh sowḥân yatir gûfnao dfardaysso
ܘܚܕܐ ܚܕܐ ܣܓܘܠܬܗ ܡܘܫܛܐ ܕܬܬܠ ܠܗ
w-ḥdâ hdâ sgûlâh mûšṭâ dte-tel leh
ܘܐܢ ܕܝܢ ܒܬܘܠܐ ܗܘ ܛܘܒ ܐܥܠܝܗ
wên dên btûlâ hû tûb aᶜlih,
ܠܓܘ ܥܘܒܗܝܢ ܕܟܢܐ ܕܡܛܠ ܝܚܝܕܝܐ
Lgao ᶜûbhên da-knâ dmetûl Ihidâyâ
ܠܐ ܢܦܠ ܒܓܘ ܥܘܒܐ ܘܟܪܣܐ ܕܙܘܘܓܐ
Lâ nfal bgao ᶜûbâ w karsâ dzûogâ

298 الفغالي بولس، أناشيد في الإيمان (1 – 40)، سلسلة ينابيع الإيمان، عدد 15، منشورات الجامعة الأنطونيّة،

تواضعِه المعرفيِّ وعرفانِه بالجميل لمن وَهبَهُ نِعمَه، اعتبرَ 'أفرامُ' نفسَه آخرَ المؤمنين وأنّه لا يستحقّ إلّا أن يَرعى حولَ سورِ ذاك الفردوس، ويأكلَ من فُتاتِ مائدتِهم المقدَّسة:

كمن يفتقرُ إلى كلِّ وسيلةٍ للدخول إلى الفردوس،
اجعلني مستحقًّا أن أرعى في سورِهِ من الخارج.
فالمائدةُ في الداخلِ تَفيضُ بالأطعمة،
والثمارُ التي في سورِه، من الخارج، كالفُتات،
تَنتظِرُ الخطأةَ المُستنيرين بنعمَتِك.[299]

ما معناه أن المعرفةَ الحقَّ المُنتقلةَ من المَصدر إلى المُصغي، عبر المُفسِّر، لا يُمكِنُ إلّا أن تمرَّ بالوَداعةِ والتواضعِ، حتّى امِّحاءِ الوسيطِ أمامَ المَضمون الذي تَحملُه المَعلومة.

1.2.2. دَورُ المُفسِّرِ كوَسيطٍ، ومَسؤولياتُه

الوسيطُ إذًا هوَ الذي يؤدّي دورَ العَينِ الثالثة.[300] إنّه القابِلةُ في كلِّ عمليّةِ تسآليّة، أو المُفسِّر المُستنير بالنور الصالح، والذي تَتمتَّع عَينُه بقُدرةِ بِركارِ الحقّ. يُشير 'أفرامُ' في هذه النُقطةِ مُشدِّدًا على أنّه يَنبغي على هذا الرسولِ أن يَتميَّز ببعضِ الصفاتِ، على مُستوى الواقعِ الذي يكونُ وسيطًا أو مُفسِّرًا له. وتلك الصفاتُ التي يجبُ أن يتمتَّع بها الواقفُ بينَ عيونِ البشرِ والظِّلالِ هي الشفافيّةُ والعفَّةُ والعدالة. أما الأشخاصُ الآخرون فإنَّهُم سَيَصبُغون الحقيقةَ بصِبغَتِهم الخاصّة.[301] ولكن، ألا توجَدُ معاييرُ أخرى لمصداقيّةِ المُفسِّر؟

إن المِعيارَ الأكيدَ لمصداقيَّةِ المُفسِّر هو، بالنسبةِ إلى 'أفرامَ'، تطابُقُ تفسيرِه بشأنِ الواقعِ المقدَّس ودلالاتِه ورموزِه، مع معطياتِ 'الكتاب' و'الطبيعةِ'، في آن. هذان الأخيران

2007، المقدّمة

299 أناشيد في الفردوس 5، 15؛ راجع CSCO جزء 174، ص. 19. (تعريب المؤلِّف)
wên hû dlayt frûs dêʿûl lfardyssâ

Ašwân áf mên bar lrʿyâ dbsyâgueh

bgaweh nehweh fṭoûr kašrê

w-firâ dbasyâğêh men bar ak farkûḳâ

neṭrûn lḥatâyê danḥûn bṭaybûtâḳ

300 صلوات الكنيسة السريانيّة المارونيّة حافلة بالتوسّلات لله كي ينير عين الفهم والإدراك تلك. في هذا يكتب أفرام قائلًا: "بعين الفهم والإدراك، رأيت الفردوس". راجع Les Origines، ص. 117
301 لو 11، 34 - 36.

هما اللذان يَلَذُّ 'لأفرامَ' أن يصفَهُما بـ'المُفسِّرِ'، بامتيازٍ، لأمور الخالقِ. إنّهما يُشكِّلان 'مرآةً' مَجلِيّةً، ومُهيَّئةً لتَعكِسَ الواقعَ الإلهيَّ لمن يَرى نفسَه فيها. هذا لا يَعني أنَّ أيَّ شخصٍ كان يستطيع، فعليًّا، أن يَرى فيها الحقيقةَ الأنطولوجيّةَ، لأنه يَنبَغي على عَينِ الذي يتفحَّصُهما أن تكونَ هي أيضًا صافيةً وعفيفةً ونيّرةً لكي ترى فيهما انعكاس الحقيقةِ:

وُضِعَتِ 'الكتبُ' كمرآةٍ
ترى فيها العَينُ النقيّةُ صورةَ الحقيقة.[302]

بالنسبةِ إلى الوَسيطِ، لا يكفي أن يَرى ذاتَه في تلكَ المرآةِ، ويتعرَّفَ إلى ذاتِه فيها، ويَعرِفَ كيفيّةَ التعرُّفِ إلى ذاتِه فيها. يَقتضي دورُه منه، بموجبِ دعوته، نقلَ مهارةِ تلك المعرفةِ إلى الآخرين وإقناعَهم بفاعليّةِ 'الكتابِ' و'الطبيعةِ'، كوَسيلتَي معرفةٍ، في كلِّ ما يخصُّ الواقعَ الإلهيَّ، ومن ثَم أن تُتركَ لهم حريّةُ التصرُّفِ. وعلى الرُّغم من سُلطةِ تعليم الرُّسلِ والآباءِ الأوّلين، يَبقى دورُ الوَسيطِ أساسًا، لأنه هوَ الذي يَقودُ الحِوارَ، وله تُفتَح الآذانُ والعيونُ بانتباه. وهوَ أيضًا الذي يضعُ قواعدَ الجدليّةِ وتوجُّهاتِها. من جهةِ الدينِ، إنّه، على سبيل المثال، موسى الأُمّةِ اليهوديّةِ، 'سُقراطون'[303] الجمهوريّةِ، يسوعُ المسيحيّةِ، بولسُ الأُمَم وأفرام الروح وغيرهم...؛ ومن جهةِ العِلمِ، إنّهم قدماءُ اليونانيين، البيتاغوريون على سبيل المثال، الذين يشيرُ إليهم أفلاطونُ في الفصلِ السابعِ من "جمهوريّتِه"، والذرّيون (atomists)، وأرسطو معَ الفيزياءِ الاختباريّةِ (empirical)، والفَلكيّون (astrologists) وغيرهم. أمّا لأيامِنا المعاصرة، فنختارُ من بين الوُسطاءِ من اعتمَدنا عليهم في مؤلَّفِنا هذا، من لاهوتيَّين مُلهَمين وفلاسفةٍ لُغويَّين، مُهتمّين جدًّا بحقيقةِ التّناغم بين العِلمِ والدينِ.[304] على خَيارِنا هذا تَفرضُ ذاتَها أحكامُ النسبيّةِ الأدبيّةِ والأنطولوجيّةِ المذكورةِ أعلاه. إنّها تَفرضُ ذاتَها على الزوايا التي يَنبغي، أقلَّه، أن يَنطلِقَ رأسُ كلٍّ منها من مَركزِ الدائرةِ عَينِها التي يبقى علينا تحديدُها. فهل يُمكن لمركزِ الدائرة هذا أن يكون، بامتيازٍ، مركَزَ رأسِ الزاويةِ ذاتَه الذي يُحدِّدُه "الحَجَرُ الذي رفَضَه البنّاؤون"؟[305]

---

302 أناشيد في الإيمان 67، 8؛ راجع TLE ص. 87 وCSCO جزء 154، ص. 207
ܣܝܡܝܢ ܟܬܒܐ ܐܝܟ ܡܚܙܝܬܐ
Sîmîn ktâbê ak maḥzitâ
ܕܨܦܝܐ ܥܝܢܗ ܨܠܡܐ ܕܩܘܫܬܐ ܚܙܐ ܬܡܢ
Dšafyâ ʿaynêh ṣalmâ dquštâ ḥzâ tamân

303 سُقراطون: اسمٌ مركَّبٌ مَجازيٌّ قَصَدنا به دالّةً إلى واقعِ كتاباتِ أفلاطون الموضوعةِ على لسانِ سُقراط...

304 يمكن في دراساتٍ مستقبليّةٍ أن يَنسحب هذا النَمَطُ على الديانات والحضاراتِ والتيّاراتِ الفلسفيّةِ التي أثّرَت في الأزمنةِ المعاصرة، الماركسيّة على سبيل المثال.

305 مت 21، 42؛ لو 20، 17؛ مر 12، 10.

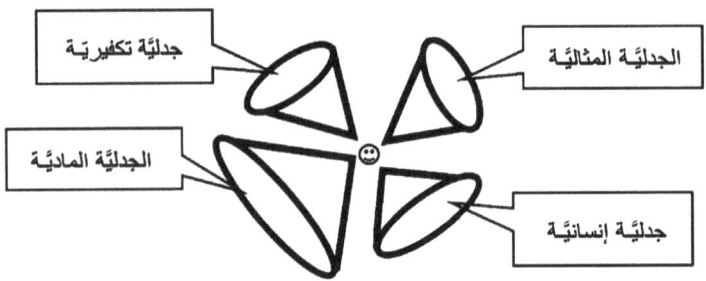

رسم 7: توجّهات وزوايا نظر مختلفة

3.2.1. مواصفاتُ الوَسيطِ الجيِّد

إن كانَ الوَسيطُ (الثالثُ ما بين اثنين)، لِصًّا أو قاطعَ طَريقٍ يَعرِفُ ذاتَه،[306] وفي الوقتِ عَينِه يعرفُ جيّدًا طبيعةَ سُجناءِ الكَونِ وميولَهُم، سوفَ يتلاعبُ بزاويةِ حقلِ رؤيةِ أولئكَ الـمُكبَّلين لكي يُمسِكَ بهم ويُخضِعَهم لكلِّ الحيثيات التي تناسبه ما عدا الواقعَ الذي يحرِّرُهم. فلِمَ يتلاعبُ شخصٌ مثلُه بمَصائرِهم بدل أن يُحرّرَهُم من قيودِهم؟ هذا ما يوضِّحُه 'سُقراطون' في ما يلي:

سقراط – وإذا حاول أحدٌ أن يُعتِقَهم ويُرشدَهم إلى العلى،
واستطاعوا أن يُمسكوا به ويقتُلوه، ألن يقتُلوه؟
غلوكون – بدونِ أيِّ شك.[307]

وعليه، نتساءلُ: كيفَ يتمُّ الاهتداء إلى المفسِّرِ الجيّدِ لكي لا يكونَ مصيرُه مُشابهًا لمصير المفسِّرين الصالحين الذين سَبَقوه، والذين أُثبِتَ صلاحُهم، وللأسف، متأخرًا؟

لقد علّمَ المسيح قائلًا: "الراعي الصالحُ يُضحّي بحياتِه في سبيلِ الخِراف".[308] حتى لو أخذ السارقُ يُرشدُهم إلى ما فيه خيرُهم، هل هوَ مستعدٌ للموتِ من أجلِهم؟ وحدَهُ الراعي الحقيقيُّ، الأمينُ لسيِّدِهم الصالح، يحرِّرُهم من قيودِهم ويقودُهم نحوَ مصدرِ النورِ الأساس ليحرِّرَهم، ولو على حسابِ تسليمِهم 'عُنقَه'، عالِمًا سلفًا، أنّهم سيتَّخذونه كَبشَ مَحرقةٍ وسيُضَحّون به. ألا يَعرفُهم كما يَعرفُ ذاتَه وكما يَعرفُ أيضًا الذي أَوكَلَ إليه هذه الـمَهمّة؟ إذًا، إن كان يعرفُ 'السجناءَ' كما يجِب، سيعرِفُ أيضًا أنّهم، إن كانوا 'سجناءَ' فذلكَ لأنّهم، بنسبةٍ

306 يو 10، 1 – 10.
307 جمهوريّة أفلاطون.
308 يو 10، 11 – 12.

كبيرةٍ، يُريدون ذلك. إنّهم ليسوا عُمياناً كليًّا، لأن أمَّهم حوّاءَ كانت قد أكلت من شجرةِ مَعرفةِ الخيرِ والشرّ. لقد تَغذّوا من حليبِها، وهم يفتَخِرون بها، ولا يُجدي نفعًا أن توصَفَ لهم أمُّهم، 'امرَأةً' كانت أم 'حوّاءَ'، كمُغترّةٍ قامت، من خِلال ارتكابِ حماقةِ الفُضولِ السيّئِ التقديرِ، بمعاكسَةِ الشريعةِ الطبيعيّةِ، مُسبِّبَةً لهم هذا الوضعَ الـمُزري.[309] هم، إذا ما صدّقنا أفلاطون، لا يَعتبرون أن وضعَهم مُزرٍ، إذ ليس لديهِم خَيارٌ آخر. إضافةً إلى ذلك، هم لا يُدرِكون، ولا يُدرِكون أنّهم لا يُدرِكون أنّهم 'سجناء'، لذلك يُشكّلُ إيقاظُهُم أمرًا خطيرًا. ولكن مشكلتَهم الوحيدةَ كبَشر تَنتجُ عن حَليبِ تلك الأم، حليبِ الكِبرياء الذي يكبِّلهم بالعِناد (قساوة العنق) تجاه واجب الاعترافِ، بتواضعٍ، بالجَميلِ لكائنٍ آخرَ حرّرهُم وأعادَ لَهُم كرامَتهم. بمعنًى آخرَ، لا يَحتملُ غُرورُهم فكرةَ أنّهم مَدينون بتحرُّرِهم لأيٍّ كانَ، ولا حتّى للهِ، وعند الاقتضاءِ، يقتُلون محرِّرَهم، يقتلون اللهَ دائنَهُم، كي لا يبقى دَينُ العُرفان بالجميلِ واقعًا، أي ماثلًا أمامَ أعيُنِهم ليلَ نهار.[310] وعليه، لا بدَّ لهذا الدَّين أن يتحوّلَ إلى مَعنويٍّ، وينتَـقِلَ إلى أرشيفِ واقعٍ وَهميّ.

إضافةً إلى ذلك، إن 'الراعي' الأمينَ لسيِّده هوَ من يعرفُ، بحكمةٍ، الكتابَ المقدَّس و طبيعةَ الأشياءِ المخلوقةِ، ويمسِكُ بيدٍ خبيرةٍ، فنَّ الجدليَّةِ العلائقيّةِ (relationality) التي يُغذّيها الطرفان. لا يُمكن لهذا الخادمِ إلّا أن يكونَ مُتمتِّعًا بعَينِ سيِّده النيّرةِ، في سبيلِ استدراكِ التداعياتِ الناتجةِ عن تلك الجدليّةِ، بخاصّةٍ مسألةِ 'الشرّ'. إضافةً إلى ذلك، يَنبغي عليه أن يُدرِكَ جيِّدًا أن الخطأَ خلفَ الأكبالِ الشخصيّةِ التي تقيِّدُه لا يقعُ سبَبُه عليه حصرًا، وأن الذي خلقَه على صورتِه ومثالِه حَباهُ بمخيِّلةٍ لا تَرضى إلّا بالأجملِ، وبقلبٍ لا يرتاحُ إلّا بالأكثرِ صَلاحًا والأكملِ وحدةً، أي 'بالواحدِ' الذي، بحسبِ 'أغسطينوس'، يُطمئنُ ويَحمي من كلِّ انقِسامٍ وانفِصام. وبما أنّه مخلوقٌ، وهذا أيضًا ليس خطأَه الحصريَّ، تبقى المِروحةُ بين الأكثرِ والأقلِ واسعةً ونسبيّةً، وتَفتحُ مجالًا للخَيارِ بين أنواعٍ من "الحقائق الماثلة" (realities) التي يجدُ نفسَه ورفاقَه أسرى لها. وبالتالي، على هذا 'الخادمِ' أن يعترِفَ بأن وضعَ العبوديّةِ، بشكلٍ عامٍّ، قد يَنتج عن الغيابِ التامِّ للخياراتِ الذي يتسبب به وضوحٌ مُبهرٌ في الرؤية بالنسبةِ إلى ظُلمةِ الكهف، بقدرِ ما يَنتج عن عددِ الخياراتِ الكبير، مع قِلَّةِ الوضوحِ الناتجِ عن انعِدامِ النورِ وغيابِ الخادمِ الـمُستعدِّ لأن يُقتَلَ على يد من يخدمُهُم ولأجلِهم.[311] إذًا، إن المِعيارَ الفتّاكَ لمِصداقيّةِ المفسِّرِ هو، في الوقتِ عَينِه، معرفةُ الذاتِ، الأمانةُ لـ'الكتابِ' و 'الطبيعة'، والتضحيةُ الكاملةُ والطّوعيّةُ بالنفسِ حتّى تَوقيعِ وصيّةِ تَفسيراتِه بدَمِه. إن هذا التّوقيعَ هو،

309 بهذا يكمن جوهر سفر الخروج.

310 راجع المزمور 51، 11.

311 في 1، 12 - 24.

بالنسبةِ إلى الإنسانيّةِ، ما يجعلُ موقِّعَهُ خالدًا، حتّى ولو أصبحَ توقيعُه ’أرشيفًا‘.[312] هذا هوَ الوضعُ الميلودراميُّ للواقعِ الـمُطلَقِ للخَلقِ وللحالةِ العَلائقيّةِ بين البشرِ الذي يَبسُطُه أفلاطون، تلميذُ سقراطَ، كمائدةٍ أمامَ البشريّة.

يكشِفُ أفرام عن مائدةٍ أُخرى بَسطَها الخالقُ، من خلالِ ’الطبيعةِ‘ و’النصِّ المقدَّس‘، وكمّلها المسيحُ، الخالقُ المتجَسِّدُ، الراعي الصالح، المعلّم المطلق، خلالَ ’العشاء الأخير‘، وختَمَها بدَمِه على الصليب. هي مائدةٌ يتحوّلُ الخبزُ والخمرُ عليها جسدًا ودمًا لواقعٍ يُسمّى، بالخطِ العريضِ، ملكوتًا، حيثُ لا بدَّ من الإيمانِ للفَهم، لا العَكس. لا يملِكُ مُفسِّرو هذا الواقعِ، الـمُتواجدونَ بين نورِهِ وظلالِهِ خياراتٍ كثيرةً، ويَنبغي عليهم أن يَحترِموا قاعدةَ ’المساواةِ‘ بين الـمُعلِّمِ والتلميذِ، بين ’مائدةِ‘ الـمُعلِّمِ ومائدةِ ’التلاميذ‘.[313] من المفترضِ أن يكونوا مُتمتّعين بقُدرةٍ جيّدةٍ على التمييز، لأن خيرَ الملكوتِ وأهلِه يَرتكِز على تلك القُدرة. كما أنّ على التمييزِ الجيّدِ تعتمِدُ، أيضًا، الحقيقةُ والعدالة. وهذا ما ينطبقُ، جدِّيًّا، على واقعِ أصغرِ المدنِ الأفلاطونيّةِ، وكذلك على أكبرِ مدنِ الأمبراطوريّةِ الرومانيّةِ الغابرةِ، وعلى واقعِ ’مدينةِ الله‘، أي الكنيسةِ، وحتّى في أيّامِنا، على واقعِ القُوى العُظمى، كالوِلاياتِ المتّحدة، على سبيل المثال، التي تَدّعي أنّها تستطيعُ إنشاءَ ’نظامٍ عالَـميٍّ جديد‘ (New World Order) إلخ.[314] كيف يُقاربُ أفرامُ النصّيبينيُّ إشكاليّةَ الواقعِ الـمُوقَّعِ بالدّمِ هذا؟

4.2.1. جَديدُ ’أفرام‘

تحت هذا العنوانِ الفرعيِّ، سنبحثُ في النُقطتَين التاليتَين:

أ . تَفسيراتُ أفرام

ب . الجديد في تَفسيراتِ أفرام.

4.2.1. أ. تَفسيرُ ’أفرام‘

لم يكُن ’أفرامُ‘ غريبًا عمّا كان يحصُلُ في المدينتَين، نَصّيبينَ والرُها، اللتين كانتا منجرفتين بصراعِ الأنوارِ الثلاثةِ: الغنوصيّةِ، التوراةِ والإنجيلِ؛ ولا عمّا كان يَجري في كنائسِهما التي قدَّمَ لها كلَّ معرفتِه وحياتِه.

312 كلمة “مفتاح” في فلسفة دِريدا.

313 يو 13، 13 - 17.

314 ما أصاب مدينة غزّة في شهر كانون الثاني من سنة 2009 أثار لدينا، نسبيًّا، مشهدَ مدينة نصّيبين أيام مار أفرام، وذلك تحت ضربات الفرس. فباتت غزّة كانون الثاني 2009 تمثل واقعًا من بين وقائع عديدة، على الإنسانيّة أن تجد لها تصنيفًا. تحت أي واقع يمكن تصنيف غزّة في المرّة القادمة: تصنيف مخيمات الإبادة النازيّة أم مدينتَي هيروشيما وناغازاكي؟

كما لم يكن 'أفرامُ'، مُلهِمُنا، غريبًا لا عن نورِ الكهفِ، النورِ الذي يُمكنُ الدنوُّ منه فقط جدليًّا، ولا عن نورِ لحظةِ الخَلقِ المفروضِ من العُلى إلى حدِّ الإعماءِ من شِدَّةِ السُّطوع، ولا حتّى عن نورِ قبرِ المسيحِ الناتجِ عن شَرارةِ التقاطُعِ بين الحَياةِ والموت. إن خُصوصيَّةَ هذا النورِ الأخيرِ تكمُنُ في أنّه قائمٌ عندَ الحُدود بينَ الموتِ والحَياةِ، ويَدعو الرّاغبين في اكتِسابِه إلى الدُّنوِّ منه وِفقًا لطريقٍ مُحدَّدٍ جدًّا. إنّه طريقُ الجُلجُلةِ، الشرطُ الذي لا بدَّ منه، لكي لا يكونَ "تلميذٌ أعظمَ من معلِّمِه"... و"لكي يَستعدَّ ليشربَ من كأسِه، ويَصطبغَ بمعموديَّتِه".[315] بهذا فقط يأتي تفسيرُه من خامَةِ تفسيرِ مُعلِّمِه مُتَّبِعًا طريقَه، ذاك الطريقَ الذي، من بين جدليَّاتِ العالَـمِ كافّةً، لا يتأثّرُ إلّا بواحدةٍ منها، ألا وهي جدليَّةُ الحُب.

إذًا، بدونِ أن نتوقَّفَ عند نعمةِ القداسةِ التي كان أفرام يتَمتَّعُ بها، نرى أنّه عايشَ وضعًا تاريخيًّا وثقافيًّا سمَحَ له بإقامةِ مدرسةِ تفسيرٍ استثنائيّة. لقد رأى أنّه، إن كان اليونانيون، وبخاصّةٍ أفلاطون، قد بَسَطوا، كما لو على مائدةٍ، الـمُطيّباتِ الضروريّةَ لكلِّ أنواعِ الواقعِ، فإنّ يسوعَ، وبواسطةِ المصالحةِ التي حقَّقَها بدمِه، بين السماءِ والأرضِ، أزالَ كلَّ ظِلٍّ مُزعِجٍ بين الاثنتَين، وفتَح زاويةَ الرؤيةِ لجميعِ البشرِ على مَداها، أي 357°،[316] وحثَّهُم على الاستِجابةِ إلى واقعٍ أوحدَ، واقعِ الـمَلكوتِ، الذي دَعاهم إليه، من خِلال سؤالِه القَلِق: "أتُحبُّني"؟[317] إنّ القلقَ الكامنَ وراءَ هذا السؤالِ يَستنِدُ إلى الواقعِ الماديِّ وغيرِ الـمُرضي، والـمُقلِقِ فعلًا، الذي حمَلَهُ الفكرُ اليونانيُّ - اللاتينيُّ، والذي أثَّرَ أيضًا في شعبِ 'الكتابِ' ابتداءً من زمنِ نبوءةِ أشعيا، فاستحقّ الشعبُ اليهوديُّ ما وَصفَه به يسوع: "فقد غَلُظَ قَلبُ هذا الشَّعبِ، وأَصَمُّوا آذانَهم، وأَغمَضوا عُيونَهم لِئَلّا يُبصِروا بِعيونِهم، ويَسمَعوا بِآذانِهم، ويَفهَموا بِقُلوبِهم ويَرجِعوا. فأَشفيَهم".[318]

إن واقعَ ملكوتِ الحُبِّ هذا، هوَ ما سعى 'أفرامُ' إلى تَوضيحِه بتَفسيراتِه، على حسابِ حياتِه، وحتّى على حسابِ كهنوتِه. لقد أصرَّ على المؤمنين كي يرغموا عيونَهم البشريَّةَ على الرؤيَةِ بذلكَ الاتساع، أو على اكتِساب 'العَين النيِّرة' القادرةِ على اكتشافِ وُسعِ الزاويةِ 357° درجةً، زاويةِ ذروةِ الحُبِ والثِّقةِ بالآخَرِ، بتلافي خَلطِها معَ الزاويَةِ التي يبلغُ وُسعُها (3°) ثلاثَ درجات المحفوظة للخطيئة.

---

315 مت 10، 24؛ مرّ 10، 39.

316 أما الدرجات الثلاث الباقية فهي تمثل نطاق الخطيئة الذي بقيَ خارجَ المصالحة، بحسَبِ ما تثبته إحدى التذكارات من القداس الماروني المخصَّصة للموتى المؤمنين والتي تقول: "لأنّه ما من أحدٍ بدون خطيئةٍ إلّا ربُّنا وإلهُنا ومخلّصنا يسوع المسيح..."، (نافور مار بطرس هامة الرسل، ص. 759). وعلى الرُّغمِ من صغر الرقم 3 بالنسبة إلى 360 درجة. إلّا أنّه يبقى رقمًا كاملًا تمامًا كما الرقم 357 الذي هوَ مضاعف للرقمين الكاملين 3 و7.

317 يو 21، 15 - 17.

318 مت 13، 15.

إن كان 'بروك' يتحدّثُ عن مقارنةٍ بين 'أفرامَ' ودانتي أللِغييري،[319] فذلكَ انطلاقًا من هذه الرؤيَةِ المسرحيَّةِ للعالَم، حيثُ تُشكّلُ الدلالاتُ والأنماطُ والرموزُ وسائلَ إنقاذٍ يجب أن يَتحَلّى بها كلُّ مُغامرٍ في نَقلِ النورِ إلى عيونِ المُتعاطفين في لُجَّـةِ الظِّلالِ القاتمة. لقد اختبأَ أفلاطون، في عالَـمِ المثُل، تحتَ 'توقيعِ' سُقراط، والتجأَ أرسطو تارةً إلى المذهبِ الاختباريِّ في الفيزياءِ (empirical) وطورًا إلى الماوَرائياتِ التي لا يُمكنُ بلوغُها (metaphysics). أخيرًا، وحتّى في أيامِنا هذه التي تَحمي حُرّيّةَ التعبيرِ، عَرَفَ الفيلسوفُ جاك دِريدا كيفَ يجدُ ملاذًا له في نظريّتِه العَبقريَّةِ في 'المُختألف' (*differAnce*) التي استطاعَ أن يجمعَ فيها الكائنَ والتوقيعَ والأرشيف، بشكلٍ لا يَنفصِلُ، في واقعٍ لا ينقَسِم.[320]

بين أزمنةِ هؤلاء البُناةِ الثلاثةِ لما هوَ منسوبٌ إلى كلٍّ منهُم،[321] تعاقبَت، على مرِّ القرونِ، سلسلةٌ من مُبتكِري أشكالٍ جديدةٍ من الواقعِ لكَشفِ الحقيقةِ عمّا هوَ كائنٌ، وما سيكونُ، وما يُمكنُ أن يكونَ، ونخصُّ بالذِكر آباءَ الواقعِ الكميِّ (quantic reality)، من دونِ أن ينجحوا تمامًا في القيامِ بِذلكَ. وإن كانَ بإمكانِهم أن يتَباهَوا بتحقيقِهم أمرًا ما، فذلكَ يكون برَسمِهِم خطوطَ واقعٍ تَسوَويٍّ، لا غيرَ، على ما نقرأُهُ في نقدٍ جدّيٍّ، في مَوسوعَةِ *Universalis*.[322] أما التسويةُ، بحسَبِ الناقدِ، فتقومُ على مزيجٍ من الموضوعيِّ (objective) والشخصيِّ (subjective)، تَشهدُ له البشريَّة، منذ بدءِ وَعيِها، بسبب غيابِ الشخصِ الـمُستعدِّ للدّفاعِ عن الحقيقةِ، حتّى التضحِيَةِ القُصوى.[323]

فقط يسوعُ الناصريُّ، ابنُ الإنسانِ، من خلال إعلانِه أنّه 'الطريقُ والحقّ والحياة'، أخذَ على عاتقِه تَحمُّلَ كاملِ المسؤوليّةِ تُجاهَ كلِّ تعقيدٍ في التفسيرِ، وفي الوقتِ عَينِه، التحمُّلَ 'بأقنومِه' كاملَ مسؤوليّةِ زَعزعَةِ كلِّ منطقٍ بشريّ. قد تكون ردّةُ فعلِ القارئِ الـمَسيحيِّ التساؤلَ عمّا إذا كان يسوعُ المسيحُ لا يُشكِّلُ جزءًا من سِلسلةِ الفلاسفَةِ تلك، وما إذا كان الواقعُ المسيحيُّ الـمُسمّى "ملكوتُ الله"، هوَ أيضًا 'مزيجٌ' من الموضوعيِّ والشخصيّ؟ وحدَه 'أفرامُ' يستطيعُ أن يُجيبَ عن هذا السؤالِ، ويُعلِمَ مُحاوريه بما هوَ موضوعيٌّ وقابلٌ للاستِبصارِ، ومُطمئنٌ في هذا الواقعِ الذي عمّدناه 'رازائيًا'. إذًا، فلنتفَحّص ما الجديدُ في التفسيرِ الذي قدَّمه 'أفرامُ' في هذا الصّدد.

---

319 *TLE*، ص. 205

320 **Bennington**, *Derridabase*, pp. 74-75.

321 نلفت إلى أن كلاً منهم هوَ رائد لواقع خاص: المثالي لأفلاطون، الحسّي-التجريبي لأرسطو و'المختألف' لدريدا.

322 *E.U., Concept de Réalité, 'Introduction'*, article written by Hamburger Jean.

323 *Ibid.*

4.2.1.ب. الجَديدُ في تَفسيرِ 'أفرام': الواقعُ 'الرازائي'

يشكِّلُ التفسيرُ الفخّ الذي أسقطَ فيه 'أفرامُ' الهراطقة. لقد تفوّقَ في هذا المجالِ كي لا يخسرَ شيئًا من 'النورِ' الذي كان يُنشّطُه. وبفَضلِ تمتُّع عَينِه بموهِبتَي الـمِنقَلةِ والبِركارِ، أحسنَ التوجّهَ نحوَ مصادرِ النور الأكثرِ شفافيّةً وضرورةً لرسالته.

إنّ جديدَ 'أفرامَ' هوَ أنّه لم يتوقّف عندَ ظواهِرِ أدواتِ المعرفَةِ، العَينِ والأذنِ، بل استهدفَ، مباشرةً، مفهومَ 'الحشا'، مصدرَ كلّ المفاهيم. استَقى من 'حشا' الكائناتِ، النورَ المستَترَ، كما كانَ يفعلُ بالنسبةِ إلى 'ذاك' الـمُستَتِرِ في 'حشا مريم'. ولٰكن هذا ليس سوى جزءٍ ممَّا أتانا به. فلنَنكَبَّ على كلِّ جديدٍ تمكَّنَ من إضافتِه على هذا المفهوم.[324]

لقد استهدفَ 'أفرامُ'، على ما تَعلَّمَه من 'اللؤلؤة'، مفهومَ الحشا في كلِّ الأمور: العَينِ والأذنِ والكلِمةِ والقلبِ، حتّى أحشاءَ اللهِ ليستولِدَ منها 'الراز' الذي جعلَ كلَّ شيءٍ جديدًا، أي مُختألفًا (*differAnt*) وغيرَ قابلٍ للتسوياتِ الاختلاطيّةِ والمزجيّةِ. ومعهُ تحوَّلت مقولةُ النبيِّ أشعيا عن العُيونِ التي لا تَرى والآذانِ التي لا تَسمعُ إلى عُيونٍ ترى بشفافيَةٍ من أحشائِها وما في أحشائِها، وآذانٍ تُصغي، بانتباهٍ، من أحشائِها وتَسمعُ، بوضوحٍ، صدى الأمرِ البدئي **'فليكُن'، المستمرّ في أحشائِها**. وعليه، بات سهلًا فهمُ كلماتِ المسيحِ المشجِّعةِ على عدمِ القَلقِ منَ 'الغدِ' وفي الاضطهاداتِ، والحَيرةُ بما نَقولُ 'لأن روحَ الربِّ هوَ يَنطُقُ فينا'. إنّها المسيحانيّةُ الرازائيّةُ أي الآتيةُ، لا من فوق، بحسبِ 'يوحنّا' (Christology from above)، ولا من أسفل (Christology from below)، بحسبِ 'الأناجيلِ الإزائيّةِ'، كما سبقَ وذكرنا، أنما من اللُّب (*core*)، من أحشاءِ الآبِ، في الأزلِ، وأحشاءِ مريمَ، في الزمن، أي من وحدةٍ مُختألفةٍ، لا هي أبدٌ ولا هي زمنٌ، والناطقةِ من الحشا إلى الحشا في لقاءِ الحُبلَيَين 'مريمَ' و 'أليصاباتَ'، والناطقةِ بالطبيعةِ من أحشاءِ مياهِ المعموديّةِ ونورِ القبرِ ونارِ حوريبَ والكرملِ، والناطقةِ بالروحِ والنارِ، من حشا العَنصرةِ وروحِها، وهذا لأن التجسُّدَ يعني 'عمانوئيلَ' أي 'الكلمةُ صار جسدًا وحلَّ فينا وبيننا' وباتَ 'ملكوتُ اللهِ في قلوبنا'...

بالتالي، هل يبقى من الـمُستغرَبِ الاعترافُ بالنظريّةِ الأفراميّةِ التي تقول إنَّ 'مريمَ' حبِلَت بالطفلِ الإلٰهيِّ، كلمةِ الله، من خلالِ أذنِها؟[325] فهَل يكونُ من المستغربِ أيضًا التحدُّثُ

324 عند هذه النقطة، تمَّ استبدال مقاطع النسخة الفرنسيّة بما رأيناه يتناسب أكثر مع النسخة العربيّة هذه إيجازًا ومغزًى.

325 راجع *La Pensée*، ص. 248: كما يُقارن أيضًا بين الابن في حشا مريم والكلمة الـمُتلقَّفة في جوف أذنها. راجع أناشيد في الإيمان 83، 11 – 33؛ راجع *TLE*, ص. 34، التي تأتي على ذكر أفرام في قوله: "من الأذن الجديدة التي لمريم، دخلت الحياة وربحت كل شيء".

عن حَشا الأذن؟[326] وفي حالةِ الحَبَل، من خلالِ الأذن، كيف يتمّ الإنجابُ؟ أوليسَ من خلالِ الفم؟[327] ما أروعَ التأمّلَ بكلماتِ الربِّ التي تُشيرُ إلى العلاقةِ بين الأذنِ والفم: "ليسَ بالخبزِ وحدَه يحيا الإنسانُ، بل بكلِّ كلمةٍ تخرجُ من فمِ الله".[328] من الرائعِ أيضًا التأمُّلُ بالكلمةِ التي تؤكّل، من خِلالِ الأذُن: "إن ما يَدخُلُ فمَ الإنسان ينزِل إلى الجوفِ، ومنه إلى خارجِ الجسدِ، وأمّا ما يخرُجُ من الفم، فمنَ القلبِ يخرُج".[329] أمّا بابُ القلبِ فهو الأذن. بالنسبةِ إلى 'أفرامَ'، كما وردَ في المزاميرِ والنبوءاتِ، وعلى لسانِ بولسَ الرسولِ: "إن آدمَ وجميعَ البشرِ خاضِعونَ لشريعةٍ منقوشةٍ في قلوبِهم، ما يَعني أنّها مُتجذِّرةٌ، جيّدًا، في أحشاءِ آذانِهم". إنّه لمِنَ الرائعِ أيضًا التأمّلُ برؤيةِ 'أفرامَ'، التي يَصِفُها 'بروك' بالكلماتِ التالية:

> كم هي رائعةٌ وآنيّةٌ لتحظى بتقديرِ القارئِ المعاصرِ، قِصّةُ رؤيتِهِ للكرمةِ التي نَبتَت من لسانِه، لتبلغَ السماءَ وتُنتجَ عددًا لا يُحصى من البراعِمِ والعناقيد، أي أناشيدُه وقصائدُه التعليميّة.[330]

ألا يعني هذا أن الكرمةَ نَبتت من 'حشا اللِّسانِ' الذي 'تأرّزَ' بالعِمادِ والـمَوهبةِ الخاصّةِ التي جَعلت من 'أفرامَ' كنّارةَ الرّوحِ القدس؟

نَستنتجُ من عبقريّةِ 'أفرامَ' أن الكلمةَ المتجسِّدَ وفَّقَ بينَ طريقتَي المعرفةِ، المذكورتَين آنفًا، وأثبتَ أنّه جاء ليُكمِلَ كلَّ ما سَبَقَ من مَنهجيّاتِ العقلِ الباحثةِ عن حقيقةِ الواقع، بالإلٰهياتِ والمادياتِ، ليس فقط المنتَهجَةِ في الكتابِ المقدّس الـمُعِدِّ لمجيئِه، إنّما، إضافةً إليها، كلِّ منهجيّةٍ تعليميّةٍ قادرةٍ على خِدمةِ رسالتِه، فلا تَبقى واحدةٌ منها خارجًا عن نطاقِ روحِ العَنصرة. إن مُشكلةَ يسوعَ الناصريِّ الوحيدةَ كَمَنَت في أنّه كان، بحدّ ذاتِه، الدالّةَ والمدلولَ إليه والمشارَ إليه منَ المدلولِ (the Sign, the Signified and Whom is refered to). وما كان يجعلُ رسالتَه أكثرَ تعقيدًا رفضُه أن يكونَ الدالّةَ على نفسِه، وألّا يُشارَ إلى نفسِه، هوَ 'المرئي'. لهذا، كان يُصرّ، بشكلٍ أزعَجَ الكثيرينَ من تلاميذِه ومن عُلماءِ الشريعة (النِّظامِ)، على أن يُعادَ كلُّ شيءٍ

326 *TLE* ص.34: "من خلال الرحم الصغير لأذن حوّاء" (أناشيد في الكنيسة 49، 7).

327 يقول أفرام بهذا المعنى متحدّثًا عن تخصيب النفس البشريّة بالكلمة الإلٰه: "عاقرٌ هي نفسي، يا رب، كي تتمكّن من الإيلاد مُجدّدًا. خصِّبها واعطها طفلًا كما أعطيت 'حنه'، حتّى متى خرج صوتُ الطفل من فمي أقدِّمه لك كابن العاقر". راجع: أناشيد في الكنيسة 30، 1؛ *TLE*، ص. 203. (ترجمة المؤلِّف بتصرُّف).

328 مت 4، 4 (ترد كلمةُ 'فم' في نصوص العهد الجديد خمسًا وسبعين مرّة، وكلمةُ أذن اثنتين وخمسين مرّة).

329 مت 15، 17.

330 أعمال المؤتمر، مقال بروك س.، ص. 17؛ أما نصُّ 'بروك' الأصلي، بالإنجليزيّة، فهو التالي:

"Particularly beautiful, and readily capable of being appreciated by a modern reader, is the story of his vision of a vine sprouting from his tongue, reaching up to the sky and producing myriads of clusters and bunches of grapes – his mîmre and his *madrâshe*". (تعريب المؤلِّف)

إلى ’غيرِ المرئيّ‘، أبيه الذي أرسلَه.[331] إن ما شكّلَ أولويَّةً لديه هوَ التأكُّدُ من عدمِ اعتبارِ واقعِ الملكوتِ الذي أعلنَ استتبابَه في قَيصريّةِ فيلبُس، واقعًا مزيجًا أو مختلطًا، ليس فقط بين الإلٰهيِّ والبشري، بل، ولا حتّى بين مسيحانيٍّ قَوميٍّ ومسيحانيٍّ خَلاصي. وإن نجحَ في ذٰلكَ فلأنّه كان يَعلَمُ مُسبقًا بأن تمامَ رسالتِه لن يكون في ختـامِ حياتِه، عند توقيعِه إياها بدمِه على صليبٍ هوَ عارٌ في مَنطقِ اليهود، وجهالةٌ في مَنطقِ الأُمم. كان يعلمُ، هوَ العَليمُ، بأن رسالتَه، غيرَ ما هوَ متعاهدٌ عليه في منطقِ البشر، لن يكونَ لها نهايةٌ إلى الأبد، إذ إن الواقعَ بأسرِهِ سيتحوَّلُ من مفهومِ "واقعٍ" له نهاية، إلى مفهومِ ’مختألفٍ‘ لواقعِ الموتُ فيه بدايةٌ، ولن يعرِفَ نهايةً، حتى بعد الدينونةِ العُظمى، وهذا ما كشَفهُ في أثناء مَسيرتِه مع تِلميذَي عِماوُس.[332]

لقد كشَفَ لهم، ولنا، أنَّ ما هوَ نهايةٌ عندَ البشرِ ليس سوى البدايةِ عندَ الآبِ، وأنَّ تسليمَه نَفسَه لأبيه، ليلةَ الصّلبوتِ، في بُستانِ الزيتونِ، هوَ نُقطةُ الخِتامِ، وليس مَوتُه على الصليب، إذ، من بعدِها، كما اتفقَ مع أبيه، تَسلَّمَ أبوهُ زِمامَ الأمور: "مجّدتُ وسأمجّد". وكان كلُّ هذا بالروحِ القُدس، أي الحُبِّ الأبويِّ - البنويِّ الذي منَ الـمُستحيلِ أن يغيبَ عن ’نارِ‘ الخَلاص المضطَرمةِ ونورِها ويُعزّي ويَضمَنُ، إلى جانب ’مريمَ‘ عروسَة الروح، أنَّ لأمورَ ستَستمرُّ "كما في السماءِ كذٰلك على الأرض".

إنَّ الوقوفَ على مسافةٍ واحدةٍ من اليونانيين والعِبرانيين، والتزويجَ بينَ الأُذنِ والعَينِ والفَمِ في مفهومِ ’رازا‘، من خلالِ الحشا، شكّل امتيازًا لأفرامَ في تَفسيراتِه.[333] فرؤيتُهُ الشُموليّةُ، انطلاقًا من نَصّيبين، وبخاصّةٍ من خِلالِ المِنبر ’الرّزائي‘ الذي تربّع عليه، شكّلت عُنصرَ السينِرجيا الذي سَمحَ بتطبيقِ القاعدةِ 1 + 2 = 4، حيثُ إن الواحدَ هوَ ’رازا‘ أي ’الكلمةُ الـمُتجسِّدُ‘، والاثنانِ هما طريقَتا الاستِنتاجِ والاستِقراءِ المذكورتانِ آنفًا، أما العُنصرُ الرابعُ، غيرُ المتوقّعِ في هذه الحالة، فهو ’اللُبُّ الجديدُ‘ (*Core*) الذي، ما إن تمَسُّهُ نعمةُ القيامةِ، كما حَصَل مع ’توما‘، حتّى لا يعودَ يَرى إلّا بشُمولٍ، وذٰلكَ حتّى قبلَ أن تَرى العُيونُ أو تَسمعَ الآذانُ أو تَلمسَ الأيدي.

جديدُ ’أفرامَ‘ إذا، هوَ الاعترافُ بأن كلَّ التفسيرِ يبقى عالقًا ما بين ’خَفيٍّ‘ و’جَليٍّ‘ ما لم يُستعمَلِ الـمِفتاحُ الـمُناسبُ لحلِّه، وأنّه، وعلى الرُّغم من الضّماناتِ كافّةً التي تُعهَدُ إلينا من الإيمانِ والعُلوم، نستمرُّ غارقين في شعورِ الحَيرة التي تَفرضُها جَدليّةُ ’التّحليلِ‘ و’الاختيارِ‘ للمِفتاحِ الذي يَفتح لنا بابَ المعرفةِ الجديدةِ للواقعِ الجديد. فمن دون مِفتاحِ التّفسير الـمُناسب للواقعِ الجديدِ، تَبقى حُريّتُنا الـمَوروثةُ عن أمِّنا حوّاءَ، عدوّةً لنا، تَتحدّانا،

331 يو 5، 17؛ 37 - 38؛ 8، 18 - 19؛ 41 - 44؛ 10، 30.

332 لو 24، 19.

333 راجع أناشيد في الإيمان 15، 5.

ويَتحكّمُ الترَدّدُ والاضطرابُ بقلبِنا، ولن يعرِفَ الراحةَ إلّا بالمِفتاحِ الذي سلّمَه المسيحُ إلى تلاميذِه، مُمثَّلين بالرسول بُطرسَ، ألا وهوَ أنّه هوَ 'رازُ أبيه' و'من رآه فقد رأى الآب'. هذا هوَ "حجرُ زاويةِ" الرؤيةِ الجديدةِ التي بدونها لا رؤيةَ لحقيقةِ الواقعِ الذي يَقوم الكَونُ عليه.

جديدُ 'أفرامَ' هوَ الكشفُ عن أنَّ شخصَ الـمُفسِّرِ والوسيطِ، في الـمُطلق، هوَ الروحُ القُدسُ، كما تعرَّفَ هوَ إليه، من خلالِ اللؤلؤةِ والكتابِ، وأنَّ كلَّ مَن توسّطَ بينَ البشرِ والمسيحِ يجب أن يكونَ قد وُهِبَ العَينَ النيِّرةَ، وتَحوَّلَ إلى مرشدٍ للضمائرِ، متخصّصٍ في سَبرِ أحشاءِ ما هوَ واقعيٌّ، حقًّا، وما هوَ مضلِّلٌ، ما يُرى منهما، وما لا يُرى، في سبيلِ طَمأنةِ البشرِ عن أهميَّتِهم الحقيقيّةِ ومصيرِهِم الحقيقيّ، أمانةً للمسيحِ الذي، يومَ صعودِه، سَلّمَ الرسالةَ إلى تلاميذِه، ونفخَ فيهم الروحَ القُدسَ، وَأئتمَنهُم على مَنحِه بالعِمادِ لكلٍّ من آمَنَ. وعليه، فَلنَعُد إلى نُصوصِ 'أفرامَ' لنوَضّحَ لُغزَ الواقعِ الرازائيِّ، عُنوانَ هذا الفَصلِ، هذا اللغزَ الذي باتَ يَتمتّعُ بما يَكفي منَ الخُيوطِ الأساس لنُحيكَ منها تَوطئةً له.

2. الواقعُ 'الرازائي': زاويتُه وإظهارُ معالِمه

إن كنّا نَعترفُ معَ 'أفرامَ' بكِيانٍ يُدعى 'رازا' وبـ'نارٍ رازائيّة' تُصدِرُ نورًا من طبيعَتِها الخاصّةِ، فذٰلكَ لأنّه لابدَّ من وُجودِ وَسطٍ تَنتَمي إليه هذه العَناصِر. هل يكونُ منَ التهوُّرِ أو التكَلُّفِ الاعتِرافُ بوُجودِ 'واقعٍ رازائيّ'؟ وإلى أيِّ صنفٍ يَنتمي؟ ألجواب يكمن في الزاويةِ التي يصوّب 'أفرامُ' من خِلالِها إلى حَقلِ ذلك الواقع. فالنكشفُ لُغزَه إذًا، بدءًا باستبعاد الإمكانَين التاليَين:

1. هل الواقعُ الرازائيُّ هوَ 'مزيجٌ' من الشّخصيِّ والـمَوضوعي؟

2. هل يُمكن أن يكونَ تَسويةً أو خيالًا (utopy)؟

ثمّ، من خِلال الإجابةِ، في نقطةٍ ثالثةٍ، عن السؤالِ الناتج عنهُما: ما عَساهُ يكونُ هذا الواقعُ، وإلى أيِّ صِنفٍ (category) يَنتمي؟

1.2. هل الواقعُ 'الرازائي' هو مزيجٌ من الشّخصيِّ والمَوضوعي؟

ليس بيدِ 'أفرامَ' سوى مِفتاحِ 'التجسُّدِ' لكلِّ ما يخصُّ مفهومَ 'رازا' وما ينتُجُ عنه. 'أفرامُ' الذي يراقِبُ، من خِلال مِنظارِ 'لؤلؤتِه' هذا الواقعَ، من زاويةِ التجسُّد، يُحلِّلُهُ بالطريقةِ التالية: إن كان تَجسُّدُ الإلٰهيِّ في البَشريِّ، في شَخصِ المسيح، هوَ مزيجٌ، كما ستكونُ الحالُ أيضًا بالنسبةِ إلى كلِّ ما يَنتُجُ عن هذا الاتّحادِ على صَعيدَي الإرادةِ و/أو الطبيعة، فمِنَ الـمُمكِنِ القولُ إنَّ الواقعَ 'الرازائيَّ' هوَ مَزيج.

كان 'أفرام' يؤكّدُ ببلاقةٍ، لهراطقةِ عصرِه عبثيّةَ الإدخالِ الضّمنيِّ لنظريّاتٍ مسيحانيّةٍ، قائمةٍ على خلطٍ أو مزجٍ في شخصِ المسيح، نظريّاتٍ قد تسمحُ، في وقتٍ معيّنٍ من تاريخِ الخلاص، بإعادةِ الانفصالِ بين الإلهيِّ والبشريِّ. كما أنّه يدفعُ بـ'الشمسِ'، على ما ذكرنا سابقًا، إلى الشهادةِ لصالحِ الوحدةِ الأقنوميّةِ التي لا تنقسمُ في الثالوثِ الإلهيِّ، كما تشهدُ لعدمِ إمكانِ انفصالِ يسوعَ ابنِ الإنسانِ عن يسوعَ ابنِ الله. صحيحٌ أن 'النفسَ تتعلّمُ بالتجربةِ المحدودةِ أن الإنسانَ مزيجٌ عابرٌ من "جوهرَين" هما الروحُ والمادةُ، [334] يليهما الخيرُ والشرُّ، النّورُ والظلمة' وتتعلّمُ أيضًا: "أن التحرّرَ من هذا المزيجِ يستلزمُ قطعًا تامّا بين الجَوهرين". [335] لكنَّ الخطأَ، حسبَ 'أفرام'، يكمُنُ في مقارنةِ جَوهرين ينتميان إلى واقعَين متباينَين كلّيًا. فإن كان الرّوحُ جوهرًا، لا يُمكنُ للمادةِ أن تكونَ كذلكَ بالمعنى عَينِه. ويكونُ من الأسوأِ المقارنةُ بينَ الخيرِ والشرِّ، ومن المحالِ المقارنةِ بين النورِ والظلمة . لقد لفتَ 'أفرامُ' انتباهَ الهراطقةِ إلى أنّه لا يحقُّ لهم، حتّى في ما يخصُّ 'الكلماتِ' و 'الأسماءَ'، أن يُقارنوا، وأنّه ينبغي لهم أن يُعطوا ما لله، لله، وما لقيصرَ، لقيصَر.

لنُربكِ الهراطقةَ كما نفعلُ باللصوص،
لأن الثّروةَ التي سرقوها تصرخُ بقوّةٍ ضدَّهُم، تنطُقُ (ببلاغة).
سرقوا الأسماءَ وألبَسوها لأمورٍ غيرَ موجودةٍ؛
وباسمِ الله كسَوا، منذُ القِدَم، الأصنامَ التي يُكرّمونها، كلُّ بحسَبِ مذهبِه، وهكذا، تحوّلَ إلى كائنٍ ما هوَ غيرُ كائن.
وعُبدَت أسماؤها، فباتَت ذائعة الصيت. [336]

اليومَ، وبموجبِ 'نظريّةِ الأشكالِ' (Gestalttheory)، يُعادُ النظرُ، حتّى في استعمالاتِ الخطّين، العريض و الرفيع، في كتابةِ الأسماءِ، لأنَّ الوضوحَ والتمييزَ يفرضانِ ذلكَ على ما يقول الفيلسوف ديكارت (Descartes) .

بعدَ رأينا معَ 'أفرام' أنّه من المستحيلِ لهذا الواقعِ أن يكونَ مزيجًا من الموضوعيِّ والشخصيِّ، لا بالجوهرِ ولا بالعَرَضِ، ولا حتّى من بابِ اللّغويّاتِ، فلنرَ إن كان بإمكانِه أن يكونَ تسويةً أم خيالًا.

---

334 تأتي عبارة 'مزج'، (ܡܙܓ) هنا، كنتيجة لعبارة 'خلط' (ܒܠܝܠ)، وترجمة العبارتين تشكل صعوبة لا نعتقد أنّها كانت موجودة في ذهن أفرام بحسَب مفاهيم اللّغة السريانيّة في أيامه. نلاحظ أن أي محاولة في توضيح تأثير هاتين العبارتين في وحدة الإنسان والإله في شخص المسيح تزيد الأمور تعقيدا. لذلك أتى المفهوم الرازائي المضاف إلى اللغة، أكانت السريانيّة أم العربيّة، ليزيل الصعوبة بإدخال الواقع الرازائي (ܢܥܡܐ) حيث يصحُّ كلامٌ لا يمكنه أن يصحَّ في أي واقع آخر، بخاصة عند التكلّم على التوحيد بين الإلهي والإنساني، بحسَب ما تعبّر عنه الصلاة الليتورجيّة التالية من القداس الماروني: "وحّدتَ يا رب لاهوتك بناسوتنا وناسوتنا بلاهوتك..." (كتاب القداس الماروني 2005 ص. 739).

335 *Les Origines*، ص.32؛ (غل 4، 14؛ رو 7، 24).

336 المرجع نفسه.

2.2. الواقعُ 'الرازائي'، هل يكون تسويةً أم خيالًا (Utopy)؟

يَستبعدُ 'أفرامُ' هذا الاحتِمال أيضًا، باللّجوءِ إلى النارِ التي فرّقت، بدونِ رحمةٍ، بين قايينَ وهابيلَ، وبينَ إلهِ إيليّا وإلهِ إيزابلَ، وميَّزت بين الفِتيانِ الثلاثةِ، في أتونِ النارِ المتَّقِدةِ وباقي البابليين الذين كانوا يحمِلونَهم إليه: "وقد حَميَ الأتونُ جدًّا، قتلَ لهيبُ النارِ أولئكَ الرجالَ الذين رفَعوا شَدرَك وميشَكَ وعَبدنَجو".[337] إن هذه النارَ لا تعرف الحلول الوسَط؛ فإمّا تُشعِل وتُتَمِّمُ، كدَليلٍ على القَبول، وإمّا تُحرِق وتُفني، كدَليلٍ على الرَّفضِ وإفناءِ كلّ ما يَرتبِطُ بالتسوية. وبشكلٍ عمليٍّ أكثرَ، تَشهَد 'الرّؤيا' لهذا التَميزِ النَّوعيِّ مُشيرةً إلى كلماتِ الأمينِ:

> هذا ما يَقول الأمينُ، الشاهدُ الأمينُ الصادقُ، رأسُ خليقةِ الله: "أنا أعرِفُ أعمالَك، وأعرِفُ أنكَ لا باردٌ ولا حارٌّ، ولَيتَك كنتَ باردًا أو حارًّا! سأتقيَّأُك من فمي لأنّك فاترٌ، لا حارٌّ ولا باردٌ".[338]

الإجابةُ عَينُها تَصحُّ عندما يُعتَبَرُ الواقعُ الذي يقترحُه 'أفرامُ'، لوسعِ أفقِهِ الشاعريِّ، واقعًا تسوَويًّا أو يوطوبيًّا.

علميًّا، لا يُعتبَرُ الواقعُ واقعًا إلّا عندما نَفقَهُهُ من خلالِ مَفاهيمَ وتَصنيفاتٍ تَتمتَّع بإحداثيّاتٍ عقلانيّةٍ تُحَدِّدُ، وضعيًّا، مكانَه وزمانَه، وتساعدُ العقلَ على بلوغِه. استنادًا إلى هذا التحديد، استطاع آينشتاين، مُعارضًا الفيلسوف 'كَنط' (Kant)، أن يُدخِلَ المكانَ والزمانَ كجُزءٍ لا يتجزّأ من الواقعِ، ليُضيفَ، لاحقًا، العلاقَةَ "الزّمكانيَة" إلى الواقعِ عَينِه، ويُحدِثَ فرقًا هائلًا في فَهمِ ما كان مُعتبَرًا من جهةِ 'كَنط' مثالًا قبليًّا (*a priori*)، ومن جهةِ الإيمانِ 'لا يُرى' وبالتّالي غيرَ قابلٍ للقِياس.[339] على أنّه، بِحسبِ تَلميحِ الفيلسوفِ دِريدا، "ما إن تُدرَكُ الإحداثياتُ حتّى

---

337 دا 3، 22 و48.

338 رؤ 3، 14 – 16. راجع أيضًا مت 5، 37

339 تعليقًا على المثاليّة عند الفيلسوف 'كَنط' يقول آينشتاين: "المفاهيم والنظم المفهميّة تجدُ تبريرها تحديدًا في قدرتها على تنسيق الأحداث. من غير الممكن تبريرها بغير ذٰلك. بالتالي، بنظري، يكون من المضرّ جدًّا أن ينقل الفلاسفة بعضًا من المفاهيم المرتكِزة على العلوم الطبيعيّة الخاضعة لنطاق التحكم، المتناسب مع الاختبار، إلى نطاق غير الملموس على مستوى الماقَبليات (*a priori*)... هذا ينطبق، بشكل خاص، على مفهومَي الزمان والمكان اللذين أنزلهُما الفيزيائيون، مرغمين بحكم الوقائع، من أعالي الأولمب للماقَبليات ليصلحاهُما ويجعلاهُما قابلين للاستعمال". راجع:

Cf. Einstein, Albert, *The Meaning Of Relativity, Four Lectures Delivered At Princeton University, May, 1921, with four diagrams*, Princeton University press, Great Britain, 1922, p. 2.

راجع أيضا: http://personalpages.to.infn.it/~zaninett/projects/storia/36276-t.pdf . (تمّ تفحّصه خلال تشرين الثاني 2016)

يَقعَ الواقِع"،[340] وبالتالي، يُصبحُ غيرُ الواقعيِّ واقعيًّا، وتَفقدُ كلُّ تسويةٍ سَندَها. فَمِن دونِ الـمِنقلةِ التي تُحَدِّدُ الزّوايا وحُقولَ الرّؤيةِ، حتّى الأحلامُ لا تَتحقّق. وعليه، نستنتجُ أنّ 'الواقعَ الرازائيّ' لا يُمكنُه أن يَكونَ واقعًا من دونِ إحداثيّاتٍ وإلّا صُنِّفَ يوطوبيًّا أو تَسوَوِيًّا، أو بين شَخصيٍّ ومَوضوعيٍّ. الأسوأُ من ذلك، وقوعُه في خانةِ الخَواءِ الذي سادَ عَشيّةَ تَنظيمِ الخَليقة. بالتالي، وبما أن هذا الواقعَ 'الرازائيّ' لا يُمكنُهُ أن يكونَ لا يوطوبيًّا ولا تَسوَويًّا ناتجًا عن 'أيِّ أمرٍ ما'، لأنّه غريبٌ عن كلِّ 'ما هوَ وما كان'، فلنُحاول إيضاحَ طبيعتِه من خلالِ حقلِ الرؤيةِ عَينِه ومِفتاحِه، أي التجسُّدِ.

3.2. ما عَسى هذا الواقع أن يَكون، وإلى أيِّ صِنفٍ يَنتمي؟

بما أن 'الواقعَ الرازائيّ' ليسَ، من جهةٍ، لا 'مزيجًا' ولا تسويةً، ومن جهةٍ أُخرى، لا استيهامًا ولا خيالًا، فهو إذًا واقعٌ من صنفٍ غير مألوفٍ، تنطبقُ عليه صِفَةُ 'مُختألف' (*differAnt*)، كواقعِ 'الحُبّ' تمامًا. إنّما، حتّى في 'الحُبِّ'، لابدَّ من وجودِ إحداثياتٍ أوليّةٍ، قد تكونُ عَلاماتِ زَمنٍ، أهمُّها نقطةُ الصِفرِ أي لحظةُ تقاطعِ أبعادِ الصليبِ الأربَعةِ التي تُمثلُ الأفُقيَّ والعموديّ والعمقَ ومسارَ كلِّ إحداثيّةٍ في الزَّمَكان. وإذا ما أُخِذت بالاعتِبار مَعالِـمُ مفهومِ 'رازا' التي أُظهِرَت سابقًا، وكلُّ ما يدورُ في عَينَي 'أفرامَ' وأُذنَيه خِلال تأمُّلِه في 'اللؤلؤة' أو 'المرآة'، من دونِ إغفال 'الكَونِ' و'الكِتاب'، يُمكن صَوغُ وصفِه على الشكلِ التالي: **إنّه 'واقعٌ مُختألفٌ' يجمعُ بطريقةٍ 'مختألفةٍ' البَشريَّ بالإلهي، الخالقَ بالمَخلوق، البدايةَ بالنِّهاية. إنّهُ في صَيرورةٍ دائمةٍ وعَلائقيٌّ بشكلٍ مُتبادَلٍ مع أيِّ نوعٍ آخرَ من "الحقائق الماثلة" (realities)**.

لقد وصفه 'يوحنّا' جيدًا في سِفرِ الرّؤيا. نَقتبِسُ منه هذه الآيةَ: "لا تخف، أنا الأوّلُ والآخِر، أنا الحيّ؛ كنتُ مَيتًا، وها أنا حيٌّ إلى أبدِ الدهور. بيَدي مَفاتيحُ الَموتِ ومَثوى الأموات" (الجحيم).[341]

وبما أن هذا التعريفَ عن 'الواقعِ الرازائيِّ' لم يترك مجالًا للشكِّ في وجودِه، إذ بشكِّنا نضعُ قيدَ الشكِّ وجودَنا الذّاتيَّ، سنُحاوِل أن نُبرزَ، باختِصارٍ، مَوطِنَي قوَّته اللّذَين هما 'الصَّيرورَةُ' و'الحالةُ العلائقيّة'.

340 J. Bennington Geoffrey & Derrida Jacques, *Jacques Derrida*, série les Contemporains, Seuil, Paris, 1991, Epigraph: "As soon as it is grasped by the writing, the concept is cooked". (Bennington used the same French Derridaian Epigraph in his English book).

341 رؤ 1، 12–20. لقد عبّر المغفور له، الخوري ميشال الحايك عن هذه الرؤيا في البيت الأوّل من نشيد المرافقة للموتى، في الكنيسة المارونيّة، الذي يُفتتَح بالعبارات التالية: "مع يسوعَ الميتُ وحَيّ...".

1.3.2. الصَّيرورَة

تختلفُ صَيرورةُ هذا الواقعِ 'الرازائيِّ' عن صَيرورةِ أيِّ واقعٍ آخر، سواء أكان فلسفيًّا أم عِلميًّا، من حيثُ أن أنواعَ الواقعِ المألوفةَ بالنسبةِ إلينا تَبدأُ صَيرورتُها وتَنتهي على مُسطَّحٍ واحدٍ (same surface)، أو على فلكٍ واحدٍ (same orbit). بمعنًى آخر، تَنتَمي عادةً 'ألِفُ' أنواعِ الواقعِ الشائعةُ و'ياؤُها' إلى الواقعِ عَينِه المحكومةِ صَيرورتُهُ بانسدادِ دَربِها في وقتٍ من الأوقات. بالمقابلِ، لا تَعرف صَيرورةُ 'الواقعِ الرازائيِّ' صدًّا، أبدًا، لأن 'ياءَه' ليست على الـمُسطَّحِ ذاتِه 'لألِفه' ولا ضِمنَ فَلكِها. إن فلكَهُ، وكما أُثبِتَ أعلاه، هوَ سينرجِيٌّ ثالوثيٌّ، يَنفَتِحُ بفضلِ التجسُّدِ على مَعادٍ هوَ هنا و'لا-هنا' في آنٍ وفي كلِّ الاتِّجاهات. وفي حينِ أن 'ألِفَ' و'ياءَ' أنواعِ الواقعِ الأُخرى، الخاضعةِ للشُّموليّةِ التي من طَبيعةِ واقِعهما، هما حِسابيّان ومُكتفيان بذاتِهما، ومعادَلةُ 'فولر': "واحدٌ زائدٌ اثنين يساوي أربعة" لا تأتي، في ظرفهما، إلّا ببُعدٍ رابعٍ من طبيعتِهما، نجدُ 'ألفَ' الواقعِ 'الرازائيِّ' و'ياءَه' تَكشِفانِ بُعدًا رابعًا 'مُختألفًا' للعناصرِ الرئيسةِ الثلاثةِ، بُعدًا يَنتمي إلى الماوَراءِ (الـمَا بعد)، أي إلى صورةِ انعكاسِها في 'المرآة'.[342] إن هذا العُنصرَ الرابعَ هوَ الذي يُشكِّلُ أساسَ صَيرورةِ الواقعِ الرازائيِّ واستمراريَّتَها وطبيعَتَها.

2.3.2. الحالةُ العَلائقيّة

إنّها، ببساطةٍ، حالةٌ علائقيّةٌ تتغذّى، أنطولوجيًّا ونوعيًّا، من إحداثياتِ نقطةِ البدايةِ (أولاف) التي تمثّلها 'الألفُ مَدّة' في تصنيفِ 'مُختألف'. ويسعدُنا، بفضلِ الأنوارِ الأفراميّةِ، أن نكشِفَ عن تلك 'الألفِ مع همزة القطع'، للمرّةِ الأولى، كما يلي:

إن بعضَ أنواعِ الحالةِ العلائقيّةِ التي يَستطيعُ العقلُ البشريّ أن يُدركَها، والتي تملأُ دلالاتُها ورموزُها 'الكتابَ' و'الطبيعةَ'، مَوجودةٌ بين الواقعِ الروحيِّ والواقعِ الطبيعيّ. وبما أنّها لا تَتعلّقُ إلّا بالعَقلِ البشريِّ الـمُعتَبر كعاملٍ مُفَسِّرٍ، فهي تُضلِّله وتدفعُ بالبشرِ، كالهراطقةِ الذين هاجمهُم 'أفرامُ' في زمانِه، إلى الوقوعِ في عبادةِ الأوثان. في 'الحالة العلائقيّةِ الرازائيّةِ'، لا يَعقلُ العقلُ شيئًا ما لم يكن مُمَلّحًا بـ'رازٍ' التجسُّدِ المذكورِ آنفًا، إذ إن 'الواقعَ الرازائيَّ' لا يُرى ولا يُبصَرُ إلّا من خلالِ عَينِ 'نيّرةٍ' كعَينِ 'مريمَ' أو عَينِ 'بولسَ'. ولا يُمكنُ تحديدُ زاويتِه وحقلِ رؤيتِه إلّا بمنقَلةٍ غيرِ قابلةٍ للاشتعالِ، وقادرةٍ على قياسِ فتحةِ ذراعَي المصلوبِ على الصليب، اللتين تغطّيان، أربعَ مرّاتٍ، تسعين درجة من الصليب، مضروبة بأقطاب الكَون الأربَعة وأبعادِه السبعةِ المعقولةِ، مع استِعارةِ الدّرجاتِ الثلاثِ (3^0) الضروريّةِ للكمالِ مِنَ الذي

342 من الهامّ جدًّا أن نلاحظ بأن التماثُل بين الأصل والصورة ينعكس يُسرة ويُمنة في المرآة، مخالفًا بذلك التماثلَ النظري في الرياضيّات.

يَصرُخ: "إيلي، إيلي، لِما شبقتان؟". لا يُمكِنُ رسمُ المساحةِ الكُرويّةِ الشاملةِ لنشاطِ هذه الحركةِ العلائقيّةِ إلّا ببركارٍ قادرٍ على أن يكونَ مسمارُه في الفتحةِ التي أحدَثتها حريّةُ الإنسانِ في جنبِ إلهِ المغفرةِ أي 'الحُبِّ المطلقِ'، ورأسُه على فلكِ أُذنِ قلبِ المُصغي لقلبِ ذاكَ الإلهِ يقول: "يا أبتاه، اَغفِر لهم...". هذا هوَ الحُبُّ الذي تُشيرُ إليهِ 'همزةُ القَطعِ' في مفهومِ 'الاختلافِ' (differAnce)، والذي منه تتغذّى الحالةُ العلائقيّةُ للواقعِ 'الرازائيِّ'. فالحُبُّ الذي نتحدّثُ عنه، 'النارُ' المذكورةُ في حديثِنا عن سفرِ نشيدِ الأناشيدِ، ليسَ عَدمًا أو رومَنسيًّا. إنّه من 'واقعٍ' يخلُقُ ويُحيي ويُطمئنُ ويؤثّرُ في كلِّ كائنٍ، وفي النهاية، 'يؤرِزُ'.

إنّ إحداثياتِ هذه الحركةِ العلائقيّةِ، الموزّعةَ على أفلاكٍ مفتوحةٍ بين الإلهيِّ والبشريِّ، ما إن تُرسَمَ من جِهتي تقاطعِ خَشبتي الصليبِ حتّى تصبحَ غيرَ قابلةٍ للانفصالِ (lâ praš ܠܐ ܦܪܫ) ولا حتّى في زمانِ الكونِ ومكانِه.

في هذه الحالةِ، يتحوّلُ الزّمن، تلك الأداةُ الأساسيّةُ لـ"الحقائقِ الماثلة"، إلى أبديٍّ إسكاتولوجيٍّ، تمامًا كـ'الحُبِّ' الذي يدمَغُه بشكلٍ غير قابلٍ للزَوالِ، وتتحوّلُ، بالمقابل، أبديّةُ 'الواقعِ الرازائيِّ' إلى زمنٍ من طبيعتِه. فالنشيدُ القائل: "وحّدتَ يا ربُّ لاهوتَك بناسوتِنا، وناسوتَنا بلاهوتِكَ"،[343] المذكورُ في الليتورجيا المارونيّةِ، يولد من تلك الحركةِ العلائقيّةِ ويَسمحُ لنا أن نؤكد ذلكَ، بدونِ المجازفةِ بتبشيرٍ خاطئٍ يوحي بالخَلطِ، أو الإلغاء، أو الاستبدال. يدفعُنا هذا كلّه إلى التساؤلِ عمّا إذا كانت قواعدُ الصّرفِ والنّحوِ قادرةً على احتواءِ هذه الحركةِ العلائقيّةِ؟

الأمرُ يبدو شبيهًا بما تمَّ التساؤل عنه يومًا، عمّا إذا كانت قواعدُ علمِ الفيزياءِ 'النيوتونيِّ' قادرةً على احتواءِ علمِ الفيزياءِ الكَمّيِ؟ وهل منَ المنطقيِّ إقناعُ تلامذةٍ ما بأنَّ فعلَ 'وَحّدتَ'، الواردَ في الصلاةِ المذكورة سابقًا، سواء أكان يَعني 'التوحيد' أم 'المَزجَ'، يُصرَّفُ في الصّيغِ والأزمنةِ عَينها كما في الحالاتِ العلميَّةِ أو الأدبيَّةِ العامة؟ إنّنا نؤكِّدُ أنّه إن حصل ذلكَ، فسيكونُ أسوأَ ما يرتكبُه مُفسِّرٌ، لأن الشمسَ بعدَئذٍ، سَتُشرِقُ، كما يَنهضُ أولئكَ التلامذةُ منَ الفراش.

هكذا، يَتبيَّنُ أنّه منَ المستحيلِ أن تُطبَّقَ أيٌّ من تصنيفاتِ العقلِ المجرَّدِ (pure reason)، أو من مُعطياتِ الفكرِ المألوف، مهما يَكُن تحليليًّا، على أيٍّ من نقاطِ الحركةِ العلائقيَّةِ للتدبيرِ الخَلاصيِّ. إنّ الحلَّ لهذه المعضلةِ يوجبُ تناوُلَها من زاويةِ السلوك (behavior). وبما أنّه لا وجودَ لتصنيفاتٍ تسمحُ بتحديدِ الحُبِّ الذي تحدّثنا عنه، الأمرُ الذي على 'العلائقيّةِ' أن تتألم منه بالمثلِ، سوف نُحاولُ، على الأقلِّ، أن نُظهرَ معالِمَها انطلاقًا من أسبابِها، وشروطِها وتأثيراتِ سلوكِها.

---

[343] ܣܘܓܝܬ ܚܕ ܒܫܒܐ ܕܩܝܡܬܐ ܒܥܕܬܐ ܡܪܘܢܝܬܐ

4.2. إظهارُ معالِم العَلائقيّة من خِلال السُلوك (Behaviour)

نحنُ البشر، نعاينُ بالفِطرة سلوكَ الواقعِ اليومي من خِلالِ أصغرِ تفاصيلِه لكي نتمكَّن، بعد أن نكونَ قد أطلقنا عليه حكمًا مُسبَّقًا، أن نَحكمَ عليه بشكلٍ موضوعي. بالتالي، نجدُ أنفسَنا ملزمين بالبَحثِ في سلوك 'العلاقة' للتَمكّنِ من تمييزِ طبيعَتِها وأبعادِها وأسُسِ أدبيّاتِها، بمزيدٍ من التيقُّن. هل تكونُ من واقعٍ أرشيفيٍّ، في حين صَدّقنا سفرَ الجامعة الذي يَقول إنْ لا جديدَ تحت الشمس، أم من واقعٍ حيٍّ، أم أنّها تفاجئُنا بكونها علائقيَّةً جَدليَّةً في طَورِ التحقُّق؟

من بين هذه الافتراضاتِ الثلاثةِ الأخيرةِ نُسقِطُ، عمدًا، مُناقشةَ الأوَّلَين لنسعى، باهتمامٍ أكبَرَ، إلى تَحليلِ الثالث، لأنّنا بذلكَ سنُجيبُ، بشمولٍ، عن الاثنينِ الآخرين، إذ لا بد لأطوارِ التحقُّقِ أن تطالها جميعَها.

أن يكونَ كائنٌ ما في صَيرورةٍ قد يُفهَم وكأنّه في صَيرورةٍ بالمطلقِ، ولكنْ أن يكونَ في 'طَورِ التحقُّق' يَعني أنّه في طريقِ التَموضعِ والسعي إلى كمالٍ في عالَمٍ مخلوقٍ، حيثُ لا يُمكنُ أن يُسمَّى شيءٌ كاملًا ومُطلقًا. بالتالي، يجب أن يَخضعَ كلُّ كائنٍ، 'الراز' ضمنًا، و'العلائقية الرازيّة'، لحَتميَّةِ الحركتَين: 'الانفعال' و'الفِعل'.

عمليًا، يكرِّسُ 'أفرام' لمناقشةِ هذه النُقطةِ، الطاقةَ عَينَها التي استثمرَها في مُناقشةِ عدمِ كمالِ الخَليقة.[344] بالنِّسبةِ إليه، من الواضحِ أنّهُ، لو كانَ مفهومُ الله "الواحِد، الصالح والحقّ" لأفلاطون، و"المُحرِّكِ الذي لا يُحرِّكُهُ شيءٌ" لأرسطو، لا يَعني ولا يُشيرُ في الوقتِ عَينِه إلّا إلى كائنٍ كاملٍ لا يَعرفُ إلّا الفِعلَ، لتمكَّنَ خُصومُه منهُ ومنَ الإنجيل.[345]

يؤكِّدُ بولس الفغالي الذي يُكرِّسُ عدَّةَ عناوين وصفحاتٍ لهذه النُقطةِ في كتابِه عن "التكوينِ" أنّ 'أفرام' لم يَستند إلى اللّازمةِ البيبليّةِ "ورأى اللهُ ذلكَ أنَّهُ حَسَنٌ" إلّا مرَّةً واحدةً في تَعليقِه على سِفرِ التكوين، وذلكَ لسببٍ بسيطٍ، وهوَ أن بينَ الصُنعِ (ܥܒܕ) والتَجميلِ (ܨܒܬ) فترةً من الانتظار.[346] ممَّن كان مطلوبًا الانتظار؟ إذًا، من اللهِ، بحسب أفرامَ، لأنَّ بين هذين الطَورَين من العمل الإلهيّ - وقبلَ تسليمِ الكَونِ للإنسانِ ليَجعلَهُ مسكنَهُ - انتظرَ اللهُ لفترةٍ قبلَ التّعبيرِ عن رِضاه. ببَساطةٍ، لم يكن المَخلوقُ/أو المَصنوعُ مُجمَّلًا بَعد، وكان بالتالي، غيرَ كاملٍ وغيرَ مُكتَمِل.[347] من اللا-كمال هذا تستمدُّ العلائقيّةُ جذورَها.

ولكن ألا يَبدو لغَيرِ المُعدّين لفَهمِ الفِكرِ الأفراميّ أنّه منَ العَبَثِ أن يجمع 'أفرام' بين

---

344 راجع *Les Origines* ، ص. 62 وما يتبع.
345 إثباتًا لهذا، لم نجد في أيٍّ من مراجعنا أيَّ مديحٍ، لا نثرًا ولا شِعرًا، يُشيد بهذه الصفة بحدِّ ذاتِها.
346 *Les Origines* ، ص. 87.
347 المرجع نفسه، ص. 86.

الزمن والأبد في 'زَمنٍ رازائي' خدمةً لهذه العلائقيّة؟ بالطّبع! ولكن ما العمَلُ، يقول أفرام، إذا كان النّشاطُ الإلهيُّ، بحسب الطّورَين السابقَين للخَلق، موجَّهًا نحوَ غايةٍ ليست من الوَسَطِ نفسِه؟ إذا كان 'الصُّنعُ' قد بدأ في الأزل، فإنَّ على 'الجمالِ' أن يتمَّ في الزمن، في خِدمةِ الإنسان. هذا هوَ الحافِزُ، المقصودُ الأوَّلُ (the first motive) الذي حُفِّزَ كلُّ شيءٍ لأجلهِ. وبالتالي، يُصبحُ العبَثيُّ منطقيًّا، ولكن من منطقِ 'الحُبِّ' نفسِه 'المختالف' لما يَشاؤه العقلُ المُطلَقُ، وهوَ أن يكونَ كلُّ شيءٍ أفضلَ، وأن تكونَ لكلِّ شخصٍ الحياةُ وتكونَ لهُ أوفَرَ.[348]

بهذا يَرتفعُ 'جسرُ' البعد العلائقي بين الأبديِّ والزّمنيِّ، من طبيعةٍ لا توصَفُ بالنسبةِ إلى البَعض، إنّما بالنسبةِ إلى 'أفرامَ' والمتزهّدينَ أمثالِه، فهو الصليبُ الشموليُّ الذي يرتاحُ عليه، في آنٍ معًا، المِنقَلةُ والبِركار، الزَّمنُ والأبدُ، الجسدُ والخُبزُ، الدَّمُ والخَمرُ، الموتُ والحياة. إنّهُ أيضًا، في الوقتِ نفسِه، الإسطرلابُ والبَوصَلةُ لذاك الواقعِ الرازائي اللذان يقودان من الأقلِّ قُدسيَّةً إلى الأكثرِ قُدسيَّةً، ومن الأقلِّ كمالًا إلى الأكثرِ كمالًا، حتّى الوصولِ إلى كمالِ الآبِ السماوي.[349] هذا ما تُعلِّمُهُ الليتورجيا المارونيّةُ لأبنائِها وبناتِها ليتمنَّوه، وهم يُرتِّلون، باللُّغةِ العربيَّةِ، ما مَعناه: "فليَكُن صليبُكَ يا ربّ جسرًا لهم..."،[350] وبالسريانيّةِ ما مَعناه: "جسدُكَ ودمُكَ اللذان تناولناهُما فليكونا جسرًا لنا نعبُرُ عليه من الظلام إلى النور".[351] هذا ما تُبرزُه كلُّ صلاةٍ منهُما، وما يُثبتُ أنَّ 'العلائقيَّة الرازائيّة' هي فعليًّا، أقلّه بالنسبةِ إلى الكنائسِ المُتمتِّعةِ بالروحانيّةِ الأفراميّة، رسالةٌ (Mission) في طَورِ التحقُّق. إنَّ الكنيسةَ المارونيّةَ، على ما قالهُ لنا الخوري ميشال حايك، هي 'كنيسةُ السبتِ،' أي كنيسةُ التَّرقُّب، "الكنيسة الجسر" بين 'جُمعةِ الصّلبوتِ وأحَدِ القيامة'.[352]

في الواقع، تتمتَّعُ هذه الكنيسةُ برجاءٍ، تَنفحُها به إعادةُ إحياءِ الصَّلبِ والقيامةِ والافخارستيا أي 'الشكران'، بحسبِ ما أوصى به ربُّها. إنّها تَقرأُ، 'رازائيًّا'، هذه الأحداثَ، وتعترفُ أيضًا، 'رازائيًّا'، بأنَّ دورَها هوَ العملُ، هَيكليّةً كنسيّةً، قادةً وشعبًا على المضيِّ معًا، في الآنِ والمكان، في تَحقيقِ التدبيرِ الخَلاصيِّ الذي اؤتمِنَت عليه، بالروحِ والنارِ، من 'رازِ' العِماد.

---

348 يو 10، 10.

349 مت 5، 48.

350 نشيد ماروني تقليدي: صليبُك جسرٌ يكون لهُم ومَعموديَّتُكَ سترٌ لهُم، جسَدُكَ ودمُكَ يبلِّغُهم، طريقًا للسماءِ يُرشِدُهم.

351 كتاب القداس الماروني، بكركي، 1995. نشيد تقليدي في أثناء المناولة:
ܚܠܦ ܚܛܗܝܢ ܘܒܚܘܒܝܢ ܗܘܘ ܠܢ ܥܒܪܐ ܘܓܫܪܐ
ܘܡܚܫܟܘܬܐ ܢܥܒܪ ܡܢ ܢܘܗܪܐ ܠܢܘܗܪܐ

352 رحمه الله. لطالما ردَّدها في محاضراتِه معتمِدًا إيّاها فكرةً تصويريّة.

وهكذا، ما بينَ كمالٍ قبليٍّ (a priori) وكمالٍ موعودٍ، لا يُمكنُ لواقعِ التجسُّدِ 'الرازائيّ' إلّا أنْ يكونَ في طورِ التحقُّقِ. وبالتالي، تكونُ حركتاه هُما حركةُ 'الانتظارِ' بالنسبةِ إلى 'الانفعالِ' (passion) و'الاستحضارِ' (anamnesys)، بالنسبةِ إلى 'الفعلِ' (action)، ما يُترجَم بالاغتذاءِ من 'الأروازِ' (râzê) (sacraments)، في انتظارِ الوصولِ، بالفعلِ، إلى الكمالِ الذي يتَّصفُ به الآبُ السماويّ.

على هذا المستوى من القراءةِ، تواجهُنا إشكاليّةٌ جديدة. إنها تنبثقُ من أنّ المسيحَ، 'الراز' بامتيازٍ، يدعونا إلى الكمالِ، بصفتِه 'الطريقَ والحقَّ والحياةَ'. إنّه يؤكّدُ إذًا أنَّ الكمالَ هوَ في أبيهِ وليس فيه، أقلُّه طالما هوَ في هذا العالَم. عليه، يَحقُّ لنا السؤال: إلامَ يدعونا المسيح؟ إلى الغايةِ أم إلى الوَسيلة؟[353]

يَعترفُ الجميع بأنّه، بين الغايةِ والوسيلةِ، هناك نزاعٌ مُستمرٌّ يؤثّرُ على الصعيدين الأدبيِّ والأخلاقيِّ، في العلمِ كما في الدينِ. هذا النِّزاعُ الذي بلغَ ذروتَه مع كلِّ ما يتعلّقُ بالتلاعُبِ بالجيناتِ الوراثيّةِ والاستنساخِ يُعيقُ، بشكلٍ حادٍّ الحوارَ بين العلمِ والدينِ، ويُؤخِّرُ دُخولَهُما العُرسي - المنتظر على مرِّ العُصورِ - تحتَ 'القُبّةِ الدهريّةِ' (مَشكَنزَبنا) أي مسكنِ الله بينَ البشر. إن هذا التأخيرَ يضرُّ بالقيمةِ الأنطولوجيّةِ للواقع 'الرازائيّ' الذي يبدو غيرَ معنيٍّ بالنزاع. سنترك الإجابةَ عن هذه المسألةِ إلى الخاتمةِ العامة. فلنَعبُر الآن إلى التوسّع في فعلِ 'râz راز' السُّريانيّ، كما تُقدِّمُه لنا المعاجمُ المتخصِّصَةُ، ونجدُ له مرادفًا باللغةِ العَربيّةِ، كما أتمَمناه، بالنسبةِ إلى اللغةِ الفَرنسيّةِ، والذي، من المُفترضِ أن يكون، ككلِّ فعلٍ، مفتاحَ الواقعِ الذي يتطابقُ معه بشكلٍ جذريٍّ.

3. الفعلُ الرباعيُّ 'آرَزَ' المشتق من السرياني (ܐܪܙ)[354]

إن هذا الفعلَ السُّريانيَّ، في صيغةِ الماضي الذي تُكتَبُ تحتَ الأشكالِ التاليةِ: ܐܪܙ أو ܐܪܙ أو ܐܪܙ، وكلُّها تُلفَظُ (râz)، وفي صيغةِ الحاضرِ اللّا-زمنيِّ (atemporal present) التي تُكتب 'ܡܬܐܪܙ' أو 'ܡܬܪܙ' وتُلفَظُ 'êtêrêz'، وذلك بحسبِ القاموسِ السُّريانيِّ - الانكليزيِّ،[355] يَشتقُّ، في كلِّ حالاتِه، من الاسمِ 'راز'، وتَعريفُه 'رَازًا'، كما نذكر في

---

353 إنه يدعونا إلى اتباع الطريق التي توصل إلى **الطريق**. لا ريب في أن المسيح كان يقصد أنّه هوَ الطريق المؤدّي إلى الآب... حتّى ولو عرَّف عن نفسه بأنّه 'الحق والحياة'. لماذا إذًا علينا أن نعود دائمًا للآب؟ يُمكن للجواب أن يكون: "إصراره بأن يقودنا إلى الذي يحبّه والذي وإياه يحققان معادلةً سينرجيّةً مختلفة قوامها: 1=1+1، ومع أخذ الحُبّ بالاعتبار تُمسي: 1+1+1 = 1، ودائمًا في الواقع الرازائيّ".

354 بالتوافق مع فريق من الاختصاصيين باللغات العربيّة والسريانيّة والترجمة، تمَّ اعتمادنا العبارة 'آرَزَ' لتخدم كفعل ثلاثي يمتُّ إلى الواقع الرازائي بِصِلَة، ومنه الرباعي 'أرَّزَ'. (راجع المُلحق اللغوي ص. 401).

355 *Thesaurus Syriacus*, (Syriac Dictionary); R. Payne Smith; The Clarendon Press; Oxford, 1957.

المُلحَقِ اللغويِّ (ص.401) . لا شكَّ في أن الجُذورَ الساميَّةَ الواحِدَةَ للُّغاتِ العِبريَّةِ والعَربيَّةِ والآراميَّةِ - السريانيَّةِ تساعِدُ في المقارنةِ، حيثُ تَتِمُّ عمليَّةُ الاشتِقاقِ والتوالدِ اللُّغويِّ، بالسِّياقِ نفسِه كما، على سبيل المثال، اشتقاقُ الفعل عَمَل - يَعمَلُ، والرباعيُّ منه عامَل - يُعامِلُ، من الاسمِ 'عَمَلُ'. عليه نسمَحُ لأنفسِنا بأن نشتقَّ من الاسم 'ܐܪܙܐ' وتعريفِه 'ܐܪܙܐ' ،(râz râzâ) فعلًا غير موجودٍ في اللُّغةِ العربيَّةِ وهوَ الرباعي 'آرَزَ - يُآرِزُ'، على وزنِ فاعَلَ - يُفاعِلُ، كفعلِ آثرَ - يُآثرُ، لِيَعني: حوّلَ أمرًا ما من واقعٍ عادي إلى واقعٍ 'رازائيٍّ'، أو أدخلَ أمرًا ما في السِّياقِ 'الرازائيِّ'، مُحتَفِظين بحرفِ الألفِ مَمدودةٍ (آ)،المكتوم بالسريانية، في الصدارة. وسنصيغ هذا الفعل أيضا على وزن فعّلَ: 'أرَّزَ - يُأرِّزُ' لأهميَّة قوَّة اللفظ أحيانا.

râz و etêrez هما صيغتا الفعل السريانيِّ الأكثر استعمالًا والأكثر تفسيرًا في القواميس، من خلال تَنوُّعِ استعمالهِما. ولكن، وكما نُلاحظ، من خلال مُختلف المَصادر، أنَّ المفهومَ الأوَّلَ لفعلِ 'ܐܪܙ' يجعله فعلًا متعدِّيًا تفسيره: كشفَ، أعلنَ، علَّمَ، مرَّرَ 'سرًّا'، و بدَى (to initiate). أما المفهومُ الثاني، بصيغةِ الفعلِ اللازمِ، على ما استنتجَنا، فيتَّخِذُ معنى المؤامرة. وهذا ما تأكَّدنا منه، من خلالِ القاموسِ الموسوعيِّ السريانيِّ اللاتيني.[356]

وكما فعلنا سابقًا، وفي ما يخص الضروراتِ التي دفعَت 'أفرام' إلى اقتباسِ عبارةِ 'راز' من جيرانِه الفُرسِ، سوفَ نكشِفُ تحتَ هذا العُنوانِ عمَّا يَلي:

1. الضروراتُ التي استوجَبَت ابتكارَ فعلٍ جديدٍ هوَ 'آرَزَ' و 'أرَّزَ'،

2. الإيضاحاتُ التي تحِدُّ مِنَ التحدِّياتِ والصعوباتِ التي قد يُثيرُها مُختلِفُ تَطبيقاتِ هذا الفعلِ الجديدِ.

3.1 . الضروراتُ التي استوجَبَت ابتكارَ فعلِ 'آرَزَ' ومنه 'أرَّزَ'

إن ضرورةَ ابتكارِ الفعلِ 'آرَزَ' ناشئةٌ، أوَّلًا، عن الحاجةِ لتخطّي أفعالٍ مثل 'سَرَّ' و 'أَسَرَّ'، التي مِنَ المفترضِ أن تخدم عالَمَ الأسرارِ الغنوصيّةِ، فينتهي إلى معانٍ أخرى، بعيدةٍ جدًّا عمَّا نبحثُ عنه لإقامةِ جسرٍ بين الدين والعلم. وفي حالِ خَدمَ عالَمَ الأسرارِ، بالمعنى "التكتم" الذي تحدَّثنا عنه سابقًا، فهُو يَخدِمُه على أساسِ بُعدَين فقط، أي الواقعِ المسطّحِ، اللذين لا ثالث لهما.

إن ما هوَ مقصودٌ بفعلِ 'آرَزَ' ليسَ فقط 'رَوحَنةَ' المادةِ أو حملَها إلى فَلَكِ 'الأسرارِ' الروحانيةِ أو 'أسرارِ' الآلهةِ، إنَّما، وبموجب ما أحدثَه التجسُّدُ، تأليهُ الإنسانِ وأنسنةُ الإلهِ، في آن. وهذا ما لا يَفي به أيُّ فعلٍ باللُّغةِ العربيَّةِ، ولا حتّى فعلُ 'أله'. إنَّ فعلَ 'أله' لا يحتمِلُ أيَّ صلةٍ بين المخلوقِ

---

[356] المرجع نفسه، عامود رقم 3875.

والخالقِ، في حين أنَّ فعلَ 'آرز' وُضِع ليؤدّيَ المعنى الذي أتى به التجسُّدُ، أي اتحادُ الإلهيِّ بالبشريِّ، في آنٍ، والعكسُ صحيحٌ، بدونِ مزجٍ أو تراكبٍ أو إلغاءٍ.[357] لهذا، أضفى 'أفرام' على المسيح بالذات اسم 'رازا'. إنَّها ضرورةٌ ليست أيضًا بغريبةٍ عن ذِهن أيِّ مُثقَّفٍ باللُّغةِ العربيَّةِ، تَتَلَخَّصُ في عدم إمكانيَّةِ التعبيرِ بلُغةِ الضادِ عن كلِّ تطبيقاتِ فعلِ 'راز' الأفراميِّ، وبالتالي فَشَلِ أيِّ مُحاولةٍ لبناءِ جسرٍ بين الشرقِ الأنطاكيِّ والغربِ اللاتينيِّ، أو أيِّ جسرٍ مَنشودٍ، بشدَّةٍ، ما بينَ الحقبةِ اللاهوتيةِ الآبائيَّةِ وحقبَةِ فيزياءِ الكمِّ للعبور من الخَلقِ من العدم إلى الخَلقِ من الحُبِّ. إنَّنا نَعتبر أنَّه، لما كانَ واقعُ الكمِّ يتمتَّعُ بفعلٍ 'كَمَمَ - تكميمًا' (to quantify)، الذي هو مِفتاحُ لإشكاليَّةِ الخَلقِ وما يَتبعُها، لا بُدَّ للواقعِ 'الرازائيِّ' من أن يكونَ له أيضًا أفعالُه الخاصَّةُ به.

يكمنُ وَجهٌ ثالثٌ من وجوهِ تلكَ الضرورةِ في أنَّ واقعًا بوسعِ 'التَّدبيرِ الخَلاصيِّ' الذي كنّا ختمناهُ بخَتمِ 'رازائي' يَفرضُ وجودَ فعلٍ يُكمِّلُ عملَ السينرجيا الذي يرافقُنا، منذ مطلعِ هذا الكتاب. وسيكونُ على هذا الفعلِ أن يَتحكَّمَ بالحركةِ التَّحويليَّةِ (ܡܫܚܠܦܐ مشحلفتًا) من الروحانيَّةِ البسيطةِ إلى الحالةِ الزُّهديَّةِ (mystic)، وإلى ما بعدَ التزهُّدِ، ليتحكَّمَ بمفعولٍ به، يتخطَّى التقليديَّ، كعُلَّيقةِ موسى المشتعلة، على سبيلِ المثال، إذ بأيِّ فعلٍ يمكنُنا أن نتعامَلَ مع علِّيقةٍ عاديَّةٍ تَتحوَّلُ، فجأةً، وتجذبُ العقلَ نحوَ واقعٍ 'مختألفٍ' لتجلٍّ مقدَّسٍ؟ يعود للإنسان أن يجدَ التعابيرَ الشافية لوصفِ أحداثٍ كهذه. إن استعمالَ أيِّ فعلٍ يكونُ موضوعُه خارجًا تمامًا وجذريًّا عن التصنيفِ المُتعامَلِ معه، أيًّا يكن فاعلُه، يبقى عبثيًّا. لذلكَ، نسمحُ لأنفسِنا باستعمال الفعلِ 'آرز'؛ فنقول إنَّ العلِّيقةَ 'تآرزت' أو 'أُرِّزَت' أو باتت علِّيقةً 'مؤرَّزة'. ولو استعدنا الآيةَ 21، 5 من سفر الرؤيا، لَوجدنا الجالسَ على العرشِ يقول: "ها أنا 'أَآرِزُ' أو 'أُرِّزُ' كلَّ شيءٍ"، ولكان ذلكَ عبَّرَ بشكلٍ أفضلَ عن رسالتِه. من هنا، نؤكِّدُ أهمِّيَةَ ما ابتكرناه، لأنَّه، في النهايةِ، يعودُ للإنسان أن يَتخيَّلَ أفعالًا تصريفيَّةً لقواعدِ اللُّغةِ، تتناسبُ مع واقعِ الفعلِ الصادرِ عن الله.

3.2. الإيضاحاتُ التي تحدُّ من التحدِّياتِ والصُّعوباتِ التي قد تُثيرُها مختلفُ تَطبيقاتِ هذا الفعلِ الجَديد

تَتوزَّعُ التحدِّياتُ والصُّعوباتُ التي ستترتَّبُ على فعلِ 'آرَزَ' وَتطبيقاتِه على ثلاثةِ محاورٍ: **المسيحانيُّ، اللُّغويُّ والعَمليُّ**. فلنَعرض لهذه النُّقاطِ، واحدةً تِلوَ الأخرى، حتّى نُوَضِّحَ هذه المحاورَ المُختلفة.

---

357 نلفت هنا إلى تدقيقِ أساسٍ في التمييز بين مفهوم "خالق" ومفهوم "إله". الأول صفة مشتقَّة من مفهوم "خليقة" الذي هو صنع الإنسان، فأصبح "اسمًا". أمَّا الثاني، الله، فهو صنع خيال الإنسان بالمطلق، يتماهى الإنسان الضعيف الميت في جبروته وخلوده... لهذا كتب الفيلسوف دريدا متوجّهًا لله قائلا: "سَأُخلِّدُك يا الله. أكتب اسمك". راجع الحاشية رقم 722.

3.2.1. التّحدياتُ والصُّعوباتُ المسيحانيّة

أكانَ على صَعيدِ الأناجيلِ الإزائيّةِ التي تَستندُ إليها "الكريستولوجيا من أسفَل" أم إنجيلِ القديس يوحنّا الذي تَستندُ إليه "الكريستولوجيا من عَلٍ"، حدثَ في ملءٍ ما منَ الزّمنِ تقاطُعٌ لطالما انتظرَتهُ الحضاراتُ وأحسَّت به، وأكّدَهُ أنبياءُ إسرائيل.[358] لقد تمَّ في هذا التقاطُعِ اتحادٌ أقنوميٌّ بين الإلهيِّ والبَشريّ. تأنّسَ الله، تجسّدَ الكلمَة، ومنذ ذاك الحين، واستنادًا إلى ما وردَ أعلاه، منَ الـمُفترض أن يكونَ كلُّ شيءٍ قد 'أُرِّزَ' بواسطةِ هذا 'الجُزيءِ الإلهيّ'،[359] (minima naturalia divina) الذي هوَ الكلمة - الإلهُ، النورُ الإلهيّ، شرارةُ النار الإلهيّةِ، صورةُ أبيه ومثاله، وبمعنًى أدقٍّ، نُسخةٌ طِبقَ الأصلِ عنه، بموجبِ الحَمضِ النَّوَويِّ 'الرازائيّ' الجامعِ في خَواصِّه ما هوَ للرّوحِ القُدُس، الحُبَّ 'الأب-بَنوي'، بدونِ أن نُنكرَ ما هوَ للأُمِّ البشريّةِ، أي الحُبَّ 'الأُم-بَنوي'، وفي الحالتين، رابطَ الرَّحمِ والرَّحمةِ الإلهيّة.

منذُ ذلك التقاطُعِ، باتَ التحدُّثُ عن تأليهِ الإنسانِ أو الطبيعةِ تحدّيًا، وفي أحسنِ الظروف، صعوبةً أوقعَت العديدَ من الفلاسفةِ واللاهوتيين في فَخِّ الحلوليّة. وراحَ التكلُّمُ عن الإلهيِّ في البَشريّ، أو عن الإلهيِّ الذي لَبِسَ الحُلَّةَ البشريَّةَ أو العَكس، يؤسِّسُ لازدواجيّةٍ أو توازٍ، يُخطئان ضدَّ الحدسِ الأفراميّ. فالحدسُ الأفراميُّ لا يَقبلُ، بين الواقعين الإلهيِّ والبَشريّ، إلّا بعلاقةٍ 'مُختالفةٍ' كليًّا عن كلِّ تعبيرٍ عَلائقيٍّ أو تَواصُليٍّ شائعٍ في عالَمِ المخلوقاتِ، وفي الاستعمالاتِ اللغويّةِ العامة. إن طبيعةَ كلٍّ من طرفَيْ فعلِ 'المؤَازَرَةِ' الحاصلِ، في الوقتِ عَينِه، في المخلوقِ وفي غَيرِ المخلوق، هي بالأساسِ غَيرُ مُتَلائمةٍ معَ طبيعةِ الآخر، ولكنها جُعلَت مُتَلائمةً في سياقِ مكوِّنٍ ثالثٍ مُختالفٍ، غيرِ الطرفِ الأوّلِ وغيرِ الثاني، ولكنَّه، سينرجيًّا، الواحدُ والآخر وذاتُه، في الوَقتِ نفسِه. إن ذاك الـمُكوِّنَ الثالثَ ليسَ نتيجةَ فيضٍ لا-إراديٍّ بل بالأحرى، نتيجةَ إرادةٍ حرَّةٍ ومُحبَّةٍ هي بالذاتِ ما يُشكِّلُ العُنصرَ السينرجيَّ للمُؤازَرَة.[360] لو كان بإمكاننا أن نَصلَ إلى 'أفرامَ'، في دَهشتِه أمامَ ذاك الـمُكوِّنِ الذي هوَ اللهُ جنينًا في حشا مريَم، لكان علينا أن نتساءَلَ معه حولَ طبيعةِ 'اللُّغةِ' التي استخدمَها الملاكُ في مخاطبتِها:

كانت مريمُ تحملُ
الطفلَ الصّامتَ
الذي اختَبأت فيه
كلُّ الألسُن.[361]

---

358 غل 4، 4.

359 بما أن المقصود بالجُزيءِ أصغرُ ما يمكن تصوُّره من تجزيء الواحد، يفيدنا أن نعود إلى مفارقات زينون الإيلي لنثبت أن الأصغر والأكبر، في المطلقات كما في الإلهيات، لا تمييز بينهما. يبقيان 'واحدًا' غير قابل لا للتجزيء ولا للتعدد، بينما أفرام يفضل استعمال مثل 'الملح' كما في أناشيد الميلاد 15، 10.

360 Les Origines ص. 47. راجع أناشيد في الإيمان 26، 1-2، CSCO جزء 194، ص. 88-89.

361 أناشيد في الإيمان 4، 146؛ راجع CSCO جزء 186، ص. 38.

3.2.2. التحدّياتُ والصعوباتُ اللغويّة

ما هي، بموضوعيّة، اللّغةُ التي استُخدِمت في الحوارِ بين 'مريمَ' والملاك جبرائيلَ، والتي أطلَقَت هذا الاتّحادَ 'الرازائيَّ'؟ لم تكُن بالطبعِ إحدى اللُّغاتِ البابليّة. إنّها، على ما يَتوقّعُ 'أفرامُ'، اللّغةُ التي خاطبَ بها الله آدم وحوّاءَ في جنّةِ عَدن، وذلكَ لأن 'مريمَ' قد عُصِمت من الخطيئَةِ الأصليّة. إنّها لغةٌ لا تشبهُ، بالتأكيد، لا العبريّةَ ولا الآراميّةَ ولا السريانيّةَ ولا العربيّةَ. وبالتالي، نَستنتِجُ أنّها لغةٌ 'رازائيّة' مُشابِهة للُغة من 'يَشفع لنا بأنّاتٍ لا توصَف'.[362]

مباركٌ الذي اتّخذَ

مشاعرَ ذِهنيّتِنا

لِكَيما يُنشدَ على قيثارِتنا

ما لم تكُن قادرةً على إنشادِه

حنجَرةُ الطيرِ وأنغامُه.[363]

إن الواقعَ 'الرازائيّ' الذي كان 'أفرامُ' يتأمّلُ به من خِلالِ 'مِرآتِه'،[364] أو 'لؤلؤتِه'،[365] أو حتّى من خلالِ 'الجَمرةِ' التي لامَسَت شفتَي النبيّ أشعيا، يَستحِقُّ لغةً تتوافقُ معَ الطبيعةِ عَينِها لنتيجةِ التقاطُعِ الإلهيّ البشريّ.[366] قد يُسمّيها جميعُ الأفراميين لُغةَ الأنماطِ والعَلامات

Tᵉinâ wât Mariam	ܛܥܝܢܐ ܘܐܬ ܡܪܝܡ
ᵉûlâ šêlyâ	ܥܘܠܐ ܫܠܝܐ
kad beh hû ksên waw	ܟܕ ܒܗ ܗܘ ܟܣܢ ܘܘ

---

362 رو 8، 26 (من هنا تأتي أهمّيّة الصمت في العلاقة مع الله. جيل اليوم المعتمد وسائل التواصل الاجتماعي الإلكترونيّة قد يقترح الرسائل القصيرة (sms)!

363 أناشيد في الإيمان، 3، 16؛ راجع CSCO جزء 186، ص. 23

brikhû darkêb leh	ܒܪܝܟܘ ܕܪܟܒ ܠܗ
reghšê dreᵉyânaïn	ܪܓܫܐ ܕܪܥܝܢܝܢ
dnezmar bkénoran	ܕܢܙܡܪ ܒܟܢܪܢ
médêm dlâ mšabaḥ	ܡܕܡ ܕܠܐ ܡܫܒܚ
dnezmar bqinûteh	ܕܢܙܡܪ ܒܩܝܢܘܬܗ
fûmâ dforaḥtâ	ܦܘܡܐ ܕܦܪܚܬܐ

364 استعمال أفرام لرمز المرآة وما يدور في فلكها، بخاصة العين والنور، سمح له، بطريقة ما، أن يكتشف 'درجات' التأثّر الروحي. راجع Les Origines، ص. 186: "الإنسان هوَ إذا كالمرآة التي تعكس المجد الإلهي على طريقة الابن الذي يعكس أباه". (أناشيد ضد الهراطقة 5، 12، راجع CSCO جزء 169، ص. 21).

365 ما يريد أفرام الإشارة إليه برمز اللؤلؤة هذا، هوَ المقارنة بين ولادة اللآلئ في مياه البحر وولادة المسيحيين من ماء العماد: "تدخل الصاعقة المياه لتولد اللآلئ كما تدخل النار الإلهيّة المياه لتمنح الحياة للمعمدين إلخ". إن استعارة اللؤلؤة التي اعتمدها أفرام تشكّل، بحسَب مجموعةِ الأناشيد في الإيمان خاصّته، جزءًا هامًّا من لاهوت الإيمان لديه.

366 TLE، ص. 104. يقول بروك بهذا الصدد: "ولادة المسيح الأولى من أبيه وولادته الثانية من مريم تتوازنان مع ولادة مريم البشريّة الأولى، وولادتها الثانية، والمقصود هنا هوَ عمادُها من خلال التقاطُع الذي حدث في حشاها". (يعتبر أفرام فعليًّا، بأن عماد مريم حصل مع حلول المسيح في حشاها).

الواقعُ 'الرازاني' 145

والرُّموزِ التي تُشكِّلُ العَناصرَ الثلاثةَ التي ذَكرنا مَصادرَها. لقد بذلَ 'أفرامُ' ما في وسعِه لِيُعطيَ لكلٍّ من هذه العَناصرِ الثلاثةِ، المُستخدَمةِ يوميًا في مُجتمعَي نَصيبين والرُّها، قيمةَ 'حجرِ رأسِ الزاويةِ'، وذلكَ في ضَوءِ النارِ الأوَّليةِ وتحت حرارتِها المُحرقة. للنَّجاحِ بهذه المَهمَّةِ، بهدفِ خِدمةِ الإيمان، قَصفها 'أفرامُ' بمَفهوم 'رَازَا' كما يقصفُ عُلماءُ الفيزياءِ ذَرَّةً بهدفِ توليدِ سِلسلةٍ من التَّفجيراتِ، أو، برمزيّةٍ أكثرَ إلفة، ملَّحها كما تُملِّحُ الأُمُّ الغِذاءَ لإعطائه نكهة:

والمزاميرُ المئةُ والخَمسونَ التي أنشَدَها
تَتَّخذُ بكَ طَعمًا، لأنَّها بحاجةٍ إلى ذلكَ،
وإنَّ 'كلماتِ' الأنبياءِ كلَّها تأخذُ من نَكهَتِكَ؛
لأنَّه لا نَكهةَ للحِكَمِ كافَّةً بدونِ ملحِكَ.[367]

هكذا، تَستلزمُ الضرورةُ المذكورةُ آنفًا أن يُؤخَذَ بالاعتِبار فعلُ 'آرَزَ' كفعلٍ تامٍّ من حيثُ النَّحوِ، مشابهًا لأفعالٍ كـ'أحَبَّ' و'خلَقَ'. فهو، مثلهما، متعدٍّ بدونِ حُدودٍ، ويُمكنُ تَصريفُه في الأزمِنةِ والصِّيغِ كافَّةً. إضافةً إلى ذلكَ، يتمتَّع بصيغةٍ استثنائيّةٍ وعدَّةِ أزمنةٍ يَكتسبُها من 'الراز' المتجسِّدِ بامتياز. إنَّها صيغةٌ تجمعُ في أزمنتِها بينَ الخالقِ والمَخلوقِ، ما يَعني أنَّ عَقلَنا البشريَّ يستطيعُ بها أن يُميِّزَ فعلَ الفعلِ، تارةً من المَفعولِ به والفاعلِ وليسَ من نَتيجتِه، وطَورًا من نَتيجتِه، وإنَّما ليسَ من خلالِ فاعلِه أو المَفعولِ به.[368] ولا يُمكنُنا استيعابُ الحالةِ بشموليَّتِها إلَّا على الصَّعيدِ 'الرازاني'. نورد بضع أمثلةٍ قد تساعدُنا على الدُّخولِ في فِكرِ 'أفرام' لكي لا نَبقى حائرين أمامَ هذه الإدراجات:

قال يسوع المسيح: "خُذوا كُلوا... هذا هوَ جَسدي... وهذا هوَ دَمي".

يَقول المؤمن: "إنَّني آكلُ... الافخارستيا (جسدَ المسيح ودمَه)".

في الحالةِ هذه، يُدركُ المؤمنُ فعلَ الفعلِ من كونِه يأكلُ شيئًا ما حسِّيًا، ويأكلُه في صيغةِ المُضارع. ولكن لاهوتيًّا، وبمعنًى أدقَّ، 'رازائيًّا'، لا زَمن ولا صيغةَ الفعلِ المصرَّفِ من قِبَلِ هذا

---

367 أناشيد في الإيمان 15، 10؛ راجع CSCO جزء 186، ص. 83.

ܘܡܐܐ ܘܚܡܫܝܢ ܙܡܝܪ̈ܐ ܕܐܙܡܪ
W māʾè w ḥamšīn zmirê dazmar

ܒܟ ܐܬܡܕܟ ܕܐܣܢܝܩܝܢ ܐܢܘܢ
boḵ étmadak dasniqïn ênûn

ܟܠ ܦܬܓܡܐ ܕܢܒܝܘܬܐ
kūl fetgâmê danbiyûtâ

ܥܠ ܒܘܣܡܟ ܕܕܠܐ ܡܠܚܟ
ʿal bûsâmak dadlâ melḥâk

ܦܟܝܗܢ ܐܢܝܢ ܟܠ ܚܟܡܬܐ
Fakïhân énên kūl ḥekmâtâ

368 الفيلسوف دريدا تمكن من الكشف عن هذا التخطِّي على الصعيد المعرفي بكتابته يوما: "أنا ميت".

الشّخصِ الذي يأكلُ، يتطابقانِ مع فاعلِ فعلِ الأكلِ، إذ وحدَه إلهٌ يستطيعُ أن "يأكَلَ" إلهًا.[369] كما أنّهُما لا يتطابقانِ مع الـمَفعولِ به الـمُباشَر الذي لا يُمكِنه الخُضوعُ لتَصنيفاتِ الـمَنطقِ البشريِّ إلّا مِن خِلالِ مَنطقِ الإيمانِ، ولا غَروَ أنّ للإيمانِ منطقًا لا يفهَمُه المنطقُ البشريّ.[370]

الأمرُ نفسه يَنسحِب على الحالةِ الـمُعاكِسة المتمثلة بباقي 'أسرارِ' الكنيسةِ: العمادِ، الكهنوتِ، المصالحةِ، إلخ... إنّ هذا الأخيرَ، بالضبط، 'سرَّ المصالحةِ'، هوَ ما يُبرِز دورَ الفعل مِن خلال نتائجِه وليسَ من خلالِ الفاعل والمفعول به إذ، في هذه الحالة، الفاعلُ هوَ الله الذي يغفِر، والمفعولُ به هي الخطايا... نتيجةُ الفعل التي بقيت خفيّةً (ܟܣܝܐ كسيو) باتت جليّةً (ܓܠܝܐ غَليًا) بفضل الأعجوبة، فقام المخلَّع و... إلخ.

هذا هوَ الفَنُّ النحويّ الذي كانَ يُبشِّرُ 'أفرامُ' به من خلالِ فعلِ 'رازٍ'، لأنَّ 'شفاءَ المخلَّعِ'، مع الدَّعوةِ إلى التَّحوُّلِ المعرفيِّ التي وجَّهَها يسوعُ إلى أهلِ النَّظام، هما "الآيةُ" التي تُثبِتُ ما أدرجناه من بابِ النَّحو.[371] في كلّ الحالاتِ، إنّ الوضعَ مِن دونِ إيمانٍ يبدو، وبكلِّ بساطةٍ، أمرًا مُستهجَنًا، وإذا ما استعملنا توصيفَ الفيلسوفِ جان غيتون نقول، يبدو عبثيًّا، ومع ذلكَ سنستمرُّ في استخدامِ تلكَ التعابير، لأنَّها أفضلُ ما يُطمئنُنا ويُساعدُنا على استكشافِ غير المتوقَّع. تلكَ التعابيرُ تساعدُنا أيضًا على رؤيةِ ما لا يُرى، وعلى أكلِ خبزِ الآلهةِ (Ambrosia)، وشُربِ ماءِ الحياةِ، كما 'دم الإله'، وذلكَ فقط إذا ما كانَ لدينا إيمان. وهذا أمرٌ حسن... أي "ماشي الحالْ"...

"ماشي الحالْ" نعم، ولكن بأيِّ ثمنٍ؟ أليسَ على حسابِ الإدراكِ، وإدراكِ الإدراكِ، وطمسِ أحدِ الواقعَين، وغالبًا ما يكونُ الواقعُ الإلهيُّ هوَ الـمُضحّى به لمصلحةِ العاداتِ والتقاليدِ الوثنيّةِ الـمُشيَّئة (instrumentaling)؟

3.2.3. التَّحدياتُ والصُّعوباتُ العملانيّةُ في تطبيقِ الفِعل

في ما سبق، واعتمادًا على النِّعمةِ الإلهيّةِ من جهةٍ، وعلى قُدرةِ الإدراكِ من الأخرى، أبرزنا بعضَ التَّحدياتِ التي يرفعُها فعلُ 'آرَزْ' لكي نَنجَحَ في تخَطّي كلِّ صعوبة. إنّ 'أفرامَ'، المديرَ والمربيَ والشماس، الـمُشتعلَ بنارِ حُبِّ 'أمّه مريمَ'، والغيورَ على بيتِ 'أبيه السَّماوي'، والذي عاشَ في ظروفٍ تاريخيّةٍ دقيقةٍ، لم يكُن يَقبلُ بحلولٍ وَسَط. لقد سمحَ، من خلالِ مفهومِ 'رازٍ' الخاصِّ به، بامتزاجِ الزَّمنَين والصِّيغتَين، الإلهيِّ والبشريِّ، بحيثُ يَستطيعُ البشري أن يمتَزجَ بالإلهيِّ، والعَكسُ صحيح، بدونِ ارتباكٍ ولا اتحادٍ أنطولوجيٍّ ولا إلغاءٍ ولا تشابُك. بمعنى ما، كان 'أفرامُ' يُعِدُّ نوعًا من تَختٍ موسيقيٍّ للعلاقةِ بين الكتابِ والمخلوقاتِ، ما يُترجَمُ، نسبةً

---

369 'أبًّا'، فبالروح القدس ننال القربان المقدّس، بنعمة الإيمان.
370 محاكاة مع المسلَّمة الفلسفيّة القائلة: "للقلب منطق يعجز المنطق عن فهمه".
371 مر 2، 3-12.

إلينا، بالعَلاقةِ بين الدِينِ والعِلم. وهكذا يُصبحُ العِمادُ والإفخارِستيّا، وكلُّ ما يُسمّى ‘أسرارًا’ أُخرى، أماكِنَ لقاءٍ ‘رازائيٍّ’ حيث تَتّفِقُ ‘قواعدُ اللُّغةِ البشريّةِ’ و‘قواعدُ اللُّغةِ الإلهيّةِ’ على تصريفِ الفعلِ عَينِه ‘آرزَ’ في زمنٍ واحدٍ وصيغةٍ واحدةٍ، كلاهما رازائيٌّ، وإلّا نكونُ في العبثيّة.

نسمحُ لأنفسِنا بتطبيقٍ عَمَلانيٍّ أخيرٍ، خارجَ الـمُعتادِ، لفعل ‘آرزَ’، من خِلالِ مَثلٍ بسيطٍ سيخدمُنا لاحقًا كموطئِ قدمٍ لتكوينِ ‘القُبّةِ الدهريّةِ’ المنشودةِ من العِلمِ والدِين. نُعَنونُ التطبيقَ هذا الذي يَجمعُ ‘غِشاء بكارةِ مريمَ’ و‘سُرّة آدمَ’: "الخَلاصُ، في ضَوءِ غِشاءِ البَكارةِ والسُّرّة". على هذا التطبيق، تستندُ بتوليّةُ ‘مريمَ’ الأزليّة وكمالُ بشريّةِ ابنها.

4.2.3. الفِداء في ضَوءِ غَشاءِ البَكارةِ والسُّرّة

انطلاقًا من معطياتِ مجمعِ ‘القِسطَنطينيّةِ’ الثاني (عام 553) الذي أكّد ألوهةَ يسوعَ المسيح الكاملة، المولودِ من ‘مريَم’ كما كمالَ إنسانيته من دونِ استثناء امتلاكِه سُرّةً كباقي البشر، نَستنتج أنّ لكلِّ إنسانٍ كاملٍ سُرّة. فلنُطبِّق في حالةِ الإنسانِ الكاملِ هذه، إحدى الـمُعادلاتِ المنطقيّةِ الأرسطيّةِ (syllogisme) لإبرازِ التضادِّ بين أنواعِ الواقعِ وسَلبيّةِ الاختِزاليّةِ الوَضعيّة:

- لكلِّ إنسانٍ كاملٍ سُرَّةٌ،
- لم يكُن لآدمَ سُرّةٌ (لأنّه لم يولد من امرأة)
- إذًا: آدمُ ليس إنسانًا كاملًا.

يا له من استنتاجٍ صادمٍ، بخاصّةٍ إذا ما طُبّقت هذه المعادلة عكسيًّا واعتُبر الإنسان-آدم- الذي لا يملك سُرّة، كاملًا. يَنطبق ذلك أيضًا، حكمًا، على ‘حَوّاءَ’ و‘مريم’ لجهةِ امتلاكهما غِشاءَ البَكارةِ، وإن كان قابلاً للفضِّ أم لا. عليه، نَتساءل إن لم تكُن قواعدُ المنطقِ البشريّ ستَنهارُ أمامَ اكتِشافِ ‘العَين المنيرة’ هذه التي تخرقُ، من خِلالِ مُعادلات الـمَنطِقِ ‘الرازائي’، أسُسَ المنطِقِ العامِّ، أم أن الأمورَ ستَبقى على حالِها، كما حصلَ مع الشمس بعد الاكتِشافِ الشّهيرِ للعالِمِ غاليليو وإدانتِه، إذ استمرّت بالشروق، هي، الشمس التي، خلافًا للرواية البيبليّة، لم تَعرف أبدًا شُروقًا أو غُروبًا.

استمرّتِ الشمسُ، فعليًّا، بما قامت به منذُ الأزلِ، أي بالبقاء ثابتةً وغيرَ متبدِّلةٍ ومُتوهِّجةً ومُدفِئةً، وغيرَ مُتأثِّرةٍ بالمتغيّراتِ البَشريّة.[372] إن مُشكلةَ شروقِها وغُروبِها ليست مُشكلَتَها. كذلك هوَ الأمر بالنسبةِ إلى الإنسانِ وسُرَّته وإلى حواءَ وغِشاءِ بكارتها. إنّما الـمُشكلة هي، بالأحرى، في العَينِ النيّرةِ مع الزاويةِ الضيِّقةِ للمنطق، التي يرى الإنسانُ من خِلالها، الواقعَ ويُفسِّرُه ويَصِفه. إن الـمُشكلةَ هي بامتيازٍ، مَعرفيّةٌ، لُغويّةٌ، كلاميّةٌ وبخاصّةٍ في الاختزال

372 مت 5، 45.

(reductionism). إنّنا مُقتنِعون من أنّه حتّى إذا كان أحدُ الفلاسفةِ الإغريق قد أشارَ إلى إشكاليّةِ سُرَّةِ آدمَ وحوّاءَ قَبلَنا، فإن الرّسامَ الشَّهيرَ 'مايكِل آنجلو' لم يَعرِف بها. نُلاحظُ، استِنادًا إلى الصورةِ التاليةِ، الدقيقةِ بما فيه الكفايةُ، والموجودةِ أساسًا في سقفِ 'الكابيلا سيستينا' (Cappella Sistina) في الفاتيكانِ، أن الرّسامَ الشَّهيرَ قد زَوَّدَ كُلًّا من اللهِ وآدمَ بسُرَّةٍ، وهذا بَديهيٌّ، كَي لا تَختلفَ الصورةُ عن 'الأصل'.

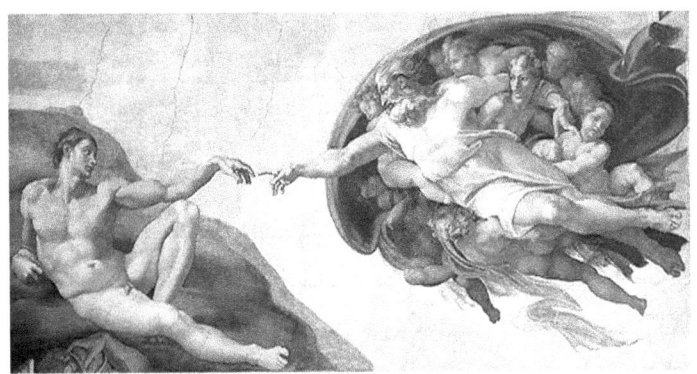

رسم 8: خلقُ الإنسان بحسبِ 'مايكل آنجلو'

نقولُها بإخلاصٍ، إنّنا استَلهَمنا هذه الفِكرةِ من فتًى كان يَستعدّ للمُناولةِ الأولى.[373] لماذا قد انشَغلَ لهذه الدرجةِ بِسُرَةِ آدم؟ لا نعلم، إنما بدا لنا الأمر إيحاءً من العِنايَةِ الإلٰهيّة فقبلناه بإيجابية. منذ ذٰلكَ الحينِ، لم يعد بإمكانِنا أن نَقرأ الأمورَ كما كانت عليه. إن آدمَ ما بعدَ عَدنٍ، قايينَ على سبيل المثال، مع سُرَّةٍ هي نتيجةٌ طبيعيّةٌ لحَبَلٍ ووِلادَةٍ طبيعيَّين، كان أيضًا إنسانًا كاملًا كوالده، آدم الذي وُجِد بدونِ سُرَّةٍ. ولكن، ما القولُ بعد آلافِ السنين في حالةِ المسيح؟ تصوُّرٌ جديدٌ للخلاص ارتَسمَ في أفُقِنا مرتكزٌ، من بابٍ أَولى، على غِشاء بكارةِ حواء وليس على غياب السُرَّة المُشتركة بينها وبين آدم.

على أن حوّاء التي صُنعت "كاملةً"، لم تَتمكّن من التغلُّبِ على التّجربةِ، وسَقطت بالتمرُّدِ الذي كانت على عِلمٍ مُسبَق بنَتيجتِه. يقولُ 'أفرام' في هذا الصّدد: "سَكبَ الشيطانُ السُّمَ في أُذنِها فوَلَدَتِ الموت".[374] إذًا يبدو أن غِشاءَ بكارةٍ مُختلفٌ قد تمَّ فَضُّه من قبل الشيطان وهوَ غِشاء بكارة أُذن حواء... لذلك أصرَّ أفرام على أن يبدأ الخَلاصُ من خلال الأُذن ذاتِها لحوّاء الجديدة كعلامةٍ لمداواة غِشاء بكارة أُذُنِ الإنسان، ما يعني إعادةَ تأهيلِ الأمومة التي تبدأ بالتَوليد للحياة، بدلَ أن تستمرَّ بالتَوليد للموت. ولذلك قام أيضًا يسوع، الابنُ البكر للأمومة

373 أندرو غسان خريش، عمره حين كتابة هذه السطور عام 2003، ثماني سنوات، متحدِّر من بلدة عين إبل، لبنان الجنوبي. مولود في مدينة ميسّيسوغا، أونتاريو، كندا.

374 *TLE*، ص. 34: "من رحِمِ أذن حوّاء الصغير دخل الموت وربح كل شيء". راجع أناشيد في الكنيسة 49، 7.

الجديدة، بالمقارنةِ بين ’الخُبز‘ و’الكلمة‘ في أوَّل مواجهةٍ بينه وبين شيطانِ عدنٍ نفسه، قبلَ بدءِ رسالته بالضَبط، هوَ من سَيكون الكلِمةَ المفترض فيها ان تُخصِّبَ كلَّ أُذنٍ أُعِدَّت مُسبقًا، من غِشاء بكارتِها، للإيمان به.

من المُفترضِ إذًا أن تكون حواءُ ما بعدَ عدنٍ، كاملةً، على الرُّغم من سُرَّتها، فما السُرَّة سوى علامةٍ، توقيعِ خَتَمها الله به، كما سيختم بعدها سلالتَها، كي لا يقتُلهم أحدٌ بسبب المخالفة التي ارتَكَبتها والدتُهم. بالتالي يكون النقص قد كَمَنَ في فعل خِسارتها لعِفّة أُذنِها، وبالفعلِ نفسِه، عِفّةِ قَلبِها، وبأنَّها تسبَّبَت بالنقصِ ذاتِه لآدم، خاسِرَين كلاهُما كلَّ حِمايةٍ، ما يفسِّر فِعلَ إعدادِ الله ثَوبَين لهُما من الجلد لمعالجةٍ مؤَقّتةٍ لفقدانِهما بكارةَ أذنَيهما وقلبَيهما، بانتظار التجديد الكامل لعِفّتِهما بالخَروفِ الفِصحيِّ الذي ستُعِدُّه، بالروح القدس، أمُّهما حواء الجديدة، ليرفَعَ ذبيحةً خلاصيَّةً عن أُذنِ والدَتِها وقلبِها وجنسِها.

إن هذه الحِمايةَ ستَكونُ واضحةً أكثرَ في حالةِ قايينَ ابنِ حوّاءَ البكرِ الذي من أجلِه تخلَّت عن بَكارتِها. قايينُ كان الأوّلَ في الخَليقةِ الذي حَملَ ’توقيعَ‘ السُرَّة، وإنّما الأوّلَ أيضًا في ارتِكابِ جريمةِ قَتلِ أخيه. لقد أمَّنَ الله له هذه المرَّةَ ’علامةَ – توقيعَ‘ أُخرى أسوَأ من الأولى، لأنّها سَتكونُ نَدبةً ظاهرةً وليس فقط أثَرَ جُرحٍ يُمكن إخفاؤه بألبسَةٍ مُختلفة.

ولكن، هل يُمكن اعتبارُ كمالِ ’ما بعدَ عَدنٍ‘ على شاكلة ما كان عليه ’ما قبلَ عَدن‘؟ ولو شاءَ آدمُ وحوّاءُ أن يكونَ لهُما أولادٌ، خلالَ الفَترةِ العَدنيّة، هل كان سيكون لهؤلاءِ الأولادِ سُرَر؟ هل كان ليُطبَّق مُعجمُ كلماتٍ واحدٌ على أحداثِ الإنجابِ والتّوليدِ، قبلَ السقطةِ وبعدَها؟ من يُمكنه أن يُؤكِّدَ بأنّ حوّاءَ، التي لم يَكن لدَيها سُرَّةٌ، كانت بحاجةٍ إلى غِشاءِ بَكارة؟ إن معادلةَ [السُرّةِ = غِشاءِ البكارةِ] قد تكونُ أكثرَ احتمالًا، في حالِ اعتبار غِشاء البكارةِ شيئًا ’مختألفا‘ أي ذي وظيفةٍ مُختلفةٍ تَسمحُ بعُذريّةٍ دائمة. انطلاقًا من ذٰلكَ، يتأثّر كلُّ مُعجم العُذريّة الماديّةِ وتُبطَل كلُّ الميثولوجيات، كما كلُّ الرمزياتِ المرتبطة بفضِّ البكارة. فلنَنتقِلِ الآنَ إلى التَّطبيقِ العَملانيِّ لهذه النظريّةِ على وِلادةِ يسوعَ الخَلاصيّةِ من العَذراءِ مريم:

إن ’مريمَ‘ التي كانت معصومةً من الخطيئةِ الأصليّةِ، نالت حَظوة أن يكون جَسدُها ’كاملًا‘ بكمالِ حوّاءَ عَدن، قبلَ السّقطَةِ، ما أدّى إلى اعتِبارِها ’ممتلئةً نعمة‘، وذٰلكَ على الرُّغم من سُرّتها. والقولُ عَينُه يَنطبقُ على ابنِها يَسوعَ، آدمَ الجديدِ، بخاصّة أنّه الوحيدُ في العالَمِ الذي لم يكن حتّى بحاجة ليُعصَمَ من خَطيئة. لقد عَرفَ ’أفرامُ‘ كيفَ يُبرزُ عِفّةَ ’يسوعَ‘ (المتوازيةِ مع العذريّةِ ’الرازائيّة‘ المذكورةِ أعلاه)، مُقدِّمًا إياه للمؤمنين كـ’البتولِ‘ الأوّلِ، بامتياز.[375] ومنَ المتعارَفِ عليه أن صفةَ ’بتول‘ في اللغةِ العربيّةِ، لا تتغيّرُ مع الجنس، ويُوصفُ بها المُتبتِّل والمُتبَتِّلة على السواء.

375 *TLE*، ص. 152 وما يتبع عن النسك المثالي؛ راجع *La Pensée*، ص. 389 وأناشيد في الميلاد، 8، 8. (العنقود البتول).

بالنسبةِ إلى 'أفرامَ'، تُشكّل 'العذريّةُ' جزءًا من صفاتِ الكمالِ العَدني. وبالتالي، فإن السُرَّةَ ليسَت علامةَ الكمال أو عدَمَه. إذًا، يصحُّ القولُ إنّ يسوعَ هوَ إنسانٌ كاملٌ، إنّما ذو كمالٍ 'مختألفٍ' عن كمالِ سائرِ البشر. فالاختِلافُ يَكمُنُ في 'الروحِ' (*Forma*) وليسَ في المادةِ (*Materia*)، كلاهُما 'رازائي'. هذا ما تؤكّدُه يوميًّا الكنيسةُ المارونيّةُ، الأمينةُ لعقائدِ الـمَجامعِ الستّةِ الأولى، في صلاتِها الافخارستيّةِ: "ما من أحدٍ ظهرَ على الأرضِ بِدونِ خَطيئةٍ إلّا ربُّنا وإلٰهُنا يسوعُ المسيحُ، الذي يَليقُ به التَّمجيدُ والإكرام، إلخ"، أي لم يكن فيه أثرٌ أو ندبةٌ لخطيئةٍ سابقة.

وهكذا، فإن غِشاءَ بكارةِ 'مريمَ' المستَتِرَ تحتَ سُرَّتِها، التي ما هي، كما قُلنا، إلّا 'تَوقيعُ' الله الذي لا يُمحَى، كان كاملًا من كمالِ غِشاءِ بكارةِ حوّاءَ في الوسطِ 'الرازائيِّ' لعَدن. إذًا، إن شِئنا أن نُمحِّصَ نوعَ هذا الغِشاءِ، نقولُ إنّه غِشاءٌ ذو طبيعةٍ عَدنيّة. وبدلًا منَ الاكتِفاءِ بوَصفِه، بالشفّافِ والـمُنير، 'غِشاءً منيرًا'، كما يطيب لـ'أفرامَ' أن يقولَ عنه، غِشاءً يتَخطّى، بشكلٍ أو بآخرَ، الغِشاءَ الما-بعدَ عَدني، نقولُ فيه: غِشاءً 'رازائيًّا' لا يُفَضّ أبدًا، في حال حَملِ 'رازائي' من إلٰهٍ يُخلي نفسَه ليُصبِحَ 'ابنَ الإنسان'، الذي هوَ 'الراز' بامتياز.

صحيحٌ أن التجَسُّدَ كان حدَثًا ما بعدَ-عَدني، ولكن يعود للإيمانِ أيضًا، وليس فقط للعِلم، التأكيدُ أن كلَّ شيءٍ كان مُعَدًّا للأمِّ لتَحبَلَ وتلِدَ في الواقعِ العَدني.[376] إن الحُكمَ على آدمَ وحوّاءَ وفقدانَهُما الحالةَ النورانيّةَ، بسببِ عصيانِهما، هوَ ما تسبّبَ لغِشاءِ البكارةِ بأن يصبحَ نقطةَ ضعفٍ، كجزءٍ لا يتجزّأُ منَ الآلامِ التي أنبأَ بها الله حوّاء، وهوَ قابلٌ للفَضِّ بالجِماع بين جَسدَين باتا 'داكِنَين'، بسببِ ما تخلّدَ تحتَ اسمِ الخَطيئةِ الأصليّة. عندما قال الله للمرأة: "لأكثرنّ مشقاتِ حملِك، بالألَمِ تلدين البنين، وإلى بعلِك تنقادُ أشواقُك، وهوَ يَسودُ عليك"، كان ضِمنًا 'فضُّ' غِشاء البكارة بتدخُّلٍ عنيفٍ من الرجل. إن هذا ما تَتَذكرُه النساءُ كافّةً كأثرِ صَدمةٍ لاغتِصابٍ، حتّى المتزوِّجاتِ منهُنَّ. عليه، نشير إلى أن فعلَ فضِّ البكارةِ أخذَ بُعدًا مقدَّسًا في العباداتِ القديمةِ، ودخلَ في الرُّتَبِ الدينيّةِ التي، من خِلالها تُقدِّم المرأةُ، بإرادتِها، بكارتَها وآلامَ فضِّها للآلهة. هذا ما نجدُ له أثرًا، لغايةِ اليومِ، في أساسِ نَذرِ العِفّةِ في الكنائسِ ذاتِ التقليدِ الرَّسوليِّ، حيثُ من الـمُفترَضِ أن تُقدِّم الناذراتُ عُذريّتَهُن مع كلِّ التضحِياتِ التي تَتبع، إلى خَطيبِهِنَّ يسوعَ المسيحِ، 'الراز' المطلق.[377] لم يكن عبثًا ما قامَ به 'أفرامُ' من مديحٍ لـ'البتوليّةِ' التي لِـ'نُوحَ'، كما لـ'مريمَ'، كما لـ'بناتِ العهد'.[378]

---

376 كانت 'مريم' قد 'أُرِّزت' من قبل 'الراز' الإلٰهي الذي هوَ النار الإلٰهيّة التي عرَّفت عن نفسها بواسطة النور الإلٰهي، والتي تُحقّقُ ذاتها في الواقع الزمني بواسطة الحرارة الإلٰهيّة الخصبة والمخصبة - الروح الإلٰهي - الأمومة الموَلّدة للأجيال والمؤسِّسة لها، أكانت أجيالَ البشر أم أجيالَ الرازيّات، أم الإلهامات إلخ.

377 عبادة كنعانيّة اشتهر بها معبد 'أفقا' من بلاد جبيل، جبل لبنان، أيام كانت تعبد آلهة الخصب،إيل وبعل... انتقلت كتقليد في ما بعد، حتّى في ظل الديانة المسيحيّة، إلى عالم الإقطاع حيث اعتبرت النساء من ملكيات الإقطاعي، وله يعود الحق الأوّل في فض بكارتهن عند الزواج...

378 'بنات العهد'، سيدات وآنسات من الرعيّة أسّسهن مار أفرام لكي يُمجّدن، أسوة بأخوتهن 'أبناء العهد'،

يبقى واقعيًّا وصحيحًا القولُ إنّ يسوعَ هوَ إنسانٌ كاملٌ، أخذَ على عاتِقه بشريّتَنا غيرَ الكامِلَة، وإنّ 'مريمَ' هي امرأةٌ كامِلةٌ، اضطَلَعت بالكاملِ بمسؤوليّةِ الأمومةِ، أسوةً بالنساءِ الأمهاتِ كافّةً، ولٰكن يجب ألّا يغيبَ عن قولِنا: "ما عدا الخطيئةَ". على هذا التعبيرِ أن يُرافقَهُما كما تُرافقُ نجمةُ الصبحِ بزوغَ النهار. بهذا، يكون الاثنان مُتمتِّعَين (فاعِلَين action) بكلِّ ما هوَ إنسانيٌّ ومتألِّـمَين (مفعولٌ بهما passion) منه، ما عدا الخطيئةَ التي كانتِ السبَب، فأحدَثَت دائمًا خسارةَ الإنسانيّةِ للنورانيّةِ، للنّقاوةِ، وللقَداسةِ. إن اختِزالَ الربِّ يسوعَ ووالدتِه مريمَ بمادتَي اختِبارٍ، لا يليقُ، لا بهِما ولا بنا، نحن البشرَ الذين يَنبغي عَلينا أن نَعترفَ بأنّه، إن كان للإنسانيّةِ من كرامةٍ دائمةٍ، فذٰلكَ بفضلِ التصوّرِ 'الرازائيِّ' والفعلِ 'آرزَ' المنبثقِ منه، والذي أرادَ 'أفرامُ' أن ينحتَهُ بهدف دِقّةٍ ووُضوحٍ أفضلَين، في كلِّ ما يتعلّقُ بالتبشيرِ بالإنجيلِ والفِداء. إن تصوّرَه الرازائيَّ هذا يؤمِّن للتجسُّد (الميلادَ والآلامَ والـمَوتَ والقيامةَ والصعودَ والانتقالَ)، البذورَ والجذورَ الخاصّةَ به في واقعٍ من التأكُّدِ والاستِبصار، اللذين يتنافى وإياهُما الواقعُ الزمنيّ.

عليه، وبفضلِ التقليدِ السُريانيِّ الذي حفِظَ لنا، بغَيرة، نشيدَ النورِ، كما بفَضل أوتارِ الكِنارةِ الأفراميّةِ التي تدعمُ عذريّةَ والدة الله وبتوليّتَها الدائمتَين المشار إليهما بـ 'الألف' في 'مُختألف'، استطعنا أن نضعَ النقاطَ على حروفِ واقعٍ 'رازائيٍّ'. إن الأخير هوَ نتيجةٌ طبيعيّةٌ لفعلِ 'آرزَ' الذي يجمعُ بين الإلٰهيِّ والإنسانيِّ، والذي باتَ في أساسِ لغةٍ جديدةٍ، أو، أقلّه، بالمعنى الذُهديّ، 'أسلوبِ نُطقٍ عاميٍّ رازائيّ' (dialect). سمح الأسلوبُ الرازائيُّ العاميُّ هذا ويَسمحُ دومًا بتَسميَةِ النورِ الزمنيِّ نورًا إلٰهيًّا، كما استعمَلَه المسيحُ، بدونِ الخَشيةِ أبدًا من الوقوعِ في خَطأ تهميشِ النارِ الإلٰهيّةِ وحرارتِها، والعَكسُ صَحيح. إن الآفاقَ هنا هي من طبيعةٍ 'مختألفة'. في هذه الحالةِ، ما من دالّةٍ تقف عند ما تَدلُّ عليه في الواقِع الزمنيِّ، وما من رمزٍ يرمُزُ إلى ما هوَ مخلوقٌ، وما من مثالٍ يُمثِّلُ صنفًا محسوسًا، مع أنّنا نستمرُّ باعتبارِ كلّ شيء واقعيًّا، محدودًا، ملموسًا، حتّى الارباكِ أو حتّى الهرطقة.[379] من خلالِ الزاويةِ الرازائيّةِ هذه، يتكلّمُ الله منَ السماءِ فتَتحقّقُ كلمَتُه على الأرض. ويَتكلّمُ الإنسانُ من الأرضِ فتَتردّدُ كلماتُه في أذنِ اللهِ الذي في 'السماواتِ': "مباركٌ الذي تصاغرَ بدونِ حدودٍ لكيما نَنموَ نحن أيضًا بدونِ حدود!".[380]

أنحنُ من يقولُ هذا الكلامَ اليومَ، للحياة الأبديّة، أم أنّنا نقوله نيابةً عن أفرامُ ما بعد موتِه (*post mortem*)؟

خالقهن ومخلّصهن الذي بفضل والدته أعاد لهُن كرامتهُن العدنيّة، وقد ميّز أفرام بين المتزوجات والعازبات لأسباب اجتماعيّة، تمامًا كما يحدث في الرعايا لغاية اليوم.

379 *La Pensée*, note 32, p. 45

380 *Cf.* Éphrem de Nisibe; Hymnes sur la Nativité; Sources Chrétiennes N° 495; traduction du syriaque et notes par François Cassingena-Trévedy, O.S.B. Les Éditions Du Cerf, 29, Bd Latour-Maubourg, Paris 2001.

خاتمـــة

أن نُسَمّيَ النورَ الزَّمني نورًا إلٰهيًا من دونِ خِشيةِ الوُقوعِ في خطأ تُجاهَ النّارِ الإلٰهيّةِ وحَرارتِها، هوَ نَتيجةُ السينِرجيا العابرةِ مُختلِفَ الحقائقِ الماثلة، لتُغنيَنا بواقعٍ إضافيٍ مميَّزٍ، أسميناه الواقعَ 'الرازائيّ'. هوَ واقعٌ مزوَّدٌ بزَوايا لحقولٍ تَتلاءَمُ معَ 'العَينِ النيِّرةِ'، عاصٍ على التّحديدِ، ويتِمُّ التعرُّفُ إليه فَقط من خِلالِ سُلوكيَّتِه. إنّه مُفعَّلٌ بالفعلِ 'آرَزَ' الذي، بفَضلِه، يَتنفَّسُ هذا الواقع روحَ التدبيرِ الخَلاصيِّ والـمُقدَّساتِ التي تُغذّي جسدَ المسيحِ 'الرازائيّ' وليسَ بعد السرّيَّ. إن هذا الفعلَ والواقعَ الذي ينبُعُ منه، واللّذين يَتغذَّيان، كلاهما، من التقاطُعِ الزمن – سرمديّ لتجسُّدِ 'الراز'، يُشكِّلان، في نَظرِنا، طالما أن البشرَ يؤمِنون ويعقُلون، قِفلَ الجِسرِ العلائقي ما بين العِلمِ والدِينِ، بين العقل والإيمان.

أما بالنسبةِ إلى السؤالِ عن التهوُّرِ، أو التكَلُّفِ، بالاعتِرافِ بوُجود واقعٍ 'رازائيٍّ'، فشعورُنا وقناعتُنا، عند هذا الحدِّ من جلوِّه لنا، يطمئناننا بأن ما اكتشفناه من مسلك هوَ صحيح، ونتركُ الحكمَ على سلامة خطواتنا للآخرين. هذا "الواقع" الذي لطالما ضجَّ في عمق قلبنا والذي انتظر مختبئًا في طَيّاتِ 'الكِتاب' كما في حنايا 'الطبيعةِ'، أجلَته لنا روحانيَّة أفرام النصِّيبيني. جلوُّهُ لنا، كما في حالة 'السينرجيا الفولِريَّة للمعادلة (2+1=4) هَدَتنا، لا إراديًّا، إلى قراءة غير متوقّعة للتدبير الخَلاصي، أسميناها "القراءة من خلال السرَّة وغِشاء البكارة"، وهي تدعم عقيدة البتوليَّة والعذريَّة الأبديَّتين 'لمريم'. ستخدمنا أيضًا، في الفصل الأخير، في دفاعنا عن عقيدة "البريئة من الخطيئة الأصلية".

ما سَيتبع الآن، سَيزيدُ من قناعَتِنا وثَباتِنا في نَظريَّتِنا، لأن خَيرَ التفاهُمِ بينَ العِلمِ والدِينِ لمصلحةِ الحقيقَةِ الواحدة والوحيدة يخدم خَيرَ الإنسانيّةِ من ألِفها إلى يائِها.

يَبقى علينا أن نُحدِّدَ، بقدرِ الإمكانِ، وحدَةَ قياسٍ صالِحَةً لهذا الواقعِ 'المُختألِفِ'، أي ما يَسمحُ بمؤالفتِه وبإخضاعِه، بطريقةٍ أمثَلَ، لمفاهيمَ وقياساتٍ ومُقارناتٍ بحسبِ الـمُستلزماتِ العِلميّةِ، لجعلِه 'صديقًا' حتّى بالنسبةِ لأشدِّ العُلماءِ الاختباريين تطرّفًا.

إن 'أفرامَ'، والأدبَ السريانيَّ، بشكلٍ عامٍّ، يقدّمان لنا مفهومَ 'يُات *yât*' (الذات، ذاتُ الكائن، the self) الذي يغطّي الكائن، أيَّ كائن، في نواته كما في جوهره، والذي يُمكِنُ التعرُّفُ إليه، في الوقتِ عَينِه، داخلَ الجَمرة، في الشمسِ التي تُرى، كما في 'الشمس' التي لا تُرى. ويَبدو أن تلكَ 'الذاتَ' تَعرِضُ نفسَها لنا بأصغرِ مكوِّناتِها على الإطلاق، كما بأكبرِها. إنّها تُقدِّمُ نفسَها على أنّها 'نُقطةُ الالتِقاءِ'، 'القُبَّةُ الدهريّةُ' المنشودَةُ التي يُمكِنُها أن تؤمِّنَ "الوَسَط المناسِب" لِسمفونيّةِ اختصَاصَين يُفترَضُ انعدامُ الملاءَمةِ بينهُما. ما هي تلك 'الذات' (*yât*) ؟

الفصلُ الرابع: "الذاتْ"، منَ 'الجَمرةِ' إلى الشّمس

في البدءِ خلقَ اللهُ السماواتِ والأرض. (تك 1، 1)

בְּ/ רֵאשִׁ/ ית, בָּרָא אֱלֹהִים, אֵת הַשָּׁמַיִם, וְאֵת הָאָרֶץ

B / rêš / ït bara Êlohîm êt h'šamaïm w êt h'êrêtz,

In the beginning God created (the heaven) (the heavens) and the earth .

ܒ/ܪܝܫ/ܝܬ ܒܪܐ ܐܠܗܐ (ܝܬ) ܫܡܝܐ ܘ (ܝܬ) ܐܪܥܐ

B / riš / ït brâ Alâhâ . [yât] šmayâ w [yât] ar^câ .

تَقضي الليتورجيا المارونيّةُ، بعد كلامِ التكريسِ، واستِدعاءِ الروحِ القُدُسِ، بأن يُحمَلَ 'الجَسدُ' فوقَ 'كأسِ الدم' لكي يُكسَر ويُبذَل. يبدأ الكاهنُ هذا الطقسَ بكلماتِ التقديس التالية:

ܗܝܡܢܢ ܘܩܪܒܢܢ، ܚܬܡܝܢܢ ܘ ܩܨܝܢܢ

Haïmennan w-qarebnane, ḥâtminan w qâsenan

ܘܐܟܪܣܛܝܐ ܗܕܐ ܠܚܡܐ ܫܡܝܢܝܐ

ûkarestia hodê laḥmâ šmayânâ

ܦܓܪܗ ܕܡܠܬܐ ܐܠܗܐ

faghreh d_Mêltâ Alâhâ

ܘ ܟܣܐ ܕܦܘܪܩܢܐ ܘܐܕ ܬܘܕܝܬܐ ܪܫܡܝܢܢ

w kâsâ dfûrqânâ wad taoditâ rošminan

ܒܓܡܘܪܬܐ ܡܚܣܝܢܝܬܐ ܘ ܡܠܝܬ

ܐܪܙܐ ܡܢ ܪܘܡܐ ...

bagmûrtâ mḥasyânitâ w malyat râzê mên raomâ . . .

ما يعني: "آمنّا وتقدّمنا. نَختم ونكسِرُ هذا القُربانَ، الخبزَ السماويّ جسدَ الكلِمَةِ الإلهِ الحيّ. ونَرسُمُ كأسَ الخَلاصِ والشكرانِ هذِه بالجَمرة الغافرةِ والملأى 'رازيّاتٍ' من العُلى".[381]

مع المرجعِ التالي، ننضمُّ إلى النبيِّ أشعيا، في تأمّلِه، في الهيكل:

فطار إليَّ أحدُ الساروفين وبيدِه جَمرةٌ أخذَها بمِلقَطٍ من المذبح.
ومسَّ بها فَمي وقال: ها إن هذه قد مَسّت شفتَيك فأُزيلَ اثمُكَ

381 مع الكسر، أي 'الذبح'، لدينا سَيَلان دم... لذلك يتمّ هذا الفعل فوق الكأس الذي تمّ سلفًا وضعُ النبيذ فيه ممزوجًا ببضع قطراتٍ من الماء 'رمزًا للدّم والماء اللذين جَرَيا من جنب المسيح على الصليب'. هذا ما تقوله كلمات إعداد القرابين. أما فعل 'الرسم' (رشم)، وهوَ مستعمل أيضًا في رسامة الكهنة، ويعني بشكل خاص 'وضع علامة الانتماء (الوشم) وإعطاء 'وجهة' للمفعول به نحو جماعةٍ محدَّدة ومَهمّةٍ مميَّزة... ثمّ يأتي دور النار: "رُشمينان بغمورتًا محسيَانيتًا"، أي "نرسُم بالجَمرة الغافرة..". هل يوجد رمزٌ أفضل من الجَمر ليمثّل 'الروح القدس - النار' الذي يُحدِث التغيير، التحوُّل، الذي يُنير، يُشعل، يُطهِّر؟ وأخيرًا في ما يخصّ 'الرازيّات والأرواز' (مليًا رازه)، وهي جمع 'راز'، فنؤكِّد قناعتَنا بأن هذا الجمع لا يعني سوى 'الراز' المطلق، الفائق التصوُّر، المسيح بالذات، وليس عددًا من الأسرار المبهمة كالتي يشار إليها عندما نتحدَّث عن فاعلٍ مُستتر تقديره 'هو' أو 'هي'. على سبيل المثال: في جمع التكثير 'أمواه' لا يُقصد سوى المياه الكُلّيَّة، لا غيرِ.

وكُفِّرَت خطيئتُك'. [382]

نرى أن هذه المُقدّمةَ كافيةٌ لهذا الفصل الذي سيَبحثُ في دور 'الجَمرة'، في دور الجَوهرِ الواحدِ والثالوث، في آنٍ، في مجالِ المقدّسِ والتقديس. إن 'الجَمرةَ' تسمحُ لنا بمراجعةٍ تاريخيّةٍ ضروريّةٍ لجذورها كأداة، ولتطبيقاتها المتنوّعة كعنصرٍ يُمكنُه أن يؤدّيَ في الوقتِ عَينه، دورَ النَّمطِ والدَّلالة والرَّمز، بخاصّةٍ رمزِ الجُزَيءِ الطبيعيّ الأصغَر (minima naturalia) للواقعِ 'الرازائيّ' الذي يُمكن مقابلتُه بـ 'كَمّ' (quantum) 'الواقع الكَمّي'.

يهدفُ هذا الفصلُ، الذي يَبحثُ في ما هوَ مَوجودٌ، كما في ما هوَ كائنٌ، انطلاقًا من الجوهرِ ('إتْ، يات ܐܝܬ' السريانيّة أو 'إيت آتْ את' العبريّة)، إلى الإثبات، في النهاية، مع أفرام، أن كلَّ شيءٍ ينشأ مِنَ الجوهرِ عَينه الذي هوَ 'النُّورُ'، وأنّه يَنبَغي على كلِّ شيءٍ أن يعودَ 'نورًا' من جديد. وفي هذا المسارِ المحفوفِ بالمخاطر، سيرشِدُنا نورُ قبرِ الإنسانِ – الإلهِ (رازا)، وقيامتُه، كما 'جَمرةُ' 'أفرامَ'، تلك 'الجَمرةُ' التي أدَّت دورًا بارزًا في دحضِ الفلسفةِ واللاهوتِ الوثنيّينِ 'theosophy' للعباداتِ الخاصّةِ بالنارِ والشمسِ المخلوقتين.

سوف نُوزِّع تحاليلَنا على النُّقاط التالية:

1 . رمزيّةُ 'الجَمرة': اشتقاقُها وأبعادها الميثولوجيّة، البيبليّة و'الرازائيّة'
1.1 . اشتقاقُ المُصطلَح 'جَمرة' وأبعادُه الميثولوجيّة والبيبليّة
1.2 . الأبعادُ 'الرازائيّةُ' لـ 'الجَمرة'
1.3 . رَمزيّةُ "جَمرة"

2 . 'النورُ' في 'القَبر'
2.1 . عَدَمُ التجانسِ بينَ 'النورِ' و'القَبر'
2.2 . لُغزُ القَبرِ الفارغ
2.3 . من 'الجَمرةِ' إلى 'الشمسْ': "الذاتْ" (ܐܝܬ yât)
2.3.1 . "الذاتْ" (yât) وفَراغُ القَبر
2.3.2 . انكشافُ "الذاتِ الرازائيّة" (the râzâtic yât)

3 . عودةُ انبثاقِ النورِ مِنَ المادة
3.1 . التمييزُ بينَ القيامَة (Qiâmtâ) الانبعاث (Nûhâmâ)
3.2 . انبثاقُ النورِ مِنَ القَبر
3.3 . الفيلسوف ديكارتْ و'أفرامَ': (العَقلانيّةُ مقابلَ الشموليّة)

خاتمـــة

---

382 أش 6: 6-7. تُذكِّر هذه الآيةَ بالمثلِ القائلِ: "آخِر الدواءِ الكَيّ". فالملاكُ، بعد لمسِ فمِ النبي أشعيا بالجَمرة، لم يَقُل له بأن شفتَيه فقط قد طُهِّرتا، بل بأن إثمَه أُزيلَ وخطيئتَه غُفرت.

1. رمزيّةُ 'الجَمرة': اشتقاقُها وأبعادُها الميثولوجيّةُ، البيبليّةُ و'الرازائيّة'

تُعرَّفُ المعاجِم الجَمرةَ على أنّها "خُلاصةٌ مُتلهِّبةٌ لاحتراقِ الحَطبِ". ووِفقًا للمقالةِ المعنونةِ 'الآلهةُ والإلاهات' للكاتب ميرتشا إلياده (Mircea Eliade)، إنّها أداةُ التطهيرِ، وإنّما أيضًا إعادةُ تَوليدِ الحياةِ، لكَونِها طعامَ الآلهةِ (Ambrosia). وبحسَب التَّلمودِ، تُكتَبُ الجَمرةُ RSPH وتُلفظُ إمّا *'RitSPaH'* وإمّا *'RotSpeH'*. وتَعني هذه الأخيرةُ: فُضّ له فُوه.[383]

1.1. اشتقاقُ الـمُصطَلحِ 'جَمرة' وأبعادُه الميثولوجيّةُ والبيبليّة

إن الفيلسوف والمؤرِّخ 'إليادِه'، وبدونِ أن يقصِدَ الدِّفاعَ عن 'راز القُربانِ' المسيحيِّ، يقدِّمُ لنا على طَبَقٍ من ذهبٍ، دليلًا على شُموليّةِ هذا المصطَلحِ ووجودِه ما قبل التجسُّدِ في الحضاراتِ غيرِ البيبليّة. إنّه يكشِفُ هذا الدليلَ لدى الإلٰهة 'ديميتير' *(Demeter)*، من الميثولوجيا اليونانيّة، التي وافَقت على الاعتِناء بالطفل ديموفون *(Demophon)*، ابنِ الملكة 'ميتانير' *(Metanire)* المولودِ حديثًا. يَروي 'إليادِه':

> ... إذ شعرتِ الإلٰهةُ ديميتير بالمودّةِ تُجاه الطِفلِ، أرادت أن تجعلَه خالدًا. ففي النهارِ، كانت تَمسحُه بخُبزِ الآلهة،[384] وفي الليل، كانت تُطهِّرُه بـ'النار'. ولكن، بحسَبِ ما يُضيف 'إلياده': عندما رأت 'ميتانير' ابنَها على الجَمرِ، أطلقت صرخةَ رُعبٍ. حينئذٍ، بحسَبِ ما يختَتِم المؤلِّف، تجلّت الإلٰهةُ مُعلنةً: "أنا 'ديميتير' المَعبودة التي تمنحُ التجدُّد...[385]

هذا هوَ إنجيلُ الحَضارةِ اليونانيّة السابقُ للإنجيل *(Greek pre-Evangelium)*، والذي تَتطابقُ معه كلِماتُ أفرام التالية:

> نارُ الرحمة،
> ينحدرُ ليسكنَ في الخُبز.
> وبدلًا من تلك النار التي كانت قد أهلكَتِ البشريّة،

---

383 راجع الموسوعة الشاملة *EU*. مقال للكاتب شارل تواتي (Charles Touati)
Réhabilitation d'Israël contre le prophète Isaïe, mot clé, 'braise'

راجع أيضًا سيباستيان بروك في كتابه "العين المنيرة"(*TLE*, p. 121) حيث يقول في حديثه عن النبي أشعيا: " لم يكن بإمكان الملاك أن يمسك الجَمرة بأصابعه وبالكاد لمست شفاه 'أشعيا'. لا الملاك لمَسها ولا النبيُ استهلكها لكن السيد المسيح سمحَ بأن نتمكّن نحن من الأمرين".

384 باليونانية 'أمبروزيا' (Ambrosia) طعام الآلهة.

385 راجع الموسوعة الشاملة، مقال للباحث ميرشا إلياده (*EU*, Mircea Eliade, *Dieux et Déesses*). راجع أيضًا "ألعين المنيرة" (*TLE*, pp. 123-125)

استَهلكنا النارَ في الخُبزِ لننالَ منه الحياة.[386]

وتتطابقُ معها، بخاصّةٍ، الأبياتُ الشعريّةُ من النشيدِ المكرَّسِ للكنيسةِ، حيثُ يُشبِّهُ أفرامُ الألوهةَ بالأُمِّ الحاضنةِ، إذ يَقول ما معناه:

الألوهة تسهرُ عَلينا،
كما تَسهرُ على طفلٍ حاضنتُه.
تترُك للوقتِ المناسبِ
ما يُمكنُه أن يَستفيدَ منه.
تَعرفُ متى تَفطمُه
ومتى يحتاجُ الطفلُ إلى الحليب
ومتى يجبُ أن تُغذّيَه بالخُبز،
مُقدِّرةً ومُعطيةً له ما يَخدمه،
وِفقًا لوتيرةِ نُموِّه... إلخ.[387]

بيبليًّا، يبقى أن نقول إنَّ الجَمرةَ هي، على الصعيدِ الرِّمازي (semiologic)، مصدرٌ لسِلسلةٍ من الرموزِ التي تَتشاطَرُها مع النار.[388] يقول 'إلياده'، في المرجع الأخير، ضِمنَ الفَقرةِ المُعنوَنة "صورةُ الابن":

... إن النار المُجنَّسة (sexualised) تَستدعي، في الواقع، رموزَ الخصوبة، وبِشكلٍ أكثرَ دقّةٍ، الرمزيّة البَنويّة. مَنطقيًّا، ينساب موضوعُ المحتوى igné (اللَّهب) نحو الوَليد (الابن)، 'ثمرة بطنِ الأُمِّ'. إن اللَّهبَ 'ابنٌ'. إنّه إمّا نتاجٌ طبيعيٌّ أو صناعيٌّ، وهو، بدَورِه، يُنتجُ تلقيحيًّا، ولادةً، تولُّدًا جديدًا، أو تجدُّدًا.[389]

---

386 أناشيد في الإيمان (H. Fid 10,12؛ Cf. CSCO vol. 154, pp. 50-51.)

387 أناشيد في الكنيسة 18، 25، ترجمة المؤلّف. راجع أيضًا: TLE, p.202؛ و CSCO vol. 198, p.57

388 Cf. E.U., Symbolisme du Feu, article written by Gilbert Durand

389 غاستون باشلار يؤيد هذه الفكرة. راجع: La Psychanalyse du Feu, p.54

انطلاقًا منه، نكتشف أن 'الكلمة - الإله'، 'الفعل - الإله' الذي هوَ الوحدَةُ الأساس للواقع اللاهوتي (يو 1، 1) والواقع اللّغوي، ينشأ عن 'الله - النار'. من فم علوم الأساطير ومُحلّلي ظاهرة النار، يبدو وكأن إنجيلًا خامسًا يَنفتح لنا،[390] هوَ الإنجيل بحسَب الشعوب (غوييم). وكما أن 'النار' يُولدُ ابنًا هوَ 'الكلمة' (اللّهبُ المنير)، فإن الملاك الذي يَنقل 'الكلمة' إلى الأُذُن ليتجسَّد فيها، يحمل، في الوقت عَينه، 'الجَمرة' التي ستفُضُّ الفمَ لكي يولدَ منه 'الكلمة'، أي ليتحقَّقَ على أكمل وَجه. مع ذلك، نتساءل: هل يَنتهي دورُ هذه 'الجَمرة' عند شفتَي النبيّ والعالمِ الـمُنوَّرين؟

2.1. الأبعادُ 'الرازائيّةُ' لـ 'الجَمرة'

من الناحية 'الرازائيّة'، يَرمُزُ أفرام بالجَمرة إلى 'مريم'، لأنّها تَحمل النار في رَحِمها.[391] إنّه الاتّحادُ الأسمى الذي يمكِنُ أن يتخيَّلهُ إنسان، أي اتّحاد الجَنين مع أمّه التي يتكوَّنُ في أحشائها، يعيشُ منها، يَكتَنِزُ بالجسد والدَّم منها، من دون أن يكون أبدًا إياها.[392] بفعل هذا الاتّحاد، يَحمل 'الجَمر' لنا نارًا 'مختالفة' تُصبح في متناول البَشر، في سبيل تكاملٍ مُتبادَلٍ وليس استهلاكًا متبادَلًا.[393] وبفضل لاهوته العمادي، يُعزِّز أفرام تَموضُع الجَمرة هذا بقوله إن ماء العماد هوَ أيضًا 'جَمرة'، لأن كلّ معمَّدٍ في هذا الماء، وبه، هوَ معمَّدٌ بالنار والرّوح، ويُشقُّ أيضًا ثَغرُه لكي تَخرجَ منه كلمةُ 'أبّا' Abba وتُلهِبَ قلبَ الآبِ-الإله.[394]

تسهيلًا لاستيعاب المفهوم 'الرازائي' لـ'جَمرة الخَلاص الغافِرَة' (غمورتو محَسيونيتو)، التي كان يسوع يُجمِّر عليها السَمكات، عَقِبَ الصَيد العجائبي،[395] نقترِحُ وسيلةَ الهلالَين الديناميَّين

---

390   مع تطبيق نظريّة السينرجيا للعالم الأمريكي فولر يمكِننا كتابة : (3+1=5)

391   *La Pensée*، ص 230. يقول الأب بو منصور: "في كلّ الأحوال، حتى لو غلب تعبير 'فَغرًا' (جسد) على غيره لا يغيب مفهوم 'بِسرًا' (اللحم) عن المغزى المقصود. يستعمله أفرام في ميامره عن السيد المسيح حيث يؤكّد أن الجَمرة (غمورتًا) المقدّسة (أشعيا 6،6) قد اتّصلت (ܓܡܘܪܬܐ ܩ) بالخباء اللحمي (*SdDN* 46,4-5) حيث يؤدّي جسمُ مريم دور الفاعل ويَنسِبُ أفرام له فعل توليد الابن (*SdDN* 2,18-20).

392   بالمقابل، يُضفي الابن على والدته صفتَي "الأمومة" و"الخَصب" اللتَين بدونهما لا يمكنها أبدًا بلوغ كمالها.

393   بيتان من نشيد سرياني مأخوذان من كتاب مؤلف في الهند يصفان العذراء بما يلي:
"غمرت بذراعيك اللهب وغذوت بحليبك النار الآكلة
مبارك هو اللامتناهي الذي ولد منك.
Cf. Babu Paul; Veni, vidi, vici; Rabban Benjamin Joseph Publisher, St. Joseph Press, Trivandrum, India, p. 4. (translated by the author)

394   من أجل إعداد ماء العماد تتطلّب الليتورجية أن تُلقى فيه ثلاث جَمرات تثير، بفعل دخولها فيه، كميّةً من البُخار والدخان قبل ان تنطفئ. كذلك رتبة تبريك الماء في عيد الغطاس. الجَمرة هي الشيء الوحيد الذي يسمح، بالمعنى المحسوس، أن نمرَّر النار في الماء رمزًا لنزول المسيح فيه.

395   يو 21، 9. من اعتبار الرسل صيادي أسماك يصل المجاز إلى اعتبار البشر السَمَك الذي كان المسيح يعدُّه على النار.

المبيَّنةَ على الشكل التالي:

(.) هذه النُّقطة بين الهلالين هي الكلمة – النار، الكلمة – الله. أما الهلالان 'المحيطان' بها فهما عَلامتا إخلاءٍ أوّل (1st kenosis). إنّها طَبَقة 'رمادٍ' أولى، يتكرّر رمزُها في العهد القديم. ترمزُ النُّقطة إلى ابنٍ مُتواضع، مُطيع، مُقيم في حشا الآب، إلى 'الكلمة' الخفيّ في الحِكمة... هذه، إذًا، طَبَقةُ رمادٍ أولى حولَ الابن – النار. وهل مَن يؤمن بإلٰهٍ خفيٍّ ومُتواضع؟[396]

((.)) تجسَّدَ الكلمةُ – النار من 'مريمَ'. أصبحَ ابنَ الإنسان. إنّه لطالما أكّدَ بنفسه ذٰلكَ. عليه، باتت توجدُ طبقتان من 'الرّماد': صعوبةٌ مزدوجةٌ للإيمان بإلٰهٍ خفيٍّ في الجسد البشري.

(((.))) إن هذا الابنَ – النار الذي يَخرُج من الآب "إلٰهًا من إلٰه، ونورًا من نور"، اتّخذ له أُمًّا، ووُلد من مريم العذراء، وأصبح محتاجًا إلى حليبها. لقد غطّته علاماتُ الضُعف البشريّ كافّة، الجوعُ والبرد، خطرُ الموت، الهروب، الهجرةُ وغيرُها. ها هي طبقةٌ ثالثة من الرّماد.[397] من الذي بإمكانه أن يؤمنَ بإلٰه ذي سُرّة، يرضعُ ويحتاج إلى النظافة والحماية والدِفء؟

((((.)))) إضافةً إلى ذٰلك، أخضَعه 'والداهُ' لتعاليم الشريعة والتقاليد. هذه هي الطبقةُ الرابعة. أليس الله هوَ الذي يضع الشريعة والوصايا؟ من يُمكنه أن يؤمنَ بإلٰه يَخضع للأوضاع، كما للتقاليد البشريّة، حتّى وإن كانت مقدَّسة؟ ألم يُفضِّل الشعب، على هذا النوع من الإلٰه، مرّةً "العجلَ الذهبيّ"، ومرّةً أخرى "برأبا"؟

(((((.))))) من ثُم، وفي بداية رسالته، أخذَ خطايانا ومحدوديَّتنا، كما تنبّأ أشعيا. وبما أن البشر لا يَرَون إلّا المظاهر، اعتبَروهُ، هم أيضًا، كما تنبأ أشعيا: "مُزدَرًأ... رجلَ أوجاعٍ ومُتمرِّسٍ بالعاهات، ومثلَ ساترٍ وجهَه عنّا. مُزدرأ، فَلَم نَعبأ به".[398] فكانت هذه الطبقةُ الخامسة. من بإمكانه أن يؤمِن بإلٰه هوَ مِرآةٌ لأقبح ما يُمكن ان يتحمّلَه كائنٌ بشريّ؟

((((((.)))))) في الثالثة والثلاثين من عُمره، وخلال عشاءِ الفصح، الذي رَغب بمشاركته مع 'أصدقائه'، وبدلًا من أن يُعلِنَ نفسَه 'داودَ الجديد'، المسيحَ الـمُنتظر، جعلَ من الخبزِ الفطير والخمرِ انعكاسًا لشخصِه، جسدِه ودمِه، وسلَّمهُما للمُحتفلين ليأكلوا ويشربوا منهُما. وفي علامة استسلامٍ أمام الذين كانوا يريدون قتلَه، كما تنبأ 'لأحبّائه'. كسرَ 'الخبزَ'، مشيرًا بذٰلكَ إلى أنّه يقبلُ الموت طوعًا لكيما تُغفرَ خطاياهُم وينالوا الحياة، لا بل الحياةَ الوافرة. من الناحية الفلسفيّة، هذا يؤدّي إلى القَول إنّه بذلَ نفسَه 'بالقوّة' قبل أن يَسمحَ ببذلها 'بالفعل' على يد آخرين. منذ ذٰلكَ الحين، بدأ يتوجّه 'لأحبّائه'، كما لو أنّه صار من غير هذا العالَـم:

396 إن إخلاءً أوّليًّا من الله لذاته، من خارج غلاف الكتاب المقدّس، سيتمّ اللفت إليه في خواتيم الكتاب.

397 "من رأى يومًا النار تُقمِّط ذاتها باللُّغات؟" راجع: *TLE*, p. 105; *La Harpe de l'Esprit Saint* p. 304

398 آش 53، 2 - 3

"خذوا، كلوا: هذا هوَ جسدي، خذوا اشربوا: هذا هوَ دمي...". وهكذا، أسّس لطبقةِ الرّماد الأكثر دقّةً، أي الطبقة السادسة التي تضعُ المُستمعَ إليه، حتّى ولو كان الفيلسوف أرسطو بذاته، أمامَ أحد الاستِنتاجَين: إمّا أنَّ هذا الشخص ثَملٌ وهوَ يَهذي، إمّا أنّه، فعلًا، إله.[399] ففي حين أن التلامِذةَ أحبّاءَه سَيَتوارَون، إلّا أن اثنين غريبَين عنه، وهما 'لصُّ اليمين' وقائدُ المئة، تمكّنا من قول كلمَتهما، خلال تنفيذِ هذه 'الذبيحة' على أيدي الجنود الرومان. كانت تلك طَبَقةَ الرّماد السادسةَ الموضوعةَ، كحجرِ الزّاوية، أمام قُساة الأعناق.

((((((.)))))) ختامًا، بقُبوله مَصيرَه، "كحملٍ سيقَ إلى الذبح"،[400] كما بقُبول الموت والقبر، خَتم طبقة الرماد السابعة التي ستَجعل جَمرةَ 'الراز' الخاصّة به كاملة: مَن بإمكانه أن يُؤمن بإله ميتٍ يرقُد في قبر؟ لقد جعلَ، بالتالي، من المستحيل، كلَّ إيمانٍ به لا يأتي 'من فَوق'، قادرٍ على خَرق هذه الطبقات السبع، ابتداءً من 'باب' القبر. وبالفعل ذاته، جُعِلَت أيضًا كلُّ عَودةٍ إلى الآب مُستحيلةً بدون 'الوَسيط' الذي بقيامته نفخَ بعيدًا كلَّ أنواع طبقات الرماد.[401]

إن تراكبَ الأقواس، إذا ما تمَّ النظرُ إليه بشمول، يُعطينا الرسم التالي:

رسم 9: رمزيّةُ الجَمرة. (قطعٌ عَمودي transversal)

نَستطيع، انطلاقًا من الوَسط، أن نَعُدّ مختلفَ طبقات الرماد التي احتَجبَ تحتها 'الكلمة - النار' كي لا يُسمع ولا يُرى، إلّا من قِبَل الذين سيُعطى لهم أن يَسمَعوه ويَرَوه، حتّى ولو أن هؤلاء وُلدوا صُمًّا - بُكمًا أو عُميانًا، أو حتّى الاثنين معًا. إنّها مسألةُ أحاسيسَ 'مختألفة'. إن 'الرازائي'، هنا، هوَ أن حركيّةَ التّغليفِ بالرّمادِ كانت قبلَ القيامة، ووِفقًا لمعايير

399 راجع عن قائد المئة مت 27، 54؛ مر 15، 39؛ لو 23، 46.
400 كتاب القداس الماروني، كلمات على القرابين في أثناء إعدادها، ص. 53، بكركي 2005.
401 يو 6، 44؛ مت 11، 27.

'ألكريستولوجيا من أسفل'، تُحسب اطّرادًّا (centrifugal)، لكن بعد القيامة أصبحت، وحَسبَما تفرُض 'ألكريستولوجيا من عَلو'، تُحسب نحو مركزيّتها (centripetal)، بدءًا 'بالقُوّة الخفيّة'، تلك 'القُدرةِ' غيرِ المرئيّة بامتياز، التي أقامَتِ الابنَ من بين الأموات. سوف نُشير، لاحقًا، إلى صنفٍ ثالث من 'الكريستولوجيا' ناشئٍ عن الظاهرة السينرجيّة الناتجة عن هذه الطبقات وعن عُمقِها 'الرازائي' الذي باتت تمثّله لنا تلك 'الجَمرة'. ختامًا، فلنعُد إلى رمزيّة الجَمرة.

3.1. رَمزيّةُ "جَمرة"

على الرُّغم من أن رمزيّة النار تَتَفوّق على رمزيّة الجَمرة، كما عَرضنا في الفصل الأوّل – إذ لا يُمكن أبدًا أن يكونَ جَمرٌ بدون نار – يبقى الإقرارُ بأن 'النار البدئيّة' التي تحدّث عنها أفرام، ونشأ عنها نورُ التكوين، والتي هي نارُ عُلَّيقة حوريبَ عَينُها، ونارُ 'إيليّا' في جبل الكرمل، إلخ، تبقى خَطِرةً لمن يدنون منها.[402] ينبغي على تلك النار ونورِها أن يَحتَجِبا للسَّماح للدنوّ منهُما، بانتظار ظروفٍ أفضلَ، تسمح لهما بالجلوّ.

> هذا 'النار' الجليُّ المتألق
> هو تِبيان 'نارِ' الروح القُدس.
> إنّه هنا، مُمتزج خفيٌّ في الماء.
> يُحقِّق المعموديّة في اللّهب.
> في معموديّته، تعالَوا ادخُلوا وتعمَّدوا، يا إخوتي،
> لأنّه يُحطِّم السلاسل،
> إذ فيه يَسكُنُ، خفيًّا، أحدُ أقانيم الله الثلاثة،
> الذي كان الرابع في الأتون.[403]

منذ أن ظهر نورُ ذاك 'النار' في المخلوق، بفعل أمر 'فليكُن'، حصلَ تفجيرٌ لحالةِ 'الخَواء'، ما أدّى إلى إعادةِ هيكلةِ مفهومِ 'الظُّلمات' وقِسمَتِهِ إلى ثنائيّة: نور/ ظلام. إن النور والظلمة،

---

402   خر 34، 29 - 30.
403   2كور 3، 13 - 15. يقول أفرام إن الماء والزيت المستعملين في العماد يخفّفان من قوّة تلك النار التي يعتمدُ الشخص بها. راجع:

La Pensée, p.95; cf. *Hymnes Sur l'Épiphanie*, Cassingena, p.75, #6; Cf. H Epiph 8,6; Cf. CSCO vol. 186, p.170.

في هذه الثنائيّة، لن يكونا، في الواقع، إلّا رمزَين لنورٍ خالقٍ واحد، فعلُ جَوهرِه نورٌ، ورَدَّةُ فعلِه، عَرَضًا، الظلمة.[404] إن هذه 'الثنائيّة' التي هي في أساسِ كلّ ثنائيّةٍ أخرى، والتي يقوم عليها اللاهوت الأفرامي، عمومًا، تُسَلِّط الضوءَ على أوسع امتدادٍ مُمكنٍ لقُدرةِ الكلمة - الإله، والنارِ الإلهيّة، ونورِهما. وعلى مستوى المعلومات الـمُنبثقة من هذا الامتداد سيَقوَلَبُ العقلُ البشريّ لاحقًا، لأن بلوغَ ما وراء هذا الامتداد هوَ كالنجاح في إنجاز 'برج بابِل'.[405]

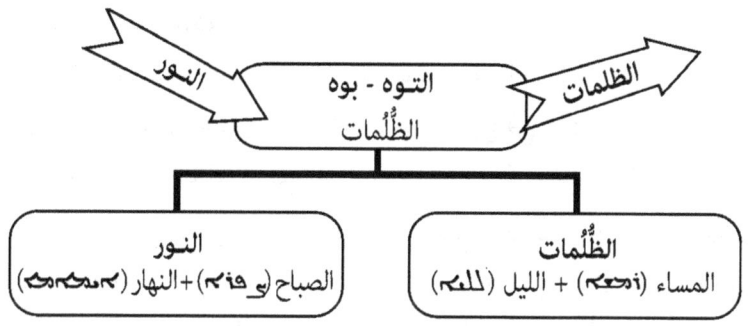

رسم 10: عَدَمُ الـمُلاءمة بين النور والظُّلمات

إذًا، منذ التكوين، تمَّ صَوغُ مفهوم "نور اليوم الأوّل" (ܢܘܗܪܐ) في مُصطلح 'النهار' الذي يُسمَّى بالسريانيّة (ܐܝܡܡܐ) إيمامًا،[406] وتمّ احتواءُ الظُّلمات الباقية في مفهوم 'اللَيل' (ܠܠܝܐ):[407] "وسَمَّى الله النورَ نهارًا، والظلامَ سمَّاه ليلًا". هكذا، سهَّلَ 'الكلمةُ - الإله' تآلُفَ عُيونِ البشر وعُقولِهم وفِكرِهم مع هذين الوَضعين. إذًا، على صعيد مَفهوم "الكَون"، يُمكن القول إنّه، بالتَّسمية الجديدة، سُوِّيَ الأمرُ بالنسبة إلى مفهومَي

---

404 بالنتيجة، يعود إلى المراقبة العلميّة البسيطة المستندة إلى الاكتشافات الحديثة تبيانَ أن الشمس، مثلًا، هي التي تؤثّر بنورها في الأرض التي تدور على ذاتها، وبالتالي، بأن سلسلةً من الظلال والعتمات تتكوّن عرضيًّا من جهة الأخرى للأشياء الصمّة التي تعترضُ انسياب أشعّة ذاك النور. يتّضح من هذا بأن النورَ هو ما يتسبّب بالظلال، أو العتمات. بمعنًى آخر يمكن القول إن النور قائمٌ بذاته (جوهر)، بينما الظلّ والعتمةُ هما عرضيّان.

405 يؤيّد أفرام وجهة النظر هذه بالمطلق. راجع: *La Pensée*, p. 114 ; et *TLE*, p.45 حيث يعالج 'بروك' المقطع التالي من الأناشيد في الإيمان.(H Fid 44,7-fin)

406 نلفت إلى الإحراج الذي يتسبب به اكتشاف أن المقطع اللفظي العبري المؤلف من الحرفين 'ي' و'م' (يود وميم)، المؤدي إلى لفظ اسم 'يوم'، يُقرأ بالطريقة نفسها، أكان يدلُّ على اليوم المحتوي على ساعات الضوء مع حرارتها أم على مدّة الأربع والعشرين ساعة التي تُغطّي تتالي الليل والنهار. بنظرنا، وبحُكم القرابة اللغويّة بين السريانية والعبرية، نحبّذ ما يلي: لفظ 'يود' و'ميم' (ܐܝܡܐ) للتعريف فقط بالنهار، الأمر الذي صداه في الكلمة السريانية (ܐܝܡܡܐ)، و(يوم) في الحالة الثانية، الأمر الذي يتناسب مع اللغات السامية الأخرى. يدعم نص الكتاب المقدس بالذات وجهة النظر هذه من حيث أنه يميّز بالعبرية بين الظلام (חֹשֶׁךְ) والليل (לַיְלָה) المُسمَّيان بالسريانيّة أيضا (ܚܫܘܟܐ) و(ܠܠܝܐ).

407 Gn 1 : 5.

’النور‘ و’الظلمة‘ البدئيَّين، وإن المهمّةَ قد أُنجزت. لقد دَخل ’النور‘ البدئيّ ليُخصِّب العالَـم، وأُبيدَ الخواء، وتلاشت ’الظُلمات البدئيَّة‘ المتباينة مع الحياة، بمقدار تفاعُلها مع شدّة ’النور‘. كُشف كلّ ذلك في الجَمرة، ومن خلال الجَمرة، أوّلًا للإلٰهة ’ديميتير‘، قبل التجسُّد، ثمّ لِـ أفرام، بعدهُ:

ماتَ ربُّنا واكفهرّت الشمس:
للصالبين، ليلٌ مُزدوج!
الظلمةُ تُغطّيهِم من الخارج، الظلمةُ تغطّيهِم من الداخل.
ولَكُم أنتُم الذين اعترَفتُم بالمصلوب، نورٌ مُزدوج في آن:
مُنوَّرون بزيت العِماد، يَسطَعُ نورُكُم، مجدَّدًا، في جُرن المعموديّة.[408]

أسماهما الله، إذًا، نهارًا وليلًا، وفصل بينهما بالصبح والمساء. إن هذا التحوُّل ’في البدء‘ ‘b-riš-īt’ (ܒܪܝܫܝܬ)،[409] حتّى على صعيد الأسماء، يَسمح لنا بتحليلِ هذه الظاهرةِ واعتبارِها وكأنّها عمليَّةُ خلقِ **"ذاتِ الوَقتِ الزمني"** (**يات** the self,). إن التبدُّلَ ما بين ’النهار‘ و’الليل‘، مُرفقين بالمفهومَين الوسيطَين ’الصباح‘ و’المساء‘ اللذين يَجعلانِ الحركة الانتقاليّة تدريجيَّة، هوَ ما سيُشكِّل مفهومَ "اليوم" المؤلَّفِ من أربعٍ وعشرين ساعة. بهذه الدورة اليوميّة حلّ الوقت (كرونوس) والترتيب الزمنيّ (ܠܛܟܣܝܬܐ طقسيتو)، ووُضِع حدٌّ لِلخواء، "التوه بوه"

---

408 *H Epyph* 3,31. Cf. Cassingena, *Spiritualité Orientale*, Série Monachisme Primitif, N° 70, p. 39, Abbaye De Bellefontaine, 1997. Cf. *CSCO* vol. 186, p. 153.

ܡܝܬ ܡܪܢ ܘܚܫܟ ܫܡܫܐ — ܥܦ ܗܘܐ ܚܫܟܐ ܠܙܘܟܘܦܗ
mît Moran wa ḥšaḳ šêmšâ — *ʿâf wo ḥeškâ lzokûfêh*
ܚܦܝ ܡܪܢ ܚܫܟܐ ܓܠܝܐ — ܘܚܦܝ ܐܢܘܢ ܚܫܟܐ ܟܣܝܐ
ḥafi Moran ḥeškâ galyâ — *w ḥafi enûn ḥeškâ kasyâ*
ܠܟܘܢ ܕܐܘܕܝܬܘܢ ܒܙܩܝܦܐ — ܢܘܗܪܐ ܚܕ ܬܪܝܢ ܐܝܬ ܠܟܘܢ
lḳûn dawditûn bazqifâ — *nûhrâ ḥad trên ît lḳûn*
ܕܐܬܢܗܪܬܘܢ ܒܡܫܚܐ — ܛܘܒ ܢܗܪܝܢ ܐܢܬܘܢ ܒܥܡܕܐ
detnahartûn bmešḥâ — *tûb nâhrîn atûn baʿmâdâ*

409 لطالما فهمنا عبارة "بريشيت" (בראשית) المتأتية من الاسم "روش" بالعبرية والتي يماثلها "ريش ܪܝܫ" بالسريانية و"رأس" بالعربية، على أنها تعني، كما لمّح إليه المترجمون والمفسّرون والمبشّرون بقولهم: "في البدء"، "في البداية"، إذ كتبوا: "في البدء خلق الله السماوات والأرض". **اليوم، وبفضل الرازائية الأفرامية، نسمح لأنفسنا بإعلان أن هذا التفسير لم يعُد كافيًا. فـ"ريشيت" هي في الأساس عبارة آرامية مؤلّفة من كلمتين: "ريش" و"ايت" (ראש / ית)، "ريش" للرأس، البدء، و"ايت". ماذا تعني "ايت" التي نُبرِزُها بين معقفين؟ بمقارنتها مع مثيلتها العبرية (ית)** والتي تُلفظ (*ēt*)، والتي تلتصق بعبارتي (إرتز = الأرض) و(شَماييم = السموات) من الآية ذاتها، تفرض نفسها كجزء لا ينجزأ من جذرَيهما وبالتالي عليها أن تعني ما تعنيه أي بأنها الدالّة على ’الجوهر‘. بفضلها يرتقي تفسير الآية الأولى من سفر التكوين إلى المعنى التالي: " في جوهر البدء، خلق الله الجوهر البدئي لما لا يُرى (إت شَماييم)، والجوهر البدئي لما يُرى، الأرض (إت إرتز)". وما إن نبدأ بتبصّر الأمور انطلاقا من جوهرها حتى يسقط كل عدديّ، كل عرضيٍّ، كما كل كميّ.

وبات بلوغُ ’ملءِ الزمن‘ مُمكِنًا.[410]

في الواقع، لن نجدَ مفهومَ ’الظُلمة‘ في النصِّ المقدّس بعد الآن، إلّا في ’جَهنم‘ و’الجَحيم‘ وكل ما شابهَهُما؛ وباختصار، في كلّ ما هوَ ’لامفهوم‘ و’لاكائن‘ و’لاحياة‘ و’لاخصوبة‘، أي ما يُشبِه، على الصعيد العِلميّ، ’الثقوب السوداء‘ المشهورة (Black holes). هذه الظلمات لن نَجدَ لها مكانًا، لا في ظِلال المسيح، ولا في ظِلال سلطانِه، إذ سيُخضِعها، في أحد الأيام، لخِدمة كمال التدبير الخَلاصي.

رمزيًّا، نُضيف أن فكرةَ تكييف النور اللامحدود، الذي لا يُدرَك، بما هوَ محدود، أتاحَت لله، على جبل سيناء، أن يُرضي موسى، آذنًا له برؤية ظهره، ومُغطيًا إياه بيده، إبّان عبوره، هوَ الذي كان يُصرُّ على أن يُريه الله وجهَه.[411]

إن قراءةَ هذا المشهد، عبرَ ’مِرآة‘ أفرام، تسمحُ بالقول إن الله، إذ غطّى موسى بيدِه، لم يُغمِض له عَينيه، لكنه، بالأحرى، حجبَ ذاته عن عَينيه، لكي لا يدعه يموت. لقد حدّ الله نفسه (أخلى ذاته)، أصبح خفيًا وراء عُنصرٍ يُمكن أن يُعبَّر عنه برمزِ الرماد.[412] وهذا الإخلاء نجِدُه أيضًا في صراع الله مع ’يعقوب‘ في ’فنوئيل‘،[413] طوالَ الليل، وحتّى مَطلع الفجر، حيث اختبأ الله خلف شكل مصارعٍ روحيٍّ، كما نجدُه أيضًا في أماكن أخرى، حيثُ يلتَحِفُ الله الرّيحَ أو النَّسيم.[414] مثل أب – صديق لم يهتمَّ الله بالشكل الذي يحِدُّ به من ذاتِه، إنّما جُلُّ اهتمامِه كان، بالأحرى، الدخولَ في حوارٍ حَميمٍ مع الذين "أكَلتهُم الغَيرةُ على بيتِه".[415]

---

410 للكتاب المقدس ترجمات تعتمد "التوه" كدالّة للخواء و"البوه" دالّة لانعدام الشكل، وأخرى تعتمد العكس. نتساءل عن السبب الذي دفع بمُحلّلي الكتاب المقدس لاعتبار هذين المفهومين مرتبطَين فقط بالنقصِ في الضوء وبانعدام الأشكال المحسوسة، وليس أيضا بالزمن وبمعنى التاريخ. بالنتيجة، يؤكد النصّ أنه منذ اليوم الأوّل (24 ساعة) تمَّ التعريف عن مفهوم التاريخ بالقول: " وكان مساء وكان صباح، يومٌ أول". إن وَضعَ النور الموَلّد من النار البدئية قيد الاستعمال وتمويهه باسم "نهار" واختزال الظلمات الرهيبة بعبارة "ليل"، ثم الحديث عن التناغم بينهُما تبعًا لوَقعٍ معيَّن "مساء - صباح"، يثبت خلقَ الزمن العدَدي. بفضل نور اليوم الأوّل وَضعَ النظام الزمني (chronologic order) بداية النظام للكون وفي الكون، وإلا لما عُرف أبدًا ما سُمِّيَ "ملءُ الزمن". أنستمرُّ باستغراب كيف أن علماء الفيزياء يقيسون الزمن بسنين ضوئية؟ يبقى علينا إثارة إشكالية بداية الزمن قبل أن تبدأ ساعة التوقيت بالعد.

411 خر 33، 18 - 23

412 أناشيد الميلاد 11، 5؛ راجع *CSCO* vol. 186, p. 70.

413 تك 32، 24 - 32

414 دا 3، 50؛ 1مل 19، 12

415 يو2، 18؛ راجع بولس الفغالي، بين مائدة ومائدة، ص 21، حيث يترجم المقطعَين 2 و3 من النشيد التاسع عشر من أناشيد الإيمان كما يلي: "من يستحق جسدك، لباس لاهوتك؟ لك لباسٌ ولباس، يا رب، ثوب جسدك هوَ الخبز، خبز الحياة. من لا يدهش من تبدُّل ثوبك؟ جسدك حجاب بهائك وطبيعتك الرهيبة، لباسك حجاب طبيعتك الضعيفة، والخبز حجاب النار الساكنة فيه".

يتّضح ممّا سبق أنّه إذا كانت كلّ إزالةِ مسافةٍ بين الخَليقة والخالق تبدو، من الناحية البشريّة، غير عقلانيَّة، فهي عقلانيَّةٌ، من الناحية الإلهيّة. بمعنى آخر، إن كان كلُّ انعدامِ مسافةٍ وفصلٍ يتسبّب بخسارة كلِّ إمكانِ حُريَّةٍ ولقاءٍ حُرٍّ مع الخالق في الزمان والمكان من الواقع الحسيّ، فإن الوضعَ 'مختألفٌ' في الواقع الرازائي.[416] عليه، توَضِّح حالةُ 'التجمُّر' ظاهرةَ المسافة واللامسافة، في آن.[417]

بالتالي، وفي سَبيل وصف أُسُس لقاءٍ من هذا النوع، سواء أكان بأسلوبِ الكاتب الـمُلهَم، الذي يُمحوِر الأمور حول تجسيم الله بشرًا، أم بأسلوب المؤلّف الأسطوري الذي يمحوِرها حولَ تأليه النموذج البشري، فالأمرُ سيّان. إن ذٰلك يعود، في كلّ الحالات، إلى رغبةٍ شديدةٍ في لقاء حارٍ، أو في حرارة لقاءٍ حَميم، إلى أن تطلقَ هذه الحرارةُ شرارةً موحِّدةً، مرغوبًا فيها بشدَّةٍ، من الطرفين، تَجمعُهما في شُعلةٍ واحدة.[418]

إذًا، القول، في حالة اللقاء على جبل سيناء، إنّ لِلّه 'يدًا' و'كفًّا'، هوَ قولٌ يتطابقُ مع ثقافة إسرائيل أكثرَ بكثيرٍ من القَول إنّ الله اختَفى تحت طبقةٍ سميكةٍ من الرّماد أو، أسوأ من ذٰلك، إن موسى تحوَّلَ إلى إلٰه كي يَتمكَّن من رُؤية الله من دون أن يَموت. ليست تلك 'النار' هي وحدَها غير القابلة لأن يُدنى منها مباشرةً، فحتى الابنُ الذي قال إنّه هوَ وجهُ أبيه، تحوَّل عَمدًا إلى 'جَمرةٍ' لكي يُرى فيه ذاك الوجهُ القدوس من دون تعريض أحدٍ لخطرِ الموت.[419] إن تلك 'الجَمرة' عَينَها - بالخطِّ العريض - هي التي تجعلُها الليتورجيا المارونيَّة حاضرةً بـ 'الفعل'، لتُعطي هيولةً لكأس العهد الجديد، وتختِمه وترشُمه.

إن كلَّ ما أردنا إثباتَه في ما سبق هوَ أن، في كلِّ كائنٍ، نارًا، نَشعر بوجودِها، بفضلِ انبعاثِ حرارتِها، ونتأكّد من وجودِها، ما إن يُدرِكُ نورُها الـمُتلألئُ وراء الرماد الذي يُخفيه. هذا ما يقولُه قانون الإيمان، مُشيرًا إلى أن الكائنات التي خَلقها الله تَنقسم إلى مرئيَّةٍ وغير مرئيَّة، ويؤكِّد الرب أنَّ لا شيءَ ممّا هوَ غيرُ مرئيٍّ سيَبقى خفيًّا.[420] كلّ ما هوَ مَطلوبٌ من الإنسان هوَ إزالةُ الرماد، أو التحلّي بـ 'العَين النيّرة' القادرة على خرقِ كل ما هوَ عَرضيٌّ لرؤية الجَوهر، واستخراج 'النور' منه.

416 مفارقات زينون الإيلي تعطي الفكرة الأفضل، سواء أكان عن فهم المسافة بين الإنسان والله أم عن الوحدة التي من المُمكن التوصُّل إليها بين 'الواحد' و'المتعدد'.

417 نعني بحالة 'التجمُّر' الحالة التي تختبئ فيها النار تحت الرماد. إن العبور إلى ما خلف 'حائط' القبر يعني استعادة تلك المسافة. بعد أن أثبت الله للبشر بأنه يحبّهم كنفسه، يعود ليبعدهم عنه ويستعيد مسافة ألغاها يومًا وذلك احترامًا لحريتهم.

418 هذا ما تشير إليه أيضا لوحة الخَلق مايكال أنجلو المرفقة أعلاه.

419 يو 14، 8 - 11

420 لو 8، 17؛ مت 10، 26.

لقد تغنّى أفرام، باندهاشٍ شديدٍ، بطبقات الرماد كافّةً التي تَتراكم حولَ التجسّد. مع ذلك، ما يبقى أن نُشير إليه، على هذا المستوى من الرمزيّة، وما هوَ في غاية الأهميّة لتحقيق العُبور من 'الرازئي' إلى الكمّي، والعكس بالعكس، هوَ واقعُ القَبر.[421] هنا، وعلى الرُّغم من الرمزيّة ذاتها التي ترافقه، بات رمادُه غيرَ الرماد المشتَرك مع الطبقات الستّ الأخرى، والذي يُمكن أيضًا التعرُّف إليه في دياناتٍ وحضاراتٍ مختلفة، وغيرَ رمادِ الفينيق الشهير، الذي يتجدَّدُ من رَماده ليعودَ إلى الكيان الذي كان عليه. إنّه، هذه المرّة، رمادٌ يَفصُلُ بين واقعينِ متوازيَين، كما ذكرنا أعلاه، ووَحدَهُ 'تقاطُعُ' التجسُّد الذي أعطى للصليب كلَّ معناه، يسمحُ بلقائهما. كيف تُدرَك هذه الطبقة التكفينيّة التي تحجبُ النورَ عن عيونِنا؟

2. 'النورُ' في 'القَبر'

قبل القيامة، كان القبر نهاية، وبعدها، أصبح بداية. هذا ما يقوله أفرام:

إن اللَّحدَ معك لم يعُد لحدًا،
لأن الإنسانَ بكَ يصعدُ إلى السماوات؛
القبرُ معك لم يعُد قبرًا،
لأنك أنت القيامة.[422]

في السابق، كان البشر يوضَعونَ في القبر، ما إن تنطفئ شُعلةُ حياتِهم، ("خُلصو زيَتاتو"، كما يُقال بالعاميّة). في السابق، كان العهدُ القديم يُذكِّرُ البشرَ بأنّهم أُخِذوا من التُراب وإلى 'التُراب' يعودون.[423] على أنّ، في ضوء ملاحظات أفرام، من المؤسف أن يكون هذا النموذَج قد حُفظ بعد القيامة، ولا يزال محفوظًا في تعليم الكنيسة، كما في شعائر اثنين الرَّماد من

---

421 في الليتورجية المارونية كما في التقاليد الشعبية، للقبر دور هام جدا. إبّان الأيام الثلاثة الأخيرة من أسبوع الآلام لا تركِّز الليتورجية المارونية - الأساسيّة - على رتبة درب الصليب، الممارسة التي وضعتها الكنيسة اللاتينية للتعويض عن زيارة الأراضي المقدسة، إنما على 'دفن المصلوب'. يُهَيَّأ القبرُ من المؤمنين، رجالًا ونساءً وأطفالا. كل الناس يشاركون بجديّة مقدّسة إذ هم يهيئّون قبرًا باللون الأبيض مكفَّن بالأسود أو العكس. فرح مقدّس يسود الجو لأن القبر قد تمَّت مؤالفته، ورويدا رُوَيدا سيتمّ أيضًا مؤالفة الموت بحدّ ذاته، فيصبح التحوُّل الرازئي لمثالَي 'القبر' و'الموت' أكثر وضوحًا واستيعابًا.

422 أناشيد في الإيمان 6، 6. راجع Cf. CSCO vol. 186, p.51.

ܚܕܬܐ ܩܒܪܐ ܠܟ ܗܘܐ
ܐܢܬ ܕܗܘ ܡܛܠ ܐܢܬ ܗܘ
ܩܒܪܐ ܠܟ ܗܘܐ ܠܐ ܩܒܪܐ
ܗܘ ܢܘܚܡܐ ܓܝܪ ܐܢܬ

423 تك 3، 19؛ يستعيد سفر الجامعة هذا التعليم بشكل أدق وأشمل يعيد من خلالها لله ما هو لله، ولقيصر ما هو لقيصر. راجع جا 12، 6 - 7.

دون أيّ تغيير.[424] فضلاً عن ذٰلكَ، يُمكننا التأكيد أنّ الرسول بولس هوَ من رغبَ في تسليط الضوءِ على ضَرورة التغيير، بتغذية لاهوتِ الرجاء، في سبيلِ إقناع المحزونين بعَدم البكاءِ على مَوتاهم كأولئك الذين لم يَعرِفوا قيامةَ المسيح.[425] ولكي نكون على مُستوى الإيمان بالقيامة، ونُرضي روحَ 'بولس'، وبالتّالي المؤمنين الموكَّلين إلينا، نَقترح أن تتغيَّر صيغةُ اثنين الرماد لتُصبح: "أذكُر يا إنسان أنك من الله وإلى الله تعود".[426] لسنا واثقين من أن السُلطات الكنسيّة لن توَبِّخَنا، يومًا ما، لأنّنا غالبًا ما بشَّرنا بهذه الصيغة. على الرُّغم من ذٰلكَ، نرجو أن نجرؤَ، عندما يدعو الروح، على القَول مع الكنيسة جَمعاء، وليس أبدًا خارج الكنيسة: "اذكُر يا إنسان أنك 'نورٌ' و'نورًا' عليك أن تعود".[427] ولٰكن الأمرَ الذي نحنُ واثقون به، ومتأكّدون منه، هوَ عَدَمُ التجانُسِ بين مفهومَي الحياة والنور مع 'القبر'.[428] هل يَجب أن نقرأ أبياتَ أفرام المذكورة آنفًا بشكلٍ 'رازائي'، كي نكتشفَ الثروةَ السينرجيَّةَ لرمزيَّةِ كلٍّ منها؟

1.2. عَدَمُ التجانُسِ بينَ 'النورِ' و'القَبر'

واقعيًا، لا يتحدّث أيُّ إنجيلٍ عن نورٍ يخرُج أو ينبَعث من القبر، فجرَ الأحد المشهود. هذا ما أكّدَته المجدليَّة بقولها: "أخذوا الرب من القبر ولا نعلَم أين وَضَعوه".[429] هذا غريب، فعلًا، لا سيَّما وأن كُتُبَنا الليتورجيّة السريانيّة ستستفيدُ من بعض الأنوار والوَمَضات التي أدخَلها الإنجيليون إلى المشهَد، في فترةٍ غير معروفة، لكي يمدَحوا النورَ الذي انبَثَق

---

424 هو أربعاء الرماد في الكنيسة اللاتينية

425 1كور 15، 20 - 34

426 عبارة "إنسان" المتأتّية من العبرية "أيش، إيشا" دخلت اللغة العربية مع بعض الاجتهاد كي تخدم قيمة بشريّةً عدْنية خالية من كل سُرة، ومن كل نوع جنسٍ، أو بالأحرى مجنَّسةً إنما بشكل 'مختألف'. سمحَ هذا الامر بترجمةٍ أكثرَ اكتمالًا لنص خلق الإنسان، على صورة الله كمثاله (تك 27) الذي لا جنسَ له أو، بأفضل الحالات، على مثال مخلوقاته، مجنَّس بالطريقة 'المختألفة' نفسها وذلك لأن الروح القدس، لغويًّا، هو مؤنّث بالعبريَّة. هنا أيضا تواجه اللغات الساميَّة اللغات الأوروبية التي تستعمل الأحرف الكبيرة في بداية الكلمات، بأحرف مخصَّصة أكثر وضوحا وتمييزا. فترجمةُ "بَر نُاشًا" على سبيل المثال، تكون "ابنُ الإنسان" وكلمةُ إنسانٍ تغطّي الذكور والنساء، بينما في معظم اللغات اليونانية الأصل واللاتينية نواجه غموضا بين *Man* و Homme-*man* و homme ، ما يجعلها أكثر عرضةً للاتهام بالـ'بطريركالية' والـ'ذكوريَّة'.

427 يو 10، 34 - 36؛ راجِع القديس غريغوريوس النزيانزي في عظته المعنونة "فلنقدم أنفسنا" حيث يقول: "فلنَصِر آلهة لأجله كما صار هو أنسانا لأجلنا"؛ كتاب صلوات زمن الفصح؛ ص. 259، الرهبانية الأنطونية المارونية؛ 2009. هنا، الله والنور يتساويان. الإشكالية تتأتى من الزاوية التي يتمّ من خلالها اعتبار الإنسان جسدًا ونفسًا وروحًا، وهذه الأخيرة ليست سوى نفخة الله، الشرارة الإلهية كما حلا للبابا القديس يوحنا-بولس الثاني تسميتها.

428 لو 8، 16؛ لو11، 33 - 35

429 يو 20، 2؛ يوحنا هو بالفعل الأكثر موضوعية بوصفه مَشهدَ القيامة. على الرغم من موضوعيَّته نرى أن القبر لم يكن فارغًا أبدًا كما يحاول إقناعنا به القاسم المشترك بين العناوين المستعملة والذي يؤكد أن القبر وجد فارغًا. هذه النقطة مفصلية لموضوعنا.

من القبر، وأنارَ 'الجحيم' ودمَّره، وأعمى الحرَس.[430] لٰكن لا شيء من ذٰلكَ موجودٌ في نصوص العهدِ الجديد الرسميّة، والمراجع التي تشهدُ لهذه الأمثلة 'المُتلهِّبَة' للنور المنبَثِق من القبر كثيرة. نَقتبِس من أفرام واحدًا يبدو ذروةً في هذا المجال: "شروقٌ داخلَ النهر، ضياءٌ داخلَ القبر".[431]

انطلاقًا من بيت الشعرِ هذا، نُميِّز فعلَين 'شَرَقَ' و'أضاءَ'، وهما ينتميان إلى عالم النّور. بهذين الفِعلين، يصفُ أفرام وضعَ 'حشا القبر'، عند القيامة، ويَدعَمُ هذا التماثُل، مُذكِّرًا، لاحقًا، بمُختلِف التجلّيات الموصوفَة في الأناجيل. لٰكن المقصود من القَولين 'شَعشع إنسان' و'شَعشع نور'، حيث الفعل 'شَعشع' يعني 'قام'، لا يحملُ الفعل 'قام' فيهما المعنى عَينَه ولا يُغطّي الأبعادَ عَينَها. ففي الواقع، عندما تُشرقُ الشمس (تشعشعُ)، بخاصّةٍ منذ 'غاليليو' (Galileo)، لا تَترُك وراءَها لا ظلماتٍ ولا فراغًا. وعندما يُرفع جسدٌ من مكانٍ ما، يُقال إنَّ مكانه تُرك فارغًا. هذا في البعد الحِسيّ. إنّما، في حال استِخدام 'العَين النيّرة' التي يُمكن أن يَتمتَّع بها مُتزهِّدون كما رجالُ عِلمٍ، هل يُمكن الحديث عن فراغٍ مُطلقٍ وشاملٍ في هذا المكان؟ إنّنا نَدعو إلى مُقاربة أكثرَ دِقّةً لمفهوم "الفراغ"، بخاصّةٍ في بُعده الـمُطلق. لقد آن الأوان، جِدّيًا، لأن يُراجِع اللاهوت عمومًا مَفهومَ 'الفراغ' إذ لا يُمكنه، بعد الآن، أن يبقى غيرَ آبه بمفهوم "الفراغ الكَمّي" الذي يبدو أن الفيلسوف جان غيتّون قد ناقشَه مع البابا القديس يوحنّا-بولس الثاني.[432]

إن أفرام الذي شُغِفَت عَينُه وقلبُه بالنور الإلٰهي، والذي من الـمُفترض أن يكون المؤلِّفَ الأساس لأناشيد النور، لم يكُن بإمكانِه أن يقول أقلَّ ممّا يوحي به بيتُ الشعر المذكور آنفًا، لأن 'راز - النور' والتبشيرَ به يفرِضان ذٰلكَ.[433] لقد باتَ لدى أفرام من الإحساس تجاه 'راز - النور' في حشا مريم، ما جَعلهُ يَعكِسُه على المشاهد كافّةً، انطلاقًا من مشهَدِ المعموديّة:

---

430 راجع نشيد النور السرياني: "أشرق النور على الأبرار..." (نوهرًا دَدنَح لزَديقِه)

431 أناشيد في الكنيسة 36، 5؛ راجع: *TLE* p. 107; *Cf. CSCO* vol. 198, p. 91

432 راجع: **Guitton**, Jean; **Bogdanov**, Grichka; **Bogdanov**, Igor. *Dieu et la Science, Vers le métaréalisme*; Collection dirigée par Jean-Paul Einthoven; GRASSET, 1991. p.46.l

سنشير، في ما بعد، إلى هذا المرجع باسم: *Dieu et la Science*. يلي تعليقنا النقدي عليه:

صحيح أنه من الممكن، إثر التطوُّر المذهل للعلوم في العقود الثلاثة الماضية، اعتبار هذا المؤلَّف محدودًا في الزمن، خصوصًا وأن البرنامج التلفزيوني الذي أنتجه كان من نوع تعميم العلوم المثير لاهتمام الشرائح الواسعة من المشاهدين. ولكن بالنتيجة هو الفيلسوف جان غيتون (1901 - 1999) من يقف خلف "الله والعلم" بعمرٍ مكمَّل، بالأفضل من فلسفته التي اغتنى منها البابا القديس يوحنا-بولس الثاني. من هذا الوسع يكتسب هذا الكتاب قوّة مرجعيَّته.

433 راجع *TLE*, 1er chapitre

من العُلى انحدَر القدير نحوَنا
ومن قلبِ الحَشا سطَع الرجاءُ لنا.
من القبر شعّ لنا 'الحيّ'
وعن يمينِ الملك أجلسنا.
فليُسبَّح في مجده.[434]

انطلاقًا من المعموديّة، فإن ما وَصفه أفرام عن وَضع الأردن يَتحقَّق في الـمُعمَّد. يُصبح كلّ معمَّدٍ مصباحًا متوهِّجًا، حتّى ولو وُضع في آنيةٍ من خزف.[435] يُصبح كلّ مُعمَّدٍ نورًا من نور، 'رازًا من راز'، قادرًا على اكتسابِ 'العَينِ النيِّرة' وإدراكِ النور خلفَ كلّ حاجز، بحُكم النَّسَب التجسُّدي، البنوّة، حتّى خلف رمادِ القبر.

استنادًا إلى كلّ ما سبَق، وبخاصّةٍ إلى دفن الحياةِ في 'الموت'، وانحدارِ المسيح إلى 'الجَحيم'، يمكن الاستنتاج أنّ 'النور'، وإن كان نقيضَ 'الظلمات'، من حيث المفهوم العمليّ، يتمتَّع بدرجةٍ مُعيّنةٍ من الإمكان التواجُد معَها، كما هي الحال عليه بين الخالق والمخلوق في التجسُّد. فإن العلاقة صارت لا مسألة رفض بالمطلق، ولا مسألة امتصاص، بل، بالأحرى، مسألة 'لا إلغاء' و'لا تراكب' و'لا تمازج أو خلط' بالجوهر. وما يُعطي فكرة واضحة عن ذلكَ هوَ الاتحاد الأقنومي بين الله والإنسان، في يسوع المسيح، كما يُعلِّمُ مَجمع أفسُس. هذا الاتحاد، الذي يُشكِّل آدمُ القديم موضوعَه، يتخطّاه إلى الأسماء التي أعطاها هوَ للمخلوقات آنذاك. وبالتالي، أنطولوجيًّا، نقول إن هذا الاتّحاد تخطّى آدم إلى المخلوقات كافّة، كل واحدةٍ بذاتها، وبهذا تتمّ شموليّةُ الخَلاص. يُعبِّر أفرام عن هذه الفكرة بما يلي:

الربُّ حنون
هو الذي لبِسَ أسماءَنا، مُنحدرًا في الأمثال حتّى حبّة الخردل.
وإن كان أعطانا أسماءَه، فقد أخذَ منّا أسماءَنا.
أسماؤه تُكبِّرُنا، بينما أسماؤنا تُنقِصُه.
طوبى لمن أفاضَ من اسمكَ على اسمِه
وزيَّن باسمكَ أسماءَه.[436]

---

434 أناشيد القيامة 1، 5: راجع (Cf. CSCO vol. 248, p.79). (ترجمة المؤلّف).

435 2 Cor 4: 7.

436 راجع: H Fid 5,7؛ La Pensée, 210؛ CSCO vol. 154, p. 18.

إضافةً إلى ذلك، وللتحدُّث عن شموليّة الخَلاص في التدبير الإلهيّ، يُضيف أفرام ما معناه:

يَتخالطُ الرب مع خلائقه،
التي، من بعيدٍ ومن قريبٍ، تَدعوه،
ويحمِلُ تلك التي تميلُ إليه، كصانعها،
حتى تصبحَ وكأنّها في يده،
أيًّا تكُن المسافة التي تَفصُلها عنه.[437]

إذًا، مع يسوع، وعلى المستوى 'الرازائيّ'، ليس من تباعدٍ بين النور والقبر، إذ يُمكن للنور أن يُقيم في القبر، إلى الأبد، من دون أن يطاله تغيير، لا في طبيعته ولا في فِعله، بانتظار أن يأتي أحدٌ ليفتح الباب ويجعلَه ينبجسُ منه. بانتظار ذلك، يخضعُ القبرُ لتحوُّلٍ أساسيٍّ من دون أن يكون لا جَوهريّ ولا مادّي ما يَعني أنّه، حتى ولو غادرَ النور هذا القبر، لا يعود إلى حالةِ ما قبلِ تحوُّله. فالنور الذي عبَرَهُ، أثَّرَ به، بشكل لا يُمحى. هذا ما تُثبته قُدسية المكان في أورشَليم، التي لا تزال مُحترمةً، حتى يومنا هذا.[438] إن نور سِراج القدّيس شربل، ومن ثَمّ النور الذي شعَّ من قبره، ليسا سوى ذُريرةِ انعكاسٍ لهذه الظاهرة. وبهذا المعنى، أُعجِبَ أفرام بِحَشا 'مريم' الذي استَقبلَ الابنَ الإلهيّ، طوال تِسعةِ أشهرٍ، في حملٍ طبيعي.

إنّه لمن المحال التحدُّث عن فراغٍ في حشا 'مريم'، بعد ولادةِ يسوع، وفي هذا، بحسَب الوَصف الذي قدّمه أفرام، يكمُن لُغز القبر، الذي لا يُمكنه أبدًا أن يكون فارغًا. من هذا المُنطلق يُعلن أفرام، بفم نبويّ، أُسَسَ كلِّ اتحادٍ أقنوميّ، رازائيّ، بين الخَليقة والخالق. فلنكتَشف معًا إمكان تلك الأُسس.

---

437 أناشيد في الإيمان 72، 23 - 24. راجع: CSCO vol. 154, p. 222. (ترجمة المؤلّف)

438 يجدر الأخذ بعين الاعتبار الحدث التقليدي لشعلة القبر المقدس التي تشتعل عجائبيًّا، كل سنة، في عيد القيامة، بحسب طقس الكنيسة الأرثوذكسيّة اليونانية، وذلك، فقط، إثر تضرُّعات البطريرك المعني. ما يجب معرفته هو أن اللهب الذي ينبعث من حجر المدفن، بشكل غير طبيعي، يُشعل كلَّ الشموع المنطفئة المتواجدة في المكان، كما التي يحملها المؤمنون، من دون أن يُمسَّ أحدٌ بأي أذى.

2.2. لُغزُ القَبرِ الفارِغ

ما أن 'دُفن' النور، حتّى ظنّ البشر أنّهم تخلّصوا منه، هوَ الذي أزعَج، كثيرًا، عيونَهم ومشاريعَهم ونِظامَهم. لقد وصف 'يوحنّا'، في مقدِّمة إنجيله الشهيرة، رفضَ 'النور' هذا من قِبَلِ البشريَّة، وصفًا جيِّدًا. ألم يتوقَّع أفلاطون أيضًا هذا الرفض، في أسطورَة 'أهل الكهف' خاصَّته؟ مع ذٰلِكَ، من الطبيعي، لدى البشريّين، أن تكون لكلّ حالةٍ استثناءات. هنا، في حالة الرّفض، فَتحت 'المريمات'، إضافةً إلى التلاميذ والآباء، الآذان والقُلوب لهذا 'المغامر' الذي نجحَ في العَودة من عالَـم الأنوار، كما كتب أفلاطون، أو الذي هوَ النور بذاته، كما تنبّأ عنه أنبياء إسرائيل. بالنسبة إلى 'المريمات' والتلاميذ والإنجيليين في القرون الأولى، كمَنَت الصعوبة في إقناع ذواتِهم وإقناع الآخرين، أي الصالِبين والرومان، وكلِّ بشريٍّ، أن هذا الرجل الذي صَلبوه، قام من بين الأموات، وأن قبرَه، الذي تُرك فارغًا، على ما يَظهر، تحوَّل، بالأحرى، إلى مصدرٍ أبديٍّ للنور الـمُحيي. كان يَنبغي عليهم القيامُ بذٰلكَ، من زاويَتَين: إمّا أنّه قام من بين الأموات، كما كَتبَ عنه الأنبياء، وأن الله هوَ الذي أقامه،[439] وإمّا أنّه قام، كما قالَ، من تلقاء ذاته، إذ نال من أبيه القدرةَ على أن يكون مَصدر الحياة في ذاته.[440] في الحالتين، من الـمُفترَض أن تكونَ العلامة الوحيدة هي نورٌ مشابهٌ لنور التجلّي الذي يتحدّى كلّ أنواع الفَراغ. كان ينبغي عليهِم القيام بذٰلكَ كشهودٍ، بامتياز، على أنّ 'الرجل' الذي صُلب وماتَ ودُفن، هوَ المسيح المنتظر الأزلي الذي قامَ من الموت،[441] وَوَعدهم بأن يكون مَعهم حتّى انقضاءِ الدّهر.[442]

ولكن، في ما كانوا هم أنفُسهم، بدايةً، مُستمرّين بالشكّ، ظهرَ لهُم يسوع وأكّد لهم قيامَته، ونفحَ فيهم الرّوحَ القدس، وأوكلَ إليهم مَهمَّة مَغفرةِ الخطايا.[443] منذُ ذٰلكَ الحين، لم يَعُد التلاميذ يُفكّرون بمصيرهم، كما لم يَحظوا بالفرصة، ليعودوا إلى القبر ليُحقِّقوا، عن كَثب، ويتفحَّصوهُ بدقَّة، كما يحصلُ في أيامنا هذه، بعد كلّ جريمة. ثم إن الفُرصَ كانت أقلّ بكثيرٍ لتفحُّص حَمضِ يسوعَ النَّووي، لكي يتوصّلوا إلى استنتاجات تَخدُم العِلمَ والـمَعرفة.[444]

إنّهم سيُطلقون مباشرةً عمليَّة الكِرازة الإنجيليَّة، بناءً على مَلحوظاتهم البدائيَّة، وكردَّةِ فعلٍ عَفويّة على عداوة 'النِّظام' لهم.[445] قاموا بذٰلك، مأخوذين، بخاصّةٍ، بثقافةٍ مُستندةٍ إلى

439 أع 2، 32

440 يو 5، 26 و 13، 32

441 يو 12، 34

442 مت 28، 20

443 مر 16، 14؛ يو 20، 19 - 24

444 بالفعل، ألا يمكن اكتشاف حمض يسوع النوَوي من خلال "كفن تورينو"؟

445 أع 3، 6

خِبرة العجائب، أي على الإيمان بقُدرةٍ قَبْليّةٍ (*a priori*)، ماورائيّة، سابقةٍ لكلّ استحقاقٍ من جِهَتِهم، قُدرةٍ تسمحُ لهم، من دون جهودٍ أو تكاليف، بحلِّ كلِّ الأمور، وبالإقناع. حتّى 'بولس'، ذاك الفرّيسيّ ذي التربية اليونانيّة اللاتينيّة، سيرفُض فلسفة أمور الإيمان ويُحذِّر من خطر 'المنطق' الفلسفيّ.[446] لكنَّ هذا كلَّه لن يحلَّ لُغز 'القبر الخالي' الذي لن يهضُمَه حتّى الفلاسفةُ الأريوباجيّون. لذلك، يَقترحُ 'أفرام' استكشافَ هذا اللُّغز، على طريقته النصّيبينيّة، وفكَّ رموزه، باستخدام كلِّ ما هوَ خبيرٌ به، بخاصّةِ العلاقة مع الروح القُدس ومريم العذراء والدة الإله. ماذا كان المِفتاح الأساس الذي سمحَ لـ 'أفرام' بأن يَفتح باب هذا اللُّغز؟

3.2. من 'الجَمرةِ' إلى 'الشمسْ': "الذاتْ" (ܐܝܬܝܐ *yât*)

ܐܝܬܝܐ ܕܡܢ ܐܒܐ ܓܢܝܙܐ
Ityâ dmen Abâ gnizâ

ܕܩܡ ܡܢ ܩܒܪܐ ܒܬܫܒܘܚܬܐ
dqâm men qabrâ bteŝbûḥtâ

يا جوهرَ الآب غير المُدرَك
الذي قُمتَ من القبر ممجَّدًا

إن لُغز القبر المنوَّر بالذي دُفن فيه كعلامةٍ لقيامة 'الإنسان' من بين الأموات، بحسبِ ما يتبيَّن من المُعطيات الأفراميّة، يكمُن، بشكلٍ رئيس، في التراكُب (overlapping) بين العَرَضيّ والجَوهريّ. هذا يعود، كما قيلَ أعلاه، إلى الزَّاوية التي تَسعى العَين المدركة إلى التوحيد بينهُما من خِلالها. وهكذا، في ما كان التلاميذ، ومن بَعدِهم الإنجيليّون والآباء، يَخشَونَ من أن يكون القبرُ غيرَ خالٍ من جسد يسوع، من أن يكون 'لِصّ اليسار' قد ربِح على 'لِصّ اليَمين'، اتَّخذَ أفرام، كمربٍّ، موقفًا أكثر جدليّة. فهو المُعلّم بالمُفارقات (paradoxes)، كان أيضًا مُعلّمًا في تجنُّب كلِّ بابٍ مُغلق يؤدّي إليه التفسيرُ الحرفيّ لـمَشهد القيامة.[447]

إن طرح الإشكاليّة من باب التَّضاد التالي: إمّا أن القبرَ مُمتلئٌ وإمّا أنّه خالٍ، لا يَخدُم، بشكلٍ مناسب، قضيّتَه الرعويّة، إزاء النور الإلهيّ وخلاصِ النفوس. والقول إنَّ القبرَ وُجِدَ خاليًا تمامًا، من دون أيِّ أثرٍ 'للنور' الذي دُفن فيه، قد يَعني خسارةً تامة للتدبير الخَلاصيّ، كما القول إنّه بقيَ ممتلئًا، وبالتالي، إنَّ 'النور' حُبِس فيه، قد يعني أن العالَم خسِرَ كلَّ أثرٍ لهذا 'النور'. أيُّ نوعٍ من القبر يكون قبرًا من دون نور المسيح، وأيُّ عالَمٍ يكون عالَمًا من دون

---

446 كول 2، 8؛ رو 9، 20؛ راجع أناشيد ضدَّ الهراطقة 6؛ 9؛ 55. نتَّفق برأينا هذا مع اللاهوتي سيباستيان بروك. راجع (ODL p.17)

447 يتهرَّب من التحديدات لأنه من غير المعقول تحديد ما لا يُمكن تحديده. راجع: *TLE* p.24، اللاهوت المُفارقي (paradoxal theology)

هذا 'النور'؟ إن المسيح، من دون 'القبر' ومن دون 'العالَم' يبقى الله، وهذا أمر أكيد، وإنّما في تلك الحال، لا تكون له أُمٌّ، ولا يكون 'المسيح'، ولا يكون 'مَلكوت'. ويُمكننا الاستمرار مع أفرام، في جدليّةِ الاتِحاد العُرسيّ السينرجيّ هذه إلى ما لا نهايَة، حتّى السؤال: ماذا يكون عليه الفِردَوس، من دون هذا 'النور'؟

بالفعل، إلى أي فردوسٍ دُعيَ اللصّ الصالح، من فم يسوع، في ذاك اليَوم، غيرِ نور المسيح، أيًّا يكن المكان الذي سيزورَه المسيح قبل العَودة إلى أبيه، وأيًّا يكن طولُ ذاك اليوم؟ إن اليوم الذي سيَبدأ مع المسيح، ما إن يودِعَ روحَه بين يَدي أبيه، لن يكونَ بعدُ 'يومَ الزمن'، بل 'يومَ الله'، 'يومَ الأبد'، اليوم 'الرازائيّ' الذي لا يَعرف فتراتٍ كالتي يَعرفها اليومُ المخلوق. عليه، وفي سبيل التأكيد أن 'القبرَ معهُ لم يعُد قبرًا'، يقرّر أفرام أن يُحوّل اللّغةَ عَينَها، من المستوى المنطقي إلى المستوى 'الرازائي'، ويخاطِب 'الراز' الموجود في القبر بالاسم 'إيتيو' (*ityâ*)،[448] الذي يَعني 'الكائن'، والذي تُشكّل 'الذات' (*yât*) جوهرَه.

أن نستخرجَ من المادة جَوهرها (روحَها)،[449] ومن جسد يسوعَ أقنومَه، يُصبحان ضَرورةً لغويَّةً، لأن وَصفَ 'حَمضِ يسوعَ النوَويّ' بات يَعتمد على هذه الضرورة.

يُفسح أفرام، من خلال مفهومَي 'الذات' و'الكائن'، في المجال لرمزيّةٍ واسعةٍ تُغطّي الخَلاصَ الشامل، ليس فقط للبشر، وإنّما لكلّ كائنٍ متأتٍّ من 'الكائن' وخاضعٍ لفعل 'كان':

رأى جلالتُه، الذي لبِسَ أوجُه شَبَهنا كافّة،
أن البشرَ لا يُريدون الخلاص بفضل مساعدته،
فأرسلَ حبيبَه الذي، بدلًا من كلّ تلك الأشباهِ الـمغلّفة بالاستعارة،
لبسَ كمَولودٍ بكرٍ أعضاءً حقيقيّةً،
وامتزجَ بالبشر
مُعطيًا من ذاته، آخذًا من ذاتنا
حتى، بامتزاجه بنا، يُحيي ميتَتَنا.[450]

---

448 راجع القاموس السرياني الإنجليزي: Payne Smith.

449 سنرى، لاحقًا، أن برغسون وتِيار سيخشعان أمام " المادة نفسها".

450 أناشيد ضد الهراطقة 32، 9. راجع *TLE*; p. 47; *CSCO* vol. 169, p. 129

ܚܙܬ ܒܢ ܪܒܘܬܐ ܕܠܒܫܬ ܠܟܠ ܕܕ̈ܡܘܝܢ
ܘܠܐ ܨܒܬ ܐܢܫܘܬܐ ܕܐܢ̈ܫܐ ܒܡܥܕܪܢܘܬܗ̇
ܫܠܚ ܠܚܒܝܒܗ ܘܚܠܦ ܕܡܘ̈ܬܐ ܕܠܒ̈ܫܬ ܫܐܝܠܬܐ
ܗܕ̈ܡܐ ܕܫܪܝܪܐ ܠܒܫ ܒܘܟܪܐ
ܘܐܬܚܠܛ ܒܗ̇ ܕܐܢܫܘܬܐ
ܝܗܒ ܕܝܠܗ ܘܢܣܒ ܡܢ ܕܝܠܢ
ܕܢܚܐ ܒܗ ܐܢܫܐ ܡܝܘܬܬܢ

إن مقاربة أفرام لهذه اللحظات التي لا توصف تدفعُنا إلى التسليم بوُجوب رُؤية حدث 'القيامة'، من زاوية 'مختألفة'، بخاصّة، عندما يتحدّث عن الجوهر (ألـ'يات')، كما وصفناهُ في شرحنا للآية الأولى من التّكوين، الجوهرِ الذي قامَ من القبر، انبعث منه... وعن القيامة التي سُرّت بها مخلوقاتُ العلى والعُمق.

مع أفرام، نُسلِّم بفكرة عدم التحدُّث، بعد الآن، عن العَرَضيّ، 'مُواطِن' هذا العالم وزمانه، بل، بالأحرى، عن جوهرٍ يتحرَّرُ، انطلاقًا من الجانب الآخر لرماد القبر من كلّ أنواعِ الجاذبيّة، ويَلِجُ الانتماءَ إلى الشمول اللازمني واللامكاني.[451] إن تحوُّلاً على صعيد المادة الرماديّة (grey matter) من الدماغ البشري، وليس على صعيد الرّماد، هوَ ما يجبُ أن يتحقَّق ويؤثّر مباشرةً في عَين المراقِب، ليَجعَلها نيِّرة، تمامًا كما حدثَ مع بولس على طريق دمشق.

لبِسَت الشمسُ جسدًا، جَعلَنا
غير قادرين على مَعرفتِها.
كَشفت إشراقَها، بشكلٍ محدودٍ، على الجبل
العَينُ الظاهرة عجِزَت عن النظر إليها
فلنتوَجَّه إليها بعَين العقل.[452]

لا يدعو أفرام، بهذا، عينَ العقل إلى جعل النور صوفيًّا (mystic)، أو أسطوريًّا (myth). بل يدعوها، بالأحرى، إلى الفنِّ 'الرازائي'، بخاصّةٍ، في بُعدَيه الشعريّ والموسيقيّ، لرؤيةِ النور وقراءَتِه. باختصار، ما إن يُسدَلَ ستارُ رماد القبر، حتّى يُسدلَ أيضًا ستارُ المفاهيم الغابرة والتحديداتِ غير المرغوبِ فيها. تَتَوقَّف ماديّة 'الواقع السائد' عن تأدية دورِ الفاعل، فتهرُبُ منه الأفعال إذ لا تعودُ تنطبق على ظرفِه المحدود في سياق الكَون. يَتنازل القديم، تحت تأثير الزاوية الجديدة، عن كلّ شيءٍ للجوهر الجديد، الجوهرِ المسيحاني 'الرازائي'، فلا يصيرُ بعدَئذٍ من قابلٍ للتطبيقِ سوى ما وضَعَه يسوعُ المسيح في العشاء الأخير.

إن التحدُّث عن 'الكائن' (ܐܝܬܝܐ إيتيًا) الذي يكشَحُ كلّ رمادٍ، ويَنبَعِثُ (ܐܬܢܚܡ إتنَحَم)، وعن إعادة إحياء المادة الناتجة عن ذٰلكَ، بأشكالٍ مُختلفة، كلّ نوعٍ بحسَبِ

451 راجع: *Les Origines*, p.71 .

452 ܫܡܫܐ ܠܒܫ ܦܓܪܐ ܒܠܫܘܦܬܗ ܠܝܬ ܣܟܠܐ
ܐܝܟ ܠܦ ܢܘܗܝ ܙܗܪܝܪܐ ܕܒܗܪܐ ܒܛܘܪܐ
ܠܫܬ ܡܢܗ ܥܝܢܐ ܦܓܪܢܝܬܐ
ܬܘ ܢܚܘܪ ܒܗ ܒܥܝܢܐ ܕܬܪܥܝܬܐ

يفسّر بو منصور ذلك بقوله: "يمكن لهذا الغشاء أن يشكل أساسًا لضلال 'الأغبياء' (سَقلِا ܣܟܠܐ) غير القادرين أن يتحوَّلوا بنظرهم من العين المحسوسة إلى 'عين العقل' (ܥܝܢܐ ܕܬܪܥܝܬܐ)". راجع: أناشيد في الكنيسة 29، 12؛ *La Pensée*, p. 236; *CSCO* vol. 198, p. 72 .

أصلِه، ⁴⁵³ يَسمح بمقاربة "الشمسِ" و"الفوتون" من الزاوية عَينِها. يسمح بقبول فكرة نياح 'مريم'، وصُعودِها، بالجسد، على مثال ابنِها، في جسدٍ خَضَعَ للتحوّل الملائم. ⁴⁵⁴ وما يُثبت انتقالَ الجسد مع الروح والنفس اللذين مُنحا لها، إلى ما هوَ أبعدُ من العالَم الحسّيّ، حيثُ يجبُ أن تَستمرَّ في العيش 'حتى اليوم'، في 'يومِ الله'، مع جميعِ القديسين الذين لم تعرف أجسادُهم الفناء (ܠܐ ܡܛܠ ܠܚܒܠܐ)، هوَ إمّا النار، وإمّا النور، اللذان رافقا مسارَ أولئك القُدوة، تمامًا كالنار التي رافقت 'إيليا'، وكالنور الذي انبثَق من ضريح القديس شربل. ⁴⁵⁵

لكن زيارة أفرام هذه إلى القبر لا تُغطّي فقط القيامةَ من الموت. هي تُغطّي أيضًا، بفعل اتّحاد نور "النار البدئيّة" بالمادة التي يُمثّلها هذا القبر، كلّ تَجدُّدٍ ناتج عن المعجزات التي تُشكّل الذراع القويّة للديانة المسيحيّة، بخاصّة، مُعجزة 'جَمرة التجسُّد'، التي يَخفي رمادها 'شمسَ' الثالوث. وللمزيد من الإيضاح والدِّقة، فلنناقش هذه الفَرَضيّة، في ضَوء "الذات" (ܢܦܫ يات)، بحدّ ذاتها، بدلًا من القيام بذلك، في ضَوء تأجُّجِ هذه الجَمرة.

2.3.1 . "الذاتْ" (yât) وفَراغُ القَبر

على أثرِ فعلِ الأمر 'ليكن نور'، الباعثِ لـ'الكُلِّ' البيبليّ، 'كان النور'، وبات اعتلان 'النور الألوهي' في ظلمات الخَلق العرضيّة، يَسمحُ بكتابةِ 'الظلمات' بالمعنى ذاته الذي كُتبت فيه ما قبل الاعتلان. فالكاتب المُلهم، كما قُلنا سابقًا، استبدلَ هذا المفهوم بمفهوم 'الليل'. وإن بقيَ من المُمكن القول إنّ النهارَ موجودٌ، أنطولوجيًّا، فلأنّه يستمدُّ وجودَه من النور الموجود بذاته. أمّا الليلُ فليس سوى تعبيرٍ عن غياب النهار الذي، من دُونِ نورِه، يفقدُ الليلُ كلَّ علّةٍ وجودٍ له في عالَمِ الثُنائيات. انطلاقًا من هذا التحليل، يُمكن تسميةُ الله إله النهار والليل. أمّا مفهوم 'الظلمة'، فنظرًا إلى أنّه قد بات موجودًا، سيستمرّ كوصفٍ لكلّ ما كان يريد الفِكر الجَماعيّ البشريّ اعتبارَه عبثًا، عدمًا، مضادًّا للحياة، للاسم، للمادة وللذاكرة.⁴⁵⁶ ونظرًا إلى الأسباب والنتائج التي رافقت المشهد التبادليّ بين الظُّلمة والنور، بات لا يكفي، برأينا،

---

453 1كور 15، 35 - 54

454 أناشيد في الميلاد 3، 7 و9. يحدّث العهد القديم من الكتاب المقدس أيضًا، عن عبور أخنوخ وإيليا إلى ذاك الواقع 'المختألف'، في قرون سابقة، بفضل الظاهرة نفسها.

455 القديس شربل مخلوف، أعلن قديسًا عام 1976. راجع الموقع الإلكتروني www.stcharbel.com

456 'مضاد - المادة' يعيدنا إلى 'الثقوب السوداء الكونيّة' و'مضاد - الذاكرة' إلى نظريّة برغسون في المادة والذاكرة (*Matière et Mémoires*)، وقد أتى على ذكرها جان غيتون في كتاب الله والعلم في الصفحة 88 (*Dieu et la Science p.88*). "ديار البلي" تعبير شعبي لبناني قد يكون مشتركًا مع اللغات السامية الأخرى، يفرض نفسه بالذكر هنا إذ يحمل في طيّاته حكمة أجيال مكنونة في الوجدان الشعبي لسكان المنطقة. هو يُفسِّر "الغرابة" (absurdity) كمكانِ الفناء (annihilation).

التحدُّث عن نورٍ إلٰهيٍّ أو عن اعتلانٍ إلٰهيّ. بدلًا من ذٰلك، يُصبح من الضروري إيضاحُ ماهيَّةِ النور، والتركيزُ، لاحقًا، على سلوكيّته. في ذٰلكَ كمَنَ سرُّ اللاهوت الأفرامي الذي سمحَ لصاحبه بأن يخرُق أسوارَ هرطقات زمانه، ما دفعَ، لاحقًا، بجميع الكنائس المجاورة، إبّان حياته، إلى ترجمة مؤلّفاته ونَقلِها إلى مؤمنيها.

ما إن يُعتبرُ النورُ الأنطولوجي اعتلانًا إلٰهيًّا، كما أوضَحنا في الفصل الأوَّل، حتى يُصبح من غير المُمكن اعتبارُه نورًا ماديًّا خاضعًا لمختبراتنا. هذا ما أشَرنا إليه في الفصل الثالث خلال مقاربَتِنا للواقع 'الرازائي'. إن الرجوع إلى هذا النور، بصفته 'الرازائيّة'، أشبه بالرجوع إلى النور الإلٰهيّ، في حالة الإخلاء الذاتيّ لذاته،[457] أي في حالة 'التّجمُّر' التي تَتناسب والكَون، وحواسَنا، وعقلَنا، وزمانَنا، وبشكلٍ عام تتناسَب والتآلفَ مع الإنسان من خلال 'الكِتابة'، بدون أن تُعرِّضَ لا الريشةَ ولا الورقَ لأيِّ خطر:

لقد زمّ جلالتُه ذاتَه، بواسطة هذه الأسماء المُستعارة.
لا نتصوَرنّ أنّه أظهرَ كاملَ جلالتِه:
ليس ما يعودُ إلى كيانه إنّما ما يَتَناسب وقدراتِنا...
إننا لا نرى سوى جُزَيءٍ ضئيلٍ من جلالته،
إذ إنّه لا يُظهِر منها إلّا لَمعةً، ما يَكفي عيونَنا
من بين إشعاعاته الخارقة واللامحدودة.[458]

يفتتح أفرام سيرة القيامة بقوله: "إن القبرَ معك لم يعُد قبرًا، لأنك أنت القيامة". ماذا يقصد بهذا القول؟

يُستنتج من هذا القول أنّ أفرام قليلًا ما اهتمّ بأن يكون يسوع، جسديًّا، خارجَ القبر، أيًّا يكن الجسدُ الذي ظهرَ به. فالقبرُ مع يسوع لم يعُد قبرًا، لأن يسوع موجودٌ فيه، وليس لأنّه غادره. هل يُعقَل ذلك؟

لتخفيف قلقِنا، ثمّة تفسيرٌ واحد: كان أفرام يرى 'المسيح' الجَوهر (*Itûtâ* ܐܝܬܘܬܐ)، وليس 'المسيح' العَرَض، الجسد ('*gûšmâ*' ܓܘܫܡܐ) الذي قرَّرَت المريمات تحنيطَه. وبما

457 هل هو الإخلاء الأوَّل الذي وضعه الآب والابن قيد التنفيذ؟

458 أناشيد ضد الهراطقة 30، 4. راجع *TLE* p.74; *CSCO* vol. 169, p. 121 .

ܐܣܪ ܪܒܘܬܗ ܒܟ̈ܠ ܫܐܝ̈ܠܬܐ
ܕܠܐ ܕܝܢ ܢܣܒܪ ܠܟ ܕܗܢܘ ܟܠ ܟܠܗ
ܦܪܣܗ ܪܒܘܬܗ ܠܐ ܗܘܐ ܐܝܟ ܡܢ ܕܐܝܬܘܗܝ
ܐܠܐ ܠܦܘܬ ܚܝܠܢ
ܐܦ ܗܝ ܒܢܬ ܪܒܘܬܗ ܙܥܘܪܬܐ ܗܝ

أنّه لم يعُد مناسبًا اعتبار وجود أيِّ عَرَضٍ في المسيح يسوع، الابن الإله، خصوصًا وراءَ 'حجَرِ' القبر. يضعُنا هذا مجدَّدًا أمام إحدى الإشكاليّات الأفلاطونيّة للعلاقة بين الجسد والروح. فإن كان التضاد، بحسَبِ أفلاطون، هوَ ما يسودُ بين الجسد و الروح، الأمرُ الذي أكَّده يسوع بنفسه ليلةَ صَلبه،[459] فمعَه، في القبر، يتلاشى كلّ تضادٍ ليُفسح في المجال لوَحدةٍ بسيطةٍ، غيرِ خاضعةٍ لتأثيراتِ ضعفٍ أو قُوَّةٍ. الجسد والروح يُفسحان في المجال لنورٍ أوحَدَ، ليس بمادِّيٍّ يُصَدُّ بالحجارة والجدران، ولا بإلهيٍّ غيرِ مرئيٍّ وغيرِ قابلٍ للاقتراب منه، بل، بالأحرى، لنورٍ ذي جوهرٍ 'رازائيٍّ' مشابهٍ لنور اللّحظة 'الأولى' من اليوم 'الأوَّل' للخلق.[460] إن هذا النور هوَ المقصود. فظاهرةُ السينِرجيا هي الداعمُ هنا، والقاسمُ المشترك الذي يدعو الحدسَ للاعتراف به بين النور المخلوق و'النور الخالق'، بين شمسٍ و'شمس'، بين جَمرةٍ و'جَمرة'، هيَ 'ذات' النور (yât "ܝܬ")، فرديَّته الأنطولوجيَّة (singularity)، أيًّا يكن التحوّل في الشكل الذي يتّخذُه هذا النور. فلنزدَد تعمُّقًا، متأمِّلين بهذه 'الذات'، من ناحية علاقتها بفراغ القبر.

2.3.2. انكشافُ "الذاتِ الرازائيّة" (the *razâtic yât*)

إن الإشكاليّة التي أثرناها أعلاه تكمُنُ في أن نَعرفَ أيُّ نورٍ هوَ المقصود، وأن نَدرُس، في ما بعد، سلوكيَّتَه، لجهةِ مَلءِ فراغ القبر.

شاهدُ هذا الفصل القائل: "في 'ذاتِ' البدء، خلق الله 'ذاتَ' السموات و'ذاتَ' الأرض"، يؤكّد بنسخته الآراميّة: ܕ/ ܕܢܐ/ [ܒܝܬ] (yât)، ܒܪܐ ܐܠܗܐ [ܝܬ] (yât) ܫܡܝܐ ܘ [ܝܬ] (yât) ܐܪܥܐ، الأمر الذي يدفعنا إلى القَول، من دون أيِّ ترددٍ، إنّ تلك 'اليات أرعُا'، و'اليات شمايُا'، بالذات، هما اللتان التقَتا، مُجدَّدًا، في هذا القبر. إن 'ذاتَ' النور الألوهي هي ما كان في أساس 'ذاتِ السماوات' و'ذاتِ الأرض'. وهنا، في القبر، تستعيدُ الذاتان نُقطةَ انطلاقِهما.[461] وكما أن 'ذاتَ' السماوات و'ذاتَ' الأرض مبنيَّتان على النور الألوهيّ، الذي من دونه ما كان من شيءٍ، فنورًا عليهما أن تعودا. بالتالي، نستنتج أن النورَ الألوهيَّ المقصود هو، في الوقتِ ذاتِه، نورُ الخالقِ والمخلوقِ معًا. كيف يمكِن، بالتالي، أن تكون سلوكيَّته؟

إن الأسطر الأخيرة، مع السؤال الذي نَتج عنها، تُمثِّل لكتابنا ذُروةَ عمليّةِ التآلف بين العلم والدين. سنعود إليها لاحقًا. أما الآن فلنوضح ما دفع 'أفرام' إلى تبَنّي الجوهَر والإبتعاد عن كلّ ما هوَ عَرَضٌ، فلا يَرى في يسوع، 'الرازِ' العزيزِ عليه، سوى جوهرٍ كاملٍ، هوَ النورُ البدئيُّ (نورٌ

---

459 مت 26، 41.

460 ترنيمة ميلادية مشتركة بين الكنيسة المارونية والكنائس السريانية الأخرى، مجهولة المؤلف إنما من وحي أفرامي، تعلّم، أن المسيح قد خرج من حشا مريم "شبه ضوء لاح".

461 هذا ما يدعم أمنيَتَنا بأن نرى الكنيسة الأم تُذكّر المؤمنات والمؤمنين، صباح إثنين الرماد، بأنهم من النور قد أخذوا وإلى النور عليهم أن يعودوا.

من نور)، من 'النار' البدئيّ (إلهٌ من إله؛ نارٌ من نار)[462] خالقٌ (كذا)[463] كلّ ما يُرى وما لا يُرى.

إنّ 'أفرام'، لكونه المُمهِّد والمبتكِر للعقيدة الخَلقيدونيّة، يرفض أي فصلٍ بين الإنساني والإلهي في يسوع المسيح: "لا امتزاجٌ ولا فصلٌ ولا تغيير بين الإنساني والإلهي في شخص يسوع المسيح"، هذا ما أكّده، لاحقًا، مجمعُ خلقيدونية. وبالتّالي، إنّ الجَوهر المسيحاني (إيتيو) أو (إيتوتًا) ليس بجوهرِ الآبِ (Ousia) من دون جوهر الإنسان (ousia) ولا العكس، بل هوَ جوهرٌ 'رازائيٌّ' (Oousia)، 'مختالفٌ' عن الاثنين، وفي الوقت نفسه، مساوٍ لهما.[464]
إنّ أناشيد 'أفرام' المُعنوَنَة "ضدّ الهراطقة" و"في الإيمان" تهيّئُ لعقيدة الاتّحاد الأقنومي بين الله والإنسان بيسوع المسيح. نُقدِّم، تباعًا، بعضًا من نماذِجها:

أ- يسكن الواحدُ في الآخر، بمساواةٍ، وبدون حَسد
(إنهما) مخلوطَان، غير عَكِرَين،
مُمتزِجَان، غيرُ مُقيَّدَين،
مُجتمعَان، غيرُ مُرغَمَين،
وحُرّان، غيرُ مُرتبِكَين.[465]

ب- إنهما غيرُ مُنفصِلَين (ܠܐ ܦܣܝܩܝܢ فسيقين) ولا مُعتَكِرَين (ܠܐ ܥܠܠܝܢ بليلين)
مُنفَصِلان، مُختلِطان (ܦܪܝܫܝܢ، ܚܠܝܛܝܢ فريشه، حليطِه)
مُرتبِطان وحُرّان (ܐܣܝܪܝܢ ܘܫܪܝܢ أسيرين وشارين)

---

462   راجع . *La Pensée*, p. 364: "إنما المسيح الذي 'نلبسه' بالعماد لا يُعتبر فقط القدرة الإلهية. يمكنه ان يتمتع بصفة تعود أساسا للآب ألا وهي 'النار الآكلة' والتي لا نلبسها فقط في العماد إنما نتقرّب منها بالحواس في 'الأسرار' الأخرى أيضًا". (أناشيد في الدنح 8، 21)... "الماء والزيت يحدّان من قوّتها لكي يتمكّن الإنسان، المخلوق الضعيف، من احتمالها". (أناشيد في الدنح 8، 3).

463   في حين أن النور مذكّر، النار مؤنّث، مع ذلك نكتب "خالق" حتى ولو عنت النار لأنه على هذا المدار من التفكير يبطل كل نوع وكل عدد.

464   إن هذه المعادلة تعيد الاعتبار لنظريّة يعقوب برديصان وتساعد على فهم أفضل للخلل الذي وقع فيه نسطوريوس المبتدع. القول إنه ليس في شخص المسيح طبيعتان وإرادتان مليئتان وكاملتان (ܟܝܢܐ ܘܨܒܝܢܐ - ܡܠܝܐ ܘܓܡܝܪܐ) لا يمنع من القول بأن يسوع الناصري، بصفته المسيح — وليس سوى مسيح واحد في تدبير الله لخلاص الإنسان والكون — يمثّل شخصًا من طبيعة وإرادة وحيدتين إنما 'مختالفتين' عمّا هو للبشر وعمّا هو للآب. نُذكِّر هنا بظاهرة سُرّة آدم المستندة إلى انعدام وجود الخطيئة في المسيح.

465   راجع (*H Fid* 40، 3) (ترجمة الأب العلامة بو منصور)؛ *La Pensée*, p. 210.
ܗܐ ܚܕ ܚܕ ܥܐܡܪ ܒܚܒܪܗ ܕܠܐ ܚܣܡ
ܚܠܝܛܝܢ ܕܠܐ ܕܠܝܚܝܢ، ܡܙܝܓܝܢ ܕܠܐ ܡܫܚܠܦܝܢ
ܚܒܝܨܝܢ ܕܠܐ ܐܠܝܨܝܢ ܘܩܛܝܪ ܠܐ ܥܛܝܦ ܗܫܐ

يا للدَهشة ! ⁴⁶⁶

يُقدّم لنا هذا الوصفُ المادةَ الكاملة الضّروريَة لفهم الاتّحاد الأقنوميّ بين ابن الله، الكلمة النور، والإنسان (الحيوان العاقل) الذي يتمتّع 'بنَفخةٍ' من الإله ذاتِه كجوهرٍ شخصيّ، أساسٍ للعلائقيّة معه. إن الخُلاصَة السينرجيّة لهذه العلائقيَّة الأقنوميّة أصبحت "ابنَ الإنسان".

باختصار، إن 'أفرامَ'، إذ يُراعي شفافيَة إدراكِه واقعَ التجسُّد والخَلاص، لم يكن بإمكانه أن يميّز بالتعامل بين حشا مريم وحشا نهر الأردن وحشا القبر. في سبيل القيام بذلكَ، من دون الوقوع في خطأ الحلوليّة (تأليه الكَون)، لجأ إلى 'الذات' (يات Yât) كالجُزَيء الطبيعيّ الأصغر (minima naturalia) القابلِ لأن يُميَّزَ خلفَ كل كائنٍ، يُشاطر كيانَه مع الكائن المـُطلق، كفعلٍ وكإسم. إن ما كان 'أفرامُ' يتجنّبُه في رؤيتِه لظاهرة التجسُّد، بمختلف مراحلها، ومن الزاوية عَينها، هوَ الوقوع في التناقض، كما حدث مع آخرين قبله. لقد فهمَ، بالرّوح القدس، أنّه كان من المـُمكن تضييع كلّ التّدبير الخَلاصي على المسيح إذا ما تمّ البحثُ في الموت والقيامة، بطريقةٍ مختلفة عن الولادة والمعموديّة، سواءٌ لإرضاء اليهود أو لإرضاء الفلاسفة. ندعمُ طريقة الفهم هذه بالتحليل الإيضاحيّ التالي:

- بما أنّه، منذ اللحظة 'الرازائيّة' الأولى من الحمل به، كان يسوع إلهًا كاملًا وإنسانًا كاملًا،
- إلهًا كاملًا وإنسانًا كاملًا، كان من المـُفترض أن يكون في نهر الأردن كما في القبر.

بالتالي،

- إن كان المسيحُ قد ترك القبرَ الذي دُفن فيه فارغًا، خلال مغادرته إياه، فمن المـُفترض أيضًا أن يكون قد ترك حشا أمِّه ومياهَ نهر الأردن فارغَين. ⁴⁶⁷

انطلاقًا من هذا التحليل شبه القياسي (syllogistic)، يتّضح أنّه بات غير مناسب، في نظر 'أفرامَ'، التبشيرُ بقبرٍ فارغ. وإن كان فارغًا، فلا بدَّ من توضيح ماهيّة الفراغ المقصود وكيفيّته. سوف نعود إلى هذه النقطة، في وقت لاحق. الآن، نَلفتُ إلى أن القديس أفرام لم يكتشِف من خلال لجوئه إلى 'الذات' الجوهريّة، نظريّة المِلءِ 'الرازائي' (the râzâtic

---

466 راجع: La Pensée, p. 49 (H Nat 8, 2) et p. 210 H Fid 73,8. Cf. CSCO vol. 186, : p. 59; et vol. 154, p. 224.

ܚܕ ܠܟ ܡܩܒܠܝܢ ܘܟܕ ܠܟ ܛܥܢܝܢ
ܡܢܟ ܣܢܝܩܝܢ ܟܗܢܘܬܝ ܘܥܡܝ
ܡܗܝܪܐ ܓܝܪ

467 لا يمكن أيضًا إهمال مصير خشبة الصليب.

fullness) فحسب، وإنّما أيضًا نظريّة الفراغ ’الرازائي‘ التي قد تؤثّر في كلّ نظريّة تختصّ بالمكان والجاذبيّة. حتّى الوقت، يُمكن أن يفقدَ دِقَّتَه من جراء تأثيرات هذا الاكتشاف: كيف يُمكن تحديد اللحظة التي بدأ فيها القبر أن يكون فارغًا؟ ومتى بات فارغًا كليًّا؟ وإن كلّ ما يُقال عن الفراغ ينطبق أيضًا على الامتلاء. متى بدأ القبر أن يكون ملآنًا؟ وقبل أيّ شيء، هناك ما يدعو إلى التساؤل عمّا امتلأ به. هل امتلأ بجسدٍ قابلٍ للفساد؟

بالنسبة إلى ’أفرامَ‘، المشكلة مَحلولة، لأن أصلَ كلّ شيءٍ نورٌ، فبالتالي من المفترض، في نظره، أن يكون أصلُ كلّ شيءٍ هوَ الوَحدة الجوهريّة للنّور عَينه. ’الذات‘ التي يضُمُّها القبر كما يضُمّ المحيطُ الحَمضَ النوويّ للسمكة. على هذا الصعيد من التحليل، ألا يُمكن القولُ إنّ ’أفرامَ‘ أنهى وضعَ ’ثابتَةٍ‘ (constant) يُمكن اعتبارُها ثابتَتَهُ، التي هي ’الذات الرازائيّة‘ (the *râzâtic yât*)؟

للمزيد من الوضوح، نرسُم أدناه بيانًا يُمثل هذه ’الثابتة‘ المفيدة لفهم القِسم العلميّ الذي سنَتعامل معه في الفصل التالي:

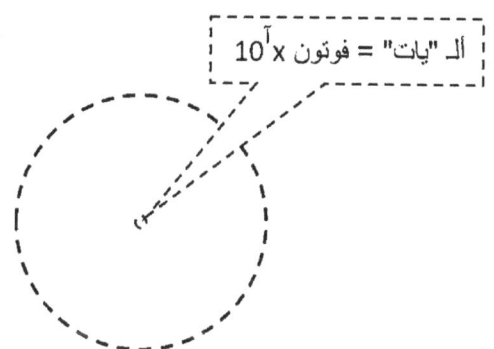

رسم 11: ثابتة ’أفرامَ‘ حيث حرف الهمزة ”ئ“ هوَ رمز الاختئلاف[468]

في نظر ’أفرامَ‘، جوهرُ هذا الفوتون بحدِّ ذاته، ينتمي إلى صنف الـ’يات‘.[469]

---

468 منذ مطلع القرن العشرين أخضع العالِم آينشتاين نورَ العالم لمعادلات فيزياء الكَم وحدَّد جُزيئه بالـ’فوتون‘ (جُسيم النور). ’الفوتون‘ هو كناية عن كمٍّ من الطاقة يَعبر من الوجود بالقوّة إلى الوجود بالفعل كل مرةٍ يصل فيها الكمّ إلى درجة معيَّنة من الحرارة. سنطوِّر شرحَ هذه الظاهرة في الفصل الخامس.

469 بفضل هذا المعطى العِلمي الذي تمكنّا من اكتشافه في تفسيرنا لنصّ القيامة، فُتحت أمامنا فسحة جديدة غير معروفة قبل ’أفرامَ‘، هي فسحة مريم والدة القائم من الموت وأمرُ تعزيتها. يبدو أن الأناجيل الأربعة التي تتحدَّث عن عودة المسيح إلى تجسُّم ما بعد دفنه ليُثبت لتلاميذه أنه قام فعلاً من الموت. لم يذكر أي منها أنه ظهر لوالدته. أما كان يجدر به أن يظهر لها، بما أن لها الأولويّة كأم، كي ”يعيد لها روحها“ بعد كلّ الآلام التي تسبب لها بها؟ أم إنه قد تمّ الافتراض من قبلهم بأن آلامها كانت ’مختألفةً‘ ’رازائيّةً‘ وما كانت بحاجة إلى رؤية ما هو ”عرضيّ“ لتؤمِن بالجوهر الحي لابنها، ذاك ”الجوهر“ الذي لم يتركها أبدًا؟

نختم هذا الجزء مردّدين: لولا المسيحُ لكان القبرُ حافظَ على صِفته كـ'بابٍ للجحيم'، مكانِ 'الظلمات' والفناء، أما معه فقد أصبح مقرَّ التحوُّل (transmutation)، على الصعيد الجوهري للذات، المـُحفّز للاستحالة، أي القيامة.

عليه، ندعو اللاهوتيين وعلماء الفيزياء إلى الانضمام إلينا في هذا 'القبر' لأنّه من المـُمكن أن نكتشف فيه 'القبّة الدهريّة' 'خيمةَ موعد موسى' التي يتمُّ السّعيُ إليها، بشدة، مكانَ سُكنى الله معنا ولقاءاتنا العلميّة واللاهوتيّة معه:

ها هما النارُ والروحُ في حشا أمّك.
ها هما النارُ والروحُ في نهر الأردنِّ الذي تعمَّدتَ فيه.
النارُ والنورُ في مَعموديّتِنا،
في الخُبز وفي الكأس النارُ والروحُ القدس.[470]

ونضيف مع 'أفرام' بكلّ ثقة: النارُ والروحُ في حشا 'القبر' يَنتَظرانِنا متى بتنا قادرين على إعادة انبثاق النور من المادة.

3. عودةُ انبثاقِ النورِ مِنَ المادة

إنَّ تجسّدكَ، يا رب، هوَ مَصدرُ كلّ بَلسمٍ.
تحتَ ردائك الظاهر تكمُنُ قدرتُكَ التي لا تُرى.
قليلٌ من لُعابِ فمِكَ يتحوّلُ إلى نور،
يا للدّهشة، النورُ في الطين![471]

نظرًا إلى أنّه لا يوجد شيءٌ غيرُ مخلوقٍ من الله، كلّما انبثقَ النور أو الطّاقة (energy)، أو حياةٍ ما، من مادة، أيًّا تكن تلك المادة، فإن ذلكَ يُشكل أحد التجلّيات المشابِهَة لتجلّي نورِ قيامة الجوهر الخفيّ (ityâ ghnizâ). وبما أنّه من المـُمكن أن يكون لهذا 'النور' مكانٌ في الطين، تُثبِتُ هذه القيامة أنَّ التضاد ما بين النور والقبر ليس وجوديًّا إنّما هوَ فقط نظريّ. وإذا ما أخذنا بالاعتبار مبدأ السبَبيّة (cause - effect)، نجد أن هذا التضاد موجودٌ، فقط، في طريقة التعبير، إذ تُوجَد دومًا بين قُطبيه علاماتٌ يُدرِكُها الفَهم البشريّ، تؤكّد أن أحد القُطبين يمثّل السبب الكائن جوهريًا، بينما الآخر هوَ نتيجةٌ لا وجود لها إلا عَرَضيًّا، نسبةً إلى القُطب

---

[470] مز 6،5.
[471] راجع: H Fid 10,17; CSCO vol. 158, p.51.

ܗܐ ܢܘܪܐ ܘܪܘܚܐ ܒܥܘܒܐ ܕܝܠܕܬܟ
ܗܐ ܢܘܪܐ ܘܪܘܚܐ ܒܢܗܪܐ ܕܝܘܪܕܢܢ ܕܒܗ ܥܡܕܬ
ܢܘܪܐ ܘܪܘܚܐ ܒܡܥܡܘܕܝܬܢ
ܒܠܚܡܐ ܘܟܣܐ ܢܘܪܐ ܘܪܘܚܐ ܕܩܘܕܫܐ

الأوّل. على سبيل المثال: إن المُعتبرَ أعمى في المقطع الذي يتصدّر هذا العنوان، ليس أعمى إلّا بسبب نقص النور الجوهري لديه. لذلك فسّر 'أفرام' هذا المشهد كما لو أن يسوع أدخلَ في الأعمى، مجدّدًا، هذا النور، عبر عَينيه، مذكّرًا، بالتالي، بالحركة التي أدخَل بها أبوه (الآب) الحياة في طين آدم. وكما أنّه، بحسَب سفر التكوين، لا وجود، بالمعنى الحصري، للحياة من دون النور، كذلكَ، بكلّ بساطة، لا كينونة لـ'البَصر' من دون 'نور' المسيح الذي به تمّ كلّ شيء. هكذا فسّر 'أفرام' الاختلاف بين زيت العذارى الحكيمات وزيت العذارى الجاهلات، بخاصّةٍ ذٰلكَ الذي ذهبت تلك الأخيرات لابتياعه:

ها هي اللُّمَعُ في الزيت، إنّها تَدهنُ الفهمَ وتُنيره
وكما استنارَ اللصُّ من البَرق القريب منه،
كذلك أنتم الذين آمنتُم بالصليب، ستنالون نورَين مُختلفَين
سَتُنوَّرون بالـمَسحة وتنوَّرون أيضًا بالعماد.[472]

بمعنى آخر، إذا كانت المغارة المنحوتة في الصّخر وجسدَ يسوعَ الذي يرقُد في داخلها يمثّلان دالّتَين، فإن المدلولَ إليهما يكون المادة المخلوقة و'النور المتجسّد' فيها. يشيرُ هذان الأخيران بدورهما إلى 'ذاتٍ' ماديّة من جهة القبر، وإلى 'ذاتٍ' رازيّة من الجهة المكنونة فيها، إلّا أن أيّ عدم تلاؤمٍ بينهما يصبح من دون أهميّةٍ، لأن "الذاتَ"، بحدّ ذاتها، ليست خاضعةً لتصنيفاتنا. مثلًا: على السؤال عن الفتى الأعمى "لماذا هوَ أعمى؟"، يجعل

---

[472] Cf. *La Pensée*, p. 80 et, surtout p. 351 ; H Epiph 3,30-31 ; CSCO vol 186, p.153.

(ترجمة المؤلّف)

ܗܐ ܓܝܪ ܨܡܚܝ ܡܫܚܐ. ܘܡܘܣܦ ܘܡܢܗܪ ܠܪܥܝܢܐ
ܐܝܟ ܕܐܢܗܪܘ ܚܫܟܗ ܕܠܣܛܐ ܒܪܩ ܕܚܕ ܡܢ ܠܘܬܗ
ܠܟܘܢ ܕܗܝܡܢܬܘܢ ܒܨܠܝܒܐ ܝܗܝܒ ܠܟܘܢ ܬܪܝܢ ܢܘܗܪ̈ܐ
ܐܬܢܗܪܬܘܢ ܒܡܫܚܐ ܘܢܗܪܝܢ ܐܢܬܘܢ ܒܡܥܡܘܕܝܬܐ

قراءة 'أفرام' هذه تجعلنا نكتشف تقاليد استعمال الزيت المقدس، وحتى استعماله الطبي على صعيد العبادات الشعبية. بداية، نعترف بأننا لم نسمع قط كما لم نقرأ عن أبعاد الزيت كما تناولها 'أفرام'. ثم، باستعادتنا مرة واحدة ظواهر رشحان الزيت العجائبية كافة التي عرفها الشرق الأوسط مؤخّرًا، ابتداء من صورة مار شربل في عَين علق - لبنان - عام 1979 إلى "سيّدة الصوفانية" في دمشق، ظواهر يقف أمامها المرء مذهلًا، فنتساءل اليوم إن لم يكن 'يات' النور ما يقف وراءها. وبما أن زيت الزيتون كان ولمّا يزل مادة اشتعال بامتياز، لا يترك أي رواسب خلفه، يمكن اعتبار الرشحان متأتّيًا، بإذن الإرادة الخالقة، من النور الذي يتحوّل إلى زيت. هل هو النور ذاته المنبثق من الزيت المشتعل يستعيد حالته الأساس؟ إن صحّ هذا، تكون المعادلة:

الزيت في النار، في النور، ← يودي إلى اعتبار ← النور في النار (نار الإيمان)، في الزيت

حيث يُميّز 'الاختلاف' فقط سماكة الحرف بين الرفيع والثخين، لا غير، وإلا كيف نفهم أنه، بعد عدة اختبارات قد ثبت أن كل الزيوت التي رشحت هي زيت زيتون صافٍ. (راجع المنشورات الورقيّة والإلكترونيّة كافة حول حدث الصوفانية) وإذا ما اقتنعنا بالظهورات التي للمسيح كما التي للعذراء، يسهل فهم ظاهرة النور الذي صدّم بولس الرسول كما الإنجيل بكلّيّته.

يسوع هذه الحقيقة واضحةً جدًّا بجوابه غير الخاضع لأي من تصنيفاتِ المتسائل. بالتالي، إن كان الكتاب المقدّس يعلِّمُنا أنَّ الله خَلَقَ في البدء (*b-riš-ït*) ذات السّماواتِ (*yât_šmayâ*) وذات الأرضِ (*yât_arᶜâ*)، فهو يؤكّد أيضًا أنَّ الله خلق الذات،الجوهر، ألـ'يات' (*yât*) من الجهتين، وهذا كلّ ما خَلق. وفي كلّ "ذات" من الاثنين، وضعَ كلَّ "الطاقة" الضروريّة لتصبح الاثنتان، وفقًا للتدبير الكامن في 'حَمضهما النوويّ' ما يجبُ أن تُصبحا عليه. ولكن، هل حَمضُهما النوويّ (DNA) أو حتّى حَمضهما الرّيبيّ (RNA) مختلف؟ لا معلومة تؤكّد ذٰلك. صحيحٌ أن 'السماوات' و'الأرض' المخلوقتين تختلفان في مادتهما إنما، من المفترض، إذا ما أخذنا بالاعتبار مسلّمة "شراكة النور في الخَلق" ألّا تختلفا في 'جَوهَرِهِمَا' بما أنّه من دون 'النور–الابن' ما كان يُمكن لأي شيء أن يكون، بالتالي يكون 'النور' نفسه في أساس الاثنتين.[473] عليه، تكون المخلوقات المرئيّة للعَين المجرّدة أو لعَين الإدراك كافّة، أو غير المرئيّة لأي نوعٍ من العُيون والأدوات، سواء أكانت تلك المخلوقات ميتافيزيقيّة أم مِمّا بعد الميتافيزيقا، هي أيضًا من النور ذاته. إن هذا ما يُعطي، بالنسبة إلى 'أفرامَ'، التفسير السليم للسّبب الذي يدفع إلى عدم ارتكاب خطأِ الخَلطِ بين 'الخَليقة' و'الخالق'، حتّى وإن كانا يتقاسمان، في بعض الحالات، 'الاسمَ' عَينه. هذا ما يفسّر أيضًا النزاع بين يسوع والفرّيسيين الذين اتّهموه بطرد الشياطين باسم بعلزبول، الشيطان.[474]

تأخّر الإنسان كثيرًا في فهم دور الدالّة والمدلول إليه والمشار إليه من الإثنين. إن 'أفرامَ'، منذ ولادته، إذا ما صدّقنا نعمةَ الدعوة التي، بحسَبِ النبي أشعيا، تتأتّى من الحشا الأمومي،[475] اكتشف مما هو مُشارٌ إليه أكثر بكثير ممّا تسمح به الأبعاد الثلاثة للواقع الذي كان يُحيط به، وهوَ يدعونا اليوم، بفضل تقدّم العلوم وتطوّر الإنسانيّة، إلى تخطّيها نحو 'مُشارات إليها' إضافيّة، من البُعدين الرابع والخامس، متّحدةً كلُّها في المسيح.

إن المسيح، بحدّ ذاته، ليس من أيّ من 'العالـمَين' مُنفصلين، لا من 'الأرض' ولا من 'السماء'، وبتجسّده، من 'مريم' قد جسّد في شخصه العالـمَين معًا، بشكل شامل (exhaustive)، بهدف حَملِهما في أقنومه، ضمن سينرجيا 'رازائيّةٍ' من الكمال، على ما اشتهاه أبوه في يوم 'سبت' راحته. لذٰلك، أصرّ 'بولس' على القول إنّ في هذا المسيح لا فرقَ بعد بين 'أيِّ شيءٍ' و'أيِّ شيءٍ' آخر، وبين 'أيٍّ كان' و'أيٍّ كان' آخر، بما في ذٰلكَ المكان والزمان والاتجاهات كافة.[476]

---

473 ما يسمح بالقول إنه من الممكن أن يكون النور مكنونًا، قبْليًّا (*a priori*) في المادة الأولى، ولو بالمعنى النفيِّ للكلام (apophatic).

474 رؤ 12، 7؛ 2كور 11، 14

475 أش 49، 1

476 أف 4، 9؛ كول 3، 11؛ غل 3، 28.

إذًا، إن انبثاق 'النور' من 'المادة'، يتمّ، من الآن فصاعدًا، من خلال 'الذات'، لأن كلّ 'ذاتٍ' هي ناشئة عنه هوَ 'النور الخالق'، من غير أن تكون 'ذاتَه' هو، ومن غير أن تُختَزَلَ 'ذاتُه' في أي ذاتٍ أخرى، وبدون أن تتأثّر ذاتُه من جرّاء خلقِ أيِّ 'ذاتٍ' أخرى. بالتالي، أين يُمكننا تصوّر هكذا تنافُذ (osmosys)، إن لم يكن في 'ظاهرة الشمس' التي استطاع 'أفرام' أن يَستبينَ في جوهَرِها ثلاث دلالات، النار والنور والحرارة لثلاثٍ مشارٍ إليهم هم الآب والابن والروح القُدس. لذلكَ يدعونا 'أفرام'، في سبيل كرازة إنجيليّة سليمة، إلى التفكير بشموليّة، من خلال 'الذات الجوهريّة'، وليس من خلال الأعراض، مع تَعدُّديّة الأبعاد.

إن هذه الحِنكة الأفراميّة القائمة على كلمات بولس: "الحرفُ يُميت أما الرّوح فيُحيي"[477] سوف توجب تمييزًا بين القيامة المرتكِزة على فعل 'قام'، والانبعاثِ المرتكِزِ على فعل 'انبَعَثَ'.[478] من الضروري التمييزُ بينَهُما في سبيل التوَصُّل إلى كرازةٍ إنجيليّةٍ راسخةٍ ومحصّنة ضدّ "المنطق اليوناني" الذي، برأينا، لم يُخطِئْ 'أفرام' بوصفه بالسّام لكلّ ما يختصّ بشؤون الإيمان المسيحي.[479] ماذا يعني ذلكَ؟

1.3. التمييزُ بينَ القيامَةِ (Qiâmtâ) الانبعاثِ (Nûḥâmâ)

قال الملاك للمرأتين: "لا تخافا. أنا أعرف أنكما تطلُبان يسوع المصلوب. ما هوَ هنا، لأنّه قامَ، كما قال"، (ܩܳܡ ܠܶܗ ܓܶܝܪ ܐܰܝܟܰܢܳܐ ܕܶܐܡܰܪ) (*qâm leh ghêr aïkanâ dêmar*)... قام من بين الأموات، وها هوَ يسبقُكم إلى الجليل، وهناك تروْنه'.[480]

ماذا كان يقصد الملاك، تحديدًا، بقوله: "قام كما قال"؟ هل قَصدَ 'قام' بمعنى 'انبَعَثَ' أم 'قام' بالمعنى الحرفي الذي مُضارعه 'يَقوم'؟

قام باللّغة السريانيّة (ܩܳܡ)، كما بالعربيّة، قد تَعني مجازًا 'القيامة' من الموت، فالفعل كثيرُ الاستعمال وله وُجهاتٌ مُختلفة: قامَ من وقعتِه؛ قامَ لنجدةِ الآخر؛ قامَ بعملٍ معيّنٍ إلخ.

---

477 يو 6، 63؛ 2كور 3، 6

478 نلفت، بعد أن تفحَّصنا القواميس والنصوص، إلى أنه لا يكفي أن نقارب الفعل انبعث، ينبعث، من جهة معنى الخروج من القبر أو العودة إلى الحياة. يكون الأمر محدودًا جدًّا كي يتمكَّن من تغطية الحدث المسيحاني بالمطلق، المفترض قراءته في معنى الفعلين السريانيين قام (انتصب)، وانبعث (عاد إلى الاشتعال أو إلى الإشعاع). على فعل انبعث أن يُفهم بالأحرى من زاوية الطاقة المشتعلة أو المنيرة من معناه مثل: انفجر، لمع، سطع، اشرأبَّ، -أو - فاض، خرق، انبزغ، انبلج، ذرَّ، شعَّ، وذلك كي يتجاوب مع متطلبات قيامة "نور العالم"، كما رغبت بفهمه الكريستولوجيا السريانية. الإشكالية كما رآها 'أفرام' هي أنه من الضروري احترام الظاهرة ذاتها التي حصلت في ميلاد هذا النور، في اعتلانه على الأردن كما في انبعاثه أي: "شبه ضوء لاح". هذا هو حقل التفسير المنير وليس أي حقل.

479 بهذا الرأي، نلتقي مجدّدا مع سيباستيان بروك. (راجع *TLE*, p. 17)

480 مت 28، 5 - 7

أمّا قامَ بمعنى عَودة الحياة إلى مَيت، فقد تعني ما حصلَ للعظام الرّميمة في نبوءةِ حزقيال، ومع لعازَر وغيرِه ممن أعاد لهم يسوع الحياة. أمّا التعبير الدّقيق لفعل عودةِ الحياة إلى الميت وقيامته فهو، من جهة الدقّة والتمييز، البَعثُ والانبعاث، بالسريانيّة (ناحِم *naḥem*). إن الانبعاث والحياة توأمان ناريّان، إذ إن الانبعاث مُرتبط أيضًا بالحرارة والدفء، وبالتالي، بالنار ونورها، النور الذي شعّ من القبر، والذي تحدّثنا عنه سابقًا. في سبيل تسليط الضوء على هذا التمييز المنير، لا بدّ من التأمّل مجدّدًا في الطبيعة الإلهيّة، وهذا ما يشجّعنا عليه القديس بطرس في رسالته الثانية.[481]

يبدأ أسبوع الآلام مع دخول يسوع المجيد إلى أورشليم فيما كانت قيامة لعازر لا تزال حاضرةً بقوّةٍ في أذهان سكان المدينة. وبينما كان البعض يَمدح تلك المعجزة، كان البعض الآخر يخشاها. فلنرَ، في عَودةٍ على عَقِب (flash-back)، مشهدَ تلك المُعجزة التي طَبعَت بداية نهايةِ أيام يسوع، وبمعنى آخر، بداية نهاية أيام 'النّور' في كَوننا.[482]

عند قبر لعازر، تحدُث الأمور كما في 'مرآة' تعكِس قبر يَسوع. توجد نساء، ويوجد الشك أيضًا، إنّما الحاضرُ الأهمّ هوَ إصرارُ النساء. حتى 'النورُ' حَضَر، وفي الحالتين كان مرئيًّا لبعضهم وغير مرئيٍّ لبعضهم الآخر. وكان يسوع قد تنبّأ بهذا المشهد، مؤكّدًا لتلاميذه قبل التوجّه لبيت عنيا أن: "... من سار في النهار لا يعثُر، لأنّه يرى نور هذا العالَم. ومن سار في الليل يعثُر، لأنَّ لا نور فيه".[483] وبالتالي، إن المسألة كلّها تكمُن في حيازة 'النور' 'الراز' في الذات، مسبقًا، أو في عدم حيازته.

قصدَ يسوع لعازر بهذه الكلمات، وليس ذاتَه، لأنّه قال لتلاميذه، أوّلًا، إنّه ذاهب إلى اليهوديّة ليرى صديقه لعازر الذي 'هو نائم'... وسوفَ 'يوقظه'...

قياسًا على ذلك، إذا ما أخذنا بالاعتبار تقليدَ مصباح الزيت، كمصباح زيت العذارى الحكيمات المذكور آنفًا، يُمكننا تصوّر يسوع قائلًا الكلمات التالية: انطفأ لعازر ظاهريًّا... رقدَ 'نورُه'، أي 'رازُه'...وبسبب جحودكم، سوف أبعث 'نورَهُ' من 'رقادِه'.[484] وإن كان التلاميذ المساكين لم يفهموا المسألة، فذلكَ برأينا لأنّهم، على عكس لعازر، ما كانوا قد نالوا بعد نعمة أن يكون 'النّور'، 'الراز'، فيهم وإنّما فقط مَعهم: عمانوئيل.

---

481 2بط 1، 4 - 5

482 (سِرّ) قبر لعازر أنه كعلامة تشير إلى الطريق الموصل إلى قبر الـ'راز' الذي هو "الطريق".

483 يو 11، 9 - 10

484 راجع *La Pensée* p.351 : "لم تغب رمزية علاقة الزيت بالنور كليًّا عن أناشيد الدنح فهي تجد تعبيرًا لها في تأكيد وجود أشعة نور المسيح في الزيت وهو وجود فعال يمنح الزيت القدرة على الإضاءة". (أناشيد في الدنح 3، 30 - 31) انطلاقا من هذا البعد الرمزي للزيت الذي يتخذ النور انبثق من "قنديل" القديس شربل بُعدًا إضافيا، سيّما وأن القديس أفرام ربط بين مياه العماد والزيت. (مشحو ܡܫܚܘ).

إن لعازر وأختيه هم إثباتٌ دامغ على أنّه، إبان حياة يسوع، وُجِدَ من أحبَّه، بصفته المسيحَ ابنَ الله، على ما أكّدته 'مرتا'، واستطاع، بشكل 'تلقيحيّ' (homeopathic)، بنعمةٍ من الآب، أن يكون النورُ 'الرازائيُّ' فيهم. كذلك الكنعانيّةُ وقائدُ المئة اللذان وَهبَهما يسوعُ 'انبعاثَ' 'نارِ الحياة' مجدَّدا، في جسد ابنيهما، لم يُستبعدا عن نيل هذه النعمة المسيحانيّة. فجميع الذين وهبهُم يسوع انبعاثًا أو شفاء، بدون قصدنا في التمييز كثيرًا بين المعجزات، يمثلون أناسًا من الملكوت، كما أرادنا يسوع أن نعرفه. سيُثبَتُ ذٰلكَ لـ'بطرس'، في ما بعد، في الرؤيا على سطح بيت 'سمعان' في قيصريّة: "يا بطرس، قم، اذبح، وكل... ما طهّره الله لا تَعتبِرهُ أنت نجِسًا".[485] بالتالي، فإن جميع المعجزات، بدون استثناء، بخاصّة تلك التي استهدفت العيون والبصر، كانت تجليات لانبعاث 'النور' المكنون تحت رماد إنسانيّة أرهقَتها الشريعة، أو، بالأحرى، ألفُ شريعةٍ وشريعة مفروضة من قبل كتبة وفريسيين، من الأنواع والألوان كافّة. إذًا، كان يسوع يبعثُ نورَه الخاص، أي ذاتَه، في كلّ من هذه المعجزات، أيًّا تكن حالة العوارض التي ترافقها، بخاصّة، كما ألـمَحنا إليه، مع صديقه لعازر. فهذا الأخير، وحتّى البُعد الثالث من المخلوق بحسَبِ الإيمان اليهودي الفرّيسي الممثّل بجواب مرتا: «أعرف أنّه سيقوم في القيامة، في اليوم الأخير»، كان من الممكن أن 'يَقوم' أو 'لا يَقوم'. إنّه، ابتداءً من البعد الرابع، البعد الذي هيمن على الحوار بين مرتا ويسوع، ومن ثمّ إعلان يسوع الرازائي: "أنا القيامة. من يؤمن بي، وإن مات فسيحيا"، 'انبعثَ' لعازر في الحال، كما تنبعث أشعة الشمس. وكرّر يسوع مرّتين الأمر التكوينيّ، "ليكن نور": مرّةً بأمره «أزيحوا الحجر»، ومرّةً أخرى: «لعازر، أخرج!».

عَقِبَ كلام يسوع المدوّي: «لعازر، أخرج» الذي كان قد تبع حديثه مع أبيه، خرج الميتُ، مشدودَ اليَدين والرِّجلين بالأكفان، معصوبَ الوجه بمنديل. خرج إذًا كَكَوكَبةِ نورٍ، بدلًا منه كإنسان! عندئذٍ، أمر يسوع بحلّه وتركِه يذهب...[486] أليس الأمر كما لو أنّه طلبَ منهم أن يرفعوا 'المكيال' الذي كان يحجب نورَه الخفيّ في 'ذات' لعازر؟[487]

يدفع 'أفرامَ' بالعلاقة بين العَين والنور نحو تطبيقها على 'الذات' ('إت' بالعبري، 'يات' بالآرامي) في الكائنات، ويُلمّح إلى أن التجسُّد جعل 'عُيونَ' الكَون الـمُمثَّلةَ بقبر لعازر، منيرةً وقادرةً على الشهادة، وراء رماد كلٍّ منها، لمجد المتجسِّد. "لا شيء في الخَليقة منفصلٌ عن باقي الطبيعة، وأن 'الطبيعة' هي، إلى جانب 'الكتاب' ومعه، كتابٌ مقدَّس إلٰهي"، بحَسب ما كتب لويس لولوار، مقدِّمًا كتاب 'العَين المنيرة' لسيباستيان بروك الذي يشير إلى أبيات

485 أع 10، 15

486 يو 11، 43 - 44

487 لو 8، 16

أفرام الشعريّة الشهيرة التالية:[488]

يشهدُ للخالق الكتابُ والطبيعة،
الطبيعةُ بشرائعها، والكتابُ بقراءته:
شاهدان ينتشران في كلّ مكانٍ وبُنية،
مُمجَّدَين في كلّ زمان، وأمينَين في كلّ ساعة،
يوبِّخان غير المؤمن الذي يَرفض الخالق.[489]

من كلّ هذا الدفاع، نستنتج أنَّ فِعلَي 'قام' و'انبعث'، في هذا السياق، يُشيران إلى الظاهرةِ نفسِها، وإنّما مع بعض الأبعاد الإضافيّة التي توجِب، بُغيَة التوصُّل إليها، 'تآزُرَ' القلوب والأذهان وعيونَ الإيمان من خلال 'الجَمرة الغافرة' الأفراميّة. فقط، في حالة 'التآرز' هذه، يُصبح تبديل 'انبعثَ' بـ'قامَ' أو بغيره من الأفعال الناريّة مقبولًا. كذلك على صعيد النماذج (paradigms) والأبعاد، يُفترض أن تُفعَّل 'بالمؤازَرَةُ' لتُوفِّرَ فهمَ الترجمَات في اللُّغات المعاصِرة التي تَستخدِم التعابير: *ανεστι*" "ressusciter", "résurrection", "to rise", "risen"، "Auferstehung" "risorgere", "resurrezione"، 'قام، القيامة'، 'انبعثَ، الانبعاث'، وغيرها.

الأمرُ يبدو جميلًا جدًّا، لغاية الآن، ولكنّه لا يَفي بالمطلوب بالنسبة إلى فرضيَّتنا التي تَعتبر أنّه يُمكن 'للنور المدفون في المادة' أن يَنبعث منها بمعنى القيامة.

بعد أن شدَّدنا على التمييز بين القيامة والاِنبعاث في النصوص التي تُعنى بهما وبمُختلف

488 راجع .*TLE* introduction.

489 **الفغالي بولس**، أناشيد في الإيمان، ص. 96، حاشية رقم 23؛ Cf. *H Par* 5, 2 – fin, *CSCO* vol. 174, pp. 16ss.

ܕܢܣܗܕܘܢ ܠܒܪܘܝܐ   ܟܝܢܐ ܐܦ ܟܬܒܐ
ܟܝܢܐ ܒܚܘܫܚܗ   ܟܬܒܐ ܒܩܪܝܢܗ
ܣܗܕܐ ܕܡܛܠܛܠܝܢ   ܠܟܠ ܐܬܪ
ܡܫܒܚܝܢ ܒܟܠ ܙܒܢܝܢ   ܐܡܝܢܝܢ ܒܟܠ ܫܥܝܢ
ܡܟܣܝܢ ܠܟܦܘܪܐ   ܕܛܠܡ ܠܒܪܘܝܐ

The following reference (H Virg. 20,12, *Cf.* CSCO vol. 223, p.70) helps as a strong support for the concept *râzâ* and embosses it:

ܒܟܠ ܕܘܟ ܐܢ ܬܚܘܪ ܐܪܙܗ ܬܡܢ
ܘܐܝܟܐ ܕܬܚܙܐ ܛܘܦܣܘܗܝ ܬܡܢ

Which can be translated by:

Wherever you look, His myteries;
In everything you see His paradigms

أبعادهما، فلنُوَطِّد، أكثر ما يُمكن، موقفَنا من الوحدةِ بين 'النور' و'المادة' بالبحث في العلاقة بين 'النور' و'القبر'، قبل الانتقال إلى الملحوظات الأهم لعُلماء الفيزياء الأكثر شُهرة، تجاه هذه الظاهرة.

2.3. انبثاقُ النور منَ القَبر

أن يَسعى الفيلسوف الشهير جان غيتون (Jean Guitton)، في آخر سني عمره، إلى إظهار روح المادة، أو أن يكون معلّمه الفيلسوف برغسون (Bergson)، قد اكتشف، في آخر أيّامه تقريبًا، أن ذاكرةً في المادة، ذاكرةَ انسجام (harmony) وتماثل (symmetry)، كانت في وقتٍ ما، وفُقدت في ما بعد، فما كُلُّ ذلك سوى دليلٍ على أن ما استطاع 'أفرام' أن يتوصّل إليه في ربيع عُمره ليس تخيّلاً خاصًا به، إنّما، بالأحرى، هوَ مَسألة إلهام "زُهديّ" ناله من الروح القُدس. وعليه، نستمرّ في القول معه إنّه، لو بقيَت زاويةٌ واحدة من المخلوق بعيدةً عن النور الإلهي، فذلكَ يُخِلُّ بمفهوم كُلِّيَة وجود الله، وبالخَلاص أيضًا، من وجهتيهما الشموليَّتين. حتى الجحيم، جهنّم، وغيرها ممّا اعتبرناه، مسبقًا، نماذج أو رموزًا للظلمات الأوّليّة المتبقّيَة من اليوم الأوّل للخَلق، يجب ألّا تَبقى خارج هذه المُسلّمَة (axiom)، فقد زارَها يسوع، انطلاقًا من القبر.[490]

زارَ يسوع ما يُعتبر، بموجب مقاييسنا، عرضيًّا، 'غيرَ موجودٍ' بحدّ ذاته، كي لا يَبقى أيُّ شيءٍ خارج أبعادِ الخَلاص الإلهي، أي خارجًا عن منطق الوجود، ومن دون معنى. منذ ذلكَ الحين، بات غير ممكن لهذه اللا-كائنات (ܠܐ ܐܝܬ non-existant)، المُفترضة كينونَتها، أن تستمرّ على حالها. سوف تتمتّعُ بفعل كان، وستخرُجُ من المُطلق الظلاميّ إلى الشموليّة 'الرازائيّة'.

أن يُخرِجَ يسوع من ظلمات الجحيم أولئك الذين يُفترض بهم انتظاره فيه منذ آدم وحوّاء، يشبه القول إنّه أخرج الروح من المادة العبثيّة. وبما أن الأمرَ الأساس، في صلوات الكنيسة كافّةً، هوَ تذكيرُ الله 'بصنع يديه'، أو إحياء ذكرى إسهامات 'والدةِ الإله' والأبرار والقدّيسين الذين أرضَوه، منذ آدم 'وحتى اليوم'، أو حتّى التذكير بالأحداث الخَلاصيّة التي أنجزَها بتدبيره الخَلاصيّ، فهذا يعني أن 'الذاكرة' هي ما يُبقي الخَليقةَ في اتحادٍ وفي سينرجيا تطوُّريّة. ولا تُغَيِّبُ 'الذاكرة' لا الملائكةَ ولا رؤساءُ الملائكةِ ولا أحدٌ من الذين "رقدوا" إلخ. تَنتهي الصلوات بالطَلب من الله، الآبِ الكلِّيِّ القُدرة، أن يَجمعَنا بأحِبّائنا، وألّا يسمحَ لأيٍّ كان بالهلاك، أي بأن يُمحى ذِكرُه واسمُه من سجلّاته، وذلكَ 'بتذكيره' بأن من بين جميع الذين عرَفَتهُم الكُرةُ الأرضيّة، 'ابنهُ وحدَهُ ظهرَ بلا خطيئة'.[491]

---

490 راجع "نشيد النور" في الليتورجية المارونية
491 الليتورجية المارونية، تطبيق تعاليم مجمع نيقيا.

كل ذٰلك يدعم صحّة نظريّة 'برغسون'، سيّما وأن 'ذاكرةَ' المادةِ لا يُمكن إلّا أن تكون 'ذاكرةَ الله' (وأرشيفَه)، التي لم يجرؤ 'غيتون' على تسميَتها، ولا حتى، بكلِّ بساطة، على تحديدها، لأنّه خَشِيَ ما خَشِيَهُ 'أفرامَ' في زمنه، ألا وهوَ أن يُحدِّدَ اللامحدود.

إن رهان "الله-الروح، المادة-الذاكرة"، يتّخذ كاملَ مجراه، ما إن يُدرك من زاوية 'الذات' (yât)، لأن النظريّة 'الرازائيّة' تُفسِح في المجال للقول إنّ، في كلّ 'يات' من 'ذات' السماوات و'ذات' الأرض، بَصمةَ الصَّوت الذي أمرَ بتكوُّنهما، والذي تتذكّره السماوات والأرض، إحياءً له (anamnesys)، أي ببَعثِه، مجدَّدًا، في كلّ 'يات' من الزّمن، تحت طائلة فقدان الكينونة والوجود. كذٰلك، لا بدَّ لمعلومةٍ من النور التي نشأت عنه (السماوات والأرض)، من أن تكون مسجّلةً في كلٍّ من جُزيئات ذاتيَّتهما، تعملُ على توجيه مسارهما في الاتجاه عَينِه لجُزَيئات الزمن إياه الذي يتّجه نحوَ مَصدرِهِ، نحوَ 'يائه' التي ما هي سوى 'ألِفِه' تحت طائلة إضاعة وُجهَتها وكينونَتها، والعَودة إلى الخَواء البدئيّ.[492]

قد يكون 'برغسون' مُحقًّا في التفكير بأن المادةَ ليست سوى نتيجةِ كِسرٍ في تماثلٍ ما (broken symmetry) كان يسودُ الكَونَ، في مكانٍ ما، وفي وقتٍ ما. ولكن، هل كان هذا الفيلسوف يتحدّث عن المادة في عَرَضِها (contingency) أم في جَوهرها (substance)؟ من المفترض بهذه المادة، أيًّا تكُن، أن تكونَ مكوَّنةً من 'ذواتٍ' [*yâts*] نَسيَت جَذرَها أو تاهت عن وُجهتِها بسبب انفجارٍ ما، كبيرٍ أو صغيرٍ، الأمرُ سِيَّان، وبالتالي أُجبِرَت، بحُكم البَصمَةِ الصّوتيّة التي تحمِلُها من صوتٍ ما، والمعلومةِ الباطنة (immanence) فيها وغير القابلة للامّحاء (indelible)، ووِفقًا لـ'شريعةٍ طبيعيّةٍ' مُعيَّنة (رسوم الله في خلقه) وفي 'حقل عملٍ' مُعيَّن (field of action)،[493] على التجمُّع، إمّا بالتلازُم وإمّا على أساس التجاذُب والتنافُر الخاصَّين بطبيعة كلٍّ منها، لإنشاء خليقةٍ في مثل الجمال والنّظام التي هي عليهما. إن طبيعة تلك المعلومات التي تحفظُها في ذاتها تسمحُ لها بذٰلك. يُمكن لهذه الظاهرة أن تُسمّى، في لغة المعلوماتيّة، بالمُحاكاة (simulation) مع الواقع البدئيّ 'الأُحادثُلاثي' (triunitarian) 'الواحد' و'الحق' و'الصالح' (*unum, verum, bonum*)، الذي انطلقت منه، والذي لا بدَّ لها إلّا أن تتَّجه، في الوقت عَينِه، نحوَه.

من الناحية الأنثروبولوجيّة، ينضم إلينا القديس أغسطينوس للتعبير، على أكمل وجهٍ، عن هذه العلاقة بين قلبِ الإنسان وخالِقِه: "قلبي منك ولن يرتاحَ إلّا فيك يا ربّ".[494]

---

492 يُعتبر دوار الشمس خير مثال لهذه الظاهرة. المتخصصون في البرمجة المعلوماتية يدركون جيّدًا تلك الصورة التي تنطبق على ما يسمى "البيانات الموجّهة".

493 عرف أخيرا باسم "حقل بوزون".

494 http://www.meta-noia.org/anthropologie/7/a20.HTM, [Accessed Aug. 2019].

يَسُرُّنا أن نُذكِّرَ أيضًا بـ'نبيّ' جبران الذي أدرك، بنفاذ بصيرته، الإلهام نفسه الذي نفذ إليه الفيلسوف 'برغسون'، وكتب في كتاب 'النبي'، في أوائل القرن العشرين مخاطِبًا 'المتزوِّجين': "وُلدتما معًا وتظلّان معًا حتّى في سكون تذكارات الله". وهل ما هوَ أجمل من الحُب و'تذكارات الله'[495] للتحدُّث عن الروح والذاكرة الخاصّتين بمادة مُكوَّنَةٍ من 'الذاتيّات' الموجَّهة؟

وعن السؤالين المتداولين اللذين تطرحُهما الفلسفة: إلى أين تتَّجه المادةُ والكَون، سواءٌ أكان ذٰلك على صعيد الكَون الأكبر (cosmos) أم الكَون الأصغر (الكائن البشريّ)، وما هي حدود توسُّع الكَون، على ما يصِفُه علماء فيزياء الفلك؟ يجيبُ 'أفرامَ' المتزّهد النصِّيبينيّ، بشكل واضح: نحو الذات الخالقة، الألف والياء، الواحد والحقّ والصالح. أما جوابُنا فعليه أن ينتظر الخُلاصة النهائية وسيكشِف عن رأينا الذي سيكون، بالتأكيد، 'رازائيًا'. إلى أن نصِلَ إلى تلك النُّقطة، ندعو أنفسَنا إلى اكتشاف بُعدٍ دقيقٍ جدًّا، ينبغي للنظريّة الرازائيّة أن تحترمَه. إنّه بُعدُ 'الوضوح' و'التمييز' الذي يفرُضه الفيلسوف ديكارت (Descartes)، احترامًا لإلزامات العقل البشري. هل تتلاءم نظريّة 'أفرامَ' الرازائيّة مع هذا الإلزام؟

3.3. الفيلسوف ديكارتْ و'أفرام': (العَقلانيّةُ مقابلَ الشموليّة)

إضافةً إلى المشاكل المسيحانيّة التي سبَّبتها مُختلفُ الفلسفات وتفسيراتُها، خلال القرون الأولى، لدينا، على صعيد الفسلفة الحديثة، عناصرُ جعلت الدِّين أكثر غُموضًا، بخاصّة في ما يتعلّق بالتجسّد والقيامة والحياة بعد الموت، وكل ما يَدور في مدارهما. من هذه العناصر، استطاعت فلسفاتٌ، كالفَلسفَتين الوجوديّة والماديّة، مقاومة ظاهرة الإيمان، وبالتالي الدِين. من هنا، نَسعى إلى منهجيّة ديكارت، ونرغب في أن نقارنها بإيجاز بمنهجيّة 'أفرامَ'.

أسّس ديكارت نشاطَه الفكري على مبدأ 'الوضوح والتمييز'، بهدف التغلّب، عمومًا، على كلّ شكّ، وبلوغِ التأكُّد الـمُطَمئن للعقل. لقد ظنَّ أنّه على هذا النّحو يخدم الله وبخاصّة الإيمان المسيحي. هذا ما تطلّب بالضرورة التفصيل والتجزئة والفرز والإقصاء إلى حدّ فصل 'الأنا المفكّرة' (cogitative) عن 'الأنا الشموليّة' (exhaustive) المنتمية إلى الجماعة البشريّة.

منذ دعوَةِ ديكارت، أبي الفلسفة الحديثة، إلى عَقلَنة كلّ شيء، بدأت العلوم الوَضعيّة تحتلّ، شيئًا فشيئًا، مصافَ الفلسفة. وتمّ تَنصيب 'الآليّة السماويّة' *La Mécanique Céleste* للعالِم 'لابلاس' (Laplace)، ومن ثمَّ علمِ النفس، كما ذكرنا آنفًا، كمُخلِّصَين للإنسانيّة، ما

495 جبران خ. جبران، النبي. في الزواج.

جعل الله وتعاليمَه عِبًّا، ينبغي على الدِين الدفاع عنه في كلِّ آن ومكان. من هو، في النهاية، ذاك الذي يستطيع أن يرى، 'بوضوح' و 'تمييز'، على صعيد الله، سواء أكان على صعيد وحدانيته أم ثالوثه، وبخاصّة، على صعيد التجسّد؟ أليس الذين يتمتّعون بقلب وعَينٍ مُنوَّرَين بنوره؟ كنّا نَودّ أن نرى ديكارت، الفيلسوف الكاثوليكي، يقرأ مؤلَّفات 'أفرامَ'، قبل وضع 'منهجيّته'.[496]

في الواقع، كثيرون هُم الفلاسفة الذين انتَقدوا ديكارت، من بينهم الفيلسوف موريس بلونديل، لأنّهم توَقَّعوا إلى أين ستؤدّي المنهجيّة الديكارتيّة بعالَم الروح (الدين) والضمير.

على صعيد الروح، سواء أكان روحُ الحكمة أم روحُ المادة، أم الروحُ القُدس، كلُّ منهجيّةٍ تسعى إلى فصله عمّا يُجسّده ويُعبّر عنه، لا يُمكنها إلّا أن تَخضعَ لنموذج "مَثَلِ الحنطة والزؤان" الوارد في الإنجيل. لفَصلِ نوعٍ عن الآخر، لا بدّ من انتظار نهاية الأزمنة، إضافةً إلى أن وحدَه، خالقَهما، هوَ الذي يستطيع فصلَهُما.[497] بالانتظار، لابدّ من تركِهما مع بعضهما، جوهرًا وعرضًا، وفَهمِهِما، وبخاصّة، فَهم سلوكِهما، وكشفِ الحكمة وراءَ 'تكاؤنِهِما'،[498] ومن ثَمَّ فهم كيفيّة التصرّف مع وضعهما مجتمعَين. هذا ما كان يريد 'أفرامَ' أن نُدركَه من خلال معادلة 'الخفيّ والجليّ' في فلسفته. إنّها المعادلة الفلسفيّة التي تدعم اللاهوت 'الرازائي' الذي يُميِّز بين 'سرٍّ' عقلاني ناشئ عن الغنوصيّة و 'سرٍّ' مسيحي مُنبثق من التجسّد والقيامة. إنّها 'طريقةٌ' فلسفيّةٌ تساعد على إيضاح 'الخفيّ' الذي لا تستطيع المنهجيّة الديكارتيّة أن تبلُغَه، ليس من باب عَجزها عن القيام بذلكَ، لمجرّد القيام به فحسب، وإنما، ونسمح لأنفسنا بقول ذلكَ، لأن جدليّتها قائمة على الأبعاد العقلانيّة البحت. إن محدوديّة العقل هذه هي التي دَفعت بالقديس أغسطينوس إلى أن يهتِف كفيلسوف: "Crede ut intelligas" 'آمن كي تفهم' موضّحًا أن الإيمان لا يُكتسب من فرط التفكير.[499]

---

496 لقد بقيتُ نصيرًا للفيلسوف ديكارت إلى أن تعرّفت على القديس أفرام. (المؤلّف)

497 مت 13، 21 - 30

498 "التكاؤن" مفهوم ابتكرناه بالتعاون مع البروفسور وهيب كيروز، حافظ متحف جبران خليل جبران في مدينة بشري، لبنان، (+ 2014)، للتعبير عن حالة المعيّة الكينونية (Mitsein) وليس فقط الوجود معًا. لقد ابتدعناها للّغة العربية، انطلاقا من اللغة السريانية ومن الفعلَين "ܟܝܢ وهوا" تحديدا (ܟܢܝ، ܗܘܐ) وما يَشتق منهما مثل "كيانًا وياتٍ" كي نتمكّن من ترجمة شعار الفيلسوف ديكارت في قوله: "أنا أفكر إذًا أنا موجود" من دون أن تترك الترجمة مجالاً لأي التباس على المستوى الأنطولوجي بين الكائن المطلق والكائن العادي: كينونة الذات، كينونة الآخر وكينونة الآخر المطلق. راجع كتابنا: تحوّل المفاهيم في بناء الجمهوريّة، نحو جمهورية لبنان الخامسة، صادر ناشرون، بيروت 2006، المقدّمة. نأمل أن يتمَّ يومًا ما اعتماد هذا الفعل في اللغة العربية رسميًا من قبَل الدوائر المُختصّة وإدخاله في المعاجم.

499 "آمن كي تفهم". راجع: (Tract. Ev. Jo., 29.6)

كيف انتهى، بالنتيجة، القرن العشرون، الـمُخلّع فلسفيًّا، إنّما الـمُعتَبَر قرنَ انتصارِ العَقلانيّة والتّنوير البشري، وبخاصّة انتصار التكنولوجيا؟ نرُدُّ كلَّ من لديه فُضولٌ في معرفة الجواب إلى واقع العالَـمِ الحاليّ: هل يُقدِّم هذا الواقع مزيدًا من التوقّع والتيقّن للبشر؟ هل البشرُ هم أكثرُ سعادةً وسلامةً ممّا كانوا عليه، لقرنٍ مضى؟ نقولها بصراحة، إن هذا القرن أقفلَ على فوضى في القِيَم، على الصعيد العَولميّ، مع تصاعديّة مُخيفَة للقيمةِ الماديَّةِ الوحيدة - المال - يضاف إليه انتصارٌ للنسبيّة الأدبيّة والأخلاقيّة التي أفسحت في المجال لكلّ أنواع الفساد التي يتألم منها عالَـم اليوم، والتي تسلّلت إلى كل شيءٍ حتّى إلى زوايا الكنيسة الكاثوليكيّة. أما من زاوية الكرة الأرضيّة، البيئة، الطبيعة، الصحّة والتغيير المناخي الناتج عن الصناعة، فحدّث ولا حَرَج.

مع 'أفرامَ' والاختصاصيين بالثقافة السريانيّة المعروفين، كأولئك الذين ذكرناهم أعلاه، افتُتحت حِقبَةٌ فلسفيّة جديدة. إنّها حِقبَة الانفتاح على الأبعاد التي تَتخطّى 'الما بعد - عقلانيّة' (meta-rational)، كما فهِمَها 'أفرامَ'، والتي كانت مخفيّةً، لبضعة عقود، قابعةً في 'حشا' اللّغة السريانيّة، التي كانت، بدورها، مُهملةً، لعدّة قرون.

إن 'أفرامَ'، كنارة الروح القدس، وإن كان يتمتّع بالعَين النيّرة، كان يحترم حتمًا، من الزوايا كافّة، مكوّنات الإنسان الثلاثة: الجسد، الروح والنفس، التي كان يراها بفضل تعدّديّة الأبعاد التي وُهبت لعَينه. وإذا ما فاجأناه في حالة تأمّليّة زهديّة أمام 'لؤلؤته'، أو أمام 'مرآته'، أو 'الزيت'، أو 'الملح'، أو 'الجَمرة'، أو 'الشمس'، وبشكل عام، أمام 'الكتاب' و'الطبيعة'، نكتشف أنّه ليس ديكارتيًّا بشيء. الرأيُ نفسه ينطبق على موقفه 'الرازائي' من العلاقة بين شمس الطبيعة و'شمس الله' أي 'الثالوث'. وكما قد يُعجَبُ الفيلسوف 'غادامر' Gadamer بـرمزيَّة 'أفرامَ'، يُمكن أيضًا، من خلال فلسفته 'الرازائيّة'، أن يُعجب به 'برغسون' Bergson و'غيتون' Guitton و'دو شاردان' De Chardin و'دِرّيدا' Derrida والعديد من الفلاسفة واللّغويين.

أن نرى النور في القبر وأن نقول إنَّ القبرَ مع المسيح ما عادَ قبرًا، لا يعنيان فقط الإبتعاد عن السّعي إلى 'الوضوح' و'التمييز' بين الكيانات والمفاهيم ذاتِ الطبيعة المختلفة، وإنّما التأكيد على أن ما كُشِفَ من خلال 'التخالط' بين البشري والإلٰهي بفضل التجسّد، هوَ فعلٌ مُنجَزٌ لا يُمحى، على ما أشارت إليه كلمات بيلاطس: "ما كُتب قد كتب". إنّه 'الواقعِ المختألف'، المذكور أعلاه، والمفترض فيه أن يُشكّل، من الآن فصاعدًا، جزءًا من فلسفةٍ 'مختألفة' لا يُمكن إدراكُها إلّا من خلال الأذهان المُدركة التي أُعطيَ لها إمكان ذٰلك، فلسفةٍ مُضادّةٍ لكلّ تمييزٍ ووُضوح عقلانيّين، ومُنفتحةٍ كُلّيًّا على مفهوم

شموليٍّ مُحبٍّ للحقيقة والحياة.

يُفترض بالمعنيين بعلاقة العقل والإيمان، العِلم والدين، أن يصدّقوا هذا التصوّر الأخير كما يصدّقوا الأذهان الـمُدركة في العلوم. كذلك، لا بدَّ من أن تغتنيَ الأذهان المدركة، من ناحيتَي العلم والدين، من الاحترام المتبادل وتصديق بعضها بعضًا، من جهة، ومن جهةٍ أخرى، من البحث معًا لتخطّي الألغاز التي تُشكِّلُ سببًا لخلافٍ وانزعاج، وتؤخّرُ تطوّرَ الإنسانيّة الـمُتّزِن.

في هذا الصدد، لا يدعو القديس بولس من خلال رسالته الثانية إلى أهل كورنثوس، في حديثه عن موسى وبُرقُعِه، في مقارنته بين الشريعة (البُرقع) والروح، إلى أقلّ من ذلك:

> لأنَّ ذلكَ البرقُعَ نَفسَهُ باقٍ إلى يَومِنا هذا، غيرَ مَكشوفٍ عِندَ قِراءَةِ العَهدِ القَديم، إذ هُوَ بالمسيح يُبطَل، حتّى إنَّهُ إلى اليوم، إذا قُرِئَ مُوسى، فالبُرقُعُ موضُوعٌ على قلوبهم، وحينَ يَرجعونَ إلى الرَّبِّ يُرفَعُ البُرقُع. إنَّ الرَّبَّ هُو الـرُّوح، وحيثُ يكونُ رُوحُ الرَّبِّ تكون الحُريَّة. أمَّا نحنُ جَميعُنا، فننظُرُ بوجهٍ مَكشوف، كمـــا في المِرآة، مَجدَ الرَّب، فنتَحوَّلُ إلى تلكَ الصُّورةِ بعَينِها مِن مَجدٍ إلى مَجد، كما يَكونُ مِنَ الرَّبِّ الرُّوح.[500]

إذًا، اللّغز الأساس يقومُ على عدم الفصل، أبدًا، في المسيح، بين النار والحشا، النار والماء، النار والزيت، النار والخشب، ومن خلاله هوَ أيضًا، عدم الفصل بين النور والكهف، النور واللؤلؤة، النور والوجه، النور والمرآة، النور والعيون، النور والإيمان، النور والصليب، النور والملكوت، النور والحُبُّ، النور والقبر، النور والجحيم، النور والقيامة، النور والمجيء الثاني. عدمُ الفصل بخاصّةٍ بين 'النار' و'النور' و'الحرارة' على صعيده هوَ 'الشمس' كما على صعيد شمس الطبيعة، إنّما فهمُ كلِّ شيءٍ وتفسيرُه، بشمولٍ، في ضوءِ الفلسفةِ الرازائيّة 'المختألفة'.

أن تكون 'الذوات' في حالة وجود مشترك، أو لدقَّة أكثر، في حالة 'تكاؤن'، يُصبح من غير المُمكن الفصلُ بينها بهدف الوضوح والتمييز في خدمة العقل ويقينيَّاته المنطقيّة. وإن كان اعتلانُ اتّحادها ممكنًا، ما قد يستلزم إسهامًا بين 'السماء' و'الأرض' شبيهًا بالذي حصل في التجسُّد، يكون بالضرورة 'رازائيًا'، والدليلُ على ذلكَ هوَ أن فَتحَ باب القبر، فجرَ ذاك الأحد الموصوف، تَطَلَّبَ إسهامًا بين النساء (أو المرأة) وملاك، كما حدث في 'البشارة'، برعاية الروح القدس، وبأمر من الآب.[501] بمعنًى آخر: لمن يَفتحُ "الآبُ" الباب إن لم يكن من راغبٍ في الذهاب، بواسطتِه هو، إلى 'النور'؟

500 2كور 3، 12 - 18

501 صلوات سريانية كثيرة تقارن بين ولادة يسوع من مريم وخروجه من القبر، من دون حاجته إلى أن يفضَّ الختوم.

خاتمـة

نختتم مقارنتنا هذه بين ديكارت و'أفرامَ'، متهيّبين أمام أبي الفلسفة الحديثة، ولٰكن مؤكّدين، في الوقت نفسه، استنادًا إلى إيماننا المشترك، أنّه لو تسنّى لديكارت أن يقرأ 'أفرامَ'، قبل وضع منهجيّته، لكان وفّر على البشريّة الكثيرَ من الإحراج، وعلى الكنيسة الكاثوليكيّة الكثير من الإزعاج، لجهة تحسين وَقع التجسُّد الإلٰهي على الفكر، وعلى الكَينونة، وبشكل شموليٍّ، على العقل الإنساني، وعلاقته بمُكوِّنات الكَون كافّة.

نعتذر عن وقوفنا المطوَّل حول القبر، وفي حشاه. ولٰكن، أيُّ عالِـمٍ لا يُمضي وقوفًا أطول منه في مُختبره، بخاصّةٍ متى كان هدفُه بعثَ النور قيامةً من المادة، بدون المخاطرة بالإصابة بالعمى. ونعتبر أنّنا معذورون، بقدر ما ندنو من هدفنا، أي 'القُبَّة الدهريّة - خيمة الموعد' المنشودة للقاء الثالوثي بين الدِّين والعِلم والخلق.

سنرفع الآن عن هذا القبر العَين 'الرازائيّة' لنزورَهُ مجدّدًا، من خلال عَين فيزياء الكَم، متسائلين، مرّةً أخرى: هل يُمكن أن نصل إلى "تمييز ووضوح" في نطاق التدبير الخَلاصي 'الرازائي'؟ إن وحدةَ الكَمّ التي تُعتبر أصغرَ الذوات الطبيعيّة، وشاغلَ العِلمِ وشُغله، هي ما سيُرشدنا إلى الجواب، كما أرشدَ 'نجمُ الميلاد' المجوس إلى 'بيتَ لحمَ'. فلنعبُر إذًا إلى 'القبر الكَمّي'.

الجِـزءُ الثاني

مِكانيكا الكَمّ: من وِلادَةِ الفوتونْ إلى 'هرِّ شرودِنغِر'، إلى قَبرِ المَسيح

الفصلُ الخامِس: 'ماكس بْلانك' (Planck) والكَمّ[502]

بعدَ اختبار علمِ الفيزياء الحديث، سيكون موقِفُنا من مفاهيمَ، كالفكرِ البشري، الروحِ، الحياةِ أو الله، مُختلِفًا عن الموقِف الذي شهدَه القرنُ التاسع عَشر.[503]

هايزِنبرغ

فيما تمتدُّ حِقبَةُ آباء الكنيسة، مار أفرام ضمنًا، على مدى القرون السبعة الأولى، تستمرّ حِقبَة الكمّ التي هي حقبتُنا بمسيرتها، منذ مطلع القرن العشرين. لقد افتَتَحها العالِم ماكس بلانك (Max Planck) عام 1900، ويمثّلُ 'تفسيرُ كوبنهاغِن'، عام 1927، أولى ذُرواتها.

لم يكن الاكتشافُ بدايةً بسيطةً لِحقبةٍ جديدة لِعلم الفيزياء، بل، بالأحرى، وبفضل مجموعةٍ من العُلماء الذين عرَفوا كيف يوفِّقون بين عِلم الرياضيّات وعِلم الفيزياء، كان بدايةَ تحوُّلٍ على صعيد الفَهم الـمُشترك لـواقع المادّةِ والكَون وطريقة استيعابِهما. ارتَفعَت ظاهرةُ المعرفة الاختباريَّة إثرَها إلى مستوى تحدّيَين جديدَين: التحدّي الكمّي للعالِم ماكس بلانك من جهة، ومن جهةٍ أخرى، تحدّي نِسبِـيَّـتي آينشتاين.[504] اكتشافاتٌ أخرى كثيرة ستَليهما، تتَّسِم بالتعاون الوَثيق بين عباقرةِ النصفِ الأوّل من القرن العشرين. وهكذا، بعد زمنٍ طويل سادت فيه 'الخَليَّة البيولوجيَّة' (molecule) على العلوم، بشكلٍ مُطلق، وفُرِضَ فيها المكان والزمان ككُتلتَين نهائيَّتين واضحتَي الانفِصال،[505] ما تسبّب بإعاقة اختبارات علمِيّة جمّة، جاء

---

502 تعريب كلمة (*Quanta*) وهي جمع (*Quantum*) أي "كميّة"، وهي لاتينية الأصل. تشير هذه التعريفات إلى جزء محدَّد، نسبةً معيَّنةً من كمٍّ كاملٍ موزَّعٍ إلى مجموعة وحدات. فيزيائيًا، تشير الصفة "كوانتُم" إلى انعدامٍ أساسيٍّ في التواصل، بين مُركّبات اتّساعٍ كميّ، بخاصة الطاقة (energy). فلسفيًا تعني انتفاء الوحدة الصَمَد وتُثبِتُ الوحدَةَ في العدد.

نظريةُ الكمّ التي اكتشفها العالِم ماكس بلانك عام 1900، تؤكد أن الطاقة الناتجة عن التبادل بين المادة والإشعاع، لها، كما المادة، تركيبةٌ غير متواصلة، وبالتالي لا يمكنها التواجد سوى تحت شكل حُبيبات، أو 'كمّات'، يرمز إليها بـ($h\nu$) حيث h هي ثابتة 'بلانك' بمقياس قدره ($6.626\text{x}10^{-34}$ J.s جول/ثانية)، و ν هي قياس تردُّد موجة الشعاع. هذه النظرية هي في أساس الفيزياء الحديثة بكليتها. راجع:
Dict. *Bibliorom Larousse électronique*, CD Version 1, 1996

503 راجع: *Dieu et la Science*, pp. 168-169.

504 راجع: *E U*, Espace-Temps, article written by Jean-Pierre Provost, Marie-Antoinette Tonnelat.

505 *Ibid*.

دورُ الكمّ، دون الذَّرّي (subatomic quantum) لـ'بلانك'، و"الزَّمكان" لآينشتاين ليَحتلَّا، بدَورِهما، العرش.[506] فَكَشَفت الطاقةُ عن ألغازها، وتجسَّدَ البُعد الرابع، ودَخَلت الجاذبيّة الكَونيَّة، فِعليًّا، آفاق العلوم البشريَّة.[507]

رسم 12: آباء "مِكانيكا الكمّ" في مؤتمر سولفاي، بروكسل، بلجيكا، عام 1927.[508]

إن كان لدينا اهتمامٌ خاص، كلاهوتيين متزهِّدين، بنظريّة آينشتاين حولَ "الزَّمَكان" (*Raumzeit*)، فذلك لوُرود التفسير الذي تُعطيه مدرسة 'الكبَّالا' (*kabbalah*) اليهوديَّة عن وجود هذا "الزَّمكان". كذلك، هي تشدُّنا لنُبرزَ القراءةَ التي يقومُ بها القديس أفرام حَولَها وعلاقتها بالخَلق، بحسَبِ الكتاب المقدَّس.[509] إن هذه النظريّة هي حاجةٌ ماسَّةٌ لتحديد مكان 'اللِّقاء' بين العلم والإيمان الذي نسعى إليه. لٰكنّ اهتمامنا المباشر يتّجه تلقائيًّا نحو 'مِكانيكا الكمّ'، للسبب عَينه الذي أثاره العالِـم هايزِنبرغ في القول المذكور آنفًا. نحن لا ندَّعي أنّنا مُتخصِّصون في عِلم الفيزياء النظري، لذا نَعتَمِد، بتواضُع، على كبار الـمُفكّرين في هذا العِلم وفروعه كافّة كي يمدّوا لنا يد العون لنتمكّن من تحديد إطار هذا المكان بأفضل حسٍّ سليم. لتحقيق ذٰلك، نعرض إلهاماتنا، كلاهوتيين، على هذه الأذهان الـمُدركة، كما

506 عرفت بداية القرن العشرين تطورًا مميَّزًا، مع ولادة نظرية النسبية التي اكتشفها آينشتاين، والتي عدَّلت في مفهوم البشر للزمان والمكان، عادلت بين المادة والطاقة، وصححت معطيات الفيزياء الكلاسيكيَّة بكل ما يخصّ السرعة فوق الاعتيادية. أما التطوُّر الآخر الذي عُرف أيضًا في الفترة نفسها فتأتى من ظهور 'مِكانيكا الكمّ' التي تُعنى بالعالم المجهري إلى ما هو دون الذرَّة. راجع:
.*E.U.*, *Antimatière*, article written by Bernard Pire; Jean-Marc Richard

507 تشبيهيا، نقول إن بعدًا مماثلا تحقَّق وحلَّ بالفعل، في أفق الله الثالوث، في اللحظة ذاتها التي تمَّ فيها التجسد. راجع: مر 13، 32؛ يو 10، 30.

508 منهم من هم جديرون بصفة أنبياء اللاهوت الكمّي.

509 "إذًا حقق يسوع الخَلاص بسكناه في حشا مريم، في حشا مياه الأردن وفي حشا القبر. ويُعتبر اكتماله قد تمَّ، منذ الحدث الأوَّل، إذ إن الماضي والحاضر والمستقبل تلتقي كلّها في الزمن الليتورجي، في مضارع أزلي".
راجع: **Brock,** La Harpe de l'Esprit, Florilège de poèmes de saint Éphrem, commentaire des Hymnes sur la Nativité, #11) p. 244. Henceforth, we will refer to this work by: La Harpe de l'Esprit.

عرضَت هيَ إلهاماتِها علينا. نقوم بهذا، مِن خلال الكلمة، والكتابة، ومختلف أشكال التّعبير الرمزي والاستِلهامي (inspirational). إنّنا نَرغبُ في أن تُعتبَر المعلومات التي تُقدِّمها العُلوم الحديثة كافّة، بخاصّةٍ عِلمُ فيزياء الكمّ، كمصدرِ إلهامٍ للأديان، تمامًا كما نَرغبُ في أن تُعتبر المعلومات التي تؤمِّنها الأديان، بخاصّةٍ، المقاربةُ السريانيَّة المارونيَّة، كمصدر إلهامٍ للعُلوم. هذا ما أراد أن يقولَه ملفانُ الكنيسة الجامعة، القديس أفرام السريانيّ، بلفتِ الانتباه إلى 'الطبيعة' ككِتابٍ مقدَّسٍ ثانٍ، مَفتوحٍ للبشر، من قِبَلِ الله. من هذه الزّاوية 'لعِلمِ الفيزياء الاستِلهامي'، نَتناوَلُ مُعطياتِ 'مِكانيكا الكَمّ'، لأنّها تُشكِّل إحدى ركيزتَي الجسر المنير الوارد في عنوان هذا الكتاب.

لقد أحدثَ آينشتاين، بنسبيّتِه الخاصّة، وبشكل خارق، تحويل المكان والزمان، إلى "زَمَكانٍ" معزَّزٍ بالثابتة 'c'، الرّمزِ الذي يُمثِّل سُرعة الضَّوء، ذاك البُعدِ الرابع الطّبيعي الذي لم يَكُن بَعدُ، مُكتَشَفًا، حتّى ذٰلك الحين. انطلاقًا من هذا التحوّل، سيَنهار مَفهومُ الكُتلتَين الـمُنفصِلتَين للمكان والزّمان، بشكلٍ حتميّ، والذي كانت تتربَّع فيه، بدون همٍّ ومُبالاة، ماوَرائيّةُ الديانات الإبراهيميّة. إن قُدرة الفهم والإدراك البشريَّين ستَجدُ نفسَها عاجزةً عن استعادة واقع الأرض المسطّحة (ألبسيطة) والشمس المتحرّكة الذي طالما استندت إليه، وأسّست عليه عاداتِها وتقاليدَها، وبخاصّة، أشواقَها الفائقة الطبيعة. بالمقابل، سيتوجَّب عليها أن تعترِفَ بأرض كوكبيّة تدور حول الشمس الثابتة، وتعتادَ على واقعٍ يوصف بالكَمّي، متعدِّدِ الأبعاد، بعيدٍ عن كلِّ استِبصار وتأكُّد، واقعٍ لن تَعرِفَ أين تجدُ فيه، في ما بعد، مَوطئ قَدمٍ لثوابتها.[510] على الرُّغمِ من ذٰلك، وبالمعنى البراغماتي للأمور، استمرَّت قدرةُ الفهمِ القديمة تِلك في تأديَةِ واجِبِها.[511] بأيٍّ ثمنٍ استطاعَت فعلَ ذٰلك؟

للإجابة عن هذا السؤال، سوفَ نبحثُ في الأسباب الرئيسَة لهذا الإدراك في النُّقاط التالية:

510 راجع: Hawking Stephen, *Une Brève Histoire du Temps : Du Big Bang aux Trous Noirs*, Collection Champs science, Flammarion, 1991, 2004, pp. 29-30.
نشير في ما بعد إلى هذا المرجع تحت تسمية : *Hawking* .

511 لدقّة علوميّة أفضل علينا أن نميّز مع ستيفن هوكنغ بين النسبية العامة التي تصف قوّةَ الجاذبية والتركيبةَ الشاسعةِ المقاييسِ للكون ... لغاية 10^{24}كم، ومِكانيكا الكمّ المختصّة بالظواهر على مقاييس جد صغيرة تصل لغاية 10^{-24} من السنتيمتر. الأولى لا تأتي بجديد على الفيزياء النيوتنية إنما تطورها إلى أربعة أبعاد، وتؤمن لها 'وحدة قياس' جديدة هي سرعة النور، بينما الأخرى تفوق التصوّر وتتعاطى بشكل جيّد مع ما اعتبره 'غيتون' في كتابه الله والعلم، "ما بعد الواقع" والذي يجمع بين ما هو الأصغر والأكبر حجمًا في الكون. راجع: *Hawking*, pp.30-31.

1.	ماكس بلانك (1858-1947)
2.	عالَمُ الكَمّ
2.1.	'الجسمُ الأسوَد' (Black-body)
2.2.	النورُ، تَعريفه وسُلوكيّتُه
2.3.	النورُ، طَبيعتُه و'ثابِتتُه'
2.3.1.	مداخلةُ العالمَين آينشتاين و'بُور' (Einstein & Bohr)
2.3.2.	اختبارُ 'شَقّي يُونغ' (Young) وطَبيعةُ النور المُزدَوجَة
2.3.2.1.	اختبارُ الشَقّين: وَصفُه
2.3.2.2.	طبيعةُ النور الـمُزدَوجَة
2.3.3.	الرَّمزيّةُ العِلميّةُ و'مُضادُ-النور' (The anti-light)
2.3.4.	'مُضاد – النور' وقيمَتُه العلميّة
2.3.5.	رقصةُ المَوجات
2.3.6.	الغُلوونُ (The gluon)
2.3.7.	اعتراضُ شُعاعِ النور بواسِطةِ قُرصٍ أصَمّ.
3.	ثُنائيّةُ 'المَوج-جُزَيء' للعالِم 'دُو بْروي' (De Broglie)
3.1.	أيضًا وأيضًا التَفسير⁵¹²
3.2.	مَبدأُ 'الرِّيبة' للعالِم هايزِنبِرغ و'هِرّ شرودِنغِر' (Schrödinger's cat)
3.3.	الواقعُ، تبعًا لـمَبدأ 'هايزِنبرغ'
3.4.	'هِرّ شرودِنغِر' في 'القَبر'
4.	أمامَ 'القَبر': مُقاربةٌ مختلفةٌ لمفارقةِ 'هِرّ شرودِنغِر' (Paradox)
4.1.	'موسى' على جَبلِ حُوريب: الغَرابة
4.2.	مُداخلةُ 'لابلاس' (Laplace)
4.3.	مُداخلةُ ماكس بلانك
4.4.	مُداخلةُ آينشتاين
4.5.	مُداخلةُ 'شرودِنغِر'
4.6.	مُداخلةُ الفيلسوف 'جان غيتون' (Jean Guitton)
4.7.	مُداخلةُ 'أفرام'

خاتمــة

---

512 "أيضًا وأيضًا" تعبير مستمدّ من الليتورجيا المارونية، ويُقصد به التوكيد.

1. ماكس بلانك (8581-7491)[513]

كان ماكس بلانك ابن قسيس، معروفًا بتديّنه ورَصانته. وُلد في مدينة كِيل (Kiel)، عاصمة *Schleswig - Holstein* الألمانيّة، في 23 نيسان 1858. هوَ الابن السادس لأستاذ في الحقوق، ويَنتمي إلى سلالة بورجوازيّة قديمة.

سنة 1879، وفي سنّ الحادية والعشرين، قدم ’بحثَه‘ عن المبدأ الثاني للديناميكا الحراريّة (thermodynamics)، الذي كلَّفَهُ معارضةَ العالِم كيرشهوف (Kirchhoff) صاحبِ نظريّة ’الجِسم الأسوَد‘. وفي السنة التالية، نجحَ في أطروحة شهادة التأهيل التي خصَّصها لدراسة ’حالاتِ توازن الأجسام المتشابهة الخَواص في مختلف درجات الحرارة‘ (Über Gleichgewichtszustände isotroper Körper in verschiedenen Temperaturen).

بلغت ذروةُ عطاءِ ماكس بلانك العلميّ، عامي 1899 و 1900، عندما أكبَّ على المشكلات العلميّة الراهنة، حينها، وبخاصّة، مُشكلة الإشعاع الصادر عن ’الجسم الأسوَد‘ (black body). كمُفكرٍ مُستقلٍّ ومُطَّلع، بعمق، على أهميّة مفهوم ’القصور الحراري‘ (entropy) في كلّ ما يختصّ بعلم الطاقة، تمكّنَ من وَضع معادَلَةٍ تسمحُ بربط الإحداثياتِ المستَنتَجةِ من الاختبارات. في هذه المعادلة، ظهرَت للمرّة الأولى، الثابتة *’h’*، الثابتةُ العامّةُ الجديدةُ في عِلم الفيزياء.[514] سُرعان ما فَرضَت مُعادلةُ ’بلانك‘ احترامَها العلميّ. ومنذ ذاك الحين، أُثبتت دقّة *’h’*، مرارًا، بقياس ($6,625 \times 10^{-34}$ J.s)، وبات الحرف (*h*) يرمز إلى ثابتَةِ ’بلانك‘.[515]

---

513 راجع: *E.U., Planck (Max) 1858-1947*, article written by Josef Smolka.

514 *Ibid.*, La formule.

515 لقد ذكرنا العالِم ماكس بلانك، في الفصل الماضي، وذلك من خلال قراءتنا للفيلسوف جان غيتون في حواره مع الأخوين بوغدانوف. ذكرناه باسم الاكتشاف الذي افتتح به، في كانون الأوّل 1900، عصر عِلم الكمّ. أن يَذكر فيلسوف من قامة جان غيتون عالِمًا فيزيائيًا من منزلة ماكس بلانك زادنا قناعة بأن التعاون بين الفلسفة والدين، كالذي حصل بينها وبين العلم، أمر مُمكن. المتوقّع من هذا التعاون هو تسليط الضوء على الأسئلة التي لا تني تتوالد كالبشريين وأفكارهم. من هذا المنطلق ندعو للقبول، على المستوى المعرفيّ (epistemological)، بأن الجديد، بحسب ما بات يستوعبه إدراكنا، لم يعد يكمن في الاكتشاف بذاته لأنه ما إن يتمّ الاكتشاف حتى يتوقف عن كونه موضِعَ تساؤل. الجديد يقطن، بالأحرى، في الأسئلة التي تثير الرغبة في أي نوع من الاكتشاف.

في اقتراح ’غيتون‘ على نفسه، انطلاقا من علوم الفيزياء الحديثة واكتشافاتها المذهلة، رحلةٌ في ما-بعد الواقع نحو واقع ’ما-بعدي‘ في ضوء غرائب فيزياء الكمّ، علامة تأييد لما اقترحناه نحن من باب ’الواقع الرازائي‘. بالنتيجة، ما شغل بال ’غيتون‘ ودفعه للبحث عن الأخوين ’بوغدانوف‘ والعكس صحيح، هو التفتيش عن جواب لسؤال لم يخطر على بال أحد قبل عصرنا هذا والذي نعبّر عنه بالتالي: "ألا يوجد واقع ما، حقيقيّ، بين العالِم الفيزيائي والعالِم المتافيزيائي؟ واقع لم يحدثنا عنه لا قدامى الفلاسفة ولا الكتاب المقدس؟". في أي جواب عن هذا السؤال لا بد، في زمننا هذا، من أن يكون للعالِم ماكس بلانك ولثابتته كما ’للكَوانتات‘ دور أساس.

2. عالَــمُ الكَــمّ

إن أهميّةَ اكتشاف ماكس بلانك، الذي قُدّم، للمرة الأولى، في 14 كانون الأوّل 1900، خلال جلسةٍ للجمعيّة الألمانيّة لعِلم الفيزياء، في برلين، لا تكمُن في الحدث الأكاديمي الدامغ، أو في المهارة المنطقيّة وعلمِ الرياضيات. إنّها تكمُن، بالأحرى، وبخاصّةٍ، في التفسير الثّوري الذي تقدّم به لكشفِ المعنى الفيزيائي للثابتة '*h*'. لقد أعطاها 'بلانك'، منذ البدء، اسم 'الكَمّ الأوّلي للفعل' (quantum of action)، لأنّها في الوقت عَينه تتمتّع بوحدة الطاقة Joule، مضروبةٍ بوحدة الزمن time، فتأتي النتيجة (J.s)، ولا تتدخّل هذه الثابتة، بشكل قطعيّ، إلّا بأضعافٍ كاملة. بهذا التفسير، تمّ تَسليط الضوء على التركيبةِ الـحُـبَـيـبـيَّة (granular) للمادة، حيث كان يَعتقد جميعُ علماء الفيزياء بأن التواصلَ (continuity) هوَ سيّدُ الموقف.[516]

بات 'كمُّ الفعل'، هذا الـمُسمّى منذ ذلك الحين، بـ'ثابتة بلانك'، المقياسَ الصالحَ لقياس النمط الـحُـبَـيـبـيّ لتبادل الطاقة. وعلى الرُّغمِ من أن ماكس بلانك لم يُدرك ذلك بسرعة، إلّا أن اقتحام الساحة العِلميّة من قبل نظريّة انعدام التواصل (discontinuity) المستَنتَجة من مسألة 'لغز' إشعاعاتِ 'الجسم الأسوَد'، قرعَ ناقوس الوَداع لعِلم الفيزياء الكلاسّيكي، وافتَتَحَ حِقبَةَ الكمّ.[517] ولكن، ما هوَ 'الجسم الأسوَد' هذا؟[518]

1.2. 'الجسمُ الأسوَد' (Black-body)

تعريف أول: "الجسم الأسوَد هوَ جسمٌ نظريّ (theoretic) يمتصّ، بشكلٍ كاملٍ، الإشعاعاتِ الكهرَطيسيّةَ الساقِطَةَ عليه. يُشبَّه هذا الجسم النظري بفقّاعة (bubble) من مادةٍ صلبةٍ سوداءَ مزوّدةٍ بفُتحةٍ صغيرة جدًّا، تمتصُّ جوانبُها الحرارةَ بشكل متساو، استعمَلها بعضُ العُلماء بدلًا من الجسم الأسوَد الفِعلي المتمثّلِ بالكواكب الـمُعتِمة التي تشاركها الخواصّ نفسها. كلُّ واحدةٍ من عَينَينا صالحةٌ لكَي تُمثّل أيضًا، جِسمًا أسودَ، حتّى ولَو لم تكن لديهما القدرةُ عَينُها على امتِصاصِ الأشعّة".[519]

516 راجع : E.U., *Planck (Max) 1858-1947*, article written by Josef Smolka

517 *Ibid*

518 لقد تعمدنا وضع الاسم (جسم) والصفة (أسوَد) بين معقوفين بسيطين. نريد فقط أن نلفت، من خلال هذا، اهتمام القارئ إلى أن المقصود نسبةً إلى أبحاث العالِم ماكس بلانك المخصّصة للطاقة وخفايا بثّها، وأشعاعها، وطرائــق توزُّعها، ليس قضيبًا حديديًّا أسودَ اللون على سبيل المثال. المقصود بالأحرى هو 'جسمٌ أسوَد' نظريّ من دون نكران أن الاختبارات المنفّذة على حرارة جسمٍ أسودَ فيزيائي، كقضيب الحديد، كانت المُمهِّدة لما اختُبر على الجسم الأسود النظري.

519 ألا تجوز مقارنة قبر المسيح، والنور الموصوف بأنه منبثق من القبر، مع هذا النوع من 'الجسم الأسود'؟

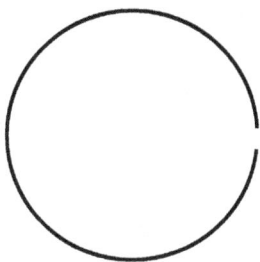

رسم 13 :جسمٌ أسودُ نظري

تعريفٌ ثانٍ : يُعتبر ’جسمًا أسود‘ كلُّ جسمٍ مُعتِم، سواءٌ أكان معدَنًا أم غيرَه، قابلًا للاختبار الفعلي والـمُمكن، يُبدي سلوكًا مخالفًا لقوانين الديناميكا الحراريّة والكهرَطيسيّة، إن هو امتصّ كل الإشعاعات الـمُلتَقَطةِ منه ثمّ أعادَ بثَّها، بشكل طاقة أو نور.[520] لقد أُثبت أن انبعاثَ النور بالتوهّج، وعن مساحات متساوية من الجسم الأسوَد، هوَ نفسه لكلّ الأجسام السوداء، ويفوق انبعاثَ النور من أي من الأجسام غيرِ السوداء.

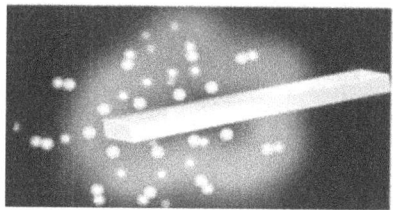

رسم 14 : قطعةُ حديد تؤدّي دورَ الجسم الأسوّد النظري،
مع ازدياد الحرارة يحمرّ لونُها، ثمّ يصفرّ.

نكتفي بهذين التعريفين للجسم الأسوَد، ونفضّل، في الوقت الراهن، الاستمرار في التعرُّف إلى الإشعاعات المُنبعِثة عن الأجسام السوداء عمومًا، بشكلٍ أفضل، وخصوصًا النورِ منها، وعلى طبيعَتِه وسلوكيّته.

2.2 . النورُ، تَعريفُه وسُلوكيَّتُه

النورُ المرئيَ هوَ ما يسمح لعيوننا بالرؤية. الشمس هي مصدرُه الأساس للكُرة الأرضيّة لكنّه ينبعث أيضًا من كلّ أنواع النار، وكذلك من خلال توهُّج بعض الأجسام الـمُسخَّنةِ إلى درجات حرارةٍ مرتفعة.

قبلَ ماكس بلانك، كانت النظريّات تشير إلى أن طَيف (spectrum) الإشعاع الذي يبعثُه ’جسمٌ أسوَدُ‘ يبدو كما لو أنّ كميَّة الطاقة الـمُنبعثة منه، لدى بلوغه حرارًة معيّنة، وعلى

520 راجع: E.U., *Couleur*, article written by Pierre Fleury, Christian Imbert

تواترٍ معيَّن، ينبغي أن ترتفع بشكلٍ غيرِ محدودٍ مع التواتر، بحيث تكون الطاقةُ الكاملةُ المشعّةُ لامتناهية، متناقضةً بذلك، بشكلٍ مُستغرب، مع الاختبار، الأمرُ الذي أشير إليه باسم "كارثة ما فوق البنفسجي". لتخطّي هذه المفارقة (paradox) اضطُرَّ العلماء إلى إجراء تعديلاتٍ استنسابيّةٍ في النظريّات والمفاهيم إلى أن أتى الحلُّ على يَد ماكس بلانك الذي افترض أنَّ تَبادُلَ الطاقة بين المادة والإشعاع غيرُ متواصل، أي متقطِّع، ويَحدُثُ بواسطةِ كمٍّ محدودٍ (discreet)، بمقدار الثابتة 'h'، ومحكومٍ بالتوازن الحراري، وهوَ الاكتشاف الذي اعتُبِرَ العُنصرَ الأساس لِعِلم فيزياء الكَمّ، الثوريِّ في نواحٍ كثيرة.[521]

لقد أثبت ماكس بلانك، إذًا، أنّ 'الجسمَ الأسوَد' يُعيد، بطريقة متقطِّعة، بشكل إشعاعات كهرَطيسيّة، بثَّ الطاقة التي امتصَّها، وتتوقّف كمّيّةُ الطاقة المنبعثة عند حرارة 'الجسم الأسوَد' فقط، أيًّا يكُن. هذا ما عُرف منذ ذٰلك الحين بـ"قانون إشعاع الجسم الأسوَد" الذي يَسمح بقياس 'كمّ' الطاقةِ المنبعثةِ، تبعًا للحرارة.

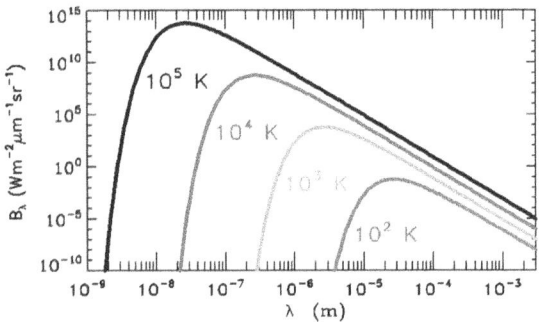

رسم 15: مُنحنيات تُظهر مجموعة أطيافٍ وقِمَمٍ، تبعًا لطولِ موجاتِ إشعاعات 'الجسمِ الأسود'، في ظلّ التحوّل بدرجات الحرارة، بأضعافٍ كاملة.

إن هذا الإثبات الذي يؤكّد سلوكيّة الطاقة الخاصّة، كما سلوكيّة النور، هوَ حيويٌّ جدًّا لموضوعنا. فالقولُ إنّ 'جسمًا أسودَ' يستطيع أن يَبعثَ نورًا، يُثير في فكرنا أهميَّة القراءة التي قُمنا بها في الفصول السابقة، عن كلّ ما يتعلّق بـ 'تجسّد النور' وعبثيّة نظريّة القبر الفارغ بالمعنى المطلق.[522] ونظرًا إلى أهميّة هذه النُقطة، سنوسّعُها، في سبيل التّمكُن من توضيح طبيعة النور المنبعِثِ من 'الأجسام السوداء'، وطبيعةِ النورِ عمومًا.

---

521 راجع: *E.U.*, *Paradoxe*, article written by Yannis Delmas-Rigoutos, Étienne Klein
من منظار الرياضيات والفيزياء، ينطبق تعبير "الكمّ المحدود" (discret)على أحجامٍ أو اتساعاتٍ مكوَّنة من وحدات منفصلة عن بعضها البعض، ذات قياس واحد 'كامل' (الكمّ بقياس ثابتة بلانك). يشابه هذا المعطيات الرقمية من العالم الافتراضي.

522 ألا يؤدّي هذا، مثلا، إلى التساؤل عمّا إذا كان قبر المسيح لا يزال يبثّ الطاقة في الكون أم لا؟

3.2. النورُ، طَبيعتُهُ و'ثابِتَتُه'

تبيَّنَ لنا ممّا سبق أنَّ كلَّ جسمٍ محسوس وقابلٍ للاِختبار، معدنيٍّ أو غيرِه، يمتصّ الإشعاعاتِ المتلقاةَ بالكامل، وبشكل متساوٍ، ثمّ يبعثُها طاقةً أو نورًا، هوَ جسمٌ أسود. إن أي قطعة حديديّة لدى حداد تُنشّط، حراريًّا، **إلى ما فوق التوازن الحراري**، كما في الرسم 8، تصبح مصدرًا للنور. فما هي طبيعة النور هذه؟

إنّه الطاقة عند تخطّيها التوازنَ الحراريّ، وانبعاثها بـكَمٍّ يَنتقل كمَوجات، كما سيتَّضِح بالتّتابع. هذا ما سيكون عليه، من الآن فصاعدًا، الوصفُ لطبيعة النور المطلوبِ جوابًا عنه. هذا الوصف هوَ ما كان يجب أن يسود، منذ البدء، منذ يوم الخَلق، منذ أن أمرَ الله "فليكُن نور"، لأنّه، لو لم يكن هكذا، منذ البدء، لما كان النور كما هوَ عليه اليوم. ماذا يقول عن ذلك العالِـمان آينشتاين (Einstein) و'بور' (Bohr)؟

1.3.2. مداخلةُ العالِمَين آينشتاين و'بْور'

مع تطوير نظريّة 'الكمّ'، بفضل إسهامات ماكس بلانك وآينشتاين و'بور' المتتالية، صُنِّف تدرّج نسبة الطاقة المُثارة بالحرارة، وفقًا للرسم البياني التالي:

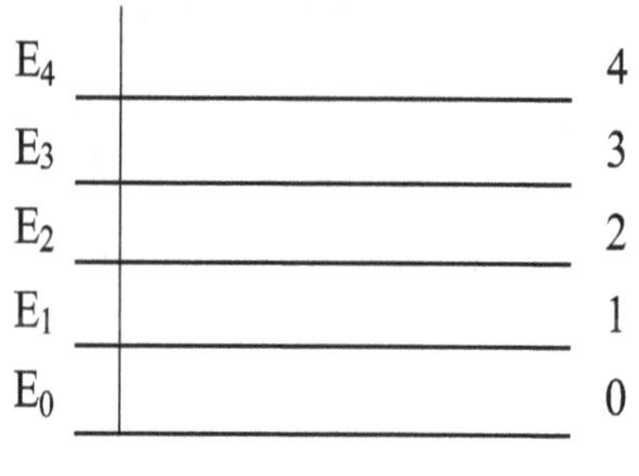

E_4 4
E_3 3
E_2 2
E_1 1
E_0 0

رسم 16: رسمُ تدرّج الطاقات المحدّدة كمًّا (discreet)

يشير هذا الرسم إلى أن نسبة الطاقة التي تصلُ إليها الذرّة تُحدّد سلوكيَّتَها وسلوكيَّةَ جُزَيئاتِها المكوِّنةِ لها، الإلكتروناتِ والنوتروناتِ والبروتوناتِ وغيرها. في حالة التوازن الحراري الأساس، تكون طاقة الذرّة: $E_ø$. كلما انتقلت الذرّةُ من مستوى حراريّ أوّليّ إلى مستوى أعلى، كلما دخلت في حالة توتُّر. فقد تبيَّن، من خلال الاختبارات، أنّه لا يُمكن للذرَّة أن تبقى في حالة توتُّر إلّا لوقتٍ كمِّيٍّ، مدّتُه (10^{-8} ثانيةً)، وقتٍ، يُفترض أن تستعيدَ الذرّةُ بعده توازنَها الحراريّ. لذلك، يُقال إن الذرّة تتحرّر من توتُّرها ببعث ضُوَيئاتِ طاقة يمقياس $h\nu$، وتمثل ν توتُّر النور المنبعث، في سبيل استعادة توازنها الحراري: وهكذا، يُوَلَّدُ النور. وبالتالي،

يتّضح أنّه، وفي سبيل تدفُّق النور من الحديد كما من الإلِكترود، نحتاج مصدر طاقة، إلى نارٍ أو جَمرة (*gmurtâ*)، نفطٍ أو كهرباء إلخ. تسمح مصادرُ الطاقة هذه بالتمتُّع بمصدر نورٍ يُمكنه أن يبلُغَ قوّةً كبيرة، كما في حالة القَوسِ الكاتودي (cathode) لمنوار آلة عرض الأفلام السينمائيّة، (لغاية أواخر القرن العشرين)، أو القَوسِ الكاتودي المنبعثِ من الآلة الكهربائيّة لِلحام الحديد.

رسم 17: 1 - جسر الطاقة ما بين إلكترودين بقوّة 3000 فولت 2 - اللحام الكهربائي

نستطيع القول إنّ النورَ المنبعث من الشمس، أو بفضل طُرائقَ مشابهةٍ للمذكورتَين آنفًا، يتمتّع بقوّةٍ مضيئةٍ مرتفعةٍ جدًّا لدرجة أن العَينَ المجرَّدة تعجز عن تمييزِ تدرُّجه وامتدادِه. وقد شكّلت هذه النتيجة أساس الانطباعِ الذي كوَّنته الإنسانيّةُ عن النور حتّى زمن 'نيوتُن'. يكفي التموضع داخل 'الجسم الأسوَد'، الفَقّاعة المزوَّدة ببؤبؤٍ كفتحة، وإعادةُ التفكير في الحُزَم الضوئيّة التي تدخل من تلك الفتحة، وتنغمِس في الوسط المُعتم، لأخذ انطباعٍ عن كتلةٍ ضوئيّةٍ مغلّفة بالسواد.

رسم 18: إسحاق نيوتُن في مُختبره

إن منظرَ الكتلة النيّرة التي تبدّد الكتلة السوداء هوَ ما يَكمُنُ وراءَ انطِباع التعارُضِ بين النورِ والظلمات الذي يعكِسُه سفرُ التكوين بالكلمات التالية: "فليكن نور، فكان نور. وَرَأَى اللهُ النُّورَ فَاستَحسَنَهُ وَفَصَلَ بَينَهُ وَبَينَ الظَّلامِ". إنّما، منذُ بدء العصر الكمّي مع علماء الفيزياءِ المذكورين أعلاه، انتهى زمنُ ذٰلك الانطباعِ إلى غير رجعة، وأصبحَ من المثير للاهتِمام التفكيرُ بإعادة كتابة النصّ البيبلي بطريقَةٍ تحترمُ العِلمَ الحديث، أو أقلّه، بطريقَةٍ توَضِّحُ تفاعُلَ رمزيّته على أساس السياقِ الاجتماعيّ التاريخيّ الخاصّ (*Sitz im Leben*) الذي لطالما يُرافق الكتابةَ والثقافات.[523] فَلنكتشِف، على الفَور، التحاليلَ التي نجحَ ماكس بلانك وأسلافُه وأخلافُه في القيام بها حولَ تجارِبهم عن الإشعاعات، لأنّنا استَفَدنا، في الفصل السابق، من مُختلفِ الاستنتاجات التي أخرَجَتها الأناجيلُ من النور المُنبعثِ من 'القبر'، وذلك في سبيل تمييز المعطيات القصوى (les extrêmes) التي وقفَ ماكس بلانك أمامَها، في أَحَدِ الأيام.

2.3.2. اختِبارُ 'شَقَّي يونغ' (Young) وطَبيعَةُ النورِ المُزدَوِجَة

قبل حوالى مئة عام من ماكس بلانك، كان الطبيبُ وعالِمُ الفيزياء الإنكليزيّ توماس يونغ (Thomas Young) (1773–1829) قد سلَّط الضوءَ، عام 1801، على الطابع التموُّجيّ للنور، من خلال اختبار 'الشَقَّين' (double slit). استنتجَ 'يونغ' أن الموجات المُضيئةَ قادرةٌ على تَقويضِ بَعضِها بَعضًا فيختفي نورها، ثم تعود إلى اتفاقها وتستعيده. لٰكن 'يونغ' لم ينجَح في شرح السبَب. فلنعُد إلى الاختِبار بالذّات:

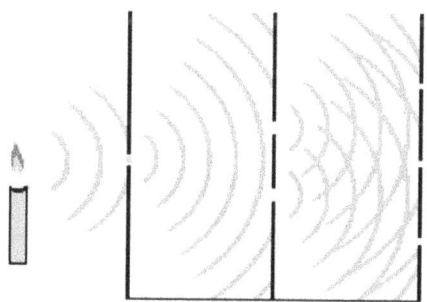

رسم 19: رسم بياني مبسّط لتجربة 'شَقَّي يونغ'. إن وسع الشقَّين هوَ بدرجة λ (لامدا). أمّا المسافة بين حاجزَي الاعتراض فيَنبغي أن تفوقَ مثيلتَها بين الشَقّين بكثير.

523 بات غيرَ مسموح، كما سبقَ ذكره، أن نعلّم التلاميذ أن الشمس تُشرِقُ كلّ يوم، حتى ولو كان هذا الشعور هو ما ينتاب البشر كافة.

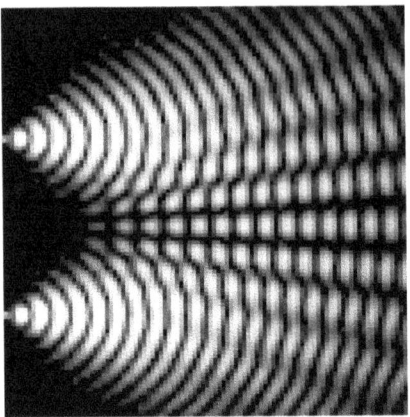

رسم 20: التموُّجات، صادرة عن جهاز محاكي إلكتروني.

حتى بدايةِ القرنِ التاسع عشرَ، كان النور لا يزال مجهول الطبيعة إذ ما إن يكون مرئيًّا تمامًا حتّى يُقسَم، إثر عبورِه فتحةً ذات شَقَّين أو متعدِّدةَ الشُّقوق، في ظروفٍ مُختبريَّةٍ جدّ دقيقة، إلى مرئيٍّ وغير مرئيٍّ. حتّى عندما يُحجَبُ الشعاعُ الحُرّ بقرصٍ صمّ، تحدُث الظاهرةُ عَينُها.

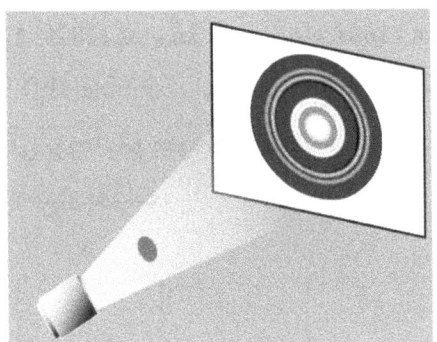

رسم 21: حَلَقاتٌ ناشِئَة عن حَجبِ شُعاعٍ بقُرصٍ صَمّ

فلنتابع، من باب الفُضول العلميّ، وصفَ تجربة 'شَقَّي يونغ'.

1.2.3.2. اختِبارُ الشَقَّين: وَصفُه

لنأخُذ لوحةً حاجِزةً للنور تشمُل شَقَّين ضيِّقَين ومتوازيَين، نُسمّيها حاجزًا. من أحد جانِبَي الحاجز، نضعُ مصدرَ نورٍ أُحاديِّ اللون، أي ذا طولِ موجةٍ محدّد (monochrome). سيسقُطُ القسمُ الأكبر من النور المُنبعثِ على الحاجز، لكنَّ كميَّةً صغيرة ستنتقِلُ عَبرَ الشَقَّين. فلنَفترِض بعدَئذ أنّنا نضعُ شاشةً موازيَةً لحاجز الشَقَّين، من الجانبِ الآخرِ لمصدَرِ النور. ستتلقّى كلُّ

نُقطةٍ من الشاشة الموجاتِ الصادرةَ عن الشَقَّين، بشكلٍ غير متساوٍ، لأن المسافة التي يَنبغي على النور أن يجتازَها، من المصدر إلى الشاشة، ليسَت بالطّولِ نفسِه، ما يَنتُجُ عنه تراكُبُ الموجاتِ الخارجةِ من الشَقَّين، في أطوارٍ (phases) مُختلفةٍ، ما يُحدثُ على الشاشة أهدابًا (fringes) بين مُضيئةٍ ومُظلِمة:

رسم 22: صورة رقميّة لأهداب التراكب

يُقال إن الأهدابَ تكونُ مضيئةً حيث الموجاتُ بنّاءةً (مُتَّفِقةَ الطَّور In phase)، ومظلمةً حيث الموجاتُ هدّامة (مُتعاكِسَةَ الطَّور Out of phase). يوضِّحُ الرسمُ التالي ما نريدُ قولَه:[524]

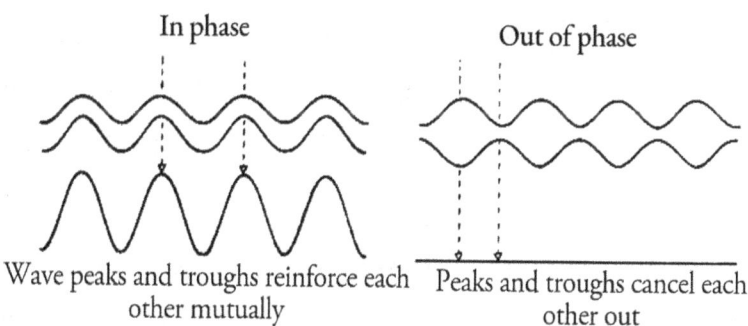

رسم 23: مُتَّفِقةُ الطَّور: قِمَمُ الموجات وأغوارُها تَتعزَّزُ بشكلٍ مُتبادَلٍ (تراكُبٌ بنّاء) مُتعاكِسةُ الطَّور: القِمَمُ والأغوارُ تُبطَل. (تراكُبٌ هدّام)

شكَّلت تجربةُ 'الشَقَّين' نُقطةَ الانطلاق لتحوُّلٍ على مستوى فَهم طبيعة النور وإدراكها الذي قدّمنا الدليل على طابَعِه التموُّجي. فلنتعمَّق أكثر بتفحُّص تلك الطبيعة.

---

524 راجع: *Hawking*, pp. 84-85 et *Dieu et la Science*, pp.120-124

2.2.3.2. طبيعةُ النورِ الـمُزدوِجَة

فلنتناول ثانيةً الرّسمَ البيانيَّ المبسَّط الذي يضعُ بالتَّتالي مَرحلتَي تجربة 'يونغ'، واصِفينَ إياها بـ 'المُلهِمة':

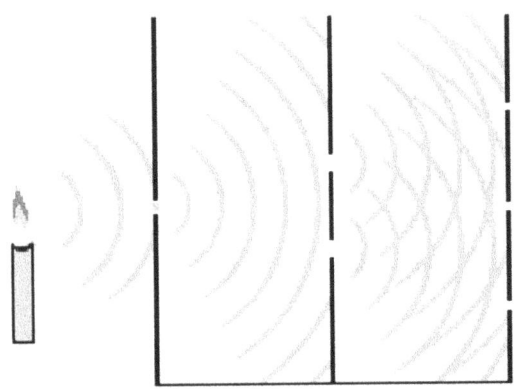

رسم 24: الاختلاف الـمُلهِم

في 'الغُرفة' الأولى من الرسم 24، يُسيطرُ وضوحٌ مُتناسبٌ مع تبدُّد النور، كما لو أن مصباحًا يضيئُها. إنّه النور الذي يُبدِّد الظلُمات، إذا جازَ التعبير.

بالمقابل، في 'الغُرفة' الثانية، عندما يمرُّ النور عبر شَقَّي الحاجز الـمُتلقَّين للنور، سواءٌ أكانا طوليَّين أم مُستديرَين، فبدلًا من أن يُنيرَ الفُسحةَ بتناسبٍ كما في الأولى، يُعطي على الشاشة المتلقّية صورةَ أهدابٍ مضيئةٍ، دامجةٍ بين النور والظلُمات، وقد ترمُز لمُقاوَمة بعضِ الظلُمات للنور.[525] كيف يُفسِّر علماءُ الفيزياء ذلك؟ يقولون، استنادًا إلى اكتشافات هيغنز (Huygens) (سنة 1690)، إنّ سبب هذه الظاهرة هوَ تداخُل موجاتِ النور ذاتِها، بَعضها ببَعض (interference).[526]

أمر غريب! يخطر في بالِنا، هنا، سؤالٌ مختلفٌ، يتعلَّق هذه المرَّة، بطبيعة 'ظلام' الغُرفة، لا بل 'الظلُمات' بحدّ ذاتها وكلِّ الرمزيَّة التي استُمِدَّت منها. هل يُمكن أن تكون للظُّلمات طبيعةٌ معيَّنة (ياتٌ) في ذاتِها؟ وفي سبيل تحديد طبيعة النور، هل من الضروري معرفةُ طبيعةِ 'المُظلم'، 'الأسوَد'، مُسبقًا؟ هل يُمكنُ 'للظُّلمات' أن تكونَ الوسطَ - اللُّغزَ الموجودَ

525 نذكّر بالشروط الدقيقة جدًا، المذكورة أعلاه، لنجاح هذا الاختبار.

526 نصرّ هنا، على تكريم ذكر العالِم ويغنز (Huygens 1629 - 1695) الذي يستأهل لقب المؤسّس للفيزياء التموجيَّة (physique ondulatoire) باستعادة أحد أهمّ اكتشافاته بما يخص معرفة النور. راجع:
E.U., Onde (physique); article written by Mikhael Balabane et Françoise Balibar.

قبل 'الإنفجار الكبير'، والتي تستمرُّ في احتواء الكَون بكلّ أنواره، وتزوِّدُه بالجاذبيّة؟[527] سوف نعود إلى هذه النُقطة في الفصلَين التاليَين. أما الآن، فلنتابع تحليلَنا لطبيعة النور:

إن الطاقةَ (energy) هي مصدرُ النور. وبحسَبِ آينشتاين و'بور'، لا تُصبح مرئيَّةً إلّا عندما يراعي تردُّدُ الموجة الصادرة عن توتُّر الذرّة، المضروب بثابتة 'بلانك'، الطَّرَفين الأقصيَين لِلطَّيف البصري للنَّظر (spectre). بفضل هذه المعادلة، سيتمّ الإثبات أن انتشار الطاقة (propagation) هوَ أيضًا، في الواقع، انتشارُ كيانٍ مادّي (physics) ذي أساسٍ حُبَيبي (granular) وطابَعٍ جُسَيميّ (corpuscular)، سيُسمّى، لاحقًا، 'فوتون'، ضُوَيئًا. إنّه اكتشافٌ يجدُر، بنظَرِنا، اعتبارُه "نبويًّا" لتأثيره في مقدِّمة إنجيل يوحنّا، وبشكلٍ عام، في مفهوم النور في الإنجيل. وسوف ينطبق التأثير عَينُه في قانون الإيمان الخاص بالديانة المسيحيّة وكلّ ما يتعلّق بالنور المسيحاني، وفي حالتنا، في أناشيد النور ذات الإلهام الأفرامي.[528]

($E=h\nu$) هي إذًا المعادلة الضروريّة لحساب الطاقة المحتواة في كلّ فوتون. كم تبدو هذه المعادلة زُهديّة!

انطلاقًا من هذا المستوى دون الذَرّي للقياس، يُحتسبُ امتدادُ الموجات، وتَحمِل الموجة 'كمّاتِ الطاقة' التي تُكشَف تحت شروط معيّنة. وهكذا، يُمكن التعرُّف إلى النور المكوَّن من الفوتونات، إمّا كمجموعة جُزَيئات (particles)، وإمّا كمَوجة ممتدّة، ولكن ليس تحت الحالتين معًا، أبدًا. لماذا لا يُمكن الكشف على الموجة والجُزَيء معًا؟ إن الإجابة عن هذا السؤال تشكّل جزءًا من تحليل طبيعة النور.

استنادًا إلى كتاب 'الله والعلم' *Dieu et la Science* للفيلسوف الفرنسي المعاصر جان غيتّون (Jean Guitton) والذي يحتوي خلاصة برنامج تلفزيوني تثقيفي يديره الأخَوان Bogdanov، العالِمَان بـ'مِكانيكا الكَمّ'، وصَفَ أحدُهما، إيغور (Igor)، ذٰلك لغيتّون على الشكل التالي:

> إذا قررتُ أن أتمحّص، اختباريًّا، للتأكُّد من أن الفوتون هوَ فعلًا جُزَيء يتجاوزُ شَقًّا مُعيّنًا، فإن هذا الفوتون يتصرّفُ، تمامًا، كجُزَيء يمرُّ بثُقب [ولا تتشكّل أيّة أهدابٍ على الشاشة]. وبالعكس، إذا لم

527 تك 1، 2

528 يو 1، 9 - 11: "أمّا النُورُ الحَقيقيُّ الذي يُنيرُ كلَّ إنسانٍ، فكانَ آتِيًا الى العالَمِ، قد كانَ في العالَمِ، والعالمُ بِهِ كُوِّنَ، والعالَمُ لم يَعرِفهُ. أتى الى خاصَّتِهِ، وخاصَّتُهُ لم تَقبَلهُ". وإن لم تقبله، فببساطة لأنّها كانت تتوقّع نورًا اعتياديًّا، وفي أسوأ الاحتمالات، شديد السطوع لدرجة إعماء أعدائها، إنما ليس أبدًا، نورًا مختلفا عن توقّعاتها، صالحًا للجميع على السواء.

أتمحّص في اتّباع مسار كلّ فوتون، خلال الاختبار، تتوزّع الجُزَيئات، في نهاية مطافها، لترسُمَ على الشاشةِ أهدابًا'[529].

ويفصّل العالِـم الفرنسي إتيانّ كلان (Etienne Klein) في كتابه رحلةٌ صغيرة في عالم الكَمّ *Petit Voyage Dans le Monde des Quanta* هذه النُّقطةَ، بمزيد من الاهتمام النّاقض. ويؤكّد أنّه لا يُمكن، أولًا، ترجمةُ ذلك إلّا بكلمات تقريبيّة تعني وكأن الجُزَيئات 'تتشوش' أو 'تنزعج' من القياس التمحيصيّ. من ثمّ، ينتهي 'كلان' بمتابعة استنتاجاته، التي صنّفَها في خمسةِ دروس، فتوصّلَ إلى الإعلان أنّ الخَلل لا ينتُجُ عن الظاهرة التموُّجيّة ومكوِّناتها، بل، بالأحرى، عن فعل التسامح بالافتراض أنّ من الـمُمكن، في آن، مراقبةَ الأهداب على الشاشة، وتحديدَ الشَقّ المُستعار من قِبَلِ كلّ جُزَيءٍ للعبور منه.[530]

صدَّقَ من صدَّق! اللُّغز راهنٌ دومًا ورمزيَّةٌ مميّزة تَنتُجُ عنه. أمام هذا اللُّغز، يهتِفُ جان غيتون، الثمانينيّ، إن نظريّةَ معلِّمه الفيلسوف برغسون (Bergson)، نظريّةَ 'روح المادة' (the spirit of matter) التي يتبنّاها هوَ أيضًا، تجدُ دعمًا لها، وإن المادةَ تلك تُثبت أنّها تتمتَّع، أيضًا بـ'روح' (spirit).[531]

لن نستمرَّ، الآن، في المغامَرةِ في التفاصيل الدقيقَة لوصف هذا الاختبار الذي يضعُنا في موضِع الإحراج، لتعامُلنا مع جُزَيءٍ طبيعيٍّ أصغرَ (*minima naturalia*)، هوَ ليس بوحدةٍ مُطلقةٍ بل ثنائيًّا، كما توقّع آينشتاين. إضافةً إلى ذلك، نَلفت إلى المصطلحاتِ والأفعالِ الـمُستخدَمةِ في هذا الاختبارِ والوصفِ الدقيقِ لحركَته لنستَنتِجَ ما يلي:

يضعنا اختبار 'شَقَّي يونغ' أمام مكوِّنَين لوحدة القياس نفسِها، المكوِّنِ التموُّجي والمكوِّنِ الجُسَيمي للفوتون اللّذين هما، من وجهة نظر عِلم الفيزياء، وحتّى إثبات العكس، غيرُ قابلين للانفصال، ولا للاندماج في وَحدة مُطلقة، وفي الوقت عَينه، غيرُ قابلَين لأن يُكشَفا، ولا يُرَيا، في اللّحظة عَينِها، بتكوينَيهما الـمُختلِفَين. إنّهما ينكشِفان فقط على الحائط الخَلفيّ لـ'الكهف الأفلاطوني' بواسطة ما يُنتِجانِه، ليَترُكا البشر حائرين، مع لَبسٍ كبيرٍ في التمييز بين ما هوَ واقعيٌّ وما هوَ غيرِ واقعيّ، أي ما هوَ ظلٌّ، على سبيل المثال...[532] كيف تعامل العقلُ البشريّ للتخفيف من هذا اللَبسِ والمضيّ قُدُمًا في ما هوَ لخير التوقّع والتيقّن؟

---

529 راجع: *Dieu et la Science*, p. 172. Cf. **Klein,** pp. 29-35. يعطي 'كلان' هنا تفسيرًا علميًّا جد متطوّر.

530 راجع: **Klein,** p. 34

531 المقصود بكلمة "روح" هنا هو الذكاء الغريزي. راجع: *Dieu et la Science*, p. 142
أفرام يقرأ الأمر بطريقة مختلفة. يقول إن المادة تنبئ عن خالقها. حكمته، كلمته إلخ .

532 أليس هذا ظاهرة تعكس الأبعاد الكريستولوجية؟

3.3.2. الرَّمزيّةُ العِلميّةُ و'مُضادُ-النور' (The anti-light)

يثبتُ علمُ الفيزياء إذًا، أنّ تحرُّكَ النور في عَتمة الظلام، وردّةَ فعلِ العَينين، هما أكثرُ تعقيدًا ممّا كان يُعتقد. لذلك، شكّلت هذه الظاهرة، منذ أفلاطون، مصدرًا للرمزيّة.

رسم 25: أهدابٌ ناتجةٌ عن نورٍ أُحاديّ الطول الموجيّ (monochrome)

يُظهر الرسم 25 أهدابَ نورٍ وظلامٍ متلازمة. وهذا ما يدعونا إلى إعادةِ قراءةِ صورةِ سفرِ التكوين الأولى، بعَين أعمق نقدًا، خصوصًا عندما أُمِرَ النور ليكون في عالمنا.

لقد تعلّمنا، بحسَبِ سفر التكوين، أن الظلام، بمعنًى آخر، الظُّلُمات، لا تُقاوِم النور، وها هي تقاوِمُه في هذا الاختبار، الأمرُ الذي يدعونا إلى التساؤل: ما الذي يجعلُ الظُّلماتِ، في تجربة 'يونغ'، تُقاوم النورَ وتلازمُه، وما الذي يُسبِّبُ هذا التبدُّلَ بين الظلّ والنور على الشاشة؟

4.3.2. 'مُضادُ - النورِ' وقيمَتُه العلميَّة

بما أنّ من خلال اختبار 'شَقّي يونغ' وثنائيّةِ الموجة - الجُزَيء 'لِلكَمّ' الذي يُشكّل أصغرَ جُزيءٍ طبيعيّ (*minima naturalia*)، تَبرُزُ أهمّيّةُ 'الأسوَد' و'الظلام'، المدعوَّين برأينا، مجازًا، إن لم يكن باطلًا، ظُلُماتٍ، بالمعنى التقليديّ السلبيّ لهُما، يَبرُزُ أيضًا كيانٌ جديدٌ ليَسترعيَ انتباهَنا. إنّه كيانٌ مضادٌ للنور (anti-light) ناشئٌ عن ثنائيّة النور/الظلمات. يردُّنا هذا الكيانُ، مباشرةً، إلى لحظةِ الخَلقِ البيبليّ، بإيقاعِه الزمنيّ الـمُترجَمِ بالتبادُل بين النهار واللّيل، المساءِ والصباحِ. إن المقصود، بالـمُضادِ للنورِ هو، بالضَبط، عاملٌ شبيهٌ بالـمُضاد للمادة (anti-matter).

عندما أمرَ الخالقُ بذاته النورَ ليكون، احترَمَ وجودَ ما هوَ ضِدّه - أي من جهةٍ ما يُبرزُه، ومن جهةٍ أخرى ما يقلِّصُ من تأثيرِه في المخلوقات، بخاصّة تلك التي تتمتّعُ بعيون، وتُبصر، لكي يتكيَّفَ النورُ مع طيفِ الرؤية البشريّة. يَبدو هذا الضدُّ أساسًا أيضًا، لتأمين التدرُّج الضروريّ بين الأبيضِ والأسوَدِ، النهارِ والليلِ، النورِ والظلمةِ، وذلك لتجنيب عيون البشر الإصابةَ بالإنبهار.

لكن، ثمّة خطورةٌ بالغَةٌ في مُغامرة تفعيل الكائن بما هوَ ضدّه (being/anti-being)، وعلى الأخيرة أن تَحترم شروطًا دقيقةً جدًّا، وإلّا تَعرَّضَ كلُّ شيءٍ للانعدام. هذا ما تؤكّده 'مِكانيكا الكَمّ'، من خلال كلمات العالِـم الشهير ستيفن هوكِنغ. يقول هذا الأخير:

يُمكن تقسيم جميع الجُزَيئات المعروفة في الكَون إلى مجموعتين:

1 - تلك التي دورانُها المغزليّ نصفِيّ (½, spin) وهي تشكل مادَّةَ الكَون،

II- وتلك التي دورانُها المغزليّ كاملٌ هو، (0,1,2 spin) التي سنَرى أنّها تُنتِج القوى الفاعلة بين جُزَيئات المادة".[533]

وقد حَبَتِ الطبيعةُ الجُزَيئاتِ والقوى التي تفعِّلها "بمبدأ الانتِفَاء" (exclusion principle) الذي اكتشفَهُ العالِمُ النمساوي فُلفغانغ باولي (Wolfgang Paoli)، سنة 1925، وذلك في سبيل الحفاظ على التوازن الحيَويّ وسطَ المادة. أما هذا المبدأ فيُعلِّمُنا التالي:

> لا يمكن لجُزَيئَين مُتشابهَين أن يتواجدا في حالة الكمّ عَينِها، أي هما غيرَ قادرَين، معًا، على احتلال المركز نفسِه والتمتُّع بالسُّرعةِ عَينِها ضمن الحدود التي يفرضها مبدأ 'الريبة' (the uncertainty principle). إن "مبدأ الانتِفَاء" هذا أساسيّ لكي يُفهَم لماذا لا تتدمّر جُزَيئاتُ المادةِ في حالة كثافةٍ عاليةٍ جدًّا تحت تأثير القوى المتضادّة التي تُنتِجها الجُزَيئات ذات الدوران الكامل صفر، 1 و2.[534]

يؤكّد باولي أيضًا:

> لو لم يكُن "مبدأ الانتِفَاء" بين **الشرائع** التي تُسهِم في إدارة الكَون، بشكل أساس، لَـما تمكَّنت الـجزيآت الافتراضية (Quarks) من تشكيلِ فوتوناتٍ ولا نيوتروناتٍ منفصِلةٍ ومحدَّدةٍ بدقَّة، ولما تمكّنت هذه الأخيرةُ، مع الإلكترونات، من تشكيل ذَرّات مُنفصلة ومُحدّدةٍ أيضًا بدقّة، ولكانتِ انهارت كلُّها لتشكِّلَ 'حساءً' ذا اتّساقٍ وكثافة غليظَين...[535]

وكما أن كلّ 'مِكانيكا' هي، دومًا، غيرُ كاملة، كذلك 'مِكانيكا الكَمّ' كانت، هي أيضًا، بحاجة إلى إضافاتٍ من الإتقان إلى أن برز العالِـم البريطاني ديراك (Paul Dirac) سنة 1928: ليكون أولَ مَن يجمعُ في نظريَّةٍ واحدةٍ بين 'مِكانيكا الكَمّ' والنسبيَة الخاصة (special relativity)، متكهِّنًا للمرَّة الأولى أنّه من المُفترض أن يكون للإلكترون شريكٌ مضادّ، "مضادُّ الإلكترون"، أي البوزيترون (positron). سنة 1932، أكّد اكتشافُ البوزيترون نظريّةَ 'ديراك' واعترفَت 'مِكانيكا الكَمّ' بالوجودِ الواضحِ لكلِّ أنواعِ المُضادّات.[536]

533 **Hawking**, pp. 94 – 95.

534 *Ibid*.

535 *Ibid*. بتصرُّف

536 *Ibid*. بتصرُّف

’هوكِنغ‘ أيضًا، إذ يُبسِّط هذه الاكتشافات، يدفَعُ بالتشابه (analogy) إلى حدّ التنبيه أنّه من المُمكن أن توجَد مضادّاتُ العوالـمِ (anti-worlds)، مضادّاتُ الناس (anti-people)، مكوَّنةٌ كلُّها من جُزَيئاتٍ مُضادّة (anti-particles). هل تُفسّرُ هذه النظريّةُ الأُسُسَ النفسيَّةَ لثُنائيَّة التجاذُب والنّفور (sympathy, antipathy) المعروفةَ في عِلم النفس؟

إن جَرى تطبيقُ هذا التحليلِ على الدِين، فبإمكانه أن يؤثِّر، بقوّةٍ، في أُسُس اللاهوت الأدبي (moral theology). إنّه يَفتَحُ للغُفران والمصالحة بابًا عِلميًّا مثيرًا للاهتمام، ما يُشكِّل مَكسبًا إضافيًا للّاهوت الكلاسيكيّ، لا عائقًا. يُضيف ’هوكِنغ‘ بروح الدعابة قائلًا: ”إذا التقيتُم مضادَّكم، فلا تصافحوه! ذٰلك أنكما ستَختَفيان في وَمضةِ نورٍ عظيمة“.[537]

فَلنُرَكِّزِ الآن على كشف لُغز الأهدابِ المكوَّنَةِ من النور ومُضادِ النور. سنَقوم بذٰلك تحت عنوان: رَقصَةُ الـمَوجات. لماذا تتغيَّر سلوكيَّةُ الحُزمة الضوئيّة عَينها، إبّان انتِقالها الحُرّ، ما إن تمرَّ عبرَ ’شَقَّين‘ محدَّدَي الشكل والقياسات، أو أن يُحجبَ مرورُها بقُرصٍ أصمّ، وكيف يُفهَم التّجاوُر بين النور وضدّه في الواقع نفسه؟

5.3.2. رَقصةُ الـمَوجات[538]

يعندما تنتشر أشعةُ النور من مصدرٍ أوحَدٍ في ”زمكانٍ“ حُرّ، تتحرّك نحو اللانهاية بسرعة الضوء التي تبلغ حوالى 300.000 كلم/ثانية. ولكن، ما إن يُواجِه عبورُ النور شَقَّين (أو أكثر)، في ظروفٍ اختباريّةٍ محدّدةٍ جدًّا (ليس بالضرورة في غُرفةٍ معتمةٍ)، تتغيَّر سلوكيته.[539] وحالما تعبُرُ شَقَّين متوازيين تُولِّد شُعاعَين يسودُ بينهما تشابكٌ محدثًا بدوره ’عَتماتٍ‘ تُسهِمُ في بروز الأهداب على الشاشة اللاقطة، أيًّا تكُن حِدَّةُ النور. ما الذي يَحصُل؟ عَمَّ تصدُر العَتمات؟ هل يُمكن التخيُّل أنَّ عتمةً أو ظلامًا قاطنًا في قلب النور يتغلَّبُ عليه أو العكس؟[540] أم أن الموضوعَ

537 كم هذا صحيح بالتشابه مع حالة الوقوع في صدمة الغرام من النظرة الأولى...

538 ’Perichoresis‘كلمة يونانية (περιχώρησις) مؤلفة من *Peri* (دائري) و*Choreín* (أفسح في المجال، ترك فسحة) وتشير في اللاهوت المسيحي إلى علاقة الأقانيم الثلاثة ببعضها داخل الثالوث. تم استعمالها في المكان المناسب (يوحنا الدمشقي) كي تعطي فكرة عن علاقة التكاوُن، التوليد والانبثاق، في الثالوث. إنها ’رقصة مختألفة‘ بين أقانيم الثالوث، ميزة يوحنّاوية عبَّر عنها الإنجيلي بشكل مميّز في الآيات (يو 16، 12 - 15)، والرقصة الإلهية البشرية ليست سوى انعكاس لها. إنها ميزة فريدة لدِين التجسد. يؤكّد الإنجيل المقدّس، من خلال ما يحتوي من آيات، أن العلاقة بين الكلمة والأذن، النور والعين، تتمّ خطوةً خطوة، واحدة منه وواحدة منا، والعكس صحيح، إنما دومًا بالروح القدس. إن لم نأخذ، نحن البشر، بعين الاعتبار هذه العلاقة لن يمكننا أن نفهم لا الوحي ولا الأنبياء ولا، بشكل عام، تاريخ الخَلاص. بهذا نغامر بنكران العلاقة بين الله والكون المأخوذَين، بدورهما بالرَّقصة الحميمة ذاتها بين الخالق والخَليقة.

539 فتحةُ الشَّقين، شكلُهما، سماكةُ الحاجز الذي يحتويهما، المسافات بين الشَّقّين وبين الحاجزين، المُرسِل واللّاقِط.

540 مت 12، 25

يتحمَّل، بالأحرى، التشبيهَ برَقصةٍ يُحضَّر إيقاعُها وتصميمُ خَطواتها (choreography) في مكانٍ ما في الخَليقة، وِفقًا لقوانين مخفيَّةٍ يصعُب حَلُّ رموزِها، وثابِتةُ 'بلانك' جزءٌ لا يتجزَّأ منها؟ هذا ما أوحى إلينا بفكرةِ "رَقصةِ الموجات".

رسم 26: تردادُ الإيقاع، والتماثُل، والتناغُم (symmetry and harmony)

إضافةً إلى ذٰلك، يَلزمُ اثنان لرَقصِ التّانغو (Tango) على ما يؤكّده الـمَثَلُ الانكليزيّ، ومن ثَم يأتي دور الموسيقى. ومن باب اللّياقة، يأتي السؤال: أليس من الفظاظة، خلال الرَّقص، الدوسُ على قدم الشريك أو عدمُ احترامِ المجال الحَيَويّ للرّاقصين الآخرين؟[541]

باستخدام استِعارةِ 'رَقصةِ التّانغو'، نَقترب، بسهولة أكبرَ، من واقع النور وسلوكيّته، الواقعِ الذي تطلَّبَ مئاتِ السنين ليتَّضحَ ويَترُكَ بصماتِه على المَعرفة البشريّة عمومًا، بما فيها الفلسفةُ، باستثناءِ اللاهوت.[542]

من الناحية اللاهوتيّة، بتنا نَعترض، بصرامة، في ما يتعلَّق بظهور الأهداب، على أي قولٍ تتغلبُ بموجِبِه الظُلماتُ على النور. إن الظُلماتِ، ذاك "الموجودَ المجاني" (free existent) الكائن، بحسَبِ سفر التكوين، قبلَ خلق النور، يؤدّي، كما يبدو لنا، دورَ الإطار، أو اللَّوح الأسوَد، لكلِّ اختبارٍ متعلّقٍ بالنور والرؤية. وستكون لذاك "الموجود المجاني" حصَّتُه في تحليلنا، في الفصل الأخير عن الخَلق.[543]

ومعَ استِبعاد إمكان تغلُّبِ أحدِ الطّرفين على الآخر، بِحُكم ما هو واضح للعين المجرّدة، تبقى الفرضيَّةُ الثانية، فرضيَّةُ تَصميمٍ يتخطّى كلَّ توقُّعٍ بشريّ لخطوات رَقصةٍ ما. تلك الفرضيّة هي ما دفع بالفيلسوف غيتون إلى التأكيد أنَّ للمادَّةِ 'روحًا' (spirit) بحدّ ذاتها.

541 راجع: *E.U., Lumière et Ténèbres*; article written by Alain Delaunay

542 بعد أن مُنع تِيار دو شاردان (الراهب اليسوعي، العالِم الأنتروبولوجي) من التعليم اللاهوتي المستند إلى أفكاره العلميّة، ما عاد أحد تجرّأ على مقاربة 'المزاوجة' بين اللاهوت والعِلم. العالِم جورج لومِتر، وهو أيضا كاهن كاثوليكي بلجيكي، وصاحب نظريّة تمدّد الكون التي سُميّت، تهكّمًا، 'البيغ بانغ'، أكّد أن العِلم لا يتناقض مع الدِين.

543 راجع: *E.U., Lumière et Ténèbres*, article written by Alain Delaunay

كل الغنوصيّات تستند إلى هذه الجدليّة العابرة للعصور. نجدُها في الأساطير الهندوسيّة واليونانيّة كما في كتابات أهمّ المتصوّفين المسيحيّين. إنها مُسَلّمةُ مَملَكةِ الظلام المناهضة لمَملكة النور: "أنقذني من الظلمات" نردّد في أكثر من صلاة...

فلنعد إذًا إلى الاختبارات:

هاكُم الرَّسمان (26) و(27) اللّذان يُظهران كيف أن المَوجةَ ذاتَ اللون الواحد والتردُّد المستقرّ (monochromatic) كالتي تنبثِقُ من آلة اللّيزِر، تنتشرُ من خلال 'شَقَّين'،

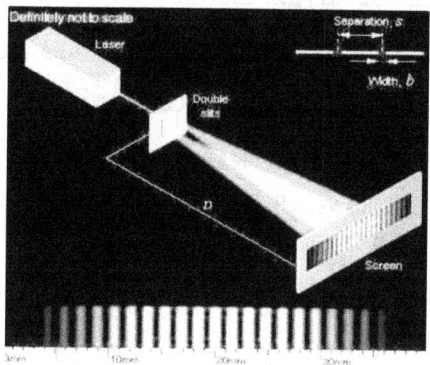

رسم 27: شَقّان طوليان

ومن خلال ثقبين،

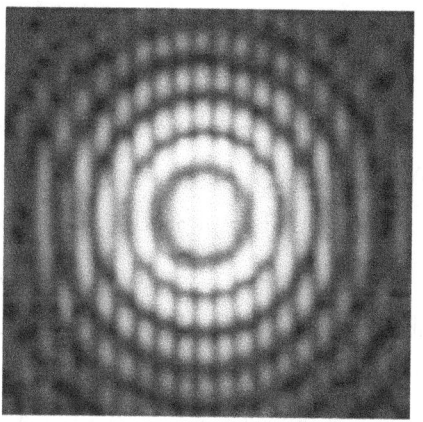

رسم 28: شَقّان دائريّان = ثُقبان

يظهر الرسم (21) ما ينتج عن صدّ الشعاع بقرص أصمّ. نكتشف أنّه، وكما يوجد إيقاعٌ في الموسيقى، كذٰلك توجد أطوارٌ (phases) في الموجة.

تُعتبر الظاهرةُ التي تُرافق غيابَ النور في منطقةٍ ما، ثُمَّ ظهورَه في أخرى، مجازيًّا، كالدَّوسِ على قدم الشريك. بالمصطلحات الفيزيائيّة، يُعبَّر عن ذٰلك بالتداخُل (interference) باتفاقٍ في الطَّور (in phase)، أو خارجَ الطَّور (out of phase).

عندما تَتَطابق، بالتزامن، أطوار موجتَين وأغوارُهُما، الواحدةُ مع الأخرى (راجع الرسم 25)، ذُروة - ذُروة وغَور - غَور، تكونان متَّفِقتَي الطَّور، مُنضافتين إلى بعضهما، فتتعزّزان، وتُعطيان

الحدَّ الأقصى من الطاقة المضيئَة. في الحالة الـمُعاكسة، أي عندَ التزامُنِ الكاملِ بين الأطوار والأغوار، تُبطَل الموجاتُ تمامًا. وبين التزامُنين الكاملين، تُفسِحُ الموجاتُ في المجالَ لدرجاتٍ من السواد، تِبعًا لدرجة انزياح قِمَّتَي الطَّورين، الواحدةُ عن الأخرى، ما يؤدّي إلى النتيجة المبيّنة في الرسم 23 وما يليه من نتائج في رسوم الموجات الليزريَّة المحاكية لاختبار 'يونغ':

قد يكون من المدهش فعلًا الاعتراف، بعد أكثرَ من ثلاثة آلاف سنة على كتابة سفر التكوين، بأن رَقصةَ موجاتِ النور عَينِه، وِفقًا لتصميم خطواتٍ وُضعت شُروطُها الخفيَّة، مُسبقًا، تَسمحُ 'للظُّلمات' بأن تحافِظ على سَرَيان مَفعولها، كما وُصِف في حينه.[544] بمعنًى آخرَ، إن النورَ بذاته هوَ الذي يضعُ لنفسه حدودًا، وِفقًا لبعض الرسوم والشرائع البدئيّة (القوانين). قياسا على ذلك (analogously)، نسمح لأنفسنا بالقول إنّ النور يقوم بـ'إخلاء ذاته' (kenosis)، ما معناه إخضاعُ كاملِ ذاته إخضاعًا إراديًّا لشروط مُلزِمةٍ، قاهرةٍ... ليس للظلمات 'المسكينة' أيُّ دور في إخلاء الذاتِ هذا. إنّها تؤدّي هنا دورَ الشريط الذي يُدَوَّنُ عليه كاشفُ الذبذبات (oscilloscope)، سواء أكانت صَوتيّةً أم ضَوئيّة، إيقاعَها وحركتَها وتردّداتِها.[545] هنا، يُطرح السؤال المهم: ماذا كنّا سنفعل، لو لم يكن سوادٌ أو ليلٌ أو ظلماتٌ؟ إن الخواءَ مختلفٌ تمامًا عنهما. لم يُقَل أبدًا إنَّه موجودٌ بحدّ ذاته. إنّه الاختلال في كلّ ما هوَ كائن، بخاصّة على صعيد الموجات، أنواعِها كافّةً، وبالتالي أشكال التواصل كافّةً. إن السوادَ (الظُّلماتِ، الليلَ)، وعلى الرُّغم من كلِّ التشبيهاتِ المجازيّة التي يقدِّمها الكتابُ المقدَّس لما بينه وبين الخواء، الفوضى أو الجحيم، لا يُشبه هذه الثلاثةَ الأخيرةَ بشيء. ينبغي على عيوننا الاقتناع بأن تشبيهاتٍ مماثلةً إنّما تنتمي إلى مجالِ الوصفِ البِدائيّ (للبدو الرحّل). فالليل، والخواء هما، حكمًا، متشابهان بالنسبة إلى الإنسان البدائي. نُشير هنا إلى أنّه، بالنسبة إلى الناس الذين عاشوا في الحِقبَة البيبليّة (± 2500 سنة قبل المسيح)، لم يكن بإمكان 'الواقع' إلّا أن يكون واحدًا من اثنين: الواقعِ الفيزيائي ذي البُعدَين (الأرضِ الـمُبسَّطة على سبيل المثال)، كما تُريهم إياهُ عيونُهم، أو الواقعِ الذي يقدّمه الحُلمُ المستنِدُ إلى مصادرَ ماورائيّةٍ، والذي كانوا يَقبلون به كحقيقةٍ غيرِ قابلة للنِّقاش. ما كان بإمكانهم أن يتصوَّروا أنماطًا أخرى من 'الواقع'!

يدفعنا كلُّ ذٰلك إلى التساؤل إن كانت 'الظلمات' لا تتمتَّع، هي أيضًا، بنظام موجاتٍ وتصميمِ رقصٍ خاصٍّ بها ومُراعٍ لتصميم رقصِ النور. هل ستكون خارجةً عن نطاق تحكّم الله بها؟ وإن كانت كذٰلك، ألا يخِلُّ هذا الأمرُ بقدرة الله الكليَّةِ، تلك القدرةِ التي تَنضمُّ مباشرةً إلى النّوعيّة الأبويّة لبداية قانون الإيمان؟[546] إن الظلمات التي تشكّل طرفَي طَيَفِ العتمة، أو طَيَفِ

544 سير 43، 13؛ 45، 5؛ مز 148، 6

545 راجع: .http://www.falstad.com/coupled/; [Accessed Oct. 2019]

546 نُصرّ على التعريف بأنه في هذه النُقطة بالذات، ينجح قانون الإيمان باللغة السريانية أو العربية، أكثر منه

رؤية الألوان، كما يُظهره الرّسم التالي، هي موجاتٌ أيضًا، وهي ليست سيئة، على كُلّ حال.

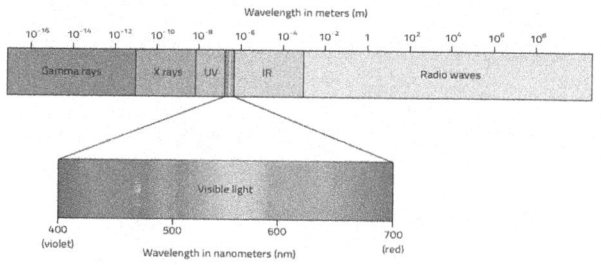

رسم 29: الكلُّ مَوجات

عَدَا كون الظلمات تَضادًّا (contrast) وتُبرِز النورَ كما الألوان، أثبتَت منفعتَها للإنسان، عِلميًا وروحيًا، بالقدر الذي لِطَيفِ موجات البصر، إن لم يكن أكثر.[547]

ولدهشتِنا، وجدنا، في مكان ما، خلال تفتيشنا في مُعطيات الخيال الإنسانيّ التي باتت تملأ المواقع الإلكترونيّة، والتي تُعنَى بعِلم فيزياء الكَمّ، تفسيرًا للأمر الذي لفظه اللهُ، في اللحظة الأولى من التكوين: "فليكُن نور". إن هذا التفسير يحرِّر الله من كلّ حتميّةٍ لُغويّةٍ، ويُلمِّح إلى أن الله ما فعل سوى أنّه وضع شرائعَ ورسومًا، بمعنى معادلاتٍ خفيّةٍ في الكون، ويعود إلى الإنسان اكتشافُها. فبدلًا من أن يقول بالعبريّة "Yehieh Or"، أو بالعربيّة (فليكُن نور)، أو باللاتينيّة Fiat Lux، يبدو أنّه، عزَّ وجلَّ، كتبَ أو رسمَ، في مكان ما، المعادلاتِ والثوابتَ الأساس التي اكتشفها نيوتن، أفوغرادو، بولتزمان، ماكسويل، ماكس بلانك، آينشتاين أو 'بور'، والرسومَ والثوابتَ كافةً التي اكتُشفت من أيام اليونانيّين والتي ستُكتشف إلى المنتهى. كما يبدو أنّه أعدّ أيضًا الرسومَ والثوابتَ التي تُدير 'خريطة' الحَمض النوَويّ، التي اعتُبرت، حديثًا، بصمةَ الله في الكون.[548]

هل من رسومٍ (laws) للَّون الأسودِ؟ بمعنى آخر، هل خَضَعَت ظُلُماتُ التَّكوين لشريعة إلٰهيّة؟

باللغات الأوروبية، بالتعبير عن 'السيطرة' التي يتمتّع بها الله الآب على الخَليقة. بينما نجد في كتاب التعليم المسيحي للكنيسة الكاثوليكية في مقطعه رقم 268 ما يلي: "من بين الصفات الإلهية فقط، الكلّيّ القدرة، مذكورة في قانون الإيمان: أن نعترف بتلك القدرة هو من الأهمية الكبرى لحياتنا. نؤمن بأنها شاملة لأن الله الذي خلق كل شيء (تك 1، 1؛ يو 1، 3) يدير كل شيء وقادرٌ على كل شيء"، يحتلّ المعنى "ضابط الكل" بالعربية، وبالسريانية "أحيد خول"، (ܐܚܝܕ ܟܠ) الأدق هدفًا، المكانة الأولى. أمَا الكلّي القُدرة فنجدها في 'التريزاغيون'، من نبوءة أشعيا: "قديشات ألها قديشات حيلتونو". (ܩܕܝܫܬ ܐܠܗܐ- ܩܕܝܫܬ ܚܝܠܬܢܐ)

547 من ليلة غير مظلمة إلى ليلة أخرى مظلمة (ليلة ليلاء) كما رغب القديس يوحنا الصليبي بتسميتها.

548 راجع: Lewandowski, Ray. M.D., *The Imprint of God: Secrets in Our Genetic Code*, Morgan James Publishing, September 1, 2008

إنّها طريقةٌ للقول إنّ الله، بحِكمتِه، جعلَ من "النِّظام الكَونيّ" (الترتيب) مبدأً ضِمنيًا (intrinsic) مكنونًا في طبيعة المادة الأولى المخلوقةِ في حالةٍ فوضَويَّة (chaotic)، تُشكّل الـ *yât* (الذات) نواتَه التي تحدَّثنا عنها في الفَصل السابق، تمامًا كما أن الله سيجعلُ من 'كَلمتِه' الذي سيُرسِلهُ إلينا، في وقتٍ لاحق، مبدأَ نَظامٍ ضمنيٍّ للمعلومات التي تَصوغ الفِكرَ البشريّ، والذي بقيَ مُشوّشًا حتّى التجسُّد.[549] إن هذه المعلومات التي تدور حول ثنائيّة الموجة-الجُزَيء، كما تلك التي تَتمحوَر حول تعذُّر إعطاءِ إجاباتٍ مُطَمئنةٍ عن لُغز علاقتِهما وسلوكيّتِهما، تؤدّي دورًا متباينًا (contrasting). فهي، من جهةٍ، من خلال التوعيّة المعرفيّة، تَجعلُ بُعدَ الاختلال أكثرَ ضغطًا، ما يولِّد الشعورَ بالقلق الجَماعيّ الذي يسود في عالم اليوم،[550] ومن جهةٍ أخرى، تُطَمئِن الوجدانَ الجَماعيّ إذ تُخضِعُ آفاقَ تلك الفوضى (تولّفها tame it) للعقل البشري بشكل أيسَر، وذلك لأن أبسطَ الرسومِ الإلهيّةِ الموضوعةِ والمعمولِ بها لـ'حُكم' الكَونِ قد تمّ اكتشافُها من قِبَلِ الإنسان، الشريكِ الأوحد لله، ما يفرضُ مسؤوليّةً أكبرَ، من قِبَلِه، تجاه احترامِها.

وعليه، نشير إلى أن عباقرةَ عِلم فيزياء الكمّ هم القادرون، من اليَوم فصاعدًا، بإجابتهم عن السؤال: "أيُّ إله هوَ المقصود؟"، على التبشير بإلهٍ أكثرَ وضوحًا وتمييزًا، إلهٍ يوحي بالتوقّع والتيقّن في عالمٍ يَزداد الإكراه فيه أكثرَ فأكثر. يستطيعون فعلَ ذلك بقدر ما يَسبرون، بعمقٍ إضافيّ، طبيعةَ النور بترابطٍ مع طبيعةِ العَين البشريّة والإدراكِ والخيالِ وعالـمِ الرموز، وما يُرمز إليه، وما يُشار إليه، من دون أن يُهمِلوا وضع النُّقاط على حروفِ المنهج الوحيد (the unique method) للتفسير الصحيح والسليم.

إن ما يمكنُ استنتاجُه لغاية الآن، بفضل اختبار 'يونغ' وكلِّ الجهود التي سُكبت حول الجُزَيئات والفوتونات، وبشكلٍ خاص حول ثنائيّة الموجة-الجُسيم التي لفَتَ إليها

549 راجع: *Dieu et la Science*, pp.114-115

للمناسبة، نعتبر أنفسنا مدعوين لاعتبار الموج-جزيئات كافة، المصنوع منها الكون، معلومات، الشرائع الإلهية ضمنا. والشرائع تلك، أكانت قوانين، ثوابت، مسلمات أم معادلات، هي جزءٌ لا يتجزأ من "ياتَي" الجذور طالما أن الجُسيم الطبيعي الأصغر (*minima naturalia*)، أكان جزيئًا أم موجةً، لا يمكن قبوله تحت مفهوم "كائن" ما لم يتضمّن قانونًا ما (معلومة)، من صلبه (intrinsèque)، متلائمة مع "الكائن المطلق" اسمًا وفعلاً. القوانين، الثوابت، المسلمات، المعادلات وكل ما يشكّل هيكل المعرفة والعِلم والضمير كما الإيمان هو جزءٌ من الـ'ياتَين' البدئيّتين. لا يمكن أن يكون كينونة (Dasein بحسب هايدِغر) من دون قانونٍ لها. الإشكالية هي في معرفة ما إذا كان الخالق قد خلق قانونًا واحدًا يتمدّد بقدر ما يتمدّد الخَلق المتأتي من 'انفجار' الجُسيم الأوحد (the singularity) أم إنه لم يخلق شيئًا منه، وبالتالي اعتبار الـ'ياتَين' المنظِّمتين والمسؤولتَين عن التماثل والتوازن غير مخلوقتَين إنما فائضَتين عنه ومستمرّتين بالفيض بقدر ما يحتاجه تمدّد الكون. تعليمُ الكنيسة واضحٌ في هذا. فهي تنفي نظريّة الفيض.

550 راجع: *The Quantum World* p.247

آينشتاين، أنّه علينا التحدُّثُ من بابَي علمِ اللغة وتاريخِ العلوم عن كائنٍ خالقٍ للشرائعِ والرسومِ والمبادئِ والثَّوابِت. إنّه يَفعل هذا في سبيل إطلاق وجود المخلوق وعمليَّةِ تطوُّرِه، بشكلٍ منظَّمٍ ومتوازٍ ومُتناغِم، من حالةِ الفَوضى الـمُظلِمة إلى حالةِ الـمَنطِق الـمُنير.[551] إن حالةَ الوجودِ المنظّمةَ هذه والمتماثِلةَ والمتناغِمةَ - على صعيد الأبعاد كافّةً، تَتَكشَّفُ، رويدًا رويدًا، بقدر ما تَتَكشَّف معطيات 'التدبير الخَلاصي' الذي بدأ مع ظهور الثنائي 'الإنسان - الإله'، وعلماءُ الفيزياء يكشِفونها بقدر ما يكشِفُها اللاهوتيون، وبخاصّة، المتزهِّدون، مع الفارق الوحيد وهوَ أنّه ينكشف لعُلماء الفيزياء، مَوضوعيًّا، بالاستنتاج الاختباري، بصفتهم مُدركين ما يفعَلون، بينما يُتابع اللاهوتيون استخراج فَرَضياتٍ ماقبليّة (*a priori*)، باستنتاجٍ استقرائي للنبوءات، غيرِ مُستندٍ سوى إلى العجائب والظهورات، المُعتبرَةِ فائقةَ الطبيعةِ، من ضِمنها التجسّد، وكأنّهم يبنون القبليّ على قبليٍّ سَبقَه، بالنَّمَطِ ذاته تقريبًا لما اتُّبع، منذ أربعةِ آلافِ عام.

وعليه، يحقُّ لنا السؤال: ما الذي سيحلُّ بنا غدًا، بما أنّه بات من شبه المؤكّد أن المعلومات التي تشكّل خامةَ واقعِ الخَلقِ، كالتي بات يُظهِرُها، يوميًّا، عِلمُ فيزياء الكَمّ، لن تَبقى على حالها؟

بأسئلةٍ كهذه، يلجأ الناس إلى الدِين، إن لم يكن بالتَّطويع، أقلّه بالعادة، إلى إلهِ 'غبّ الطّلب' لإيجادِ أجوبةٍ عواطفيّة (emotional) للاطمئنان. وقد توسَّلت حركاتٌ دينيَّة جديدة، كحركةِ 'النيو آيدج' (New Age) في الولايات المتّحدة، وحركاتُ الإصلاح لدى الكنائس البروتستانتيّة الاكتشافاتِ العِلميَّةَ الرائعةَ للإجابة عن تساؤلاتِ المؤمنين والتأكيدِ لهم أنَّ إلهًا خالقًا مهندسًا عليمًا بكلّ شيء هوَ مُمسكٌ بالكَون، وأنّه، مهما حدث من تغيُّرات، فإن مستقبلًا أفضل ينتظرُ الأجيال.[552] وهكذا يصبحُ العِلمُ الذي يَزرعُ القلقَ

---

551 راجع: *Dieu et la Science*, pp. 50-51

نرى مناسبا أن نعرّف القارئ، منذ الآن، بدور نظريّة الفيض التي تشير إليها كل مقاربة للّاهوت انطلاقته من مبدأ النور. إن الأديان الطبيعية المستندة إلى "الثيوصوفية"، والتي اتَّخذت الشمس إلهًا لها، لم تكن ببعيدة أكثر من شعب الكتاب المقدّس، على ما رأينا، من الاعتراف بالله الحقيقي، الثالوث، كما فسّره لهم 'أفرامَ' إنماطيًّا (typologically): من كلّ مصدر نور تفيض الأشعة والحرارة. تلك هي أيضًا النقطة الفصل التي يستند إليها، أكثر ما يمكن، علم فيزياء الكمّ.

إن نظريّة الكبّالا، كما رأينا سابقًا، لا تنفي إلهًا 'يتزمزم' إراديًّا ليُفسح في المجال لخليقةٍ تفيض عنه... ما أتينا به وما سنتوسع بشرحه في الفصول التالية يعني أن ما يفيض يبقى في حالة "خواء" (chaotic) إلى أن يسمحَ من أفسحَ له مجالَ الكينونة، بأن يكون، تبعا لشريعة، لنظام، يعكس روحَه، فكرَه، في الأشكال التي تخرج من الخواء بأمر منه.

552 راجع: Klein p. 144

والتخوُّفاتِ هوَ ذاتُه نُقطةَ انطلاق التطمينات. إن 'رسومَ' التوازي والتناغمِ وأنظمتَهما (Laws of order) الموضوعةَ من الخالِق تَكفَل أنَّ تلكَ المعلوماتِ لن تكونَ، كما أنَّها لم تكن قطُّ، منذ تجسُّدِ الكلمة، من دون موجةٍ موجِّهَةٍ (pilot wave)،[553] كما بيَّنَهُ العالِـم 'دو برُوي' (De Broglie) سنة 1926، وكما أثبتَهُ أيضًا العالِـم دافيد بوم (David Böhm) بعدَهُ بثلاثين سنة، من خلالِ نظريَّتِه التي أسَّسَت لحقلِ معلوماتٍ يفرِضُ على كلِّ جُزَيءٍ وُجهَتَه.[554] ما من شيءٍ إذًا بمتروكٍ على عشوائيَّتِه (random). بحديثِنا عن التّوازي والتناغُم على المقاييس الكَونيَّة، كما على مُستوى النسبيَّة العامَّة لآينشتاين، فقد وردت على لسان الفيلسوف جان غيتون نظريَّةُ "حَقلِ المَسابر" (gauge field)، من باب تأييده نظريَّةَ معلِّمِه الفيلسوف بِرغسون ما يلي:

> على أثَر 'كسرٍ' في التَّوازي الكامل، أو في كمال التَّوازي، ظهر عدمُ الكمال، أي الخَليقة، وكان على أمرٍ ما أن يُرافق هذا الـمَوجودَ، غيرَ الكامل، للحِفاظ عليه في نِظامٍ وتوازنٍ ما كي لا يَنهار، كي لا يَتفتَّت، وبخاصّةٍ كي لا يفقدَ وُجهتَه الأخيرة. فكانت قوى التّفاعُل (forces of interaction) التي ذكرها العالِـم 'لومِتر' (Lemaître)، ما بين الجُزَيئات الوسيطة له، الفوتونات والبوزونات w و z، الغلووُنات، التي تؤمّنه، والتي باتت تُدعى كلُّها، مؤخّرًا، 'المسابرَ البوزونيّة'.[555]

ما الذي نحتاج إليه، بَعد، ممّا لا مَحيدَ عنه لنرسُم 'القُبَّة الدَّهريّة'، خيمةَ الخباء المرجوَّة، من النوع الكمِّي أو 'الرازائي'؟ يبقى علينا أن نُؤكّدَ أنّ كلَّ تلك النّظريات التي تَكشِفُ الألغاز تُفيدُ بأنَّ الكَونَ هو، بكلِّ تأكيد، مُدارٌ، مدبّرٌ من 'قوّةٍ' (Force) غيرِ خاضعةٍ لتصنيفاتِه، تفرِضُ، بالمعنى العِلمي، توقُّعًا وتيقُّنًا مُطَمئِنَين على الرُّغمِ من كلِّ معوِّقات الاختلال الحَراري (entropy) والنّقص، بشكل عام، في الكَمال. من الوجهة اللاّهوتيّة، يبقى علينا أن نُثبت أنّ التأكُّد والاستِبصار متواجدَين، على مستوى الخَلاصِ الشامل، على الرُّغمِ من كلِّ الشرّ وكلِّ الألم المُستمرَّين في الخَلق. كأن نقولُ إنَّ رَقصةَ المَوجات تؤدّي إلى اكتشافِ أنَّ رقصةً ما، على إيقاعٍ ما، موجودةٌ بين الله والإنسان، بين الدِين والعِلم، تصميمُ خُطواتِها محدَّدٌ ضِمن

---

553 نظريّة 'دو بروي' (De Broglie) التي من خلالها أسهم برؤية أفضل لما يقف خلف ظاهرة الأهداب في اختبار العالِم 'يونغ'. راجع: *Klein* pp. 199-200

554 راجع: *Klein* p.194

555 الكاتب برنارد بير (Bernard Pire)، من خلال الموسوعة الشاملة (*E.U.*)، يعتبر "حقل المسابر" صنفًا من نظريات التفاعل الأساس، مبنيًّا على نظامٍ مجرَّد للسيمِتريا، يدعى "نظام المسابر"... وقد تمّ مؤخرًا اعتماد مكونات له هي "بوزونات" (bosons)...

حقلِ مسابرَ 'مختألفٍ'.[556]

إنّ حقلَ مَسابر الكنيسة، بشكلٍ عام، هوَ الإنجيل، كما عاشَهُ المسيحُ بنفسِه، قبلَ أيّ تحليلٍ وتفسير: نورٌ يُعلِمُ، ومعلوماتٌ منيرةٌ تُشكِّل التقاطُعَ المذكورَ في الفصول السابقة.[557] وهذا الأخيرُ، أي التقاطُعُ، يَنتمي، بحسَبِ 'أفرامَ'، إلى لُغزٍ مختألفٍ، يتمايزُ عن أيٍّ من الألغاز التي يتحدَّثُ عنها خُلفاءُ آباءِ "تفسيرِ كوبنهاغن". إنّه بالضَبط ما أسماهُ 'أفرامَ' 'الراز'. يُمكنُنا القول إنّه، من أيام 'أفرامَ'، نوعٌ جديدٌ من 'التَكميمِ الدينيّ'، كان قد بدأ يدخُل المسرَح.[558]

من جِهتَي حقل الـمَسابر الـمُفترضِ فيه المحافظةُ على التماثُل والتناغم، سواء أكانَ الكَمّيّ أم الكريستولوجيّ، بخاصّةٍ، التماثلُ البدئي لما بين قوى الكَون، يأتي 'صمغٌ' تقويميٌّ (corrective gum) ليُضاف إلى جوهر ذاك النِّظام الضِّمني الذي تَستندُ إليه الطبيعة.[559] من جهةِ تصميم الخُطوات، يمكن القول إنّه صَمغٌ تستندُ إليه الرقصةُ وأدبيَّاتُها. في الواقع إن المقصود هنا، بالفيزياء دون الذَرّية، مادةُ 'الغلووُن' (gluon) التي ظهرت عند الجَيَشانِ الرابعِ من 'الانفجار الكبير'، على ما وصفهُ العالِـم 'لومِتر'.

إن 'الغلووُن'، على ما يَعنيه الاسم بالانجليزيّة، هوَ علامةٌ أو رمزٌ لنوع من الصمغ (glue) الذي يحافظُ على الترابط بين الجُزيئات من دون الذَرّية، ويجعلُها غيرَ خاضعةٍ، لا للخلل، ولا للتفكُّك. ونظرًا إلى أهمّيّةِ ما يمثّله مفهوم 'الغلووُن'، بالنسبة إلى الفَصلَين القادمَين، سنَسمح لأنفسنا بتوسُّعٍ إضافيٍّ في الشرح عنه، مُستعينين بالعالِـم ستيفِن هوكِنغ.

6.3.2. الغْلووُن (The gluon)

يفيدنا 'هوكِنغ' أيضًا أنّ تَكَوُّنَ مادة الغلووُن بَدَأَ مع 'الانفجار الكبير'. إنّه أحَدُ المكوِّنات الأربعة الأساس التي يتوقّع منها العِلم أن تكونَ الحجرَ الأساس في كل شيء.[560] إنّه يضعُ ظهورَ

---

556 راجع الحاشية 526 من هذا النص

557 القديس أفرام، بضمّه، في قصائده، الطبيعة إلى الكتاب، مع انسياب موادها المعتبرة مقدّسة كالنور والشمس والزيت واللؤلؤة، على سبيل المثال لا الحصر، كان، عمليًّا، يعمل على تحويل الواقع الأصمّ، الذي هو من البعد الأوّل أو الثاني، إلى واقع ما بعد-كميٍّ، ما يعني إلى معلومات من طبيعة 'مختألفة' للّتي لفيزياء الكمّ، والتي أسميناها 'رازائية'.

558 بالنسبة إلى 'أفرامَ'، "الكوانتُم" بالمطلق هو "القربانة المقدّسة" والتي يشير إليها، سواء أكان بالجَمرة أم باللؤلؤة سيّما وأن اللؤلؤة، بكمالها، هي مثال "الكوانتُم" إذ إنها تبثّ معلومات. يقول: "هذه اللؤلؤة أشفت غليلي حالةً مكان الكتب كافة، تفسيراتها وكل ما فيها" (أناشيد في الإيمان 81، 8). راجع: Bou Mansour, *La Pensée*, p. 68; *TLE*, p.63

559 راجع: *Dieu et la Science*, p. 110

560 راجع: *Hawking*, p. 92

الغلووُن، الذي بدونه لم يكن ممكنًا لكَونٍ أن يكون، في المكانةِ الرابعة من العناصر الأوليّة التي انبثقت من 'الانفجار الكبير'، بحسبِ المسار الذي استبصَره العالِـم 'لومِتر' وهي:[561]

- العُنصر الأول: قوّة الجاذبيّة
- العُنصر الثاني: القوّة الكهرَطيسيَّة
- العُنصر الثالث: التفاعل النوَويّ الضعيف
- العُنصر الرابع: التفاعل النوَويّ القويّ الذي يُمسك بالجزيئات الافتِراضيّة (quarks) مجتمعةً داخلَ البروتوناتِ والنيوتروناتِ ويُمسك بالبروتوناتِ والنيوتروناتِ مجتمعةً داخلَ الذرّة.

يُعتقد بأن هذه القوّة، وتُسمّى غلووُن، مَحمولةٌ بدورها (carried by) بواسطة جُزَيءٍ آخر ذي دَورةٍ كاملةٍ (spin 1)، وتَتفاعل فقط مع ذاتها ومعَ الجُزيئات الافتِراضيّة التي تمثِّلُها مادَّة 'الكوارك'. [562]

بالمعنى الفيزيائي، يكون دَور الغلووُن - الذي هوَ عُنصرٌ محايدٌ لا قُطبَ كهرطيسيَّ له، والمفترض به شحنُ التفاعلِ النوَويّ القوي - المحافظةَ على جُزيئاتِ نواةِ الذرّةِ، مشدودةً الواحدة إلى الأخرى، بتماثلٍ ما (symmetry)، مهما كانت المسافةُ التي يمكن أن تفصلَ بينها، لسببٍ أو لآخر.[563] ومن ميزاته المدهشة أيضًا أنّه، كلّما ابتعدتِ الجُزيئاتُ المتكفِّلُ بها

---

561 راجع: *Dieu et la Science*, p.169

عرّفنا سابقًا بجورج لومِتر - (Lemaître, Mgr Georges1894 - 1966)، ونصرُّ هنا على لفتة تكريميَّة له بصفته كاهنًا عالِمًا قبل بتواضع "سخرية" صحفيّ بريطاني، متخصّص بالنقد العلمي، فرِد هُويلي (Fred Hoyle)، وقد وصف اكتشافه بصفته انفجارًا كبيرًا (Big Bang) بينما الاكتشاف، بحدّ ذاته، لا يعني ذلك.

راجع: (*E.U.*, *Hoyle F.*, article written by Marek Abramowicz)

اقتنع آينشتاين بنظرية تمدّد الكون بعد تردّد طويل ... وقد جمعته مع لومِتر صورة جديرة بأن نضيفها على أسطرنا هذه، أخذت لهما في نيو يورك، وذُيِّلت في الجريدة التي طبعتها بالكلمات التالية: " يجمعهما احترام وإعجاب عميقان الواحد للآخر".

آينشتاين ولومِتر

المرجع: *New York Times Magazine*. Feb 19, 1933

562 *Ibid*. pp. 97-101

563 راجع: *Hawking*, p. 102 et *Dieu et la Science*, p.111

عن بَعضِها، ازدادت قوّةُ تفاعلِ التجاذُبِ بينها وليس العكس.[564] وكأنّ يُقال إنّ إرادةَ إمساكٍ قاسيةً خلفَ ظاهرة التماثُل التي هيَ أساسُ التزامُن والتواقُت (*synchronicity*) بينَ مكوِّناتِ الذرّة المختلفة.[565]

هل الاستنتاجُ التالي الـمُعتَبَر كنَواةٍ للُغز الكمّي، والمتأتّي من اختبار ’يونغ‘ يكونُ مقبولًا خارجَ صِفات هذا الغلووُن؟ إن الاختبار الذي نوردُه الآن هوَ للعالـِم هوكِنغ بالذات:

> إن أرسلنا الإلكتروناتِ من خلال الشَقَّين، واحدةً فواحدة، نتوَقَّع أن تَعبُرَ كلُّ واحدةٍ بحدِّ ذاتِها من شَقٍّ مُعيَّنٍ من الشَقَّين، بحيث تَتَصرَّف وكأن الشَقَّ الذي تعبُرُ من خلالِه هوَ وحيدٌ، وبالتالي يكون توزُّعُ آثارها على الشاشة اللاقطة متساويًا بالشكل. إنّما في الواقع ليس هذا ما نراه، إذ حتّى في حالِ إرسال الالكتروناتِ، الواحدة تلوَ الأخرى، نحصلُ على الأهداب عند الشاشة، ما يَعني أن كلَّ إلكترونةٍ، بحدِّ ذاتِها، تَعبُر من خلال الشَقَّين، في الوقت عَينه.[566]

واستنادًا إلى نظريّة ’الأوتار‘ (strings theory) يُعلِمُنا ’هوكِنغ‘ عن وجود ’مجموعةٍ تشكّل جُزيئًا متقلِّبًا (unstable) يُسمّى ’كُتلَة الغلووُن‘ (glueball).[567]

يفاجئُنا ’هوكِنغ‘ بصراحته، عندما يُعلن، عند انتهاءِ مداخلتِه عن الميزاتِ الغريبةِ للتفاعل النوَويّ القويّ، والتي عَمَّدَها العُلماءُ باسم ’الإحاطة‘ (confinement) بما يلي: ”إن منعَ تلكَ الإحاطةِ لنا من مُراقبة الجُزيئاتِ الافتراضيَّةِ (الكوارك) أو وَحدةِ الغلووُن، كلٍّ على حِدة، يجعلُ من مفهوم (notion) الكوارك والغلووُن، بصفتهما الجُزيئيَّة، ما يُمكن اعتباره نوعًا ما ميتافيزيقا“.[568]

نتوَقّف هُنيهةً عند هذا التلميح للميتافيزيقا، لأنّنا سنَعودُ في الفَصلَين الباقيَين، بخاصّةٍ في الفصل الأخير، إلى مسألة الغلووُن هذا، كما أيضًا إلى هذه المقارنة التي لا تبدو أبدًا عبثيَّة، بالنسبةِ إلى متزهّدٍ مسيحيّ.

---

564 راجع: *The Quantum World* pp. 80-81

565 راجع : *Dieu et la Science*, p. 84

566 راجع : *Hawking*, p. 85 .

567 المرجع نفسه ص. 102

568 المرجع نفسه: نلفت إلى رفض ’أفرامَ‘ القاطع لإخضاع ما هو ميتافيزيقي، بخاصة الله، للتحديد البشري: ”كيف نحدّد ما لا يمكن تحديده؟“. ودعا بالمقابل للاكتفاء برفع الحدود (delimitation). إن فكرة ”الإحاطة“ (confinement) تناسب بشكل أفضل المحور الميتافيزيقي، أي التعرّف إلى الله من خلال ما يفصل العالم المادي عن عالم ما بعد المادة: محور الكمّ مثلا، أو المحور ’الرازائي‘. لذلك نسعى لكي نقلّص قدر الإمكان تلك المحاور (المحيطات) الفاصلة.

برأينا، ومع الأخذ بعَين الاعتبار المصدر الأفرامي الثاني للوحي الإلٰهي، أي الطبيعة، يُمكن، كما سبق ذكره، استبدال الأمر الإلٰهي 'فليكن نورٌ' بسلسلة من 'الشرائع' و'الثوابت' العائدة لله.[569] لِمَ لا؟ عندئذٍ، تكون مجموعةٌ من الشرائع والمُعادلات هي ما سمح 'للطاقة' الناتجة عن 'النار الإلٰهيّة' برَفعِ حرارةِ 'اليات *yât*' البَدئيّة لغاية إحداث 'الانفجار الكبير' (Big Bang)، وبكلامٍ أدَقّ، 'الانفلاش التأسيسيّ'، ثمّ بالإحاطة بكلّ 'المَوجْ-جُزَيئات' (wave-particles) الناتجةِ عنه بحالة فَوضَويّة، في 'وَسَطٍ' من النِّظام والتماثُل، باتَ اليومَ يُسمّى 'حقلَ البوزونات' (boson field)، يؤدّي فيه الغلووُن الدَّورَ المذكورَ أعلاه. إن سلسلةَ 'الشرائع' تلك، التي تُدير وتُدبِّر البوزونات والغلووُنات، تدفعُ بكلّ أنواع 'المَوجْ-جُزَيئات' للتحوُّل إلى الأشكال الماديّة كافّة، بخاصّةٍ العناصرِ الأربعةِ الأساس: الماءِ والهواءِ والترابِ والنارِ مع الأثير، إذا ما ثَبُت وجود الأخير عِلميًّا. أما في ما يخصّ تَكوُّنَ 'الطاقةِ' و'النورِ' على المستوى البشري، فلابدَّ أنّه تمَّ بفضلِ تلكَ السلسلة ذاتِها التي تُنير العقلَ البشريّ، بمقدار ما تنير 'الطبيعة'، الأمرُ الذي سمحَ للعالِـمَين ماكس بلانك وآينشتاين بمؤالَفتِهما، وللجُهودِ الـمُستمِرّة بين العُلماء كافّةً، لسبرِ أغوارِهما، وبدءِ تَنظيم جُزيئاتِهما مع مَوجاتها، كمًّا وأطوارًا. إن قوانينَ وثوابتَ أخرى قد تكون وُضعت من قبل الله لتُكوِّن الهيدروجين من الهِليوم الذي سبقَهُ، بدءًا بـ'الانفجار الكبير' ثمّ ما تبقّى من المخلوقات التي يذكُرُها سفرُ التكوين. إن 'أفرامَ'، على سبيل المثال، يؤكّد أنّ الله ما خلقَ في البدء ***b-riš-ït*** سوى 'يات'

569 وضَعَ الأخوان بوغدانوف لائحة بالغوامض (أسرار) المحفوظ كشفُها لله: الجاذبية، الزمان والمكان، القوة الكهرومغناطيسية الناظمة لحركة جزيئات الذرة. يبدو، بنظرهما، أن هذه العناصر ليست بمخلوقة. ويردفان قائلَين: "ألا يجوز أن يكون، في قلب الغرابة الكميَّة، ما يسهم في اللقاء بين العقل البشري وعقل ذاك الكائن المتسامي الذي ندعوه الله". (p.131)

وإن أخذنا بعين الاعتبار مقولة "العلم نورٌ" وعاكسنا بين طرفي الثنائية نور - ظلام، نصل لاستنتاج أن النور هو نفسه العقل الشمولي الذي يسميه جان غيتون، بحسب معلمه الفيلسوف برغسون، 'النفس العاقلة Esprit' والذي يؤكد على تمتع المادة بشيء منها. راجع: *Dieu et la Science*, pp. 25-26)

أن يكون الله قد قال: "فليكن نور" يعني أنه قد أدخل "المعنى" حيث "اللا معنى"، والنظام حيث التوه - بوه (الخواء) وإمكان "التمييز والوضوح" حيث لم يكن الأمر ممكنًا. كل هذا بقي موجودًا 'بالقوة' (in potency)، كمصدر للرمزية، تحت ستار رسوم وشرائع ونُظُم لا يتعدّاها لا هوَ ولا الإنسان، بانتظار أن يصير إلى 'الفعل' بواسطة "الحيوان الناطق" الذي لن يقوم الله بخلقه إنما بصنعه من خلال مجموعة الـ'ياتات' التي باتت موجودة وذلك بجعله الإنسان على صورة ومثال الكون (الكون الصغير small cosmos) كي يتمكن من أن يصبح على صورة ومثال خالق الكون.

وكما نوّهنا إليه في الفصول السابقة، صنع الله شريكًا له: "ذكرًا وأنثى" خلقه لكي يوصل إلى الكمال، كمتلقٍ (passion)، وكفاعل (action)، ما كان في يوم من الأيام "مُسَوَّدَة". وبعض الفكاهة هنا قد تُخفِّف من حدّة النظريّات وتُضيف بُعدًا لا يجدر أن يغيب عن عمَلنا. فعلى السؤال المفاجئ: "لماذا خلق الله الرجل قبل المرأة؟"، يأتي الجواب النسَوي ليَقول: " كان لا بدَّ له أن يصنع المُسَوَّدَة أوّلاً". منطقيٌّ، أليس كذلك؟

السماء و'يات' الأرض، وأنّ كلَّ ما تلى ما هوَ تَنظيمٌ وصُنع.[570]

رسم 30: الانحرافُ المَوجيّ للنور من خلال المَنشور: إحدى الشرائع الطبيعيّة التي تقفُ خلفَ قوسِ قُزح، علامةِ العهدِ الذي قطعَهُ الله بعد الطوفان.[571]

إن اكتشافَ ما تبقّى من ثوابتَ وقوانينَ وشرائعَ تقفُ خلفَ كلِّ رَقصةٍ بين مكوّنات الوجود والإعلان عنها، كالحَمضِ النَوَوي على سبيل المثال، يَعني، بالنسبة إلى العُلماء، تحقيقَ ما يتمنّون التوصّلَ إليه يومًا، ألا وهوَ "النظريّةُ الكبرى الموحّدة" (Grand Unified) G.U.T. Theory التي يمكنُها، وحدَها، تفسيرُ ماهية كلِّ القوى التي تحكمُ الكَون.[572]

لقد توصّلنا، حتّى الآن، بفضل اختبارِ 'الشَقَّين' للعالِمِ 'يونغ'، إلى تَوضيح ظاهرة النور الذي بات، بفضل العالِمَين ماكس بلانك وآينشتاين، أساسَ مُعطياتِ علمِ الكمّ، وكشفنا، أيضًا، عن النوع من الطاقة و/أو النور الذي علينا أن نتعامل معه، كما عن نوع الذّكاء أو 'روح المادة' الذي نواجهُه. وأفصَحنا أيضًا عن سبب ظهورِ الأهداب، وعن الرقصةِ الصامتةِ بين الثنائيات، من أي نوع كان، لكلّ موجود، لنتنهيَ إلى الدَور الذي هوَ للصنفَين التأسيسيَّين للكَون، بحسَبِ العالِمِ 'لومتر'، وهما التفاعلُ النَوَويّ الضعيفُ والتفاعلُ النَوَويُّ القويُّ الممثَّلان، من جهةٍ بالبوزونات w وz، ومن جهةٍ أخرى، بالغلوؤنات.

---

570 مز 148، 6. اللافت في المزمور 148 الذي يؤكد بأن كل المخلوقات موجودة ضمن الناموس الذي استعان به الله لينظّم الخَليقة لتسبّحه، هي الآية 6 التي نجد لها تفسيرين مختلفين. فبينما تلمّح النسخة الأورشليمية ومعظم الترجمات الباقية، السريانية ضمنًا، بأن الناموس الذي وضعه الله، هو ما لن يكون له نهاية (ܢܡܘܣܐ ܝܗܒ ܘܠܐ ܥܒܪ) (nâmûsâ yahb wlâ ʿobar)، نجد نسخة لويس سوغِن (Louis Segond) الفرنسية تتميّز بالقول: "وضع ناموسًا لن يتعدّاه أبدًا" (Il ne les violera point: He will never violate). الضمير المستتر "الهاء" هنا، تعود إلى الله عزّ وجلّ وهذا ما كان على العلماء أن يعرفوه منذ زمن طويل.

571 تك 9، 12 - 17

572 نقترح إذا أن تنطبق "النظرية الكبرى الموحّدة" على الكلّ كما على الأجزاء من الخَليقة، مع خالقها، بما أن المعنى اللغوي يفرض ذلك. (راجع: Hawking, p. 103). من جهته، يعتبر الفيزيائي دافيد بوم (David Böhm) أن المادة، الوعي، الزمن، الفضاء والكون لا تمثل سوى قَرقعة طفيفة بالنسبة إلى حركة المخطّط الأساس والذي بدوره، يتأتّى عن مصدر سرمديّ الخَلق، قائم ما بعد الزمان والمكان. (راجع: Dieu et la Science, p.49 وHawking, p. 103).

عند هذا الحدّ، نرى من الضروري جدًّا إثباتَ أنّ ما هوَ حقيقةٌ في اختبار اعتراض النور، وتوجيهِهِ من خلال شَقَّين أو أكثر، هوَ أيضًا، حقيقةٌ، عند اعتراضِ شُعاعِهِ بقرصٍ أصمٍّ خالٍ من أيِّ شَقٍّ أو فتحَة. هذا الاختبارُ يُسلِّط الـمِجهَر أكثر على دائريَّة موجات النور وكُرويَّتها، ويشكِّل ظاهرةً نعتبرُها مفصليَّةً لنظريّتنا في التكوين.

7.3.2. اعتِراضُ شُعاعِ النورِ بواسِطَةِ قُرصٍ أصَمّ.

هذه وسيلة جديدة لمشاهدة الانحراف المَوجي للنور، الذي تعرَّفنا إليه، من خلال اختبار 'شَقّي يونغ'.

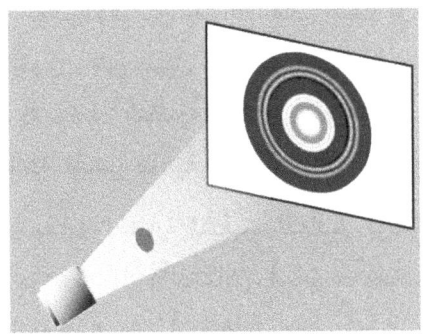

رسم 31: أنواعٌ عديدة من قناديل الطوارئ اللّيليّة تتّبع هذا النمَط

هنا يُثبت شعاعُ النور أنّه، أيًّا يكنِ الحاجزُ الذي يُعيق انتقالَه، يتمتّع بمرونةٍ مركَّزةٍ بشكلٍ جيِّد على عامِلَي التضافُرِ والإلغاءِ بينَ موجاتِه، بالطَّور أو خارج الطَّور، مرونةٍ تسمحُ له بأن يتخطّى كلَّ حاجزٍ هدّام.[573] اللافتُ في اختبار القُرصِ المُعترضِ هذا لِشُعاعِ النور، هوَ أن التَّكوينَ الدائريَّ والكُرَويَّ لمَوجات النورِ شديدُ الوضوح. إن الوصفَ الإضافيَّ لآليّة هذا الاختبار المُسمّى "الانحرافَ الـمَوجيَّ لشعاع النور بواسطة قُرصٍ على الشاشة" يَتحدَّثُ عن ارتسامٍ مميّز لحلقاتٍ مُتراكِزَة (concentric). الأمر نفسُه يَنطبقُ على الشعاع المكوَّن من جُزيئات الكمّ، وكأن الموجاتِ، في الحالة الأولى، والجُزيئاتِ، في الحالة الثانية، قد أُزيحت عن خَطِّها، ما بين مصدرِها والشاشة اللاقِطة لها. أما بالنسبة إلينا فنُفضِّلُ القولَ، في ما يخصّ الحالة الأولى، بأن رقصةَ مَوجاتِ النور الـمُحتَملة هي التي تَفرضُ إعادةَ ترتيبِ مجموعِ الفوتونات لتُشكِّلَ حلقاتٍ، وتُنيرَ أوسعَ مساحةٍ مُمكنةٍ، حتّى ولو كان ذلك بكثافاتٍ مُختلفة.

عمليًّا، كل شيء يثبت أن عيونَنا البشريّة، العَجفاء، ليس بمقدورِها أن تَتحمَّل النور

573 تتأتى الليونة من الصفات الأربع التي تتمتّع بها الموجة: الانعكاس، الانحناء، الانكسار أو الحيود، التداخُل.

بملء كثافتِه، وأنّه من الأفضل لها أن تَتمتّع بالقليلِ من لا شيء. لذا، نلفُت إلى أن الطبيعة التموُّجيّة والجُسيميَّة للنور تبقى، هي ذاتَها، قبل الحاجب وبعدَه، أكان في اختبار الشَقَّين أم في اختِبار القُرص. إنّها تسمح له بأن يحوّل في شكله، ويتَّخذ مواقعَ مختلفةً، في حين أن الكميّة والنوعيّة تبقيان هنا بكُلّيَتِهما، في عُلبة المُختبر، كما في عُلبة الكَون.

مهلًا! الكَون! هل يُمكن للكَون أن يكونَ ظاهرةً كالعُلبة، كفقّاعة الجسم الأسوَد النظري؟ إن كان الجواب إيجابًا، فأين يمكن أن يكون مكانُ تلك 'الفقاعة'، بالنسبة إلى إلٰه الكتابِ المقدّسِ الكلّيّ الحضور، أي المالئِ بحضورِه كلَّ مكانٍ وزمان؟ ثمّ، ومن باب احترامِ مبدأ عدمِ تواصلِ الكمّ (discreteness)، نتساءل: لماذا ينتقل النورُ بموجاتٍ متراكزةٍ، تِبعًا لمسلك جيبيّ (sinusoidal)، ولا ينتقِل، على سبيل المثال، بموجاتٍ مُكعَّبة، تِبعًا لمسلكٍ متزاوٍ (angular)، كما أمكن للرسّام الشهير بيكاسو - مؤسّس الفن التكعيبيّ - أن يتخيّلَه. سنحاول الإجابة عن هذه الأسئلةِ، في الفصل الأخيرِ، وذلك من خلال إعادة تفسيرِ مشهد الخَلق.

هذا كلُّ ما لنا استفادةٌ بإبرازه، حتّى الآن، ممّا يختصُّ بالنورِ وبالموجات، كما بسلوكيّتهما، بحسَبِ ما كَشفَه علمُ فيزياءِ الكَمّ للإنسانيّة. معَ ذلك نحن واثقون من أن القارئَ النجيبَ قد لاحظَ أنّنا قد دَغَمنا اسمَي مَوجة وجُزَيءٍ في كلمةٍ واحدة 'المَوجْ-جُزَيء'، أُسوةً باللُّغات الأجنبيّة (wave-particle) و(onde-particule) إلخ.، من حيث إنّنا نبحثُ عن الوحدة في التعدُّد. هنا دَعُونا نرى كيفَ أنَّ مبدأَ الثُنائيّةِ هذا الذي أنشأهُ آينشتاين، بالنسبة إلى النور، وأكملَه العالِمُ الفرنسيُّ لويس دو بروي (Louis de Broglie) بالنسبة إلى المادّة، سيُعيد وضعَ قطارِ التفسير الكَمّيِّ على سِكَّةٍ ذاتِ خطّين حديديَّين، ليسا بالنّتيجة، سوى سِكَّةٍ واحدةٍ، تمامًا كما أن الجُزيءَ الوحيدَ في اختبار الشَقَّين تمكَّنَ من العبورِ بالشَقَّين في آنٍ واحد.

3. ثُنائيّةُ 'المَوجْ-جُزَيء' للعالِم 'دُو بْروي' (De Broglie)[574]

لِعُلماء الجيل التقليديّ، أي لما قبلَ العام 1900، كان التمييزُ بين المادّة والنور (matter and light) واضحًا وصريحًا. إنّ تلك التجزئةَ للعالَم إلى صِنفَينِ من الموجوداتِ ستَختلُّ إثر نَشر آينشتاين مقالتَه، عام 1905، تحت عنوان: حولَ نَظرةٍ مُساعدةٍ في الكَشفِ على إنتاج النور. يُثبت آينشتاين، من خلال تلك النظريّة، أنّه لأجل فهم خواصِ النور الحراريّة، من الضروري اعتبارُ الطّاقةِ المُنيرةِ بأنّها مُنتجةٌ كحُبيباتٍ، بموجب معادلة 'بلانك' $E = h\nu$ (حيث

574 راجع: *E.U., De Broglie L.*; article written by Marie-Antoinette Tonnelat
Electron; article written by Jean-Eudes Augustin

'h' هي ثابتةُ 'بلانك' و'v' (nû)، هي سرعةُ تردّدِ موجةِ النور)... هكذا أدخل آينشتاين، عام 1905، مفهومَ 'الكَمِّ الضَوئي' الذي سيتَّخذ، في ما بعد، اسم "فوتون". وفي العام 1909 افترضَ نظريَّةَ الثنائيّة "مَوج-جُزيء" على صعيد الإشعاعات الضوئيّة.[575] هل ستَنطبق تلك الثنائيّةُ أيضًا على صعيد المادةِ (الذرَّة، الإلكترون)، وهل ستَتَمكّنُ من وُلوجِ الشموليَّة الضروريَّة للمبادئ العِلميَّة؟ هذا ما سيَنجحُ العالِم لويس دو بروي في إثباته، في ما بعد، وبالتالي أن يوجِّهَ نحوَ اسمِه شرفَ اكتشافِ هذا المبدأ.

كانت نقطةُ انطلاقِ 'دو بروي' فرضيَّةَ أنّ تنطبقَ حكمًا ثُنائيّة 'المَوج-جُزيء' للضوء، التي اكتشفها آينشتاين، على المادة، أي على الإلكترونات. وبالتعاون مع العالِـم في الرياضيات 'شرودِنغِر' (Schrödinger)، قام 'دو بروي' بتطوير توازٍ بين آليّة الفيزياءِ الكلاسيكيّ والفيزياءِ البَصَريّ (optics)، وتوصّلَ إلى وضعِ مفهومِ "الآليّة التمَوُّجيّة" (the wave mechanics). بموجِب نظريَّته، لم يعُد من المُمكن تأسيسُ دراسةِ حركةِ الإلكترون، أو حركةِ مجموعةٍ ذَريَّةٍ مُعَيَّنة، على المَسارات الكلاسيكيّة، معادلات 'نيوتُن' وحلولِها، إنّما على ما وصفه بحركةِ المَوجة الـمُرفَقة بالإلكترون، مَوجةِ 'دو بروي' كما سُمّيَت، والتي تُحدِّدُها سِمَةٌ مرُكَّبةٌ من إحداثيات المكان والزمان ((Q (x, t))

إن هذه الثنائيّةَ التي تَبقى نظريَّةً ذاتية (subjective) وتَحتاج إلى الكَشف الموضوعيّ عن أبعادِها (dimensions)، لا تُناسب التطوُّرَ العِلميَّ؛ وعليها أن تنتظر اقترابَ عام 1920 لتتحوّل، بفضل 'دو بروي' نفسِه، إلى ثُنائيّةٍ موضوعيَّةٍ (objective). تمكّن هذا التحوّلُ من أن يربطَ بكلّ جُزَيء ما أسماه 'دو بروي' "طولًا لموجةٍ" (wavelength)، وذٰلك بحسَبِ المعادلة ($\rho = h/\lambda$) حيث ρ (رو) ترمز إلى كميَّةِ التردُّد.[576]

بدأت نظريَّةُ الإلكترون الكَميَّة مع فرضيَّته التي أطلقها عام 1923 والتي تُشير إلى أن جمعَ الموجة والجُزيء، الملحوظَين على صعيدِ 'الفوتون'، هوَ شاملٌ على الأصعِدة كافّة.

وفي العام 1924، تقدّم بعرضٍ ثَوريٍّ، ألا وهوَ الجمع الـمُثبَت بين الموجةِ وجُزيءِ المادة، بموجبه يكون تردُّدُ الموجةِ (frequency)، المرتبطةِ بكلّ جُزيءٍ، بنسبة الطاقة التي تتمتَّع بها، من خلال معادلة 'بلانك' $E=hv$. وفي عام 1925، طوَّرَ 'دو بروي' الآليَّةَ التموُّجيَّةَ، بِضَمِّه موجاتٍ إلى كل الجُزيئات (الكترون، بروتون، إلخ)، فوجَدَ العِلمُ ذاتَه،

575 راجع: الموقع الإلكتروني URL:https://physics.ucf.edu/~ishigami/Teaching/Phys4083L/lab%20 descriptions/NETD/blackbody%20theory.pdf . تمّ تفحّصه بتاريخ 8 تشرين الأوّل 2017

576 راجع: *E.U., Broglie L. De*, article by Marie-Antoinette Tonnelat

منذ ذلك الحين، أمام 'طابعَين'، يمثّلُهُما في الوقت نفسِه النورُ والمادة. إن الربط بين الصِّفتين: التموّجيّةِ والجُسيميّةِ أدّى إلى مفهوم 'الإحصائيّة' (statistics) الذي يُفيد بأنّه، في حالةِ النور، كما في حالةِ المادة، تكونُ المَوجةُ هي ما يُعطي احتمالاتِ وجودِ الجُزيئات، كالفوتونات والبروتونات والنيوترونات إلخ، في مكانٍ ما.[577] إن النتائجَ المحصَّلةَ من اختباراتِ الانحِرافِ المَوجي (diffraction) للإلكترونات أو للنيوترونات، من جهةٍ، ومن صَدمِ الفوتونات بالنَّوَيات، من جهةٍ أخرى، أثبتَت، بشكلٍ واسع، صحَّةَ هذا الربط أو الانصهار.

في العامين 1927 و1928 أُثبِتَ افتراضُ 'دو بروي' بشكلٍ استعراضي، إذ مع تمريرِ إلكتروناتٍ من خلال شبكةِ بلّورٍ عاديّة (cristal)، تمّ الحصولُ على مشهدٍ للانحرافِ المَوجيّ يُشبه ذاك الذي يُعطيه النور. وكما للمَوجات في البَصريّات (optics)، يُمكن رصفُ (to superimpose)، موجاتٍ ذاتِ أطوارٍ أو ذبذباتٍ مختلفة، إضافةً أو حذفًا، على خطِ المَوجة نفسِه (linearly)، متوصِّلين بذلك إلى التعامُل، بشكلٍ عام، إمّا مع 'كمٍّ من الموجات' (wave packets) وإمّا مع 'سِمَةٍ موجيّةٍ' (wave functions) ملازِمَةٍ لكلِّ جُزيء، إذ إن الرابط بين الموجةِ والجُزيء مضمونٌ من المُسَلَّمَة القائلة بأن احتمالَ وجودِ الجُزيءِ في نُقطةٍ محدّدة مُمكنٌ فقط من خِلالِ قياسِ كثافةِ مَوجته.

بديهيٌّ القول إنّه، قبل 'دو بروي' والعبورِ من الازدواجيّةِ إلى الثنائيّةِ الموضوعيّة، مرّ تفسيرُ نظريّة الكمّ بمتاهاتٍ طويلة، في طروحاتٍ خاطئةٍ لأسئلةٍ من كل الأنواع: هل الإكترونات أو الفوتونات هي مَوجاتٌ أو جُزيئات؟ مَوجاتٌ وجُزيئات؟ حينًا مَوجاتٌ وحينًا جُزيئات؟ أم موجاتٌ تتَحوَّل إلى جُزيئاتٍ، والعكس بالعَكس؟[578]

توقَّفت الجدليّةُ، كلّيًا، عندما تمّ الاعتماد على أن المفاهيمَ التقليديّة للموجاتِ والجُزيئات المزوَّدَة بتحديداتها الذاتيّة لم يعُد لها مكانٌ في ما تمّ التوافُقُ على تَسميته "النطاق الكمّي" المؤطَّر رقميًّا (numerically) بثابتةِ 'بلانك' 'h'. إن الإكتروناتِ والفوتوناتِ وبشكلٍ عام الجُزيئاتِ الكَمّيّةِ كافّةً، ليست لا مَوجاتٍ ولا أجسامًا إنّما عناصرُ من طبيعةٍ مختلِفةٍ غير قابلةٍ، لغويًّا، للتَّحديدِ.[579]

---

577 'الإحصائيّة'، نهج تعامُلٍ وتفسيرٍ لما تمَّت مراقبتُه كما للانتقال منه إلى قوانين الظواهر والأشكال النظرية المحتملة التي تمثّلها. راجع: E.U., Statistique, article written by Georges Morlat

578 ألا يمكننا القول، بالتشابه، بأن كريستولوجيا القرون الأولى قد عانت وضعا مماثل؟

579 راجع: E.U., Ondes (Physique), article written by Mikhael Balabane, Françoise Balibar

إننا، إذ نرى أن قابليّةَ التحديدِ المُستحيلةِ هذه هي ذاتُ مغزًى عميقٍ جدًّا لفَرضيَّتنا في العَلاقة بين الدِين والعِلم، يَخطُر ببالِنا أن نَهتف مع الفيلسوف دريدا قائلين: "مختألفة"! على تلك العناصر أن توصَفَ بالمُختألفة، وأن يُعتَمد مَفهومُ الاختئلاف هذا أيضًا كمَعلَمٍ بين النِطاقَين الكَمِّي و'الرازائي'.

ليس هذا سوى إثباتٍ إضافيٍ أنّ مُشكلةَ العُلوم هي مع الدلالات والمعاني والتراكيب اللغويّة، الأمرُ الذي يُقرِّبُها جدًّا من عِلم اللاهوت، بخاصّةٍ الكريستولوجيا، ويدعمُ نظريَّتَنا 'الرازائيّة'.[580] من هذا المنطلق، كان على عُلماء الفيزياء، ابتداءً من السنوات الأولى للقرن العشرين أن يضعوا، فعليًّا، قاموسًا جديدًا لاحتياجاتهم.[581] لو قاموا بهذه الخُطوة لكانوا خفَّفوا كثيرًا من إشكاليّة التفسير في ما بينَهم، والتي أثرناها سابقًا. وهل يُعقَل أنّه في فرعٍ اختباريٍّ من فروع المعرفة، كالفيزياء، يُمكِن للعُلماء أن يُعانوا من مُشكلة التفسير؟ قبل أن ننتقِل إلى النُّقطة الثالثة، التي سنتعرّف فيها إلى مبدأ 'الريبة' للعالِم هايزِنبرغ (Heisenberg) نُضيفُ، مجدّدًا، 'كلمتَين' في موضوع التفسير هذا الذي هوَ جِدُّ مفصليٍّ لموضوعِنا.

1.3 . أيضًا وأيضًا التَفسير

يُثير العالِمُ الفرنسيُّ 'كلان'، المذكورُ سابقًا، بشدةٍ، في كتابه: **رحلةٌ صغيرةٌ في عالَم الكمّ** (*Petit Voyage Dans Le Monde Des Quanta*) مشكلةَ التفسير هذه (على الصعيد الكَمّي). فكرَّسَ له الفصلَ العاشرَ بكامله من كتابه، وحدَّد إشكاليّة التفسير على الشكل التالي:

> منذ 1927، قام 'الآباءُ' المؤسّسون بتحديد القواعد التي يُمكن بموجِبها التعاطي مع عِلمِ الكَمّ وتوصّلوا، خُطوةً خُطوة، إلى مناقشة نوعيَّةِ الخطاب المَعنيِّ بالواقع الفيزيائيّ المُمكن السماحُ به أو تحريمُه. كان لعِلمِ الفيزياءِ الجديدِ هذا ميزةٌ خاصّةٌ بنظَرهم: من مُجرَّد أنّه يضعُ قيدَ التساؤلِ علاقةَ الفاعل بالمفعولِ به باتَ حرفيًّا "بدون سابقٍ له" (بحسَبِ ما كَتَبَ عنه جميعُهم، كلٌّ بطريقته). فعليًّا، لم

580 هذه الحقيقة باتت تتمتّع، أكثر فأكثر، بالإجماع. راجع: *Petit Voyage* p.57 . أما الأخوان بوغدانوف والفيلسوف جان غيتون، فلكي يتجنبوها، تخطوا بعض الشيء حدود التفسير باتجاه ما يُعتبر تجسيمًا كلاسيكيًا متعارفًا عليه ومنتقدًا بشدة من قبل محللي الكتاب المقدس، كالكلام عن جزيئات تعرف... راجع: *Dieu et la Science*, p.127

581 راجع: Klein، ص. 144

> يسبَق لأيِّ عِلمٍ أن احتاجَ مثلَهُ مجالًا عِلميًا آخرَ، هوَ التفسيرُ، لكي يُفهَمَ ويُطبَّق. من هيكليّته الذاتيّة يضعُ عِلمُ فيزياء الكَمّ العلاقةَ بين العالَـمِ وما يمثّله، قيدَ التساؤل.[582]

لقد قيل حقًّا إنّ ظاهرة الكَمّ تجدُ كاملَ إحداثيّاتها، تقريبًا، في اختبار الشَّقّين للعالِـم يونغ، الذي كتب فيه العالِـمُ الفيزيائيُّ الأمريكي ريتشارد فاينمان (Richard Feynman) ما يلي:

> يسلّط [هذا الاختبارُ] الضوءَ على ظاهرةٍ، يستحيلُ شرحُها بطريقةٍ كلاسيكيَّةٍ، وهي تؤوي قلبَ آليّة الكَمّ. إنّها تحتَوي، بالفعل، السرّ الوحيد (the one mystery of quantum mechanics).[583]

وهذا بالضبط بابُ الشبَهِ مع المسيحيّة. إنّه ذاك 'السرُّ الوحيدُ' الذي يُغذّي كلَّ أنواع التفسيرات. ألا يعني هذا أن الواقع الكَمّي آخذ في التطوّر، كما تطوّرت المسيحيّة أي، على ما يُعلِّم 'أفرامَ'، من دون تحديد، نظرًا إلى أن مادَّتها الأولى غيرُ قابلةٍ للتحديد؟ وبالتالي ألا يُنقذُهُ إسهامُ 'أفرامَ' الرازائيّ كيما يبقى متلائمًا مع العلاقة 'خالق - مخلوق'، بخاصّة، حيث أنَّ الثنائي 'فاعل - مفعول به' غيرُ قابلٍ للفصل، كما في حالة التجسّد المسيحاني؟

عند هذه النُّقطة، وبفضل ظاهرةِ التفسيرِ السينرجيِّ الذي يرافقُ الخيالَ والتحليل، حتّى ولو أزعج استنتاجُنا كاتبَ سفرِ الجامعة، نؤكّد، مع العالِـم 'كلان'، أنَّ ثمَّة جديدًا، تحتَ الشمس.[584] إنّه مبدأُ 'الريبة' أو 'الغموض' (the principle of indeterminacy) (better known as Heisenberg uncertainty principle)، المعروف، بشكل عام، تحتَ اسم "مبدأ الرَّيبة لهايزِنبرغ" الذي لم يكُن من الـمُمكن توضيحُ ماهيَّتِه إلّا من خلال 'استعارة الهرّ' للعالِـم 'شرودِنغر' (Schrödinger's cat paradox).[585] فلنتفحّص، معًا، مُمسكين بأنفاسِنا، ما يُمكن أن يقومَ به هرٌّ في صندوق.

---

582 المرجع نفسه ص. 141. ويضيف الكاتب تعليقًا في الصفحة 144 قائلًا: "هل على التفسير أن يكون نظريّةً فرعيّة من ضمن نظريّة الكمّ نفسها، كما يعتقد بعض العلماء اليوم، أم عليه أن يشكل تعليقًا مستوحًى من موضوعات فلسفية سابقة...؟ هذه المناقشات الشيّقة عمومًا، المريرة أحيانًا والمشوّشة غالبًا، تتَتَابع منذ حوالى سبعين عامًا. بعض منها تخطى الإطار الإبيستمولوجي ليغامر في قطاعات تصبح الميتافيزيقا فيها مزعجة". ويردف الكاتب قائلاً "لحسن الحظ"، ليتابع بعدئذٍ انتقادَ الاستغلال السيئ الذي يقوم به 'فريسيو الجيل الجديد' (New Age): "الذين استولوا على فيزياء الكمّ ليبنوا، مع سَيل من اللصقات التوليفية، شيئا من الكُليّانية الهجين وغير المنضبطة، على أساس نظريات اللا-انقسام الكمّي، عدم التثبت، المادة-الطاقة، الثنائيتين 'موج-جُزَيء' و'زمكان' والتحكم الكوكبي...". وينهي 'كلان' بالقول: "أفضّل أن أنهي هنا اللائحة الصارخة".

583 *Dieu et la Science*, p. 123 . جميل!

584 جا 1، 9؛ راجع: *Klein* p. 142 .

585 راجع *Klein* p. 51، وبخاصة الحاشية 1 من الصفحتين 57 - 58

2.3 . مَبدأُ ’الرِّيبةِ‘ للعالِـم هايزِنبرغ و ’هرٌّ شرودِنغِر‘ (Schrödinger's cat)

على اللُّغة أن تتكيَّفَ معَ الواقع الذي تعبِّر عنه وليسَ العَكسُ. إن محاولةَ تفسيرِ ظاهرةٍ، بواسطةِ لُغةٍ مُنتَهيةِ البِنَاءِ ومَليئةٍ بالـمَفاهيم القَبليَّةِ (*a priori*) لا يُؤَدّي إلّا إلى استِنتاجاتٍ خَاطِئةٍ عن طَبيعَةِ الأمور.[586]

لودفيك فِتغِنشتاين L . Wittgenstein

بمعنى آخرَ، يُؤكد فيتغِنشتاين، بكلامه هذا، أنَّه، إن لم نُقرِّر إطلاقَ عمليّةِ تحويلٍ لُغويٍّ ودَلالاتيٍّ، كالّتي رفَعَها ’أفرامُ‘ في زمانه، سيَكونُ علينا الاعترافُ بعدم تمكُّنِنا من الإجابة على الضَّرورات المختلفة للتطوُّر. إن ’عنادَ الآلهة‘ الذي، وللأسف، يتمتَّعُ به البشريون، والثِّقةَ بفوقيَّتهم بالنسبة إلى المخلوقات كافّة، المرئيِّ منها وغيرِ المرئيّ، كما الـ’ما-بعد غيرِ المرئيّ‘، يدفَعاننا إلى التراجُع عن هذه الخُطوة، تاركينَ إنسانيَّتَنا والقالبَ الذي قُولِبَت على أساسه، يَسقُطان. إن الثِّقةَ بلُغةٍ ذاتيَّةٍ (proper language) وبطريقةِ تعبيرٍ خاصّةٍ (specific idiom)، بصفتِهما قادرَتين بحدِّ ذاتِهما على تأليف كلِّ ما هوَ غريب، بدءًا بـ’**ثعلب**‘ الأمير الصغير وصولًا إلى ’**هرّ**‘ العالِـم شرودِنغِر، الذي سنتحدّث عنه، في أي وقتٍ تفاجِئُنا فيه الحاجة إلى التطوُّر، هي ”الحقائق الماثلة“ من غرورٍ مُضلِّل.

ومع الأخذ بعَين الاعتبار الطابع الدقيق لموضوع مبدأ ’الريبة‘ أو ’عدم تحديد‘، اخترنا أن نُركز جهودَنا على مستلزماته من فرضيّات موضوعِنا والاستنتاجاتِ التي يُمكن أن تتأتّى عنها، على صعيدَي اللاهوت والكريستولوجيا، وذلك في ضوء ’الرازائيّة‘ الأفراميّة. إنّنا نترك للقارئ متعةَ الاطّلاع على مُعطيات مبدأ ’هايزنبرغ‘، من خلال المكتبات والإنترنت، حيث يتوفّر عددٌ لا يُحصى من الشروحات العِلميّة الخالصة، كما المبسَّطة. سنَكتَفي، على هذه الصفحات، بتسطير القواعدِ الأساس الضروريّة لاستيعاب فَرَضيّاتنا.

قبل كل شيء، نُذكِّر أنّه ما إن أكَّدَ العالِمُ دو بروي أن أصغر جُزَيءٍ طبيعيٍّ (*minima naturalia*)، أي ’الكمّ‘ (quantum)، يتمتَّع بالطبيعة ’الـمَوج-جُزَيئيَّة‘، حتّى بدأ بالنسبة إلى العالَـم ما هوَ جديدٌ تحتَ الشمس. لقد أثبت هذا الجُزيءُ الأصغرُ الطبيعيُّ أنّه، أيضًا، مادةٌ ونورٌ، لا بالتكامُل ولا بالتعاقُب، ولا حتّى بالتناوُب، بل في الوقت عَينه، وليس في الوقت عَينه بالضبط، وفي آن، كما أثبتَهُ اختبارُ ’يونغ‘، عند لحظةِ محاولةِ التثبُّت

586 المرجع نفسه ص. 51

من أيِّ شَقٍّ يعبُر كمُّ النور، أي الفوتون. إن العُقدَةَ، كما وُصفت، لا تتأتّى من الجُزيءِ الأصغرِ بحدّ ذاتِه، ولا من الفكر البشري، بل، كما أكّده 'هايزِنبرغ'، من كاملِ الجهاز الذي يُرافق عمليَّة القياس، بدءًا بعَدم إمكان توقُّع "الزَّمَكانِ" الذي يوجد فيه الجُزيءُ الخاضع للقياس، ثم الريبة من كمالِ دِقَّةِ الآلات الـمُستعمَلةِ والظّروفِ التي ترافقُ الاختبار، كما أيضًا من عدمِ إمكان توقُّع هامِشِ مَحدودِيَّةِ قدرات جسد البشري العاقل الذي يقوم به. بمعنًى آخر، كأنّنا نسمعُ العالِـمَ هايزِنبرغ يقولُ: كيف ندَّعي التوَصُّلَ إلى الكمال في معارفنا العِلميّة في حين أن العالَـم مليءٌ بالنواقص (اللاكمال). من هنا، كان 'هايزِنبرغ'، بمبدأ 'الريبة' (اللاتَحديد)، يصوِّب إلى عُلماءِ الفيزياءِ الحَتميين كافّةً، كما إلى تيّار القرنِ الثامنَ عشر لعِلمِ الفيزياءِ بأسرِه. وكان يقصِدُ، بشكلٍ خاص، العالِـم الحَتميّ 'لابلاس' (Laplace) الذي يُمثِّل القرنَ بكاملِه، لكثرة ما مدَحَ بالحَتميّات وبالتوقُّع على صعيد القوانين الفيزيائيّة للطبيعة كافّة، حتّى ادّعى، مجاهِرًا أمام الأمبراطور نابوليون الأوّل، بأنّه لا حاجةَ لفرضيَّة الله.[587]

يؤيِّد العالِـمُ هوكِنغ، كخبيرٍ في الموضوع، موقفَ 'هايزِنبرغ' قائلًا بالتَحديد: "إن مبدأ 'الريبة'، هوَ ميزةٌ أساس لا بدَّ منها للكَون بما أنه يُثبِتُ أنَّ في عمليَّة القياس المذكورة أعلاه تتمُّ الحسابات على جُزيئاتٍ ليس لديها مُستقرٌّ محدَّدٌ محتوم، ولا سُرعَةٌ يُمكنُ مراقبتُها. بالمقابل، إنَّ لدى تلك العمليَّة حيثيَّةً من الكَمّ وهي جمعُ الترابطِ بين موضِعِها وسرعتِها. وعليه، يصبح من العبَثِ الوعدُ بنتائجَ محدَّدةٍ توحي بالتأكُّد من حساباتٍ قائمةٍ على إحداثياتٍ غير مُحدَّدة. وفي أحسن الحالات تكون النتيجة معادِلةً لثابتة 'بلانك'، وليس دونَها أبدًا. فقط ثابتة 'بلانك' تمثِّل، وَحدَها، وحتّى إشعارٍ آخر، الـمُعطى المحدَّد الذي يوحي بالتأكُّد والتثبُّت في المجال الكَميّ.

كان لمبدأ 'الريبة' آثارٌ عميقة على نوعيّة النَّظر إلى الكَون، إنّما، على الرُّغمِ من مرور حوالى القرن عليه، لم يؤيِّد بعضُ الفلاسفةِ مقتضياتِه التي لا تزالُ تُثير جدليّات حامية. أسئلةٌ لا نهاية لها تُثيرها الاكتشافاتُ الجديدة، كما سبق وذكرنا، ومن بينها واحدٌ يُقلق البشريّة أكثرَ من غيره ألا وهو: كيف يُمكن أن نتوقَّعَ الأحداثَ المستقبليّةَ بدِقَّة، إن كنّا غيرَ قادرين على قياس حاضرِ الكَون بدِقَّة؟ إن استدراكًا من هذا النَّوع قد صدَرَ عن خاطر الفيلسوفِ جان غيتون الذي يرى أنّه: "تبعًا لاختبارات عِلم الفيزياء الحديث سيُصبحُ موقفُنا من المفاهيم كما من العقل البشريّ والروحِ والحياة، أو اللهِ، مختلفًا عمّا كان في القرن التاسعَ عشرَ". كيفَ وكم هوَ مُختلف؟ يَترك 'غيتون' الجوابَ على هِمَّة أجيالِ عِلم اللُّغات الكَميّ (quantum linguistics) لاكتشافِه. أما

587 راجع: *Hawking*, pp. 79; 216-217

بالنسبة إلى السؤال: "ما هوَ الـمَقصود؟" الذي يثيرُه الحرجُ أمام الجُزَيئاتِ الأصليَّةِ التي يبدو أنّها تتصرّف كوحداتٍ مجرَّدةٍ يؤكِّدُ غيتون: "إذا ما أردنا ان نَعرِف، علينا أن نترُكَ العالـمَ وشرائعَه وحَتميّاتِه، كما سيكون علينا الاعتراف، بأن الكَونَ ليس فقط أكثرَ غرابةً مِمَّا نعتقدُه، إنّما أكثر غرابةً حتّى مِمَّا يمكنُنا تصوُّرُه".[588]

فعلى الرُّغمِ مِن الصعوبات، على المستوى الفلسفي، ومن ضمنها إشكاليّةُ 'نَردِ الله' (God's dice)، التي أثارها آينشتاين، يتقبّل مُعظمُ العلماءِ آليَّةَ الكمّ، باعتبارها محدَّدةً، لأنّها تتطابقُ، كليًّا، مع الاختبارات. إنّها عَصَبُ التكنولوجيا والعلومِ الحديثةِ كافّةً. إن النِّطاقَين الوحيدَين من عِلم الفيزياءِ اللّذَين لم تدخُلهما بَعدُ مِكانيكيّةُ الكمّ فعليًّا، هما 'الجاذبيّةُ الكَونيّةُ' و'الهيكليّةُ الشاسعةُ' التي هي على قياس الكَون. سنعود في ما بعد إلى ظاهرة 'الجاذبيّة' تلك، في الوقت نفسه مع ظاهرتي 'الزمان' و'المكان' اللّذَين لم يأتِ سفرُ التكوين على ذِكرهما، بين ما خلقَهُ الله، تمامًا كما هي الحالُ مع ظاهرةِ 'النار'.[589]

ومجدَّدًا، قبل أن نقولَ أيَّ شيءٍ عمّا يختصُّ بـ'الهرّ' المذكورِ أعلاه، نُنهي هذه النُّقطةَ الخاصّةَ بمبدأ 'الريبة' 'لهايزِنبرغ' بالسؤال التالي: استنادًا إلى ما قِيلَ عن تداعيات (repercussions) هذا المبدأ على كيفيَّة النظر إلى العالـم، هل لهذا المبدأ تَبِعاتٌ على صعيد الواقع (reality)، المفهومِ الغالي على فرضيّاتنا، بما معناه منهجيَّةُ نظرتِنا إليه؟

3.3. الواقعُ، تِبعًا لمَبدأ 'هايزِنبرغ'

بين الفلسفة والعِلم، توصّلت الجدليَّة، على ما تبدو عليه، إلى الدفع بالنَّقد قُدُمًا للتعاطي بجديَّةٍ مع تبعاتِ مبدأ 'الريبة' على الطريقة التي نواجه فيها الواقع هذه المرّة.

في حديثه عن تلك التَبِعَاتِ، نجدُ أحدَ النُّقاد، جان هامبرغر (Jean Hamburger) يفتتح مقالَه في موسوعة (*Encyclopædia Universalis*) بسيرة "أسطورةِ الكهف" لأفلاطون،

---

588 راجع: *Dieu et la Science*, p. 86 .

589 صحيح أن نسبيّة آينشتاين تخصّ تحديدا الزّمَكان، إنما نقطتان في نقدها تثيران هنا الشكّ لدينا:

1 - مع التحليل الذي رفعه آينشتاين في "مذكرته عام 1905" والذي يقوم فيها بنقد القياسات والزمان، والنسبية الخاصة التي صدرت عنه، فقدَ الزمان والمكان حالتهيما غير القابلتين للجدل لغاية حينه... لا وجود للمكان (espace) المطلق (espace absolu). راجع: *E.U.*, Espace-Temps, article written by Jean-Pierre Provost, Marie-Antoinette Tonnelat

2 -.) كل ما نعتقده عن الزمان والمكان، كل ما نتخيله عن مكان وجود الأشياء وسببية الأحداث، وكل ما يمكن أن نفكر فيه عن طبيعة التباعد بين الأشياء في الكون، ليس سوى هذيان فظيع ودائم يغطي حقيقة الوجود بغشاء كثيف... (راجع: *Dieu et la Science*, pp. 108-109)

فيتوقّفُ، بالضبط، عند النُّقطةِ الشيِّقَة التي أوردناها أعلاه، عندما يسأل 'سقراطون' تلميذَه قائلًا: "بالتّالي، إن تَمَكّنوا (أي أسرى الكهف) من التواصُل بينهم، ألا تظنُّهم سَيعتقِدون بأنّهم يُشيرون إلى أشياءَ واقعيّةٍ بتَسميتهم تلك الأخيِلةَ التي يرَونها؟".[590]

بديهيٌّ أنّه، في كل مرّة يُحيلنا أحدُهم إلى أسطورةِ ذاك الكهفِ، إنّما يَهدف إلى إظهار التضاد (contrast) بين التيّارين الفلسفيّين اللذين يُهيمِنان على المعرفة، منذ حوالى خمسةٍ وعشرين قرنًا. من جهةٍ، يقول كاتب المقال: "إن المثاليّين(idealists)، بمن فيهم أتباعُ مذهبِ الأُحاديّة التصوُّريَّةِ (solipsists) الذين يقولون إنَّ ما من وجودٍ سوى للفكرِ (thought)، يُعلنون أنَّ الواقع ليس سوى وهمٍ وأنّ كل شيء شخصي (subjective)"؛ من جهةٍ أخرى، يقول: "... يرى أصحاب المذهب التجريبي (empirists) أن العالـمَ موجودٌ ليس فقط خارجًا عنّا ولكن، أيضًا، أنّه لا بدَّ لنا أن ننظُرَ إليه بمنتهى الموضوعيّةِ، مع كسرِ عِنادِ كل شَخصَنة (subjectivity)".[591] يُضيف الكاتب أنَّ بينَ هذين الضدَّين يتّفق معظمُ الفلاسفةِ على واقعٍ-مزيجٍ من "الموضوعي" و"الشخصيّ" يولَدُ من الحوار بين الإنسان والوجود، لا يصف الوجودَ بحدِّ ذاته، إنّما كما يراه الإنسان.[592]

مع 'هايزِنبرغ' ستبدأ حِقبَةٌ جديدةٌ لأنّه سيُلمِّح، ثمّ يُثبت أنَّ حتّى ما نراه بأعيُننا وما نبصِرُه بالخبرة، بفضلِ قُدرتِنا العقليّةِ التحليليّة، ليس كما يبدو لنا. فبقَدرِ ما نُصبح مُدركين لما نعرفُه، وللأساليب التي نعتمِدُها للتوصُّل إلى المَعرفة، نتّجهُ بأنفسِنا نحوَ 'الريبة' أو "الغموض".[593] حتّى الدلالاتُ اللغويّةُ التي نستَعمِلُها قد باتَت غابرة. لذا علينا أن نتأقلم مع الحدث وليس العكس، على ما يقولُه 'فيتغنشتاين' (Wittgenstein).[594]

بهذا المعنى، لم يتوانَ إيغور بوغدانوف، محاورُ الفيلسوف جان غيتون، عن التأكيد، خلالَ برنامجِه المُتلفَز، أنّه: "بحسب مبدأ 'الريبة' لـ'هايزِنبرغ'، نحن لا نُعاينُ العالـمَ الماديّ (الحِسّيّ) بل نُشارك فيه. حواسُنا ليست مُنفصلةً عمّا هوَ موجودٌ بذاته، إنّها مشارِكةٌ بشكلٍ حميم في عمليّة معقَّدة من المفاعيل الارتجاعيّة (feedback)، نتيجتُها، في النهاية، فعليًّا، خلقُ ذاكَ القائم بذاته". وقد يُضيف ناسكٌ متعبِّد على هذا قائلًا: "وإن لم يكن 'خلقُ' ما هوَ قائمٌ بذاته، يكون أقلُّه جَعلَه جديدًا، وذلك باستخلاص معنًى جديدٍ له، حتّى لِلُّغة".[595]

---

590 راجع: *E.U.*, Réalité (Concept de), article written by Jean Hamburger .

591 المرجع نفسه

592 في هذا، نُذكِّر، تكمن النقطة القويّة عند القديس أفرام.

593 في هذا تكمن ثاني نقطة قوّة عند القديس أفرام.

594 في هذا تكمن ثالث نقطة قوّة عند القديس أفرام.

595 رؤ 21، 5

كم هوَ هامٌّ هذا الاستنتاجُ للناس الذين هم مثلُنا، واقفون أمام ’القبرِ‘ الذي خرجنا منه للتّو! إنه يدفعنا إلى التساؤل التالي: بما أنّه، تبعًا لمبدأ ’الريبة‘ هذا، تغيبُ كلُّ ضروب ’الواقعِ‘ و’غيرِ الواقع‘ عن منطق الأمور، ما الذي يحلُّ بـ’القيامة‘، على ما تمّ استخلاصُه من القبر الخالي؟ أتكون واقعيَّةً أم خياليَّة؟ هل يُمكن لـ’شرودِنغر‘ الذي تقدَّم مع ’هرّه‘ لنجدةِ ’هايزِنبرغ‘، أن يُهدِّئَ من قَلق المجدليَّة الصارخة أمام ’بطرس‘ و’يوحنّا‘: "أخذوا الربَّ من القبر ولا نَعلم أينَ وضعوه!" (يو 20، 2)؟ هل بإمكانه أن يُجيبَ عن السؤال الذي طرحه الملاكُ على المَريمات: "لماذا تبحثنَ عن الحيّ بينَ الأموات؟". (لو 24، 5) إن الذروة في هذا الموضوعِ الحرجِ الذي يُحيِّر الوعيَ هي أنّه، في اللحظة التي اعتَقَدَ فيها هذا الأخير أنّه يضعُ يدَه على أمرٍ مؤكَّد، أو بالأحرى، على "التأكيد" بالذات، وجد نفسَه، مجدَّدًا، في "غير المؤكَّد". من جهة العِلم، إنّها حالةُ كل تفكيرٍ حَتميّ (deterministic) تلاحِقه الخيبةُ من واقعٍ يَنجلي في عمليَّة كشفٍ مُستمرّة. من جهة الدِين، إنّه الحالة التي تُبرِزُ مشهدًا عاشه ثلاثةٌ من أهمِّ شخصيّات الإنجيل: بدايةً، كانتِ المجدليَّة التي عاشَت مشهَد الخَيبة، فصرخَت، بعد أن توَصَّلت إلى التأكُّد الذي طالما سَعت إليه، إذ رأت المسيحَ حيًّا بعد موته: "رابوني"، واندفعت كي تضُمَّه إلى صدرِها، منعًا له من أن يغيبَ عنها مجدَّدًا، فصدَّها قائلًا: "لا تُمسكيني لأنِّي لم أَصعَد بَعدُ إلى أَبي" (يو 20، 17). في مرحلة ثانية، عاشهُ توما الرسول الذي، عندما طلبَ منه الرب أن يضعَ يدَه في ’الجُرح‘ حتّى يتحوَّلَ إلى مُتيقّنٍ ممّا سمِعَه من الآخرين وهم يقولون إنّه هوَ الرب عَينُه قامَ من الموت، فما عادَ تجرّأ على لمسه. لقد فضّل إعلانَ إيمانٍ ينمو ضِمنَ احتمالاتِ معرفةٍ غير كاملةٍ عن مُعلِّمه، على أن يدخُل في معرفةٍ موضوعيَّةٍ ملموسةٍ تَبقى جامدةً في آنها ومكانها، ولا تَنتَمي، من لحظةِ إدراكِها الأولى، إلّا إلى الماضي.[596] أخيرًا، وفي مرحلةٍ سابقةٍ نهائيَّةٍ، عاشَها تمامًا، كما في المرحلتَين المذكورتَين لما بعدَ القيامة، الرُسلُ الثلاثةُ، بطرسُ ويعقوبُ ويوحنّا، إثرَ التجلّي.

في الختام، وعلى باب القبر ’الخالي‘، أراد يسوع، على الرُّغمِ من كلِّ شيء، أن يُطمئن المجدليَّة، فسلَّمها رسالة: "اذهبي إلى إخوَتي وقولي لَهم إنِّي صاعِدٌ إلى أَبي وأَبيكُم، وإِلٰهي وإِلٰهكُم".[597] فأسرَعت مريمُ المجدليَّةُ إلى الرُّسل لتخبِرَهُم بأنّها رأتِ الربَ، وبما قالَه لها. هل سيصدّقونها؟ هل سيؤمنون بالواقع الجديد؟

---

596 يو 20، 27 - 29

597 يو 20، 17

4.3. ‘هِرُّ شرودِنغِر’ في ‘القَبر’

مع ‘دو بروي’ و‘هايزنبرغ’ سقطت، إذًا، كلُّ حتميَّةِ علمٍ أو فلسفةٍ، وكلُّ القيودِ الناتجةِ عنهما. والقرون التي، لطالما اعتُبرَت منيرةً للعقول (centuries of enlightenment) بالمقارنةِ مع القرون الوسطى، سَقطت، هي أيضًا، في الحالةِ ذاتِها التي كانت تسخرُ منها. لقد باتَ نورُها مشكوكًا فيه. بالمُقابل، عادَت إلى الواجهةِ أنوارُ عُصورِ الحُكماء الأقدَمين، الفينيقيين واليونان، الذين تمتّعوا بخيالٍ واسعٍ جدًّا، وقدرةٍ عقليّةٍ فائقةٍ للتعبير عن المفاهيمِ المجرَّدةِ، والذين وضعوا أُسُسَ اللُّغة والعُلوم والفلسفة. كما تحلّى أولئك الحكماءُ أيضًا، بالسَليقة، بصلابةٍ منطقيّةٍ، سَكبوا فيها قِراءتَهم للواقع، بسَلاسةٍ لغويّة، جَعلت مِنهُم، من بابِ المَعلومات، كما من بابِ المنهجيّةِ، مؤسِّسي المعرفةِ الشاملةِ، على مرّ العصور.[598]

عالِمُ الرياضيّات ‘شرودِنغِر’، وهوَ معاصرٌ لمؤسِّسي ‘مِكانيكا الكَمّ’، شحذَ إلى أقصى حدٍّ نظريَّة “الريبة” بواسطة اختِبارٍ نَظريٍّ أجراهُ على هرٍّ افتِراضيّ بهدف إبراز الحدِّ الأقصى من الوضوح والدِّقة العِلميَّين. يلي وصفُ مراحلِ اختباره:

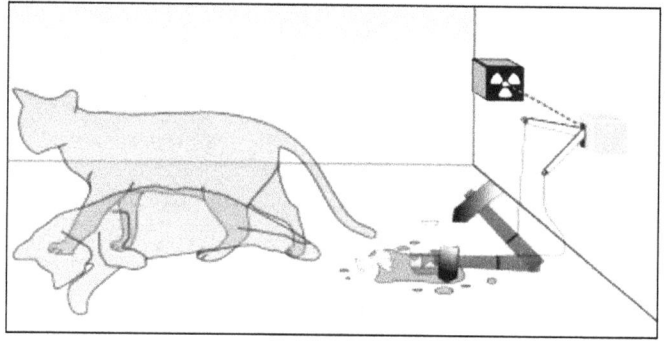

رسم 32: تصوُّرٌ رمزيٌّ لاختبارِ ‘هرِّ شرودنغر’

لنتصوَّر هرًّا مُقفَلًا عليه داخلَ صندوقٍ يَحتوي على قارورةٍ فيها سمُّ السّيانيد القاتل (cyanide). فوق القارورة مطرقةٌ مسلَّطةٌ عليها، تنطلق عند تحلُّل مادَّةٍ إشعاعيّة معيَّنة. ما إن تتفكَّك أوَّلُ ذرَّةٍ حتّى تسقُطَ المِطرَقةُ فتكسرَ القارورةَ وتُحرّر السُّم. عندئذ يموت الهرُّ على الفَور. إلى هنا إذًا، ليس في الاختبار ما يُدهش.

598 راجع: يوليانوس الجاحد، نشيد في الشمس. إن الإسهام اليوناني الذي لا مهرب منه والذي بدأ مع ‘القدماء‘ من معلميهم الفينيقيين الذين اخترعوا الأبجدية وقدموها لكل إنسان كي يتمكن من القراءة والكتابة. نذكر منهم: قدموس، ملقارت، موخوس وبخاصة ساخون ياتون، أوَّل عالِم ذرّة وزينون الإيلي أبو الجدلية والمفارقات العجيبة. راجع : [URL: http://remacle.org/bloodwolf/philosophes/julien/soleil.htm] تمّ تفحّصه خلال أيلول 2016 .

إلّا أن تعقيدَ الأمور يبدأ ما إن نُحاول، من دون فتح الصندوق، أن نتوقَّع ما حدثَ داخلَه. عمليًا، ليس من وسيلةٍ لِنَعرِف، تِبعًا لقوانين فيزياءِ الكَمّ، في أيِّ لحظةٍ سيحصُلُ التحلُّلُ الإشعاعيُّ الذي سيُطلقُ آلةَ المَوت. في أحسن الحالات، يُمكنُ القَول، من باب الاحتِمالات، إن 50% منها أن يحدُثَ التفكُّكُ الذرّي خلالَ ساعة، وبالتالي، إن لم نَنظُر داخلَ الصُندوق الشهير، يَبقى إمكانُنا بالتوَقُّع محدودًا. ويبقى احتمالٌ من اثنين لإمكان الخطأ إن نحن أكّدنا، على سبيل المثال، أنّ الهرَّ حَيّ. لذلكَ يُقال إنّ خليطًا غريبًا يسودُ داخل العُلبة من واقعَين كَميَّين قِوامُهما 50% هرٌّ حيّ، و50% هرٌّ مَيت.[599]

لمعالجة هذه المفارقة طُرِحَت عدَّةُ نظريَّاتٍ، تَتَحدّثُ إحداها عن تَراكُبٍ لأكثر من واقعٍ (superimposed)، حيث يُمكن اعتبارُ الهِرِّ حيًّا وميتًا في آن، إنّما ليس ضمنَ "المُتَّجَه" التجريبيّ نفسِه (same state vector)، أي تحتَ الشروطِ الاختباريَّة ذاتِها، والزَمَكانِ عَينه.[600]

هذه النظريّة رُفضت، لأن الاختبار يؤكّد أنّه متى روقبت وَحدةُ الكَمّ لا يمكنها أن تستمرَّ كجُزَيءٍ وموجةٍ في آن، وعندما لا ينتمي الجُزَيءُ والموجةُ إلى الواقع نفسه، يصبح الاختبار في المُحال. نظريّةٌ ثانيةٌ افتَرَضَت 'أكوانًا متوازيَة'[601] (parallel universes) مفادُها أنَّ الكَونَ، لحظةَ تُفكُّكِ الذرّة داخل الصندوق، ينقسمُ إلى كونَين ليُوَلِّدَ واقعَين متمايزَين: في الأوَّل يكون الهِرُّ حيًّا، وفي الثاني مَيتًا. وبما أن الكَونين هما متساويان بالواقعيّة، يكونان، بشكل ما، قد ازدَوَجا، كي لا يلتقيا أبدًا في ما بعد. رُفضت هذه النظريّةُ، أيضًا، من معظم علماء الفيزياء لأنّها تفترض وجودَ عوالـمَ لامتناهيَةٍ، مسلَّمٍ بها، موصدةٍ بوجههم، إلى ما لا نهاية.[602]

يشرح إيغور بوغدانوف لجان غيتون سببَ عدمِ تمكُّنِ فيزياءِ الكَمّ من تأييدِ النظريَّةِ الأخيرة. نوردُ، باختصار، رأيَه، نظرًا إلى أهمِّيَّتِه في موضوع الكريستولوجيا:

---

599 راجع: *Dieu et la Science*, p.140; Cf. *Klein* pp. 77-80
... يستعيد 'Klein' الوصف الحسابي لهذا الاختبار مستبدلا 'الهرّ' بمتجهات الحالة (state vectors) التي لوحدة الكم. تلك المتجهات تحدّد الحالة الداخلية للجزيء كوضع 'السبن' (spin) خاصتها، و'السبن' هو ميزة داخليّة للجزيئات تسمّى "العزم الزاوي" تشبه عمليّة الدوران على الذات إنما ليست إياه... وينهي تحليله بالتأكيد على أن فيزياء الكمّ لا تقدّم أكثر من احتمالات.

600 المرجع نفسه، ص. 79. يعلّق كلان قائلا: "لا يحق لنا أن نتصوّر عقليًّا حالة التراكُب الكمّي (أ+ب) كخليط أو كوجود مشترك للحالتين 'أ' و 'ب'. ما هي إذًا؟ لا أحد يعرف بالضبط، وهذا ما يجعل فيزياء الكمّ دقيقة التفسير للغاية ...".

601 راجع: *Dieu et la Science*, p.141 (كالتي للعالِم الأمريكي Hugh Everett)

602 المرجع نفسه

في الواقع، إن نحن سلّمنا، قبل مراقبة العمليّة، وبسبب احتمال الحياةِ أو الموت، بفكرة كونَين أو أكثرَ (أو أكثرَ من واقع)، مُتراكِبَين أو يُتاخِمُ الواحدُ الآخر، بطريقة ما، فبمجرّدِ العودةِ إلى التطبيق الحَرفيّ لـ"تفسير كوبنهاغن"، نجد أن وظيفةِ الموجَةِ (wave fonction) التي يُفترض بها أن تحمِلَ الهرّين في وقت واحدٍ، قد سقطت من لحظة مراقبتِها، مُسقِطةً معها أحدَ الهرّين. واختفاءُ الهرّ هذا يتسبَّبُ، مباشرةً، باختفاء الكَون الآخر، مثلَه مثلَ أيّ كونٍ وواقعٍ حِسيٍّ آخرَ، تمَّ تصوُّرهما.

لن نُطيلَ توقّفَنا عندَ تحليلِ 'بوغدانوف' وتعليقِه، ولا على استنتاجاتِه التي تؤيِّد وجودَ كائنٍ أسمى (Supreme Being)، خارجَ منظومَتنا الكَونيَّة، يراقبُها بطريقةٍ لا تسمح بأن يكونَ في الوجود سواها.[603] وسنتابع، بالأحرى، تركيزَنا في الاستنتاجاتِ الصادرة عن هذا الاختبارِ الغريب "هِرّ شرودِنغر"، والتي تريد ألاّ يكونَ لوظيفةِ الموجةِ (wave fonction)، من حينِ صدورِها، أيُّ معنًى فيزيائيٍّ خاصٍ بها، بل أن تُعتبرَ كنِظامٍ اختباريٍّ مجرّدٍ يمثّلُ الحالةَ الطبيعيَّةَ لنِظامٍ ما، وليس لجُزَيءٍ محدّد. إن وظيفةِ الموجةِ هذه تحتوي معلومات النِظام الخاصّة كافّةً، ولكنها لا تَسمحُ سوى باحتساب:

1. احتمالِ أن يكون لمتغيِّرٍ فيزيائيّ مثل الإحداثيات x و y و z المكتوبة على هيئة متجه "رو" (physical variable ρ) قيمةٌ محدّدةٌ بقياس؛
2. احتمالِ تنقُّلِ نِظامٍ فيزيائيٍّ، بين حالتين مُمكِنَتَين؛
3. القيمةِ المتوَسِّطةِ للمقاساتِ الفيزيائيّة الخاصّةِ بنِظامٍ في حالة معيَّنة.

إن حساب الاحتِمالِ هذا يُتَرجَمُ بما بات يُعرف 'بالوَصف الإحصائي' (statistical description)، ما يفرِضُ التساؤلَ المتزايدَ حول نتائج القياساتِ الذريَّة والنوَويَّة: هل تُعتبرُ تلك النتائجُ مخرجًا موقّتًا يجب استبداله، مبدئيًّا، بوصفٍ حتميٍّ مُطلق أم، على العكسِ، نتيجةَ التفاعُل الذي لابدَّ منه بين ما هوَ مُراقِبٌ وآلات القياس الخاصّة بالاختِبار، حيث لا معنًى لمفهوم الحتميَّة، بخاصّةٍ عندما تكون عمليَّةُ المراقبة من الحَجم الكَمّي؟

هذه الأسئلة جميعًا تُصبحُ مقلِقَةً للفيزيائيين الحتميّين، وبالتالي للبشر، بشكل عام، بسبب تشوُّقِهم شبهِ الغرائزي للدِّقة بالتوقّع والتيقّن. بعودَتِنا إلى مقولة آينشتاين الشهيرةِ: "الله لا يلعبُ بالنَرد" التي أطلَقها ما إن أُعلِمَ ببراهينَ 'مِكانيكا الكَمّ' الصادرةِ عن أترابه،

603 المرجع نفسه ص. 147: " لا شيء يمنع بعد الآن من التقدُّم بالفرضيَّة التي، بحسبها، ستنصهر كل هذه الشبكة المعقدة من المعادلات التموّجية المتفاعلة مع بعضها في كَون وحيد، ما إن تتمّ مراقبته. إنما المسألة برمّتها تكمن في السؤال: من هو الذي يراقب الكون إذًا؟".

ينصَبُّ اهتمامُنا لمَعرفةِ مَن هوَ الذي يلعب بالنَرد، في النهاية، اللهُ أم نحن؟[604] إن كان الله هوَ من يلعبُ بالنَرد، بخاصّة مع الدِّقَةِ الإضافيّة التي ترافقُ تطوّرَ الكَمّ وتطبيقاتِه وتأثيراته على الكائنات البشريّة، كما على فهم تلك الأخيرة للواقع المحيط بها، تكون النتيجة كارثيّةً في الدِين، إذ لا يبقى من حريّةٍ ولا من مسؤوليّةٍ يُمكن في ما بعدُ أخذُهما بعَين الاعتبار. لا بدّ، على حدّ قول الفيلسوف ديكارت، أن يحتاج الكَونُ والواقعُ والدِّين، بشكلٍ أساس، إلى هذا "المبدأ الأسمى" الذي به ينتهي كلُّ شكٍّ ويبدأ كلُّ يَقين. بمعنًى آخرَ، وبنظرتنا إلى الأمورِ، على طريقة المهندس 'فُولِر' الشاملة، في ما يخصّ "تفسيرَ كوبنهاجن"، تشكلُ الأنظمةُ، المتناهيةُ الصِّغَر (المايكروسيستمز)، مع أدوات القياس، ومع المراقِب، الذي هوَ جزءٌ من تلك الأدوات، ومع الله الذي يبدو أنّه موجودٌ "هنا"، في مكان ما، في قلب الغرابة الكَميَّة، وحدةً لا تتجزأ.[605]

بالتالي، وكما ذكرنا أعلاه، برجوعنا إلى الـمَثل الإنجليزي القائل: "يلزم اثنان لرقص التانغو"، نشهد نحن الشرق أوسطيين، الخبراءَ بلُعبة 'طاولة الزهر'، اللُّعبةِ الاجتماعيّةِ بين ندَّين، والتي تسلِّط الضوء على دور النَرد، أنّه، مَجازًا، يلزمُ بالفعل اثنان للَّعِب النَرد (It takes two to play dice). بهذا، تدخُل الإشكاليّة بُعدًا جديدًا؛ فلا يعودُ السؤال عمّا إذا كان الله هوَ من يلعبُ النَردَ أم نحن، بل يَنفتِحُ ليشمُلَ مَن الذي يلعبُ النَردَ مع الله، ومن هوَ البادئُ برَميِه؟

إن الفيلسوف غيتون، على الرُّغمِ من جهلِه لُعبةَ طاولة الزهر، يُفسِّر قواعدَها قائلًا: "لذا فإن الجُزيئات الأساس ليست كِسَرًا من المادة، ولكن، ببساطة، نَردُ الله".[606] وإيغور بوغدانوف يُثني على هذا الاستنتاج مُضيفًا: "بالفعل، كما تُثبته النظريَّة قيدَ بحثنا، إن النَردَ موجودٌ حكمًا، إنما، وفقًا لوجهة نظر آينشتاين، ليس هوَ الله مَن يلعب النَردَ إنّما الإنسانُ نفسه".[607] ويُملي جان غيتون بالكلمة الأخيرة مُغلِقًا بها على فصلٍ كاملٍ عنوانُه **الروح في المادة**: "ويعود لنا نحن، في كلّ لحظةٍ، معرفةُ رمِي النَرد في الاتجاه الصحيح".[608]

'هوكِنغ'، 'كلان'، الإخوةُ 'بوغدانوف' وغالبيَّةُ مؤيّدي 'مِكانيكا الكَمّ' يؤكّدون أنَّ فعلَ إرادة المعرفة في النفس البشريّة، الذي يبدأ بالعَين لينتهيَ عند آخر خليَّة في الدِّماغ، على

604 المرجع نفسه: صص. 131 - 132

605 المرجع نفسه ص. 131: يقول جان غيتون: "ليس من المستبعد أن يكون، في قلب غرابة الكم، المكان المدعوة نفوسنا أن تلتقي فيه ذاك الكائن المتعالي نفسه الذي ندعوه الله". أتراه اكتشف 'خيمة الخباء' (المشكنزبنا) الذي نبحث عنه؟

606 المرجع نفسه صص. 131 - 132

607 المرجع نفسه

608 المرجع نفسه

الرُّغم من عدم كماله، هوَ أيضًا جزءٌ لا يتجزّأ من ذاك الكلّ غيرِ القابل للتجزئة. وبَعد، فقد قالها ’أفرامَ‘، أيضًا، فقط من تمتَّعوا بنعمةٍ خاصّة، بـ’عَينٍ صافيةٍ مُنيرة‘، عَينٍ ’رازائيّة‘، يُمكنهم أن يَصِلوا إلى معرفةٍ أكثرَ عُمقًا، نحو واقعٍ ما بعدَ الواقع (meta-reality)، نحو الميتافيزيقا، أو حتى، وبحسَبِ نظريَّتِنا، نحو ’الواقع الرازائي‘. فأيًّا كان المراقبُ، يعقوبُ بنُ إسحق، أو المجدليَّةُ، أو ’هايزِنبرغ‘، لا يخلو من الخضوع بذاته لشروط ’موجاتِ‘ المادةِ التي يراقبها، بما أنّه هوَ أيضًا، مكوَّنٌ، بيولوجيًّا، من الجُزَيئات ذاتها. وبالتالي، عليه أن يُخضع نفسه لنسبةٍ من احتمالاتِ ’أن يكونَ‘ أو ’ ألّا يكون‘، ما يجعله محتاجًا إلى الدفاع أوّلًا عن كَينونته ليُدافع بعدَئذٍ عن وجوده. **إذًا، بالنسبة إلى لحظةِ المراقبة، الفريدة، كلٌّ منها في "الزَّمَكان"، إن لم يكنِ الإنسانُ فيها ’كائنًا‘ لما يراقبه (أي موجودًا ومُدركًا وجودَه الكينونيّ نسبةً إلى ما يُراقِب)، لا يُمكن لما يراقبُه أن يكون، بدوره، ’كائنًا‘ له، وإن كان كائنًا، يكونُ المراقَبُ أيضًا كائنًا.** بسبب ذلك، يصبح اختبارُ ’الهرّ‘ مفصليًّا، بما أن كينونته، مَيتًا أو حيًّا، لا تستمرُّ أمرًا خاصًّا به، إنّما تتخطّاه لتَصير، أيضًا، حالةَ المراقِب، وفي هذا تكمُن القاعدةُ الأساس لِلُعبةِ طاولةِ الزهر. لننتقِلِ الآن ونرَ كيف ينعكس كلُّ هذا على مشهدِ قبرِ المسيح.

4. أمامَ ’القَبر‘: مُقاربةٌ مختلفةٌ لمفارقةِ ’هرِّ شرودِنغر‘ (Paradox)

أمامَ القبر المُغلَق، يقف، الآن، موسى النبي، والعلماءُ لابلاس، ماكس بلانك، آينشتاين، ’شرودِنغر‘، الفيلسوفُ ’غيتون‘ ومِلفانُ البيعة المقدّسة أفرامُ السرياني. ما الذي يُمكن للحوار الجاري بينهُم أن يكون؟

رسم 33: هل هوَ حيٌّ أم ميتٌ؟

1.4. 'موسى' على جَبلِ حُوريب: الغَرابة

يفتتح النبيُّ موسى، أبو الدياناتِ التوحيديّةِ، الحوارَ قائلًا:

أتريدون أن تُقنعوني، يا حضرة آباءِ "تفسيرِ كوبنهاغن"، بعد مرورِ حوالى خمسةٍ وثلاثين قرنًا على خِبرَتي في جبل حوريب، بأنّ ما اعتبرتُه آنذاك عُلّيقةً مشتعلةً لم يكن سوى جُزَيءٍ تأسيسيٍّ، أو بالأحرى ألجُزَيءِ التأسيسيّ للخلقِ، بالمُطلق؟ وأنه لم يكن سوى الموج - جُزَيء المُطلق الذي تحوّل إلى طاقة، نورٍ ومَوجة، على مُستوى عَينيّ وأذنيّ، لكي يُمرِّرَ لي معلومةً لا تدُلُّ إلّا على ذاتها، ولا تُشير إلّا إلى ذاتها، والتي هي: "أنا هوَ الذي هو"؟ أليستِ المعلومةُ ذاتُها هي ما أراد هذا الشخصُ الـمُسجّى داخلَ القبر، والذي تُشبه قِصّتُه قِصّةَ عُلّيقتي، أن يوصلَها لكُم أو أن يُذكِّرَكُم بها؟

2.4. مُداخلةُ 'لابلاس' (Laplace)

يتدخَّل، بوَقاحة، العالِمُ بيار - سيمون لابلاس (1749-1827) أبو التيّار الحتميّ في القرن الثامن عشرَ، مجروحًا بروحِه العِلمائيّة التحرّريّة، ومُهانًا، فكريًا، لسماعه بمفهوم الله، قائلًا: "إن ما تقولُه هنا، يا 'موسى'، هوَ هراءٌ. إن أبحاثي في الـ'مِكانيكا السماويّة' (*La Mécanique Céleste*) تتضمَّن، بشكل شامل، كل المعلوماتِ اللازمةِ عن الكَون، ولا مجال لإضافةِ أي معلومةٍ جديدةٍ عليها. وكل معلومة إضافيّة مزعومة لا يمكن إلّا أن ترفُضَها الحالةُ الحاضرةُ للكَون. فما من شيءٍ يمكنه ان يبقى غيرَ مؤكَّد لِعَقلنا، وعلى المستقبل، كما الماضي، أن يكون 'حاضرًا' امامَ عيونِنا.[609] لم تجد أيُّ معلومةٍ، جسَّدَها هذا الشخصُ القائمُ خلف الحائط، مكانًا لها في كونِنا، وانتهى كل شيءٍ معهُ خلفَ هذا الحائط. لقد تمَّ رفضُ هذا الشخص، كما المعلوماتِ كافّةً التي حمَلَها، وها نحن واقفون أمام الرَّمزِ الفتاكِ للحَتميّة التي أتكلَّمُ عليها في نظريّاتي. فإن كلَّ ما هوَ خارجَ الـ'مِكانيكا السماويّة' خاصَّتي يَنتمي إلى عالمِ الخَواء (التوه - بوه) المذكورِ في كتابك، يا 'موسى'، كما أنّ كلَّ قراءةٍ مُختلفةٍ لقراءاتي ليست سوى ضُعفٍ بشريّ. في أحسن الأحوال، بالنسبة إلى الذين يؤيّدون احتمال 50% لوجود 'مِكانيكا' مختلفةٍ عن الخاصّةِ بي، حيثُ يمكن لمعلوماتٍ مختلفةٍ أن توجدَ وتؤثِّرَ في حتميّة واقِعِنا، أولئك يَنتَمون إلى واقعٍ مختلِفٍ، وهنا، اعذُروا وقاحتي إن قلت، إلى واقعِ مجانين".

---

609 راجع: Laplace, Déterminisme, [online]
URL: http://www.abbc.com/garaudy/french/ avenir/RGavenir8a.tml. [Accessed Oct, 2016]

3.4. مُداخلةُ ماكس بلانك

ماكس بلانك (1858–1947)، مُهانًا، بدورِه، من وقاحة ’لابلاس‘، تَدخَّلَ دفاعًا عن العِلم، أكثرَ منه دفاعًا عن ’موسى‘ وقال: "ألا تعتقدُ أن ما تقوله هنا، يا سيد ’لابلاس‘، فيه بعضٌ من الغرور نسبةً إلى رجلِ عِلم؟ إن غرورَك يخطئ في حقِّ التواضع العِلمي، وبالتالي، في حقِّنا جميعًا. إن ما قاله ’النبي‘ يتطابقُ مع نظريَّتي العلميَّة، وإنّي أُؤيّدُ، شخصيًّا، التشبيهَ الذي خطرَ ببالِه. إنّه يمثِّل، جديًّا، بعضَ ما كان يُشعِلُ قلبي، كلَّما تقدَّمتُ في اكتشافاتي. تصوَّروا، يا سادة، أنني، لسببٍ أو لآخرَ، لم أتمكّن، شخصيًّا، من الامساكِ بأبعاد الثابتة ’h‘ كافّة، والتي ليست سوى معلومةٍ من المعلومات التي لا تُعَدُّ ولا تُحصى، والتي تملأ الكَون. كانت حاجةٌ إلى عملٍ جَماعيٍّ دؤوبٍ، وتعاونٍ عميق، حتّى توَصَّل صديقي آينشتاين ليضعَ إصبعَه في قلب النور، ويقولَ كلمته. فباتت الثابتة ’h‘، خاصَّتي، سبَبَ تحوُّلٍ هائل في فهم ماهيَّة "الجِسم الأسوَد"، كما أيضًا في فهم طبيعة النور. إن هذا ’الرجلَ‘ الذي خلفَ الحائط قد أعلن، يومًا، أنّه نورُ العالَـم، وعرَّفَ عن نفسِه، وكأنّه هوَ مَن كان مقصودًا بالعُلّيقة التي تحدَّثَ عنها ’موسى‘. يبقى علينا نحن العلماء، كي نفهمَه، أن نعرفَ ’أيَّ نورٍ‘ كان يقصد بكلامه؟ إن كانت إشعاعاتُ ’الجِسم الأسوَدِ‘ ساعدتني في اكتشاف الثابتةَ ’h‘، وهذه الأخيرةُ ساعدتني على فهمٍ أفضلَ للنور الذي يُشكِّل الشرطَ الأساسَ لكلِّ الفيزياء، سواء أكانت النيوتُنيّةُ أم ’السماويّة‘ خاصّتك والتي تتفاخر بها، أفلا تساعدُني أيضًا على فهم المعلومةِ التي أُعطيَت لـ’موسى‘ والتي، بالتالي، يريد هذا ’الإنسان‘، على ما يبدو، أن يُسلِّمَنا إياها من داخل ’السور التحارُريّ‘ (isothermal enclosure) الذي أقفل على نفسِه داخلَه؟ هل تساعدُنا الثابتةُ ’h‘ على الفهم، بموضوعيّةٍ أكثرَ، "الأنا هو"، الذي لطالما أسماهُ هذا ’الإنسان‘ "أباه"، والذي أراد أن يُفهِمَنا أنّه وإياه ليسا سِوى واحدٍ، تمامًا كما النور والطاقة والنار، أو كما العِلمُ والمعلومةُ وعقلُ العالـِم، هي واحد؟".

أتركُ الكلام لصديقي آينشتاين، الذي كان له الفضلُ بالكشف عن الأبعاد التي تفوق الخيالَ لثابتَتي، كما أيضًا لِكَمِّ النور، أي الفوتونات.

ختامًا، أقولُ، بكلِّ صدقٍ، للنبي موسى إنَّ استِنتاجاتِه تُشعلُ قلبي، وتُشكِّلُ جزءًا من المنطق الأسمى الذي ينبغي لنا جميعًا، من الآن فصاعدًا، أن نوجِّه أنظارَنا وأفكارَنا وأبحاثَنا نحوَه".

4.4 . مُداخلةُ آينشتاين

لم يتأخر آينشتاين، الابنُ المختونُ للكتاب المقدّس، بالتدخّل، مخاطبًا، أوّلًا، صديقَه المرموقَ ماكس بلانك بالقول: "لديكَ كلُّ الحق، أيها العزيز ماكس، بأن تُبديَ كل تأييد لهذه النقطة، خصوصًا وأن تلك الظاهرةَ قد تردّدت عِدّةً مرّاتٍ في النصّ المُقدَّس. لقد وردت في المشهد على جبل سيناء، وفي خيمة الخباء، كما، أيضًا، في النار التي استنزلَها 'إيليا'، وهي ظهوراتٌ مقدَّسةٌ، اعتُبِرَت تلك الظاهرةُ من خلالِها بأنّها 'مجدُ الله'.[610]

معك، أيها العزيز ماكس، أدعمُ استنتاجاتِ 'موسى' وأؤكّدُ أنَّ هذا، بالفعل، ما كُنّا نريد أن نلمِّح إليه، من دون أن ندَّعيَ، أبدًا، بأنّنا نعلَمُ اليوم عنه أكثرَ ممّا عَلِمَ هوَ عنه في أيامه. نريده أن يعرف أنَّ كلَّ ما تغيَّر إنّما هوَ طريقةُ التحليلِ، وهذا بفضل اكتشافِك للكمّ والثابتة 'h'.

أشاركُك، أيضًا، الملامَةَ التي وجَّهتَها لزميلنا 'لابلاس'، خاصّةً وأنّه، تبعًا لمزاعِمه، هوَ الذي أسرف في استعمال صفةِ 'السماويّة' لـ'مِكانيكتِه'، هوَ من كان عليه أن يكونَ أوَّلَ الأشخاص في 'التوه بوه' في حين أن هذا لم يحدُث، وذلك لأنّه يتمتَّع بـاسمٍ يجعلُ منه كائنًا دائمَ الحضور. إنّها، بالضبط، تلك 'الذاتُ الاسميَّة'، ما يسمَح له بأن يكونَ معنا أمام هذا الحائط، الأمرُ الذي يَنسحب علينا جميعًا، وإلى الأبد. يكون من المفيدِ لزميلنا 'لابلاس' أن يعودَ إلى كتاب 'موسى' ليتعلَّمَ منه اهميَّة 'الاسم'، وماذا يعني أن 'يُمحى' اسمُ المرء من سجلّ الحياةِ ليدخُلَ، حينئذٍ، في الحالة 'التوه - بوهيّةِ'.[611]

بالفعل، عزيزي ماكس، لكي نكوِّنَ فكرةً عن الظاهرة التي أثَّرتَ بجُزَيئات العُلَّيقة، ودَفعتَ بها لتصبحَ مصدرًا للنور والصوت، تبعًا لحاجةٍ محدَّدة، علينا أن نأخذ بعَين الاعتبار الرسالةَ التي تمَّ نقلُها 'لموسى'. إن تلكَ الرسالةَ، أو بالأحرى، تلكَ المعلومةَ، الـ'أنا هو'، شكَّلتِ الموجةَ الضوئيّةَ التي ستَنحَتُ الوجدانَ الجماعيَّ لشعبِيَ اليهودي، تمامًا، كما شرحتُ عن هذا الموضوع، في نظريَّتي، عن الشحَنات الكهروضوئيّة. تلك المَعلومةُ المُنيرةُ ارتدت أهميّةً بالغةً لعاملَين: باعثُها، ومُتلقّيها الأخير الذي ليس سوى الوجدانِ الجَماعي للشعب الذي نُقلت إليه. أمّا العُلَيّقةُ، وعَقلُ 'موسى'، ولسانُه 'المُعوَّق' وعصاه، فتقوم فقط بدور الجُزَيئات. أليس حقًّا إنّه بعد كلّ التجلّيات التي تلقّاها في الكتاب المقدَّس لا يَبقى منها سوى الاسم 'أنا هوَ من هو'؟ هكذا، أيضًا، من كلِّ التجلّيات العِلميَّة التي حَصَلت لك، يا عزيزي ماكس بلانك، كانت ثابتَتُك 'h' هي الأهمّ، ومن التي حَصَلَت لي $E = mc^2$، وبالكاد لم تحُلَّا مكانَ اسمَينا.

610 خر 24، 16 - 17؛ 40، 34 - 35

611 خر 32، 30 - 35؛ تث 9، 14

صدقًا، لا أدري ماذا أقول عن هذا 'الصَديقِ' المفترضِ أن يكونَ خلف الحائط. إن احترامي لمبدأ 'عَدم قابليَّة الانفصال' (non-separability) يُلزِمُني بالاعتراف بترابطٍ ما (correlation) قائمٍ بين كَينونَتِه وكَينونَتِنا، وإلّا ما الداعي لوجود 'خلف' و'أمام'؟ واحترامي للنسبيّة العامة، العزيزة عليّ، يُلزمني القولَ إنّه كائنٌ خلفَ الحائط، نسبةً إلينا، قدرَ ما نحن نسبةً إليه. والأمرُ نفسُهُ ينطبقُ على الكَينونة أمام الحائط. وبالتالي يخضَعُ هذان المفهومان 'خلف' و'أمام' للتحوّلِ نفسِه الذي أُخضِع له الزمان والمكان ليُصبحا وحدةً واقعيَّةً يُمكن تسميتُها 'خَلفْأمام'، أو، بكلّ بساطة، 'هُنا نسبيّ'. وعليه، لا يمكنُني أن أقول إنّ شيئًا ما يفصلُنا عنه، على الرُّغمِ من الحائط الذي يقع تحت مراقبتنا، تمامًا كما أنّه لم يستطِع شيءٌ فصلَك أنت عن مصدر الإشعاعات التي كان الجسمُ الأسوَد يبثُّها، الأمرُ الذي تُدركه أفضل مني. لقد كانت نُقطة ضعفي الدائمةُ عدمَ قُدرتي على التعاطي مع ما هوَ غيرُ خاضعٍ للاختبار. لذلكَ، أضيفُ أنّي لست من الذين يتقبّلون أن عِلمَ مِكانيكا الكمّ هوَ عِلمٌ وضعي، وبالتالي، يسمح بالتوصُّل إلى تأكُدٍ واستِبصارٍ صحيحين. هذا ما كان سبب خلافي مع مجموعة 'هايزنبرغ' التي أيَّدَت أنّه، حتّى ما هوَ خارجَ المراقبةِ الوضعيّةِ (objectivity)، كما هي الحال في اختبارِ 'يونغ'، يُشكّل جزءًا لا يتجزّأ من الواقع الكمّي، ويجب اعتباره في حسابات 'الريبة' والاحتمالات. أترك للزميل 'شرودِنغر' الحاضرِ معنا، المؤيّد، بقوّة، مبدأ 'الريبة' لزميله 'هايزِنبرغ'، بأن يوضّح لنا حالة هذا 'الصَديقِ' الذي يُفترض أن يكون خلفَ الحائط".

5.4. مُداخلةُ 'شرودِنغر'

"أنت محقٌّ، عزيزي آينشتاين، بقولك: 'يُفترض أن يكون خلفَ الحائط' لأنّه، بعد أن أُقفِلَ الباب، صار من غير المُمكن لأحدٍ التأكيدُ إن كان مَن أُقفِلَ عليه ما زال خلفَه أم لا؟[612] إن المسألة هي، ببساطة، كمسألةِ الطاقةِ التي أتيتَ، لتوّك، على ذكر مُعادلتها. أما بنظري، فالطاقةُ هي إمّا مُتَّجهاتٌ رياضيَّةٌ (vectors) وإمّا هِرّ.[613]

إنّـي، باسم زملائي، مؤيِّدي نظريّةِ الثنائيّةِ الموج-جُزيئيّة، كما نظريّة وَحدةِ الفعل الكمّي الذي يَنجلي في كلّ مرحلةٍ من ظاهرة الترابُطِ بين الجُزَيئات، لا أُنكِر مبدأ 'عدمِ قابليّة الفصلِ'، خاصَّتَك، ولا ما يكلّله من استنتاجٍ قدّمتَه لنا وهو: "أن الترابُط هذا لا يُفهم إلّا إذا كان كِلا 'الفوتونَين' العائدَين للزَوجِ نفسِهِ يملكان، من لحظة انطِلاقِهما من مصدرهما،

612 المرجع نفسه ص. 38: Klein gives an example of the relationship between the fridge door and its internal lamp. p.38

613 المرجع نفسه ص. 80

الخصوصيّةَ ذاتَها التي تتحكّم بالنتيجة. إن لم يكُن هكذا، استَلزَمَتِ التَّرابُطاتُ أن يُشكّل زوجُ الفوتونات وحدةً غيرَ قابلةٍ لِلفَصل".

إنّـي أُؤيّد تمامًا ما تقولُه هنا، بما أنّه لا يتعارض، بدوره، مع مبدأ 'الريبة'. ولكن، ألا تبقى حاجةٌ لمعرفةِ ما تقصُد به، بقولك "من لحظةِ انطلاقِهما"، وبالتالي، لتحديد لَحظة الانطلاق ومكانِه؟ إنّ فعلَ "حدّدَ" يصبحُ، هوَ أيضًا، مُبهمًا، بما أنّه، لكي يَتُمَّ التحديدُ، تتكلّم أنتَ بذاتِك على خصوصيّةٍ تحديديّةٍ تبقى خارجَ مراقبتك ومراقبتي. أعتقد أنّنا نلتقي، أقلّه، حولَ النُّقطة الأخيرة التي تُسلّم بها بقولك "إن لم يكن هكذا، استلزمَتِ الترابطاتُ أن يُشكّلَ زوجُ الفوتوناتِ وحدةً غيرَ قابلةٍ للفصل.[614]

بحسب فهمي لـ'مِكانيكا الكَمّ'، أُقرُّ بأنّه، حتّى المُراقِبُ والآلاتُ والقوانينُ الخَفيَّةُ الكامنةُ خلفَ الترابُطِ، بحدِّ ذاتِه، تُشكّل وحدةً غيرَ قابلةٍ للفَصل. إنني، على هذه المعايير، قد أسّست اختبارَ 'الهرّ'، وتعمَّدتُ اختيارَ هرٍّ حيّ، لأُبرز الأُسُسَ الطبيعيَّة لمبدأي 'الريبة' و'عدمِ الاستِبصار'، التي تَخرج عن سيطرتي، وتخضع، إمّا لغريزةِ الهرّ الذي قد يجدُ وسيلةً للخلاص، وإمّا لموتِه المفاجِئ قبل تحرُّك الآلة القاتلة. إن استبدالَ 'متَّجَهاتِ الحال' لـزميلِنا 'دو بروي' بهرٍّ حيٍّ لم يكن سوى لإبراز الوَحدةِ في الحدث الكمّي التي تشمل في أبعادها، حتّى فعلَ المعرفةِ بذاته. والمعرفةُ تستلزم الحياةَ. وبموجِب الترابطِ، فإن على حالة الهرّ داخلَ الصندوقِ أن تتطابقَ مع حالةِ مراقبِ الصندوق: إمّا إيجابي - إيجابي، وإمّا سلبي - سلبي (+، + أو -، -)، ما يَعني حياة - حياة؛ مَوت - مَوت؛ عدم تأكُّد - عدم تأكُّد إلخ. وإن تكلّمنا وضعيًّا، فعلى الرُّغمِ من كلّ الكمال الذي يرافقُ العُلوم، لا أحد يكفلُ أن الآلة القاتلة داخلَ الصندوق ستَتجاوب 100% مع توقُّعاتِنا.

تَبعًا لذلك، أيها الأصدقاءُ، ويسوعُ ضِمنًا، الحاضرون هنا بترابطٍ كاملٍ بفضلِ وَحدَةِ الفِعل الكمّي ومبدأ 'عَدم قابليّة الفصل'، كما بفضل قوانينَ 'مِكانيكا الكَمّ' كافّة، لا يُمكنُني، شخصيًّا، أن أتصوَّرَ كَينونتي (state of being) خارجَ حالةِ كَينونةِ صَديقنا يسوع المُفترض به أن يكونَ من الجهة الأخرى من الحائط. إن تشابهًا ما يبدو بين 'هِرّي' الموجود داخلَ الصندوق وبينَه،

614 التعريف بمفارقة 'عدم الانفصال' (EPR): (آينشتاين، بودولسكي وروزن). هذه المفارقة (paradoxe) تفسِّر ظاهرة الترابط بين أزواج من الفوتون:
فوتونان، ص و ص1، مبثوثتان بحالة خاصّة من الاستقطاب (حالة EPR)، من مصدر 'م'، يتمُّ إخضاعهما لمقاسات من الاستقطاب المتزامن بفضل مستقطِبين 1 و 2، موجَّهَين لهما لوجهتين أ و ب. فَلِلوجُهاتٍ التي من مقاساتٍ متوازية يتوقَّع علم 'مِكانيكا الكم' ترابطا كاملا للنتائج: نحصل على 50% في غالب الأحيان على زوج من الفوتون (1+، 1+) وفي الـ 50% الثانية على (1-، 1-) ولكن أبدًا 50% (1+, 1-) وهذا بديهي.

مع فارقٍ وحيد يُقلقُني كثيرًا ألا وهوَ أن 'هِرّي' أُدخِلَ الصندوق حيًّا، أما هو، فقد أُدخل إليه مَيتًا، إذا ما صحَّ الوصف العِلميّ. فكيف يمُكنني، في ضوء 'مبدأ الترابط'، أن أكونَ حيًّا، إن كان هوَ مَيتًا؟ حتّى 'مفارقةُ' زملائِنا آينشتاين، بودولسكي وروزن (EPR) التي تتحدّث عن التشابك الكمّي بينَ الجُزَيئات تأبى هذا. إن لم يكن حيًّا، أشكُّ، جِديًّا، ليس فقط بتفكيري، إنّما أيضًا بكَينونتي.[615] فإذا كان الموت يَعني انعِدامَ الكَينونة أو الوجود، وأكثرَ من ذٰلك، إذا عَنى انعِدامَ الانتماء لِفعل 'كانَ' المسبوكِ من الإسم يَهوه 'أنا هوَ من هو'، لا شيءَ في هذا الصندوق الشاسعِ، الذي هوَ الكَون، المليءُ بالآلات القاتلةِ، يُمكِنُه أن يؤكّدَ لي أنّني، وسائرَ الحاضرين هنا، المُفترضين أمام الحائط، أنّنا كائنون، وأنّنا أحياء.

"لقد أتتِ الساعة"، ولستُ أدري ما أقول. ولكن، أليس لمواجهة مفارقاتٍ كهذه قَد أتى كلٌّ منّا، على حِدة، وأتَينا كلُّنا، كجماعة؟ لو أني أدخَلتُ هرًّا مَيتًا إلى ذاك الصندوق لكنتُ غامرتُ بكلِّ ما لحياتي من معنًى. هل يُمكن لهذا الشخص أن يكونَ، بالمعنى الكَمّي، قد وُضع ميتًا خلفَ الحائط؟ هل يُمكِنهُ أن يكون 'فوتونًا' مُنعزلًا، خارجَ أيِّ ثُنائيّة، وليس له أيّ ترابط مع أيِّ شيء، ولا مع أيِّ أحدٍ ممّا هوَ جزءٌ من واقِعنا الكَمّي؟ لا يُمكنني لا أن أؤكّدَ، ولا أن أقبلَ جوابًا يؤدّي إلى تناقضٍ، وبالتالي، إلى إبادتي.[616] كلُّ هذا يُشكِّلُ جزءًا من 'سرٍّ' (mystery) بدأنا نتلمّسُ بوادرَه في قوانين الكَون الخفيّة التي هي موضوعُ اختباراتِنا، والتي قد باتت، بشكلٍ أو بآخرَ، مكشوفةً لنا جميعًا. قد يكون لدى الفيلسوف جان غيتون، مؤيّد نظريّة برغسون القائلةِ بـ 'روح المادة' (the spirit of matter)، والذي يقف خلفَ نظريّة "شرارة الله في الإنسان"، ما يُطَمئنُنا بواسطته.[617]

6.4. مُداخلةُ الفيلسوف 'جان غيتون' (Jean Guitton)

أنا معجب، أصدقائي العُلماء، بكلّ ما أتيتُم به، وبالزُّهد الذي تحمّلتُم كي تتوصّلوا إليه. فقد تبنّيتم، منذ نعومةِ أظفارِكُم، حَتميّين كنتُم أم غيرَ حتميّين، مغامرةَ الإلٰه الأسطوري 'بروميثيوس' الباحثِ عن طائرِ النارِ، ومحّصتُم النارَ والنور اللّذين سَرَقهُما من عند الآلهة ليَضعَهما بتصرُّف البشر. مع ذٰلك، بما يخصّني، يبدأ حُلمي حَيثما انتهى حُلمُكم، أي كما وَرَدَ الآن على لسان 'شرودِنغر'، بالريبة، ما يَعني 'بالسرّ'، ولدقّةٍ أكثرَ بالتعبير، يبدأ حُلمي بمفارقة ما أُسَمّيهِ "ما بعد الواقع".

615 لاستِذكار المُسلَّمة الديكارتيّة "*Cogito ergo sum*" والمعرّبة: "أنا أفكّر إذًا أن موجود"

616 راجع: *Dieu et la Science*, p. 15

617 المرجع نفسه صص. 31؛ 134

أن يكونَ هذا الشخص، الـ"أنا هوَ الذي هو"، 'الشرارةَ' التي تحدّثتُ عنها، فهذا يتعلَّقُ، بكلّ صراحةٍ، بكَينونتي. والسؤال: لماذا، بالنتيجة، وجودٌ ما بدلَ العَدم؟ الذي أعتبرُه خلاصةَ حياتي، والذي توصّلتُ إليه بعد تأمُّلٍ وتحليلٍ طَويلَين، يَخصّ أوّلًا ومنطقيًّا كَينونتي أنا وليس كَينونَتَه.

عليه، وبما أنني قد تحدّثت عن شرارة الله في الإنسان، أريد أن أؤكّدَ أنني قد استلَلتُها ممّا توصّلتم إليه أنتم في "تفسير كوبنهاغن"، كما تباعًا، من كلّ قوانين الكَمّ ومبادئ مِكانيكيَّتِه.[618]

انطلاقًا من تلك الشرارة، أخذني 'السرُّ' بيدي، و'النورُ الكَميُّ' أنارَ سَعيي في البحث عن معلوماتٍ مُرضيَة، كي لا أقعَ في المُحال، فوجدت نفسي مُهتمًّا جدًّا بعِلمِكُم، خصوصًا، بظاهرتَي ثنائيَّةِ 'المَوج-جُزَيء' والترابُط (correlation).[619] أعتقد أن الفلاسفة جميعًا يتمنّون أن يَروا ما أراه ويَسمعوا ما أسمعه، في هذا الوقت. أذكر منهم، بشكلٍ خاص، اثنين: 'هايدغر' الذي كان أوّلَ من طبّق مبدأ تطويع اللُّغة لِلحَدَث، على نحو ما نوّه إليه معاصِرُه 'فيتغنشتاين'، باعتماده الرمزيَّةَ لتفسير كينونة الوَردَةِ المَوضوعة على مكتبه أمام صورة والدته المُتوَفّاة،[620] ثمّ مُعلّمي 'برغسون' الذي عرف، بحَدسِهِ الاستباقي النبويّ، أنَّ الكَونَ ما هوَ إلّا نتيجةُ 'كَسر في تماثُلٍ لكمالٍ سابقٍ له (rupture in the symmetry)، لم تَحتفِظ منه مكوِّنات 'اللاتماثُل' سوى بـ'روحٍ' غيرِ قابلٍ قطعيًّا للاختلال، ألّا وهوَ "المعلومة".[621] إني أُكِنُّ كلَّ تقديرٍ لتشديدِ 'برغسون' و'تِيار دو شاردان' على وجود 'روح المادة' الذي أُعلِنُ اقتناعي الكامل به. وإن كنت قد اقتنعت فذٰلك لأن تلكَ العلاقَةَ قادَتني مباشرةً إلى التأمّل بالله.[622]

سواء أكان الاختلالُ قد تمّ على صعيدِ الجُزَيءِ المادي أم على صعيد المَوجة اللامادّية، لم يتمكّن 'برغسون' من التحديد. وكل ما أمكنني أن أصلَ إليه، عند 'شاردان'، هوَ أن 'السرّ' قد لَمَسهُ مرَّتين وهوَ لا يزال طفلًا في السابعة من عمره.[623] أحسَّ، منذ ذاك العمر، بعبثيّة العَدم (the Nihil)، وتتالت عليه، فائضةً من نفسه النيرة، الأسئلةُ الكُبرى حول 'الكائن'. فتوصّل أن يرى، في أوج عطائه المهني، أن في كلّ جُزَيء، في كلّ ذرَّة، في كلّ جُسيمٍ بيولوجيٍّ، كلّ

618 المرجع نفسه
619 المرجع نفسه صص. 30؛ 94؛ 156
620 المرجع نفسه ص. 26
621 المرجع نفسه صص. 57؛ 61؛ 77؛ 104؛ بخاصة 114 - 118 و 173
622 المرجع نفسه صص. 89 - 90
623 المرجع نفسه ص. 89

خليّة ماديّة يعيش خِفيَةً ويفعل، من دون علمِ أحد، عِلمُ 'الخلود' الشاملِ وقُدرةُ اللامحدود الكليّة.[624] هل ينطبق هذا، بطريقةٍ أو بأخرى، على هذا 'الكائن' المُختبِئ خلفَ الحائط؟ لا تلوموني إن لم يكن جوابي سوى "نعم، أعتقِد".

بحقٍّ، أطلب منكم ألّا تلوموني لأنني، 'باعتقادي الإيمانيّ' هذا، أُخالف مبادئ الفلسفة. ولكن، أنتم بالذات، آباء 'مِكانيكا الكَمّ'، ألا تبشّرون بنوع من العَقيدة الإيمانيَّة من خلال تأكيدكم أن فيزياءَ الكَمّ تُوحي بوحدةٍ في الطبيعة لا تنقسم، حيثُ يتماسك الكل، وحيثُ جملةُ الكَون تبدو حاضرةً في كل مكان وكل زمان؟ وبالتالي، ألا تبشّرون بأنه ما من معنًى ملموسٍ بعد لمفهوم المسافة الفاصلةِ بين شيئين، مهما طالت أو قَصُرت؟[625] لماذا إذًا، يحافظ هذا الحائطُ الذي يفصلنا عن هذا الشخص، الذي ليس سوى 'يسوع' تِيار دو شاردان (Yeshua ישוע)، على معنًى ملموس؟

إن كان لابدَّ من 'معنى' يُحافَظ عليه فهو معنى اسمِهِ بالذات 'يسوع' أي 'أنا هوَ من يُخلِّص'، أي 'يُجدِّد'، أي 'يُطمئِن' في عالَـمٍ أنتُم بالذات تُعلنونه مُتغيِّرًا ومُفاجئًا. نعم، إن منطقي يؤكّد أنّه مع 'روحه هو' و'شرارته' في كلِّ كائنٍ، يُطمئنني.

أعتقد بأنّه عليَّ أن أتوقّفَ هنا بما أن 'السرّ' جَذَبَني إلى درجةٍ وجدتُ فيها نفسي متدخِّلًا باللاهوت، وبالتالي فاقدًا من مهنيَّتي الفلسفيَّة. أعتذرُ من 'شرودِنغِر' ومنكم جميعًا لأنكم كنتم تتوقَّعون من الفلسفة أن تُرضيَكم وتُطمئنَكم من دون الحاجة إلى اللُّجوء إلى الميتافيزيقا، وخصوصًا إلى اللاهوت. ولكن لا شكَّ أنكم لَمستم توسُّعي اللاإرادي نحو ما ليس ميدانَ اختصاصي، عنيتُ اللاهوت.

أعتقد أن بيننا شخصًا هوَ في وضعٍ يمكّنه من طمأنتكم، بما أن طَمأنتَكُم، على ما يبدو، صارت غيرَ مُمكنةٍ إلّا عَبرَ الزُهّاد (mystics). وقد سبق لعددٍ منكُم أن أطلقَ صرخةَ استغاثة بهم.[626] إن كنتم، أنتم الفيزيائيين، وضعتُم اليد على 'الشرارة' التي سبقَ لي أن أثرتُ وجودَها ودورَها الماقَبليّ، فهو يبدو من الذين يتمتَّعون بفكرٍ ثاقبٍ يصفُه زاهدُنا 'بالعَين المُنيرة' إذ، بفضل تلك العَين، يبدو قادرًا على رؤية 'هرّ شرودِنغِر'، وإدراك حالته الكينونيّة (état

624 المرجع نفسه ص. 154

625 المرجع نفسه

626 Davies, Paul. Mind of God p. 231-232. يقول دافس:"لقد حُرمنا من المعرفة القصوى، من أقصى درجات التفسير، وذلك بحكم شروط التفكير ذاتها التي تنبّهنا للبحث عن التفسير بالدرجة الأولى. إذا رغبنا بالترقّي إلى ما هو أبعد، علينا أن نتبنّى مفهوما مختلفا للمعرفة عما هو للتفسير المنطقي. المحتمل ان يكون التفكير التصوُّفي (mystique) هو الطريق لهذا النوع من الفهم...".

(d'être) من دون أن يفتحَ الصندوقَ. إنّه قادرٌ أيضًا على أن يُراقبَ، في الوقت نفسه، وبدقّةٍ، الجُزَيء وموجَتَه عند حافة الشَّق، من دون إعاقة تَشَكُّلِ الأهداب على جُدران الكَون، تلك الأهدابِ التي تبقى لِمَن يرى الأمور مثلنا، الدّليلَ الوحيدَ للترابُط بين الـ'أنا هوَ من هو' و'الأنا هو'، الخاصّ بكلٍّ منّا. أتركُ الكلام لـ'أفرامَ' النصّيبيني.

7.4. مُداخلةُ 'أفرام'

في يوم من الأيام، يا إخوتي،
أخذتُ بيدي لؤلؤةً،
تأمّلت فيها رموزَ الملكوت كافّةً،
صوَرًا ورسومًا لعزة الله،
فباتت نبعًا شربتُ منه أسرارَ الابن كلَّها.[627]

ثمّ زرت 'دانيالَ' في 'بابل'، حيثُ ظَهَرَت أولى كتابات الإنسانيّة، ولكن، أيضًا، حيث تبَلبَلتِ اللُّغة الواحدة وباتت لغاتٍ متشابكةً لكي أستعيرَ من عنده مَفهوم 'راز' ليكونَ لي كمَوشورٍ (prism) يسمح لأشعَّة "الكائن" أن تتحوَّلَ عَبرَهُ إلى مكوّناتها الأساس (diffraction). إنّها تتحوَّل على موشور 'راز' بهيئة قوسِ قُزَح، الأمر الذي لم أتمكّن من التوصّل إليه، انطلاقًا من أي مُفردةٍ من لُغتي السريانيّة. بهذا أؤيِّدُ نظرياتِكم التي تشير إلى القُصور اللُّغويّ المُستمرّ إزاءَ التطوّر العلمي، وبالتالي، المبدأ القائل إنَّ على اللُّغات أن تتكيَّفَ مع "الحقائق الماثلة" وليس العكس. لقد عشت في زمنٍ كان على لُغتي السريانيّة أن تتكيّفَ مع التطوُّر الذي رافقَ فهمَ الاتّحاد بين 'روح' المسيح و'مادة' الإنسان، كما اتحادهِ الخَلاصيّ بالخَليقة جمعاء.

نقف كلُّنا، الآن، أمام هذا القبر لنتدارسَ ظرفَ المسيحِ نفسِه الذي، منذُ البدء، عرَّف عنه تلاميذُه، بكتاباتهم، بأنّه 'الكلمةُ' و'النورُ'. لنضع الآن، جانبًا، كلَّ الصفات الإضافيّة الأخرى. إنني أضعُ نفسي، أنا من تزهَّدَ في الدنيا، مكانَكم لاهتماماتِكم، وفي هذه الحال، ما يعود إلى 'الجسمِ الأسوَدِ النظريّ'، الجُزَيئاتِ، الموجاتِ، الأهدابِ و'السرّ' الذي تتحدَّثون عنه.

سأحاول أن أوجزَ، قدرَ الإمكان، لأنني أرى أنَّكم قلقون، وبالتالي تنتظرون ما يُطمئنُكم إلى أنّه، إذا ما تُوُفِّيتُم قبل أن يَنفُقَ 'الهِرّ'، سيُتابع الاختبارُ مسيرتَه، في مكان ما، وبطريقةٍ ما، وينتهي إلى نتيجة تفاؤليّة ما.

قبل أن أبدأ تقديمَ التطمينات التي قُدّرَ لي أن أجمعَها بفضل 'العَين المنيرة' التي نَعِمتُ

627 راجع الحاشية 140، ص 73.

بها، أرغبُ في أن أنقُلَ إليكم ما تعلَّمتُه من 'المرآة'، ممّا يختصُّ بالمنهج (method) في طابَعه الأساس القائمِ على الاستقراء (induction) والاستنتاج (deduction). إنّه تمايزٌ ينحصِرُ ما بين منهجنا، نحن الزهاد، ومنهجكم أنتم رجال العِلم. نحن الزهّاد، نبدأُ من النهاية، من الجهةِ الخَلفيّةِ للمرآة لنستقرئَ منها البداياتِ، بينما أنتم تسلكون الطريقَ المعاكس.[628] بقولي 'من النهاية'، أعني من 'الكائنِ' عَينِه، الـ'أنا هوَ من هو'، الذي تحدّث عنه 'غيتون' في ضوء الرؤيا التي كانت لموسى، وليس عن 'إلٰه الدِين'. لذٰلكَ أقول، إن أخذتُم بعَين الاعتبار منهجَنا ومنهجَكم، أي إذا نجحتُم في البحث عن التفسيرات التي لا بدَّ منها لإرضائكم، والمُتَطابقة من الوُجهتين، نلتقي معًا في الطَّور (in phase)، في موضوعاتٍ عديدةٍ واستنتاجاتٍ مُطمئنة. اسمحوا لي أن أوَضِّحَ قصدي:

أ- ماذا تكون، على سبيل المثال، نتيجةُ اختبار الشَّقَّين، في حال توجيه النور نحو المصدر، انطلاقًا من الأهداب التي هي في مُتناول أدواتِكم، مع مُراقبته من الجهة الأخرى للشَّقَّين، أي على طريق عَودة النور؟ هل سيكون بالإمكان أن تتبيَّنوا الجُزَيئاتِ والموجاتِ في آن، من دون منع تكوُّن النور الأوليّ الذي ولَّدها؟

ب- وأنتَ، سيِّد شرودنغر، لو أنك، بدل من أن تواجهَ معضلةَ "الريبة"، انطلاقًا من هِرٍّ حيّ، تُعرِّضه لموت غير محدَّد، معرِّضًا كَينونَتَك في ذاتها، وبالتالي كَينونَتَنا، نحن أجمعين، لغموض المَصير، واجهتَ فعلَ 'التأكُّد'، انطلاقًا من هِرٍّ مَيت، تضعه في الصندوق، ومعه جهازٌ يُعيدُه إلى الحياة، أما كنتَ أكثرَ ارتياحًا، في أثناء انتظارك؟ أما كان لدَيك، أقلّه، التأكُّدُ من أن الحلَّ الوحيدَ، في النهاية، سيكون أكثرَ تفاؤلًا. وحتّى لو متَّ، يَبقى لديك حظٌّ أكبر بأن يضعَك 'الهِرُّ'، بمجرَّد عودتِه إلى الحياة، في الصندوق الانتقالي نفسِه الذي خرج منه. مع ذٰلك، يبقى هذا الصندوق مُختلِفًا بعضَ الشيء عمّا يُعرَفُ اليوم بمختبرِ الاستنساخ.

إن كنتُ قد توصّلتُ إلى هذين التصوُّرين فليس لأنني أفوقكم ذكاء أو معرفة، إنّما بفضل تلك 'العَين النيِّرة' التي أتمنّى لكلّ إنسان أن يتلقّاها من واهبها الوحيد، وبفضلها أيضًا، تمكّنتُ من قراءة الدلالات والمُثل والرُموز بطريقةٍ سيُعطي ما يَلي فكرةً عنها:

---

628 على مرآة الوصايا أرى وجهي من الداخل. لقد وضعت الكتب المقدسة كالمرآة: العين النقيّة ترى فيها صورة الحقيقة. راجع: *TLE* p. 152. نقرأ في هذا المرجع ما يلي: "عدد كبير من المرادفات تعبّر عن هذا النوع من الرمز والصورة والمثل أو قل، 'المرآة'. والكلمة 'رازا' التي يختزل 'أفرامَ' بها معظم الكلمات الأخرى، تفيده بانتظام للتلميح إلى الرموز التي تكشفُ الحقيقةُ الخفيّةُ عن ذاتها، من خلالها، في اعتلانٍ مُحتجب، 'أسرار' الكنيسة ضمنًا". راجع: *La Pensée*, p. 71
"المرآة توصل المعرفة، معطيات الأمور التي هي أساسًا غير مرئيَّة وخفيّة. عليه يصف 'أفرامَ' بالمرايا " أرواز" تعاليم المسيح وكلماته ... وبشكلٍ مميّز الزيت إذ هو 'راز' المسيح". راجع: (أناشيد في البتوليَّة 7، 14) و (*La Pensée*, p. 63)

فليكن بعلمكِ، سيّد 'شرودنغر'، أنّ اختبارَك قد مرَّ به قبلًا هذا المسيحُ الذي يُراقبنا، في هذه اللحظة، كما راقب 'لعازر' خلفَ حائطه. وبالتالي، أتساءل عمَّن يراقبُ الآخرَ في هذه اللحظة: عمَّن يتباحث في حالة الآخر؟ ومن هوَ الذي يختار أفضلَ نتيجةٍ للاختبار، لصالح الآخر؟ هل يكون نحن الموجودين جميعًا، الآن، في قبورنا الفعليّة، أم هوَ الموجود حيث الـ'أنا هوَ' الأزليُّ، النورُ البَدنيّ؟

عملاً باختبار 'الجسم الأسوَد النظري'، وفُتحَته التي هي مبعثُ افتخارٍ لكم، والتي سمحت للسيّد ماكس بلانك أن يكتشفَ ثابتَته، فقد برهَنَ 'هوَ'، بقيامته، على فاعليّته وقابليّة تطبيقه في حالة التدبير الخَلاصيّ الذي باتَت علومُكم جزءًا لا يتجزّأ منه. فمن خلال 'الجسمِ الأسوَدِ النظريّ'، الذي نقفُ أمام فُتحتِه، لا يقوم 'هوَ' بشيءٍ غيرِ بَثِّ الطاقة ونورهِ إلى الكون الذي امتصَّها منه، مع الموجات الخاصّة بها، بشموليّةٍ تامة، مُعيدُها إليه بحالتها الأصليّة، لا بل أكثرَ، منشّطةً (energizing) بالباراقليطِ الذي يجعلُها منيعةً ضدَّ الفوضى والعبث مُجدَّدًا. لذلك، إذا ما صَدَقَ إحساسي، قد وجدتُ نفسي مشدوهًا أمام اللؤلؤة التي يثقُبُها الصاغةُ لأسباب تجاريّة. الثُقبُ هذا استثار في قلبي ذاكَ 'الثُقبَ' الذي فَتَحَتهُ الحربةُ في جنب 'الكلمة' على الصليب، محوّلةً جسدَ المسيح، إذا ما استعملنا الرمزيّة ذاتَها، إلى 'جسمٍ أسوَدَ، نظريٍّ'، إنّما 'مختالفٍ'، يمتصُّ كلَّ شرور الإنسان ليُعيدَها إليه خيراتٍ.[629]

طبيعتُكِ أشبه بالحمَل الصامت، بوداعته العميقة.

فحَتّى لو ثقبوكِ ثمّ علَّقوكِ بحَلَقٍ في الأُذن،

تُرسلينَ كما من على جبل الجُلجلة،

المزيدَ من وهَجِ نيرانكِ للّذين ينظرون إليكِ.

من خلال جمالكِ، يَرتسم جمالُ الابن المَكسوّ بالألم والمَثقوبِ بالمَسامير.

لإنّ الإبرة قد اخترقتكِ تمامًا، كما اخترقت يدَيه.

بآلامه يملكُ؛ بآلامكِ أيضًا ازداد بهاؤكِ.[630]

هل يمكنكَ أن تُسدِيَ لي معروفًا، سيّد ماكس بلانك، وتقولَ لي ما الذي يُعيدُ بثّه للبشر 'جسمٌ أسوَدُ نظريٌّ' يمتصّ موجاتِ الكراهيةِ المُعطِّلةِ للتفاهُم، على سبيل المثال؟

---

629 راجع: La Pensée, p.91، تعليق على أناشيد في الإيمان 82

630 أناشيد في الإيمان 82، 11 - 12. راجع: CSCO vol. 154, pp. 253-254.

أمّا بالنسبة إلى الأهدافِ موضوع الاِختبارات المذكورة أعلاه، فقد أثبتَ 'الكلمةُ' نفسُه أنّ طريق عَودتِها مُمكنٌ، وأكّد أن الأهدافَ، التي نحن جزءٌ منها، قادرةٌ على أن تعبُر من الشَّقّين إياهما لإعادة تكوين 'النور' الذي انبَثقت منه، أو أقلّه أن تتواجد فيه ثانيةً. صدّقوني، لقد سمح هذا المسيحُ لنفسه بأن تتحمَّلَ كينونتُه كلَّ تلك الاختباراتِ، ليُعلِمَنا حتّى بما يَكمُن في جَوهر العِلم. فهو الوَحيد الذي رأى وعرفَ ما هناك، من جهتَي 'الحائط' وقد حدَّثنا عنه، مُستعملًا تعابيرَ لُغاتنا. وإن كنّا لم نتمكّن، بَعدُ، من فهمه فالسببُ، من جهةٍ، لأن عيونَنا غيرُ قادرةٍ، بَعدُ، على التفرُّسِ 'بالنور'، لغايةِ اكتشاف تكوينه البَدئي، والتمييز، بالتالي، بين الظلِّ والواقِع. ومن جهةٍ أخرى، لأن قُدُراتِنا اللّغويّة ومُفرداتِنا التي استعمَلَها 'هوَ' كانت، ولا تزال، محدودةً جِدًّا لكي تساعد في التعبير عن الخواطر والاكتشافات. ولطالما كان الأمرُ كذٰلك، إن على صعيد الدِين أو على صعيد العِلم، على أيامي، كما في حاضركم. إن هذه الظاهرةَ الأخيرةَ هي ما يقف خلفَ كل مشكلات التفسير التي تألّـم منها اللاهوتُ، كما الكريستولوجيا، والتي منها، أيضًا، يمكن للعِلم أن يعانيها. وإن بات العالَـمُ يَفهم المسيحَ اليومَ أكثرَ، فالفضلُ يعود إلى اكتشافاتِكم العِلميّةِ والفلسفيّةِ واللغويّةِ، أنتم آباء 'مِكانيكا الكَمّ'، وبكلّ ما ينجُمُ عنها. يَقيني أنكُم كلّما فَهِمتُم 'ذاتَهُ هوَ' بشكلٍ أفضل، زاد التفاهُمُ بينَكُم وبينَنا جميعًا.

من خلال بعض التفكير بحسب منهجيَّتكم، وباستعمالي وسائلَ خاصّةً بمهمَّتي الزهديّة، قد تمكَّنتُ يومًا، من اكتشاف قلب 'الشمس'. إنّه لا يختلفُ عن قلبِ الذرَّةِ وعن كمِّ الطاقة اللّذين تقصَّيتُم. ومن قلب 'الشمس'، من تركيبتها الثالوثيّة، تمكَّنتُ من رؤية 'من هوَ الذي هو'، بكامل بهائه الثالوثي، وعَبَدتُه. دعوني أقول، أليسَ أنّه عندما تُصبح 'عَينُنا' قادرةً على رؤية الجُزَيء والمَوجة والأهداب في الوقت نفسه، كوحدَةٍ لا تنفصلُ، تكشفُ 'المسبِّبَ الأوّل' لذاتيّةِ الثلاثِ الواحدةِ، 'ياتُها'، وتدنو من رمزيّةٍ واقعيّةٍ قادرةٍ على طمأنَتِنا؟

نُقطةٌ ثالثةٌ في غاية الأهميّة تستعجلُني لكي أُعلِنَها لكم. إنّها، باقتضاب، إعجابي بالاكتشافات التي حقّقها العالِمان ماكس بلانك وآينشتاين. في الواقع، ما إن ثبُتَ أن طبيعةَ النور هي 'كموميّةٌ' حتّى اتّضح أن هذا الأمرَ ينطبقُ عليه 'هوَ' 'نُورُ العالَـم'. نعم، يَقيني، أنا أفرام، أنَّ الأمرَ قابلٌ للتطبيق، وأنا أتحمَّلُ، مع الإنجيلي يوحنّا، مسؤوليّة ما أقول.

هذا المسيح الذي يراقبُنا من الجهة الأخرى من الحائط بهدف إعادتِنا إلى المصدر الذي يولِّدُه، إذا ما فهمناه بحسب رغبته هوَ، لا نجدُه "حَدَثًا مستمرًّا من الماضي"، وكأنّه لم يَترُكِ العالَـم خوفًا من أن يخلِّفَ فراغًا وراءَه، أو ألاّ يتمكّن من تكرار اختبار التجسُّد. إن فُسِّرَ حدثُهُ بهذه الطريقة، فهو ونحن نكون قد أضعنا كلَّ شيء. إن 'بولسَ' و'يوحنّا الرؤيا'

تقبَّلا تلك 'المعلومةَ' تقبُّلًا صحيحًا، وأكّدا، ما استطاعا، أن هذا المسيح هوَ في حالة مجيءٍ متواتر، مستمرٍّ، أشبهُ بكمٍّ مُتتابِع. **وهذا ينطبقُ على توليد الآب له، وبالسياق ذاته على الروح القدس، الحُبّ المُتبادل بين الآب والابن والمنبثق منهما كما الجُزَيْءُ والمَوجةُ، حاملًا التعزية (البارَقليط) والفهم والحكمة**، والذي كان حلولُه على مريمَ والتلاميذِ بشكل ألسنةٍ من نار، ما يعني موج -جُزَيئاتٍ وطاقةً مُتلهِّبةً مُترابطةً. 'فبولس' توسَّل إليه ألّا يتوقَّف عن المجيء: "مَران آتا"،[631] و'يوحنّا'، أيضًا، قام بالمِثل إنّما مع استعمال صيغة الأمر: "آمين. تعالَ أيها الرب يسوع".[632] لكم يُشبه هذا ما تُسميه نظريّاتُكم 'الحقلَ الكمِّي' الذي يحترم "الزّمكانَ" ويتطابقُ، في الوقت نفسه، مع 'النسبيَّةِ العامَّةِ'، على مدى أبعادِ المهندس 'فولِر' (Fuller) الشموليَّةِ حتى تغطية "المَعاد - الآخرة" (hereafter)، الذي هوَ حقلُنا الاستكشافيّ الحالي.

كما في السماء كذلك على الأرض، علّمنا هذا المسيح في الصلاة الوحيدة التي يريدنا أن نتلوَها يوميًّا. كل شيءٍ هوَ في صيغة الحاضر. إنَّ 'الفعلَ الإلٰهي' (the divine Verb) لا يُصرَّف إلّا في المضارع، وفي ضوء نورِه الذاتي، الذي هوَ دائمُ التجدُّد في الحضور. أما الماضيَ والمستقبلَ فليسا سوى من تاريخِنا العَرَضيّ، نحن الذين نُمضي بضع سنواتٍ زائلةٍ في أجسادٍ مصنوعةٍ بحسَبِ خريطة محدَّدة بالحَمض النوَويّ الذي بات واحدةً من بصمات الله.[633]

نعم، سيُسعِدُني، بصفتي أبًا من آباء الكنيسة أن أراكُم تطبِّقون على هذا المسيح، 'الكلمةِ-النور' الإلٰهي المُتجسِّد، القوانينَ التي اكتَشفَها الصديقان ماكس بلانك وآينشتاين ومن تلاهُما، وأن تقولوا للبشر كم مرَّةً يأتي هذا النور إلى لقائهم في الثانية، وبالتالي كم يكون وَقعُ حُبِّه مُطَمئنًا بما أن نوره يتحرّك بسرعةٍ تفوق نسبيًّا، بكثير، سرعةَ النور التي لاختباراتكم.

أتوقّف هنا مع بقائي بتصرّفِكُم لأيِّ مداخلةٍ مستقبليّةٍ، مع الأمل بأن أكونَ قد هدّأت، بطريقة ما، روعَكُم. من الآنَ فصاعدًا، سنلتقي بحريّةٍ أكبرَ حولَ 'المعلومات' التي تلقَّيناها وسنتلقّاها منه 'هوَ'، سواء أكان ذٰلك عبرَ آذاننا أم عن طريق عُيوننا، ولكن، بالأخصّ، عبرَ 'عَينٍ منيرة' و'قلبٍ منوَّر'.

631 2قور 16، 22

632 رؤ 22، 20

633 راجع: Francis Collins, The Language of God, A Scientist Presents Evidence for Belief, Free Press, NewYork.; London; Toronto; Sydney; 2006. p.240

خاتمــة

اليوم، لم يعُد يحقّ لأحد إنكارَ دور أيّ معلومةٍ تتوصّلُ الإنسانيّة إليها بفضل التكنولوجيا المدهشةِ القادرةِ على تلقُّفِ تلك المعلومةِ، سواء أكان من الماضي الغابرِ، أم من عمقِ أعماقِ المادةِ، أم من أقصى أطرافِ أبعاد النفس. إن استمرارَ قدرة الفهم الإنساني على العمل، بقوّة وحكمة، يقوم على حساب تلك المعلومات، المشحونةِ منها، سلبيًّا، والمشحونةِ إيجابيًّا، كما المضادة للمعلومات، فكلّها تُثبت، أكثرَ فأكثرَ، أنّها أساس الفهم الجيّد لكلّ واقع. وكما رأينا، يتكشّف لنا أنّ شرائعَ طبيعيّةً هي، في نظرنا، حقولُ المسابر التي يتحدّث العِلمُ عنها. إن وجودَها كلّها، مجتمعةً، لهوَ شرطٌ أساس لتأمين توازُن ما، تُبطَلُ بدونه كلُّ المعلومات.

إننا، من هذا المشهد الذي تمّ أمام 'القبر'، في فُسحةٍ ما من المكان والزمان الخاضِعَين لحسابات نيوتُن كما في "الزّمكان" الآينشتاينيّ، قد تمكّنا، بفضل عَين 'أفرام المنيرة'، أن نتعرّف إلى أهميّةِ المعلومة. والأمرُ نفسُه يَنسحب على المشاهد الإنجيليّة الأساس الأخرى للإيمان المسيحي: الحَمْلِ العجائبي والميلادِ والعَنصرةِ والعشاءِ السرّي والصّلب.

يمكن القول إنّ هذه المشاهدَ كلّها، والحواراتِ المُمكنة التي رافقتها، قد حدثت، وهي مستمرّةٌ في الحدوث، في 'مكان وزمان' قائمَين بين العالَـم الفيزيقي والعالَـم الميتافيزيقي، والذي وصفناه 'بالرازائي'. ستستمرّ بالحدوث، طالما أن أشخاصًا (أقانيم) من العالَـم الفيزيقي يتفاعلون، 'بالترابط'، مع أشخاصٍ (أقانيم) من العالَـم الميتافيزيقي، والعكسُ بالعكس. برهنَت تلك المشاهدُ والحوارات، وستُبرهن، دائمًا، أنّها صالحةٌ لواقع غيرِ خيالي. يدفعُنا كل هذا، بعد أن اعترَفنا بقوّة 'المعلومة'، للمضيّ في التعرُّفِ إلى طبيعةِ ذاك 'الوَسَط'، أي إلى 'المكانِ'، و'الزمانِ' اللذين تدورُ فيهما تلك المشاهدُ والحِواراتُ، وإلى إحداثياتِهما بالنسبة إلى 'الكائنِ'.

وإذا اعتُبر 'المكانُ' و'الزمانُ' اللذان يكوّنان 'المشكنزبنُا الشامل' حيث تدور الحِوارات، كمعلومتَين، سيكون من مسؤوليّتنا، نحن المتزهّدين، أن نلتقِطَهما ونكتشفَ بأيّ حقٍّ قام آينشتاين بتَمحيصِهما، ودَمجِهما بمفهوم واحد هوَ "الزّمَكان". أما 'الحرفُ' في الكتاب المقدّس، متى اعتمَدنا الكتابَ المقدّس بحرفيّته، فلا يُعبِّر، بصراحة، عن خَلق هذين المُعطيَين. حتّى العالِمُ الكاهنُ 'لومِتر' قد أكّد، هوَ أيضًا، من دون أن تعترض الكنيسةُ الكاثوليكيّةُ على قوله، أنّهما لم يكونا موجودَين، قبل 'الانفجار الكبير'. ماذا هما إذًا؟ هل هما، فعلًا، مخلوقَان؟ وانطلاقًا من أي جَوهر، من أي 'يات' قد تمّ خلقُهما؟ إنّه لمن الأهميّةِ بمكانٍ أن تقولَ المسيحيّةُ كلمَتَها عن 'المكان' و'الزمان' اللّذين يشكّلان 'الوَسَط' الذي يتمُّ فيه "المَران آتا" لدُعاء 'بولس'.[634] هذا ما سنحاول توضيحَه في الفصل التالي. قد يبدو الأمرُ ضربًا من الجنون، ولكنَّ هذا لن يثنيَنا عن واجبنا.

634 1قور 16، 22

الجِزءُ الثالث

الخَلقُ من الحُبّ:

الأمومَةُ والطفولَةُ السَّرمَديَّتان

الفصلُ السادس:

هَل الزمان والمَكان مَخلوقان؟ الخَلقُ من الحُب

أعلمُ أنني، بطَبيعَتي، قابلٌ للمَوت وزائل. لٰكن عندما أرسُم، لمسرَّتي، التعَرُّجات، من الأجرام السَّماويَة وإليها، لا أعود ألمُسُ الأرضَ بقدمَي: أصيرُ في حَضرة 'زُوس' بذاته، وآخذُ حِصَّتي من خُبز الآلهة.

كلاوديوس بطليمُس[635]

أن نبحثَ عن 'القُبَّةِ الدَّهريَة'، خَيمة المَوعِد بين الله والبَشَر بالمَعنى الشُّمولي، هدفُ موضَوعنا الأساس، حيثُ نَفترِض أنَّه من المُمكِن للعِلم والدِين أن يكونا معًا بسَكينة، لا يَخلو من مغامرَة، إذ لابدَّ من بذلِ جهودٍ في حقولِ عِلمِ الاشتِقاقِ واللَّغاتِ ومَبحثِ العُلوم لنَستَكشِفَ مُصطلحَي (מִשְׁכָּן: مَسكِن، مَكان) و(עֵדָה: الزمان، الوَقت)، ثمَّ لنَبنيَ مِنهُما، كما في حالة مَوجَتين بنّاءَتين خلّاقتَين، المَفهوم السَّاميَ البيبلي 'مَشكَنزَبنُا' الذي يُمكِن اعتبارُه تمهيدًا سابقًا لزَمَكانِ آينشتاين.

'مَشكَنزَبنُا' هوَ مَفهومٌ يُفتَرَضُ به ان يُمثِّلَ 'الاستِقرارَ - السَّكينَةَ'، حيثُ يُقيمُ الزمانُ (الدَّهر)، والأمرُ نفسه، بالنسبةِ إلى الزمانِ، حيثُ يُقيمُ الاستِقرار. بالمعنى الفيزيائي، يُعيدُنا ذٰلك، في الحالتَين، إلى الوَقتِ صفر 'T∅' موضِع استِقرارِ الطَّاقةِ في حالةِ الترقُّب، في اللَّحظَةِ التي كانت فيها حُبلى 'بالانفجارِ الكبيرِ'.

هٰذا 'المَشكَنزَبنُا' الشُّموليُّ اللَّامحدود الذي نُبرِزُه، يُمَثِّلُ الحالةَ الأوليَّةَ للخَليقَةِ قبلَ انطلاقِ عَمليَّةِ الخَلق. عليه أيضًا أن يُمثِّلَ حالةَ التماثُل، والتوازُنِ، التي يَذكرُها الفَيلسوفُ 'غيتون' عن مُعلِّمه 'برغسون'. في الواقع، يَفترِض 'برغسون' أنَّه مِن انصداع هذه الحالةِ،

---

[635] راجع: Ptolemy. *Greek Anthology*, book IX, nr. 577.
http://www.er.uqam.ca/nobelr14310/Ptolemy/Rhosos.html [Accessed Oct, 2019]
راجع أيضا: *La Pensée*, p. 381; commentaire sur le pain Azyme (*Az* 17, 17)

شَقَّت عمليّةُ الخَلقِ طريقَها.⁶³⁶ إنّه تماثلٌ كان قائمًا بشكلٍ أو بآخَر، بسَكينة.⁶³⁷ من تلك اللّحظة بدأ المكانُ (ܐܬܪܐ: أترا)، والزمانُ (ܐܕܢ: زَبنا) يتحوَّلان من حالةٍ 'بالقوّة' إلى حالةٍ 'بالفعل'.⁶³⁸

إن اللُّغزَ، القائمَ خلفَ ذلك 'المَشكَنزَبنُا'، يكمُنُ في أن نعرف إن كان فيه متَّسعٌ كافٍ للواحدِ والآخَر من الكائناتِ العاقلة، للأنا والآخَر، وحتَّى الآخَر المُطلق "*das ganz Andere*" الذي يُحدِّثُنا عنه الفيلسوف الألماني رودلف أُتو (Rudolf Otto). هل هذا 'المَسكنُ' هو حقًّا، موضوعُ صراعٍ بين أنانيَّتَين مُتساويَتَين ومُتحاسِدَتَين، الله والإنسان؟ أم، بكلامٍ أدقَّ، بين إلهَين، من حيثُ إنَّهما يتشاركانِ الأفكارَ ذاتَها، الأوّل كمُرسِلٍ والثاني كمُتلقٍّ: ألخالق و'الإله'؟ أينَ يَقع موضعُ ذلك 'المَشكَنزَبنُا'؟ ما الذي يُحيطُ به وما هي شروطُ وُلوجِه حتى نُعلِمَ بها العُلماءَ والدِينيِّين؟

إن عبارتَنا إلى هذه المُغامرةِ هي الحيلةُ الذَّكيّةُ التي نستعيدُها، بعدَ عشراتِ القرون بينَ الفِكرِ الذي بَنى مُصطلَحَ "مَشكَنزَبنُا" والفِكرِ الآخر الذي أنجبَ مُصطلحَ "الزَّمكان"، (راومتسايت *Raumzeit*) وكأنَّها بين النبيِّ موسى وآينشتاين. هل يُمكنُنا، من صَميم حَدَثِ التجسُّد، نُقطةِ ارتكازِ الفِكرِ الأفراميِّ، تسليطُ الضَّوءِ على هذا اللُّغزِ الذي يُزَعزعُ، لغايةِ اليومَ، العلاقةَ بين العقلِ والإيمانِ وكأنَّهما غيرُ قابلَين للتواجُد معًا، في فُسحة 'رحِمٍ' واحِدٍ، بسببِ عدمِ التجانُسِ، والانتقالِ بـ"فُسحَةِ اللُّقاءِ" هذه من نِطاقِ السرِّ والسرِّيَّةِ إلى النِّطاقِ 'الرّازائي'؟

لكي نقومَ بهذا، لابُدَّ من أن نحدِّد، أو أقلَّه، أن نرسُمَ، عملًا بوصيَّةِ 'أفرامَ'، ذاك 'المكانَ' غيرَ القابلِ للتّحديدِ، والشِّبهَ صوفيَّ الزمانِ والجغرافيَةِ، لكيما نُسهِّلَ التَّواصُلَ بينَ 'الحَيِّ' الذي في القبرِ و'الأمواتِ'، علماءَ ودينيِّين، الّذين حتى إشعارٍ آخرَ، يَعتبرون أنفُسَهم خارجَ القبر.

بهدفِ تَوضيحِ وجهةِ نظرِنا هذه، بشكلٍ أفضلَ، سنتَّبعُ المُخطَّطَ التالي:

---

636 *Dieu et la Science*, p.88
637 *Dieu et la Science*, pp. 110-111
638 تتحدَّث نظريّة الكبّالا في الخَلق عن الـ"إن زوف" (אין סוף), الـ"إن زوف أور" (אין סוף אור) وعن "التهيرو"... نعود إلى هذا في الفصل القادم.

هل الزمان والمَكان مَخلوقان؟ الخَلقُ من الحُب 263

1. إشكاليَّةُ 'الزمانِ' و'المكان'
1.1. إشكاليَّةُ 'المَكان'
1.2. إشكاليَّةُ 'الزَّمان'
1.3. إشكاليَّةُ "الزَّمَكان" (*Raumzeit*)

2. المَفهَمَةُ المَعرفيَّةُ والتأثيراتُ اللُّغويَّة
2.1. عَمليَّةُ إدراكٍ أمثَلَ للإشكاليَّة
2.2. ظاهرةُ الألسُنيَّة
2.3. الاسمائيَّة

3. نَظريَّةُ "زِم زُم" الكبَّاليَّة (zimzum צמ צום)[639]
3.1. إسهامُ اللاهوتيِّ 'مولتمان' (Moltmann)
3.2. تفسيرُ نظريَّةِ "زِمّ زُم"
3.3. البعدُ الدّينيُّ-اللاهوتيُّ لنظريَّةِ "زِم زُم"
3.4. 'المَشكَنزَبنُا' للخَليقَةِ التي من الحُبّ
3.5. الأُمومَةُ الإلٰهيَّة
3.6. اللهُ والأُمَّهات

خاتمـــة

639 'كابالا'، وقد نجدها مكتوبةً 'كبالة'، وهو التعبير العبري الذي يعني "التقليد". نجدُها أيضا مكتوبة بالعربيّة 'قُبالة' والتعبيران مستعملان في الوثائق الرقميَّة... نحترم الكتابة بحرف القاف وتفسيرها، إنما سنعتمد الشكل كما ورد أعلاه، الأكثر دقة في الدالّة على المعنى المقصود في اللغات الأجنبية. بالنسبة لعبارة Zimzum والتي نجدها مكتوبة بالأجنبية Zim Zum أو Tsim Tsum، نفضّل أن نستعمل لها العبارة المشابهة لها معنًى ومبنًى: "زِمزُم" من فعل "زمَّ" بمعناه الشائع المُرتبط بالحجم: قلّص وصغَّرَ أو تصاغرَ ليخلي مكانًا... سواء أكان ماديًّا أم معنويًّا. وقد يشيرُ أيضا إلى حالةٍ من التواضع الإرادي أو الجبري...

1. إشكاليَّةُ 'الزمانِ' و 'المكانِ'

'عندما أرسمُ (أنا)'، قال 'بَطليمُس'. الأنا! ما عساها أن تكونُ 'الأنا' غيرَ جُزيءٍ من الجُزيئاتِ التي تكلَّمنا عليها في الفصلِ السابق، جُزيءٌ لا يمكنُ التقاطُه إلَّا في مكانٍ وزمانٍ، خاضعَين كلاهُما لنسبيَّةِ آينشتاين، المحدودَةِ كما العامة. أكانت تلك 'الأنا' ذرَّةً أم فوتونًا أم إلكترونًا، عليها أن تكونَ عاقلةً كي تتمكَّنَ من أن تُعَرِّفَ عن ذاتِها، لأنَّها إن تَمكَّنت فعلًا من القيامِ بذلك فلأنَّها تقومُ به نسبةً إلى مكانٍ وزمانٍ في الحاضر. هنا، في حالةِ 'بطليمُس' تَتخطَّى النسبيَّةُ صفتَيها المحدودَةَ والعامَّةَ المتعارَفَ عليهما، فنجدُه يضعُ بنفسِه إحداثياتِ مَوضِعِه. يكفينا إذًا أن نُعيِّنَ مكانَ وجودِ 'زوس' حتَّى نعرفَ أينَ نجدُ 'بطليمُس'... وكيما يصبحُ اقتراحٌ كهذا قابلًا للـ'هضم'، يَدخلُ على خطِّ المساعدةِ أحدُ روَّادِ حركةِ الـمُصالحةِ بين الدِين والعلم، 'يان باربُر' القائل: (Ian Barbour)[640]

> العِلمُ يطرحُ أسئلةً لا نجد لها أجوبةً في العِلمِ ذاتِه. إنَّها أسئلةٌ على الحدود القصوى للمعرفة. من ذلك ما تطرحُه النظريَّاتُ المعنيَّةُ بـ'الانفجار الكبير' ونشوءِ الكونِ من أسئلةٍ حولَ القَصِيّاتِ الزمنيَّةِ والكونيَّةِ و المفاهيميَّةِ، وصولًا إلى التساؤلِ حولَ وجودِ الكونِ بذاتِه: "لماذا يوجدُ كونٌ أصلًا؟"[641]

إن المكانَ والزمانَ اللذين يُمثِّلان، بامتياز، صنفَ هذه الألغازِ موضوعَ التساؤلِ، لا يؤثِّران فقط في الأطرافِ المشاركةِ في الحِوارِ، 'زوس' ضمنًا (أو الله)، إنَّما في موضوعِ حِوارِهم بعَينِه الذي هوَ الحَقيقةُ في حدِّ ذاتِها، حيثُ يجدونَ أنفسَهم جميعًا منغَمسين، ومعهُم الزمانُ والمكانُ، في شموليَّةٍ واحدةٍ تبدو فيها كلُّ حدودٍ ضبابيَّة.

إنَّ الزمنَ الدائمَ العبورِ هوَ جزءٌ لا يتجزَّأُ مِنَ الحقيقة، والمكانَ الذي باتَ يُقاسُ بمقياسِ الزمن (سنين ضوئيَّةٍ على سبيلِ المثال) كما بالأمتار، يشكِّلُ، أيضًا، جزءًا أساس منها. إنَّ 'الكلمةَ الإلهَ'، إذ جاهرَ، من خلالِ رؤيا يوحنًّا، بأنَّه 'الألفُ' و'الياء' (البدايةُ والنهايةُ)، الذي كانَ، والذي هوَ، والذي يأتي دومًا، فليس سوى لِيُبَرهِن، بشكلٍ غير قابلٍ للجدَل، عن هذه الحقيقة.[642] ما هي طبيعةُ تينكَ 'الألفِ، و'الياء'؟ هل هي زمنيَّةٌ؟ مكانيَّةٌ؟ صحيحٌ أنَّ الإنجيليَّ يوحنًّا وضَّحَ الغموضَ بقوله: "البدايةُ والنهايةُ"، ولكنه لم يُحدّد، بما أن المسيحَ

---

640 يان ج. باربور (1923 - 2013) ملفان في العلوم والتكنولوجيا والمجتمع في كارلتون كولدج، نورثفيلد، مينسّوتا، الولايات المتحدة الأمريكية. عرف بدوره الهام في التقريب بين الدين والعلم والحفاظ على القيم الاجتماعية والمهنية التي تحمي البيئة والسلام العالميّين... راجع: URL: http://www.religion-online. org/showchapter.asp?title 2239&C=2089. تم تفحّصه في تشرين الثاني 2016

641 راجع: Barbour, Ian. When Science Meets Religion: Enemies, Strangers, or Partners? (Harper Collins, 2000) (تم تفحّصه في تشرين الثاني 2016)

642 رؤ 1: 8.

هوَ ’سيِّدُ الكلِّ‘ والكلِّـيُّ القدرةِ، إن كان هٰذان المفهومانِ هما بدايةُ زمانٍ ونهايتُه، أم بدايةُ مكانٍ ونهايتُه، طريقٍ ما على سبيل المثال، أم الاثنين معًا.[643]

إننا نؤيّدُ التفسيرَ الأخيرَ الذي يُريدُه أن يكونَ بدايةَ ’زمانٍ‘ و’طريقٍ‘ ونهايتَهما في آن، إذ إن الليتورجيَّةَ المارونيَّةَ تُشدّدُ على هذه القناعةِ الإيمانيَّةِ، في بدايةِ كلِّ صلاةٍ من فرضِها اليومي. في كلِّ مرَّةٍ تقفُ الجماعةُ أمامَ سيِّدِها، في ’الموضِعِ الليتورجيِّ‘، تقفُ أمامَ ’الألفِ‘ و’الياءِ‘ (اللذين، بالنسبةِ إلى الأبجديَّةِ الآراميَّةِ المحكيَّةِ من المسيح، هما ’الأولافُ‘ و’التاوُ‘) وتُنشد: ”المجد للآبِ والابنِ والروحِ القدسِ في بدايتِنا ونهايتِنا...“ (عَل شورُيان وشوملُيانَ).[644] هذه الافتتاحيَّةُ لا تُوَضِّح إن كانَ الـمَقصودُ هوَ بدايةُ الصلاة أو الحياة ونهايتُهما. وتُختَتَمُ بطِلبَةٍ تقول: ”ولتَفِض علينا نِعمُك وبركاتُك في **العالَمين** اللذين خلقتَهُما، يا ربَّنا وإلٰهَنا، لكَ المجدُ الآن وكلّ أوانٍ وإلى أبدِ الآبدين“ (بتَرَيهون عُلمِه دَبرَيت بطَيبوتُخ مُرَن والُهان لُـخ شوبحًا، هُاشًا وبخولزبَن، ولعُلَم عُلمين)، أو إلى دهرِ الداهرين، أو آخِرِ العوالـمِ، إذ إن عبارةَ ’عُلمين‘ تدلُّ على الثلاثةِ معًا.

إذًا، لابدَّ من أن يكونَ ’السيِّدُ‘ هوَ ’الألفُ‘ و’الياءُ‘ لكلِّ زمانٍ، ولِلعالَـمَين، وللأبد، ولكلِّ مكانٍ، حتّى الذي يُسمّى السّمواتِ، إذ إنّه هوَ بدايةُ الأبجديَّةِ الفينيقيَّةِ-الآراميَّةِ السائدةِ الاستعمالِ في ’مِلء الزَّمنِ‘ الذي حلَّ فيه بينَنا ونهايتُها، ما يعني البدايةَ بالذات للنطقِ ونهايتَه.[645]

---

643 هو ”زوش“ و”كرونوس“ والآلهة المُمكِنة والمحتملة كافة.

644 راجع الشحيم الماروني: افتتاحية الصلوات التقليديّة. **ܫܘܒܚܐ** ܠܐܒܐ ܘܠܒܪܐ ܘܠܪܘܚܐ ܕܩܘܕܫܐ
ܥܠ ܫܘܪܝܢ ܘܫܘܡܠܝܢ ܕܚܝܠܢ ܘܢܚܬܘܢ ܪܚܡܝܟ ܘܚܢܢܐ ܢܫܬܦܥܘܢ ܒܬܪܝܗܘܢ ܥܠܡܐ
ܕܒܪܝܬ ܒܛܝܒܘܬܟ ܡܪܢ ܘܐܠܗܢ ܠܟ ܫܘܒܚܐ ܠܥܠܡܝܢ

645 إنه ”تاو“ نبوءَة حزقيّال (حز 9، 4) وعلامةُ الخَلاص التي تُسميها بعضُ ترجمات الكتاب المقدّس صليبًا. بالفعل، بمقارنَتنا بعض الترجَمات نجدُ أن الترجَمةَ اللاتينيَّة فقط حافظت على اللفظة الأصليَّة ”تاو“ ;Thau Tav (Tao)، حرفِ الأبجديَّة الفينيقيَّة الساريَة الاستعمال أيام الكتَبةِ القدامى:

אמֶר יְהוָה אלו אֵלָיו עֲבֹר בְּתוֹךְ הָעִיר בְּתוֹךְ יְרוּשָׁלָם וְהִתְוִיתָ תָּו
עַל־מִצְחוֹת הָאֲנָשִׁים הַנֶּאֱנָחִים...

وقد أتت باللاتينية على الشكل التالي:

... Et dixit Dominus ad eum transi per mediam civitatem in medio Hierusalem et signa thau super frontes virorum.

الترجمات العربية البروتستانتية تنوِّع بين سمة وعلامة. تتميَّز نسخة اورشليم باستعمالها ”صليب“. نجد الأمر نفسه في الترجمات الفرنسية والإنجليزية الحديثة. يبقى أنه شرف للمنظّمات الرهبانية التي اتّخذت هذا الرمز، أو هذه السمة، شعارًا لها وتُعرِّف عنه للآخرين على أنه رمز للمسيح وللخلاص. هو مفتاح لكل الأقفال، يؤمّن منذ أكثر من ستّة آلاف سنة العبور المتبادل ’للحدود‘ بين الثقافات والأديان. راجع:
Saint Jérome, Migne, patristica latina, vol. 25, col 88, Paris 1845. Et Damien Vorreux, Un Symbole Franciscain, le Tau, Paris 1977, p.35.

في اللغة العربية، الترجمة الصحيحة لحرف الأوميغا (Ω) اليونانية هو ألياء، آخر حرف من الأبجدية.

إن الحركةَ العلائقيَّةَ بينَ الزمانِ والمكانِ وتناسُقَهما معَ الفعلِ ’كانَ‘ أمرٌ واضحٌ وبديهيّ، ويُشكِّلُ أساسَ قواعِدِ كلِّ اللُّغاتِ، أقلّه التي نملِكُها. لا يمكنُ للحقيقةِ أن تفوتَهما لأنَّ اسمَ الكائنِ "هو الذي هو" مُرتبطٌ بهما. في هذه الحالةِ لا يمكنُ للزّمانِ والمكانِ إلّا أن يُعتبَرا بحكمِ انتمائِهما إلى عالـَمَين مُختلِفَين، وليسَ إلى عالمٍ واحد، كيانَين مخلوقَين، وغير مخلوقَين، في آن. انطلاقًا من هذا التصوّرِ نتَّجهُ، بقدر ما نتقدّمُ بتحاليلِنا، نحوَ التفسيرات التي ستردُ تباعًا لإثباته.

أوّلُ مصدرِ إلهامٍ لنا في هذا المجالِ كانت حكمةُ ’بطليمُسَ‘ الذي غامرَ في عالم الأفلاكِ حتّى الوقوفِ أمامَ ’زوس‘، ثمّ حكمةُ البابا القديسِ يوحنّا-بولسَ الثاني الراسخةُ في رسالته **’الأيمانُ والعقلُ‘** (*Fides et Ratio*). بالنسبةِ إلى هذين المرجعين، الهدفُ منَ التنقُّلِ خارجَ ’المدارِ‘ هوَ التمكُّنُ منَ الاغتذاءِ بطعامِ الآلهةِ الـمُعَدِّ على نيرانِها. تلكَ النارُ هي أيضًا ما دفعَ بالإلهِ الأسطوريِّ ’بروميثيوس‘ ليُغامرَ، قبلَهما، فيسرقَ شُعلةً منها لخيرِ البشر. نُصلّي نحنُ أيضًا للروحِ الخالقِ ليُعينَنا، كي نكونَ أداةً لإدراكٍ أفضلَ لماهيَّتَي ’المكانِ‘ و’الزمانِ‘.

1.1. إشكاليَّةُ ’المَكان‘

أين نبحثُ عن موقِفِ الكنيسةِ من هذه الإشكاليَّةِ العِلميَّةِ، التي هي موضوعُ نقاشٍ عامٍّ، إن لم يكُن في تعليمِها المسيحيِّ التاريخيِّ (kerygma)؟ فبناءً على الرسالةِ البابويَّةِ السالفةِ الذِكر، نعودُ إلى حِقبَةِ الآباءِ السريانِ، إلى القديسِ أفرامَ تحديدًا، لنتزوَّدَ بـ’النارِ‘ الضروريَّةِ ونُسلِّطَ الضوءَ على هذه النُقطةِ، كما على النُّقاطِ التي سَتَليها.

يوحنّا-بولسُ الثاني (القديسُ)، في رسالتِه ’الأيمانُ والعقلُ‘ التي طبعَت بدايةَ الألفيَّةِ الثالثةِ، حاولَ أن يرفعَ التعاوُنَ بينَ الأيمانِ والعقلِ إلى مدارٍ جديدٍ بكتابتِه ما يلي:

> إن علاقةَ الإيمانِ بالفلسفةِ تجدُ لها في بشارةِ المسيحِ المصلوبِ والقائمِ من الموتِ ’شاطئًا‘ صخريًّا قد تتحطّمُ عليه، ولكن، متى تخطَّته، يمُكِنُها أن تُلقيَ بنَفسِها في محيطِ الحقيقةِ اللّامتناهي. عند هذا ’الشاطئِ‘ تظهرُ، بوضوحٍ، الحُدودُ بينَ العقلِ والإيمانِ. ولكن يتجلّى منه أيضًا ’المدى‘ الذي يُمكنُ أن يلتَقِيا فيه.[646]

هذا الاقتباسُ يشدِّدُ على العلاقةِ بينَ الإيمانِ والفلسفة والعقل، إلّا أنّه يرتدي، برأينا، أهميَّةً كبرى نسبةً إلى العلاقةِ بينَ الإيمانِ والعِلم. لا ننسَيَنَّ أنَّ العلومَ كانت جزءًا منَ الفلسفةِ حتّى أواخرِ القرنِ الثامن عَشَر. سنتّخذُ الآنَ، من هذا الاقتباسِ، سندًا رئيسًا لبَحثِنا

646 راجع: John- Paul II, Fides et Ratio, II, 23, end.

عن ’المَشكَنزَبنُا التكاؤنيّ‘ للطرفَين.[647]

من هذا الاقتباسِ الموجَزِ والدَّقيق تصف المُصطلَحاتُ التالية: علاقة، شاطئ صخريّ، تحطُّمُ سفينة، ألـ’ما بعد‘، محيط، لامتناهٍ، حدود، دِقَّةٌ عالية، حقلَ عمَلِنا الهادفِ لتوضيحِ إشكاليَّةِ ’المكان‘، فهي مفاتيحِ فَهمٍ له، وَتنتمي بأسرِها إلى قاموسٍ جُغرافي. المقارنةُ بين مُصطلحَي ’مسيح‘ و’شاطئٍ صخريّ‘ كافيةٌ للمباشرةِ بإجراءِ تحوُّلٍ منطقيٍّ للنماذج من مَدارِ الجغرافيةِ الملموسةِ إلى مدارِ الجغرافيةِ ’الرازائيَّة‘. وهكذا يُصبحُ المحيطُ ’سماءً‘، و’المكانُ‘ ’سماواتٍ‘، بحيثُ يضمُّ كِلَيهما الإنسانيَّ والإلٰهيَّ في نشاطٍ شبيهٍ بما حصَلَ في ’العمادِ‘ في الأردُنِ، أو في ’التجلّي‘، وبخاصّة إبّانَ الدقائقِ الأخيرةِ على الصليب.[648]

لماذا يُصبحانِ ’سماءً‘ و’سموات‘؟ لأنّه يُمكنُ للعِلمِ والدِينِ أن يتّخذا المسيحَ، الإلٰهِ المتجسّد، أرضَ نزاعٍ وانفصالٍ، كما أرضًا مشتركةً للتفكُّرِ والتفاهم.[649] ومتى تفوَّقَتِ الحالةُ الأخيرةُ يكونُ ’أمرٌ ما‘ مؤسَّسٌ بقوَّةٍ عليه، قادرٌ، في الوقت نفسه، على أن يَضُمَّ ما يفرِّقُهما عنه وما يوحِّدُهما به.

هنا نجدُ أنفسَنا مُرغمين على حَرقِ المراحلِ لنُعلنَ مباشرةً أنَّ هذا ’الأمرَ ما‘ لا يُمكنُه أن يكونَ سوى ’الحُبِّ المختألف‘، مع الدالّةِ ’أ‘ ’للحُبِّ الرازائي‘، أي لا الإلٰهيّ لأنه ليسَ من أصنافِنا، ولا الإنسانيّ لأنّه ليسَ من تصنيفاتِ الله. سنعود إلى هذه النُّقطةِ في ما بعد، خصوصًا في الفصلِ التالي حيث سنُعالجُ موضوعَ حركة الدوَران (spin) والجاذبيَّة. أما الآن فنواصلُ البحثَ في إشكاليَّةِ ’المكان‘.

إذًا، بهدف ’الأرضِ‘ الـمُشتركَةِ والتفاهُمِ اللذين منَ المُمكنِ للعِلمِ والدينِ أن يجداهما في المسيح، ندخُل في اتّحادٍ مع ’الإله الأحد‘، مع حفاظِنا على هُويَّتِنا الشخصيَّةِ، وذٰلك بفضلِ ’الحُب المختألفِ‘ الذي يَلعبُ، بالمعنى الكموميّ، دورَ ’الصُّمغ‘ (الغلووُن gluon). في هذه الحالةِ يَستمرُّ الاختلافُ عنِ الألوهةِ ثابتًا، لكنَّ ’المكانَ‘ الفاصِلَ عنها، في الوحدةِ الحميميَّةِ، يفقدُ معناه بالـفِعلِ ليحافظَ عليه بالقُوَّةِ، ويُمسي ’لامحدودًا‘، ما يعني ’سماواتٍ‘.[650]

إن وضعَ ’موسى‘، على ما تصفُه الفِقرَةُ البيبليَّةُ التاليةُ، أكثرُ من كافٍ ليدعَم مفهومَ المكانِ ’الحَميمَ‘ هذا الذي يفصلُ بين جغرافيَّتِنا البشريَّةِ وتلك الإلٰهيَّة.

---

647 "التكاؤني" صفة من مشتقات فعل "كأن - تكاءَن" (to synesserate). راجع المُلحق اللغوي ص.401.

648 سنستعمل ’سموات‘ كما فعل المسيح في صلاة ’الأبانا‘ كي لا يترك أي خلط بين سكن الله وما هو قطن المياه ومدار الكواكب والأفلاك والمجرات والذي لا يعني بيبليًّا سوى "القبة الزرقاء"

649 هذا ما كان أيضا في أساس الخلافات الكريستولوجية التي مزّقت الكنيسة وبالتالي "المسيح" التي هي جسده السرّي.

650 تث 4، 7؛ لو 10، 9 و11؛ مر 1، 15.

ثُمَّ قَالَ الرَّبُّ: «هنا مَكَانٌ في جانبي، فَقِف عَلَى الصَّخرَةِ، وَحينَ يَعبُرُ مَجدِي، أَضَعُكَ فِي فَجوةِ الصَّخرة، وَأَحجُبُكَ بِيَدِي حتى أَعبُرَ، ثُمَّ أَرفَعُ يَدِي، فَتَنظُرُ ظَهرِي، أَمَّا وَجهِي فلا تراه».[651]

ماذا يمثِّل، بالضبط، هذا "المكان في جانب الله"؟ هل فَجوَةَ الصخرةِ أم باطنَ يدِ الله؟[652] إن الجوابَ عن هذا السؤالِ يرتبطُ ارتباطًا وثيقًا بإشكاليَّةِ 'الزمانِ' التي تَبرُزُها هذه الفقرَةُ، لجهة 'الوقت' الذي يحتاجُه مجدُ الله كي يعبُر. فلنتوجّه إذًا، فورًا، إلى إشكاليَّةِ 'الزمان'.

2.1. إشكاليَّةُ 'الزَّمان'

في رسالتِه المذكورةِ أعلاه، اهتمَّ يوحنّا-بولسُ الثاني أيضًا بمسألةِ 'الزمانِ' قائلًا:

> إن سيرورةَ اعتلانِ اللهِ تدخلُ إذًا في حسابِ الزمانِ والتاريخ. حتّى أنَّ تجسُّدَ يسوعَ المسيحِ حدثَ، في ما وصفَه بولسُ الرسولُ بـ 'ملءِ الزمن' (غلا 4، 4). وبعد مرورِ ألفي عامٍ على ذاك الحدثِ أشعُرُ بالحاجةِ لكي أؤكّدَ، مجدّدًا، وبقوّةٍ أن 'للزمانِ في المسيحيَّةِ أهميَّةً أساسيَّةً'. ففيه، فعليًّا، رأتِ النورَ كلُّ تدابيرِ الخَلقِ والخَلاصِ، وخصوصًا، اتّضحَ أننا، بتجسُّدِ ابنِ اللهِ، نعيشُ ونستبقُ، من الآن، ما ستكونُ عليهِ نهايةُ الزمن. (عب 1، 2).[653]

وفي مكانٍ آخرَ منَ الرسالةِ **'الأيمانُ والعقلُ'** أعلنَ قداستُه قائلًا:

> لا يمكن أبدًا للحقيقةِ أن تنحصرَ في زمانٍ وثقافة. إنّنا نتعرّفُ إليها في التاريخ، ولكنّها تتّصل أيضًا بما هوَ أبعدُ منَ التاريخ.[654]

قال هذا انطلاقًا من رؤيةٍ مُعيَّنةٍ للزمان، كما للأزمنةِ التي يسكنُها الله، والبشر أيضًا. أما التميِّيزُ بينَ 'مِلءِ الزمن' نسبةً إلى مفهوم 'الله'، ومِلئه نسبةً إلينا، فنرى أنه لا بدّ أن يُشابه، بالتَّمام، التَّمييزَ بين اللاهوت والناسوت في فَهم المسيح يسوع.

وبما أن تجسُّدَ 'الكلمةِ' يُمثِّلُ 'مِلءَ الزَّمنِ' في بُعدَيه البشريِّ والإلٰهيِّ، يمكنُه 'هوَ'، باعتبارِه 'الكلمةَ المتجسّدَ' بذاتِه، أن يمثّلَ إمّا شاطئًا صخريًّا، 'زمنيًّا'، تَتصادمُ عليه أمواجُ

---

651 خر 33، 21 - 23

652 نلاحظ أنه منذ حُرمت عيوننا من التحديق بوجه الله، وقام فاصلٌ وجوديٌّ بين الدرب التي يطرقها هو ودربنا، يقوم "حبّه" المتواجد من الطرفين بتأمين الجسر بين جغرافيّته وجغرافيّتنا. وكما يلفتنا أيضا، من خلال يد الله المُحبّة التي تحمي 'موسى' يرتقي هذا الحبّ فوق المسافات والزمان وتتعالى يد الله على كل ما يفصل. الوصف ذاته ممكن اعتماده في إقفال الله بابَ فلك نوح. (تك 7، 16)

653 راجع: John- Paul II, *Fides et Ratio* I, 11.

654 المرجع نفسه 95§.

الإيمانِ والعقلِ، من دونِ انقطاع، لتسقطَ وتغورَ معًا، وإمّا 'مسافةً' من 'زمنٍ موسيقيٍّ' (Tempo length)، بدونها يبقى النغَمُ والتناغمُ من دونِ سقفٍ أوبراليٍّ ('مشكَنزَبنُا' موسيقيّ) يتعانقانِ تحتَه ويتواصلانِ في سمفونيَّةٍ خالدة.

عددٌ كبيرٌ من المفاتيحِ الكلاميَّةِ الدقيقةِ والمميَّزةِ الواحدِ منها عن الآخرِ، استعمَلَها الكاتبُ في هذينِ المقطعَينِ مثل: حساب، وقت، تاريخ، ملءِ الزمن، ألفَي سنة، أساسيّ، استبق، من الآن، نهايةِ الأزمنة. هذهِ 'المفاتيحَ' هي، حقًّا، مُنتقاةٌ، انطلاقًا من خِبرةِ البشرِ الجَماعيَّةِ، سواء أكان على الصعيدِ النفسيِّ أمِ الروحيِّ.[655]

مفاتيحُ كلاميَّةٌ أُخرى يمُكن استنباطُها منَ السابقَةِ تتعلّقُ، إمَّا بالمكانِ، وإمَّا بالزمانِ، تعبِّرُ، هذه المرَّةَ، عمّا هوَ 'أبعدُ منَ التاريخِ' بحسبِ ما كتبَه يوحنّا-بولسُ الثاني. إنّ التجاوزَ المقصودَ هنا قد يَخضَعُ، بدوره، إلى منطقٍ استطراديٍّ يتعدّى نطاقَ المنطقِ إلى 'ما هوَ أبعدُ من المنطقِ' (meta - logical)، إذا ما اعتمدنا تعبيرَ الفيلسوفِ 'غيتون'، أو إلى النطاقِ الشّعريِّ، إذا ما جَنَحنا نحوَ المنهجيَّةِ الأفراميَّةِ الأكثرُ وِدًّا للإنسانِ (philanthropic)، وتتناسبُ، بطريقةٍ أفضلَ، معَ موضوعِنا.

الحديثُ يدورُ حولَ مِفتاحينِ اثنين: 'الأبدِ' و'السماواتِ'، بدونِ أن نعنيَ 'بالأبدِ' شيئًا منَ انعدامِ الزمانِ' إنّما، بالأحرى، زمانًا مختألفًا (مع الدالّة آ)، ولا 'بالسماوات' شيئًا ما، خارجَ كلِّ مكان، إنّما أيضًا مكانًا مختألفًا ليسَ إلّا. إن عبارةَ 'مختألفٍ' (differAnt)، تلك الرّافعةِ اللغويَّةِ للفيلسوفِ دريدا، لا تُحدِثُ أيَّ تغييرٍ في جوهرِ اللُّغةِ، إنّما فقط تفتحُها على بُعدٍ رابعٍ يتناسبُ معَ بُعدِ "الزّمكانِ" الخاصِّ بالنسبيَّةِ العامة. فعلى اللُّغةِ، قطعًا، كما يقولُ 'فيتغنشتاين'، أن تتأقلمَ معَ الواقع الذي تعبّر عنه وليسَ العكس. أما الواقع الذي وَجد بطليمس نفسَه فيه، هنا، فيقتضي منا، على الأقلّ، أن نُحدّد موقِعَه المشارَ إليه في شاهدِ هذا الفصلِ، لنتمكّنَ بعدئذٍ من التعبير، حسابيًّا (رياضيًّا) وكلاميًّا، عن الإحداثيّاتِ ذاتِ الصِّلة. صحيحٌ أن قدَمَي بطليمُسَ ما عادتا تلامسانِ الأرضَ إذ إنّه "حاضرٌ" "أمامَ" زوس، إنّما، في واقعه هذا، أي "الحضور"، "أمامَ" زوس، فعبارتا "حاضرٌ" و"أمامَ" تَتضمّنان كلَّ أنواعِ الزمانِ والمكان، ما يجعل تناولَ 'الأمبروزيا'، أي طعام الآلهة، ممكنًا فيهما.

للتوصّل إلى كلامٍ كالذي كتبَه بطليموس، كانَ عليه، كما على أيِّ بشرٍ آخرَ، أن يتحوَّلَ من حالةِ إنسانٍ إلى حالةِ 'لا-إنسان'، ما بعد الإنساني، (non-human)، ما يعني إنسانًا 'مختألفًا'، وإلّا وقعَ الكُلُّ في المُحالِ،[656] وهنا ليس الأمرُ كذلك. فضلاً عن ذٰلك، يستمرُّ

---

655 كل ما يختص بظهور المسيح عند عودته (parousia) يقع في خانة الحالة النفسية-الروحية (-psycho spirituel)، وبالتالي، يحلُّ الروحي هنا في الحالة الدنيا من التيقُّن، ما يؤدّي إلى اعتبار الله إله 'المخارج'.

656 راجع: بولس الرسول، 2قور، 12، 1 - 6

ما كتبَه بطليمُس بالتمتُّع بمدلولِه، له ولنا، على حدٍّ سواء، وكأنَّ الفعلَ 'ما زال' يُصَرِّف 'الآن'، بالتزامنِ، بالمضارعِ كما بكلِّ الأزمنةِ، و'هُنا' بالتواجُد، على صعيد كلِّ الأمكنةِ، الأبدِ والسماواتِ ضِمنًا. طريقةٌ أخرى تسمح بالتعبيرِ عنِ الحاضرِ الدائمِ مُمكِنةٌ أيضًا بتطبيقِهِ على جَوهرِ الكائناتِ (*yât*)، وليسَ على عَرَضِها، ما يعني، في حالِنا، على 'ذاتِ' بطليموسَ، 'ذاتِ' الأزلِ و'ذاتِ' الزَّمن.[657]

يُصرُّ 'أفرامَ' على هذا الإمكان بما أن الكتابَ المقدّسَ يؤكِّده حرفيًا في افتِتاحيَّتِه بقوله: 'بـ-رِش-ايت'، حيثُ، 'رِش' و'ايت' تدلّان على بدايةِ الكائنات كافة بجَوهرِها، بذاتِيّاتها، كما تمّ تفسيرُهُ في الفصلِ السابق. **عليه يُشكِّلُ الأزلُ والسماواتُ، بجَوهرَيهما، ما يُمكِنُ** اعتبارُه **خلاصةَ مقدارِ الطاقةِ التي ستُفضي، باديَ ذي بَدءٍ، إلى تكوينِ الزمانِ والمكانِ، حيث يمكنُ، بحسبِ العالِمِ 'لومِتر'، أن يحدُثَ التمدّد الذي أشار إليه والذي شُبِّه بالانفِجار الكبير.**

يَستشهد العالِـمُ 'يان باربُر'، تحتَ العنوانِ الفرعيِّ، **حظٌ وشريعة** *(Chance and Law)*، من كتابِهِ **الدِّين والعِلم**، بالشاعرِ الأمريكيِّ 'إليوت' (T .S . Eliot) الذي يُشيرُ، بتعبيرٍ شعريٍّ، إلى أهميَّةِ حركةِ التّلاقي بينَ الماضي والمستقبلِ، في حاضرٍ روتينيٍّ لامتناهٍ مُتلهِّفٍ للخلاص. فقد كتَبَ يقول:

الزَّمنُ الحاضرُ والزَّمنُ الماضي
قد يكونُ كلاهُما حاضرًا في مُستقبلِنا
والزَّمنُ الآتي مُدرَجٌ في الزَّمنِ الماضي.
لو أن الزمانَ كلَّه أبديٌّ الحاضِرِ
لكان كلُّه غيرَ قابلٍ للخلاص.[658]

بهذه الأبياتِ الشعريَّةِ، لا بل القولِ الحِكَميّ، يحاولُ الشاعرُ التعبيرَ عن نظريَّةِ خلاصِ الزمانِ أو الأزمنةِ. إن هذه النظريَّة، برأينا، تلاقي تأييدًا لها في مُعطَياتِ عِلمِ الفيزياءِ البصريِّ والتموُّجيِّ (ondulatory)، كما أوضحنا في الفصلِ الخامس.

وعليه، نستنتج: إن كانَ الزَّمنُ الحاضرُ والزَّمنُ الماضي، بحسبِ البيتِ الأولِ منَ

657 ما يتناسب مع القول، بحَسب التعبير اللاتيني (*hic et nunc*) الذي يعني "هنا والآن"، بأن 'يات' المكان هو الـ'هنا' وبأن العدد اللامتناهي للـ'هنا' الخاصّة بكل كائن يُكوِّن المكان. التحليل نفسه ينطبق على الزمان: 'ياته' هي 'الآن' والتردّد اللامتناهي لتلك 'الآن' يكوّن الزمان.

658 راجع: *Religion and Science*, p. 193. يتبع النص بلُغته الأصليّة نظرًا إلى أن الشعر صعب الترجمة...

Time present and time past
Are both perhaps present in our future
And time future contained in time past.
If all time is eternally present
All time is unredeemable.

القصيدةِ، يَعنِيان سَيرورةَ الزَّمنِ، وكأنَّه شعاعٌ لا يُمكنُنا تمييزُ ماضيه (مصدرِه) من حاضرِه (نورِه وحرارتِه)، فإنَّ البيتَ الثاني منها يضعُنا، بقوَّةٍ، أمامَ الاحتمالِ الوحيدِ لاستعادةِ الكلِّ في مستقبلٍ هوَ الشاشةُ الكاشفةُ للأهدابِ التي، بدَورها، تكشفُ طبيعةَ هذا الزَّمنِ وتكوينَه الثنائي. وبالتّالي يأتي البيتُ الثالثُ ليؤكِّدَ، بالترابُطِ (correlation)، أنَّ المستقبلَ هو فعليًّا مُدرجٌ في الماضي. إن 'الكُلَّ' يرسُمُ، بشكلٍ صادمٍ، دائرةً مثاليَّةً مُقفلةً في حاضرٍ نظريٍّ، يُعبِّر الشاعرُ عنه بالبَيتين الأخيرَين: "لو أن الزمانَ كلَّه أبديُّ الحاضِرِ لكانَ كلّه غيرَ قابلٍ للخلاص".

إن السؤال الذي يطرحُ نفسَه هنا، على العِلم، كما على الضَّمير، هوَ التالي: كيف يُفتَدى زمنٌ ساقِطٌ، زمنٌ أزليُّ العُقم؟ الجوابُ واحدٌ: على البشرِ، المُقَيَّدين بتَعبيرِ 'الحاضِرِ الأزليِّ'، أن 'يفجِّروا' عبارةَ الأزليِّ، لكي تنفتحَ على أزليٍّ 'مُختألف' يُعرِّفُ عن نفسِه كنافذةٍ، وليس كحائطٍ مسدود. من تلك النافذةِ يمكنُ، لنسبيَّةِ آينشتاين العامَّةِ، أن تطالَ آفاقًا أوسعَ، و'للانفجارِ الكبيرِ' أن يَكشِفَ عمّا سَبَقَهُ. كيف يُمكنُ لأصدقائِنا العُلماءِ، المذكورين أعلاه، أن يؤكِّدوا أيَّ شيءٍ عن نهايةِ الكَونِ، أكان انفجارًا تدميريًّا، هذه المرَّة (Big Explosion)، أو 'انهيارًا كبيرًا' (Big Crunch)، طالما أنّهم غير قادرين على أن يعرفوا ما الذي سبقَ 'الانفجارَ الكبيرَ' البَدئي؟

حتّى الآن، لم نأتِ بجديدٍ! إن الفلسفةَ والحكمةَ تؤكِّدانِ هذه الحقيقةَ العامةَ التي أتَينا للتوِّ على وصفِها، مع نظرتِنا إلى 'الزمانِ' من زاويةِ انتشارِ النور. إنّما الجديدُ هوَ في الإلهامِ الذي كانَ للشاعرِ 'إليوت' والذي يأبى التكرارَ العَقيمَ، ونحن نراه على حقٍّ في هذا، لأنّه إذا ما اعتبرنا سلوكيَّةَ الزّمنِ كما وصفَها، لا نرى سوى حقيقةٍ تاريخيَّةٍ لحركةٍ دورانيَّةٍ مقفلة، كما رسمها الخيميائيون في قرونٍ سالفة.

رسم 34: الأزلـيُّ الـمُقفَل: حيَّة الخيميائيين (كذا)

تفترض نظريَّةُ الشاعرِ 'إليوت'، من خلالِ البيتِ الثاني، احتمالَ وجودِ الماضي والحاضرِ في المستقبلِ، ما يعني أن المستقبلَ يُشيرُ إلى 'مكانٍ - سدٍّ'، يُوقِف انسيابَ 'الزمانِ' أو، في أحسنِ الأحوالِ، يُوقفُ إمكانيَّةَ قياسِه، إذ إن المستقبلَ لا يمكنُ إدراكُهُ. فالعبارةُ الظرفيَّـةُ 'قد

يكونُ' (perhaps) من البيتِ الثاني، تُثبِتُ الشَّكَ. ويَنضمُّ إلى هذا الشكِّ 'سَجنُ' المستقبلِ بالماضي، ما يقطعُ الطريقَ، نهائيًّا، على إمكانيَّةِ إيجادِ حلٍّ لمسألةِ العلاقةِ بينَ 'الزمانِ' و'المكانِ'، ومعرفةِ ما إذا كانا مخلوقَين أم لا. وهذا يتطلَّبُ، بالنسبةِ إلى الشاعرِ، الحاجةَ إلى حَدَثٍ خارجيٍّ عن تلك الدائرةِ المُقفَلةِ، 'يَفتدي الزمانَ'، أي يُعطيه معنًى، وذلك بتعيينِ وُجهةٍ له نحوَ 'هُنا' مَعاديّ. (eschatological)

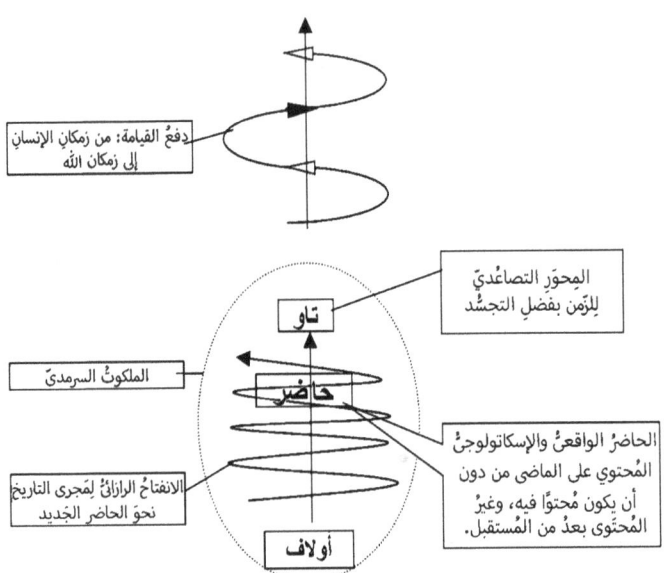

رسم 53: أزلٌ مفتوحٌ شكلًا وتطبيقًا

ما من شيءٍ، في هذه الحال، سيتغيَّرُ بالنسبةِ إلى الزّمنِ، إذ إن 'الهُنا' المَعاديَّ هوَ جزءٌ من 'الهُنا' الحاضرِ - حتّى ولو كانَ، كما سبقَ وذكَرنا، بطريقةٍ أو بأُخرى، تصاعديًّا. إن ما سيتغيّرُ، بالأحرى، هو، بكلِّ بساطة، بُعدُ مفهومِ 'الخَلقِ' الذي يستعيدُ معناه الأُنطولوجيَّ كـ'مَلَكوتٍ' والذي لم يكن بالإمكان التعرُّفُ إليه بهذه الصِّفَةِ قبلَ 'الخَلاصِ'، أي قبلَ 'افتداءِ' مفهومَي الزمانِ والمكانِ من قيودِ عقليَّةِ البشرِ 'التشييئيَّة'. إنّه الملكوتُ 'المختألفُ' الذي يتحدَّثُ عنه سفرُ التكوينِ، حالةُ التماثُل (symmetry)، والتوازنِ، والهَناءِ، والفرحِ، حيثُ اللهُ والإنسانُ (ذكرًا وأنثى)، الخالقُ والخَليقةُ، يتّفقون على 'مواعيدَ' حولَ 'كلمةٍ' حولَ 'كأسٍ'، حول سعادةٍ لا توصف.[659]

إن مستقبلًا يحتويه الماضي هوَ مستقبلٌ من دونِ ملكوتٍ، لأن ما كان مُحتوًى من الماضي يكونُ، أيضًا، خاضعًا له، أكانَ هذا الماضي بسيطًا أو مركّبًا، الأمرُ سِيّانِ، وبالتّالي،

659 1 قور 2، 9

يبقى الكلُّ في حالةِ أسرٍ تُعيدُنا إلى ‘كهفِ‘ أفلاطون.

حالةُ الأسرِ هذه، الخاضعُ لها مصيرُ البشرِ، من خلالِ مفاهيمَ تُقيِّدُ انسيابيَّةَ المَعنى الزمنيِّ، في جُمودِ المَعنى المَكانيِّ المَحسوسِ، لطالما هزَّت نفسيَّةَ "الحيوانِ الناطق". إنّها تلكَ الوقفةُ للرُّوحِ الجَماعيِّ التي فرضتِ الرَّغبةَ الشديدةَ بطلبِ الفداءِ، بما معناه، رَدمُ الهُوَّةِ التي كانت تؤخِّر، منذُ قطعِ العلاقةِ مع الله، أي منذُ أن انصدعَ التماثُل معه، تناغُم المواعيدِ اليوميَّةِ بين السماءِ والأرض. إن الفداءَ، في هذه الحالِ، ليس سوى استعادةِ زمنٍ سعيدٍ، زمنِ الهناءِ الذي يحتفظُ منه، كِلا الطّرفين، بذكرياتٍ طيِّبة. سيكونُ على الحلقَةِ المُقفَلةِ، المُمثَّلةِ، ميثولوجيًّا، بالحيّةِ الملتفَّةِ على ذاتِها، تعضُّ ذيلَها، كما بالـ‘مِكانيكا السماويَّة‘ للعالِمِ لابلاس (Laplace)، أن تُفلِتَ ذيلها وتترُكَ رأسَها ينسابُ معَ الحَركةِ الطبيعيَّةِ للخَلق، ذاتِ الأبعادِ الأربعةِ المتَّجهَةِ نحو الخالقِ، تحتَ تأثيرِ ‘صَمغِ الوئامِ‘ (غلووُن gluon) الذي يوجّهُها.[660]

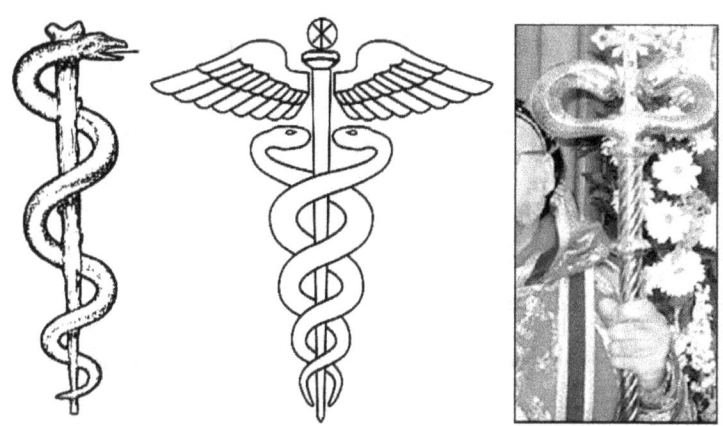

رسم 36:‘حيَةُ موسى‘، حيَّةُ الحِكمة: لقد أغنى أساقفةُ الكنيسةِ السُّريانيَّةِ الأرثوذكسيَّةِ برمزيَّتها رؤوسَ عِصيِّهم الرّعويَّة

تحت هذا المعنى الرُّباعيِّ الأبعادِ حيثُ يؤدّي الزمنُ دورًا أساسًا، نستَبينُ المفهومَ البولُسيَّ للـ‘مَران آتا‘.[661] هذا يعني أنّنا نَنفي، كليًّا، أن يكونَ مجيءُ المسيحِ كما في مِصعدٍ، مباشرةً، وبهدوء، على رؤوسِنا. وهذا ما نعتقدُ أن ‘بولسَ‘ كان يعنيه أيضًا، هوَ الذي تلقّاه، للمرَّة الأولى، بصورةٍ عنيفةٍ على طريق دِمَشق. إنّنا نصنِّف ‘المَران آتا‘ تحتَ الواقعِ الرازائيِّ، لأن ما يتحقَّقُ، من خلالِ هذه الحركةِ بينَ الأيمانِ والعقلِ، يجمع الزمانَ بالأزلِ في حاضرٍ تَموُّجيّ، كما يجمع أهدابَهما في الوقتِ نفسِه، على الشاشةِ ذاتِها، ويسمحُ بالتحدّثِ عن

660 نكتفي بالأبعاد الأربعة التي أتت بها نظريّة النسبية العامة كي لا نُعقّد الخيال.

661 1قور 16، 22

الماضي والمستقبلِ، في الآنِ والمكانِ الكَموميِّين، بينَ 'كلمةٍ' و'فعلٍ' و'مختألفة'.[662]

رسم 37: تموُّجاتٌ يسبِّبها كلُّ مجيءٍ للمسيح

إن صيغةَ الأمرِ 'تعالَ' تسقط، كَكُتلةٍ من 'الطاقةِ'، في مكانٍ ما من نهرِ الحياةِ، فَتُحدِثُ أمواجًا تتداخلُ مع مثيلاتها التي يتسبَّبُ بها اضطرابُنا، فتُصبحُ خاصّةً بكلٍّ منّا، ويتحقّق 'الاختئلاف'. إنّها ميزةُ الخَلاصِ، ما يعني، بكلامٍ آخرَ، افتداءَ الزمنِ السّاقط.[663] ساقطٌ، هنا، تعني مدنَّسٌ بروحِ العالـمِ، بـالسعادةِ الماديَّةِ، التي تُثقِلُ كاهلَ واقعِنا تحت شكلِ الدَّفعِ الجنسيِّ (libido)، الفرويديّ، الذي هوَ معطًى طبيعيٌّ، أساسٌ للخِصبِ والتوالدِ، وبالتالي، للاستمراريَّةِ في الزمان.[664]

إن 'المَران آتا'، كتعبيرٍ 'رازائيّ'، يُسهِمُ، على الفورِ، في تحقيقِ إدراكِ موجاتِ الحياةِ الزّمنيَّة، والتمييزِ بينَها وبينَ موجاتِ الحياةِ الأبديَّةِ، كما على التقاطِ الأهدابِ والسَّهرِ على التناغمِ، بين أطوارِها، الذي، بدونه، لا يُمكنُ أن تكونَ سعادةٌ، لا على صعيدِ الواقعِ الطبيعيِّ (physics)، ولا على الواقعِ الما ورائيِّ (metaphysics). ويكون منَ العَبَثِ التذكيرُ، مع الفيلسوفِ 'غيتون'، بأنّه لا وجودَ لمَوجاتٍ في الـمُحال.[665]

تحتملُ التعابيرُ والمفاهيمُ الكلاسيكيّةُ المتناسبةُ، في الوقتِ نفسِه، معَ المكانِ والزمانِ في حالتَيهما الواقعيَّةِ والماورائيَّةِ، خطرَ الإيحاءِ بلُعبةِ الاستغماية (hide and seek)، التي بدَورها

662 "الكَموميّ" هنا يعبّر عن حدث مستمرٌ بتتابعٍ، أي يحدث 'بكمّات' على أساس الوحدة الزمنيّة المحددة من العالِم ماكس بلانك.

663 أف 5، 16

664 كول 3؛ مع هذا الفصل، يضمّ 'بولس' إلى الخطر المتأتي عن المتعة الجنسيّة الخطر الذي تتسبب به متعة المعرفة (*Libido Sciendi*) التي كانت السبب الأساس في السقطة الأولى للبشريّة.

665 يو 14، 8 - 10 ألحوار بين يسوع وفيليبس: مثلا، كالجرّاح الذي قبل أن يبدأ العملية يلفظ "ماران آتا" مع القناعة الكاملة بأن "الماران" سيأتي لمساعدته في وقت ما خلال عمله... يريه وجهه الذي يُطمئنه ويقوده نحو توقُّعات بعيدةِ المنال عن أفضل الجرّاحين، وعصيَّةٍ على التكنولوجيا.

قد تُبيِّنُ اللهَ وكأنَّه راغبٌ بالمُمازَحةِ،[666] ويُستحسَنُ اعتبارُها ستارًا شبيهًا بـ 'خيمةِ الموعدِ'، في العهدِ القديمِ، وبحِجابِ 'موسى'، بما أنّه يستحيلُ على بشريٍّ أن يَرى وجهَ اللهِ ويَستمرَّ على قيدِ الحياة.[667] خطورةُ 'سُخريةِ الاستِغمايةِ' هذه، التي يوحي بها إمكانُ رؤيةِ وجهِ 'الحقيقة'، أي اللهِ، في الزمانِ والمكانِ الخاصَّينِ بالبشرِ، بدونِ التعرّضِ للموتِ، يُمكن تذليلُها، بشكلٍ استِثنائيٍّ، من خلالِ إعادةِ تصوُّرِ (reconfiguration) الزمانِ والمكانِ في ضوءِ 'النورِ' الذي أتانا به التّجسّد. من هنا، كانتِ الحاجةُ إلى صياغةِ مفاهيمَ جديدةٍ مثل 'تصاعُدي'، 'مَعادي'، وما شابَهها.

إعادةُ التصوُّرِ هذه تتضمَّنُ، على ما لـمَّحَ إليه البابا القديسُ، تحويلَ 'الشاطئِ الصخريِّ' (the reef) إلى 'واحةِ ضيافةٍ' (meeting place)، وبتعبيرٍ بيبليّ، تحويل 'الأنا'، و'الأنت'، اللتين لِلخطِّ اليهويّ الاختزالي، إلى ألـ'نحن' العلائقيَّةِ، والترابطيَّةِ، التي ليَسوعَ المسيح.[668]

يَذكُر يوحنّا-بولسُ الثاني هذا النّوعَ من الاستِغماية في البَحثِ عن 'الآخرِ'، كما هوَ مَوصوفٌ في سفرِ التكوينِ، في مشهدِ تفتيشِ اللهِ عن آدمَ وحوّاءَ في الجنّةِ، مقتبسًا عِظَةَ مارِ بولسَ للفلاسفةِ اليونانِ (الأريوباجيِّين)، بحسبِ كتابِ 'الأعمالِ'، فيقول:

> إن كانَ [الله]، وِفقَ 'مبدأٍ' فريدٍ (unique)، قد صَنَعَ الجنسَ البشريَّ بأسرِهِ ليسكُنَ على وجهِ الأرضِ كافّةً؛ وإن كانَ قد ثبَّتَ أزمنةً معيَّنةً وحدودًا لسُكنى البشر، فذلك لكي يبحثوا عن الألوهةِ ليُدركوها، إن أمكنَ، بالتلمُّسِ، ويجدوها، حيث أنّها ليسَت ببعيدةٍ عن كلٍّ منهم.[669]

حاولَ يسوعُ حقًّا أن يُعالجَ لُغزَ هذا الجُرحِ بما قاله، بدايةً، للرسل: "عمّا قريبٍ لا ترَونَني، ثمّ عمّا قريبٍ ترَونَني"[670] ثمّ إلى فيليبسَ: "من رآني فقد رأى الآب".[671] لقد تُرِكَ التلاميذُ مشدوهين يتساءلونَ، ونحن معهُم، عن معنى هذا 'القليل' الذي يزيدُ في تعقيدِ اللُّغزِ، بدلَ أن يَحلَّه. كم من المُمكن أن يطولَ هذا 'القليلُ' من الانتظار؟ أو، بالأحرى، هذه الفترةُ التي تفصلُ بينَ فعلِ رؤيةِ وجهِ الابنِ، في مكانٍ ماديٍّ، ورؤيةِ وجهِ أبيه، في مكانٍ مَعاديٍّ؟ بهذا يُثبَتُ، مرّةً أخرى، تَعشُّقُ أسنانِ دولابَي 'الزمانِ' والمكانِ' بطريقةٍ أكثرَ تعقيدًا، ما لا يسمحُ، قطعيًّا، بتحديدِ ما إذا كانا مخلوقَينِ أم لا، الأمرُ الذي يدفعُ بنا لنَشرَعَ في التمحُّصِ بهذهِ الإشكاليَّةِ في ضوءِ "الزَّمكان".

---

666 تك 3، 8...؛ خر 33، 20 - 23.

667 المرجع نفسه.

668 يو 6، 37 - 57؛ 8، 18 - 19 و 54 - 55؛ 10، 30 - 38؛ 14، 32؛ 16، 15 - 32.

669 أع 17، 26 - 27

670 يو 16، 16؛ نلفت إلى الشبه بين هذه الظاهرة ورقصة الموجات مع الأهداب المذكورة أعلاه.

671 يو 14، 9.

3.1. إشكاليَّةُ "الزَّمَكان" (*Raumzeit*)

لم يعُد بإمكانِ لاهوتِ اليومِ أن يُخفيَ أو أن يُموِّهَ وجهَ 'التجسيمِ' العميقِ الأثرِ في الأوَصافِ السَّاميّةِ، كتلك المبنيَّةِ على العفويَّةِ الطبيعيَّةِ الخاصّةِ بـ'الطفولةِ'، والتي هي ليست سيّئةً في نهايةِ الأمر. فالطفولةُ التي اعتمَدَ يسوعُ عليها كثيرًا، باستطاعتِها الإسهام في الحلولِ المُحتملةِ العامَّةِ، أو على الأصحِّ، الحلولِ الشموليَّةِ (exhaustive) على حدِّ تعبيرِ Fuller.

في سياقِ بحثِنا عمَّا إذا كانَ الزمانُ والمكانُ مخلوقَينِ أم لا، تمثِّلُ الطفولةُ، في حالتِها الجَنينيَّة، كما، أيضًا، في أولى لحظاتِ التقائِها الواقع، التَّعبيرَ الأنسبَ للوجودِ 'خارجَ الزمانِ' كما 'خارجَ المكانِ'. فَللعَودةِ إلى تلكَ الحالةِ، يدعو 'ابنُ الإنسانِ' إلى تحقيقِ التخطّي بقولِه: "الحَقَّ أَقولُ لكُم إِن لم تَرجِعوا فتَصيروا كالأَطفالِ، لن تَدخُلوا مَلكوتَ السَّمَوات".[672]

إن الزمانَ والمكانَ هما، في المُطلقِ، كما في ذاتِ كلٍّ منهُما' (*yât*) دالّتان ورَمزان 'للواحد' الذي فيه تلتقي كلُّ بدايةٍ كما كلُّ 'ألفٍ'، وكلُّ نهايةٍ كما كلُّ 'ياءٍ'، بعضُهما البعض، في لا-بدايةٍ كما في لا-نهايةٍ.[673] إنّه 'واحدُ' الفلاسفةِ إياه، والذي هوَ الألفُ والياءُ في الزمانِ والمكانِ عينِهما. لعلَّ آينشتاين قد استلهمَ من هذهِ الفلسفةِ المبنيّةِ على إحدى مفارقاتِ 'زينونَ الإيلي' للوصولِ إلى نظريَّةِ "الزَّمكان". بهذا المعنى، يَخرجُ عن انغلاقِه كلٌّ من نظريَّةِ العَودِ الألفيِّ لأفلاطون كما كلُّ تكرارٍ مُقفَل، سواءٌ للتاريخِ أم للأبديَّةِ، لينفتحَ الكلُّ على أبديَّةٍ إيجابيَّةٍ. والمقصودُ بالإيجابيَّةِ هنا، هوَ الخُضوعُ لمفاهيمِنا البشريَّة.

في ضوءِ هذا، يلتقي 'الجزءُ' و'الكلُّ' لإفهامِنا معنى كلماتِ المسيحِ القائلِ: "مَن قَبِلَ واحدًا مِن هؤُلاءِ الأَطفالِ بِاَسمي يكونُ قَبِلَني، ومَن قَبِلَني لا يكونُ قَبِلَني أنا، بَلِ الَّذي أرسَلَني".[674] إن الإنجيلَ بكاملِه هوَ انعكاسٌ لرغبةِ المسيحِ هذه بأن يجعلَ 'الزمانَ' يلتقي بالأبدِ والمحدودَ باللّامَحدود. هاتان الثنائيتان اللتان تبدوان من خصوصيَّاتِ الطفولةِ، تجعلانِ من المُمكنِ للعُلماءِ الشبابِ الخَلّاقينَ، الأنقياءِ التفكيرِ، أن يُحقِّقوا منَ الاكتشافاتِ ما باتَ من شبهِ المستحيلِ على معلِّميهم البالغين التوصّلُ إليه.[675] وقد عبَّرَ يسوعُ عن ذٰلكَ قائلاً: "طوبى

672 مت 18، 2 - 4 و 10. راجع أيضًا: مر 9، 36؛ 10، 15؛ لو 9، 47 - 48.

673 بالفعل، حتى مع القبول بأن 'الانفجار الكبير' هو البداية، لا يمكننا أبدًا القول متى كانت بداية هذه العملية ومتى ستنتهي.

674 مر 9، 37.

675 من المتفق عليه بين العلماء أن العمر الأفضل للاكتشافات العبقرية هو ما بين سن العشرين والسادسة والعشرين. لماذا هذا؟ الأفضل عدم طرح الأسئلة المنمّقة. بالمقابل، في الحقل العلمي، لا بد من تأمين إجابة ما للقارئ. من الممكن، في نصّ موجّه للعموم أن يُجاب عن هذا السؤال بسؤال آخر يحمل القارئ على التفكير، إنما لا يكون هذا تدبيرا علميا فالعلماء يتجنّبون الأجوبة الرمادية.

لأنقياءِ القلوبِ فإنهم يعاينون الله".[676]

بِدَوره أوضحَ العالِـمُ والمؤرِّخُ العِلميُّ يَان باربُر (Ian Barbour)، بجَلاءٍ، إشكاليَّةَ 'الزمانِ' و'المكانِ' تلكَ، من خِلالِ انتقادِه نظريَّةَ الفيلسوفِ 'كَنط'، ذاتِ الصِّلةِ، بقَوله:

> بالنِّسبةِ إلى 'كَنط'، 'الزمانُ' و'المكانُ' هما شكلان من بينِ أشكالٍ أخرى من الفهمِ البشريِّ يفرضُها علينا العقلُ العاقِلُ. إنّهُما يساعدانِنا على تنظيمِ خِبرَتِنا بين المكانيِّ والزمنيِّ. وخارجًا عنهُما، لا يُمكننا أن نتخيَّل شيئًا. فنبقى عاجزين عن إدراكِهما.[677]

إذًا، بحسَبِ 'كَنط'، يُضيفُ 'باربُر'، 'الزمانُ' و'المكانُ' هما شكلانِ من أشكالِ الفِكرِ، يحدِّدانِ الوسيلةَ التي بها يمكنُنا فهمُ الأشياء.

لقد مُحِّصَت هذه الإشكاليَّةُ، بما فيه الكفايةُ، منذُ عاكسَ آينشتاين الفيلسوف 'كَنط' في هذه النُقطةِ بالذاتِ، وأخضَعَ الزمانَ و المكانَ لمختبرِه، ليُخرِجَ منهما "الزَّمكانَ"، ظاهرةً مجهولةً غيرَ قابلةٍ للعَقلَنَة، من جهةِ الفيلسوف كَنط. وبات هذا التمَوضُعُ المثاليُّ لمسألةِ معرفةِ الواقعِ، كما لكلِّ ما يدعمُ تلكَ المعرفةِ، يحتاجُ إلى مراجعة. فمَنحى الفيلسوفِ هيغِل، على سبيل المثال، من وجهةِ نظرِ الفنّ التّعليميِّ (didactic)، ومَيل فئةِ العُلماءِ الذين يمثّلهم 'جيمس دجينز' و'آرثر إدِّينغتُن'، كلاهما يُسندانِ دورًا معيَّنا لتأثيرِ الفكرِ (mind) البشريِّ على المَعرفة. فهذان الأخيرانِ يُشيران، استنادًا إلى نسبيَّة آينشتاين، إلى كلّ المواصفاتِ الأساس للأشياءِ كالطولِ والزمنِ والحجمِ إلخ. ويعتبرانها نسبيَّةً لمُراقِبها.[678] غنيٌّ عن القولِ أن كلَّ مثاليَّةٍ تتعارضُ مع كلِّ ماديَّةٍ وبراغماتيَّةٍ، إلّا أن مدرسةَ 'يان باربُر' ترفُض كلَّ أنواعِ التطرُّفِ، في ما يتعلّق بالمَعرفة، فهو مُميتٌ لكلِّ تقدُّمٍ، وهي تدعو إلى الاعتدالِ والحوارِ مع التأكيد على مكانٍ لكلِّ التيَّاراتِ الفكريَّةِ، ولا حاجةَ، بالتالي، إلى تسوياتٍ أو عزلٍ أو انعِزالٍ، وأنَّ الوقتَ (الزمانَ) يحتّمُ الصبر. في نظر هذهِ المدرسة، كلّ الخُصومات التي عرَفَها القرنُ التاسعَ عشرَ تُختصَرُ بأن رجالَ العِلم والفلاسفةَ، كما اللاهوتيِّين، لم يحتَمل بعضُهم بعضًا، وبأن المُشكِلَةَ كانت ولا تزالُ معرفةَ مَن سَبَقَ مَن، وماذا سَبَقَ ماذا.

أمّا نحن فنَنضوي بقناعتِنا تحتَ لواءِ مدرسةِ 'يان باربُر'. صحيحٌ أنّ من الصوابِ تأييدَ الفكرةِ القائلةِ باستحالة أن تسبقَ النفسُ العاقلة القادرة على التفكير، في الواقعِ نفسِه، حاويَتَها بالوجود، أي الدِّماغَ ومادَّته الرماديَّةَ، إلّا أنّنا نؤكِّد، وبفضلِ الاكتشافاتِ الرائعةِ لعُلومِ اليومِ، انعدام الحدود،

676 مت 5، 8. هذا ما دفع بنا لاعتبار ماكس بلانك مكتشفًا لإحدى المعايير الإلهية.

677 راجع: *Religion and Science*, p. 45. تعريب المؤلّف

678 المرجع نفسه صص. 184 - 185؛ تعريب المؤلّف

لا لِمَا سبقَ، ولا لِمَا يلي. حتّى الانفجارُ الكبيرُ الشَّهيرُ، (Big Bang) فقد باتَ من المتعارَفِ عليه أنَّ شيئًا ما سبقَه، وإن حدثَ، يومًا ما، 'الانهيارُ الكبيرُ' (Big Crunch)، فحتمًا لن يكونَ النهاية. إن نَظرْنا إلى الأمورِ، بشمولٍ، فلا بدَّ أنّ شيئًا ما سيَتبع. لذلك، وكي تكونَ الإشكاليَّةُ التي نحن بصددِها ثاقبةً، نتمسَّكُ بالنَّصيحةِ الأفراميَّةِ التي تقضي بأن نضعَ تصميمًا "شاعريًّا" لها، أي من دونِ أن نُحَجِّمَ ما هوَ غيرُ قابلٍ للتحجيمِ، ولا أن نُحدِّدَ ما هوَ غيرُ قابلٍ للتحديد. هذه الطريقةُ تجدُ لها في مبدأ 'الريبة'، كما في مبدأ 'عدمِ الانفصالِ'، دعمًا كبيرًا لها.

إن 'الزمانَ' و'المكانَ'، في ظلِّ الشروطِ الديكارتيَّةِ التي تُحدِّدُ الكائنَ، بالمُطلقِ، من خلالِ قُدرتِه على التفكير، هما بحاجةٍ، في حالةِ الجَنينِ البشريِّ، إلى تسعةِ أشهرٍ كي يولدا. هذا ما يحصلُ، بالضبط، مع ولادةِ الدِّماغِ الذي، بالكاد، يكونُ قد وَصَلَ إلى مِلءِ تكوينِه الماديِّ فيولدان بالصفة نفسها معه. فلِكَي يتمكَّنَ دماغُ المولودِ الجديدِ من إدراكِ 'الزمانِ' و'المَكانِ' اللَّذين يولدان معه، يحتاجُ إلى خِبرةٍ طويلةٍ تحتَ أنوارِ 'السماءِ' البشريَّةِ وظلالِها. على أن ما يَسبقُ تلكَ المرحلةَ لا يمثِّلُ مشكلةً في المعرفةِ، إنما، قبل كلِّ شيء، مشكلةَ تواصُلٍ (connectivity) ما بين الحاويَةِ ومحتواها؛ ثمَّ مشكلةً في ادراكٍ للذاتِ تتناسبُ مع ظاهرتَي 'الزمانِ' و'المكانِ'، حيثُ يتمُّ التواصلُ؛ وبدرجةٍ ثالثةٍ، يُشكِّلُ مُشكلةَ فهمٍ واستيعابٍ لكلِّ ما يستجدُّ، بالتدرُّجِ، على الصعيدِ النَّفسي. إنّها العَمليَّاتُ الثلاثُ، أي التواصُلُ، وإدراكُ الذاتِ، والفهمُ، التي لابدَّ منها لكيما تتحوَّل ذات الأشياء (*numena - yâts*) إلى ظواهر (*phenomena*). ومن تلك الظواهرِ ينتُجُ، رويدًا رويدًا، كلُّ ما يُمكن تسميتُه "التفكير" (*cogitatio*).[679]

في كلِّ هذا إثباتٌ إضافيٌّ على استحالة أن يكون للطفولةِ التفكيرُ نفسُه الذي للبالغينَ، ومع ذلك فهي 'تُشغِّلُ' ذِهنَها على طريقةِ 'الأميرِ الصَّغيرِ'، بمعنًى آخرَ، بطريقةٍ تُفاجئُ 'الكبارَ' الذين يصعبُ عليهم، عادةً، الأخذُ بها. على هذا الصعيد، يدخلُ مفهومُ 'الاختئلاف'، مع همزة القطع 'أ'، حيّزَ التنفيذِ. فمعَ الطفولةِ، تبدو النظريَّةُ الكَنطيَّةُ في المعرفةِ أكثرَ ملاءمةً، لأنها تؤيِّدُ أن المعلومةَ المتأتّيَةَ منَ 'الما قبلُ' (*a priori*)، من عالـمِ المُثُلِ الأفلاطونيَّةِ، تتَّصل بقاعدتِها في الوعي الباطنِ لِلطفلِ لتَتحوَّلَ في ما بعدُ إلى ركيزةٍ أساسٍ في وعيِه وإدراكِه. وبما أن المُثُلَ الأفلاطونيّةَ - الكنطيّةَ هي، بالتّلازمِ، مُتضَمَّنةٌ، في مكان وزمان هما من طبيعتِها بالذاتِ، تأتي أفكارُ الأطفالِ غيرَ خاضعةٍ لأيِّ زمانٍ ومكانٍ مُحدَّدَين، فتبدو وكأنّها جزءٌ من بُعدٍ يتجاوزُ المدى الكنطيّ. وإذا كانَ الفيلسوفُ 'غيتونُ' صنَّفَها في خانةِ 'ما وراءَ المَنطق'، فإنّنا نفضِّلُ، من البابِ 'الرازائيِّ'، أن ننسبَها إلى الواقعِ 'الملائكيِّ' كما لـمَّحَ إليه السيِّدُ المسيحُ

679 في مخزوننا اللغوي العامي تعبير رائع يوجَّه لشخص محتار في تفكيره: "مش عارف وين ألله حاطو"

قائلًا: "إِنَّ مَلاَئِكَتَهُم يُشَاهِدُونَ كُلَّ حِينٍ وَجهَ أَبِي الَّذِي فِي السَّمَاوَاتِ".[680]

ويبقى الترابطُ، بامتياز، مفتاحَ العلاقةِ بـ'المكانِ' و'الزمانِ'. إلّا أنَّ ما يفاجئُنا إلى أبعدِ حدّ، هوَ أنّه قد فاتَ آدمَ، بحسبِ سفرِ التكوينِ، أن يسمّيَ هذين العنصرين، كما فعلَ مع باقي الكائناتِ، حيثُ قيل: "فَصَارَ كُلُّ اسمٍ أَطلَقَهُ آدَمُ عَلَى كُلِّ مَخلُوقٍ حَيٍّ اسمًا لَهُ".[681] ما من أحدٍ ذكرَهما، ولا حتّى اللهُ. كانا 'هناك'، تمامًا، كما كانت كلمةُ اللهِ وحكمتُه. كلُّ شيء، حتّى الوحيُ، كان منغمسًا فيهما، كما يلفتُ إليه المرجع أعلاه، المقتبسُ من رسالةِ **الإيمانِ والعقلِ**. هنا يتَّخذُ فعلُ 'انغمس' معنًى مميَّزا، فهو يستحضرُ، في ذهنِنا، المكانَ الذي بقيَ العقلُ البشريُّ – النفسُ العاقلةُ – منغمسًا فيه، كما الزمانُ الذي استمرَّ فيه الانغماسُ، بانتظارِ ظهورِ النفسِ العاقلةِ، ليولدا بدورِهما معها؟

إن السؤالَ: ماذا يسبقُ ماذا، ومَن يسبقُ مَن؟ بحسَبِ نظريَّةِ الخَلقِ الكتابيَّةِ، قديمٌ، بمقدارِ قِدَم بواكيرِ إدراكِ الذاتِ البشري. إن روّادًا من أمثالِ العالِمِ 'يان باربُر'، واللاهوتيِّ 'يورغِن مولتمان' (Jürgen Moltmann)، ولاهوتيِّين آخرين، إلى فلاسفةٍ وعلماءَ، بخاصّةٍ من مؤيِّدي الواقعِ الكمّيِّ، لم يتوانوا عن جعل هذا السؤالِ فُسحةَ لِقائِهم بدلًا من أن يستمرَّ كشاطئٍ صخريٍّ لاستمرارِ تكسُّرِهم. يُعطي العالِـمُ، الجدليُّ، ستيفن هوكِنغ، على سبيل المثال جديرًا بالاهتمامِ عن هذا النّوعِ منَ التفكيرِ، طارحًا على نفسِه الأسئلةَ التاليةَ: "من أين أتى الكَونُ وإلى أين يتّجهُ؟ هل كانت بدايةٌ ما؟ وإن كان الجوابُ بالإيجابِ، ما الذي كانَ قبلَها؟ ما هي طبيعةُ الزمان؟ هل ستكونُ نهايةٌ؟"[682]

إن أسئلةً كهذه، تُطرَحُ باستمرارٍ، أو، على الأقلِّ، تُعادُ صياغتُها بطرائقَ مختلفةٍ، تدفعُ بالناسِ نحو الشعورِ بأنّهم رَهنُ واقعٍ حافلٍ بالانتكاساتِ الطبيعيَّةِ، ومُقلقٍ على الدوام.[683] وبتعابيرَ مماثلةٍ، يصفُ أيضًا العالِـمُ الأمِريكيُّ كينيث فورد (Kenneth Ford)، الخبيرُ في فيزياءِ الكمِّ، الشعورَ الذي يعبُرُ المُجتمعاتِ المتطوِّرةَ، خصوصًا المجتمعَ الأمِريكيَّ.[684] هذا النَّوعُ من الشعورِ السّلبيِّ (Eeriness) تجاهَ الواقعِ المعيوش، بحسبِ ما يصِفُه بعضُ العلماءِ من المتطرّفينَ المُسيئينَ لاستعمالِ العِلم، والذين يشكّلون فئةً مُشكِّكةً تُسيءُ إلى كلِّ مذهبٍ

680 متى 18: 10

681 تك 2، 19

682 راجع: *Hawking*, p.17

683 الكوارث الطبيعية والصراعات التي تضرب العالم منذ الحادي عشر من سبتمبر عام 2001 تسجل ظروفًا مقلقة قصوى تغذيها وسائل الإعلام العالمية، وها مؤخرا، من جهةٍ، ترددات التغيير المناخي، ومن جهةٍ أخرى ظهور حركة إرهابية مثل "داعش" التي لن تنساها البشرية بسهولة، تكملان صبَّ الزيت على النار. فكيف نطمئن الناس؟

684 راجع: *The Quantum World* p. 247

إلٰهيّ يَتغذّى من قلقِ الوالِدين على مستقبلِ ذرّيَّتِهم.

على هذا المستوى من الريبة والقلقِ تأتي المفاهيمُ المسيحيَّةُ مثلَ التجسُّدِ، الإخلاءِ، وآلامِ الله، لتزيدَ الوضعَ سوءًا، لا سيّما معَ فشلِ صورةِ الإلٰه 'المثالِ'، الكلّيِّ القُدرةِ، الحامي، الذي لا يُغلَبُ، القادرِ على الإنقاذِ من كلِّ مصيبةٍ، وعلى حِفظِ الأرواحِ حيَّةً في هذا العالم.[685]

إن فكرةَ 'إلٰهٍ' مغموسٍ في الزمانِ والمكانِ، هي في حدِّ ذاتِها، سببٌ كافٍ لهذه الإشكاليَّة. كيف يمكنُ للمحدودِ أن يحتويَ اللّامحدودَ؟ لا يُمكنُ لإلٰهٍ خاضعٍ لظروفِنا حتّى القبرِ، أن يوحيَ بالأمانِ في هذا العالم. وفي حالِ لم يتمكّن من تخطّي ظروفِنا، الأمر الذي دعاه إليه 'لصُّ الشِّمال'، لا يمكنُه أن يأتيَ شيئًا يحافظُ له على تجسُّدِه، وقيامتِه، ويجعلُهما بدورِهما مصدَرينِ للإيحاءِ بما هوَ أكثرُ أمانًا واستبصارًا، على حدِّ قولِ المزمورِ الحادي والتسعين: "يُنقذُكَ حقًّا مِن فَخِّ الصَّيّادِ وَمِنَ الوَبَاءِ المُهلِكِ. بِرِيشِهِ النَّاعِمِ يُظَلِّلُكَ، وَتَحتَ أَجنِحَتِهِ تَحتَمِي...".[686]

لغايةِ الآنَ لم نصل بإشكاليَّةِ الزمانِ والمكانِ و"الزَّمَكانِ" الوجوديَّةِ إلى أفقٍ مطمئنٍ، لا بل هي تزدادُ تعقيدًا بمقدارِ ما تزدادُ غموضًا، بفعلِ تطوّرِ العلوم. لقد باتَ أكثرَ إلحاحًا على الإنسانِ، استنادًا إلى حِسِّنا الزُّهديِّ، أن يحدِّدَ مكانَه الشخصيّ نسبةً إلى الكائنِ المُطلَقِ، تمامًا كما نَوَينا أن نقوم به نسبةً إلى 'بطليمُس'. الأهمُّ هوَ أن يُدرِكَ الإنسانُ أينَ وضعَته "فكرةُ الأبِ – الأمِّ الخالقةِ" تلك، حتّى يتمكّنَ، كمراقبٍ من التعرُّفِ إلى الإحداثيات، وبالتالي، التآلفِ مع هذه المفاهيمِ الثلاثة التي تُثقِل على معنى حياتِه وعلى خلودِها.

سنحاولُ في ما بعدُ تَفكيكَ هذا القلق، وذٰلك بدَعمٍ من العبقريَّةِ التحليليَّةِ 'الساميَّةِ' المسكوبةِ في نظريَّةِ 'الزمزمةِ' – أو 'تسمتسوم' بالعبريَّةِ – للمدرسة 'الكبَّاليَّةِ' اليهوديَّةِ، التي أبرزَها، عاليًا، اللاهوتيُّ 'مولتمان' في كتابِه **ضَحكَةُ الكَون**. سنقومُ بهذا، ابتداءً من تدارُسِ ظاهرتَي المَفهمةِ المَعرفيَّةِ والتأثيراتِ اللُّغويَّةِ الضروريَّةِ اللتين تُسهِّلانِ قَبول مفهومٍ مثلَ 'تسيمتسوم'، غريبٍ على اللُّغاتِ الأجنبيَّةِ، من دونِ أن يكونَ كذٰلكَ على اللُّغتينِ العربيَّةِ، والسريانيَّةِ، المُشترِكَتَي الجذورِ الآراميَّةِ معَ العِبريَّة.

---

685 هذا، عمليًا، ما تسعى إلى معالجته كل دولة عظمى، بخاصة الولايات المتحدة أخيرًا، بدرجة قصوى، محاولةً بواسطة وسائلها الإعلامية إقناع المتشائمين أن الحلّ هو في نظامها وقيَمها وبأنه يكفي أن يحمل الإنسان ألويتها، حتى يدخل في الأمان والتفاؤل المرغوبَين. هذا ما قيل فيه " استبدال الإله النظري".

686 مز 91، 1 - 6: السَّاكِنُ في سترِ العَلِيِّ يَبيتُ في ظلِّ القَدير. يَقولُ لِلرَّبِّ: "أَنتَ مُعتَصَمي وحِصني إلهي الَّذي علَيه أتوكَّل..." إلخ.

2. المَفهَمَةُ المَعرفيَّةُ والتأثيراتُ اللُّغويَّة

"أللهُ هوَ البادئُ بحُبِّنا".[687] ثمّ أعلنَ، بشكلٍ واضحٍ، أنّه يريدُنا أن نبادِلَه الحُبَّ، ليس فقط من كلِّ القلبِ، إنّما أيضًا من كلِّ العقلِ ومِلءِ الإرادةِ، وذلك كشرطٍ أساسٍ لا بدَّ منه لسعادتِنا الإنسانيَّة.[688]

هذا التبادلُ، إذا ما أُخِذَ بالمعنى العِلميِّ للكلمةِ وجَب عليه، لكي يكونَ مُطابقًا، أن يضمَنَ الكميَّةَ والنوعيَّةَ: لقد خلَقَنا اللهُ أحرارًا، علينا إذًا أن نحرِّرَه، بدورنا، من كلِّ إخضاعٍ لتصنيفاتِنا وتحديداتِنا. إن هذا ما يفرضُه 'الحُبُّ' بخاصّةٍ، بصيغتِه المجّانيَّةِ، أي غيرِ المشروطِ إلّا بذاتِه. هل يُمكنُ لهذا التبادلِ أن يشكِّلَ جزءًا من الواقعِ الكميِّ، كما هوَ موصوفٌ أعلاه؟ هل يُمكنه، في الوقتِ نفسِه، أن يتأسَّسَ على انتشارِ 'المَوجْ-جُزَيئات' كما على النسبيَّةِ العامَّة؟ وأخيرًا، هل يُمكنُ لهذا التبادلِ أن يرتكزَ على القوانينَ والمبادئَ والثوابتِ من مِكانيكا الكمّ السابقِ ذكرُها، حيث يتعاوَنُ الكلُّ، بتناغمٍ، وتزامنٍ، ليجعلَ الدراسةَ العلوميَّةَ عن الحُبِّ أمرًا ممكنًا؟[689]

يُقدِّمُ اللاهوتيُّ 'مولتمان'، بوضوحٍ، الحلَّ لهذه الإشكاليَّةِ إذ يقول:

> إن الخالقَ يتلقّى المعارضةَ من خلائقِهِ. يتألمُّ من انغلاقِهم على ذواتِهم. يُحمِّل 'عبد يَهوه' الجديدِ، الخطايا والأعمالَ السيِّئةَ، والآلامَ والأمراضَ التي لخلائِقِه: 'بآلامِه قد شُفينا' (أش 53، 5). إن خَلقَ العدالةِ يَنبثِقُ من التألُّمِ من قلَّةِ العدالة. لهذا السبب، يستلزِمُ التدخُّلُ الإلٰهيُّ في التاريخِ، في وقتٍ واحدٍ، الفِعلَ والانِفعال.[690]

انطلاقًا من هذه النُقطة، يتّضح، بما لا يقبلُ الشكَّ، أنَّ اللهَ يحبّ خلائقَه. فأرسلَ 'ابنَه' عمدًا، مُقدِّمًا إياه ليشارِكَ البشريين ظروفَهم كاملةً، ما عدا الخطيئةَ، بخاصّةٍ خطيئةَ قطعِ الصِّلةِ معَ 'أبيه'. أرسَله عَمدًا ليُحوِّل أسلوبَنا في المفهمةِ من المَنطقِ الحسّيِّ الاستنتاجيِّ (positive, deductive)، أكان هذا المنطقُ إستدلاليًّا أم بوليانيًّا (boolean)، إلى المنطقِ الاستقرائيِّ (inductif)، يُسمّيه بعضُهم ميتافيزيقيًّا، وبعضُهم الآخَرُ 'ميتالوجيًّا' (ما بعدَ المنطق)، أمّا نحن فندعوه 'رازائيًّا'، أي مُنبثقًا من حَدَثِ التجسُّدِ بالذات.

687 1يو 4، 10؛ بندكتوس السادس عشر، الرسالة العامّة: الله محبّة، المقدّمة، 2005.

688 لو 10، 27

689 سوف نُعرِّف في الفصل الأخير عن فرضيَّة العالِم John Bell كما عن نظريّة "الأوتار" (String theory) التي تنهض بشكل هامّ بالواقع الكمّي وبتأثيراته سلبًا وإيجابًا.

690 راجع: Moltmann, Jürgen. Le rire de l'univers, CERF, Paris, 2004, p. 46.
سنشير إلى هذا المرجع في ما بعد تحت اسم *Moltmann*.

بفعلِ ’تجسَّدِ الابن‘، تحوّلَت مفهمةُ الواقعِ المخلوقِ من استنتاجيّةٍ إلى استقرائيّةٍ (استنباطيّة)، فأنتجَت، بفضلِ المعلوماتِ التي حمَلَها لنا ’المُتجسِّدُ‘، ما قد سُمِّيَ "الكريستولوجيا من عَلو". [691] وعلى الرُّغمِ من هذا، لم تكُفَّ المفهمةُ عن أن تكونَ استنتاجيّةً، وذلك، من جهةٍ، بسببِ الأسبقيَّةِ التكوينيَّةِ للنَفَسِ الإلٰهيِّ المزروعِ في الإنسانِ تحتَ اسمِ ’شرارةٍ‘، والذي يشكّلُ مادّة استقبالِ ’التجسُّدِ‘، ومن جهةٍ أخرى، بسببِ الوَعدِ المُعطَى لآدمَ، والذي نحنُ مدعوون، كبشريِّين، للاعترافِ بهِ واحترامِهِ على الدوام، ما أثمرَ، في الوقتِ ذاتِه، خطَّ "الكريستولوجيا من أسفل". إن الحركةَ الـمُوحَى بها من خلالِ قولِ يسوع: ’كُلُّ شَيءٍ قَد دُفِعَ إِلَيَّ مِن أَبِي، وَلَيسَ أَحَدٌ يَعرِفُ الابِنَ إِلَّا الآبُ، وَلاَ أَحَدٌ يَعرِفُ الآبَ إِلَّا الابِنُ، وَمَن أَرَادَ الابِنُ أَن يُعلِنَ لَهُ‘، تُثبِتُ ما تقدَّمنا به. [692] لكنَّ حدثَ ’التجسّد‘، بحدِّ ذاتِه، والوَساطاتِ التي قام بها ’أفرامُ‘ حولَ حضورِ الله - الابن - الكلمة في حشا ’مريم‘، باتت تحثُّنا لمقاربةِ كريستولوجيا مختلفةٍ: "الكريستولوجيا من الداخل، من اللُّب، من الصميم". [693] واللُّبُ، باللُّغةِ العربيَّةِ، يؤدّي المعنى الصحيح للقلبِ الأوغسطينيِّ (Core)، ما يَعني الوَسَطَ ’الرازائيَّ‘ الذي يجمعُ بينَ الأعلى والأسفلِ في ’حالةٍ عائليَّةٍ قُدسيَّةٍ‘ لا تعرفُ، لا أعلى ولا أسفل، بل مساواةً تُغَرّي الإنسانيّ بالإلٰهيّ في حُبٍ يفوقُ كلَّ وصفٍ، ولا يُمكن التعريف عنها سوى ’بالحالة الرازائيَّة‘. إن هذه المَفهمةَ الكريستولوجيَّةَ التي تُدخِلُ شريكًا ’رازائيًّا‘ جديدًا على ’الرّقصةِ الإلٰهيَّة‘ (*Perichoresis*)، امرأةً حاملًا بـ’الابن‘، من الرّوحِ القدسِ، ستؤدّي دورًا رئيسًا في قراءتِنا الجديدةِ لمَشهدِ التّكوين.

لقد باتَ واضحًا أنه لم يعد بإمكانِ هذا النوعَ من فعلِ المعرفةِ أن يتمَّ باتجاهٍ من الاثنين من دونِ الآخَرِ، ولا في زمنٍ من دونِ الآخَر، نعني به ’الأزلَ - أبدَ‘. ما إن تُمسي المعرفةُ مبنيَّةً على ’الحُبّ‘ حتّى تستلزمَ علائقيَّةً وتواصُلًا، وبالتالي فعلًا وانفعالًا واعتراضًا وانكماشًا وألمًا وتوليدًا وانبثاقًا وإشعاعًا و’نفخَ روحٍ‘، وإرسالًا إلخ. هكذا، تُمسي الخَليقةُ مصنوعةً من كلِّ كمٍّ معلوماتيٍّ (quantum of information) هامٍ مأخوذٍ من قاموسٍ نوعيٍّ، أموميٍّ على الأخصِّ، وليسَ فقط نَسَوي. لقد فضَّلَ الفيلسوفُ دِريدا، قاموسَ المَفهمةِ الأموميَّةِ هذا لفلسفتِه في علمِ اللُّغةِ، واستعملَه باللُّغةِ اللاتينيَّةِ، متشبِّهًا بالقديسِ أوغسطينوس لجهةِ علاقتِه بأمِّه القديسةِ مونيكا، ليُحقِّقَ ’الاختِلاف‘ (to make *differAnce*). [694]

---

691 يو 1، 18؛ 1كور 2، 11

692 مت 11، 27

693 لاهوت مسيحاني ينبعث من ’حشا‘ الإنسانيّة وبشكل خاص من قدس أقداس الأمومة كما ينبعث نور المسيح من ’القبر‘، هو الذي به تمّ الناموس والأنبياء لأنه هو من كان النبوءة بذاتها التي حملتها كلمات الأنبياء، والعدالة بذاتها التي بُني عليها الناموس والشرائع.

694 راجع *Circonfession*، النظريَّة الفلسفية اللغوية التي أطلقها الفيلسوف الفرنسي جاك دريدا والتي تدور حول الحرف G المقصود به والدته Georgette وإسقاطه لرمزيتها على القديسة مونيكا والدة القديس

أينَ وكيفَ بدأت مُمارسةُ هذا 'الحُبِّ' المنطقيِّ - المَعرفيِّ؟ هذا هوَ بالضبطِ التحدّي المدعوُّ "سرَّ الثالوثِ الأقدسِ"، العزيزُ جدًّا على قلبِ 'مُولتمان'، والذي يُثيرُه في الفصلِ الثالثِ من كتابِهِ تحتَ عنوانِ **الخَلقُ الثالوثي**، حيثُ جاءَ فيه:

> إذا كان الآبُ خلقَ العالـمَ بمقتضى حُبِّه لِلابن، فبمقتضى الحُبِّ الذي يبادِلُه الابنُ إيّاه، يُمسي العالـمُ سعادةَ اللهِ، الآبِ والابنِ... إذًا، الآبُ يخلقُ العالـمَ بالابن. إنّه يخلقُ بقوّةِ الروحِ القُدُس.[695]

هذه المَفهمةُ للعلاقةِ بينَ اللهِ والعقلِ البَشريِّ، أي معرفةُ الآبِ، من خلالِ حُبِّ الابنِ له والعَكسُ بالعكس - الأمرُ الذي يقتضي إذًا أن نعرفَ الله من خلالِ القلبِ وليسَ من خلالِ العقل - يدفعُنا، بطريقةٍ ما، إلى الشعورِ بالإحباط. هذا الشعورُ يتأتّى، بجزءٍ كبيرٍ منه، مِنَ المرارةِ التي نشعرُ بها نظرًا إلى المخزونِ الهائلِ من الحُبِّ الموضوعِ بتصرُّفِ البشرِ، والذي بقيَ غيرَ مُستكشَفٍ إمّا لأنّنا نَجهل، أو، أقلّه، نَنفي معرفتَنا بما يشتهيه اللهُ ليَغمُرَ البشرَ بالسعادةِ، وإمّا لأنّه لا زالت تنقُصُنا معرفةُ الذّات.

لقد وضَّحَ البابا بنديكتُسُ السادسَ عشرَ هذه النُقطةَ في مقدّمةِ رسالتِه العامةِ الأولى اللهُ محبّةٌ قائلًا:

> ...إلى ذٰلك يهدينا 'يوحنّا'، إن صحّ التعبيرُ، في هذه الآيةِ (1 يو 4، 16)، إلى ما يُمكنُ اعتبارُه محصَّلةً عنِ الوجودِ المسيحيِّ: "ونَحنُ عَرَفنا المحبّةَ الّتي يُظهِرُها اللهُ بَينَنا وآمنّا بها". لقد آمنّا بحُبِّ الله: "هكذا يُمكنُ للمسيحيِّ أن يُعَبِّرَ عن خَيارِهِ الأساس لحياتِه".[696]

إن كلماتٍ كهذه، غالبًا ما تتكرّرُ في العِظاتِ وفي نُصوصِ الدراساتِ البيبليّةِ، إنّما قليلون يستوعبونها. فما إن يتمَّ تأمّلُنا بها، قلبيًّا وعقليًّا، بشكلٍ مُعمَّقٍ، حتّى تُضيفَ عواملَ جديدةً مُحبِطةً: "كيفَ يمكنُنا أن نحبَّه إن كُنّا لا نعرفُه؟"، نتساءَل مع القدّيس أوغسطينوس.

بهذا التساؤلِ نواجهُ، مجدّدًا الكبتَ الذي يتّخذُ بدايةً له في المحدوديّةِ اللُّغويّةِ التي تشكو منها البشريّة. كيف يمكنُنا أن نُعبّرَ عن علاقةٍ مُرتكزةٍ على مشاعرَ، خصوصًا، عندما لا تكون تلك المشاعرُ من واقع المَدارِ نفسِه، كما هي الحال في دَعوتِنا لأن نُحبَّ اللهَ من كلِّ القلب، من كلِّ العقلِ، ومن كلِّ الإرادة؟ ما المَخرَجُ من هذا المأزقِ؟

أوغوسطينوس، والتي تؤدّي دورًا تفكيكيًّا للموجات الذكورية المتطرّفة السائدة في ذهنيّة العهد القديم اليهوديّة - الإسرائيلية. إثباتًا لنظريّته تمنّع دريدا من ختن ولديه الذكرين، وأنهى حياته بالقول لكلّ من يحيط بسريره ما لم يقله لأحد طوال حياته: "أحبّكم".

695 راجع: Moltmann, p. 61. والعالِم John Polkinghorne من خلال كتابه The Trinity، ينضم إلى 'مولتمان'.

696 مقدمة الرسالة العامة *Deus Caritas Est*.

من جهته، فَهِمَ بولسُ الرسولُ جيِّدًا أنَّ علينا أن نُعالجَ كلَّ واقعٍ بحسبِ صنفِه، لذا كتبَ بوضوحٍ إلى القورنثيّين:

> يَا غَبِيُّ! الَّذِي تَزرَعُهُ لاَ يَحيَا إِن لَم يَمُت. وَالَّذِي تَزرَعُهُ لَستَ تَزرَعُ الجِسمَ الَّذِي سَوفَ يَصِير، بَل حَبَّةً مُجَرَّدَةً، رُبَّمَا مِن حِنطَةٍ أَو غَيرِها من الحُبوب. وَلَكِنَّ اللهَ يُعطِيهَا جِسمًا كَمَا أَرَادَ. وَلِكُلِّ وَاحِدٍ مِنَ البُذُورِ جِسمُه. لَيسَ كُلُّ جَسَدٍ جَسَدًا وَاحِدًا بَل لِلنَّاسِ جَسَدٌ وَاحِدٌ وَلِلبَهَائِمِ جَسَدٌ آخَرُ وَلِلسَّمَكِ آخَرُ وَلِلطَّيرِ آخَرُ. وَأَجسَامٌ سَمَاوِيَّةٌ وَأَجسَامٌ أَرضِيَّةٌ. لَكِنَّ مَجدَ السَّمَاوِيَّاتِ شَيءٌ وَمَجدَ الأَرضِيَّاتِ آخَرُ. مَجدُ الشَّمسِ شَيءٌ وَمَجدُ القَمَرِ آخَرُ وَمَجدُ النُّجُومِ آخَرُ.[697]

ولكنّه فَهِمَ أيضًا، جيِّدًا، أنَّ اللُّغةَ بالذاتِ، كما أساليبُ التعبيرِ كافّةً، تتَّبِع مقياسَ القِيَمِ نفسَه تجاهَ فهمِها. فأضافَ في رسالتِه إلى أهلِ كورنتُسَ قائلًا:

> فَإِن كُنتُ لاَ أَفهَمُ مَعنَى الأَصوَاتِ فِي لُغَةٍ مَا، أَكُونُ أَجنَبِيّاً عِندَ النَّاطِقِ بِهَا، وَيَكُونُ هُوَ أَجنَبِيّاً عِندِي! وَهَكَذَا أَنتُم أَيضاً، إِذ إِنَّكُم مُتَشَوِّقُونَ إِلَى المَوَاهِبِ الرُّوحِيَّةِ، اسعَوا فِي طَلَبِ المَزِيدِ مِنهَا لأَجلِ بُنيَانِ الكَنِيسَةِ. لِذلِكَ يَجِبُ عَلَى المُتَكَلِّمِ بِلُغَةٍ مَجهُولَةٍ أَن يَطلُبَ مِنَ اللهِ مَوهِبَةَ التَّرجَمَةِ. إِنِّي إِن صَلَّيتُ بِلُغَةٍ مَجهُولَةٍ، فَرُوحِي تُصَلِّي، وَلَكِنَّ عَقلِي عَدِيمُ الثَّمَرِ.[698]

يحثُّنا هذا الكلامُ على فَهمِ ما تسبَّبَ بالتّصادُمِ بينَ 'بولسَ' والفلاسفةِ الأريوباجيّين في أثينا. لم يكن مردُّ ذلك إلى مشكلةِ لفظٍ خاصٍّ باللغة اليونانيَّة، إذ هي اللغةُ الأم الثانية لبولسَ بعد العبريَّة. لقد سمعوا جيِّدًا ما قالَه بولسُ، ولكنَّهم لم يتمكَّنوا من استيعابِ المَغزى منه، لأنّهم لم يكونوا على المدارِ نفسِه منَ الرموزِ والدلالاتِ معه. هل كانَ بإمكانِه أن يتفاهمَ أكثرَ معَهم على صعيدِ الأمورِ 'المشارِ إليها' (signifiers) أو المُثُلِ (paradigms)؟ وعلى الرُّغمِ من كلِّ ذلك، كانَ لهذا اللقاءِ استثناؤه، على ما شهدَ له كتابُ أعمالِ الرسلِ قائلًا: 'وقد آمن بعضُهم'.[699]

---

697 1كور 15، 36 - 50

698 1كور 14، 11 - 14

699 أع 17، 34. ظاهرة الغشاء هذه هي استمرارية ما كان يحدث للأنبياء كافة ما قبل يسوع المسيح. سيصيب هذا الأمر حتى يسوع، كما نراه عند لوقا (لو 9، 45)، ويتابع مع الرسل والكنيسة. لهذا السبب وعد يسوع بإرسال الروح القدس ليساعد كل الناس على الفهم (يو 14، 26)... يبقى أنه من أجل الفهم، مطلوب نوع من النُّضج الفكري، النفسي والروحي على مستوى الإنسان. وهذا ما كان قد بدأ مع أسفار الكتاب المقدس الحكمية من جهة، ومن جهة أخرى بفضل الفلسفات التي سبقت "المجيء" والتي تابع تأثيرها في تغذية مخزون الكنيسة التعليمي، كما نراه عند بولس الرسول. هبة الروح القدس باتت متساوية مع نعمة الإيمان

من جهةٍ أخرى، أحسنَ 'أوغسطينوسُ' حلَّ مُعضلةِ اللغةِ هذه بمقاربتِها من بابِ التصنيفاتِ القديمةِ للدلالاتِ والرموز، في مؤلَّفِه **'في الثالوثِ الأقدس'**. لكنَّنا نتساءلُ: هل يكفي أن ندعوَ اللهَ بالدالَّةِ 'أبًا'، وأن نكتبَ اسمَه بالحرفِ العريضِ، حتَّى نصلَ إلى التعبيرِ الأقصى عن حُبِّنا واحترامِنا له؟ هل يساعدُنا أسلوبُ التعبيرِ البيبليِّ هذا في أن نُعيرَ اهتمامًا أكبرَ 'للآبِ' الذي لا نراه، بينما نضنُّ به على آبائِنا الذين نراهُم؟ فضلًا عن ذلك، نحن نستعمِلُ، كبشريِّين، الاشتقاقاتِ اللُّغويَّةِ ذاتَها للتعبيرِ عمَّا هوَ يتخطَّاها كما عمَّا لحواسِّنا، ونُسمِّي ذلك مشابهةً أو مماثلةً (analogy). إلى أيِّ حدٍّ قد تكونُ هذه المنهجيَّةُ دقيقةً وفاعلةً، خصوصًا في عصرِ العلومِ هذا، الذي باتت فيه عينُ الإنسانِ قادرةً على رؤيةِ ما اعتُبِرَ، لقرنٍ خلا، ميتافيزيقيًّا؟ وإلى أيِّ حدٍّ يُمكنُ أن تكونَ صحيحةً لجهةِ إشكاليَّةِ تسميةِ الزمانِ والمكان؟

إنَّ شعارَ 'أؤمنُ كي أفهمَ' للقديسِ أوغسطينوسَ يعني، بلا أدنى شكٍّ، أنَّه لا تجوزُ المُطالبةُ بالوضوحِ والدقَّةِ (clarity and precision)، لا من بابِ القياسِ الأرسطيِّ، ولا من البابِ الديكارتيِّ، كي نفهمَ. أمَّا 'ديونيسيوس' و'داماريس' اللَّذان صدَّقا بولسَ في 'واقعةِ' الأريوباجيين، فيُجسِّدان المثالَ الطيِّبَ للمؤمنِ العادي. ولكن، هل يُمكنُ لهذا النَّوعِ منَ المؤمنينَ أن يحتمِلَ، يومًا ما، فكرةَ أنَّه لم يُصِب جوهرَ الإيمان؟ هل يتقبَّل فكرةَ أنَّه أضاعَ 'الحُبَّ' الذي كان منَ المُفترَضِ أن يتَمتَّعَ به، لسببِ أنَّه أقفلَ على ذاتِه، في إطارٍ من الجدليَّةِ يتناسبُ مع مَيلِ اليونانيين؟

من هذه الناحيةِ نتساءلُ ما إذا كانَ أفضلُ تعبيرٍ عن 'الحُبِّ'، الذي تحتويه عبارةُ 'آب'، والذي لطالما سلَّطَ يسوعُ الضوءَ عليه، يبقى، على الرُّغمِ من كلِّ شيءٍ، معوَّقًا من إيمانٍ غيرِ كاملٍ، ومشوَّهًا بكلِّ أنواعِ التماثلِ والتجسيمِ، والتبسيطِ في التصديق. كما نتساءلُ ما إذا كانَ الوضعُ نفسُه ينطبقُ على عبارتَي 'زمانٍ' و'مكانٍ' اللَّتين تَقِفان خلفَ كلِّ نظامٍ (ordre)، وتماثلٍ (symmetry)، وتزامنٍ (synchronisation)، بما أنَّ من وظيفتِهما الفصلَ بينَ المخلوقاتِ بصفةٍ عامَّةٍ، ثم بينَ المخلوقاتِ والخالقِ، وتخصيصًا بينَ البشرِ واللهِ، ماضيًا، حاضرًا ومستقبلًا، هنا، هناك، وإلى ما بعدَ ذلك، إلخ. ألا يُمكنُ أن يُعوِّقَهما، هما أيضًا، علمٌ ناقصٌ، وتشوِّهَهما نزعتا التجسيمِ والاستهلاك؟[700] ما الذي يحاولُ البابا يوحنَّا-بولسُ الثاني أن يوضِّحَه بتأكيدِه التالي: "هنا لا نرى فقط فُسحةَ 'الشاطئِ الصخريِّ' الذي يفصلُ بينَ العقلِ

التي اعتبرت أساسًا للفهم أو بتعبير أفضل، كي يرفع الحجاب: "آمن لتفهم" سيقول القديس أوغسطينوس بعد أن أكد مار أفرام بانه لا بد من اكتساب "العين المنيرة". (ܟܢܟܐ ܓܓܟܐ)

700 نفهم 'بالاستهلاك' الميل البشري لتحويل كل شيء إلى مواد تجارية بخاصة الزمان والمكان وذلك بتوسُّل الفلسفات المادية والعولميَّة للتسويق، والتكنولوجيا التي تتحكَّم به، تكنولوجيا تعمل بسرعة الضوء. لقد بات المستهلك يدفع ثمنهما غاليًا في مجالات المواصلات والتجارة عبر الإنترنت.

والإيمانِ، إنّما، أيضًا، فُسحةَ ’المكانِ‘ الذي يلتقيان فيه”؟ هل يحاولُ البابا أن يُشيرَ إلى العلاقاتِ بين ’الفيزيقا‘ و’الميتافيزيقا‘؟ نحن نعتقِد بأن هذا ما يقصِدُهُ، لأنّه، في مكانٍ آخرَ من رسالتِه، يتَّهمُ، دفاعًا عن ’الميتافيزيقا‘ قائلًا:

> ... من قَبيلِ ذٰلك على سبيل المثال، ما نلحظُه من ارتيابٍ جذريٍّ تجاهَ العقلِ في كثيرٍ من التطوّراتِ الحديثةِ في الأبحاثِ الفلسفيَّة. وقد بدأنا نسمعُ، في هذا الصّددِ، من جهاتٍ متعدِّدةٍ، كلامًا عن نهايةِ ’الميتافيزيقا‘.[701]

و يُضيف في مكانٍ آخرَ قائلًا:

> بالمقابلِ، من شأنِ تطبيقِ أسلوبٍ تفسيريٍّ (hermeneutic) منفتحٍ على ضروراتِ ’الميتافيزيقا‘ أن يُبيّنَ كيفَ يتحقَّقُ العُبورُ، من خلالِ الظروفِ التاريخيَّةِ والظرفيّةِ التي وُضِعت فيها النصوصُ، إلى حقيقةٍ تتخطّى كلَّ القرائنِ الظرفيَّة. بوسعِ الإنسانِ، عن طريقِ لُغةٍ تاريخيّةٍ محدَّدَةِ الإطارِ، أن يعبِّرَ عن حقائقَ تتخطّى الواقعَ اللغوي.[702]

نختمُ هذه النُقطةَ باعترافِنا بأنَّ التأثيرَ اللغويَّ، بخاصّةٍ ’التاريخيَّ والمحدَّدَ الإطارِ‘، يُثقِل، بقوَّةٍ، على المَفهمَةِ، كلَّما دُعيتِ اللُّغةُ إلى كسرِ القيودِ، تحتَ أنينِ الروحِ القدُس. ’الزمانُ‘ و’المكانُ‘ هما عبارتان، اسمان لنكرتَينِ من ذٰلك المنطقِ اللُّغويِّ التاريخيَّ والمحدّدِ الإطارِ الذي يلفت إليه البابا القديسُ يوحنَّا بولسُ الثاني. إنّما، وعلى الرُّغمِ من اتحادِهما في مفهومِ ”الزَّمَكانِ“، فإنهما يستمرّانِ غيرَ محدَّدَي الإطار. هل يكونُ ’يسوعُ‘ قد حاولَ، عَرَضًا، أن يُفهمَنا أنّه، بصفتِه ’الكلمةَ‘ بالمُطلقِ، هوَ ’الألفُ‘ و’الياءُ‘ اللتان، من المُفترضِ، أن تَجدَ بينهما كلُّ مفهمةٍ، كما كلّ كلمةٍ، كلّ اسمٍ، وكلّ تأثيرٍ لُغويّ إطارَها؟

1.2. عَمليّةُ إدراكٍ أمثلَ للإشكاليّة

يبقى أن المتَّهمَ الأساسَ في إعاقة المعرفةِ وفهمِ ’الحقيقةِ المُطلقةِ‘ هو، برأينا، الحواجزُ اللغويَّةُ التي تؤخِّرُ تطويرَ ”منطقٍ لغويٍّ تاريخيٍّ ومحدَّدِ الإطارِ، إنّما ديناميٌّ وشموليّ“.

إن كانَ القديسُ يوحنّا-بولسُ الثاني قد أثارَ هذه الجدليّةَ، هوَ مَن أجادَ العديدَ من اللغاتِ، فمن جهةٍ لِثَناءٍ على هذه القدرةِ المُذهلةِ، ومن جهةٍ أخرى، ليرسُمَ محدوديّتَها على مدى الفُسحةِ أو الفُسحتَين السابقِ ذكرُهما. إنّه يقومُ بهذا بطريقةٍ تُوضِحُ أن

---

701 راجع: John- Paul II, *Fides et Ratio* V, 55.

702 المرجع نفسه، 95، VII

الأطرافَ، والجبهاتِ، والشواطئَ الصخريَّةَ ليست، بحدِّ ذاتِها، سوى كلماتٍ، وبالتالي، تكوِّنُ لغةً، طريقةً مختلفة لِفَهمِ الحقيقةِ المطلَقة، من خلالِ الثقافاتِ المُختلِفةِ للشعوبِ التي تشتَّتَت، إثرَ ’لعنةِ بابِل‘، أيًّا تكن ’بابِلُ‘.[703]

إنَّ ما حدثَ في ’بابِلَ‘ تِلك، يُشبهُ، على نحوٍ ما، قصفًا ذريًّا اختباريًّا. لقد فجَّرَ ’الكلمةُ الإلهَ‘ ما سُمِّيَ بـ’اللُّغةِ الموحَّدةِ‘ للبشريَّةِ آنذاك، فابتدأ ’انشطارُ‘ تلك ’اللغةِ‘، تمامًا كما يحدُثُ نسبةً إلى نواةِ ذرَّةٍ ثقيلة. وبالتالي، لو وُجِدَت، في تلك الأيامِ، نظريَّةٌ واحدةٌ وموحِّدَةٌ لكلِّ مسلَّماتِ المعرفةِ، تُدعى باللغةِ الإنجليزيَّةِ *The Grand Unified Theory (G.U.T)*، والتي، من أجلِ اكتشافِها يُجهِدُ العلماءُ أنفسَهم اليومَ، لكان نصيبُها المصيرَ عينَه. والقولُ نفسُه يصحُّ في ’الحقيقةِ الموحَّدةِ‘، كما في كلِّ ما كانَ موحَّدًا، آنذاك، في أجزائِه، ما إن تُخطِّطُ تلك الأجزاءُ، بمكابرةٍ، للخروجِ عنِ ’النواميسِ الطبيعيَّةِ‘، بهدفِ الوصولِ إلى ’مقامِ‘ الله.[704]

لقد بَلبلَ اللهُ لُغةَ البشر بحدِّ ذاتِها مقسِّمًا إياها ألسنَةً مختلفةً إلى غير عَودة.[705] هذا المَقطعُ من الكتابِ المقدَّس شكَّل، دومًا، نَواةَ تأمُّلٍ لكلِّ فلاسفةِ اللُّغةِ، ومؤخَّرًا للفيلسوفِ جاك دِريدا المذكورِ أعلاه، هوَ اليهوديُّ ممَّن يتوجَّهُ الكتابُ المقدّسُ، عفويًّا، إليهم.

لكنَّ أكثر ما فاجأَنا هوَ أن نكتشفَ أنَّ العَمَلَ الذي تمَّ، منذ مار أوغسطينوسَ إلى ’دِريدا‘، لِوَضعِ ضابطةٍ لُغويَّةٍ موحَّدَةٍ تربُطُ بين الدّلالاتِ، وما هوَ مدلولٌ إليه، وما هوَ مشارٌ إليه، ببَعضِها (كما فعلَ آباءُ ’تفسيرِ كوبنهاغن‘ بالنسبةِ إلى العلومِ الحديثةِ)، كان عديمَ الأهمّيَّةِ. بالمقابلِ، أخيرًا، ولمقتضياتِ إدراكٍ أفضلَ لما يحدُثُ على صعيدِ عقلَنتِنا للواقعِ بحدِّ ذاتِه، ومُختلفِ أنواعِ الواقعِ التي ما زالت تظهرُ تباعًا، وتفرضُ ذاتَها على وعينا، قامت موجةٌ تصاعديَّةٌ منَ الأنشطةِ اللُّغويَّةِ، فرضَت نفسَها هي أيضًا، بأبعادٍ متعدِّدةٍ، على كلِّ حقولِ العِلمِ والمعرفة. ويُمكنُ التعرّفُ إلى أحدِ أهمِّ أهدافِ هذه الصَّحوَةِ اللغويَّةِ عند الفيلسوفِ ج. ر. لوكاس، على نحوِ ما أشارَ إليهِ المفكِّرُ الأمريكيُّ بول دايفِس، في كتابِه ’**اللهُ وعلمُ الفيزياءِ الحديث**‘ تحتَ الفصلِ المعنونِ: ’**الذاتُ** *The Self*‘:

> أن نقولَ إنّ كائنًا مدركًا يعرفُ شيئًا ما، هذا لا يعني أنّنا نقولُ ببساطةٍ إنّه يعرفُه؛
> إنّما إنّه يعرفُ أنّه يعرفُه، وأنّه يعرفُ أنّه يعرفُ أنّه يعرفُه، وهكذا دوالَيكَ...

703 ’بابل‘ هو اسم مركب من كلمتين ’باب‘ و’إيل‘ ويعني ’بيت إيل‘ إله ابراهيم أور الكلدانيين، الإله الأوّل للعبرانيين. راجع المحيط الجامع للخوري بولس الفغالي.‘
Cf. Paul Féghali, Al Muhit al Jame[c] [en ligne]. URL: http://www.albishara.org/page.php?view=dictionary&dic=3&id=2&wordid=1003 (تمّ تفحّصه أيلول 2017)

704 غل 11، 4

705 مع الأخذ بعين الاعتبار الفروقات اللفظية (شيبوليّة، أي كلفظ شنبلة بدل سنبلة) ما بين مجموعات تتشارك اللغة نفسها. (راجع: قض 12، 6)

> تَبرُزُ بهذا مُفارقاتُ الإدراكِ لأنّ الكائنَ المدرِك يمكنُه أن يكونَ مدركًا ذاتَه ومدركًا أيضًا أمورًا أخرى، من دونِ أن يُفسَّرَ ذلك بأنّه قابلٌ بذاتِه للانقسام إلى أجزاء.[706]

وينقل العالِم الأمريكي بول دايفِس أيضًا عن الفيلسوفِ الإنجليزيِّ جون لوك (John Locke)، الذي قال مشدّدًا: "إنّه منَ المستحيلِ أن نُدرِكَ، من دونِ أن نُدرِكَ أنّنا نُدرِك".[707]

وعليه، وفي سياقِ رفعِ مستوى الوعيِ، ثمَّةَ سؤالٌ ذو قيمةٍ إضافيَّةٍ يَطرحُ نفسَه: هل باستطاعتِنا أن ندركَ ما يتخطّى اللُّغةَ؟ وكم من لُغةٍ يحتاجُ الإنسانُ كي يَقوى على إدراكِ أنّه على وَشكِ أن يُدرِكَ، فعلًا، على قَدرِ ما يتطلّبُه المدى الأوسَعُ للإدراكِ الجَماعيِ؟ إن هذا السؤالَ يحملُنا إلى قلبِ ظاهرةِ الألسُنيَّةِ. فَلنتوسّع فورًا بمعطياتِ تلك الظاهرةِ التي تهتزُّ تحت ثقلها المعرفةُ والإدراكُ، على السواء.

2.2. ظاهرةُ الألسُنيَّة

لقد باتَ مُلِحًّا، بالنسبةِ إلينا، أن نعرفَ كيفَ أن كلمتَين مثل 'زمانٍ' و'مكانٍ'، عند استعمالِهما لتحديدِ المسافاتِ بين الأزمنةِ والأمكنةِ يضعانِنا، بحسبِ مفارقةِ "أخيل والسُلَحفاة" الشهيرةِ لزَينون الإيلي، في منتصفٍ دائم لـ'الزمانِ' و'المكانِ' وكأنّهما يجعلاننا في 'لا مكانٍ' و'لا زمان'.[708]

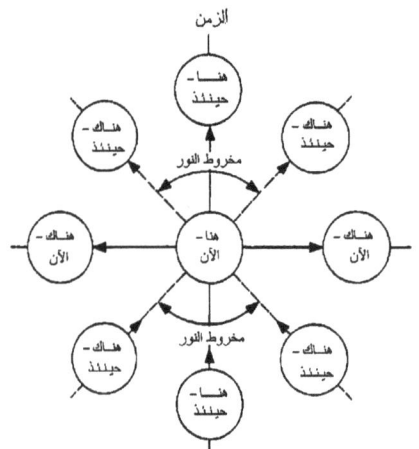

رسم 38: مخاريطُ الضوءِ، آخر وحداتِ القياس الكَوني

706 راجع: Davies, Paul. *God and the New Physics*. New York, London, Toronto, Sydney, ed. Touchstone. Simon & Schuster,1984, p.92

تعريب المؤلّف. سنشير إلى هذا المرجع في ما بعد تحت اسم: *God and the New Physics*

707 المرجع نفسه

708 المرجع نفسه ص. 14 - 15.

هذا الرسمُ الذي بات جزءًا لا يتجزّأُ من بيبليا الكمِّ، يبيِّنُ الطريقةَ التي بِتنا نفهمُ من خلالها كيف تمَّ فَهمُ الزمانِ والمكان. ويتأكّدُ، على صعيدِ "الزَّمكان"، وباعتمادِ 'مخاريطِ الضوءِ'، أنّ المسافةَ بينَ 'الهُنا حينئذٍ' و'الهنالكَ الآنَ'، و'الهناكَ حينئذٍ'، هي صفرٌ، لأن، في النهاية، على 'الكلِّ' أن يمرَّ بـالـ 'هنا الآنَ'.[709]

الفيلسوفُ 'كَنط'، هوَ أكثرُ مَن أثارَ هذه الظاهرةَ. فهو يرى أنَّ: 'الزمانَ والمكانَ والسببيَّةَ هي 'أصنافٌ' من مفاهيمِ الفكرِ البشريِّ نفرِضُها نحن على الطبيعةِ. لا يمكنُ أن نعرف أبدًا الأمور كما هي في ذاتها.'[710] أما 'مِكانيكا الكَمّ'، فهيَ ليست أقلَّ تأثيرًا، بهذا المعنى، خصوصًا لجهةِ ارتباطِها بالرياضياتِ، ذاكَ النطاقِ اللغويِّ القائمِ في ذاتِه. لذلكَ نجدُ عددًا لا بأسَ به منَ الفيزيائيينَ يُشيرون إلى أن 'الزمانَ' و'المكانَ'، كعبارتَين' ليسا من المفاهيمِ الأساس إنّما، بكلِّ بساطةٍ، تقريبيّان. وبما أنّه قد تبيَّنَ أنَّ 'المادَّةَ' التي تبدو متَّصِلةً هي بالفعلِ مكوَّنةٌ من جُزيئاتٍ كميَّةٍ، هكذا يُمكن "للزَّمكانِ" أن يكونَ مُصمَّمًا من كياناتٍ أكثرَ بدائيَّةً وتجريدًا.[711]

بناءً عليه نقولُ: إن كانَ كَنط، من جهتِه، يُصِرُّ على قبليَّةٍ متخطّيةٍ للمحسوس(*a priori* transcendental) لعبارتَي زمانٍ و مكانٍ، فالفيزيائيون، من جهتِهم، بخاصّةٍ آينشتاين، لا يؤيّدون لا أسطوريَّتهما، ولا الأساسَ العاطفيَّ لهما، كما توهَّمَه الكاتبُ الرومانسيُّ 'باتريك كوفان'، في كتابِه المعنوَن: *E= mc², mon amour*.[712] قد نقول إن إثارةَ الفيزيائيين لطبيعةٍ أكثرَ بدائيَّةً وتجريدًا لهما يبرز إرباكا تاما في صَميمِ اللغاتِ المتوفّرةِ لديهم وحاجة، بأيِّ ثمنٍ، للُغةٍ على مستوى مُصطلَحِ 'زَمكان' الجديد. هل تكون لغة الرياضيَّات؟ إن لم تكن هي الجوابُ، يلي التساؤلُ عن كيفيّةِ تمكُّنِ آينشتاينَ من شرحِ الطبيعةِ الفيزياء-كميَّةِ' لهذين 'الكائنين' اللذين هما، بالتعبيرِ النيوتوني، من الموادِ المتكتّلة القابلة للتجزيءِ والتقطيعِ، والتي اتّضحَ لعَينِه الثاقبةِ أنّهما 'أثيريّان' وغيرُ ماديَّين، بحيثُ استطاعَ تغييرَ شكلِهما لاستخراجِ جوهرٍ جديدٍ، كائن جديد منهما. إنّه لَعَمَلٌ شبيهٌ بما قامَ به الله (عزّ وجلّ)، عندما جبلَ منَ الترابِ والماءِ طينًا ليشكّل منه آدمَ. إنَّ "الزَّمكانَ" حيٌّ بِقَدرِ ما آدمُ حيٌّ، ويُسهمُ معه في اكتشاف 'لُغةِ' التأكيدِ والاستبصارِ، المُفترضِ بها أن توحيَ بطيبةِ الذي خلقَ مكوِّناتِ آدمَ الأوليَّة و'الزَّمكان'، بَدءًا بالأبجديَّة، وعدالتِه وسكينتِه (رضاه). إنّها لغةٌ تَكَشُّفُها في سيرورةٍ

709 راجع: Harrison, Edward R. *Cosmology*, Cambridge University Press, London, 1981, p.135

710 *Religion and Science*, p. 183

711 *God and the New Physics*, p.40

712 راجع: Cauvin Patrick, E=MC², mon amour, Lattès. 1979
ما أن ظهر هذا الكتاب حتى حُوّل، في العام نفسه، إلى فيلم سينمائي على يد المخرج George Roy Hill تحت عنوان "I love you".

دائمةٍ، تمامًا كما هوَ حال تكشُّفِ الواقعِ الخاصِ بها. أيُّ نوعٍ من اللُّغةِ تكون؟

على الجوابِ الذي يتوقَّعُه كلُّ عالِـمِ لُغةٍ، كلُّ فيلسوفٍ، كما كلُّ لاهوتيٍّ مُهتمٍّ بهذه الظاهرةِ، أن يلبّيَ أيضًا سؤالًا آخرَ يفرضُ نفسَه: كيف أمكَنَ تحويلُ 'كائنين' مثلَ 'الزمانِ' و'المكانِ' منَ المطلقِ (*numena*) إلى الظاهريِّ (*phenomenon*)، ومنَ المثاليِّ إلى الاختباريِّ، وإخضاعُهما إلى نُظُمِ مقاييسِنا بشكل يُصبحان به خاضعَين لعِلمِ الرياضيَّاتِ على سبيل المثال، كما حصلَ مع الفيثاغوريين، وعِلمِ النَّفسِ بفضلِ تقدُّم القوَّة النفسيَّة على الماديَّة، وقياسِ المنطقِ البولياني (Boolean) بفضلِ تطوّر العقليَّة البشريَّة، أو إلى أمرٍ آخر.[713] وما عساه أن يكون هذا الأمرُ الآخرُ غيرَ الاسمائيَّةِ (nominalism) القائلةِ إنّ الكائناتِ كائنةٌ بأسمائِها، وبدونِ أسماءٍ لا وجودَ لها. وبالتالي، بمجرّدِ إضفاء اسمٍ على أدواتِ قياسٍ لها تصبحُ قابلةً للقياس؟[714] في النهايةِ، ما الذي كان يقيسُه زينونُ الإيليُّ في مفارقاتِه ومن أين أتى بالأسماءِ والتعابير؟ فَلنستَشرِ الاسمائيَّةَ إذًا.

3.2. الاسمائيَّة

حتّى المبتدئون في عِلمِ الفيزياءِ الحَديثِ يلاحِظونَ أنَّ الرياضيّاتِ، والافتراضيَّةَ، والهندسةَ الثلاثيَّةَ الأبعادِ، وعِلمَ النفسِ، وقوَّةَ الوَعي والإدراكِ إلخ. أسهمت جميعُها في مختبرِ آينشتاين بولادةِ اكتشافِه الشهيرِ للنسبيَّةِ العامة. تَركَت تلك النسبيَّةُ الزمانَ والمكانَ معلَّقَين في وسطٍ، لا هوَ فيزيقيٌّ ولا ميتافيزيقيٌّ، لا مثاليٌّ ولا ماديٌّ، لا نيوتونيُّ المنطِقِ ولا فلسفيٌّ ممّا هوَ لما بعدَ المنطقِ (metalogic). لذٰلكَ نقولُ إنّه، في العلاقةِ بين الزمانِ والمكانِ، لا التكييفُ ولا التطويرُ كانا مُمكنَين، ولا حتّى موضَعتُهما في الكَونِ البشريِّ، لو لم يُخصّصهُما[715] آينشتاين باسمِ عَلَمٍ (راومتسايت *Raumzeit*) ويُثبِّتهُما كبُعدٍ لم يَسبق لأحدٍ تصوُّرُه: "البعدِ الرابع".

نورد في هذا السياقِ ثلاثةَ مراجعَ تُؤيِّد هذا النوع من الاسمائيَّة. الأوَّلُ هوَ الأمريكيُّ 'جون ويلر' (John Wheeler) الذي يُعرّفُنا بنظريَّةٍ جديدةٍ تُسمّى: 'كَونٌ مخلوق من قِبل المُراقبِ'، (An observer created universe)، حيث لا وجودَ للكائناتِ ما لم تُعطَ اسمًا خاصًّا بها.[716] الثاني هو، مُجدّدًا، الفيلسوفُ الفرنسيُّ جاك دِريدا الذي أدركَ، على طريقتِه، قُدرةَ النفوذِ الذي تَتمتَّعُ به الكتابة، بحيثُ يُصبحُ خلودُ اللهِ مرهون بها، بحسبِ قولِه: «أكتبك

713 Comme Eugene Wigner l'a avancé. Cf. Religion and Science p.185

714 الفيلسوف جاك دِريدا يفضل "الكتابة" (l'Écriture) عملا بالمثل اللاتيني القائل: "الكتابة تَثبُت أما الكلام فيَطير" (Verba volant scripta manent) . والمقصود هو أننا نكتب الأمور فتصبح "هنا" في الوجود... نكتب كلمة "غدًا" فيصبح الغد هنا، الآن. إنما مَن مِن الناس تمكَّن يومًا من أن يلجَ الغد؟

715 كما يحلو للفيلسوف وليام أوكهام، أبِي الفلسفة الاسمائيّة، قوله.

716 Cf. Religion and Science, p.185.

يا ألهِ، أُخلِّدك».[717] والثالثُ هوَ الكتابُ المقدَّس، بخاصّةٍ سفرُ التكوين، حيثُ نجدُ آدمَ يُسمِّي المخلوقاتِ، عَلامةَ سيادتِه وسلطتِه عليها، معطيًا إيَّاها، مع أسمائِها الخاصّةِ، وجودًا ومعنًى وغائيّة.[718]

بناءً عليه، يبدو، انطلاقًا من تلك المراجع الثلاثةِ، أنَّ أصنافًا مثلَ 'الزمانِ' و'المكانِ'، تتحوَّلُ من واقعِ المُثُلِ إلى الواقعِ المحسوسِ فتخضعُ لِحساباتِنا العلميَّةِ، لمجرَّدِ أن يُعطى لكلٍّ منها اسمٌ، ويُكتَبَ اسمُها. هذا يعني أنَّنا نراقبُها، أي نُدركُ، ونُدركُ تمامًا، أنَّنا ندركُ كينونتَها وغائيَّتها.

ولكن، من سوءِ طالعِ النظريَّةِ الاسميَّةِ هذه أنَّ الوعيَ الجماعيَّ الإنسانيَّ قد تكوَّنَ، على مدى مسيرته، على أساسِ لُغاتٍ متعدِّدةٍ، في وقتٍ واحد. إنَّ البشرَ لا يتشاركون، في لغاتِهم المتنوِّعَةِ، الجذورَ نفسَها للأسماء. لابدَّ من أن يكونَ حَدَثُ 'بابلَ' قد اتَّخذَ مجراه فعليًّا، بطريقةٍ ما، في ثقافةِ الإنسانيَّةِ. هل يصحُّ القولُ، في هذا السياقِ، إنَّ تداعياتِ 'بابلَ' ربما كانت خلفَ بعضِ النسبيَّاتِ الأخرى الوجوديَّةِ في فهمِ العلاقةِ بين 'المكانِ' و'الزمانِ'؟

لقد فتَّش البشرُ، من منطلَقِ احتياجاتِهم، ومن خلالِ إمكاناتِهم، عن حلٍّ لـ'لعنةِ بابلَ' فنظَّمَ الفكرُ البشريُّ وضَعَ ظاهرتَي الترجمةِ والتفسير. يلي مثلٌ عن كيفيَّةِ عمل هاتَين الظاهرتَين.

فلَنتمعَّن بالآيةِ من سفرِ التكوينِ التي تُعنى بالزمانِ والمكانِ بالمطلقِ، وهي الآيةُ الأولى من الفصلِ الأول.[719] تُعرِّفُ الآيةُ عن نفسِها، بدايةً بالعبريَّةِ ثمَّ بالسريانيَّةِ على الشكل التالي:

ב/ראש/ ית אלהים ברא את שמים את ארץ
h'êrêtz êt h'šamaïm êt bara Elohîm, it /riš /B

ܕ/ܪܝܫ / ܒܪܐ ܐܠܗܐ ܝܬ ܫܡܝܐ (ܣ) ܝܬ ܐܪܥܐ
arᶜâ yât w šmayâ(s) yât brâ Alâhâ it /riš /B

يضافُ إليهما، منَ النمَطِ نفسِه، اللُّغةُ العربيَّة:
في البَدءِ خَلَقَ اللهُ السَّمَاوَاتِ وَالأَرضَ.

ثمَّ باللغاتِ غيرِ الساميَّة (الأجنبيَّة):

Au commencement, Dieu créa le ciel et la terre.
In the beginning, God created the heaven and the earth.
Nel principio Dio creò i cieli e la terra.
In principio creavit Deus caelum et terram.[720]

ومن دون أن نحسِبَ حسابًا لإسهامِنا في مفهومِ 'اليّاتِ'، المُثارِ في الفصلِ الرابعِ، نجدُ هذه

---

717 راجِع: (I write You God, I immortalize You) Derrida, Jacques. Circumfession, The University of Chicago Press Ltd, London 1993, p. 263
718 تك 2، 19 - 25. هل تكون الغائية مجرَّد مرافقة آدم؟
719 نعتمد لهذا التمرين على النسخة الكاثوليكية للكتاب المقدس.
720 تك 1، 1

الآيةَ تقولُ، باللُّغةِ الفرنسيَّةِ، إنّ اللهَ خلقَ 'السماءَ' بالمفردِ؛ واللُّغةُ الإنجليزيَّةُ تتبعُ الفرنسيَّةَ بهذا الشأنِ باستعمال 'Heaven' وليس 'Heavens' لتأكيد الفردانيَّة. أما النسخةُ العربيَّةُ فهي تتبَعُ العِبريَّةَ والسريانيَّةَ بالتأكيدِ على أن الله خلقَ، دفعةً واحدةً، 'السمواتِ' و'الأرضَ'، وأنَّ الأخيرةَ فريدةٌ؛ وهكذا تعتبرُها اللُّغاتُ كافّةً. أما اللُّغتان الإيطاليَّةُ واللاتينيَّةُ فهما، على الرُّغمِ من جذورِهما المشتركَةِ، تتعاكسان. فالإيطاليَّةُ، *cieli*، هي في الجمع، بينما العبارةُ اللاتينيَّةُ '*caelum*' فهي في المفرد. وبعودَتِنا، في نهايةِ الأمر، إلى ما علّمه السيّد المسيح في صلاةِ الأبانا، نلاحظُ إجماعًا، في اللُّغاتِ كافّةً، على أن الله يسكنُ 'السماواتِ'، وهذا ما كُتبَ باليونانيَّةِ: 'أورانُيس' (*οὐρανοῖς*).

هذا ليس سوى مثلٍ واحدٍ عن الصعوباتِ الإضافيَّةِ التي تتأتّى من ترجمةِ اسمٍ ما، أكان اسمَ علمٍ أم اسمَ نكرةٍ، ما ينعكسُ مباشرةً على تثبيتِ مكانِ 'الوَسَطِ' الإلهيّ، الذي اعتمدناه، كمثلٍ لمكانِ 'ملكوته'، ذاك الوسطِ الذي نَجهدُ لتحديدِ مكانِنا فيه. وماذا تكونُ الحالُ عليه إذا ما قاربنا، في السياقِ نفسِه، كلماتِ المسيحِ المؤكِّدةِ لنا: 'إن ملكوتَ اللهِ هوَ في داخلِكم'، إذ بعضُ الترجماتِ تقولُ: 'في ما بينكم'.[721] هل تكونُ عبارةُ 'سماء – سماوات' كلمةً مركَّبة، تعبيرًا له خصوصيَّةٌ ما تدعونا، على الدوامِ، للكشفِ عنها؟ ماذا تُحاكي؟ ما هوَ شكلُها (Gestalt)؟ وتحت أيِّ 'زمانٍ' و'مكانٍ' يُمكنُ اكتشافُها؟ ما هي شروطُ اكتشافِها، ظروفُه وإحداثيّاتُه إلخ.؟ هذا ليس في الواقعِ سوى مثلٍ واحدٍ عن الارتباكِ الذي يمكنُ للترجمةِ أن تتسبَّبَ به، بالنسبةِ إلى إعطاءِ جوابٍ عن السؤالِ المرتبطِ بفهمِ المعادلةِ زمان – مكان، والنسبيَّةِ التي تتحكَّمُ بهما. عليه نستنتجُ أنَّ الترجمة لم تحُلَّ بالعُمقِ شيئًا من 'لعنةِ بابِلَ'. هل يمكنُ لدَورِ التفسيرِ أن يكونَ أكثرَ تشجيعًا؟ لا يبدو أن الفيلسوفَ جاك دِريدا متفائلٌ جدًّا من هذا المنحى. وقد ناقشنا هذه النُقطةَ في الفصولِ السابقة.[722] نستنتجُ أيضًا، كما في الواقعِ الكمّيِّ، أن الإجاباتِ الواضحةَ والدقيقةَ، بالنسبة إلى ظاهرةِ 'الزّمَكان' وكلِّ ما يدورُ في فلكِها، أمرٌ صعبُ المنال.

علاوةً على مشكلات الاسمائيَّةِ والترجمةِ والتفسيرِ تلك، التي يُفترضُ بها أن تمثِّلَ الخطَّ المعاكس لـ'لعنةِ بابِلَ'، يبدو بديهيًّا، بحسبِ التقليدِ البيبليِّ، أنَّ اللهَ الذي خلقَ النورَ والظُّلماتِ، النهارَ والليلَ، الصباحَ والمساءَ هوَ نفسُه الذي خَلقَ الثنائيَّاتِ التي ستكونُ في أساسِ عددٍ كبيرٍ من المُعضلاتِ المعرفيَّةِ للإنسانيَّة بخاصّةِ الخَلط بينها وبين الازدواجيَّة المضلّلة؟ هل ينجو هذان المفهومان، الاسمان، من تأثيراتِ الثنائياتِ والمفارقاتِ (paradoxal effects) الناتجةِ عنهما؟ كيف يمكنُ أن يكونَ للمفاهيمِ 'زمانٌ' و'مكانٌ'، 'السماء' ضمنًا، صيغةُ جمع؟ أينَ كانَ

---

721 لو 17، 21

722 راجع: Bennington, Geoffrey. DerridaBase, The University of Chicago Press Ltd., London, 1993, p. 175.

اللهُ مقيمًا، حينَ أمرَ أن تكونَ السماواتُ؟ واللاهوتيُّ ’مولتمان‘، مستندًا إلى ما كتبَه القديسُ أوغسطينوس عنِ الثالوثِ الأقدسِ في مؤلَّفِهِ (*De Trinitate*) يسأل بكلِّ جديَّة:

> أين وَضَعَ اللهُ الخَليقة؟ خارجًا عنه؟ في داخلِه، بما أنَّ لا شيءَ يمكنُه أن يكونَ خارجًا عنه، لأنّه لا خارجَ له؟ أم، خارجًا عنه، وفي داخلِه في آن، بما أنّه، بموجِب المُفرداتِ اللُّغويَّةِ البيبليَّةِ، من المُمكنِ أن يكونَ أماكنُ مختلفةٌ لسُكنى الله، وفي الوقتِ نفسِه مكانٌ واحدٌ وفريد؟[723]

يزداد شعورُنا بالكَبتِ، في ظلِّ اكتشافِنا أنَّ كلّ ما وردَ لغايةِ الآنَ لم يساهم بتطمينِنا عمَّا إذا كانَت، ’الزمانُ‘، و’المكانُ‘، ولازمتُهما "الزَّمَكانُ"، مخلوقة أم لا. ولكن، من حُسنِ حَظِّنا، وقَعنا خلالَ أبحاثِنا على نظريَّةٍ تُعرَفُ بالأجنبيَّةِ باسم ’تسيم تسوم‘ أو ’زِم زُم‘،[724] طوّرتها ’الكَبَّالَةِ‘، أي المدرسةاليهوديَّةِ التي أنشأها إسحقَ لوريا. بَدَت تلك النظريَّةلنا صالحةً، على ما أيَّدَها به عددٌ غير قليل منَ المراجعِ الدينيَّةِ، وبخاصّةِ ’مولتمان‘، لكي نُنَمِّقَ من خلالِها، بقدرِ الإمكانِ، الجوابَ الأكثرَ تطمينًا والأكثرَ إرضاءً لإشكاليَّتِنا كما للأسئلة كلِّها المُندرجة تحتَها. ما هي تلك النظريَّةُ وهل فيها، فعلًا، ما يُقنعُ؟ هذا ما سنتحقَّقُ منه في ما يلي.

3. نَظريَّةُ "زِم زُم" الكَبَّاليَّة (zimzum צמצום)

في المرَّةِ الأولى التي سمعنا بهذا التعبيرِ المركَّبِ ’زِم - زُم‘ (zim-zum) باللُّغةِ الفرنسيَّةِ، والذي تحوَّلَ معَ الوقتِ إلى كلمةٍ مُدمجةٍ واحدةٍ zimzum، وجدناه غريبًا جدًّا على تلك اللُّغة. تمّ هذا، خلالَ حديثٍ عن نظريَّةِ التكوينِ البيبليَّةِ مع أحدِ الأصدقاءِ المتخصِّصين بالكتابِ المقدَّس. ما المقصودُ بهذا التعبيرِ، هذا المفهومِ المُشترك بين اللُّغاتِ السّاميَّةِ والشائعِ الاستعمالِ في الشرقِ الأوسطِ، بخاصّةٍ عند المُسلمينَ، والذي يُلفظُ ’زَمزَم‘، انطلاقًا من مياهِ بئرِ زَمزَمَ المقدَّسةِ لديهم. كيف يُمكنُ لنظريَّةِ التكوينِ الكبَّاليَّةِ تلك أن تخدُمَ ما نحن بصَدَدِه ممّا يخصُّ ’الزمانَ‘ و ’المكان‘؟[725]

---

723 راجع: Moltmann p. 57 (Augustine, De Trinitate, XV, I; 4,7)

724 قاموس "المعاني" الإلكتروني: [ز م م]. (فعل : ثلاثي لازم متعد بحرف). زَممتُ ، أَزُمُّ ، زُمَّ ، مصدر زَمٌّ .
1 . :- زَمَّت صُرَّتَها أوحَقِيبَتَها :- : شَدَّتها وَرَبَطَتها . 2 . :- زَمَّ شَفَتَيهِ دَهشَةً :- : عَضَّ عَلَيها . 3 . :- زَمَّ الجَمَلَ: جَعَلَ لَهُ زِماماً :- وَضَعَتهُ في تابوتٍ أَحكَمَت زَمَّهُ . (ابن طفيل).
"ماء زَمزَم" هي المياه الأكثر قدسيَّةً في الإسلام. تنبع من مكان بلحف "الكعبة". على الحجاج كافَّةً أن يشربوا منها. لقد قُدِّمَ لنا يومًا منها فلاحظنا أن لونَها يميل إلى الصفرة وطعمَها لا يخلو من طعم الكبريت

725 راجع: Cf. La Pensée, p.242-3; and especially p. 137
حيث يكتب بو منصور، مستلهِمًا ’أفرامَ‘: "إلهٌ لا يحبّ، إلهٌ يرفض أي إخلاء للذات هو إله غيور على هويَّته لدرجة رفض أي تمثيل له أو عنه، وهذا يتنافى مع المفهوم المسيحي لله الذي تمثّل أوَّلاً، بشكل أساس ومطلق بابنه، وثانيًا بالإنسان والكون. بهذا تكون حركة العودة إلى الخالق باتت ممكنة بفضل المبادرة الإلهية التي صبّت في مصلحة الخَليقة.

'زِم زُم' هي نظريّةٌ في التكوين البيبليّ، على ما يقولُ اليهودُ الكبّاليّون، تسهمُ في حلِّ إشكاليّةِ مَوضِعِ الخَلقِ، وتؤكِّدُ أنّه تمَّ خارجَ الله (ad extra). بحسَبِ تلك النظريّةِ، كان على اللهِ أن 'يزُمَّ' ذاتَه ليُخليَ مكانًا، خارجًا عنه، حيثُ يُمكنُ للخليقةِ أن تأخذَ مكانَها.

بما أن هذا التحديدَ الكبّاليَّ للموضِع، حيثُ مِنَ المفترضِ أن يكونَ قد تمَّ فيه 'الانفجارُ الكبيرُ' (Big Bang)، يَفرِضُ نفسَه على حلِّ إشكاليّةِ خلقِ 'الزمانِ' و'المكانِ'، مَضَينا في تقصّي المعلوماتِ المتعلّقةِ بتلكَ النظريّةِ.

منذ زمنٍ بعيدٍ يتردّدُ أمرٌ مشابهٌ لتلكَ 'الزَّمزَمةِ' في النصوصِ الليتورجيّةِ السريانيّةِ، وهوَ يمجِّدُ، بإصرارٍ، اللهَ على 'إخلائهِ' ذاتَه، كما وَصفَه مار بولسُ لأهل فيلبي (في 2، 7-8). إنّه التعبيرُ السريانيُّ 'زعوروتًا' (ܙܥܘܪܘܬܐ) المنسوبُ للإلهِ الابنِ الذي، كما يقولُ 'أفرام'، تصاغرَ، قلَّصَ ذاتَه لدرجةِ دخولِ رحمِ مريمَ واتّخاذِه منه طبيعتَنا البشريّةَ. فلنستعرض بعضَ نتائجِ أبحاثِنا علّها تسهمُ في مُرادِنا الأساس، حلحلةِ لغز الزمان والمكان وبالتالي اكتشاف 'القُبّةِ الدهريّةِ' (المِشكنزبنًا)، حيثُ يمكنُ للعلم والدينِ أن يتساكنا مع 'الكلمةِ' الإله.

3.1. إسهامُ اللاهوتيِّ 'مولتمان' (Moltmann)

تحتَ عنوانِ 'التقييدِ الذاتيِّ' للهِ (Self-limitation of God) يتَّهمُ 'مولتمان' اللاهوتَ المسيحيَّ بالتقصيرِ في تكريسِ ما يكفي منَ الاهتمامِ بفكرةِ الخَلقِ في حركتِه ما بين الخارجِ والداخل، على نحوِ ما قامَ به التقليدُ اليهوديُّ الكبّاليُّ، فيصفُ الأخيرَ بأنّه هوَ من ميّزَ، على الدوامِ، بين حركةٍ إلهيّةٍ نحوَ الخارج وحركةٍ إلهيّةٍ نحو الداخل. واستند مولتمان في النُقطةِ هذه على ما جاءَ في تعليمِ القديسِ أوغسطينوس الذي كان حاسمًا بالنسبةِ إلى لاهوتِ الكنيسةِ الغربيّةِ:

Opera Trinitatis ad extra indivisa esse, tribus personis communia, salvo tamen earum ordine et discrimine.[726]

ما يعني: "لا انقسامَ في عملِ الثالوثِ بكلِّ ما هوَ خارجٌ عنه، ثلاثةُ أقانيمَ متّحدةٌ من دونِ اعتبارِ أيِّ تمييزٍ أو تراتبيّةٍ بينهم". ومع ذلك يحتجُّ 'مولتمان' على التحديدِ هذا، متسائلًا: 'هل يُمكنُ ان يوجدَ ما يُسمّى خارجًا عن اللهِ الكلِّيِّ القدرةِ، والكلِّيِّ الوجودِ والحضورِ؟ هل من خارجٍ ما عن اللهِ كي تتمَّ فيه أعمالُه؟'[727]

---

726 راجع: Moltmann, p.56
727 المرجع نفسه

لا نُخفي أن هذه الإشكاليَّةَ كانت جديدةً علينا، لا بل فاجأتنا، ونؤمنُ بأنّ العنايةَ الإلٰهيَّةَ جَمعت بين 'مولتمان' والمدرسةِ 'الكبَّاليَّةِ' ووضعتهما في طريقِ بحثِنا عن أجوبةٍ لأسئلتِنا المذكورةِ أعلاه. أمّا 'مولتمان' الذي فوجئَ مثلَنا وطَرحَ السؤالَ، فقد استَتبعَ ذٰلك بافتراضاتٍ وأسئلةٍ أخرى، مستوحيًا إياها من المدرسةِ عينِها. يقول:

> وحدَها عودةُ اللهِ على نفسِه تُحرِّرُ المكانَ لذاكَ العدمِ (nihil)، حيثُ يمكنه، في ما بعدُ، متابعةُ عملِه الخَلّاقِ... ألا يجبُ القولُ إنَّ ذاك 'الخَلقَ خارجَ اللهِ' هو، في الوقتِ نفسِه، داخلهُ، ما يعني في المكانِ الذي أخلاه هوَ له، ضمنَ كليَّةِ حضورِه؟ وبالتالي، ألا يكون اللهُ قد خلقَ الكَونَ في داخلِه؟[728]

لهذه الفرضيَّةِ التي تهُزُّ كلَّ لاهوتيٍّ تقليديٍّ يجد 'مولتمان' مخرجًا بتصوُّرِه خلاصةً ثالوثيّةً أكثرَ تحدّيًا منَ السابقة. يقولُ، ونحن نقتبسُ، حرفيًّا، بأكثر أمانةٍ يسمحُ بها التعريبُ، خوفًا من أن تَفقُدَ كلماتُه وَقعَ ارتداداتِها على نفوسِ القرّاءِ المطَّلعين:

> إن العلاقةَ الثالوثيَّةَ للآبِ والابنِ والروحِ القدسِ واسعةٌ إلى درجةِ أنّه يمكنُ للخليقةِ بكاملِها أن تجدَ لها فيها مكانًا، زمانًا وحريَّة. والخَلقُ، كحَركةٍ للهِ في العدمِ وكأمرٍ للهِ في الخواءِ هوَ مفهومٌ ذُكوري. أمّا الخَلقُ، كفعلٍ إلٰهيٍّ في اللهِ، وانطلاقًا من اللهِ، فهوَ بالأحرى مفهومٌ نَسَويٌّ: اللهُ يخلُقُ العالـَمَ أي يَدعُه يكون ويصبح عالَمًا 'فيه': فليكُن![729]

آمين. يا له من استخلاصٍ رائعٍ مفيدٍ لأبحاثِنا، مبنيٍّ على الثُنائيتين 'خارج- داخل' و'نَسَويّ - ذكوريّ'، شاءَ 'مولتمان' من خلالِه أن يُبرِزَ أمومةَ الله، وكأنّنا به يُضيفُ إلى البُعدِ الرابعِ لنسبيَّةِ آينشتاينَ العامَّة ثنائيَّةَ 'ذَكَر - أُنثى' التي بات غيرُ ممكنٍ تفاديها في أيِّ تقييمٍ لموضوعِ الخَلق. هل سيساعدُنا هذا التحوُّلُ في المثالِ الإلهي على فهمٍ أفضلَ لطبيعةِ 'الزمان' و'المكان' ونمطِهما ولازمتِهما "الزَّمَكان"، والردِّ على المسائلِ المطروحةِ التي لا حَصرَ لها؟

يبدو أن الجوابَ إيجابي. فكلماتُ 'مولتمان' هذه ليست سوى صدَى مثال الألوهة الخنثوية (الهرمافرودية) الكامنةِ في الميثولوجيا اليونانيَّةِ، وفي أسطورةِ عشتروتَ وأدونيسَ، كما عندَ كلِّ آلهةٍ اسطوريَّةٍ مماثلةٍ يُمكنُ التعرُّفُ إليها في الحضاراتِ القديمة. لا يجوزُ إغفالُ هذا الرمزِ الأسطوريِّ فهوَ، في نهايةِ الأمرِ، وليدُ الخيالِ الإنسانيِّ المتأمِّلِ في بداياتِ البشريَّة. إضافةً إلى ذٰلك، إذا ما أمعنّا الفكرَ في عالـمِ المُثُلِ الأفلاطونيِّ، يمكنُنا التأكيدُ أنَّ لا شيءَ يتكوَّنُ من لا شيءٍ، بخاصّةٍ الأفكار. وبالتالي يصعبُ التهاونُ بفكرةِ الأنوثةِ المولِّدةِ للذكورة

728 المرجع نفسه ص. 57

729 المرجع نفسه

مِن تلقاءِ ذاتِها، وفي ذاتِها، كإلهٍ مختلفٍ تُقدِّمهُ الأمومةُ للعالم كمصدرٍ للنورِ والخِصبِ. يرافقُ هذا العطاء ألمُ الانفصال، مدَّةَ ستَّةِ أشهرٍ، في عالمِ الظلماتِ، (بسببِ الحَسَدِ، في حالةِ أدونيسَ وعشتروت)، يليه فرحُ الانبعاثِ للأشهرِ الستَّةِ الأخرى. والدليلُ على ذلك نظريَّةُ "زِم زُم" هذه التي يلي شرحُ مضامينِها.

2.3. تفسيرُ نظريَّةِ "زِمّ زُم"

إن ردَّةَ فعلِنا الأولى تجاه نظريَّةِ 'زِم زُم' هذه، انطلقت من التعليمِ الكلاسيكيِّ للكنيسةِ المرتكزِ إلى مبدأ "المحرِّكِ الذي لا يحرِّكُه شيءٌ"، الراسخِ جيِّدًا في ذهنِنا من خلالِ التعليمَين الفلسفيِّ واللاهوتيِّ. فالتقليدُ المُحافِظُ لا يقبلُ التساهُل، خصوصًا في مسائلَ شائكةٍ كالتي نحنُ بصدَدِها. كيفَ يُمكنُ إخضاعُ اللهِ لتغييرٍ وحركةٍ حتّى ولَو اعتُبرَت نوعًا من تحديدِه الحُرِّ لذاتِه؟ ثُمَّ إنّ 'مولتمان'، كما أسلفنا، يُبدي قلقَه تجاهَ النظريَّةِ الكبَّاليَّةِ هذه. ومعَ القبولِ بفكرةِ المُسبِّبِ الذاتيِّ للحركةِ أي، تَحريكه لذاتِه، المبنيَّةِ على القُدرةِ الكليَّةِ للهِ وحريَّتِه المُطلَقَةِ، تأتي ردَّةُ فعلِنا التاليَةُ: ما هي نسبةُ التجسيمِ المُلحَقةُ باللهِ في هذه النظريَّة؟ وهل يَعلَمُ لاهوتيو الغربِ الذين يجدونَ التعبيرَ 'زِم زُم' بيبليًا بامتيازٍ، وإيحائيًا، وضاربًا في القِدَمِ، أنّ له تعبيرًا مجانسًا شائعًا في الشرقِ الأوسط؟ لقد شعرنا بالحاجَةِ الماسَّةِ إلى إلقاءِ الضوءِ على الجذورِ المعرفيَّةِ لهذه العبارةِ، كما على استعمالاتِها الحاليّة، ومعانيها وقُدسيَّتِها في الإسلام:

أ- إن فعل زَمَّ / يزِمُّ، من المصدرِ 'زَمَّ' يَعني كما أوردنا أعلاه: ربطًا، تصغيرًا، تقليصًا، تضييقًا، وَضعًا، خفضًا، تحجيمًا. ومع بعض المجاز يعني، ازدراءً، مَسحًا، سَحقًا، امّحاءً إلخ. وكما توحي به كلُّ هذه المعاني يتمتَّعُ هذا الفعلُ بصيغتَي المُتعدِّي واللّازِم.

ب- عند تطبيقِه على الناسِ بصيغةِ المتعدّي، غالبًا ما يحتملُ، مجازًا، عامل التحجيمِ والازدراء كاللجم والتقييد. يُستعمل هذا الفِعلُ، عاميًّا، عندما يُزدَرى شخصٌ ما أو يُنتَقَصُ من كرامتِه وحقوقِه أمامَ آخَرَ، سواءٌ لفرضٍ اجتماعيٍّ، دينيٍّ أو عسكريٍّ، بخاصّةٍ عندما يأتي الازدراءُ من بابِ التسلُّط.

أمّا عاطفيًّا، فهو ينطبقُ على حالاتِ الحُبِّ الجارفِ، حيثُ يتَّخذُ، في كثيرٍ منَ الأحيانِ بعدًا ذاتيًّا (subjectif)، ما عدا في حالةِ الحُبِّ الأمومي المعروف بمجّانيَّته.

ت- إن صيغةَ اللازمِ لهذا الفعلِ تنطبقُ أيضًا على أوضاعٍ نفسانيَّةٍ، بمعنى لجم النفس، 'التراجع'، 'التجهُّم'، 'التقززُ'، وهي تعابيرُ مرتبطةٌ كلُّها بقاموسِ الحياء، العارِ وقد يكون قاموس التهذيب والحذر. أما في الحالةِ الأدبيَّةِ (moral)، وتحتَ الصيغةِ ذاتِها، فهي تعني تذلُّلَ شخصٍ أمامَ آخَرَ من مكانةٍ أعلى، مع تركِ المجالِ الحَيَويِّ (المكانِ – الفسحةِ)

له حتّى الاِمّحاءِ في بعضِ الحالات. لا يُستخَفُّ بدورِ الذاتيَّةِ (subjectivity) في هذه الحالةِ، أيضًا. ومتى توصَّلَ إنسانٌ إلى أن يطبِّق على ذاتِه، تلقائيًّا وبحريَّةٍ، مبادئَ نظريَّةِ 'الزمّ' هذه يُعتبَرُ حكيمًا، لازمًا حدودَه، عارفًا متى يَنحني كالقصبةِ أمامَ الرّيحِ، مهما قلَّ عُنفُها، مُحصَّنًا ضدَّ كل عَدوى من جرّاء هذا العنف.

بكلامٍ إنجيليٍّ، يُعتبَرُ هذا الشخصَ أمينًا لدَعوةِ المسيحِ (عبدِ يهوه بحسب النبي أشعيا)[730] لكي يكونَ 'وَديعًا كالحملِ وحكيمًا كالحيّاتِ' التي طبَّقَها على نفسِه حتّى الصليبِ،[731] فهو يُثبتُ أنّه مُدرِكٌ ومُدرِكٌ أنّه مُدرِكٌ القِيَمَ الأدبيَّةَ والأخلاقيَّة، الاجتماعيَّةَ منها أو الدينيَّة، ويعتمدُ 'القاعدةَ الذهبيَّةَ'، ويُقِرُّ خصوصًا بالحَدِّ الذي يفرضُه احترامُ الفُسحةِ الحيويَّةِ المُشتركةِ معَ الآخرين.

بشكلٍ عامٍّ، يَعني فعل زمَّ (اللازم)، في حالتنا، إن أخَذَ المرءُ به، 'مَوضَعةَ' ذاتِه حتّى الإخلاء الكلّيِّ لها (kenosis)، وذٰلك لمنفعةِ الآخرين، خصوصًا، عندما يتطلَّبُ ذٰلكَ "اختزالَ الأنا" بالنسبةِ إلى "أنا أُخرى" تُمثِّل قِيَمًا أكثرَ حيويَّةً وقُدسيَّة. يوحنّا المعمدانُ طبَّق ذٰلك على نفسِه خيرَ تطبيقٍ، إذ ما إن رأى المسيحَ مُقبلًا حتّى قال لتلاميذه: 'له أن يَزيدَ ولي أن أنقُصَ'.[732] بهذه الكلماتِ نجدُ أنفسَنا أمامَ ظاهرةِ 'الإخلاءِ والامتِلاءِ' (kenosis – plerosis) التي تعني، رمزيًّا، بمقياسِ الصوتِ (decibels) أنَّ المكان الذي شغلته موجاتُ صوتِ 'يوحنّا' في التدبيرِ الخَلاصيِّ يجبُ أن تُخلَى كي تملأَه موجاتُ صوتِ 'الكلمةِ' المتجسّدِ بما أنّها وحدَها قادرةٌ أن تطالَ، بامتدادِها الخَليقةَ بأسرِها. هكذا أحبَّ اللاهوتيُّ 'مولتمان' التعبيرَ عن هذه الظاهرةِ تأييدًا للاهوتِ البيئة.

تِبعًا لهذا التحليلِ الموجَزِ، يتبيَّنُ أن التدبيرَ الخَلاصيَّ ما كانَ ليتحقَّقَ لولا مبدأُ 'زِم زُم' بمعنى الإخلاء، الاِتِّضاع (لو 1، 52؛ 14، 11؛ 18، 14). وعليه، صَمَتَ 'يوحنّا' واحتجبَ يسوعُ بالذاتِ، عائدًا إلى أبيه، وكُلِّفتِ الكنيسةُ، بالروحِ القدسِ، كما كُلُّ مسيحيٍّ، بمسؤوليَّةِ متابعةِ عمليَّةِ 'الزَمزَمةِ الخَلاصيَّةِ' أي الإخلاءِ فالامتلاء، بهدفِ اكتمالِ 'المساحةِ الحيويَّةِ' التي تمَّ تدشينُها على الجُلجلةِ، والبلوغُ بها إلى مِلئِها، أي ملءِ قامةِ المسيح (أف 4، 13)، وهذا ما

---

730 راجع : La Pensée, chapitre II
يوضّح بو منصور، من خلال عمله البحثيّ هذا، كل الصور التي استعملها 'أفرامَ' لكي يضع خطًّا تحت أهميَّة الإخلاء (Kenosis). كرّس لهذا الهدف الفصل الثاني من كتابه بالكامل والذي عَنوَنَهُ بما معناه: "البُنية الرمزيَّة للكون والكتاب" (Structure symbolique du Cosmos et de l'Écriture)، ويحتوي ثلاثة عناوين ثانوية: "الكون والآب"، "الكون والابن"، "الكون، الجنّة وجهنّم". (الصفحات 41، 91، 121 - 149، 248 إلخ)

731 مت 10، 16. تبرز الليتورجية المارونية هذه الحالة في مرحلة إعداد القرابين. يقول الكاهن وهو يعدُّ الخبز (البرشان) للتكريس: " سيق كالحمل إلى الذبح، وكالشاة أمام الجزار لم يفتح فاه".

732 يو 3، 30. في الترجمة العربية لهذه الآية تستعمل عبارة "صَغُرَ". في حالتنا نفضل استعمال "زمّ" الذي يتناسب أكثر مع القول اللاتيني المأثور: "*Ubi major, minor cessat*".

أنشدَه مار أفرامُ قائلًا:

مباركةٌ أنتِ أيتها الكنيسةُ، إذ على كنّاراتٍ ثلاثٍ، مسبّحةٍ، تعزفِ جماعتُك
اصبعُكِ يعزفُ على كنّارةِ موسى، على كنّارةِ مخلّصِنا، كما على كنّارةِ الطبيعةِ
إيمانُكِ يُنشِدُ الثلاثةَ، إذ إن الثلاثةَ عمّدوكِ
باسمٍ واحدٍ، ما كان بإمكانِك أن تتعمّدي
لذا لا تستطيعين أن تَعزِفي على كنّارةٍ واحدةٍ.[733]

وتنشدُ الليتورجيا المارونيّةُ أيضًا، باندهاشٍ، إخلاءَ المسيحِ ذاتَهُ بحسبِ أناشيدِ مار أفرامَ قائلةً:

عجيبةٌ هي والدتُك
دخَلَها سيّدًا فصارَ عبدًا
دخَلَها كلمةٌ فصارَ صمتًا
دخَلَها رعدًا فكتمَ صوتَه
دخَلَها راعيَ الكل فاستحالَ فيها حملاً، وخرجَ منها ثاغيًا.[734]

إن عُدنا، انطلاقًا من شخصَي 'مريمَ' و'يسوعَ' إلى المشهدِ الميثولوجيِّ لعشتروت وأدونيسَ، نستخلصُ أن الظاهرةَ المتأتّيَةَ من تفسيرِ الفصولِ الأربعةِ: الخريفُ والشتاءُ لموتِ الطبيعة، والربيعُ والصيفُ لحياتِها، المعبَّرِ عنها بالخصبِ والثمارِ، تدعمُ اعتبار نظريّة 'زمْ زُمْ' استباقًا للإنجيلِ (pre-evangelion) في الميثولوجيات المختلفةِ وأنه، منذ أن وعى البشرُ القُدرةَ العاقلةَ لديهم، فهموا أن الإخلاءَ الطوعيَّ للأنويّةِ المركزيّةِ، ولا سيّما الأموميّةِ منها، هوَ المؤشّرُ الوحيدُ لأنسنةِ الخَلقِ، بشرًا وطبيعةً، على السواء.

وإذا كان المسيحُ قد أعادَ مُعضلةَ إخلاءِ الذاتِ الطوعيّةِ هذه إلى العَلَنِ، عند غسلِه أقدامَ تلاميذِه، وتحديدًا بحوارِه مع 'بطرسَ'، فلأنّه كانَ مدركًا، بالضبطِ، أنَّ كلَّ المساحاتِ المُمكنةِ في الحياةِ وفي العالمِ قد لا تكفي أنويّةً مركزيّةً واحدةً (قايين على سبيل المثال). والقولُ الشائعُ في الشرقِ العربي: 'أنا لا أركعُ إلّا لله'، هوَ إثباتٌ كافٍ لهذا.

---

733 : (HVirg. 27,4); La Pensée, p. 123; Cf. CSCO vol. 223, p. 100

734 : (H Nat 11,6); Cf. CSCO vol. 186, p. 70

انطلاقًا من كلِّ ما سبقَ، نتساءلُ عنِ الدورِ الذي يؤدِّيه هذا الفعلُ من خلال نظريّة ’زِم زُم‘ على مستوى ظاهرةِ التكوين؟

من المتعارَف عليه أن صيغةَ المتعدِّي منه ’زمّ الشيءَ‘ أو ’زَمزَمَه‘ قابلةٌ للتطبيقِ بالمعنى العمليِّ أو الواقعيِّ، وإذا لَزِمَ الأمرُ يكونُ هذا الفعلُ مرادفًا لفعلِ خرَّجَ أو لَملَم، كمَن يُلملِم شيئًا بطريقةٍ منظمةٍ لتركِ مجالٍ لشيءٍ آخرَ.[735] فعلى سبيل المثال، يجري تعليقُ ستارةٍ من قماشٍ، بحيثُ يسهُل لملمتها إفساحًا لعبورِ النور، أو تضييقُ قطعةِ ملابسَ فضفاضةٍ أو واسعةٍ كي تناسب قياسَ شخصٍ ما. يستعمل بالعامية عبارة ’زمِّها‘ لتتناسبَ معَ القياسِ المطلوب.

لغايةِ الآنَ، لم نأتِ بجديدٍ يأباه المنطقُ، فالأمثالُ التي قدَّمناها إنّما هي لمساعدتِنا على فهمِ نظريَّةِ ’زِم زُم‘ في بُعدِها الدِّيني. فما هوَ بُعدُها هذا في الإسلامِ؟ وإلى أيِّ مدى يُفيدُ مُرادَنا الأساسُ والإشكالُ المطروحُ أمامَنا المذكورَين أعلاه؟

3.3. البعدُ الدِّينيُّ-اللاهوتيُّ لنظريَّةِ "زِم زُم"

يرقى تعبيرُ ’زِم زُم‘ المُدمَجُ بكلمةٍ واحدةٍ (زِمزُم) لجناسه معَ لفظِه العربيِّ (زَمزَم)، والذي هوَ أيضًا اسمٌ لبئرٍ مقدَّسةٍ في مدينةِ مكَّةَ المكرَّمةِ، بالقربِ من الكعبةِ، بئرِ زَمزَمَ، إلى العهدِ القديمِ منَ الكتابِ المقدَّس. هوَ مأخوذٌ من سيرةِ ’اسماعيلَ‘ ووالدتِه ’هاجَرَ‘، خادمةِ ’ساره‘، التي هربت من وجهِ معلِّمتِها، بسببِ سوءِ معاملتِها لها، والتي، بعد حوالى ثلاثَ عشرةَ سنةً، صُرِفَت مع ابنِها من قِبَلِ إبراهيمَ الخَليل، إثرَ ولادةِ ’إسحقَ‘.[736] بحسبِ النصِّ، تدخَّلَ أللهُ، (إيلُ، حينذاك)، في المرّتين، لمساعدةِ هاجَرَ، وذٰلك لخَيرِ الصبيّ.

في المرّةِ الأولى، وكانت لا تزالُ حُبلى: ’وجَدَها مَلاكُ الرَّبِّ عِندَ عَينِ ماءٍ في البَرِّيَّة، عَينِ الماءِ الَّتي في طَريقِ شورَ‘... فسمَّتها ’بِئرَ الحَيِّ الرَّائيّ‘.[737] أقامَ الملاكُ معها عهدًا،

---

735 حتى في حالة الشفتين، فعند الزعل، أو عند القلق والحيرة، غالبًا ما يزمّ المرء شفتيه إذ لا يجد شيئًا يقوله، ويترك الكلام لغيره.

736 تك 16، 7 - 15

737 راجع تك 21، 14 - 20؛ راجع أيضًا المواقع الإلكترونية التالية: (تمّ تفحّصها خلال آب 2017)
URL: http://islamport.com/k/ser/4405/221.htm?zoom_highlight
قال أبو ذر، رضي الله تعالى عنه: قال رسول الله، صلّى الله عليه وسلّم: "إنها طعام طعم وشفاء سقم"
/URL: https://ar.wikipedia.org/wiki.
قصة بئر زمزم: قدِمَ إبراهيم - عليه السلام - إلى مكّة هو وأمُّ اسماعيل، وكان اسماعيل طفلاً رضيعًا، وترك أمَّ اسماعيل وابنها ... فظنّت أمُّ اسماعيل أنه يموت...فلما وصلت المَروَة في المرّة الأخيرة سمعت صوتًا فقالت أغث إن كان عندك خير، فقام صاحب الصوت وهو جبريل بضرب موضع البئر بعقب قدمه فانفجرت المياه من باطن الأرض، وظلّت هاجر تحيط الرمال وتكوِّمها لتحفظ الماء وكانت تقول وهي تجسّ الرمال زم زم، زم زم، أي تجمَّع باللغة السريانية. من هنا جاءت التسمية.

آمرًا إيّاها أن تُسمّيَ الولد، ما إن يُبصرَ النور، اسماعيلَ، ما يعني 'اللهُ - إيلُ سيسمعُ'. في المرّة الثانية، وكانَ 'ابراهيم' قد صَرفَها بأمرٍ من ساره، وبموافقةِ الله، أراها الملاكُ ماءً، حيث مِنَ المستحيل أن يَجِدَ أحدٌ ماءً، في صحراء 'بير شَبَع'. وبموجبِ العهد الذي قُطِع لاسماعيلَ أنقذَ الفتى.[738] إنّما هذه المرّة لم يُعطِ النصُّ أيَّ اسمٍ للمكانِ الذي ظهرَت فيه الماء. حَدثَ كلُّ شيءٍ في الصحراء، ما يعني في موضعٍ شبيهٍ بالذي انطلقَت منه دعوةُ الإسلامِ، حيث الماءُ هوَ الحياة.

قد يبدو من السهلِ القولُ، أوِ التدوينُ، 'كانت بئرٌ هنا' أو 'ظهرتِ المياهُ هناك'، إنّما بالنسبةِ إلى سكّانِ تلكَ الأرضِ الذين كانوا على اتصالٍ حثيثٍ ودائمٍ معَ بيئةِ العهدِ القديمِ، كما معَ نصِّهِ الذي يُمثِّلُ قاسمًا مُشتركًا بين ثقافاتِ المنطقة، فمُجرّدُ فكرةِ ظهورِ الماءِ في ملءِ محيطٍ صحراويٍّ، له أهميّةٌ كبرى. لذا اتّبعوا عادةَ تسميةِ الأشياءِ والأماكنِ، إمّا من خلالِ وصفِ الظاهرةِ التي سمحَت لهم بإدراكِ وجودِ الماءِ، وإمّا من خلالِ ما اختُبرَت به عقائدُهُم الشعبيّة. وهذا ما نسمّيه 'القدرةَ' (the power) أو السلطةَ (authority) على إضفاءِ الأسماءِ، كما ذكرنا أعلاه.

من الواضح، بحسبِ نصوصِ المراجعِ العربيّةِ الواردةِ في الحواشي، والمُقتَبسَةِ مِنَ الثقافةِ الإسلاميّةِ، أنَّ المشهدين البيبليّين المُختصّين بهاجَرَ وابنها قد تمَّ مزجُهما. فعمليًّا، عندما صُرفَت هاجَرُ في المرّةِ الثانيةِ، كانَ اسماعيلُ في الثالثةَ عشرةَ من عُمرِه، أي إنّ هاجَرَ كانت قد فطمتهُ، منذ زمنٍ طويلٍ، كما باتَ من غيرِ المُمكنِ حملُه، لا على اليدِ، ولا على الكتفِ، كما تُلمِّح إليه النصوصُ الإسلاميّة.

ممّا لاشكَّ فيه أنَّ النصوصَ الأخيرةَ تُصرّ على براءةِ الولدِ، كما لو أنّه لا يزالُ وليدًا حديثًا، لكي تُسلِّطَ الضوءَ على رحمةِ الله. بهذا الشكلِ، يجوزُ القولُ إنّ موقعَ (مكان) البئرِ المُسماةِ 'بئرَ شَبَعَ' أتى ليختصرَ بتسميتهِ العلاقةَ بين مفهومَي 'زَمزَم' و 'بئرِ الحيِّ الرائي'. فعندما يُسألُ المسلمون في موضوعٍ بئرِ زَمزَم، يجيبون بأنّه نتيجةُ استجابةِ الله لتضرّعاتِ هاجَرَ والدةِ اسماعيلَ، أرسلَ اللهُ الملاكَ جبرائيلَ الذي ضربَ رملَ الصحراءِ ـ بعضُهم يقول: بقَدمِه، والآخر بجناحِه... ـ فاتِحًا فيه حُفرةً انفجر الماءُ فيه بشكلٍ عجائبيّ.[739] بالتالي،

---

738 لقد اكتشفنا خطأً هامًا في هذا النصّ إذ قد أعاد إلى اللغةِ السريانيّةِ ما هو للعبريّة. لا عبارة "زمزم" ولا فعل "زمّ" موجودان في سريانية اليوم. قد يكون لهما أصل مشترك في اللغة الآراميّة القديمة.

739 كتاب "الشحيم" الماروني؛ أحد البشارة، صلاة المساء:

وبهدفِ حفظِ الماءِ لوَلدِها، راحت هاجَرُ تُحيطُ الحفرةَ برملٍ إضافيٍّ مردِّدةً: ’زِم زِم‘ ما يُفهم منه، بحسب المراجع، تكاثُف الرمل على ذاته لتكتمِلَ الحُفرةُ وتَحفظَ أكبرَ كميَّةٍ مُمكنةٍ من الماء. هكذا يكونُ الرملُ المضروبُ من الملاكِ جبرائيل، والمُضافُ من هاجَرَ، قد تحوَّلَ، بالزَّمزَمةِ، أي بالانقباض، إلى حُفرةٍ تحفظ الماءَ المُحيي، أكان هذا الماءُ قد تفجّرَ، كما تقول السيرة، أم تزمزَمَ، ما يعني أيضًا تقاطَرَ).

رمزيًّا، هذا يعني أنَّ اللهَ أعطى الأمرَ للحياةِ بأن تَخرُجَ من الموتِ، تمامًا كما هي رمزيَّةُ ولادةِ إسحقَ من رحِمِ ساره المَيتِ، وخروجُ يعقوبَ من البئرِ الفارغةِ، التي يصحُّ القولُ فيها إنَّ إخوتَه ’قَبروه‘ حيًا داخلَها، وبشكلٍ مميّزٍ، رمزيَّةُ المسيح، الماءُ الحيُّ الذي، بعد أن نبعَ من الرَّحِمِ البتوليِّ الخصبِ لمريمَ العذراءِ سينبعُ، مرَّةً أخيرةً، منَ القبر، وفكرة التقاطُرِ ليست بغريبة عن نظرية الكمّ.

كلُّ هذه الأماكنِ هي تجاويف. وحيث اللهُ هوَ "الحيُّ الذي يراني" ولا بدَّ للماءِ وللحياةِ من أن يرافقا حضورَهُ بطريقةٍ أو بأخرى. إنّه، بالضبطِ، النَّسقُ الأدبيُّ البيبليُّ المُستنِدُ إلى خيالٍ خصبٍ وبساطةٍ في التحليل. من هذا النسقِ نفسِه بَرزَ في الإسلامِ الاِسمُ المقدَّسُ الذي أُعطيَ لـ’بئرِ زَمزَمَ‘ ولا بدَّ من أن يكونَ أسحقُ لوريا، مؤسّسُ مدرسةِ الكَبالةِ، قد استوحى من عُمقِه اللُّغويِّ نظريَّةَ ’زِم زُم‘ أو ’تسِم تسُم‘.[740]

المقصودُ بكلِّ ما أوردناه، لغايةِ الآنَ، عن مفهومِ ’زَمزَمَ‘ هوَ الإثباتُ أنَّ الزَمزَمةَ لا تعني فقط حركةَ الانقباض العَمليَّةَ على المستوى المسطَّحِ (plan) في بُعدَيه: أعلى، أسفل، أو يمين، يسار، إنّما على مستوى الأبعادِ الثلاثةِ، مخلِّفةً وراءَها تجاويفَ كُرويَّةً، جزئيَّةً أو شبهَ كاملةٍ. (جسمٌ أسود نظريٌّ على سبيل المثال). إنّها الفكرةُ الأساسُ التي كنّا نتوقَّعُها من بحثِنا في الأبعادِ الدينيَّةِ واللاهوتيَّةِ لنظريَّةِ ’زِم زُم‘. غيرَ أنَّ هذه النظريَّةَ في ’الخَلقِ‘ لم تفاجئنا، فقد كانت متوقَّعَةً. فإذا ما عُدنا إلى اختبارِ الأمومةِ السابقِ ذكرُه من اللاهوتيِّ مولتمان، تحتَ النظرةِ ’النسويَّةِ‘ للخلقِ، يمكنُنا الاستنتاجُ أنَّ هذه النظريَّةَ كانت تدورُ في ’لُبِّ‘ الإنسانِ، منذُ العصورِ الأولى لوعيِه العقلانيّ. إنّما، بصراحةٍ، لا نخفي أنّنا قد دُهشنا بالصدى الذي تلقَّيناه من طريقةِ فهمِ الخَلقِ هذه، والتي هي: ’الخَلقُ خارجَ الله وداخلَه في آنٍ‘ من دونِ المساسِ بمبدأ سكونِه وثباتِه، أي انعدامِ الحركةِ المُنفعِلةِ فيه.

وبهذا الاندهاشِ نتمسّكُ لأنّنا نتلمّسُ فيه بواكيرَ نظريَّتِنا في ’الخَلقِ من الحُبِّ‘. وقبل أن نعبُرَ إلى النُقطةِ التاليةِ ونقدِّمَ لنظريَّتنا هذه، نتساءلُ عن إمكان وجودِ مراجعَ علميَّةٍ تدعمُ

740 راجع: Cf. John Bowjer. Zimzum. The Concise Oxford Dictionary of World Religions. 1997. [accessed 5 June 2016]. URL: http://www.encyclopedia.com/doc/1O101-Zimzum.html

هذه الفكرةَ الأساس؟

والحقُّ أنّنا نجدُ اللاهوتيَّ والعالِمَ بفيزياءِ الكمِّ، الأمريكيَّ بول دايفس، يُصِرُّ، في كتاباتِه، على نُقطةِ سكينةِ اللهِ. فقد أوردَ في أحدِ فصولِ كتابِه: ’اللهُ وعِلمُ الفيزياءِ الجديدُ‘ تحتَ عنوانِ ”هل خلقَ اللهُ الكَونَ؟“[741] عدَّةَ مفاهيمَ جديدةٍ تتعاملُ بمزيدٍ من المرونةِ مع طريقةِ الإنسانِ في قراءةِ الفيزياء. أمّا نحن فلا يسعُنا إلّا أن نشدِّدَ على جديدِ ’دايفِس‘ من خلالِ محاولتِه حلحلةَ عقدةِ التُّروس (gears)، وتكريمِ العالِـمِ آينشتاين على اكتشافِه ”الإنبعاجاتِ“ في الفضاءِ الكَونيِّ (space warps)، وفي الزمانِ الكَونيِّ (time warps)،[742] انطلاقًا من ’الانفجارِ الكبير‘، وبنسبةِ ظهورِ الفضاءِ والزمانِ والمادَّة. كما يحمِلُ إسهامُ ’دايفس‘ مفاهيمَ مثلَ الانثنائيَّةِ، الغِشاءِ المطّاطيِّ، الحَدبةِ أو النُّتوءِ (bump)، الكُرةِ الليِّنةِ (ball)، ويستشهدُ بآينشتاين قائلًا: ’الجاذبيَّةُ الكَونيَّةُ تُمغِّطُ وتتسبَّبُ باعوجاجاتٍ في الزمانِ والمكانِ... ومن المُمكنِ أيضًا إثباتُ مطّاطيَّةِ الزمنِ (أي الوقت)‘.[743] ومعَ استعمالِ ’دايفس‘ للرسمِ البيانيِّ في الصفحة 41 من كتابِه بهدفِ إضافةِ وضوحٍ على ما يتقدَّمُ به، يقولُ:

> إذا ما اعتبرنا كونَنا... ’بالونًا جديدًا‘، يكونُ هذا إثباتا كافيًا على أنّ الكَونَ ليس أزليَّ الوجودِ: لقد تمَّ خلقُه. لذلك من المُمكنِ اكتشافُ خالقِه في الهدفِ النهائيِّ للتطوُّرِ الفيزيائيِّ الطبيعيِّ، ما يعني في مِكانيكيَّةٍ تكوينيَّةٍ متجذِّرةٍ في الغِشاءِ الأمِّ (mother sheet).[744]

رسم 39: الغشاء الكوني[745]

---

741 راجع: *God and the New Physics*, p. 25

742 المرجع نفسه ص. 13

743 المرجع نفسه. يلي النص الأصلي (تعريب المؤلّف):
"Gravity stretches or distorts space and time... the elasticity of time can also be demonstrated"

744 النص الأصلي: (تعريب المؤلف) «If we envisage our universe... as the 'new balloon' then it is certainly the case that this universe has not always existed: it was created. However, its creator can still be found within the scope of natural physical process, namely a creation mechanism with its origin in the mother sheet

745 راجع: Davies op. cit. p.41. إنّ مطاطيَّةَ الفضاءِ الكَونيِّ المشارَ إليها في نسبيَّةِ آينشتاين العامّةِ تسمحُ بنموِّ كونٍ ’فتاة‘ (النتوء) عن الكَونِ ’الأمّ‘ وانفصالِه (الغِشاء المبسّط). هذا النوعُ من التبدُّلِ الطوبولوجيِّ (في هندسةِ المساحةِ) قد وردَ في نظرياتٍ حديثةٍ، ولكنّها لا تزالُ غامضةً.

الغِشاءُ الأمُّ! الابِنةُ الكَونُ! بعد كلِّ ما أوردناه، لغاية الآنَ، نشعرُ بأنّه لم يبقَ الكثيرُ ممّا يُقالُ كي نكشِفَ عن أساسِ نظريَّتنا، 'موضِعِ' الخَليقةِ التي من الحُبِّ، 'المَشكنزَبنا'، المكانِ الذي وضعَنا اللهُ فيه... كلُّ ما يبقى علينا عملُه هوَ أن نقولَ الأمورَ بطريقةٍ مختلفَةٍ، متَّبعين الاتِّجاهَ المُعاكِسَ لِما هوَ مُتعارَفٌ عليه وتقليديٌّ في الثقافةِ الغربيَّةِ، أي، على سبيل المثال، التفكيرُ من اليمينِ إلى اليسار عملًا بعاداتِ ثقافَتِنا المشرقيّة وتقاليدِها.

4.3. 'المَشكَنزَبنًا' للخَليقَةِ التي من الحُبِّ

برسمِ صورةٍ، على نحو ما طابَ للّاهوتيِّ العالِـمِ 'دايفس' أن يفعلَ، وكما أحبَّ 'الأميرُ الصغيرُ' للكاتبِ الفرنسيِّ (دو سانت-اكزوبيري) أن يقومَ به، من قَبلِه، فقد يجعلُ ذٰلك ما سنتقدَّمُ به في ما بعدُ أكثرَ تقبُّلًا للعقلِ والخيال.

رسم 40: الشكلُ الكرويُّ الكامل

دائرةٌ كاملةٌ، كُرةٌ كاملة. بهذين الشكلينِ يُرمَزُ تقليديًّا إلى الكمالِ الإلٰهيِّ: كمالِ الحضورِ، كمال القُدرةِ، الأزليِّ، ما بعدَ الزمانِ، ما بعدَ المكانِ، ساكنٌ مُطلقٌ، يُحرِّك ولا يُحرِّكُهُ شيء.

استنادًا إلى الرسمَين التوضيحيَّين للرؤية الشموليَّة (1) و(2)، ما الذي يمكنُه أن يمثِّلَ تخومَ هذا الإلٰهِ غير "اللّاحدودِ الزمنيِّ" (أي الأزل-أبَد) كما "اللّاحدودِ المكانيِّ" (أي اللّامحدود) و"اللا خُضوع" لأي نوعٍ من الجاذبيَّةِ (ما يحدّد الحريّة المطلقة) بما أنّه، عزَّ وجلَّ، كما عرفنا عنه، هوَ ثالوثٌ، يتمتَّعُ باكتفاءٍ ذاتيٍّ من حيثُ التجاذُب والمحوريَّةُ المركزيَّةُ غيرِ القابلة للوصفِ على الرُّغمِ من أنّ الاقترابَ منه ممكنٌ بالتماثلِ (analogy) وذٰلك بفضلِ الدلالاتِ والرموزِ التي سَبَقَ وزرَعَها في كلِّ أرجاءِ الخَليقة.[746]

إذًا، كيف وأينَ يستطيع، عزَّ وجلَّ، أن يجدَ مكانًا، خارجًا عنه، عن كمالِه، خارجًا عن

746 راجع: Les Origines, p. 77; 88; TLE p. 62, especially p. 66

أزليَّتِه كي يُتاحَ لمفهومِ ’مخلوقٍ‘ المُشتَقِّ من مفهومِ ’خالقٍ‘ أن يتجسَّدَ في خليقةٍ، في مكانٍ ما، في زمانٍ ما، تحتَ جاذبيَّةٍ محدَّدةٍ معَ الحفاظِ، في الوقتِ نفسِه، على مبدأ عدمِ التناقُضِ؟

استنادًا إلى نظريَّةِ ’زِم زُم‘ الكبَّاليَّةِ، هل يكون الانقباض بهذه الطريقة؟

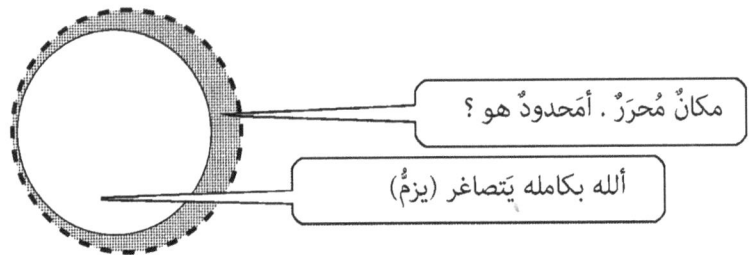

رسم 41: **الله** ’يزُمُّ‘ ذاتَه مركزيًّا (ينقبض)

هذا الرسمُ يمثِّل ’زمًّا‘ ذاتيًّا بانقباضِ الشكلِ الكرويِّ بكاملِه مع إزاحةِ نقطتِه المركزيَّةِ ليتَّخذَ شكلًا بيضاويًّا، ومن المُمكنِ تصوُّرُه دائريًّا، لا شيءَ يمنع. إنّما في الحالتين، يُسيءُ لمفهومِ ’اللهِ‘ من جهةِ التغييرِ بالشكلِ و/أو بالحجمِ، وذٰلك كي يُخلى المكانُ المرغوبُ به للخليقةِ، وهذا أمرٌ مرفوض. إذًا، أينَ يُمكنُ اعتبارُ هذا المكانِ موجودًا، وماذا يميِّزُه عن الله؟ ألا يستمرُّ إلٰهيًّا طالما يحتفظُ بوجودِه داخلَ الدائرةِ ذاتِها؟ لنفترض، بالاستنادِ مجدَّدًا إلى نظريَّةِ الكبَالةِ، أنَّ الله (الذي نتصوّرُه)، من دونِ أن يتأثَّرَ بأيِّ تغييرٍ بالشكلِ أو بالحجمِ، يقرِّرُ، بحريَّتِه المطلقةِ، إزاحةَ نفسِه بالكاملِ، سواءٌ على بُعدين أو على ثلاثةِ أبعادٍ، يكون هذا الافتراضُ عبثيًّا، لأن الله المتحرّكَ لا يعودُ الله. فبحسبِ المبدأ الفلسفيِّ المذكورِ آنفًا، مجرَّدَ فكرةٍ أن يغيّرَ الله في أحوالِه تُبرِّر قلقَ ’مولتمانَ‘ من جهةٍ، والكنيسةَ في تعليمِها، من جهةٍ أخرى، لعدم ضمانِ أيِّ استبصارٍ وتأكُّدٍ في ما بعدُ، إذ ما الذي يمنعُ من أن يقومَ الله بتبدُّلاتٍ أخرى، من حينٍ إلى آخرَ، محدثًا في كلِّ مرَّةٍ تغييرًا كاملًا بعمليَّةِ الخَلق. وبالاختصارِ، بالنسبةِ إلى نظريَّةٍ مثل ’زِمزُمَ‘، يكونُ من غيرِ المعقولِ التعاطي معَ مفهومِ اللهِ الكلّيِّ القدرةِ والكلّيِّ الحضورِ، والتسليمُ بحركةٍ، أيًّا كانَت وُجهتُها.

إذًا، هل يمكنُ الافتراضُ، ودائمًا من خلالِ التصوُّرِ الفلسفيِّ، أن يُحدِثَ الله تجويفًا في ذاتِه، داخلَ نطاقِه، على نحوِ ما توحي به قصَّةُ بئرِ زمزمَ، وكما تلمِّحُ إليه أيضًا نظريَّةُ ’الغشاءِ الأمِّ‘ لـ’دايفس‘، من دونِ أن يلجأَ إلى حركاتٍ تُناقِضُ مفهومَه؟ لِمَ لا؟ ذٰلك يبدو أكثرَ مطابقةً مع مبدأي سكينةِ اللهِ والصفةِ الأرِسطيَّةِ المُعطاةِ له: ’المحرِّكُ الذي يحرِّكُ كلَّ شيءٍ، ولا يحرِّكُه شيءٌ‘!

هل على الشكل التالي؟

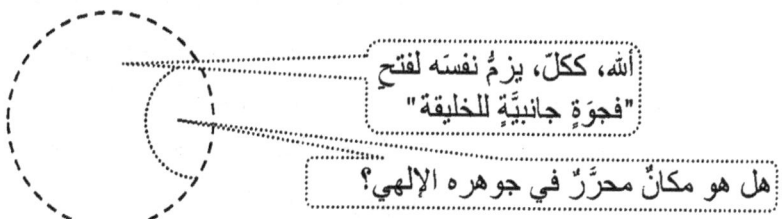

رسم 42: قد يكون على هذا النحو

تبدو هذه الطريقةُ، ظاهريًّا، أفضلَ من سابقتِها لفهمِ عمليَّة "الزَّم". إن فكرةَ كُرويَّة الكَونِ هي السائدةُ في العلومِ، وذلكَ منذُ عهدِ الفلاسفةِ الإغريق.[747] وبالفعلِ، فإنّنا نجدُ العالِمَ 'ستيفان و. هوكِنغ' في مؤلّفه المترجم إلى الفرنسية تحت عنوان: *The History of Time From the Big Bang to the Black Holes* يدعمُ نظريَّاتِه وتفسيراته برسومٍ جدّ معبِّرةٍ، مبنيَّةٍ على الشكلِ الكُرويِّ، منها النموذجُ التالي:

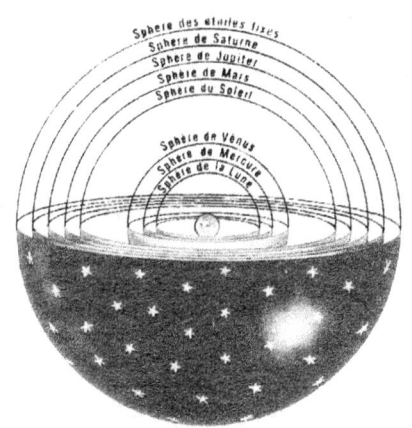

رسم 43: من 'الانفجار الكبير' إلى الثقوب السوداء[748]

إن رسمًا كهذا يتطلَّبُ فهمَ الكَونِ بشكلِه الكُرَويِّ. فهل يُمكنُ أن نجدَ داخلَ هذه 'الكُرةِ' الأجوبةَ عن أسئلةِ هوكِنغ: 'من أين أتى الكَونُ؟ هل من بدايةٍ لهُ؟ وإذا كانَ الجوابُ بالإيجابِ فما الذي سبقَه؟ ما هي طبيعةُ الزمانِ؟ هل من نهايةٍ؟'

747 راجع: *Hawking*, p.18
748 المرجع نفسه ص. 129

إن التفسيرَ الأكثرَ شيوعًا لنظريَّةِ 'زِم زُم'، كما تمَّ وصفُه أعلاه، والنابعَ من ذهنيَّةِ الشعوبِ الساميَّةِ المبنيَّةِ على التصوّرِ الأموميِّ الأقدمِ للخلقِ، والذي قاربَه 'دايفس' واستعادَه 'مولتمان' بشكلٍ مميَّزٍ، في كتابِه الشهيرِ ضَحكةُ الكَونِ، يُبرزُ اختلافًا واضحًا وأكيدًا في فهمِ ظاهرةِ الخَلق. بالمقابلِ، يستمرُّ العُلماءُ بحساباتِهم وتأمّلاتِهم بطبيعةِ الكَونِ، المُتمدّدِ (in expansion) خارجًا عن أيِّ تَخَمٍ أو حدودٍ مُمكنةٍ، بعيدًا من أيِّ نهايةٍ أو غائيَّةٍ محتمَلةٍ 'إلى اللانهايةِ' (the infinity)، كما طابَ لـ'دايفس' أن يُصوِّرَه في الرسمِ التالي:

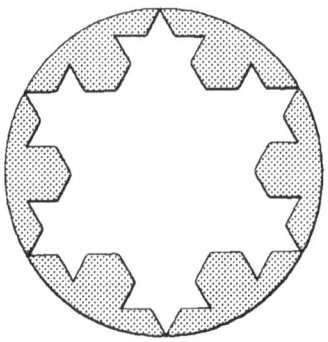

The irregular perimeter in this figure is constructed by raising equilateral triangles on the sides of larger triangles in a sequence of steps. The third step is shown in the figure. As the number of steps increases, so the perimeter becomes longer and more 'spikey'. The length of the perimeter grows without limit as the number of steps is increased indefinitely, but the perimeter never protrudes outside the enclosing circle. The area enclosed by the irregular perimeter is therefore finite, even though the length of the perimeter approaches infinity in the limit of an infinite number of steps.

رسم 44: الكَونُ في تمدُّدٍ مَركَسيّ [749]

إن نظريَّةً مثلَ 'زِم زُم'، إذا ما نُظِرَ إليها على أنّها حركةٌ طارِدَةٌ - مَركَسيَّةٌ (centrifugal) من مركزِ جوهرِ الألوهةِ نحو لاحدوديَّتِها أو، بحسب تعابيرِنا المتواضعة، نحو التخومِ الخارجيَّةِ المفترض فيها المحافظة على السكينة، توحي بحلٍّ أكثرَ إرضاءً. هنا لابدَّ من أن نتأمّلَ في عمليَّةِ الحَبَلِ البشريَّةِ من لحظتِها الأولى حتّى الولادةِ، لكي نرى إن كانَ من الممكن أن يتمَّ تصوُّر الخَلق، وخلقه، خارجَ أحشاء الله، رَحِمِه. كما يكون من المناسب أيضًا التمييزُ بين وسطِ جوهر اللهِ وما أسميناه مجازًا التخوم المُحيطةِ به.

مع احترامِ سكينة الأخيرة 'يتزَمزَمُ' الله، بمعنى أنّه 'يتلَملَمُ' مَركَسيًّا، أي من وسطِ كمالِه نحو لامحدوديَّةِ كمالِه، مُخليًا، محرِّرًا، مع أشدِّ مراعاةٍ للتناغُمِ والتماثُلِ اللّذَين هما أساسان للكمالِ الإلٰهي، 'مكانًا' لوَسَطٍ في وَسطِه.. أما الكلامُ على 'الإخلاءِ'، بالمعنى الحصريِّ، فهو ليسَ من قاموسِ اللهِ إذ إن ما يُخلَى يستمرُّ، في الوقتِ عينِه، مليئًا 'بفعلِ الإخلاء'، من القُدرةِ الإخلائيَّةِ الخاصّةِ بـ"الانفعال" (passion)، أي من 'الحُبّ الإلٰهيِّ'. ومن الأنسب أن

749 راجع: God and the New Physics. p. 15.

يقالَ ’حَرَّرَ‘، فهذا يمكّنُ من الرَّبطِ، بطريقةٍ أسهلَ، بين هذا ’المَلءِ‘ التّلقائيِّ ونظريّةِ الفيضِ التكوينيَّةِ، من دونِ أن يكونَ الفيضُ، في هذه الحالةِ، لاإراديًا.

بحَسَبِ دفاعِنا أعلاه، لا يتحمّلُ مفهومُ ’الله‘ لا فراغًا ولا عدَمًا. في هذا تكمن قُدرةُ ’الإخلاءِ‘ الإلهي (**kenosis**) لأنه ليسَ كأيِّ إخلاءٍ، ولا كأيِّ ’تحديدٍ‘ للذات. هنا أيضًا، ومعَ هذا المفهومِ اللّاهوتيِّ السائدِ الاستعمالِ في الكريستولوجيا، نلفُتُ إلى اختلافٍ كبيرٍ في فهمِه بين اللّغةِ العربيّةِ واللّغتين اليونانيّةِ واللاتينيّة. إن الكريستولوجيا الغربيّةَ التقليديّةَ تفهمُ ’الإخلاءَ‘ على نحوِ ما سبقَ وصفُه: تواضعًا، تقييدًا للذات، تصاغرًا، انسحاقًا، إلخ. وهذا ينطبقُ تمامًا على وصفِ النبيِّ أشعيا لشخصيّةِ ’خادمِ الله‘ (*Ebed YHVH*). أما اللّغةُ العربيّةُ، شأنُها شأنُ اللُّغاتِ الساميّةِ، فتُحمِّلُه كلَّ ما وردَ ويرِدُ في المفهومِ الغربي إنّما بطريقةٍ ’مختألفةٍ‘ (*differAnt*): **يُقصَد بإخلاءِ الذاتِ (kenosis) فعلٌ إراديٌّ لتحريرِ مكانٍ في جوهرِ الذاتِ الأنويّةِ تسمحُ لذاتٍ أخرى بأن تتّخذَ كينونةً لها فيه، أي أن توجَدَ فيه، وتجدَ لها، عمليًّا، فُسحةً وحياةً وقدرةً على النموّ.**

انطلاقًا من هذا المفهومِ تجرّأنا أعلاه على استعمالِ فعلِ ’أخلى‘ مردفين إياه بفعل ’حرّرَ‘. إن الجذرَ ’رَحِم‘ الذي يدورُ في فلكِه كلُّ ما يختصّ بالرّحمةِ والحُبِّ غيرِ المشروطِ، يؤكّدُ خصوصيَّةَ الفهمِ هذه.

جبران خليل جبران، اللبناني المسيحي (الماروني)، أمسكَ بنواةِ هذا المفهوم فقال عن فضيلةِ العطاءِ في كتابِه، النبي: "إنّك إذا أعطيتَ فإنما تُعطي القليلَ من ثروتِك. ولكن، لا قيمةَ لِما تُعطيه ما لم يكُن جزءًا من ذاتك...".[750] ما يعني فَتحَ الأحشاءِ مضيافةً للآخرِ ليجدَ فيها الملاذَ والحياةَ، "الحياةَ الأوفر".

تلك هي، بشكلٍ عامٍّ، أهمُّ محاورِ نظريّةِ ’زِم زُم‘، في ما يخصُّ التكوين. وعليه، لا يعودُ السؤالُ الذي طرحه نيقوديمُس على الربِّ يسوع عن ضرورةِ الدخولِ مجدّدًا إلى رحِمِ الأمِّ للولادةِ من جديد، سخيفًا. ولو كانَ كذلك فعلًا، لما كانَ المسيحُ قد تكلَّفَ عناءَ الإجابةِ عنه. فلقد أكّدَ، بالنهاية، أن مياهَ المعموديّةِ ستكونُ ذلكَ ’الرّحِمَ‘ الذي يلدُنا من جديدٍ، نخرجُ منه مخلوقاتٍ جديدةً لحياة أوفَر، كما للحقِّ الذي يُحرِّر. (يو8، 32)

تبعًا لهذا المشهدِ العِماديِّ، يتّخذُ ’الإخلاءُ‘ معنًى إضافيًّا: إيجادُ مكانٍ، بمعنى ’خَلقُه‘، بينَ مركزِ جوهرِ الذاتِ و’تخومِها‘، لا خارجًا عنها، وذلك تشبُّهًا بالفعلِ الإلهيِّ بحَسَبِ الفهمِ الساميّ، إذ إن الحُبَّ لا يُحَدُّ، ولا يُجمَّدُ، ولا يمكنُه حتى أن يَحُدَّ ذاتَه. فـ’الإخلاءُ‘ هوَ فعلُ حُبٍّ يؤهِّل الشخصَ المُحِبّ لتبدّلٍ خَفيٍّ وصامتٍ لفتحِ ’رحِمٍ‘، وقد نقولُ ’بئرٍ‘، في ’جوفِه‘،

750 جبران، النبي، دار الأندلس للطباعة والنشر، بيروت، لبنان. ص. 30.

تجري منه ’مياهٌ‘ متجدِّدةٌ باستمرار. تلك هي بئرُ زَمزَمَ، بئر ’الحيِّ الرائي‘. هذا ما قصدَه الربُّ يسوعُ بجوابِه للسامريَّةِ: ”وأمَّا الَّذي يَشرَبُ مِنَ الماءِ الَّذي أُعطيهِ أَنا إيَّاه فلَن يَعطَشَ أَبداً، بلِ الماءُ الَّذي أُعطِيهِ إِيَّاهُ يصيرُ فيه عَينَ ماءٍ يَتفَجَّرُ حَياةً أَبَديَّة“.[751] وهذا ما يمكنُ أن يُفهَمَ منَ المرجَعِ الوَحيدِ في العهدِ القديمِ الذي فيه يستعيرُ الله ’الذَّكَرُ‘ لُغةً ’نسويَّةً‘، ليشبِّهَ نفسَه بأمٍّ ذاتِ أحشاء.[752] من هذه الزاويةِ، يصلُ تصوّرُ نظريَّةِ ’زِم زُم‘، الذي قُمنا به في الرسمِ 42 إلى كمالِه بالرسمِ التالي:

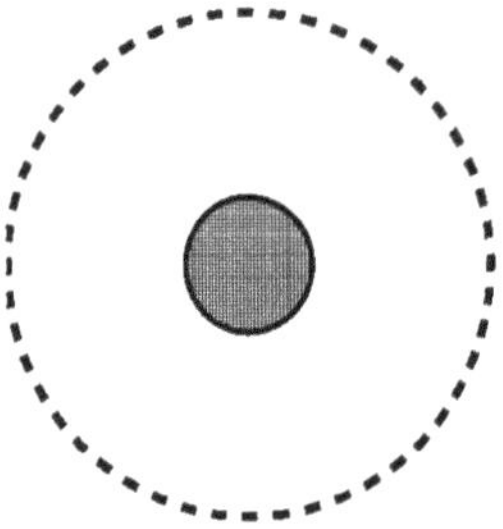

ألله ككُلّ "يخلي ذاته" بحركةٍ مركسيّةٍ، محرِّرًا مكانًا كرويًا في وَسْطِهِ، لمحيطِهِ احترامُه، مع بقاءِ سكينَتِهِ مُصانة، دونَ أيِّ مساسٍ بكمالِها.
المكانُ المفتوح في كينونةِ الله الأساسيّة. نظرًا لأن الفراغَ المُطلقَ أمرٌ مستحيل، فهوَ مليءٌ بالحُب، بل بالأحرى هو الحبُّ من تسبَّب به. من هذه الرؤية فاضَت فكرةُ "الخلق من الحُب". إنه وَسَطُ الابن. فعل "أحبَّ" هو "من" يُعبَّرُ عنه. إنه كاملُ التماثُلِ والتناغُم. إنه كمالٌ من كمال. هوَ على مسافةٍ واحدةٍ ممَّا يُعتَبَرُ المحيط، وفي الوقت نفسه، يستمرُّ في مَلءِ كافة أبعاد المحيط.

رسم 45: كمالٌ من كمال

هذا الرسمُ يمثلُ مقطعًا عَموديًا للرمزِ الكرويِّ الإلٰهيِّ، حيثُ يمكنُ اعتبارُ التجويفِ ’جسمًا أسودَ نظريًّا‘ له فتحةٌ لاستقبالِ الطاقةِ، لكنّها ليست موجَّهةً نحوَ خارجٍ ما، لأنّه، ببساطةٍ، غيرُ موجود. فالطاقةُ التي تُسخِّنُه تلقائيًا، هي ذاتيَّةٌ (intrinsic). هل هذا يعني أن التكوينَ قد تمَّ في ’جسمٍ أسودَ‘ إلٰهيٍّ، ما سمحَ لله بأن يأمرَ بحدوثِ ’الانفجارِ الكبيرِ‘ (بيغ بانغ)، ولأولِ جُسيم ضوئي ’فوتون‘ بأن يولدَ وللنورِ بأن يكون؟ لن نجيبَ الآنَ، وسنُسهبُ في الموضوعِ، في ما بعد.

لغايةِ الآنَ يمكنُ القولُ بثلاثِ طرائقَ لتفسيرِ نظريَّةِ ’زِم زُم‘ الكَباليَّة:

الأولى: زمُّ الكرةِ كليًا، بمعنى انقباضها بطريقةٍ أو بأخرى، وهذا يتنافى مع مبدأ سكينةِ الله؛

الثانيةُ: ’زَمزَمةُ‘ الذاتِ الإلٰهيَّةِ بهدفِ تكوينِ تجويفٍ، انطلاقًا من ’التخومِ‘، منفتحٍ على خارجٍ ما، الأمرُ الذي يُخِلُّ بالتناسقِ والتناغمِ الأساسَين للكمالِ الإلٰهيِّ، من دونِ أن نهملَ استحالةَ ما يُسمّى ”خارج“؛

أما **الثالثةُ** فتقتضي بأن يكوِّنَ الكلُّ الإلٰهيُّ تجويفًا، ’أحشاءً‘، في ’وسطِه‘، في ’لُبِّه‘، بتناسقٍ وتناغمٍ كاملَين مع الذاتِ الكليَّة، يمتلئُ تلقائيًا منها، بصفتِها الحُبَّ الذي ليسَ هوَ سوى جوهرِ اللهِ بالذاتِ، بحسبِ ما عَرَفته البشريَّةُ من خلالِ التجسّد. وسنستفيضُ في هذا التفسيرِ الثالث.[753]

---

751 يو 4، 14

752 أش 49، 15؛ هو 11، 8

753 لا يمكن أن يكون إخلاءٌ للذات أو ألمٌ ما إلاّ في ضوء الحُب. هكذا نفهم، نحن البشريين، هذه الجدليّة وهكذا

3.5. الأُمومَةُ الإلهيَّة

في ما يخصُّ موضوعَ الألوهةِ الأموميَّةِ، أتمَّ 'مولتمان' مناقشةَ موضوعات الأُنثَويَّةِ الطبيعيَّةِ والألوهةِ الذكوريَّةِ لدى العبرانيين، ووضَّح الحاجةَ التي دعت إلى الانتقالِ من الأسلوبِ الأنثويِّ إلى الأسلوبِ الذكوريِّ لفهمِ الألوهة. لقد كانَ هذا لضرورةِ تفادي خطرِ الحُلوليَّةِ، ألوهيَّةِ الطبيعةِ (pantheisme)، وخطرِ التغامُسِ (وحدةِ الوجود)، انطلاقًا من أنَّه سيصعُبُ في ما بعدُ التمييزُ بين الولدِ وأمِّه. الحقيقةُ أنَّ هذا الموقفَ الذي اتَّخذَه التيَّارُ الكهنوتيُّ البيبليُّ كان وراءَ مجملِ النزاعاتِ، لا سيَّما الأموميَّةِ منها، بين آلهةِ الكنعانيين وآلهةِ العبرانيين. ومع ذلك، لم يكن بالإمكانِ تجاهلُ مفارقةِ 'إلهٍ'، واحدٍ أحدٍ، ذكرٍ وأنثى، في آنٍ، على نحوِ ما هوَ معبَّرٌ عنه في الميثولوجياتِ المختلفةِ لمنطقةِ الكتابِ المقدَّسِ. وعلى الرُّغمِ من كلِّ التركيزِ على مركزيَّةِ التكوينِ الذكوريِّ في العهدِ القديمِ وتداعياتِها على النِّظامِ الدينيِّ، الأدبيِّ، التربويِّ في الجماعةِ الإسرائيليَّةِ، والمُختصرة بالكلمتَين التنبيهيَّتين: "اسمَع يا إسرائيلُ" (שְׁמַע יִשְׂרָאֵל)، ومن المقاطعةِ الجذريَّةِ لعُبَّادِ آلهةِ الكنعانيين، بخاصَّةِ آلهةِ الخصبِ منها، التي فرضَها ذاك التيَّارُ الكهنوتيُّ على المؤمنين بإلهِ موسى، لم يتمَّ التوصُّلُ إلى إلغاءِ كلِّ أثرِ أمومةٍ في الإلهِ 'يهوه'. لهذا السببِ تُشكِّلُ مراجعُ هامَّةٌ في الأمومةِ الإلهيَّةِ العائدةِ إلى نبوءاتِ أشعيا (42، 14؛ 49، 15؛ 66، 13) وهوشع (11، 3-4) مفاتيحَ أساسيَّةً في تفسيرِ الكتابِ المقدَّسِ.

بناءً عليه، نسأل: إذا كانت نظريَّةُ 'زمْ زُمْ' تعني إفساحًا في المجالِ لمكانٍ ما، فلماذا يجبُ أن يكونَ ذلك، بالضرورةِ، انقباضًا، أو تزحزُحًا، أو تلَمْلُمًا من موضعٍ ما، لتكوينِ التجويفِ؟ كلُّ الكائناتِ المُرضعةِ المتأتِّيةِ من فعلِ الخَلقِ بالذاتِ، بخاصَّةِ البشريَّةِ منها "المصنوعةِ على صورةِ اللهِ ومثالِه" توفِّرُ، في ذاتِها، في داخليَّتِها، مكانًا لمواليدِها، ما يعني لذاتِها المتكرِّرةِ الحَبلِ بها دومًا لتستحيلَ إلى ذاتِهم الأخرى، وبالتالي إلى 'الآخرِ'. من نصفِهم الأنثويِّ يُنجبُ البشرُ 'الآخرَ'، من رحمِ صُلبِهم الأموميِّ، أحشائِهم 'المعدَّةِ طبيعيًّا لتحقيقِه.[754] الأنا، أنتَ، هو، هي، 'الكلُّ' جاءَ من ذاك 'التجويفِ الأموميِّ'، حيثُ الفعلُ 'جوَّفَ' هوَ نتيجةُ زمزَمةٍ تحريريَّةٍ ما، طاردةٍ، (الإخلاءِ الأولِ)، إراديَّةٍ ولا إراديَّةٍ في آنٍ.

نعبِّر عنها ونكتبها بخاصة عندما نتكلم على الإخلاء على الصعيد الكياني. 'جبران' يؤيِّد هذه النظرة للأمور بتمييزه بين الحُب الكيانيّ والحُب الحسِّي العَواطفي. فنسبة إلى الأولى يُعطى نسبة من الذات، أما نسبة إلى الثانية فيُعطى ممَّا تملك الذات. وكيانيٌّ هو الألم في الحالة الأولى أما في الثانية فهو عرضي.

754 إذا ما نُظر إلى سيرة ابراهيم الخَليل ودعوته من زاوية واقعية حصرًا، يمكنها أن تُثبت الوحدة الكيانية بين الرجل والمرأة، والتكامل بين فئتي "الإنسان" على ما خلقه الله عليه بحسب الفصل الأوَّل من سفر التكوين (تك 1، 27 - 28): في حين صُنع الذكر ليخلق "الله"، صنعت الأنثى لخلق "الإنسان". هنا، عبارة خلق تعني فتح المكان في الذات من أجل الآخر، والآخر المطلق.

إراديَّةٍ، بفضلِ فعلِ الحُبِّ المُنجبِ، ولا إراديَّة، بفضلِ جاهزيَّةِ التجويفِ الطبيعيَّةِ للتكيُّفِ، نسبيًّا، مع تطوُّرِ الحياةِ في ذاتِها، طاقةٍ وموجٍ-جُزَيءٍ في وقتٍ واحد.[755] فتندمجُ تلك الحياةُ في المكانِ 'المـُحرَّرِ' بنموٍّ متوازنٍ إلى أن تُبصِرَ النورَ، من دونِ أن يتحقَّقَ شيءٌ، خارجًا عن المسبِّبِ الأولِ، الخالقِ، الذي منه كلُّ بداية.[756] كلُّ شيءٍ ينبثقُ من الحُبِّ وبالحُبِّ الذي لولاه لما كانَ الوجودُ، إنّما دائمًا معَ الألـمِ، معَ الصليبِ، الذي هوَ النتيجةُ الحتميَّةُ لكلِّ تبدُّلٍ وتغيُّرٍ واستحالةٍ جوهريَّةٍ. أمّا على صعيدِ وَسَط الخالقِ، فدومًا داخليًّا، أمّا على صعيدِ الوسطِ المخلوقِ، فـ'داخليًّا' و'خارجيًّا'. يَلمعُ في خاطرنا رسمٌ جديدٌ، لا يخلو من بعضِ 'التجسيمِ'، إنّما يؤيّدُه، في الوقتِ نفسِه، العلمُ والدِين:

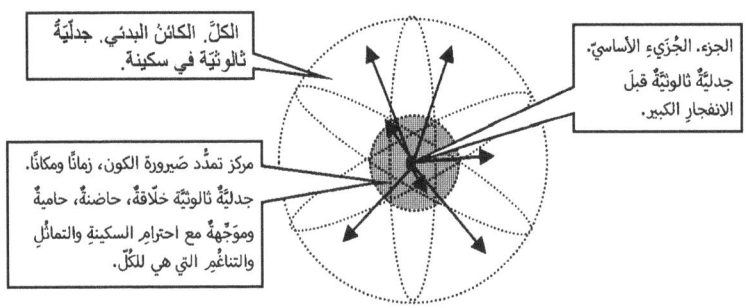

رسم 46: أللهُ يُخلي ذاته (يتزمزم)، انطلاقًا من صُلبهِ، من أحشائه، نحوَ لانهائيَّته وسرمديَّته، فاسحًا مكانًا للخليقة

في هذه الحال، لم يعُدِ الكَونُ هوَ 'من' يتَّسعُ ويدفعُ بغلافٍ مُعَدٍّ، بما يتخطّى المنطقَ، للتمدُّدِ، إنّما هوَ الله من يُتابعُ، بشكلٍ سبّاقٍ، العمليَّةَ الإلٰهيَّةَ للإخلاءِ الأموميِّ الحميميَّة، وفي الوقتِ نفسِه، الأبويِّ العنايةِ، بالقدرِ الذي يحتاجُه نموُّ الخَليقةِ التي هي فيه. حينما نقتنعُ بهذهِ الفكرةِ، هل يبقى من حقِّنا إن نتساءلَ ما إذا كانَ مكانٌ كافٍ عندَ اللهِ للتمدُّدِ إلى ما لا نهاية؟ لا جوابَ ولا تعليقَ... إنّما نتساءلُ، بالأحرى، وببساطةٍ، مع كلِّ المتسائلين، هل ثمَّةَ مكوِّنٌ ما للزمانِ والمكانِ، موضوعَي هذا الفصلِ، مُمكنٌ لمسُه في أفقِ هذا الرسمِ، يُسهمُ في تبيانِ ما إذا كانا مخلوقَين أم لا؟ أم مخلوقَين وغيرَ مخلوقَين، في آن؟ كما نتساءلُ عمّا إذا كانَ اقتراحُنا يُرضي إشكاليَّتَي 'التعالي' (transcendence)، و'التحايُثِ' (immanence)، كما إشكاليَّةَ الفَيضِ (emanation)؟ إن كان يُرضيها كلَّها، وهوَ يُرضيها، يمكنُنا أن نعتبرَ التحوُّلَ في مَفهَمَةِ عَقيدةِ الخَلقِ قد تمَّ، إذ باتَ من اللهِ وفيه، وأنّه يمكنُ، أخيرًا، الإجابةُ عن الأسئلةِ العالقةِ، ونؤكّدُ أنَّ

755 يمكن اعتبار المرحلة الأخيرة "الإخلاء الثاني" بما أنه على الإخلاء الأوّل أن يُعاش مع فتح المرأة بابَ جسدها لتلقّي بذرة الرجل. هنا الحركة هي أيضا إرادية ولا إرادية، مع انطلاق زمزمة طاردة.

756 تطبيق هذا على ظاهرة "الطبيعة الأم" يفسّر ما حاولت الميثولوجيات إبرازه بالنسبة إلى الفصول الأربعة.

الأجوبةَ كافةً تتأتّى من تفسيرٍ واحدٍ لظاهرةِ الخَلقِ، ألا وهوَ "الخَلقُ من الحُب".

هكذا، أرجعتنا نظريّةُ 'زِم زُم' إلى فهمٍ شاملٍ للخلقِ، داخلَ اللهِ، مغمورٍ فيه، وفي الوقتِ نفسِه، خارجَ غِشاءٍ تناضُحيٍّ، في الصُلبِ الإلٰهيِّ، تجعلُ اللهَ 'متعاليًا' عن خليقته و'متحايثًا' معها، في آن. ما من مجالٍ للشكِّ بأيَّةِ حلوليَّةٍ في طريقةِ الفهمِ هذه، ولا بأيِّ انفصالٍ أيضًا، بما أن فكرةَ الانفصالِ باتت غيرَ معقولةٍ بحدِّ ذاتِها. بذٰلك يكونُ الكلُّ والجزءُ، بصفتهما متساويَين و'مختألِفَين' في آنٍ، نالا حقَّهما. حتّى مفارقاتِ 'زينونَ الإيليِّ' تجدُ فيها ما يُطمئنُها، إذ يلتقي في 'المركزِ' نفسِه منها، أطرافُ "الكل" وَوسطُه. ونَلفُتُ إلى إثباتٍ إضافيٍّ على صحَّةِ رؤيتِنا، يتمثَّل بما يتكبَّدُه كلُّ جنينٍ إبّان مكوثِه في الرَّحِم، حيث يصبحُ الزمانُ والمكانُ في آنٍ معًا، جزءًا من كيانِه وكيانِ أمِّه، من دون انفصالٍ ولا اختلاط. حتّى طاقةُ الجاذبيَّةِ التي تدفعُ بجسدِه للخروجِ من طَيَّاتِ الحَمضِ النّوَويِّ، بتناسقٍ كاملٍ، هي لكليهما، في وقتٍ واحد.

أمّا النظريّاتُ، والمبادئُ، والبدهيّاتُ، والثوابتُ الخاصّةُ بـ'مِكانيكا الكمّ'، لاسيَّما مبدأُ التشابك (intrication) ومفارقةُ EPR، إضافةً إلى ما يُسمّى 'تأثيرَ رَفرفةِ جناحَي الفراشةِ'، تُطبَّقُ جميعًا، بفاعليَّةٍ، بينَ تأثيراتِ طاقةِ قلبِ الأمِّ وتفاعلاتِ قلبِ الجنين. نتركُ للعُلماءِ الشبابِ أن يأخذوا على عاتقِهم مَهمَّةَ التعمُّقِ بتلك الظواهرِ البيو - كموميَّة (bio-quantic).[757]

6.3. اللهُ والأُمَّهات

هذا المشهدُ البانوراميُّ لابدَّ من أن يكتمِلَ كي يتمكَّنَ من تأمينِ إلهاماتٍ أفضلَ إلى اللّاهوتِ كما إلى العِلم، فلا ينبغي اعتبارُه منقسمًا بين واقعين، كما لو أن ما يُقالُ عن اللهِ يخصُّ إطارًا معيَّنًا، وما يُقالُ عن أمٍّ بشريَّةٍ يدخلُ في إطارٍ آخَر. صحيحٌ أنّ ما من شيءٍ يمكنُه أن يكونَ خارج الله، ولٰكن أيضًا، من محدوديَّتِنا، أن نكونَ عاجزين عن رؤيةِ الواقعِ، كما يراه هو، أو كما هوَ عليه فيه. يَبقى أنّه، لو تمكَّنَ أحدٌ أن يتذكَّرَ الأيامَ التي أمضاها في حشا أمِّه، لكوَّنَ فكرةً عمّا تأمّلَ به 'الكلمةُ الإلٰهُ' خلالَ إقامتِه في حشا والدتِه. وهذا ليسَ بكلِّ شيء. فإذا ما التقَينا مار أفرامَ، في أناشيدِه المريميَّةِ، أمكننا أن نتخيَّلَ ما كانت تتأمّل به مريمُ، مع إدراكِها، أكثرَ فأكثرَ، أنَّ الذي حلَّ في حشاها هوَ حاملُ الخَليقةِ بأسرِها. وإذا ما نظرنا، مجدّدًا، بعينِ الاعتبارِ، إلى موضوعِ 'الغِشاءِ الأمِّ' للعالَـم 'دايفس'، نستنتجُ، بعد أن اعتمدنا الشكلَ الكرويَّ للأزليَّةِ بدلَ المسطّحِ، بأنَّ الأغشيَةَ المطّاطةَ موجودةٌ، فعلًا، إنّما بترتيبٍ متَّحدِ المركزِ (concentric)، يوحي بالكمالِ. على الرسمِ البيانيِّ السابقِ لـ'دايفس' (رسم رقم 44) نفضّل رسمَنا أدناه المَبنيَّ على التراكزِ:

757 وما يمكن قوله عن دور قلب الرجل؟

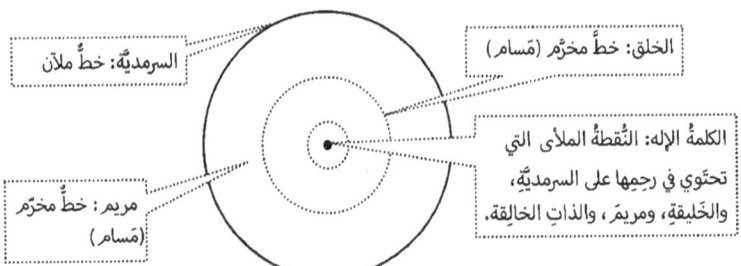

رسم 47: الأغشيةُ الوسيطةُ بينَ المركزِ والمحيط. تحتوي في رحِمِها السرمديّة ورقّة العَين.

بناءً عليه، نودُّ الإشارةَ، مجدَّدًا، إلى المَثَلِ الدِّلفيِّ (Delphic saga) الذي أوردَه البابا يوحنّا-بولسُ الثاني في رسالتِه العامةِ ’**الإيمانُ والعقلُ**‘، وجاءَ على ذكره أوجين فيغنِر كما اقتَبسَه عنه المُفكِّرُ يان باربور: ”لكيما نعرفَ ذواتَنا جيِّدًا، علينا أن نُصبحَ مُدركين، مُدركين أنّنا مُدركين، ومُدركين أنّنا مدركين أنّنا مدركين إلخ“،[758] بينما، لكي نتمكّن جديًّا من اعتبار أنّنا نفهمُ الخَلقَ، بطريقةٍ ما، على النفس البشريّةِ أن تشعُرَ، من جهةٍ، كيفَ أن الخَليقةَ تحمِلُ الحُبَّ، ومن جهةٍ أخرى، كيفَ هي مَحمولةٌ منَ الحُبّ.

إن الرسمَ رقم 43 ، المُستمدَّ من كتابِ ’دايفس‘، والذي نستعيدُه هنا، ككلمةٍ في جملةٍ، يدعونا لكي نفسِّرَه، هذه المرَّةَ، بطريقةٍ معاكسةٍ، أي ليسَ كَكَونٍ في حالةِ تمدُّدٍ، إنّما كاللهِ في حالةِ إخلاءِ الذاتِ ليتركَ فُسحةً لمكانٍ وزمانٍ لـ’ثمرةِ احشائِه‘، ’ثمرةِ حُبِّه‘، الخَليقةِ، وفي قلبها الجنينُ البشريُّ، صورتُه ومثالُه الخاصّين.

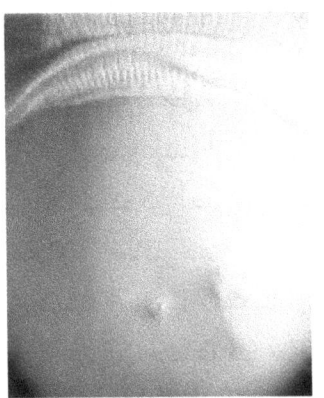

رسم 48: من الشبكة العنكبوتيّة [759]

وحتّى ’القبرُ‘ الذي يلازمُنا من الفصلِ السابقِ يصِلُ، في هذا الإطارِ، إلى كاملِ أبعادِه.[760]

758 راجع: *Davies*، الحاشية 47 من كتابه

759 مصادفة قد تحدث مع كلّ فرد منّا. استلمت هذا الرسم، بشكل غير متوقّع، بواسطة رسالة إلكترونية قصيرة. فوجئتُ جدًّا وتكوّن لديَّ شعور بأنها مرسلة لي من قبل العناية الإلهية.

760 زمن الدنح المجيد، قراءة من القديس كيرلس الأورشليمي، ص. 403؛ جامعة الروح القدس - الكسليك، لبنان 1978.

خاتمــة

في ختامِ هذا الفصلِ، نستنتجُ ما يلي: إذا كانَ الزمانُ والمكانُ، على الصعيدِ العِلميِّ، منفصلَين، في ضوءِ فيزياءِ نيوتن، ومتَّحدَين في ضوءِ نسبيَّةِ آينشتاين، فإنهما، على الصعيدِ الفلسفيِّ، لا يكفّان عن كونِهما فكرتَين مثاليَّتين، سواء أكان من نطاقِ المنطقِ أم ممَّا يتخطّى المنطق. أمّا على الصعيدِ النفسيِّ، فيستمرّان كمؤثِّرَين بالشعورِ وتناذُريَّين (syndromic)، أمّا على الصعيدِ الدينيِّ فيبدوان مُلغزَينِ أو صوفيَّين، إلى حدِّ اعتبارِهما روحيَّين، إنّما دائمًا جزءًا من المخلوق. لكن، ما إن يتجاوَزا النطاق الفيزيائي إلى الذي ما بعد الفيزيائي، خدمةً لأبعادٍ كالتي للرياضياتِ، المتجاوِزَة المَحسوس، كما اللاهوت، حتى يتزيّنان بصفةِ غير المَخلوق. اللافِت هوَ أنّهما، في كلِّ الحالات، يحتفظان بالمُصطلحَين اللغويَين إيّاهما، 'زمان' و'مكان'، كاسمَين لهما، إنّما يبدِّلان في أنموذَجيهما، فيستحيلان إلى نثرٍ، شعرٍ، ألحانٍ ومقاييسَ، كما إلى أرقامٍ وحروفٍ افتراضيَّةٍ ليُناسِبا كلَّ أنواعِ الأحداثِ والظروف، بخاصّةٍ تلك المُرتبطةِ بالتدبيرِ الخَلاصي، والتي باتت تُعتبرُ 'رازائيَّةً'، بحسبِ مار أفرامَ. كلاهما يَبدُوان 'حيَّين'، ومزوَّدَين بغائيَّةٍ قِوامُها الإسهامُ بإضفاءِ معنًى، حيثُ يكادُ العبَثُ أن يضعَ كلَّ شيءٍ موضعَ الشكّ، بخاصّةٍ 'الخالقَ'، مصدر كل وجود وحياة. لذلكَ تقتضي صفاتُهُما، وقوَّتُهُما، وعِلَّةُ وجودِهما أن يكونا كِلاهما مخلوقَين وغيرَ مخلوقَين في وقتٍ واحدٍ، ما يعني مصنوعَين، مُنتَجَين 'لامخلوقين' (كذا). أما الأداةُ الأساس، الخاصّةُ والجَماعيَّةُ، لسَبرِهما ومؤالفتِهما وحسنِ التصرُّفِ بهما، فاسمُها 'الصَبرُ'، وهي معترَفٌ بها من العِلمِ، كما من الفلسفةِ والدِينِ، على السواءِ؛ لا غنًى عن تلك الأداة للوصولِ إلى أيِّ نتيجةٍ، إذ هي من ذاتِ طبيعتِهما، وتُحتسبُ بِـ'الكمّ'، بذاكَ 'القليلِ' الذي تحدَّثَ عنه يسوعُ، والذي هوَ الضروريُّ الكافي لكي يتحوّلَ كلُّ كائنٍ بالقوَّةِ، إلى كائنٍ بالفعلِ، والعكسُ صحيحٌ.[761] والصبرُ هوَ الشرطُ الذي لا بدَّ منه لإدراكِ هذين 'الكائنين' بطريقةٍ أفضلَ، هما اللّذان لطالما تحدَّيا البشريَّة. ألا يشكِّلُ الصبرُ، هوَ أيضًا، 'قبّةً دهريَّةً، 'مسكنًا في الزمنِ' يلتقي تحتَ سقفِه العِلمُ والدِينُ وكلُّ ما يؤَنسِن؟

لقد استفدنا كثيرًا من نظريَّة 'زِم زُم' الكبَّاليَّةِ للكشفِ عن طبيعةِ الزمانِ والمكان وإعطائِهما قيمتَهما الذاتيَّةَ في المخلوق، كما في غيرِ المخلوق. فانتقل 'السرُّ'، شيئًا فشيئًا، من المستوى اليونانيِّ إلى 'الرازائيِّ'، الذي، لولاه، برأينا، لاستحالَ تحقيقُ اختراقٍ ما لحلِّ ذاك اللُغز، لُغزِ الزمان، والمكان، و"الزَّمكان".

يبقى أنّ تفسيرَ ظاهرةِ تبدُّلِ هذين المُصطلحين بين صفتَي مخلوقٍ وغير مخلوقٍ يتمُّ، بشكلٍ جيِّدٍ، عبرَ نظريَّةِ 'القوَّةِ' و'الفِعلِ' الأرِسطيَّة - التومائيَّة. والحقُّ أن هذين المصطلحَين الأخيرَين اللذين ينتميان بطبيعتِهما إلى 'الفَلكِ الإلٰهيِّ'، ساعدانا على استيعابِ ذاك التبدُّل.

761 مر 13، 13؛ مت 10، 22 و24، 13.

لذلِكَ ثَبَتَ فهمُنا على أن "المكانَ" و"الزمانَ" ككائنَين بالقوَّةِ، بما أنَّهما في الخالق، يتحقَّقان ويتجسَّمان بالفعل، في الكَون المخلوق، بقدر ما تدخُلُ الكائناتُ الحيِّزَ ذاتَه للفعل.

إن تراكمَ "الأفعال" المتتالية الذي يتطلَّبُ 'زمكانات' خاصَّةً، متعاقبةً، ومحدَّدةً، هوَ ما يصنعُ المسافاتِ والقياساتِ بينَ الأحداثِ والأفعالِ وكلَّ ما ينشأ عنهُما، ويتبلوَرُ في فيزياءِ الكمِّ، قبل تبلوره في الفيزياءِ التقليديَّةِ. يؤمِّنُ تلك الزَّمكانات المتتالي الإخلاء المرافق أحداثَهما. يسمحُ هذا بالتوقُّع والتأكُّدِ من أنَّه، إذا أصاب الكَونَ يومًا، بحسب علماء الطبيعة المتشائمين، "انهيارٌ كبيرٌ" (Big Crunch)، من خلال حركةٍ معاكسةٍ، أو مكمّلةٍ 'للانفجار الكبير'، واختفى 'الزمانُ' و'المكانُ'، فلن ينعَدما. سيستردّان مكانَهما في 'القوَّةِ'، في الكلِّيِ القدرةِ الذي يَحضُنهما في 'سكينتِه الأموميَّةِ'، كما 'بتدبيرهِ الأبويُّ'، إلى حين استعادتِهما دَورهُما في خدمةِ الحُبِّ الخالقِ، في خدمةِ النِّظام والتناغُم الموَجَّهَين، من غائيَّةِ طبيعتِهما الواحدةِ، نحوَ عُرفانِ الجميلِ، نحوَ مبادلةِ الحُبِّ بالحُبِّ، وهذا لن يكونَ للمرَّةِ الأولى، إذ في 'طوفانِ نوحَ' وقوسِ العهدِ معه برهانٌ وافٍ. كلُّ هذا لن يتطلَّبَ سوى ذاك "القليل من الوقت"، المذكورِ أعلاه، والذي تحدَّثَ عنه يسوعُ، أو 'رَفَةِ العين' (ܐܦ̈ܦ ܥܝ̈ܢܐ) المذكورةِ في الفصلِ الأول. من هذه الزاويةِ لرؤيةِ المعطياتِ، حتّى العالِمُ المُلحدُ 'لابلاس' قد يجدُ خلاصَه، إذ لن يبقى أمامَه سوى التسليم بأنَّه ما كانَ باستطاعتِه، في زمانِه، أن يعيَ وجودَه الذاتيَّ في 'أحشاءِ' الفرضيَّةِ التي أنكرَ لزومَها.

الزمانُ والمكانُ هما 'كموميَّان' حيث تدعُو حاجةُ 'مكانيكا الكَمّ'، ونيوتنيَّان حيث تقتضيه الأمورُ العملانيَّةُ في خدمةِ الخير العامِّ للإنسان، بحيثُ يكونُ الكلُّ، في آخِر المطاف، في خدمةِ العلاقةِ الطيِّبةِ بينَ المخلوقِ والخالقِ، بين 'الخَليقةِ الابنَةِ' و'الأزليَّةِ الأمِّ'، لمجدِ الكائنِ العاقِلِ، العادلِ، والطيِّبِ، حتّى بلوغِ ملءِ قامةِ المسيح في 'الحُبِّ الرازائي'.

نُقفِل هذا الفصلَ بالتأكيدِ على أنَّ اللهَ هوَ الحُبُّ وأنَّ الخَليقةَ بأسرها، البشرَ ضِمنًا، هي من الحُبِّ، مغمورةٌ فيه، من غيرِ أيِّ اختلاطٍ به، تمامًا كما يوحي به التجسُّدُ الكريستولوجي. ولم يكن عبثًا ما كتبَه يومًا اللاهوتيُّ الشهير كارل رانر: "عندما يريد الله أن يكونَ ما ليسَ الله، يكون الإنسان...". [762]

للفصلِ التالي والأخير يبقى علينا واجبُ تحليلِ طبيعةِ الحركةِ الإلهيَّةِ وعمليَّتِها، التي توصِلُ إلى الإخلاءِ الذاتيِّ (الزمزمة). كيف تمَّ ذاك الأخلاءُ، وما الذي دفعَ به كي يتمَّ؟ لماذا كلُّ شيءٍ في الكَون دائريٌّ، كرويٌّ، يدورُ، يتلوَّى، يغزِلُ؟ لماذا لم يكُن كلُّ شيءٍ مكعَّبًا على سبيل المثال، كما ذكرنا أعلاه؟ هذا ما سنتناولُه تحت عنوانِ: الغَزلُ والثالوث، العلاقةُ بين الجاذبيَّةِ الكَونيَّةِ والحُبِّ.

---

762   راجع الحاشية 251 ص. 214.

الفصلُ السابع : الغَزلُ والثالوث

العلاقةُ بين الجاذبيَّةِ الكَونيَّةِ والحُبّ

تقديرٌ لكتاب أنطوان دو سانت-اكزوبيري : "الأمير الصغير"

كنّا في الثانية عشرةَ من العُمرِ، عندما قرأنا، للمرَّة الأولى، كتاب "الأمير الصغير". آنذاك، لم يكن بإمكاننا أن نَفقَهَ شيئًا من الرمزيّة التي ينطوي عليها، لكنَّ أكثرَ ما أعجبنا، على ما نذكر، هوَ فعل 'آلَفَ' (to tame) الذي أتاحَ لنا اكتسابَ أصدقاءٍ من بينِ الحيوانات. وكانتِ الصُّورُ المرفقةُ بالنصِّ ساحرةً، نظرًا إلى ألوانها التي ملأت أعيننا، كما صور أبطاله: الأميرُ، الأَصَلَةُ (حيَّةُ البُوَا)، القُبَّعةُ، الفيلُ، الثعلبُ، الزهرةُ، كَوكَبُ الأمير، إلخ. كانت كلُّها جذّابة جدًّا.

في ذاك الزمن، فهمنا كلَّ ما كان يترتَّبُ على طفلٍ أن يفهمه، أي كلَّ ما كان يتوقَّعُ مؤلِّفُ الكتابِ أن يدركَه تِربٌ لنا. للأسف، لم يكن بعدُ في وسعنا المقارنةُ بين ما استطعنا فهمَه كأطفالٍ وما سنفهمُه، ذات يوم، كأشخاصٍ بالغين (ممتلئين من ذواتهم = fully-grown).[763] هل سنغدو على شاكِلةِ أولئك البالغينَ في الروايةِ عينِها، فاقدي الطفولةِ، أم سنحافظُ، على الرُّغمِ من نُضجِنا، على بعض من المَفهَمةِ الطفوليَّةِ التي، طالما أثنى عليها الكاتب؟

من خلال هذه المسألةِ، نعقدُ الآمالَ، بما لنا من العمرِ اليومَ، على أن نُفلِحَ في تناول تلك المقارنةِ، مع استبدالِ شخصيَّاتِها (أبطالِها) بما يتناسبُ مع بحثِنا هذا: فـ'كوكبُ' الأمير سَيُستبدَل بالكَونِ، و'القُبَّعةُ' بالخَليقَةِ، و 'الفيلُ' بالعالـمِ، و'الأَصَلَةُ' بالزمانِ، و'الوحش الكاسرُ' بالإنسانِ، إلخ. وما بقي على حاله منَ الرواية، من دون تأثُّرٍ برياح التغيير، ثلاثة: الطفولةُ التي ما زالت تتمتَّعُ بالقوَّةِ ذاتِها، والبالغون الذين فقدوها، والذين لا يفقَهون شيئًا وَحدَهُم، والتعبُ الذي يعانيه الصغارُ من جراءِ التفسيرات الدائمةِ التي عليهم تقديمُها لهم.[764]

أليس هذا، تقريبًا، ما بحثناه، عندما تطرَّقنا إلى مسائلَ مثلِ 'التفسيرِ'، و'زوايا النظر'، و'حقلِ الرؤية'، والدعوةِ للعودة إلى الطفولة الموجَّهةِ لكلِّ إنسان من قِبَل المسيح، سيِّدِ الطفولة؟ شكرًا أنطوان.

---

763 بهذا المفهوم يشير دو سانت-اكزوبيري إلى البالغين الذين تخلَّوا كليًّا عن روح الطفولة.

764 دو سانت-اكزوبيري، أنطوان؛ الأمير الصغير، المقدّمة. مترجم عن الفرنسية بحسب الموقع الإلكتروني: URL: http://wikilivres.info/wiki/Le_Petit_Prince#I . تمّ تفحّصه خلال تشرين الثاني 2017. سنشير إلى هذا المرجع في ما بعد باسم "الأمير الصغير".

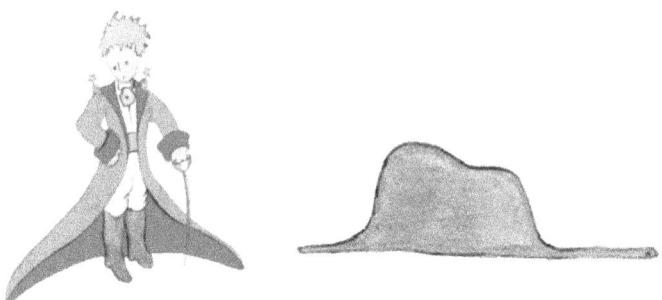

رسم 49: الأمير الصغير والقُبَّعة

رسم 50: رسوم بداية الكتاب تليها رسوم المؤالفة

رسم 51: الثعلب والمؤالفة

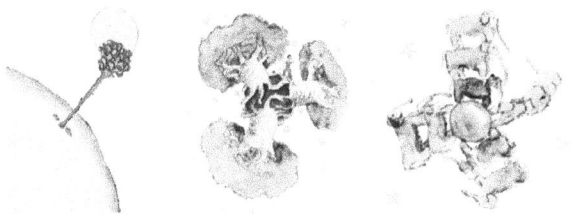

رسم 52: كوكَبُ الأمير الصغير: مأهولٌ بما يتخطّى نسبيَّة آينشتاين

مقدِّمـــــة

رويدًا رويدًا، بدأنا ندرك أن الواقعَ مستورٌ، مستحيل المنال، وأنَّنا، بالكاد، نلاحظُ ظلَّهُ المُمتدَّ تحتَ شكلِ سرابٍ، مُقنِعٍ، بصورةٍ مؤقَّتة. لٰكن ماذا هناك، فعليًّا، خلف السِّتار؟ [765]

جان غيتون

نتناول في هذا الفصلِ الختامي أربعةَ مفاهِيم: اثنين من الحقلِ العِلمي، الغَزلَ والجاذبيَّةَ، واثنين من النطاقِ اللاهوتيِّ، الثالوثَ الأقدسَ والحُبَّ، ونرفِدُها بنُقطةٍ جديدة هامة عن الطفولة والأمومة. تُمثِّل هذه المجموعة في نظرِنا، خمسةَ مداميكَ أساسيَّةٍ جديدةٍ لواقعٍ 'رازائيٍّ' شاملٍ ومتعدِّدِ الأبعاد، حيث يبدو أنَّ الخالقَ والخَليقةَ يتشاركان، بموجب جاذبيَّةٍ وغَزلٍ ما، المَسكَنَ نفسَه الذي يحتويهما. إنّه 'وَسَطٌ'، من حيث أهميَّةُ الحريَّةِ والكرامةِ اللّتين يتمتَّعُ بها قاطنَاه المُفكِّرَان، لا تُعرَفُ له لا بدايةٌ ولا نهايةٌ، ويستلزم أن يَقبَلَ أحدُهما احتِمالَ 'الزَّمزَمَةِ'، حينًا، في آنٍ واحد مع الآخرِ، وحينًا من طرفٍ واحدٍ، لكي يتمكّنَ الآخرُ منَ الارتِقاءِ حتّى بلوغِ الامتلاءِ الأنسبِ لما فيه الخيرُ المشترك، ونُنهي بكشف اللثام عن "خَيمة الموعد" (المَشكَنزَبنا) والجسرِ المنير الموصل إليها.

سوف نتعاملُ مع هذه الركائزِ الخمس لأنه بها ومن خلالها قد تمَّ حَدَثُ الإخلاء الذاتيِّ لله، ويستمرُّ بالحدوث، وكما على مستواها، إذا ما صَدَقَت نظريَّةُ الفيلسوفَين 'برغسون' و'غيتون' قد حصلَ 'الصَّدعُ' في التماثُلِ، الأمرُ الذي علينا إثباته. أمّا ما قد عَلِقَ من ألغازٍ من الفصلِ السابقِ - على الرُّغمِ من كلِّ محاولاتِنا التخفيفَ منها - هو أن نُعرِّفَ عن الطريقةِ، أو بالأحرى عن الكيفيَّةِ التي تمَّت 'الزَمزَمَةُ' في الله على أساسها، من دونِ المَسَاسِ باستقراره تعالى؟[766] سنُجيب عن هذا السؤالِ، الإلٰهيِّ الوجوديَّة، بتسليطِنا الضوءَ على اللُّغزَين العِلميَّين: لُغز الغَزْل (spin) ولُغز الجاذبيَّةِ الكَونيَّةِ، جاذبيَّةٍ تتمُّ دراستُها في الوَسَط ذاتِه الذي اقترحناه لدراسة موضِعِ الخَليقةِ، أي الوَسَطِ الإلٰهي، أحشاءِ الله.[767]

أن نتوقَّفَ عند 'ألغاز' (secrets) ذاك الإخلاءِ يعني أن نتأمّلَ، مطوَّلًا، في كلِّ خفايا الطبيعةِ، ذٰلك لأنّنا مُقتنعون بأن الجوابَ عن أسئلتِنا يكمُنُ في أصلِ المفهومِ المسيحيِّ للخالقِ الذي خلقَها، أي الثالوثِ الأقدس. سنَبذلُ وُسعَنا لنَصِفَ الحلَّ المُحتمَلَ المبنيَّ على التوفيقِ بين نظريتَي 'السكينَةِ' و'الزَّمزَمةِ'، ولِنوضِحَ، في الوقتِ نفسِه، عقيدةَ 'تصاغرِ اللهِ' (الإخلاء kenosis)

765 راجع: *Dieu et la Science* p.19

766 هذه الإشكالية غير واردة على صعيد البشريين لأنه، كما تفيد به الأمثال الحِكميَّة كافة، حتى إذا ما ملأ الإنسان الكون بكبريائه وبنى في كلّ لحظة برجًا بابليًّا جديدًا، جدليَّة موته، لا محالة، ستنال منه وتخصِّصه حصرا بما يعود إليه من حجم الخَليقة كلها، ألا وهي كمشة من التراب.

767 كيف أخلى الثالوث الواحد ذاته، أي حرّر فيها حصنًا، ليعدّ مكانا للخليقة التي خُلاصتها الإنسان؟

وظاهرتَي الجاذبيَّةِ الكَونيَّةِ والغَزلِ اللتين لا تزالان، لغاية اليوم، غيرَ مفهومتَين من العلماء. سنُحاولُ، في ما يلي، أن نجدَ أجوبةً عن الأسئلةِ العديدةِ المطروحةِ من قِبَلِ الإنسانيَّةِ، منذ عهدِ الفيلسوفِ أرسطو، مثل: لماذا كلُّ شيءٍ يدورُ (يَغزل)؟ لماذا كلُّ شيءٍ دائريٌّ، كُرويٌّ، أو، أقلّه، شبهُ كُروي؟ ولكي نتمكَّنَ من تنفيذِ ما نَعِدُ به، سنتَّبع جدولَ النّقاط التّالية:

1. مَوضعَةُ مَسألةِ الجاذبيَّةِ الكَونيَّة
2. مَوضَعَةُ مسألةِ الغَزْلِ (ألسْبِنّ spin)
   1.2. دَورُ الخَيالِ والشُعور
   2.2. أللهُ والبَشَر
   3.2. الارتِقاءُ من النَّظَري إلى 'الرّازائي'
3. نَظريَّةُ "الزّمزَمَةِ الكَبّاليَّةِ" و'خَلقِ' وَسَطِ النِّطاق الكَونيّ: أللهُ العَليُّ اللامَحدود / النورُ اللامَحدود![768]
4. مَصدرُ الجاذِبيَّةِ الكَونيَّةِ والغَزْل (ألسْبِنّ spin)
   1.4. مَصدرُ الجاذِبيَّةِ الكَونيَّةِ والقُوَّةِ الجاذِبَة
   2.4. مَصدرُ 'السْـبِـن' المُنتجِ لِحَركةِ الدَّوَران
      1.2.4. ماهيَّةُ 'السْـبِـن'
      2.2.4. مَصدرُ 'السْـبِـن' وأنواعُ الدَوَرانِ كافّة: الثالوثُ الأقدَس
5. 'ألسْبِن' والثالوثُ الكَونيّ
6. طَبيعَةُ الجاذبيَّةِ الكَونيَّةِ وعَلاقَتُها بالحُب
7. "ذاتُ" الطُّفولَةِ (ياتُها *yât*) والأُمومَةُ السَّرمَديّة.
   1.7. كَينونَةُ الأبجَديَّةِ والمَقاطِعُ اللَّفظيَّةِ الأولى
   2.7. نُضوجُ الأبجَديَّةِ وبَواكيرُ التَواصُلِ والإخلاء
      1.2.7. في ما يَخُصُّ سيرَتَي خَلقِ آدمَ وحَوّاءَ والوَعدَ بالخَلاص
      2.2.7. في ما يَخُصُّ بَراءةَ 'مَريمَ' من الخَطيئةِ الأصليَّة
      3.2.7. حَولَ "نياح" مَريمَ، أي عَدَمِ مَوتِها، وانتِقالِها العَجائبيّ إلى الوَسَطِ الإلهي
         3.2.7.أ. ماتت مريم معَ ابنِها باللحظةِ ذاتِها لموتِه
         3.2.7.ب. استمرّت في الحياةِ لإتمامِ المهمةِ التي ائتمنَها عليها ابنُها
         3.2.7.ج. أن تحمل في أحشائها جسدَ ابنها الرازائي، الكنيسة، وتضعَه في العالم

خـاتمة

768 غير المحدَّد (Absconditus): بحسب قاموس المعاني (خفيٌّ نجهل مقاصده). وتفصيلا هذا يعني أيضًا مُبهم، لا يمكن فهمه، لا يمكن إدراكه، لا يمكن سماعه، لا يمكن تَيَقُّنه، لا يمكن تمييزه... ونكتب 'الوسط الكوني' بين معقفين لترابطه مع 'الوسط الإلهي' للعالِم تِيار دو شاردان.

نتركُ للقارئِ العزيزِ أن يحكُمَ على حسنِ تقديرِنا للأمورِ، وكذلك على طفولَتِنا، إذ إنّه في مثلِ هذا النّوعِ من التآلُفِ بينَ الطفولةِ والبُلوغِ، في باطنِ الأمورِ، تأخذُ الأحداثُ الكُبرى مكانًا لها في عالـمِ مَن هُم حقًّا كِبار.

1. مَوضعَةُ مَسألةِ الجاذبيَّةِ الكَونيَّة

في هذا الموضوعِ، يلومُ المفكِّرُ 'يان باربور' الحتميَّةَ التي هي نِتاجُ الفيزياءِ النيوتونيَّة، فيقول:

> هي تُحوِّلُ العالـمَ إلى آلةٍ مُعقَّدةٍ تتَّبع قوانينَ جامدةً بأدقِّ ما يُمكنُ توقّعُه من تفاصيل... تَصوَّرَها خالقٌ ذكيٌّ، وتُعبِّرُ عن دوافعِه وأهدافِه...[769]

من جهتِهِ، يخبرنا 'بول دايفِس'، من خلالِ كتابِه *God and the New Physics* (الله والفيزياءُ الحديثة) قائلًا:

> قوّةُ الجاذبيّةِ تُسيِّرُ كلَّ ظاهرةِ المقاييسِ على المَدى الكَونيّ. بالنسبةِ إلى محتويات الكَون من مصاف الأفلاك، تتفوّقُ الجاذبيّةُ على سائرِ القُوى كالمَغنطيسيَّةِ والكهربائيَّة. الجاذبيّة تُنتجُ المجرّاتَ وتَضبُطُ حركةَ التنقُّل بينَها. لتفسيرِ عمليَّةِ تمدُّدِ الكَون يُستعان بالجاذبيّة كمفتاحٍ لا غِنى عنه.[770]

العالِـمُ الأمريكيُّ 'برايان غرين' (Brian Greene) ينضمُّ إلى هذه الإشكاليَّةِ ويُفيدُنا، من خلالِ كتابِه *The Fabric of the Cosmos* (نسيجُ الكَونِ)، عن السببِ الذي أثارَ فضولَ آينشتاين في ما يخصُّ 'النسبيَّةَ' ودَفَعَه إلى إثارةِ مسألةٍ أساس سبقَ أن طرحَها 'نيوتُن' قبله بقرنَين: "كيف تُمارِسُ الجاذبيَّةُ تأثيرَها في مساحاتِ الفضاءِ الشاسعَةِ... كيف تُنجِزُ عملَها؟".[771]

رسم 53: الكَونُ كما يراه الأطفالُ 'البالغون' (Grown-ups)

---

769 راجع: *Religion and Science*, p. 18

770 راجع: *God and the New Physics*, p. 13

771 راجع: Greene Brian, The Fabric of the Cosmos, Space, Time, and the Texture of Reality (New York: Knopf, Random House, 2004), p. 64.

عندَ الكلامِ في موضوعٍ ما، كما في هذه الحالةِ، من البديهيِّ أن نبحثَ، قبلَ كلِّ شيءٍ كيف جرى تفسيرُه أو تصوُّرُه عِلميًّا. حول هذه النُّقطةِ، يبدو العالِمانِ الأمريكيّانِ ليون م. لِدِرمان و كرستوفِر ت. هيل في كتابهما *Symmetry and the Beautiful Universe* (التماثُلُ والكَونُ الجميلُ)، مُندهشَين من روعةِ التماثُلِ المشترك مع الجاذبية وقدرتِه.[772] وتَبعًا لتحاليلِهما حولَ ظاهرةِ 'القوّةِ' التي تمارسُها الشمسُ على الكواكبِ لإبقائِها في فَلَكِها، يطرحانِ السؤالَ التالي: "ما هي تلك 'القوّةُ؟ هل هي الجاذبيّةُ؟".[773]

بناءً عليه، نسمحُ لنفسِنا بالقولِ إن الجاذبيَّةَ تنشأُ منَ 'التناسُقِ' (harmony) القائمِ بين الحُروفِ والكلماتِ التي تشكِّلُ مثل هذه الأسئلةِ والتي تبدو أنّها تصدُرُ عن فكرٍ متَّزنٍ ومتناغمٍ. وبما أن أحدًا لا يُقدِمُ على متابعةِ أبحاثِه متى اعترضَ سبيلَه سؤالٌ لا جوابَ له، نَرى من بابِ الضرورةِ أن نشاركَ 'لِدِرمان' و 'هيل' في جهودِهما باستباقِ سؤاليهما بالسؤالِ التالي: "إن كانتِ الجاذبيَّةُ قوَّةً موجودةً في كلِّ مكانٍ، فما الذي يجعلُها هكذا؟"، أو، بالأحرى، "مِن أين تستمدُّ الجاذبيَّةُ كليَّةَ الحضورِ هذه؟".

في مرحلةٍ متقدّمةٍ من عملِهما، يُثيرُ 'لِدِرمان' و 'هيل' فضولَنا البحثيَّ ويدفعانِ بنا كي نطرحَ معهما الأسئلةَ التاليَةَ: "ما هي طبيعةُ قوَّةِ الجاذِبيَّةِ بينَ الشمسِ والكواكبِ، والتي تجعلُ الأخيرةَ تنحرفُ عن مسارِها المستقيمِ إلى مدارٍ بيضاويٍّ؟ لماذا بيضاويٌّ؟ وما هوَ الشكلُ الحسابيُّ الدقيقُ لهذهِ الجاذبيَّةِ (its mathematical form)؟".[774]

هذه الأسئلةُ هي بمثابةِ إلهامٍ ربّانيٍّ لمُرادِنا. 'لِدِرمان'، الحائزُ، بالشراكةِ، على جائزةِ 'نوبِل'، والمديرُ الفخريُّ لمختبرِ مُفاعلِ 'فِرمي' الوطنيّ' (Fermi National Accelerator Laboratory)...، هوَ أيضًا مؤلِّفُ كتابٍ عنوانه *The God Particle* (الجُزَيء الإلٰه)،[775] يبدأ بالإجابة عن هذه الأسئلةِ مستعينًا بصيغةِ 'نيوتُن' الخاصّةِ بحسابِ 'القُوى' (Forces)، وينبِّه القارئَ إلى التشوُّشِ (eye glaze) الذي قد تتركُه الصيغةُ في عَينَيه، وهي كالتالي:

$$F_{AB} = G_N m_A m_B / R^2$$

772 Lederman, Leon & Hill, Christopher T., Symmetry and the Beautiful Universe. PB, Amherst, NY, 2004. سنشير إلى هذا المرجع في ما بعد تحت اسم *Lederman & Hill*

773 المرجع نفسه ص. 136

774 المرجع نفسه

775 Lederman Leon & Dick Teresi. The God Particle - If Universe is the Answer, What is the Question? Dell publishing, New York, 1993; reprinted by First Mariner Books Edition, 2006.

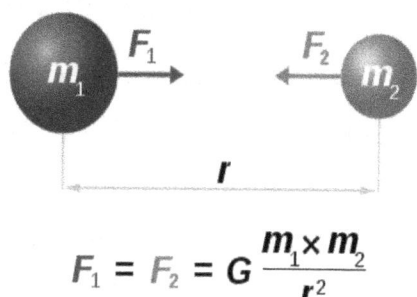

$$F_1 = F_2 = G\frac{m_1 \times m_2}{r^2}$$

رسم 54 : قوّةُ الجاذبيّة

لم يُورد 'لِدرمان' و'هيل' هذه الصيغةَ لإلحاقِها بشرحٍ يساعدُ في فهمِ الجاذبيَّةِ من خلالِ احتسابِها، بل لتأكيدِ معضلةٍ أُخرى تجعلُ الجاذبيَّةَ أكثرَ تعقيدًا. إنّها ثابتةُ 'نيوتُن' G_N المعتبَرةُ الرقمَ السحريَّ للجاذبيَّةِ،[776] والتي يَصفُها 'لِدرمان' كالآتي:

> معلومٌ أنّ G_N ليست، بالضبطِ، رقمًا حسابيًّا مثل 3,1416، بل بالأحرى رقمًا فيزيائيًّا، لأنّه يجبُ أن يُشارَ إليه كمرجعٍ لنظامِ وحداتٍ معيَّن، بينما تكونُ قيمتُه مختلِفةً في نظامٍ آخر.[777]

ويضيفُ مؤلِّفَا كتابِ *Symmetry and The Beautiful Universe*: "على الرُّغمِ من طابَعِها الكُلّيِّ الحضورِ، فإن الجاذبيّةَ هي، بطبيعتِها، عَمَليًّا، قوّةٌ جِدّ ضعيفة".[778]

أن تكونَ 'ضعيفةً' أو 'قويَّةً'، هذا ليسَ بحدِّ ذاتِه ما يهمُّ الدِينَ، ونسمحُ لأنفسِنا بالقولِ، ولا العلاقةَ بينَ العِلمِ والدِينِ. إن ما يهمُّ هذه العلاقةَ هو، بالنسبةِ إلينا وبحسَبِ مَفهومِنا، أن نكتشفَ ونعرفَ سببَ كُلّيَّةِ وجودِ، أو كُلّيَّةِ حضورِ تلك القوّةِ ومصدرِها.[779]

---

776 يساوي: $6.673x10^{-11}$ $m^3/kg.s^2$ ou 0.00000000006673 $m^3/kg.s^2$
راجع المقال التالي للكاتب Michel Paty عن نظريَّة نيوتن: *E.U.*, Newton Isaac

777 راجع: *Lederman & Hill* ص . 137

778 المرجع نفسه

779 راجع: الإنترنت؛ URL: http://www.astronomynotes.com/gravappl/s7.htm#A6.2 . تمّ تفحّصه خلال تشرين الثاني 2016. حيث نقرأ ما معناه (ترجمة المؤلّف)
ولكن ما هي الجاذبية؟ لقد فهم نيوتُن كيف تؤثّر قوّة الجاذبيَة في حركة الأشياء وليس لماذا تعمل الجاذبية بهذه الطريقة. ومعترفًا بمحدودية معرفته اعتمدَ وجهة نظر أداتيّةً (instrumentaliste) لأبحاثه: "واجب العالِم هو ضبط الملاحظات في معادلات حسابيّة دقيقة للغاية وتفسير 'الكيف' وليس 'اللماذا'. فقط الأمور المُختبرة ممّا في العالم مقبولة من العِلم". حتى ولو كان "اللماذا" جذابا للغاية وبعض العلماء قد يمضي سنوات ليجد أجوبة من خلاله تقر أكثريّتهم بوجهة نظر نيوتُن الأداتيّة.

2. مَوضَعَةُ مسألةِ الغَزْلِ (ألسْبِنّ spin)[780]

أن تدورَ الكواكبُ على نفسِها وأن يدورَ بعضُها حولَ بعضِها الآخرِ اكتشافٌ قديمٌ للإنسانيَّةِ. بحسَبِ أرسطو، واستنادًا إلى خِبرةِ الإنسانيَّةِ، كلُّ شيءٍ يدورُ. يقولُ الكاتبُ الأمريكيُّ كينيث فورد في ذٰلك:

> تدورُ أرضُنا حَول مِحورِها مرَّةً كلَّ يوم، وحولَ الشمسِ مرَّةً كلَّ سنةٍ. الشمسُ بذاتِها تدورُ حولَ نفسِها مرّةً كلَّ ستةٍ وعشرينَ يومًا، وحولَ المَجراتِ، كلَّ مئتين وثلاثين مليونَ سنةٍ. وعلى مقياسٍ زمنيٍّ أطوَلَ، تدورُ المجرّاتُ، الواحدةُ حول الأخرى، بحسَبِ قطاعاتِها. والسؤال: هلِ الكَونُ بأسرِه يدورُ؟[781]

الدورانُ حولَ المحورِ الذاتيِّ، أو حولَ محورٍ آخرَ، ليسَ من صفاتِ العالَـمِ المنظورِ وحدَه. لطالما أكّدَ العالِـمُ 'فورد' ذٰلكَ لقرَّائِه الذينَ هم مثلَنا، مبتدئون في هذا المجالِ. فواقعُ الغَزلِ والدَّورانِ يَنطبقُ أيضًا على مستوى اللّامنظورِ المِجهريِّ. ويتابع 'فورد' قائلًا:

> معَ هبوطِ الجزيئاتِ إلى أسفلِ سلَّمِ مقاييسِ الأحجامِ، وبسرعةٍ مرتبطةٍ بالحرارةِ، تدورُ الإلكتروناتُ الموجودةُ داخلَ الذراتِ حولَ النواةِ بسرعةٍ تتراوحُ بين 1 و10 في المئةِ من سرعةِ الضوءِ. النَّويَّاتُ - بمعظمِها - تدورُ، وكذٰلك البروتونات، النيوترونات، الكوارك كما الغلوؤن داخلَ النواة، كلٌّ منها يدورُ أيضًا على محورِهِ الخاص. والحقُّ أنّ مُعظم الجُزَيئاتِ، الأوَّليَةَ منها، كما المُركَّبَة، تتمتَّعُ بهذه الميزة.[782]

هكذا كانَ المؤلِّفُ 'يوفِّقُ بين تلاميذِه فيوزِّعُ عليهم ورقةً يعلوها الشعارُ باليونانيَّة: (*πάντα κυκλει*) ومعناه "كُلُّ شيءٍ يدورُ".[783]

فاكتشافُ أنَّ كلَّ شيءٍ يدورُ يدفع للتشبيه باكتشافِ أنَّ الله موجود، وفي الحال تدخلُ القضيَّةُ فَلَكَ المنطِقِ السليم لتَلامذة العالِم 'فورد' فتتمخّضُ عنها أسئلةٌ كالتالية: أيُّ نوعٍ من الدورانِ هوَ المقصود؟ حولَ أيِّ محورٍ يتمُّ؟ معَ اتّجاهِ عقاربِ الساعةِ أو بعكسِه؟ وأسئلةٌ أخرى تتناولُ الأشكالَ والمدارات، ديناميَّةَ الحركةِ الدورانيَّةِ، قوَّتَها وسرعتَها والتماثُلَ والشكلَ البيضاويّ إلخ.

---

780 ميزة داخليّة للجُزيئات الأساسيّة المتشابهة ولكنها ليست مطابقة لمفهوم حركة الدوران. راجع: *Hawking*، ص. 236

781 راجع: *The Quantum World*، ص. 24

782 المرجع نفسه

783 المرجع نفسه، الحاشية في ذيل الصفحة.

كل هذه الأسئلة مع المطروحةِ سابقًا عن الجاذبيَّةِ وكلِّ ما يُمكنُ أن ينشأَ منها، والأجوبةُ المناسبةَ لها، لم تعد تُشكِّلُ أولويَّةَ اهتمامِنا. الأولوية باتت لمعرفَةِ لماذا كلُّ شيءٍ يدورُ، ومِن أين تَنبَعُ تلكَ الحركة؟ ما يَلزَمُنا إذًا هوَ خيالٌ متعدِّدُ الأبعادِ، وشعورٌ منفتحٌ إلى أبعدِ الحدودِ، واسعٌ كالكَونِ، إذا صحَّ التعبير.

1.2. دَورُ الخَيالِ والشُّعور

ألخيـــالُ أهمُّ منَ المعرفـــةِ... (آينشتاين)

يؤكّد الكاتبُ الفرنسيُّ أنطوان دو سانت-اكزوبيري أهميَّةَ الخيالِ لاختراقِ الحجابِ... جِلدِ الأَصَلَةِ (حيَّةِ البُوا)... حجابِ 'موسى'، إلخ... بغية النفاذِ إلى جوهرِ الحقيقةِ. بهذا المعنى ينضمُّ هذا الكاتب إلى كبارِ البيبليّينَ ويؤسِّسُ لنسخةٍ بيبليَّةٍ غَربيَّةٍ حولَ كيفيَّةِ رؤيَةِ الحقيقةِ، نسخةٍ مطابقةٍ ما يكفي لمثيلتِها الشرقِ أوسطيَّةٍ، حيثُ المشاعرُ والأخيلةُ هي الغذاءُ اليوميُّ لمعرفة تحليليَّةٍ، مجازيّةٍ (metaphorical)، رمزيَّةٍ وشبهِ أسطوريَّةٍ. بالنِّسبةِ إلى شعوبِ الشرقِ الأوسطِ،[784] فإنَّ فعلَ التخمينِ يسيرُ في الاتجاهِ المعاكسِ لما هوَ عليه لدى الأوروبيِّينَ، تمامًا كما تقتضيه طريقَتُهم في الكتابةِ والمذاكرةِ، إذ في ما يصعُبُ على البالغين، فاقدي الطفولةِ، في الغربِ أن يرَوا ما يكمنُ وراءَ شكلِ 'القبَّعةِ'، أو خلفَ جلدِ 'الأَصَلَةِ'، نجدُ أن أمثالَهم من الشرقَ-أوسطيين، أيًّا يكُن مستواهُمُ الفكريُّ، يبذلون جهدًا كبيرًا ليروا القُبّعةَ والأَصَلَةَ على حقيقتِهما.[785]

الطريقةُ الساميَّةُ (لشعوبِ الشرقِ الأوسطِ) في معاينةِ الأشياءِ تَسعى إلى التحقُّقِ من كلِّ المعطياتِ القائمةِ خلفَ مظهرِ 'القُبَّعةِ'، ومن الاحتمالاتِ كافة التي تسمحُ 'القدرةُ الإلهيّةُ' بتصوُّرِها على أساس مبدأ: "إن شاءَ الله"، معَ ما يرتبطُ بها من سببيّاتٍ مؤسَّسةٍ، وسيطةٍ، وغائيّة، ولا ترى أبدًا ما هي عليه موضوعيًّا في الواقعِ الملموس. في أحايينَ كثيرةٍ تدورُ الأمور، بشكلٍ عام، حول كلِّ مغلوطٍ، كونُه عاجزًا عنِ الإفلاتِ من تأثيرِ العاملِ البشريِّ، شبه الغرائزي، ألا وهوَ الرضى الذاتيّ للشخصِ الخاضعِ للسؤالِ، خصوصًا إذا كانَ متديِّنًا؛ وبعدَ

---

784 قد يُعتبر جبران خليل جبران مثالاً لذاك الشرقي. لقد كتب أندره سيغفريد (André Siegfried) عام 1935 قائلا: "التركيبة الذهنيّة للرجل الشرقي تعطي الانطباع، 1 - عن اهتمامه بالتنظير أكثر منه بالتنظيم؛ 2 - عن ميله إلى التذاكي أكثر منه للنظام؛ 3 - عن رؤية ما يصيبه في الحياة متأتّيا من تتالي ظروف خاصة مبنيّة على الطوعية والحظ والحبكة. راجع: Al Assala, CMDR, #22, octobre, Liban, 2016. ترجمة المؤلّف.

785 تماما كما يحصل منذ عام 2011 في الشرق الأوسط. قلّة ترى بموضوعية الحرب التي تنذر بالخراب الشامل. أما معظم المجموعات الشعبية للمنطقة، اليهود ضمنا، لا ترى في هذا سوى "إرادة الله" وشيء من "الجنّة" التي باتت بمتناول اليد... هل سيتوصلون يوما لرؤية ما هو خلف "قبعة الأمير الصغير" أو ما في داخلها؟ أو أقلّه ستكون لهم يوما الإرادة الصالحة للتوصل لذلك؟ (تعليق الدكتور دنيس أوهارا من جامعة تورونتو - كندا)

ذلك بحينٍ، فقط، يضفي الإنسان الساميّ اسمًا على ذاك الواقع.[786]

هذا ما حصَلَ، على نحوٍ ما، معَ 'إسحق' في 'فنوئيل'، ومع 'موسى' في حوريب (جبلِ اللهِ). ولهذا أيضًا كانت أولى فواصلِ عِلم اللاهوتِ مبنيَّةً على 'الغائيَّاتِ' فتمَّت تسميةُ العلاماتِ المنظورةِ انطلاقًا من مدلولاتِها غيرِ المنظورة.[787]

بفضلِ الفلسفةِ اليونانيَّةِ تعلّمَ الفكرُ الساميّ التعاملَ الموضوعيَّ معَ المرئياتِ وتطبيقَ منطقِ القياسِ الأرِسطيِّ ليستنتجَ جوهرَ هدفِ ما هوَ غير منظور منها وغائيّتَه. واللقاءُ بين الفِكرِ الساميِّ والفِكرِ اليونانيِّ أدخلَ المفهومَ العلائقيَّ والتماثُليَّ عن خالقٍ لكلِّ ما يُرى وما لا يُرى في قانونِ الإيمانِ النيقاوي. أما أهميَّةُ هذا النهجِ العلائقيِّ فتكمُنُ في إعادةِ كلِّ الخَليقةِ إلى الإلهِ ذاتِه والتأكيدِ أنَّ لا شيءَ في هذا الكَونِ المخلوقِ - الذي يمكنُ للإنسانِ أن يُدرِكَه أو أن يصبحَ على وعيٍ كاملٍ به - إلّا ويُعاد إلى سببِهِ المؤثِّرِ والـغائيِّ الذي هوَ اللهُ العلـيُّ (إيلْ إلوهيمُ).[788]

إنّها، في نهايةِ الأمرِ، مسألةُ شعورٍ بالارتياحِ في سياقٍ يوحي للـخيالِ بإحساسٍ كريمٍ وقناعةٍ. وبعدُ، أليسَ صحيحًا أن يكونَ الخيالُ في أساسِ القلقِ والطُمأنينةِ، على حدٍّ سواء؟

عِلمُ النفسِ يُفيدُنا بأنَّ الشعورَ والخيالَ هما العدَّةُ لواقعٍ مختلفٍ عن الواقعِ الموضوعيِّ. بالتالي، ومع إعادةِ النظرِ بكلماتِ صيغةِ قانونِ الإيمانِ القائلةِ: 'كلِّ ما يُرى وما لا يُرى'، والمفترَضِ فيها أن تكونَ شاملةً (exhaustive)، نتساءلُ: أين يجدُ اللهُ الخالقُ ذاته؟ في ما يُرى أم في ما لا يُرى؟ أم في الاثنين معًا؟ علمًا بأنّه عرّفَ نفسَه لموسى، على جبلِ سيناءَ، بأنّه منَ الصنفِ الذي، على الرُّغمِ من أنّه يُسمَعُ، تستحيلُ رؤيتُه؟[789]

إنّ كتابَ التعليمِ الدينيِّ لكنيستِنا يفيدُنا بأن الملائكةَ والشياطينَ، كما الخَلائقَ الروحيَّةَ جميعَها، هي غيرُ منظورةٍ مع أنّها من صنفِ المخلوقِ. واللهُ، الذي هوَ أيضًا روحيٌّ، هل يصنَّفُ من اللّامرئيِّ المخلوقِ؟ بمَعنًى آخرَ، هل يكونُ قد خلقَ نفسَه أم يجبُ أن يكونَ ثمَّةَ صِنفٌ روحيٌّ مخصَّصٌ للهِ يُسمّى: غيرَ المرئيِّ، غيرَ المسموعِ وغيرَ المخلوقِ، على السواءِ؟

786 مثل عن هذه العادة نجده في قراءة ما ترسمه رواسب القهوة في الفنجان وترداد عبارة "انشالله"...

787 تك 2، 22 و 3، 20. بتسمية آدم لرفيقته امرأة ثم حواء وقّع تحفة علوميّة شكّل توقيعه فيها دالّتين مطابقتين لنظرية أفلاطون في فلسفة الدلالات.

788 من المتعارف عليه بأن من وضع أسس قانون الإيمان النيقاوي للكنيسة هو اللاهوتي "أوريجانوس" من المدرسة الإسكندرانيّة. وآباء الكنيسة القديسون، بخاصّة بولس، ثم أفرام، قد اشتكوا من كلّ أنواع التطرّف الفكري المقفل على النعمة الإلهية. أن توضع جانبا كل محدودية وتصلب واختزالية هو مفتاح أساس لتلطيف الصعوبات بين العلم والدين.

789 خر 33، 21 - 23

بأيّ وسائلَ معرفيَّةٍ نحن مُزوَّدون كي نتطوَّرَ في هذا المجالِ النَّوعيِّ، إن لم يكن بالخيالِ والشعورِ، بالإيمانِ والحُبِّ ضمنًا؟

يتحدَّث 'أفرامُ' عنِ 'العَينِ المُنيرةِ'، ولكن، مَن منَّا يُمكِنُه أن يدَّعيَ أنّه 'أفرامُ'؟ بالمقابل، ألا يجبُ علينا، عُلماءَ ولاهوتيين، أن نضعَ قاموسًا أكثرَ دقَّةً يساعدُنا على التَّقدّمِ في جدليَّةٍ ثلاثيَّةِ الأبعادِ، نحوَ فهمٍ أفضلَ للقوَّةِ (التأثيرِ) التي يُمكنُ لهذا الصنف الأخيرِ أن يمارسَها على الصنفينِ الأوَّلَين، على نحوِ ما يُلمِّح إليه العالِمُ الأمريكيُّ 'جون بِل' (John Bell) من خلالِ إثباتِه صحَّةَ نظريَّةِ 'عدمِ الانفصال'.[790]

لقد استدعت تلكَ النظريَّةُ جملةَ كتاباتٍ، تحتَ عنوانِ 'تأثيرِ رفرفةِ جناحَي الفراشةِ' (*Butterfly wing effect*)، بمعنى أن ضربةَ جناحٍ واحدةٍ منها لا تذهبُ سُدًى في هذا الكَونِ المُترابطِ، لأنّها تُحدِثُ تحوُّلًا في مكانٍ آخر. ولو فَرَضنا أن عالَـمَ 'الواقع الكمّيّ' يحلُّ محلَّ العالَـمِ غيرِ المرئيِّ من قانونِ الإيمانِ، فما هي الصفةُ التي تبقى للفكر ليُطلِقَها على العالَـمِ الروحيِّ المخلوق؟ وإن كانتِ 'الميتافيزيقا' تدرسُ الوسطَ الطبيعيَّ لكلِّ ما هوَ مخلوقٌ وغيرُ مرئيٍّ، غيرُ ماديّ، بما فيه الملائكةُ، فأيُّ صفةٍ يُمكن أن تُطلَقَ على الوسطِ الذي يتضمّنُ كلَّ ما هوَ غيرُ مخلوقٍ، وبالفعلِ، غيرُ مرئيٍّ؟

أدرك 'تِيار دو شاردان' هذا التعقيدَ، عندَما أُدخِلَ على الوُجدانِ الإنسانيِّ مفهومُ 'الوَسَط الإلٰهيِّ' (*Le Milieu Divin*). فإذا افترَضنا أنّ هذا الوَسَطَ 'ما بعد الماورائيِّ' هل يُدرَج في 'ما يُرى' أم في 'ما لا يُرى' من قانونِ الإيمان؟

من أجلِ حلِّ هذا اللغزِ، تركَ لنا سفرُ التكوينِ، لحسنِ الحظِّ، بعضَ الأدلّةِ التي تدعمُ 'الطفولةَ' الناميةَ، وحتى البالغةَ، بشكلٍ سليم.

790 نظريّة عدم الانفصال: نجد في بعض الظروف أن "فوتونان" كانا يشكلان "فوتونا" واحدا في السابق، قد احتفظا بالخصائص نفسها لوحدتهما وكأن المسافة بينهما، مهما اتسعت، لم تفصل بين خصائصهما. يستمران بتشكيل "كلٍّ" غير قابل للانفصال حتى عند ابتعادهما كثيرا عن بعضهما، وكل ما يحصل لواحدة منهما، أينما وجدت في الكون يتشابك من دون أي تغيير بما يحصل للأخرى في مكان آخر من الكون وكأن 'وصلةً كميَّةً' غير ماديّة ومباشرة تمسك بينهما. نتحدّث هنا عن "الترابط القوي" (corrélation forte = strong correlation). راجع: Klein pp.115-117 .
من المفيد أيضا مطالعة المقال التالي:
Jean-Marc Lévy-Leblond, «Mots et maux de la physique quantique», dans Revue internationale de philosophie, La Mécanique quantique, n° 2, juin 2000, p. 243-265).

2.2 . أللهُ والبَشَر

«ولَمْ يَكن فيها إنسانٌ ليَحرُثَ الأَرض». [791] ليشتغلَ ما يُرى ويعتنيَ به، كان إذا الهدف الذي من أجلِه 'خلقَ' الله الإنسانَ. بالتالي يكونُ الارتباطُ والعلاقةُ بينَ آدمَ وكلِّ ما يُرى واضحَين ومتينَين، من ثَمَّ باتَ السؤالُ الذي يفرِضُ نفسَه: مَن، أو ماذا خلقَ الله 'ليُتقن' ما لا يُرى؟

الجوابُ عن هذا السؤالِ لا يُمكنُ إرجاؤه إلى وقتٍ لاحق، إذ منَ الواضحِ جدًّا أن المعنيَّ هوَ الإنسانُ ذاتُه أو، بتحديدٍ أدقَّ، تلكَ القدراتُ المناسبةُ التي يتمتّعُ بها الفكرُ البشريُّ. إنّهُ الإنسانُ، في نهايةِ الأمرِ، الذي صاغَ منَ الأصواتِ البدائيَّةِ، أولى الكلماتِ المسموعةِ، وأعطى كلًّا منها معنًى، وهوَ مستمرٌّ، منذُ ذلكَ الحينِ، في تهذيبِ المعنى أو ابتكارِ ألفاظٍ مستحدثةٍ، مضفيًا عليها معاني جديدةً حتّى يلاقيَ السمعُ البصرَ في المعرفةِ وعِرفانِ الجميلِ. ألـم تَكن أُولى كلماتِ الله: 'فليكُن نورٌ'، على سبيل المثال، من نتاجِ الإنسانِ، الأمرُ الذي يُفسِّرُ، لغويًّا، كيف أن الإنسانَ كتبَ كلمةَ 'نور' قبل أن يخلقَ اللهُ الشمسَ؟

باختصارٍ، ومع تقديرِنا لكاتب '**الأميرِ الصغير**' على نَقدِه النزعةَ الاختزاليَّةَ الغربيَّة، يبقى الإنسانُ - ذاكَ المجهول - هوَ مَنِ اخترعَ اسمَه الخاصَّ ليصبحَ إنسانًا معروفًا بآدمَ. وعلى شكله رَسَمَ تلكَ الكلمةِ في مَعِدَةِ الزمانِ الذي ينمو لولبيًّا، تمامًا كالأَصَلَة في الرَّسم أعلاه، ليَسحَقَ ويَجترَّ كلَّ ما يبلَعُه، حتّى الترابَ (الأديمَ [illegible]) الذي اشتُقَّت منه كلمةُ 'آدم'. [792] وردًّا على سؤالٍ مشابهٍ للذي طرحَه '**الأميرُ الصغير**' ليتأكّدَ ممَّا يراه 'فاقدو الطفولةِ' من خلالِ رسمِه، رسَمَ الإنسانُ كلمةَ 'الله'. وهكذا ظهرت هاتانِ الكلمتان، شأنُهما شأنُ سائرِ الألفاظِ والعبارات. لا يوجدُ إلى اليومِ أيُّ دليلٍ على تلقينِ اللغةِ للإنسانِ. وعلى حدِّ قولِ العالِم غوستاف يونغ في نظريتِه عنِ 'الوعي الجماعيِّ'، و العالِم سيغموند فرويد، عن تصوُّرِه في العقل الباطن، 'ما دون الوعيِ'، كانَ الإنسان، بهذا المعنى، مكتفيًا ذاتيًّا. ثمَّ إنّه لم ينتهِ بَعدُ من تعلُّمِ القراءةِ والكتابة.

هذه النُقطةُ تشكِّلُ أحدَ التحدّياتِ التي يتصدّى بها الفيلسوفُ 'دِريدا' للقيودِ التي تفرضُها اختزاليَّةُ الأديانِ، بخاصّةٍ ديانتُه اليهوديَّةِ التي تُعيدُ للإلهِ البيبليِّ اختراعَ اسمهِ الخاصِّ 'يهوه'. في النهاية، من حقِّ الفضولِ الإنسانيِّ أن يعرفَ لماذا ينبغي على 'مفهومٍ' مختلفٍ لكائنٍ من وَسَطِ غيرِ المخلوقِ، من غيرِ المرئياتِ والمسموعاتِ، أن ينبزغَ في بيئةِ المرئياتِ والمسموعاتِ في صورةِ 'كلمة'، 'نورٍ'، 'طريقٍ'، 'حقٍّ'، 'حياةٍ'، 'حُبٍّ' إلخ؟ يعودُ ذلك، بلا شكٍّ، إلى واقعةِ

---

791 تك 2، 5 ، الترجمة الكاثوليكية، دار المشرق. (اختلفت الترجمات حول هذه الآية)

792 بالآرامية كما بالعبرية والعربية "آدم" و "أديم" يتشاركان الجذر نفسه. ومن اللافت أن رمز الأفعى الضخمة أو ما سمي أيضًا تنّينًا، الذي يريد ابتلاع 'الحياة'، هو ضارب في القدم بالنسبة للكتاب المقدس وله تواجد في معظم الحضارات المتزامنة معه.

اكتشافِ الإنسانِ أنَّ هذه 'المفاهيم - الأسماء' إنما هي دالاتٌ لمدلولاتٍ من جوهرٍ لا يُدركُ إلَّا إيحاءً، قبلَ أيِّ اختبارٍ، فوجدَ نفسَه، بالتالي، مدفوعًا لاختراعِها.

أسماءٌ وأفعالٌ يستمرُّ الخيالُ بابتداعِها يوميًّا - وقد يكونُ ذٰلكَ ثمرةَ الوحيِ - ليُمهِّدَ بها للجسرِ بين العَرَضِ والجوهرِ، بين المخلوقِ وغير المخلوقِ، بين الزمنيِّ والأبديِّ، كما أيضًا بين شاطئَي الأبديِّ المخلوقِ والأبديِّ غير المخلوقِ أي السرمدي. إنَّ فعلًا مثل 'كَأَنَّ' - 'تكاءَنَ'، المذكور أعلاه، والذي استحدثناه خصّيصًا للدالةِ على أساسيَّةِ الكينونة المشتركةِ تحت طائلةِ ألَّا يكونَ أحدٌ على الإطلاقِ، بمعنى أخر: "أن نكونَ معًا أو لا نكونَ"، يُعتبَر مثالًا صالحًا لفعلٍ ذي بُعدٍ شاملٍ يُغطّي مختلِفَ "الحقائقِ الماثلة" ومختلفِ الأوساطِ من دونِ إحراجٍ.

هذا النوعُ من الكينونةِ، البسيطُ والمعقَّدُ في آنٍ، يُعيدُنا، دومًا، إلى كائنٍ ثالوثيٍّ - وليسَ أبدًا ثنائيٍّ، والذي بإمكانِ مكوِّناتِه الثلاث أن تُنسَبَ على السواءِ إلى أصنافِ "الحقائق الماثلة" كافَّةً، مهما اختلفت وكان عددها، لتفرَضَ، من خلالِها، "حقيقةً ماثلةً" جديدةً متأتِّيَةً عن التقاطُعِ بين تلكَ الحقائقِ، إنما مع بقائها 'مختالفةً' عنها. وكمثالٍ عليه يمكنُ ذكرُ كلِّ طفلٍ يولدُ في هذا العالَمِ، بخاصّةٍ 'يسوعَ' الإنجيلِ، 'عيسى' القرآنِ.

كلَّما فهمنا الكائنَ، أيِّ كائنٍ، كتعدُّديَّةٍ في حالة 'تكاؤنٍ'، أدركنا كذلك كيفيَّةَ إمكانِه أن يكونَ ثابتًا ومتحرِّكًا، بعيدًا وقريبًا، ميّتًا وحيًّا، كليَّ الحضورِ، ليسَ فقط على صعيدِ الواقعِ نفسِه، أو الوَسَطِ ذاتِه، ولكن، أيضًا، في شتَّى "الحقائقِ الماثلةِ والأوساطِ". وإذا ما أخذنا بعينِ الاعتبارِ مبدأي 'الترابطِ' و'عدم الانفصالِ'، أدركنا، بطريقةٍ أفضلَ، كيفَ يُمكن لهذا الكائنِ أن يكونَ في جوفِ الأصَلَةِ وخارجِها، أو بما يخص موضوعنا، في قبرٍ وخارجِه، في آنٍ، وكيفَ يسعُهُ أن يدخُلَه ويخرجَ منه، وكأنَّه يدخُلُ ويخرجُ من الموتِ بذاتِه، إذ بدونِ ذٰلكَ، أي في حالةِ الانفصالِ القاطعِ بينَ مكوِّناتِ هذا الكائنِ، يتعرَّضُ الكلُّ للاحتجابِ. في سياقِ هذا الفهمِ للأمورِ تَبلُغُ قوَّةُ 'الرازِ' أوجَها. هذا ما حاولَ 'أفرامُ' إيصاله إلى الإنسانيَّةِ بدفاعِه عن الثالوثِ، والتجسُّدِ، وبخاصّةٍ عن عُمقِ 'إخلاءِ الذاتِ' الذي يرافقُ الخَلقَ والخَلاصَ.

على هذا النحوِ، فَهِمَ 'أفرامُ' 'العمانوئيلَ'، 'المَران آتا'. وإذا ما قرأناه جيِّدًا، أدركنا بوضوحٍ أنَّ اللهَ، ما أن أمرَ **النورَ** كي يكونَ، حتَّى باتَ '**النورُ معنا**' أي 'هوَ' مَعَنا، مع الخَليقةِ بكلِّيتِها؛ وليسَ فقط 'مع' بل، وكما ذكرنا أعلاه، باتَت فيه، ومنه، وبه كلُّ ولادةٍ، كلُّ انبثاقٍ، كلُّ تأتٍّ، كلُّ فيضٍ، كلُّ خلقٍ، كلُّ تكوينٍ وصنعٍ وتكوُّنٍ، واستمرارِ التكوُّنِ، وتركِ الكونِ يتكوَّنُ بذاتِه. كلُّ ذٰلكَ علامةٌ لحركيَّةِ التمدُّدِ التي تتحدَّثُ عنها نظريَّةُ 'الإنفجارِ الكبيرِ'.[793] 'هوَ'، أي النورُ، باتَ دائمَ الحضورِ في 'المكانِ' (أترًا - ܐܬܪܐ) والزمانِ (زبنًا

---

[793] اعتبر المنسنيور ميشال الحايك أن مفهوم 'الرازِ' يعبّر عن "سرِّ المعيّة" الذي نُعيدُه نحن إلى ما يقصده الفيلسوف هايدغر بمفهوم (Mitsein)، وذلك استنادًا إلى تفسير احد معارفنا في كندا، البروفسور جيم

ܐܚܟ܂)، وسرمدًا (كلّ الأزمنةِ ܟܠ ܟܢ܂). لم يكن 'التجسُّدُ' سوى التجسيم و'التوضيع' لهذه الحقيقةِ التكاؤنيَّةِ وذُروةِ الإخلاءِ الذاتيِّ بالاحتضانِ الكاملِ للحالةِ البشريَّةِ، من دون التضييقِ على حريَّةِ الإنسان، وذلك من أجلِ أن تتحقَّقَ العدالةُ كاملةً. وهكذا تحقَّقتِ العدالةُ، فعلًا، لأنَّ 'العادلَ' (the Just One) قد كشفَ لنا عن إحدى الشرائعِ الإلهيَّةِ الخفيَّةِ التي كانَت تجربةُ قايينَ مع هابيلَ أوَّلَ تجلٍّ لها.

تلك الشريعةُ المستورةُ تُفيدُ بأنَّ الكائنَ البشريَّ يَقتُلُ نفسَه - يَنتحِر - عندما يَقتُلُ الآخر، أيًّا كانَ الآخر، مُتنكِّرًا للمُساواةِ بينَ كرامتِه وكرامةِ ذاك الآخر. ولقد تحقَّقتِ العدالةُ كاملةً، بفضلِ إخلاءِ اللهِ لذاتِه ليُمسيَ بالتجسُّدِ 'آخَر'، ويحتملَ كلَّ ما يحتملُه انسانٌ من آخر، ليُفهِمَ هذا الآخَرَ بأنَّ ملكوتَ اللهِ (أي الخَلق) هوَ ملكوتُ الحياة.

أخلى ذاتَه - 'تصاغَرَ'، 'زمَّ' - ليشهَدَ بأنَّ الكلمةَ الأخيرةَ في تلك الوَحدةِ 'التكاؤنيَّةِ' بينَ اللهِ والإنسانِ، ليست للبشريِّ 'الطارئِ' الأبديِّ، بل للهِ الدائمِ، السرمديِّ.[794] وذُروةُ تلكَ العدالةِ تتمثَّلُ بما يُسمَّى 'القاعدةَ الذهبيَّةَ' التي بُنِيَ عليها الحوارُ بينَ الربِّ يسوعَ والشابِّ الغنيِّ المذكورِ أعلاه.

لما كانَتِ السايكولوجيا تؤكِّدُ حتميَّةَ الصِّراعِ القائمِ بينَ الأجيالِ، كما بينَ الأنا (ego) والأنا العُظمى (super-ego)، يتَّضح بذلك أنَّ الصِّراعَ هوَ أيضًا بينَ "الحقائقِ الماثلة" التي يتقاسمُها الكائنُ الثالوثيُّ ذاتُه. أيُّ "واقعٍ" يرجَحُ على الآخر؟ البشريُّ أمِ الإلهيُّ أم، بالأحرى، 'الرازائيُّ'، أي الذي يتحابَكُ فيه الإلهيُّ والبشريُّ - كما وصفنا أعلاه - ويخضعُ كلاهُما، من خلالِه، لشرائعِ الخَلقِ والكَونِ التي فرضَها 'الإخلاءُ' البدئيُّ؟ وبالمعنى العِلميِّ، لأيٍّ منها الغلبةُ؟ للواقعِ الذي يُرى أم الذي لا يُرى، أم بالأحرى 'الكمِّي'، حيثُ يلتقي الإيمانُ مع العقلِ، باحترامٍ متبادلٍ؟ ونلفت إلى أنَّه لولا هذا الاحترامُ المتبادَلُ، لزالتِ الشرائعُ والنواميسُ التي تحكمُ تواجُدَ المادَّةِ، والمادَّةِ المضادَّةِ، تحتَ 'سماءٍ واحدةٍ'، ولَعادَ كلُّ شيءٍ إلى حالةِ الخواءِ الأوَّلي.

أولتويس (Jim Olthuis). لقد اخترع هذا المتخصِّص بالفلسفة وعلم النفس، للُّغة الإنجليزيَّة، كلمة (Withing) كظرف زمني معبِّر عن "المعيَّة" الدائمة، وقد أغنى كتابَه بها (The Beautiful Risk, Wipf and Stock Publishers, 2006) وذلك من دون ان يكون قد سمع بالمنسنيور حايك. لكن بصفة الحايك كاهنا مارونيا يحتفل بالقداس يوميا، لم يكن بإمكانه أن ينكر أن هذه "المعيَّة" الآتية من العبارة السريانية "عَمان ܟܢ܂" لا يمكنها إلا أن تعني "الاتحاد بـ ... للتمكُّن من البقاء مع... أبديًّا". هذا يعكس "رازَ الكنيسة"، بأفضل حالاته، بصفتِه "عروس المسيح" لا خطيبته ولا زوجته.

لقد وقعنا على دعامة هامَّة جدا للمعيَّة هذه وفعلِها "كأنَّ" (To be with)، لدى قداسة البابا بنديكتوس السادس عشر في كتابه يسوع الناصري (Jesus of Nazareth) الذي ظهر عام 2011 حيث يقول في الصفحة 247: "في الوقت نفسه، آلام يسوع هي انفعال مَسيّاني (Passion) - نوع من ألم بالاتّحاد معنا ومن أجلنا؛ نوع من 'الكينونة-مع' (Mitsein) المتأتّية من الحُبّ وبالتالي تحمل سلفًا الخَلاص بحدّ ذاته، انتصار الحُبّ".

[794] لو 12، 5 "خافوا الذي لَهُ القُدرَةُ بَعدَ القَتلِ على أن يُلقِيَ في جَهنَّمَ. أقولُ لكُم: نعم، هذا خافوهُ". راجع أيضًا: مت 8، 12.

نُذكِّرُ بأنّ إسداءَ الآراءَ حولَ إشكاليَّةِ 'التكاؤن' هذه بينَ عددٍ من "الحقائق الماثلة"، كما بين الأوساطِ والعوالـمِ الطبيعيَّةِ 'المختألِفةِ' بين بعضِها وليست بَعدُ مُختلفة، الذي كان من شبهِ المُستحيلِ القيام به قبلَ هذا العصرِ الكمّيِّ، باتَ اليومَ مُمكنًا. والأمرُ نفسُه ينسحِبُ على الواقعِ 'الرازائيِّ' الذي تمكّنت روحانيَّةُ مارِ أفرام من تظهيرِه للعالـم. كذلك لم يكن بالإمكانِ أبدًا فهمُه، كما اليوم، في ضوءِ 'كَمِّ النورِ' الذي أطلقَه العالِـمُ آينشتاين، بفضلِ مبادئِ الكمِّ ونظريّاتِ 'مِكانيكته'. حتّى في اللاهوتِ، أصبحَ ما تتوسّلُه الصلاةُ القربانيَّةُ المارونيَّةُ من تعابيرَ مثل: "وحَّدتَ يا ربُّ لاهوتَك بناسوتِنا إلخ..."، أقربَ للفهم.

هذه الجدليَّةُ تُفضي إلى خلاصاتٍ مُختلفة، في ما يلي واحدةٌ منها:

على الرُّغمِ من أنَّ البشرَ هم في مركزيَّةِ الكَونِ الذي يُرى كما الذي لا يُرى، المَخلوقِ، كما غيرِ المَخلوقِ، كما هم أيضًا، نحويًّا، خلفَ كل ضميرٍ مُتَّصلٍ أو مُنفصِلٍ، بخاصّةٍ الضميرِ الفاعلِ 'أنا'، فإن تمييزًا يفرِضُ ذاته عليهم: يَلزم التمييزُ بينَ المرحلةِ 'العَدنيَّةِ' والمرحلةِ ما بَعدَ 'عَدن'، إذ في المرحلتَين همُ البشريّون أنفسُهُم، وعلى الدّوامِ، من يقفُ خلفَ اللهِ ومَن يكتُبُ عنه. عليهم، إن كانوا، فعلًا، شُرفاءَ، ألا يُناقِضُوا ذاتَهم. عليهم أن يُميِّزوا بينَ سيرتِهِم في 'عَدنَ' وسيرتِهِم خارجَها. فالبشريَّةُ التي بَلغَت بلوغَها السليمَ، من خلالِ خِبرتِها 'الزمنيَّةِ' خرجت من 'عَدنَ' التي تقعُ تحتَ صِنفَي 'اللا – مكان' و 'اللا – زمان' لتشتغِلَ الكَونَ الذي يقعُ تحتَ قوانينِ الزمانِ والمكانِ، ومنذُ بعضِ الوقتِ، تحتَ قانونِ "الزَّمَكان". وهذا الأخيرُ ما إن 'تآرزَ' بفعل التجسّدِ حتّى حوّلَ "الزَّمَكانَ" إلى 'راز-زَمكانٍ'. وعلى التمييز أن يستندَ إلى نمطِ التحوُّلِ الذي يفرضُه العبورُ منَ الطفولةِ إلى البلوغِ، وقد نبَّهَ السيدُ المسيحُ من مَخاطرِه.

هكذا نستخلصُ من هذا الاستنتاجِ أنّه لشغلِ وإتقان ما يُرى كما ما لا يُرى، تحت تصنيفاتِهما كافّةً، قامَ خالقُ الكَونِ، ذاكَ الخَلّاقُ الأفلاطونيُّ (demiurge)، بِخَلقِ الإنسانِ، 'ذكرًا وأُنثى خلقهُما'. **لا ريبَ في أن الإنسانيَّةَ واحدةٌ، ولكن، وللأسف، عليها أن تخضعَ لشرائعَ 'وسَطٍ' تدخُلُه بالولادةِ وتترکُه بالمَوتِ. وضِمنَ حدودِ هذا الإطارِ الزمنيِّ تَعبُرُ البشريَّةُ منَ النُقطةِ التي تُشكِّلُ بدايةَ المرحلةِ الأقربِ من يَنبوعِ الحياةِ، أي الطفولةِ، إلى النُقطةِ الأقصى بُعدًا عنها، مرحلةِ الذين بلغوا فقدانَ الطفولةِ بالكاملِ، أي نُقطةِ كمالِ الأنانيَّةِ (egocentrism)، وليسَ لِسِني العمرِ أيُّ اعتبارٍ في كلِّ هذا.**

ما بين هاتين المرحلتين توقَّعَتِ البشريَّةُ بكتاباتِها وجود "سيفٍ من نارٍ مُتلهِّبَة" في مكانٍ ما سيَمنَع أيًّا كانَ منَ العَودةِ إلى المَرحلةِ السابقةِ ما لم يتطهَّرَ بنارٍ شبيهةٍ بنارِه.[795] إلى

795 تك 3، 24

هذا النوعِ منَ الوسطاءِ الذين تطهَّروا يُشيرُ بالإصبَعِ خبراءُ في العِلمِ والدِينِ مثلُ 'باربور'[796] و'هربرت'[797] و'لِدرمان'.[798] هم الصنف الذي تملَّكهم 'الراز المطلق' والذين باتوا يعيشون حالة تنقيَةَ القلب والعَين إلى أن يتحوَّلوا إلى "أوتادٍ للجسر المنير" الرابط بين "الحقائق الماثلة" المعتبرة غير قابلة للتلاقي.

إذ إنّهُمُ اكتسبوا المناعةَ تجاهَ نارِ ذاكَ السيفِ، وباتوا قادرينَ على زيارةِ أقاصي المَرحلتَين، وتكرارِ زيارتِها، للتعمُّقِ بالاطِّلاعِ، ومن ثمّ إطلاعِ الآخرينَ على ما هوَ مرئيٌّ وما هوَ غيرُ مرئيٍّ منهما. هُم صنفٌ من البشرِ الذين قد مسَّهُم 'الراز'، فباتوا يعيشونَ حياة 'التخلّي' على صورةِ من أخلى ذاتَه، الزُهَّادُ والنسَّاكُ والمُتصوِّفونَ، الذين يُشكِّلُ مار أفرامُ المثالَ لهم.

لا شكَّ في أنَّ 'أفرامَ' وكثيرينَ من الألبابِ المدركةِ مثلَه ينتمونَ إلى ذاك الصنف، وقد أكّدوا جميعُهم، ابتداءً من بولسَ الرسولِ بالذاتِ، أنّهُ كانَ عليهم أن يكتسبوا العينَ المنيرةَ، عينَ الطفولةِ الروحيَّةِ ونقاوةِ القلبِ التي تحدَّثَ عنها المسيحُ في عظته على الجبـل (متى 5، 8)، وذلك بفضلِ تنقيَةٍ داخليَّةٍ تتجاوبُ مع مُتطلباتِ السيفِ الرمزيِّ.[799] وما أن تُكتَسَبَ تلكَ العينُ حتّى يصبحَ بإمكانِ المُتمتّع بها ولوجُ النطاقاتِ كافّةً، نطاقِ غيرِ المخلوقِ ضمنًا، كما كلِّ المراحلِ.

إن كانَ علماءُ كالمذكورين أعلاه وغيرُهم يُشيرون بالإصبعِ إلى تلكَ الفئةِ فلأنّهم يعرفون أن أولئكَ الأشخاصَ استطاعوا، في يومٍ منَ الأيامِ، أن يضعوا النُقاطَ على الحروف للآخرينَ من سكانِ الكهفِ الأفلاطونيِّ. لقد تمكّنوا منَ التأكيدِ، انطلاقًا ممَّا رأوه ممَّا هوَ غيرُ مرئيٍّ، أنَّ كلَّ ما هوَ مخلوقٌ ومرئيٌّ يحتوي، انطلاقًا من الإسم الذي يحمِلُه، 'بِذرةً (شرارةً)' منَ الذي يعودُ إليه منَ المخلوقِ غيرِ المنظورِ كما منَ الخالقِ غيرِ المنظورِ وغيرِ المخلوقِ.[800] وبالتالي، توجِّهُ تلك الشرارةُ العقلَ البشريَّ، تلقائيًّا، نحو مصادرِها المخلوقَة لغايةِ الوصولِ إلى منبعِها الأساسِ غيرِ المنظورِ، الخالقِ غيرِ - المخلوقِ. لا حساباتٍ ولا مجاهرَ ضروريَّةً للتوصّلِ إلى هذه التأكيداتِ، فقط الحدسُ، مع تحليلٍ 'بسيطٍ'، 'مختألفٍ' ومنطقٍ طفوليٍّ حالمٍ غير مُعفى من إمكانيَّةِ الخطأ. إن 'عِلمَ' المتزهِّدينَ هذا، إذا ما صدَّقنا 'أفرامَ'، قد رُقّيَ بالتجسُّدِ الإلهيّ، منَ المستوى النظريِّ البحتِ، إلى المستوى 'الرازائيّ'. فلنتفحّص في ما يلي، كيفَ تمَّ ذلك الارتقاء.

---

796 راجع: *Religion and Science*، صص. 111 - 115و 121

797 راجع: Herbert, Nick. *Quantum Reality: Beyond the New Physics.* Anchor books, New York- London Toronto Sydney Auckland. Doubleday, 1987 (quoting Einstein), p. 250

798 راجع: *Lederman and Hill*، ص.289.

799 مت 5، 8 " طوبى لأنقياء القلوب فإنهم سيعاينون الله" راجع أيضا: لو 11، 34.

800 كور 15، 37 - 44

3.2 . الارتِقاءُ من النَّظَري إلى 'الرّازائي'

شخصُ يسوعَ المسيحِ ليسَ فقط المتزهِّدَ الأمثَلَ الذي حدَّثَنا عمّا هوَ للعالَـمِ الآخرِ الذي لا يطالُه البشريون. فلنتذكَّر أنّهُ قال يومًا إنّ من رآه فقد رأى أباه (يو 14، 9)، وإنّه باتَ يَعتبرُ تلامذتَه أصدقاءَه لأنَّه أعلَمَهُم بكلِّ ما عرَفَه من والدِه.[801] إنّه، بالنسبة إلى 'أفرامَ'، 'الـسرُّ في ذاتِه'، 'الراز' الذي تأمَّلَه كلُّ متزهّدي البشريَّةِ لحينِ 'مجيئِهِ'، والذي سيتأمّلونه بصفتِه الرازائية الجديدة، إلى الأبد. هنا يكمنُ جزءٌ منَ الارتِقاء.

عندَ هذهِ النُقطةِ يتعرَّفُ التصوُّفُ والزُهدُ إلى مَعلَمٍ يصلُ بينَ ما قبلَ المسيحِ وما بعدَه، ليسَ فقط على الصعيدِ الأُفُقيِّ، منَ الزمانِ ومنَ العلاقاتِ بينَ البشرِ، الأمرُ الذي يُغطّي أيضًا "زمكانيَّةَ" الحُبِّ الإنسانيِّ (Agape) والشَّهوَةِ البشريَّةِ (Eros)، بل على الصعيدِ العَموديِّ أيضًا كما يرمُزُ إليهِ الصليبُ الذي هوَ التعبيرُ الأهمُّ عن معرفةِ طبيعةِ اللهِ وعلاقةِ الحُبِّ معَه. إنّه 'الراز' الحيُّ الآتي للقاءِ البشرِ، ليَضَعَ نفسَه بتصرُّفِ كلِّ نفسٍ توَّاقةٍ للقائِه، والالتقاء فيه بمصدرِ 'بذرتِها' الإلهيَّة الذي تَتعرّفُ إليه أو تَتَحسَّسُه فيه.

وإن كانَ المسيحُ قد تكلَّمَ على الذينَ يولَدونَ بالروحِ الذي قال فيه إنّه كالريحِ "... تَهُبُّ حَيثُ تَشَاءُ... وَلكِنَّكَ لاَ تَعلَمُ مِن أَينَ تَأتِـي وَلاَ إِلَى أَينَ تَذهَبُ..."،[802] فهو على نفسه ما يقولُه أيضًا، وبالتالي، ألّا يُنظَرَ إلى صليبِه إلّا على مستوى الجغرافيا المسطَّحة يكونُ ذروةَ الاختزالِ. إن صليبَ 'الراز' يُغطّي، بشمولٍ، كما على الطريقةِ الهندسيَّة بحسَبِ 'فولر'، كلَّ الاتجاهاتِ، ممّا يُرى من الكَون وما لا يُرى منه، كما ممّا بعدَ ما لا يُرى من الزوايا كافّةً. في هذا يكمنُ جزءٌ آخرُ منَ الارتِقاء.

عليه، وعلى الرُّغمِ من أن تَوقَ البشريَّةِ كان دائمًا لرؤيةِ كلِّ بُرقعٍ يسقُطُ، وكلِّ شكٍّ في معرفتِها لله يزولُ، كما تمنّاه الرسولُ فيليبوس، إلّا أن الأمرَ لم يحصَل. صحيحٌ أن مفهومَ الـ'سِرّ' تمَّ تحوُّلُه – على الصعيدِ المَعرفيِّ للتعبيرِ – إلى 'راز'، إنّما هذا المفهومُ الجديدُ، وليدُ السينِرجيا بينَ الابنِ المُتجسّدِ والآبِ المستمرِّ في 'السكينة الثالوثيَّة'، حافَظَ على بُعدٍ تلطيفيٍّ أفقيًّا، عموديًّا، وفي الاتجاهاتِ كافّة. إنّه بُعدُ 'الاختثلاف' الذي فرضَهُ يسوعُ على فيليبوسَ المصرِّ على رؤيةِ الآبِ كي يكتفي. في هذا يبلغُ الارتِقاءُ أقصاه، فرؤيةُ اللهِ تبقى مستحيلةً على الذين يرغبونَ بالاستمرار في الحياة.

إذًا، النيَّةُ من خلالِ مفهومِ 'الراز'، هي أن يُرى في المسيحِ تجلٍّ لا حجابٌ، و'الحياة' هنا تعني الاستمرارَ بالتمتُّعِ بالحريَّةِ الشخصيَّةِ، الحريَّةِ المقدَّسةِ. ألم يكن هذا موقفُ الخصم

801 يو 15، 15

802 يو 3، 8

الذي صارعَ ’يعقوبَ‘، ذاكَ الخصم الذي هوَ الله وليسَ الله في حين، والذي كانَت حريَّتُه أعزَّ شيءٍ بالنسبةِ إليه، الأمرُ الذي دفعَه، هو، غيرُ الواضحِ من هو، عند طلوعِ الفجرِ، ليطلبَ من ’يعقوبَ‘ بأن يُعيدَ له حريّتَه؟[803] وبالنسبةِ إلى ’موسى‘ ألم يكنِ الأمرُ يستأهلُ أن يَرى وجهَ اللهِ ويموت؟ لكن يبدو أن حريَّتَنا هي أغلى على من وهَبَنَا إياها، ممّا هي حياتُنا علينا.[804]

وكما هوَ الأمرُ عليهِ في الواقعِ الكمّيِّ، حيثُ مبدأُ ’الريبة‘ لا يسمحُ سوى بالتِقاطِ ’سحاباتِ‘ الطاقةِ و’إحصاءِ‘ كميّتِها، لا حصرِها عدًّا، نجدُ، على الصعيدِ البيبليِّ، وبشكلٍ دائمٍ، سحابةً، ناراً، عاصفةً، نسيمًا، ’ملاكًا‘ إلخ. يرافقُ الحضورَ الإلهيَّ كي يُبعدَ أيَّ توقُّعٍ وتأكُّدٍ عن سكانِ هذا العالَـمِ، وذلك احترامًا للجهدِ الذي عليهم أن يقوموا به ليعودوا إلى المرحلةِ المتروكةِ خلفَ ’سيفِ النارِ المُتلهِّبَةِ‘. مع هذا، لم يُترَكوا من دونِ مسابرَ وموجاتِ هدايةٍ ضامنة.

معَ إنشاءِ الله لعَدنٍ، وقبلَ أن يضعَ البشرَ فيها، أعدَّ لهُم ’حقلَ المسابرِ‘ (field of gauges)، وبتجسُّدِه نشرَ ’موجاتِ الهدايةِ‘ (guiding waves) على وسعِ الكَونِ حتّى لا يضِلَّ مَن يريدُ العَودةَ إلى ’عدنَ الطفولةِ‘ لا بل أن يَصِلَها بجَمٍّ من البساطة.

بفضلِ هذا الارتِقاء، يشهدُ المُتزهِّدون أنّه يبقى من المُهمّ جدًّا على البشريين أن يعرفوا أنّ تجاوزَ الواقعِ (transcending) نحوَ ’عدنٍ‘، نحوَ ’الملكوتِ‘، يعني أيضًا بمعنًى جِدَّ حاسِمٍ، العودَةَ إلى ’الينبوعِ‘ باعتمادِ السُلَّمِ الذي تمَّ وصفُه بشكلٍ واضحٍ في حُلمِ ’يعقوبَ‘ عند ’بيت إيل‘.[805]

إن الارتقاء بمعناه التجاوزي (transcendence)، على الصعيد ’الرازائيِّ‘، هوَ مِفتاحٌ للنسبيَّةِ العامَّةِ متى يُرادُ منها أن تكونَ صلةَ وصلٍ محتملةً بين مختلِفِ الأوساطِ، ومختلِفِ المراحلِ، المذكورةِ أعلاه. إضافةً، وبمعنًى نسبيٍّ أيضًا، وإذ توصَّل العِلمُ اليَومَ إلى اكتشافِ عالَـمٍ هائلٍ ممّا هوَ غيرُ مرئيٍّ خارجًا عنِ العالـمِ الفيزيائيِّ المعهودِ والمُتعارَفِ عليه منذُ حِقبةِ الآباءِ السُريانِ، لم يعد كافيًا توسُّلُ الجهودِ والمنطِقِ ذاتِهما للتعالي من الواقعِ الكمّيِّ للأمرئياتِ المخلوقةِ إلى واقع اللاّمرئياتِ غير المخلوقةِ، وبالتالي يكون من البديهي أن توسّلَهما لا يجدي نفعًا للتعالي نحوَ ’الكائنِ‘ الذي تستحيلُ رؤيتُه وسماعُه. هنا، يَطرح السؤالُ نفسَه: أين يُحتمل أن نجدَ ’وَسَطَ‘ اللّامخلوق ذاك، حيثُ يمكنُ ان يتمَّ اللقاءُ بين الإنسانِ واللهِ، ويتحقَّقَ اكتشافُ الشراكةِ التي بينهُما، والتي هي في مركزيَّةِ هذا الكَونِ؟

803 تك 32، 23 - 33. هنا يتّضح تمامًا أن تحرير الخصم يساوي تحرير الذات. لم يكن من المفيد بشيء ليعقوب الاستمرار بالتمسُّك بمهاجمه بينما كان وحيدا في العراك معه وكان متألمّا جدًا.

804 طالما نتمتّع بحريّتنا يمكن للّه أن يعيد لنا الحياة حتى ولو متنا. ولكن متى متنا فاقدي الحريّة يحتار الله في أمرنا...

805 تك 28، 12

3. نَظريَّةُ "الزَّمزَمَةِ الكبَّاليَّةِ" و'خَلقٍ' وَسَطِ النِّطاق الكَونيِّ: أللهُ العَليُّ اللامَحدود / النورُ اللامَحدود![806]

بفضلِ روحِ 'الأمير الصغير' يمكنُ القول بأنّنا قادرون على اكتشافِ هذا 'الوَسَط'. فما على الإنسانيَّةِ سوى تأنيس اللهِ الفَوقيّ، "مؤالفته" (to tame) كما دجّن 'الأميرُ الصغير' الأصَلَةَ، الفيلَ، والثعلبَ في ما بعد، مؤسِّسًا بهذا لحِقبةٍ لاهوتيَّةٍ جديدةٍ هي حِقبَةُ لاهوتِ الطبيعة.[807] وبسببِ هذا التأسيسِ يستأهلُ كاتبُ الأميرِ الصغيرِ، أنطوان دو سانت-اكزوبيري، بجدارةٍ، لقبَ 'قدّيسٍ' (saint). فبواسطةِ 'أميرِهِ الصغيرِ'، دعا، قبلَ اللاهوتيِّ 'مولتمان' بزمنٍ، للتآلفِ مع ما لا يُرى من الطبيعةِ بهدفِ التمكُّنِ مِن رَفعِ الفروقاتِ، بموضوعيَّةٍ، بين ما لا يُرى وهوَ من الطبيعة (physical)، كالفيلِ الذي خلفَ جِلدِ الأصَلَةِ، وما لا يُرى ويفوقُ الطبيعةَ (metaphysical)، كالأصَلَةِ نفسِها التي اعتُمِدَت كـ'قُبَّعَةٍ'، من قِبَلِ 'الكبارِ'. 'مولتمان'، من جهتِه، استعانَ بالمدرسةِ الكبَّاليَّةِ. أما دو سانت-اكزوبيري، فباسمِ 'أميرِهِ الصغيرِ' يدعو، كما يفعلُ الإنجيلُ، إلى القيامِ بتحويلِ المفاهيمِ (to shift paradigms) الباليَةِ بهدفِ الحِفاظِ على عبقريَّةِ الطفولةِ، والتمكُّنِ من سَبرِ 'الوَسَطِ' المستحيلِ سبرُهُ، حيثُ منَ المُمكنِ أن يتِمَّ اللقاءُ بينَ اللهِ والإنسانِ، بينَ العقلِ والإيمانِ. إن الدعوةَ لهكذا لقاءٍ، معَ تحديدِ مكانِه، قد تمَّت، فعليًّا، من قِبَلِ يسوعَ، ابنِ اللهِ، وتُقرأُ على النحوِ التالي: "الحقَّ أقولُ لكم: من لم يَقبَل ملكوتَ اللهِ مثلَ الطِّفلِ، لا يدخُله".[808] إنَّ الأمرَ واضحٌ ومحدّدٌ. واحترامًا لهذه الدعوةِ نضعُ جانبًا كلَّ الأسئلةِ الأخرى، وندعو أنفسَنا لمعانقةِ الطفولةِ، وللسيرِ معَ 'مولتمان' و'الكبَّاليِّين' نحو اليَنبوعِ الذي يرشدُنا إليه ذاك 'الوَسَطُ' الفائقُ الوَصفِ، الصوفيُّ للبعضِ و'الرازائيُّ' لنا، لنتمتَّعَ باللقاءِ. هل سنتمكَّنُ من اكتشافِ منابعِ الـغَزلِ والجاذبيَّةِ الكَونيَّةِ فيه؟

نرى أن المقارنةَ بينَ نظريَّةِ 'زِم زُم' للراباي 'لوريا' وأَصَلَةِ 'الأميرِ الصغيرِ' أمرٌ أساس لكي نرى إن كانَتِ النظريَّةُ الكبَّاليَّةُ قادرةً على إمَاطَةِ اللثامِ عن ذاكَ 'الوَسَطِ' النظريِّ، كما عن لُغزَي الغَزلِ والجاذبيَّةِ الكَونيَّةِ.[809] لقد برزت نظريَّةُ 'لوريا' ردًّا على سؤالٍ ظلَّ بدونِ جوابٍ، ويُطرحُ على الشكلِ التالي: "كيف يُمكنُ للخَلقِ أن يكونَ خارجَ اللهِ، في حينِ يستحيلُ أن يكونَ أيُّ شيءٍ خارجًا عنِ اللهِ؟".

---

806 راجع الحاشية 768

807 *Le Petit Prince*، الفصل 21

808 مر 10، 15؛ لو 18، 17

809 *Moltmann*، ص. 57: "جواب 'لوريا' هو أن الله قد حرَّر... نوعا من مكان ميستيكيٍّ (سرّي) تأسيسيّ". ملاحظة: استمرارنا باستعمال عبارتي "سرّ" أو "ميستيك" التي لا مقابل دقيق لها باللغة العربية فتُستعمل صفة "صوفي وتصوّفي" كبديل لها، ليس سوى لأنهما شائعتا الاستعمال. نفضّل أن نحتفظ بصفة "رازائي" عند الحاجة للتمييز بين السرّ الزمني كما السرّ الديني الاختزالي والسرّ المسيحي الثالوثي، التجسُّدي.

يقولُ البروفسور يِفغيني تورتشينوف، في مقالِه الإلكترونيّ: دراساتٌ في الكبّالةِ السباتيّةِ: نظريّةُ 'زِم زُم' لإسحقَ لوريا (*Studies in Sabbatian Kabbalah*)، ما يلي:

> التقليدُ اللوريانيُّ، (المؤسَّسُ على تعاليمِ الـZohar وإلهاماتِ الراباي إسحقِ لوريا أشكينازي، من مدرسة 'صَفَدَ' الكبّاليّة) يُعلِّم أنّه كان على المُطلق، غير المُدرِك، المُتعالي، أللهِ الفوقي (غيرِ المحدودِ أو النورِ غيرِ المحدودِ) أن يزمَّ ذاته، أن ينقبض (contract)، ليترك مكانًا للخليقةِ. إذا كانَ اللّامحدودُ هوَ الكلُّ، وإذا كان لامحدودًا ولامتناهيًا، لا يُمكن أن يكونَ مكانٌ للخليقةِ. بالتالي، النورُ اللّامحدودُ زمَّ نفسَه (انقبضَ) من نُقطة وسطِه، ليُخليَ (empty) مكانًا للعالم.[810]

في هذا المقطع، بِدايةً، تحفةٌ لغويّةٌ، بخاصّةٍ لنا نحن الذين نتمتّعُ بالإلفةِ مع التعابيرِ العربيّةِ، مثلَ أخلى، تخلّى، والخُلوة، والخَلاء إلخ، التي تدورُ كلُّها في فلك الحميميّةِ والخاصيّةِ، وتُشير فعلًا إلى ما تعنيه من تركٍ وتخلٍّ وحرمانٍ ومكانٍ حرّ، ومكانٍ للتأمّلِ إلخ. إذ بواسطتِها يتمُّ التعبيرُ عن إخلاءِ الذاتِ (kenosis) وليسَ، ببساطةٍ، عنِ الفراغِ المُشتقِّ من فِعلَي فرَّغ، وأفرغ، وما قد يشابهُهما، والذي يشيرُ إلى انعدامِ الوجودِ وعَدمِ الكينونة. وهذا المفهومُ الأخيرُ هوَ ما انتقدناه أمامَ 'القبر' بصفتِهِ غيرَ ملائمٍ إذ هو، بالمُطلقِ، مُحالٌ، والعلمُ يثبتُ ما نقوله.

في الفصلِ السابقِ، عرضنا باقتضابٍ وُجهَةَ نظرِنا بما يخصُّ ظاهرةَ الزَمزَمةِ المؤيَّدةِ من النظريّةِ الكبّاليّةِ، وكيفَ عليها أن تتحققَ من دونِ أن تُسيءَ إلى 'السكينةِ' والشكلِ الخارجيِ اللذَين يفترِضهُما مفهومُ الله. **إذًا، مع تأكيدِ قبولِنا بفِكرةِ 'إخلاءٍ أوّلَ' للذاتِ الإلهيّةِ، نعتبرُه، أونطولوجيًّا، سابقًا للبَدءِ التوراتيّ (ب - ريش - يت، בראשית)، والذي لا يُزعجُ بشيءٍ 'إخلاءَ الذاتِ' الثاني الذي سيتمُّ في ملءِ الزمن، نركّزُ جهدَنا في التفصيلِ الذي فَرَضَ نفسَه انطلاقًا من سؤالنا: كيفَ كانَ منَ المُمكنِ لإخلاءٍ من هذا النوعِ أن يتمَّ، وما الدافعُ الذي حرّكَه؟**

فلنَغُص، من دونِ قلقٍ، كأطفالٍ طيِّبينَ، بكلِّ حواسِّنا وحُسنِ منطقِنا، داخلَ هذا الوَسَطِ الذي تمَّ الكشفُ عنه سابقًا، والذي ثَبُتَت في ما بعدُ مناعتُه ضدَّ أيِّ فراغ. ومعَ ما أتَينا به من نظريّةٍ تؤكِّدُ أنَّ كليّةَ حضورِ اللهِ وشموليّتَه تتَحقّقانِ بصفتِه 'الحُبّ'، والذي هوَ من طبيعةِ 'النورِ اللّامحدودِ' ذاتِها، نكونُ قد مَدَدنا يدَ العَونِ للمدرسةِ الكبّاليّةِ.

---

810 راجع [الإنترنت] URL: http://www.kheper.net/topics/Kabbalah/Tzimtzum-ET.htm. تمّ تفحّصه خلال تشرين الثاني 2016.
"إنها مقاربة لافتة للغاية مبنيّة على علم الكلام العِبري. يُكمل تورتشينوف تحليله: توجد تفسيرات مختلفة لمفهوم 'زِمزُم' تمتدّ من الأسطوري إلى الفلسفي (وآخرها تقدّم به، قبل غيره، الكبّاليُّ الإيطالي إسرائيل ساروج (Israel Sarug)، وتلميذه عازارياه فانو (Azariah Fano). وكما عرفتم من مقالة البروفسور أبراهام الخيّام، بعض الكبّاليين (موشي حكيم لوتزاتو) فسّروا 'زِمزُم' بمعنى تحديد الله الذاتي لذاته لما فيه خير الخَليقة".

عمليًّا، وبقَصدِ الخُروجِ من مأزقِ التناقُضِ العائدِ لتنافي الكائنِ معَ أيٍّ خارجٍ له، وقعتِ المدرسةُ الكبّاليَّةُ في مأزقِ تناقضٍ آخرَ عائدٍ، هذه المرّة، إلى إرادةِ الكائنِ الذي يتراجَعُ عن قرارِه كي لا يسمحَ بوجودِ فراغٍ أنطولوجيّ. أحدُ عُمداءِ هذهِ المدرسةِ التقليديَّةِ، 'ناتانُ الغزاوي' (Nathan Gazati) تعرَّفَ إلى هذا التناقضِ بينَ 'الكائنِ' و'انعدامِ الكائنِ'، وبهدفِ معالجته، أسمى 'الفراغَ' 'تِهيرو' (*Tehiru*) ما يعني 'المكانَ الأوليّ' وافترضَ، نتيجةَ انقباضِ (زمزمةِ) اللامتناهي المطلقِ (En-Sof) استمرارَ وجودِ 'فُضالاتٍ' من النورِ اللامتناهي المطلقِ (Or 'En-Sof') في ذاكَ 'التِهيرو'، أسماها (رِشيمو *Reshimu*)، 'فُضالاتٍ' صارت، في ما بعدُ، المادةَ الخامَ (كِليم، *Kelim*) و(كِليبوت *Kelippot*) أدواتِ الخَليقةِ وحاوياتِها.[811]

وإذا أعدنا تطبيقَ الرَّسم التوضيحيِّ لـ'موقعِ الخَليقةِ' من الفصلِ السادسِ على النظريَّةِ الكبّاليَّةِ التي لا توضِّح ما هوَ المقصودُ تمامًا بالانقِباضِ منَ المركزِ (حيثُ أن الراباي لوريا، على ما يُقالُ، لم يكتُب شيئًا بنفسِه، ولم يخُطَّ بالتالي رسومًا بيانيَّة)، نحصلُ على ما يلي:

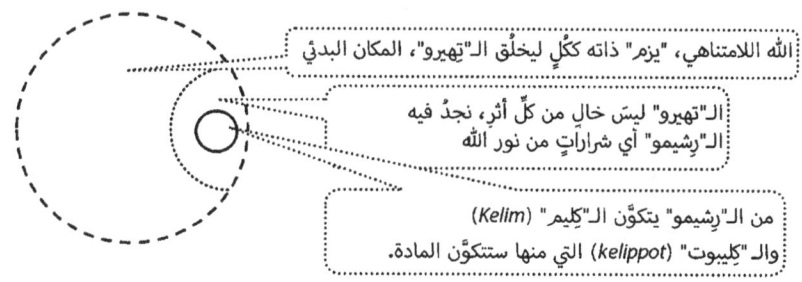

رسم 55: النظريّةُ الكبّاليَّةُ

حتّى ولو أصرَّ الكبّاليونَ على أن المقصودَ هنا، من 'لوريا'، بالانقباضِ، إنّما هوَ 'زمزمةٌ' اطراديّةٌ، بالطريقةِ التي تمَّ وصفُها في الفصلِ السابقِ، يبقى منَ الصَّعبِ عليهم أن يحدِّدوا طبيعةَ 'التِهيرو' و'الرشيمو'، و'الكِليمِ' و'الكِليبوتِ'، مع العِلمِ، بالنسبةِ إليهم، أنّها كلُّها متأتّيَّةٌ منَ اللهِ، ومفترضٌ بها أن تكونَ خارجَه دون أن تكونَ خارجَه، وهي جميعُها 'فيضٌ' من جرّاء انقباضِهِ وتتمتَّعَ، في الوقتِ نفسِه، بقدرةٍ حرَّةٍ على التغيُّر.[812]

في نظرِنا، ما سبق يقدِّمُ لنا أفضلَ مثلٍ في ماهيَّة الخَلقِ الاسمائيّ: هل يكفي أن نُعطيَ أسماءً، حتّى ولو كانَت بالعِبريَّةِ، ومَهامَّ، حتّى ولو كانَت مبنيَّةً على قياسِ 'الجيماتريا' الكبّاليَّةِ[813]

811 راجع: *Moltmann*، ص. 57. راجع أيضا، في ما يخصّ مسألة طبيعة "السِفيروت" إن كانت إلهية أو "الكِليم" (أدوات، محتويات) مقالا كتبه (Roland Goetschel): في (1570-1522) *E.U.*, Cordovero Moïse

812 للمزيد من المعلومات حول هذه النظريّة العودة إلى المراجع المذكورة أعلاه

813 (حساب الجُمّل): وسيلة يستعملها الكبّالة لتفسير الكتب العِبرية المقدسة باحتساب قيمة أحرف الكلمات، بحسب ما يساوي كلٌّ منها...

لكي يكونَ الواقعُ ما هوَ عليه؟ لقد ابتكرَ الفيلسوف ’دِريدا‘، كي لا نقولَ ’خلقَ‘، مصطلحَ ‘*DifferAnce*’ (الاختئلاف) عَمدًا كي يكشِفَ الخَللَ في ما يخصُّ تأكيداتِ الاسمائيين كافّةً.

وكي لا نُضخِّمَ لائحةَ الأسئلةِ المتروكةِ من دونِ أجوبةٍ، ونتجنَّبَ تراكمَ التعقيداتِ، نلفُتُ انتباهَ البحّاثةِ منَ العُلماءِ، كما من اللاهوتيين، إلى طريقتِنا في تفسيرِ هذه النظريّةِ التي تبقى ذاتَ أهميَّةٍ كبرى، والتي لا يمكنُنا إلّا أن نتفهَّم الذين أطلقوها، نظرًا إلى أنَّ حِقبَتَهم ليست كحِقبَتِنا، والنَّفَسَ ’الرازائيَّ‘ الذي نتمتّعُ به كمسيحيّين، لم يَحظَوا هم به. يُضاف إلى ذلك، الكنيسةُ و’رازائياتُها‘، بما يعني جسدَ المسيحِ ’الرَاز المُطلقَ‘، والذي امتنعوا عنه ليومِنا هذا. وما يُثبِتُ أهميَّةَ دَورِ التأثيرِ ’الرازائي‘ في رؤيةِ الحقيقةِ هوَ أنَّ ’أفرامَ‘، الذي عاشَ في حِقبةٍ أقدمَ بكثيرٍ من حِقبةِ الراباي ’لوريا‘، أقربُ إلى زمنِ مايمونيدِس، جَدِّ الكبّاليين، تمكَّنَ منَ الإمساكِ بأعماقِ التكوينِ، والإخلاءِ، بشكلٍ أفضلَ منهم. وهذا ما جعلَنا نستندُ إليه لكي نُثبتَ أنَّ ما أتى به عِلمُ الفيزياءِ الحديثِ يوجِّهُ، فعليًّا، الفكرَ البشريَّ نحو ’اللّامحدودِ‘، ’النورِ اللّامحدودِ‘، والتِهيرو والرِشيمو، وبطريقةٍ فائقةِ العادة، يؤيِّدُ الحقيقةَ المسيحانيَّةَ، كما الترابُطَ بين الحقائقِ المُختلفةِ التي تَوَصَّلَ إليها الفكرُ البشريُّ لغايةِ اليومَ.

معَ استعمالِنا مفاهيمَهُم وتعابيرهُم سنُعيدُ تفسيرَ نظريَّةِ ’زِم زُم‘ - بحسَبِ ما أشرنا إليه- وهذا، بتطبيقِها على جوهرِ ’الواقعِ‘ بحدِّ ذاتِه (ياتِه)، لمختلِفِ أصنافِهِ، وليس على ماديَّتِه. نَنطلق من الرَّسمِ البيانيِّ التالي:

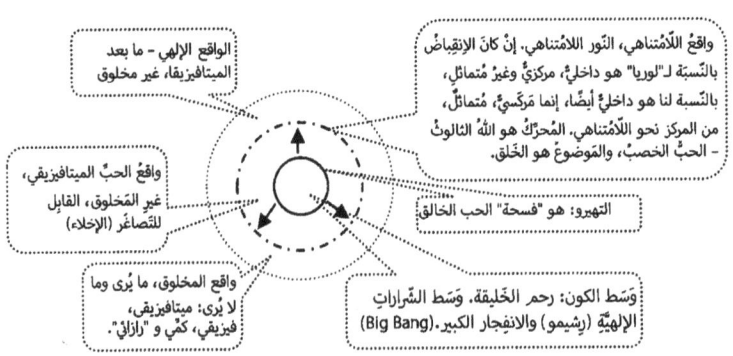

رسم 56: القرارُ الكبيرُ، وتَبِعاتُه

في هذا الوضعِ، وبحسَبِ الوصفِ الذي تقدَّمت به المدرسةُ اللوريانيَّةُ عنِ الإرادةِ الإلٰهيَّةِ قائلةً: "الإرادةُ الإلٰهيَّةُ هي مُتأصِّلةٌ أو ملازمةٌ (immanent) للمُطلقِ بالكاملِ،

كما هوَ الإكليلُ منَ الشمسِ أو اللهيبُ منَ النارِ"،[814] يستمرُّ احترامُ نظريَّةِ 'نورٍ من نورٍ' التأسيسيَّةِ لقانونِ الإيمانِ النيقاويِّ، باستثناءِ صورتَي الإكليلِ واللهيبِ اللتَين تتحوَّلانِ إلى الداخلِ منَ الكائنِ (*ad intra*). بالتالي تكونُ ظاهرةُ "الزَّمَكان" الذي يبدو أنّه لم يكن بَعدُ قد خُلق، كي لا نقولَ إنّه لم يُخلق أبدًا، وإن قُلناها فقط، فاحترامًا للتمييزِ بين الزمانِ والأزلِ (eternity)، نتيجةَ زَمزَمةٍ مركَسيَّةٍ لا تؤثِّرُ أبدًا في سكينةِ 'الكلِّ اللّامحدودِ'. عَلاوةً على ذلك، تُطابقُ تلكَ الظاهرةُ ظاهرةَ الأمومةِ التي يُمكنُ اعتبارُها، بدورِها، مثل "النورِ من نورٍ"، أمومةً من أمومةٍ.[815]

نفسانيًا، يُمكنُ القَولُ إنَّ الأميرَ الصغيرَ، برسمِه للفيلِ في أحشاءِ الأَصَلَةِ، يقومُ بإسقاطِ أحشاءِ والدتِه، الحُبلى، عليها، عالِـمًا بأنّ في أحشائِها أحدٌ يشبهُه

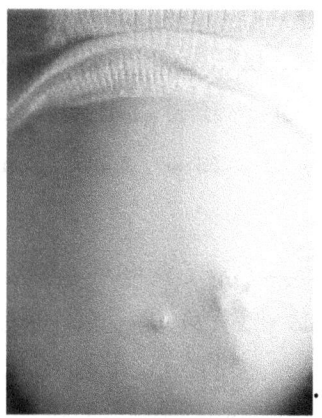

رسم 57: الأميرُ الصغيرُ على كوكبِه

لقد أسَّسَ ناتانُ الغزّاوي، بما أتى به، نُسخةً ثانيةً لنظريَّةِ 'زِم زُم' الكبّاليَّةِ، بعدَ أنِ انتقدَ الأولى، مشيرًا إلى وجودِ بعضِ التناقُضِ فيها لجهةِ 'الإرادةِ' (الإلٰهيَّةِ) بما أنّها تتركُ خواءً (فراغًا، عَدمًا - خلُوًّا) في الكائنِ، حيثُ تتمُّ 'الزَمزَمَة'. وبهدفِ إنقاذِ مبدأ عدمِ التناقُضِ في مفهومِ اللهِ، تعمَّقَ في التحليلِ لغايةِ اقتراحِه وجودَ 'فُضالاتٍ'، أو 'آثارٍ' منَ النورِ المُطلقِ، الـ(*En-Sof'Or*)، أسماها 'الرِشيمو'، والتي تتحوَّلُ في ما بعدُ إلى 'كَليمَ'

814 راجع: Evgueni Tortchinov Prof. Studies in Sabbatian Kabbalah: Isaac Luria's zimzum [الإنترنت] URL: http://www. kheper. net/topics/Kabbalah/Tzimtzum-ET. htm. تمّ تفحّصه خلال تشرين الثاني 2016.

815 *Moltmann*، ص. 57: العلاقة الثالوثية آب - ابن - روح قدس واسعة لدرجة تفسح في المجال كي تجدَ الخَليقة بأكملها، فيها، مكانًا زمانًا وحريَّةً لها... الخَليقة كفعلٍ إلهيٍّ في الله، وانطلاقا من الله، تكون، مبدئيا، مفهوما نسويًّا: الله يخلق العالم بتركه العالم يتكون فيه. "فليَكُن".

و'كِليبوتَ'، أي، خاماتِ الخَلقِ الماديَّةِ وحاوياتِه.[816] ولكنَّ 'ناتانَ الغزّاوي' بتحليلِه هذا، يناقضُ بدَورِه واحدةً منَ المسلَّماتِ الأساس في العهدِ القديمِ ألا وَهيَ 'الخَلقُ منَ العَدمِ' والتي بدونِها يفقُدُ اللهُ (عزَّ وجلَّ) صِفةَ 'الألوهةِ'.[817]

معَ 'أميرِنا الصغيرِ'، نرغبُ في التساؤلِ عمَّا إذا لم تكن هذهِ التحاليلُ الكبَّاليَّةُ تحتوي الكثيرَ منَ التجسيمِ (anthropomorphism). إن شعورًا بالوقوفِ في غُرفةِ عمليَّاتِ اختصاصيٍّ يقومُ بتَوليدِ الأفكارِ على الطريقةِ القَيصريَّةِ ينتابُ قارئَ هذهِ التحاليل. يبدو واضحًا، بحسَبِ المدرسةِ الكبَّاليَّةِ، أنَّه لِحلِّ مشكلةِ 'العَدمِ'، على اللهِ أن يتحوَّلَ إلى 'تكمِلَةِ عدَدٍ' (stopgap)، إذ، مرَّةً جديدةً، نجدُه مرغمًا على التدخُّلِ لإنقاذِ الموقفِ: "اللّامتناهي يُرسِلُ إشعاعاتِ نورٍ مباشرةً إلى غَورِ 'التِهيرو' فتنطلقُ من جرائِها عمليَّةُ الخَلق".[818] وبقدرِ ما نُفكِّرُ بنظريَّةِ الزَمزَمةِ اللوريانيَّةِ للخَلقِ، بقدرِ ما تتَّسِعُ الفروقاتُ وتزدادُ حدَّةً النُقاطُ الخِلافيَّةُ التي يرفعُها العِلمُ والدِينُ، كلٌّ من جهتِه، كما أيضًا بينَ المنطقِ البسيطِ والدِين. نظريَّةُ 'زِم زُم' بحدِّ ذاتِها، خلاصيَّةٌ، أكانَ للعِلمِ أم للدِّينِ، إنَّما ما ينقُصُها هوَ أن تُرطَّب ببعضٍ منَ الطفولةِ الإنجيليَّةِ. وكما يصفُها 'يِفغيني تورتشينوف' (Evgueni Tortchinov) تبدو من نتاجِ البالغينَ فاقدي الطفولة.[819]

إننا نشعرُ بالرِّضى عمَّا توصَّلنا إليه لغايةِ الآنَ من تسليطِ ضوءٍ على هذا الوَسَطِ الكَونيِّ المُتواجِدِ في الوَسَطِ الإلهيِّ، من دونِ أيِ مَزجٍ أو اختلاطٍ أو تَشابُكٍ، أو حتّى انفصالٍ أو إقصاء. منَ المُمكنِ اعتبارُ علاقتِهما ببعضِهما قائمةً على ما أتَينا به من جديدٍ في مفهومِ التكاوُن'، ما يعني أنَّه إذا ما غابَ الواحدُ، غابَ الآخَرُ حُكمًا.[820] وبالتالي، فَلنعُد إلى قواعدِنا كي نُحاولَ الإجابةَ عنِ الأسئلةِ المرتبطةِ بمَصدرِ الجاذبيَّةِ الكَونيَّةِ والغَزلِ اللذين فَرضتهما مسيرةُ الأبحاثِ علينا.

---

816 راجع: المقال نفسه لتورتشينوف.(Tortchinov)

817 2 مل 7، 28

818 المرجع نفسه.

819 المرجع نفسه: تبدو من نتاج أهم الكبار الذين فقدوا الطفولة.

820 قد يتحمّس شخص متزمّتٌ بتمسكه بمبادئ فلسفية وعقائد دينية مرتبطة بإله الفلسفة (Théos) فيدافع عن الاكتفاء الوجودي الجوهري للّه بذاته خارجا عن أيّ خليقة. نُجيب بأن هذا مُمكن في حالة الإله الأحد الصمد، إله الفلاسفة وليس في حالة إله التجسد، الثالوث. في الحالة هذه، سواء بالاستناد إلى مبدأ الشمول (exhaustivity) أو مبدا الكليّانية (holism)، وفي أسوأ الحالات، استنادًا إلى مبدأ "عدم الانفصال" أو احتراما لنظريّة الدلالات اللغوية لا يمكن ولا بأي شكل أن يتم القبول بكلمةٍ "مصدر" مثل "خالق" من دون فعل "خلقَ" واللّذين من علاقتهما، يتولّد تلقائيًا الاسم "خليقة". التحليل نفسه ينطبق على مفاهيم أخرى مثل والد، ولّد، ولد؛ غفور، غفرَ، غفران إلخ. الإنسان هو من يقرّر، يقول ويكتب، سواء بعد التحليل أو قبله. الكل يرتبط بنقطة انطلاق الحدس أو الإلهام.

4. مَصدرُ الجاذِبيَّةِ الكَونيَّةِ والغَزْل (ألسْبِنّ spin)

نظرًا لأهميَّةِ هذا العُنوانِ، سنُقاربُه تحتَ مكوِّنَيه الأساسيَّين، كلٌّ على حِدَة:

1. مصدرُ الجاذبيَّةِ الكَونيَّةِ والقُوَّةِ الجاذِبَة
2. مصدرُ 'السـبِـن' المنتجِ لحركةِ الدورانِ

1.4. مَصدرُ الجاذبيَّةِ الكَونيَّةِ والقُوَّةِ الجاذِبَة

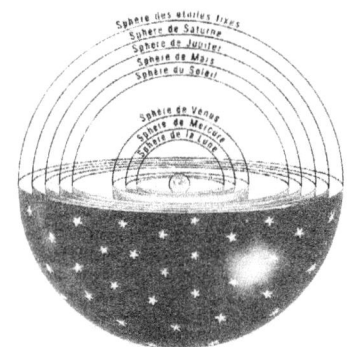

رسم 58: منَ 'الانفجارِ الكبيرِ' إلى الثقوبِ السوداء

كما أنّه لا يمكنُ للفيلِ أن يكونَ خارجَ الأصَلَةِ، ولا الجنينُ خارجَ الرحِمِ الأموميِّ، كذلك لا يمكنُ لهذه 'الكُرةِ' أن تكونَ خارجَ الله.[821]

يبدو واضحًا أن حجَّتنا هذه تبقى غيرَ عِلميَّةٍ، حتّى إثباتِ العكس. يُمكن اعتبارُها طفوليَّةً أو مجرَّدَ تفاعلٍ عواطفيٍّ دينيٍّ. ولكن، مختألفة ولو كانَ منَ الطبيعيِّ لدينا، بحكمِ الحالةِ الزهديَّةِ، أن نبدأَ تحرّياتِنا بشكلٍ 'قَبليٍّ' (aprioristic)، إلّا أنّنا سنُحاولُ أن نُثبتَ أن رأينا، هوَ أيضًا موضوعيٌّ ومحتمَلٌ لجهةِ مِكانيكا الكمّ.

لقد رأينا أنّه، بحسَبِ نظريَّةِ 'زِم زُم'، يمكنُ لرمزيَّةِ الكُرةِ التي صوَّرَها العالِـمُ 'هوكنغ' عنِ الكَونِ، أن تتَّخذَ لها مكانًا من ثلاثةٍ: إمّا كليًّا خارجَ الله، كما يبشِّر به التكوينيّون (creationists)، وإمّا في اللهِ، معَ التعرُّضِ لخطر الحلوليَّةِ، أو في اللهِ وخارجًا عنه، في الوقتِ نفسِه، على ما رأيناه في تحاليلنا السابقةِ.[822] بناءً عليه، إذا قبِلنا بما وصَلنا من خلالِ المدرسةِ الكبَّاليّةِ والمتعلّقِ

821 راجع: *Religion and Science* ، ص. 124. يعيدنا هذا المرجع إلى الجزء الثاني من كتاب المؤلِّفة سالي ماك فاغ (Sallie McFague) عن "نماذج الله" (Models of God) المعنون: "الله كأم وحبيب وصديق". كما أنه، في الصفحة 242، يشير إلى أرثر بيكوك(Arthur Peacocke) قائلا: "بيكوك يذكر أيضا باختصار النموذج البديل، أمًّا حامل تضع ولدَها، معطيةً إياه كينونتَه داخل جسدها". ويعلّق صاحب المرجع بالقول: "أنا ميَّال إلى تفضيل تشبيه الولد في طَور النموّ".

822 لحلِّ هذه المعضلة اللوريانية، استعان مولتمان بالجدليَّة البولسية ليقول: " فقط عودة الله على ما في ذاته يحرِّر فسحة لذاك الخواء الذي يمكنه أن يتمَّ فيه، في ما بعد، عمليَّة الخَلق. إذا، هل تكون الخَليقة فعلا

'بالفُضالاتِ'، وَجَبَ علينا أن نقبَل أيضًا بأنَّ الجاذبيَّةَ الكَونيَّةَ هي، فعليًا، مُحصِّلةُ التفاعلاتِ في ما بينَ تلكَ 'الفُضالات' بصفتِها جزيئاتٍ مشحونة. هذا فقط يُفسِّرُ استمرارَ دهشةِ العُلماءِ أمامَ الجاذبيَّةِ الكَونيَّةِ التي لم ينجح، ما يُفترَضُ أن يكونَ 'فراغًا'، بالتشويشِ عليها، والبرهانُ على ذٰلكَ أن الكَونَ لم ينكمِش، ولم يتفتَّت، أو يتبعثرُ أبدًا. وهذا يعاكسُ ما أثبتَته علومُ الفيزياءِ كافَّةً عن أنَّ، في 'الفراغِ'، لا تأثيرَ لأي نوعٍ منَ الجاذبيَّةِ، ولا حتّى الأرضيّةِ منها.

تكمُنُ صعوبةُ النظريَّةِ الكبَّاليَّةِ، كما أسلفنا، في موقفِها الحَرِجِ من مبدأ 'الخَلقِ منَ العدمِ'، الذي يعتبرُ خروجًا على سفرِ التكوينِ وعقيدةِ الكنيسة. وإذا ما استمرَّت مسألةُ الجاذبيَّةِ الكَونيَّةِ، ليومِنا هذا، عالقةً، بلا جوابٍ، فبسببِ عدمِ التمكُّنِ من تمييزِ طبيعةِ ذاكَ المُسمّى 'عدمًا'. هل يُمكنُ لتلك الجاذبيَّةِ أن تكونَ، بكلِّ بساطةٍ، محصّلةَ التجاذبِ بينَ مِلءِ 'اللّامحدود' (*En Sof*)، المُزَمزِمِ ذاتَه مركسيًّا، وما سُمِّيَ 'الفراغَ' الناتجَ عن الإخلاءِ، بصفتِه غيابَ ذاكَ المِلءِ؟ **إذا كانَ هذا الأمرُ مقبولًا، يعقبُه مباشرةً حضورُ جاذبيَّةٍ تؤثِّرُ في الكلِّ، كما في الجزءِ، من الجهتين، من جهةِ المِلءِ كما من جهةِ 'الفراغ' إذ، في هذه الحالِ، يبيتُ التعاطي معَ الجوهر. فلا تعودُ قابليَّةٌ للفصل (separability)، ويتمتَّع الجزءُ بـ'القوَّةِ' ذاتِها التي للكلِّ، خصوصًا وأن التجاذُبَ بينهما مبنيٌّ على تعاكُسٍ اتِّجاهيٍّ** (opposite vectorial dimention). عندئذٍ ستكونُ الجاذبيَّةُ من الطبيعةِ نفسِها المفترضَةِ كينونتُها بينَ الإشعاعاتِ المُرسلةِ من 'النورِ اللامتناهي' (*En-Sof'Or*) إلى 'الفراغِ المهيَّأ'، وبين مصدرِها. هذا، بنظرِنا، ما يجب أن تكونَ عليه الجاذبيَّةُ الكَونيَّةُ، وليس مُحصَّلةَ التجاذباتِ بينَ 'الفُضالاتِ' في 'التِهيرو'، إذ إنَّ كلَّ فُضالةٍ، بخاصّةٍ متى كانَت مركَّبةً، لا تتناسب معَ بساطةِ الحلّ. لكن، حتّى في هذهِ الحالِ، نسأل عمّا يؤولُ إليه التماثُلُ (symmetry) الذي يتبنّاهُ 'برغسون' و'غيتون' في المجالِ الفلسفيِّ، و'لِدِرمان' و'هيلز' على الصعيدِ العِلمي؟

لِنستعِدِ الرسمَ البيانيَّ لنظريَّةِ الكبَّالا بحسَبِ التصوّرِ الأولِ لها.

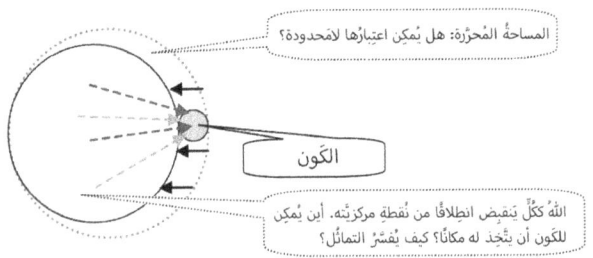

رسم 59: المفهومُ الكـبّاليّ

كائنًا بحد ذاته، وآخرًا، موجودًا خارجا عن الله؟ ألا يجب بالأحرى القول بأن هذه الخَليقة، التي هي خارج الله، موجودة في الوقت نفسه داخله، ما يعني في الفسحة التي أعدَّها لها في كليَّة حضوره؟ وبالتالي ألا يكون الله قد خلق العالم في ذاته؟ ألا يكون قد منحه زمانا ما في أزليَّته وتناه في لانهائيته، والفسحة (المكان) في كليّة حضوره والحريّة في حبّه غير المشروط؟". (*Moltmann* ص. 57)

وإذا ما آثرنا المفهومَ الآخرَ، الذي يعبِّرُ عن وجهةِ نَظَرِنا للزَمزَمَةِ الطاردةِ المُتناسقةِ، فبَدَلَ العدمِ، يُمسي تعامُلُنا معَ 'زمَكانٍ' مطبوعٍ بجاذبيَّةٍ ملازمةٍ له وكأنّها 'توتُّرٌ' طبيعيٌّ ووحيدُ الاتجاهِ (uni-directional) - نوعٌ من تشوّقٍ، من حنينٍ - منَ المكانِ المحرَّرِ، بالفِعلِ المُحرِّرِ، نحوَ الإرادةِ المحرِّرَةِ. بمعنًى آخَرَ، تشوُّقٌ منَ الحالةِ المُستجِدَّةِ نحو الأصلِ، في كلِّ مُحتضَنٍ بطيبةٍ مُتبادَلةٍ.[823] حتّى 'الكمالُ الأوَّلُ' الأرسطيُّ (الإنتليخِيا) يلقى هنا صدًى أفضلَ فيصبحُ مبدأُ 'الريبة' و'عدمِ التوقُّعِ' حقيقةً واقعةً بينَ الوَسَطين اللذين كانا يتشاركانِ الطبيعةَ ذاتَها في الأساسِ، شأنُهما شأنُ فَرَضيَّتَي الترابطِ وعدمِ الانفصال. ويستمرُّ الوسطانِ في تقاسُمِ ما يشاطرُه جنينٌ ووالدتُه، كما أيضًا ما قد يتقاسمُه 'ما يُرى' معَ 'ما لا يُرى' اللذانِ ينتميانِ إلى 'الكلِّ' ذاتِه. ومهما كانتِ التحوُّلاتُ التي تتلقّاها النماذجُ (paradigms) العابرةُ من اللاّمرئيِّ إلى المرئيِّ، ومن اللاّوعي إلى الوعي، يبقى 'الكُلُّ' مكوَّنًا منَ 'الكلمةِ' نفسِها (same Word)، منَ 'الكلمةِ' ذاتِه (كذا) (same Verb)، وبتعبيرٍ أدقَّ، منَ الحروفِ والمقاطعِ والألفاظِ والأصواتِ والجُمَل نفسِها، وبشكلٍ عامٍّ، منَ الحِكمَة نفسِها.[824]

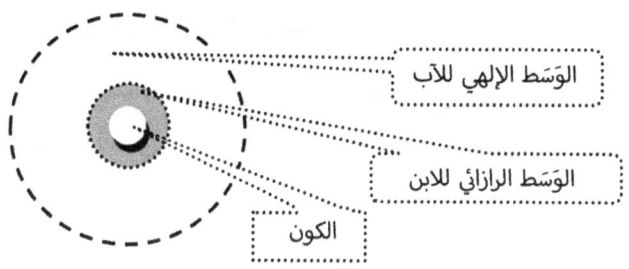

رسم 60: لا-تناسُب، والأحجامُ رمزيّة...

إن مردُودَ مثلِ هذهِ 'اللّغةِ' التكوينيَّةِ (creationist) يدفعُ بنا إلى اعتبارِ سَلامتها النحَويّةِ (grammatic) مرتبطةً بالتنسيقِ بينَ أزمانِنا (الماضي، الحاضرِ، والمُستقبلِ) والزمنِ الوحيدِ للأزل، أي 'توتُّرَه' (tension) بما أنَّ التوتُّر هو مُحصَّلةُ 'حاضرٍ مُستمرٍّ' (Present Tense continuous and progressive at the same time). هذا التنسيقُ يجبُ أن يرتكزَ على قواعدِ السينرجيا والتماثُلِ والانسجامِ بما يفسّرُ جمالَ هذه السمفونيَّةِ الإلٰهيَّة. لا يخضَع "الزَّمَكانُ" للحواجزِ التي نجدُ 'الفراغَ' مُعرَّضًا لها، تمامًا كما لا يخضعُ خيالُ الطفلِ للعقباتِ ذاتِها التي

823 "... أو كالجاذبية التي بين أقانيم الثالوث. فإن كان الزّمَكان الجديد داخل حضن الله (the body of God) سيكون عليه حكمًا أن يعكس المبادئ الصديقة لجوهر الله، الحُبّ التبادلي التواحُدي ضمنًا، والتجاذب الجماعي أو الاتفاقي بين أعضاء الجماعة ..." (تعليق البروفسور دِنيس أوهارا من جامعة تورونتو - كندا) [Commentaire du prof. Denis O'Hara, UofT, Ca].

824 يو 1، 1 - 3؛ أم 8، 22 - 23

يتعرَّضُ لها خيالُ الأشخاصِ الذين فقدوا الطفولة. بمعنًى آخَر، إثنائيَّةً (dichotomy) مثل: زمانٌ، لا-زمان؛ مكانٌ، لا-مكان، تجد تطبيقًا لها على الجاذبيَّةِ أيضًا: جاذبيَّة، لا-جاذبيَّة. بهذا المعنى، وبحسَبِ ما أشرنا إليه في الفصولِ السابقةِ عن نظريَّةِ 'الاختثلاف'، لا علاقةَ للنافيةِ 'لا' بالإنكارِ القاطعِ للوجودِ كما في حالةِ 'اللّا' المُطلَقةِ أو 'اللَّيسَ' (non or no) أو 'الانعدام' (nihil). ألـ'لا' هنا تدُلُّ على وجودٍ 'مختألفٍ'، وليسَ على انعدامِ الوجود. قد يعني 'أللا-كائنٌ' (non-being) كائنًا بالقوّة، كائنًا في صَيرورة، بينما 'أللا المُطلَقةُ' أو 'اللَّيسَ' (no or not) أو 'الانعدامُ' (nihil) فيُقصدُ بها استحالةُ الوجودِ بالمطلقِ، استحالة الكينونة، وهذا مُحال.

لا نُجرؤُ بعد على القولِ إنّنا وجدنا الحلَّ الشاملَ لمسألةِ 'كُلِّيَةِ وجودِ' تلك القوَّةِ (ubiquity)، التي ذكرَها العالِـمَان 'لِدرمان' و'هيل' لكنّنا نأملُ أن نكونَ قد أشرنا إليها بالإصبع، وأنّها ستُرضي بعضَ المهتمّينَ بالموضوع. يبقى علينا، من أجلِ تأمينِ تأييدٍ أوسعَ لوجهةِ نَظرِنا في ما يخصُّ فعلَ الإخلاءِ الإلٰهيِّ الذي يرافقُ فِعلَ الخَلقِ، أن نتعمَّقَ أكثرَ بحثًا عن براهينَ على تأثيرِ دورِ 'الزَمزَمةِ' في الحالتين، وعلى مسألةِ التماثُلِ المذكورةِ أعلاه. لذٰلكَ نفضِّلُ استعادةَ بعضِ الرسومِ البيانيَّةِ التخمينيّة.

في الحالةِ الأولى المتمثِّلةِ بالرَّسمِ رقم 56، وبالتوافقِ معَ النظريَّةِ اللوريانيَّةِ، لا يمكنُنا أن نُحدِّدَ في أيِّ اتجاهٍ تمَّت عمليَّةُ الخَلقِ، أكانَ الخَلقُ منَ العَدَمِ أم منَ العنايَةِ، أم منَ 'الانفجارِ الكبيرِ'.

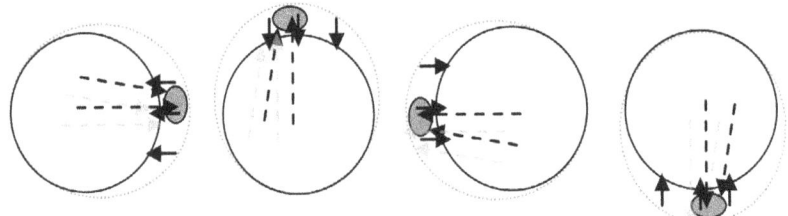

رسم 61: كلُّ المَواقعِ حولَ الشكلِ الكرَويِّ مُحتَمَلَةٌ

أللامتناهي يزمزم (צמצום) نفسه إراديًّا،[825] من أي جهة كان، لترك الخواء (تِهيرو) مع بعض الفضلات أو الآثار من جوهره (رِشيمو) والتي انطلاقًا منها ستتكوَّن 'الكِليم' و'الكِليبوت' الصالحة للخلق. ثم يرسلها، هو نفسه، تحت صفة "النور غير المتناهي"، معاكسًا لخطوته السابقة، يرسل إشعاعات نور مباشرة في غور "التهيرو" لكي تنطلق عملية الخَلق.[826]

إذا اعتبرنا أن دوائرَ الرسومِ الداكنة الصغيرةِ تمثّلُ الكَونَ المخلوقَ، نستنتجُ أنّه، أينما

825 وذلك لكي تُستبعد أي فكرة قد توحي بنظريّة الفَيض اللا-إرادي أو التقييد والتكييف.

826 الأسهم في الرسم تشير إلى الانكماش نحو الداخل، من جهة، ومن جهة أخرى إلى الأشعة المرسلة نحو الخارج.

كانَ موقعُه، فإنَّ إشعاعاتِ 'النورِ' المباشرةَ، والمفترضَ فيها إطلاقُ عمليَّةِ الخَلقِ، تَقصفُهُ جانبيًّا، أي بشكلٍ غيرِ متناسقٍ، إذ لا يُمكن أن يحصلَ تماثُلٌ إلّا في حالةٍ واحدةٍ، حيثُ تتمُّ الزمزمةُ، مركزيًّا، وبشكلٍ متماثلٍ. حينها، يُشكِّلُ ما سُمِّيَ 'فراغًا'، نوعًا من غِشاءٍ كُرويٍّ يلفُّ كُرةَ الكمالِ الإلهيّ. يُتيحُ المقطعُ العَرضيُّ للاحتمالِ الأخيرِ أن نصوِّرَ غِشاءَ 'الفراغِ' كتاجِ النورِ الذي يلفُّ الشمسَ، على نحو ما وصفَه الكبّاليّ 'تورتشينوف'، كأن نقولَ، من حيثُ التشابُه، إن لم تُحِط الخَليقةُ باللهِ كما يحيطُ طوقُ النورِ بالشمسِ (بحسَبِ الرسمِ البيانيِّ للقطعِ النصفيِّ لها)، ويُغلِّفُه، لن يتمتَّعَ 'الله' بالتماثُلِ، وبالتالي، يكونُ غيرَ كاملٍ. الرسومُ الأربعةُ السابقةُ تُمسي على الشكلِ التالي:

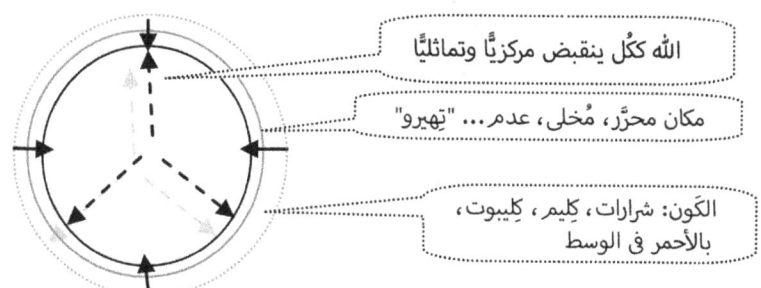

رسم 62: هلِ الإكليلُ القاتم هوَ الكَونُ، أم بالأحرى هي الكُرةُ الصغيرةُ التي تدورُ حولَ اللهِ كما الأرضُ حولَ الشمس؟

بالتالي، نقولُ، تعليقًا: 'إن كانَ لدينا، من جهةٍ، إثباتٌ علميٌّ بأنَّ الفراغَ لا يحتوي جاذبيَّةً، ومن جهةٍ أخرى بأنَّ الجاذبيَّةَ المكتشفَةَ في 'كُرةِ الكَونِ' الصغرى مصدرُها الإشعاعاتُ المرسَلةُ جانبيًّا إلى فلكِها من 'الكُرةِ الكبرى'، سيُخِلُّ هذا بمبدأ التماثُلِ، ويؤثِّرُ في شكلِ الكرةِ الصُغرى، المفترضِ بها تمثيلُ الكَونِ، بحيثُ يتوقّفُ رسمُها على طريقةِ العالِـم 'هوكِنغ'، ويؤخذُ بذلك الذي يصدرُ عن مؤسَّسةِ 'نازا' على أساس الإشعاع المحيط بالكون:

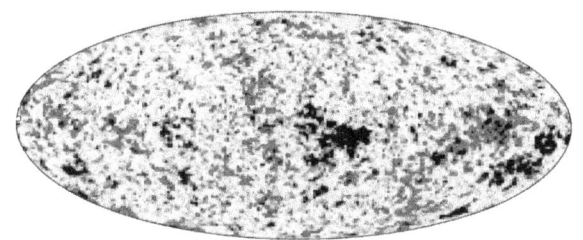

رسم 63: خلفيّة الإشعاعِ الكَونيِّ بالمايكرُويف. نتساءلُ إن كانَ لا بُدَّ لها، موضوعيًّا، من أن تكونَ بيضاويّةً إلى هذه الدرجة؟

في هذهِ الحالِ، قد لا يكون شيءٌ في الكَونِ كاملِ الكرويَّةِ، أي قادرًا على الدورانِ، أو له 'زاويةُ غَزلٍ'، وهذا يناقضُ نظريَّةَ أرسطو.[827] غير أن في الحالِ الأخرى، حالِ الزمزمةِ المُركَسةِ (centrifugal)، يسودُ التماثلُ ويشيرُ إلى مركزيةِ 'السيِّدِ المَلِكِ' - من بابِ احترامِ تعابيرِ التعليمِ المسيحيِّ-، بطريقةٍ شاملةٍ ومتناغمةٍ معَ حفاظِها على معطياتِ علمِ فيزياءِ الكمِّ، بخاصّةٍ مبدأ عدمِ الانفصالِ.

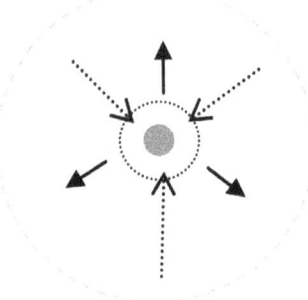

رسم 64: زَمزَمة مركَّسيَّة ومتماثلة

برأينا، إن الزمزمةَ من نقطةِ الوسَطِ، منَ المركزِ - معَ تهيئةِ المكانِ بالانقباضِ المُركِسِ (ما يساوي الإنجذابَ نحوَ لانهائيَّةِ اللهِ) - لا يمكنُ أن يشوبَها تناقُضٌ. ونظرًا إلى أنَّ الإخلاءَ يأتي كاملًا، فلا حاجةَ إلى 'فُضالاتٍ'، او 'آثارٍ' لإنجازِ الخَلقِ، ولا إلى خالقٍ 'صانعٍ' (demiurge) مضطرٍّ إلى أن يُعيدَ إرسالَ إشعاعاتٍ من نورِه مباشرةً إلى المكانِ الذي انسحبَّ منه. بالعَكسِ، متى كانَ الإخلاءُ كاملًا بالمطلقِ، لأن الإرادةَ التي أتمَّته هي منَ الكمالِ نفسِه، يتركُ مكانَه تماثلًا كاملًا.

يرافقُ هذا التماثلَ الكاملَ توتُّرٌ طبيعيٌّ (tension)، نوعٌ من حاضرٍ مستمرٍّ (present tense ...)، أو نمطٌ مِن "انفعالٍ" (passion)، سبقَ ذِكرُه في الفصلِ السادسِ معَ الاسمِ حُبّ، مدمجٍ برغبةٍ وجدانيَّةٍ لإعادةِ الصلةِ والوَحدةِ، باتّفاقِ الطَورِ (in phase) ما بينَ موجاتِ 'الجُزيئاتِ' الإلهيَّةِ التي تُشكِّلُ أهدابَ التداخُلِ (fringes) بينَ شَقَّيهِ، ألا وهما الحُبُّ والإرادةِ الإلهيَّينِ.

لقد تمَّ التعبيرُ عن ذلك 'التوتُّرُ' على أكملِ وجهٍ، على مدى العهدِ القديمِ، وبعدَه، في حدثِ التجسُّدِ، كما رآه أفرام:

---

827 راجع: Davies, Paul. The Mind of God, The Scientific Basis for a Rational World. New York, London, Toronto, Sydney, ed. Touchstone. Simon & Schuster, 1993. p. 36:
حيث نقرأ:" علاوة على ذلك، يحتوي الكون... بحسب أرسطو، أجرامًا سماوية... تتحرَّك، أبديًّا، تبعًا لمداراتٍ ثابتة وكاملة الشكل".

الشمسُ واحدةٌ	هي طبيعةٌ واحدةٌ
ثلاثةٌ ممتزجون فيها	متمايزون، غيرُ منقسمين
كلُّ منهم كاملٌ،	والجميعُ كاملٌ في 'الواحدْ'
التمجيدُ واحدٌ	ولو ليسَ بواحدٍ.
تلكَ الطبيعةُ العجيبةُ	التي توَلَّدُ في الوحدةِ
تتَّحدُ بالتجمّعِ	و تنبسطُ في الثالوثِ.[828]

أمّا 'أوغسطينوسُ' فيشهدُ بقوله: "أحِبِب وافعل ما تشاء"، أو "لن يرتاحَ قلبي إلّا فيك يا ألله".[829]

ويُضافُ إلى هذا كلِّه، أنَّ ما يُعتبَرُ من قِبَلِ المدرسةِ اللّوريانيَّةِ بث إشعاعاتِ نورٍ مباشرةٍ، يحظى هنا بمعنًى أكبرَ بكثيرٍ. ففي هذه الحالِ، كلُّ تبادلٍ أو نفاذٍ (osmosis) للنورِ بين الوسطين ما هوَ إلّا علامةُ توازنٍ عادلٍ، يلاقي انعكاسًا كاملًا. واللهُ والإنسانيَّةُ يكونان على مسافةٍ معيّنةٍ سمحت للّاهوتي كارل رانر بأن يكتبَ ما أتينا على ذكرِه في الفصلِ السادس وهو: "**عندما يريدُ اللهُ أن يكونَ ما ليسَ الله، يكون الإنسانُ...**". إنّها مُسلَّمةٌ لا تأتي، على ما يبدو، من شخصٍ هوَ من 'كبارِ الأميرِ الصغيرِ' بل هي أقربُ أن تكونَ صادرةً، في ما يظهرُ، عن نفسِ طفلةٍ، نفسَ شخصٍ مُلهَمٍ، نيِّرٍ، مثلَ قديسٍ، أي بإلهامٍ مِنَ الروحِ القدسِ. تتأرجحُ هذه المسلَّمةُ بينَ أنسنةِ اللهِ، تجسيمِه، وتأليهِ الإنسان. نتساءلُ عمّا إذا كان هذا التوازنُ هوَ ما عناه المسيحُ عندَ قيامِه بالموعظةِ عنِ الأطفالِ وكلِّ ما يرتبطُ بالطفولةِ، كما أيضًا عنِ التطويباتِ.

إضافةً إلى ذلكَ، تقودُنا هذه المسلَّمةُ إلى الاستنتاج أنَّ الوَسَطَين يتشاركان النقطةَ المركزيَّةَ نفسَها. ولابُدَّ من أن تكون تلك النُّقطةُ الموحّدةُ (الوَسَط، المحوَر، حَجرُ الزاويةِ)، والتي يدورُ حولَها 'الكلُّ'، المرئيُّ وغيرُ المرئيِّ و'الما بعدَ غيرِ المرئيِّ'، الضامنُ لقِوامِ

---

[828] راجع: H Fid 40, 5; CSCO vol 154, p.131; Cf. Les Origines, pp. 107-109. Cf. aussi La Pensée, pp. 124-125. مع تعديل طفيف للمؤلف على معنى البيت الأخير.

[829] راجع [الإنترنت] Book1, URL:http://www.fordham.edu/halsall/basis/confessions-bod.html; Chapter 1. (تمَّ تفحُّصه خلال تشرين الثاني 2016)

(holder) 'راز الوحدةِ في التعدُّدِ'، 'راز الجدليَّةِ التوحيديَّةِ'، ولٰكن أيضًا، 'راز النظريَّةِ الشاملةِ الموحِّدةِ' (Grand Unified Theory : G .U .T .) التي يحلُمُ بها علماءُ الفيزياءِ.[830]

"حجرُ الزاويةِ" ذاك، الذي يمكنُه أن يكونَ أصغرَ من أيِّ جزيءٍ 'بوزونيٍّ'،[831] أصغرَ من أصغرِ مكوِّنٍ طبيعيٍّ يمكنُ تصوّرُه، ذاك المركزُ العائدُ إلى كلِّ الأوساط، ربما يحتوي القِوامَ الماديَّ للجاذبيَّةِ التي تؤثِّرُ في الوَسَطين المذكورين أعلاه، كي لا نقولَ الأوساطِ الثلاثةِ، في حالِ اعتبرنا الواقعَ الكمّيَّ وسَطًا بذاتِه.[832] إن العددَ الكبيرَ منَ المخاريطِ المرسومةِ لتوضيحِ سلوكِ الزمانِ وكذٰلكَ انتشارِ النورِ (بخاصّةٍ الطيفِ الكمّيِّ) بحسَبِ الرسمِ التالي، توحي بأنَّ من نُقطةِ الالتقاءِ المركزيَّةِ هذه تعبرُ إشعاعاتُ النورِ كافّةً، وفيها يجري التبادُلُ الجوهريُّ بينَ المخلوقِ وغيرِ المخلوق.

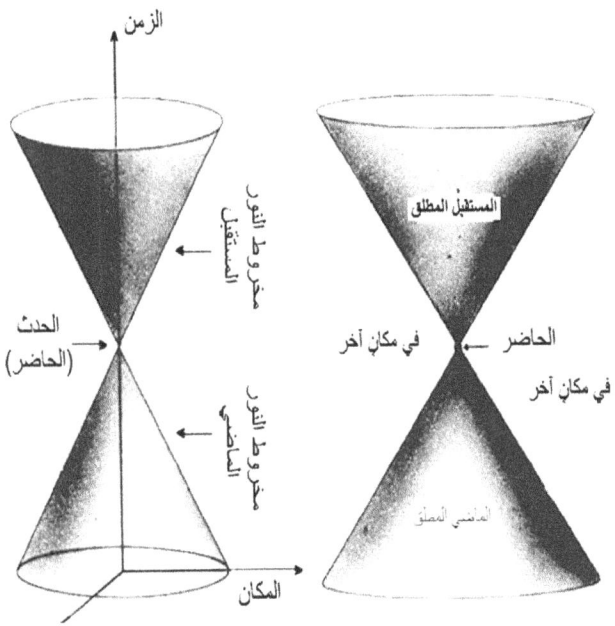

رسم 65: مَخروطُ الزمن، مَخروطُ النور (هوكِنغ)[833]

830 "النظريّة الكبرى الموحّدة" .G.U.T. Grand Unified Theory
نظريّة يأمل علماء الفيزياء، اليوم، أن يحققوا من خلالها التقارب بين المعادلات المختلفة، بشكل يكفي متطلبات القوة الذريَّة الضعيفة والقوّة الذريّة الشديدة...

831 'البوزون' تمثّل كل جزيء خاضع لإحصائية Bose-Einstein مثل (mesons, photons, etc)

832 التعدّدية في الوحدة تجدُ لها هنا توسُّعًا غير محدود بما أنه يمكننا حتى أن نتوقّع عددًا لامتناهيًا من أوساط الدوائر..

833 *Hawking*, pp. 124-131. Les figures suivantes en sont prises aussi

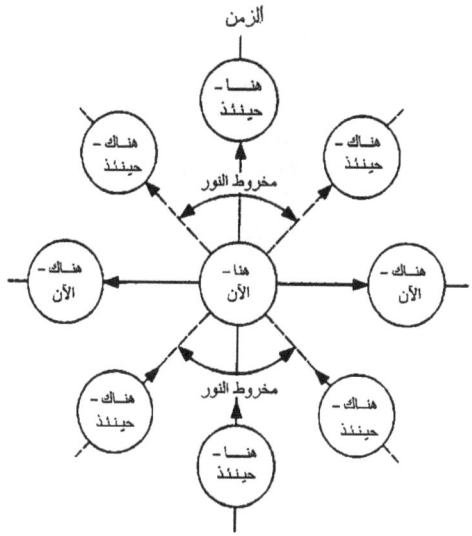

رسم 66: توضيحُ المغزى من مخاريطِ الزّمَكان

يُظهِرُ الرسمُ (66) الفرقَ بينَ المفهومِ التقليديِّ للزمانِ والمكانِ، والذي "للزَّمَكانِ" في ضوءِ المخاريطِ: بينَ 'الهُنا - الآنَ' و'الهُنا - حينئذٍ' أو 'الهُناك - حينئذٍ'. بحسَبِ المفهومِ الأولِ، مسافةٌ تُقاسُ، بينما هي صفرٌ بالنسبةِ إلى مفهومِ مخاريطِ "الزَّمَكان" إذ إن كلَّ 'حينئذٍ'، يحافظُ على اتّحادِهِ 'بالآن' من حيثُ تنطلقُ المخاريط.

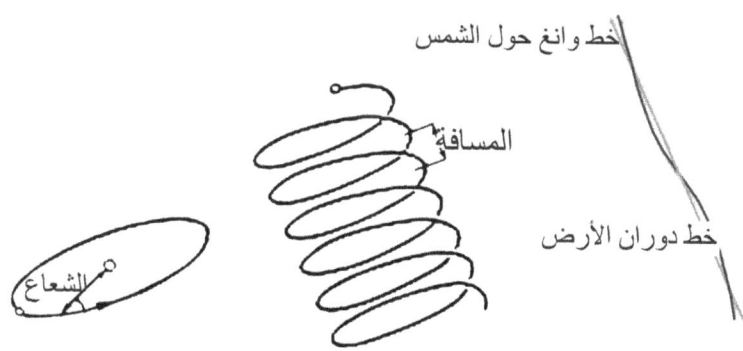

رسم 67: مدار الأرض حول الشمس

أ) تبعًا لعِلمِ الفضاءِ التقليديِّ: مدارُ الأرضِ حولَ الشمسِ مُقفلٌ. (يسار)؛

ب) في الزّمَكانِ يُشبهُ المدارُ نابضًا حلزونيًّا:

ج) بسببِ سرعةِ النورِ الهائلةِ، يَنفتحُ اللَّولبُ لدرجةٍ تجعلُ مسارَ كوكبِ الأرضِ شبهَ خطٍّ مستقيم؛ قياس الفُرجَةِ بينَ الدوراتِ الحَلَزونيَّةِ، يساوي 36000 مرّةٍ شعاعَها. (يمين)

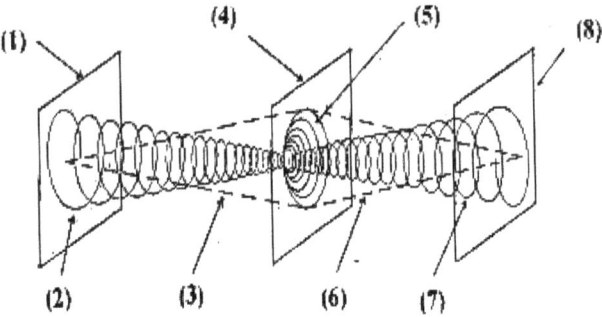

(1) Positive Projection Plane (5) Fibonacci Spiral (Growth-Death Aspect

(2) Positive Constructive Cone (6) Negative Destructive Cone

(3) Positive Destructive Cone (7) Negative Constructive Cone

(4) Fibonacci Expansion Plane (8) Negative Projection Plane

Fig. (11) Dynamic Life-Death Cycle, Which shifts from Pyramid to Cone geometry

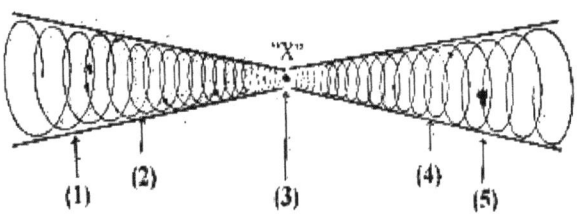

(1) Path of Past Space-Time events

(2) All Mass in this cone spirals upwards to point "X"

(3) Universal point of time – **Here Now**

(4) All Mass in this cone spirals downwards to point "X"

(5) Path of Future Space-Time events

Fig. (12) Cone of accelerating Space-Time point-events (***General Relativity***)

رسم 68: يشير هذا الرسم إلى أن المراحلَ الديناميَّةَ لعُمر الإنسان، الممثَّلة تقليديًّا بالهَرَم، تتحوَّل رمزيَّتها إلى هندسةٍ مخروطيّة. منَ اللافتِ أن اتجاهَ السهمِ، قبلَ نقطةِ 'هنا – الآنَ' وبعدَها، يتعاكسُ. هذه النظريَّةُ تتناسبُ، بشكلٍ أفضلَ، مع التدبيرِ الخَلاصيِّ، حيثُ النُقطةُ 'X' تمثِّلُ 'التجسُّدَ'.

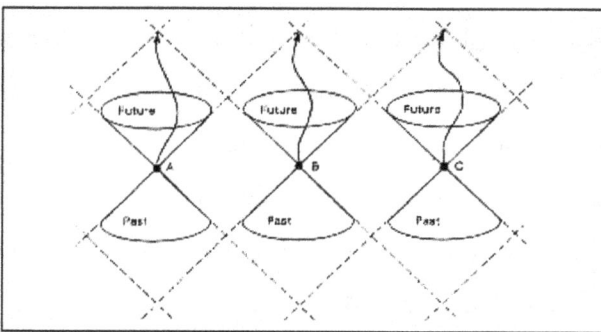

Figure 8: A set of three light cones "belonging" to spacetime events A, B, and C. It is impossible to travel from any of these events to any of the others.

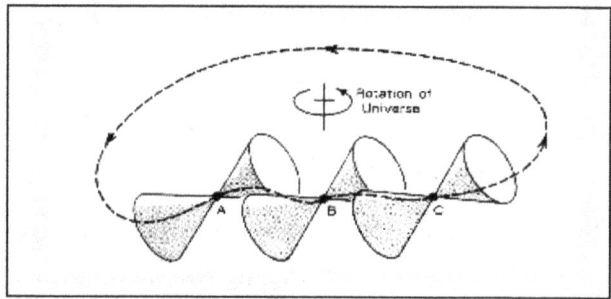

Figure 9: If the Universe is rotating, the light cones may be tipped so that you *can* travel from A to B to C—and on around the Universe, back to event A. That is, back to the same place *and the same time* that you started from—and all without ever traveling faster than light.

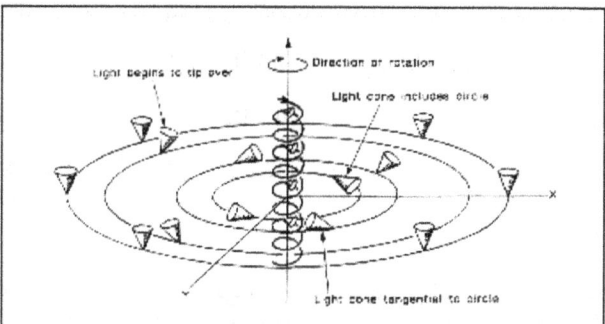

Figure 10: A massive, rotating cylinder will also drag spacetime around with it and cause the light cones to tip over in the region of the strong gravitational field. This is the basis of Frank Tipler's design for a time machine. By traveling in a tight orbit around the rotating cylinder, you would travel backward in time, as represented by the central helix in this diagram.

رسم 69: مَدلول مخاريط "الزَّمَكان" (تُركت اللُّغة الإنجليزيّة على حالها عمدًا). يُلاحظ أنه في حال تمّت قيادة السيّارة بسُرعة الضوء تراوح مكانها. وفي حال تمّت قيادتها على مدارٍ قريب جدًّا من أسطوانة الدوران تعود بالأحرى أدراجَها في الزمن.

هذهِ الرسومُ نجدها في معظمِ الكتبِ والمواقعِ الإلكترونيَّةِ المتخصِّصة.[834] وإذا ما انكببنا عليها وأحسنّا استعمالَ أعيُننا ومخيِّلتنا، بقصدِ أن نرى 'فيلَ الأميرِ الصغيرِ داخلَ الأصَلةِ'، يمكنُنا أن نتصوَّر أنَّ، من تلك النُقطةِ، مركزِ النطاقِ الثالوثيِّ، تعبرُ كلُّ إشعاعاتِ النورِ، وفيها يحدُثُ التبادلُ الأساسُ بينَ المخلوقِ وغيرِ المخلوقِ. تصحُّ تسميتُها نُقطةَ تكثُّفِ النورِ والطاقةِ، نُقطةَ انطلاقِ 'الإنفجارِ الكبيرِ'، وبلُغَةِ المعلوماتيَّةِ، المُعالجَ (processor) في اللَّوحةِ الأُمِّ (motherboard) المُركَّبةِ من كلِّ 'ما يُرى'، و'ما لا يُرى' مِنَ الكونِ بأسرِه. ولكن من المُمكنِ أيضًا تسميتها 'أحشاءَ اللهِ الآبِ'، 'رحِمَ الروحِ القدسِ-الأمِّ' (المُمَثَّلِ برحِمِ كلِّ أمٍّ على الأرضِ). يمكنُ أيضًا تعريفُها بـ'الجسرِ' بينَ العقلِ الإلهيِّ (noûs)، والعقلِ البشريِّ، أو نُقطةِ تقاطعِ 'جادتينِ' تتضمّنانِ، في الوقتِ نفسِه، مسلكَي اللهِ والإنسانِ، العلمِ والدينِ، العقلِ والإيمانِ. كما يمكنُ توقُّعُ 'إشارةِ سيرٍ' بشكلِ صليبٍ شاملٍ لكلِّ الجهاتِ، على ملتقى الجادتينِ، مع لوحةٍ تحملُ حرفَي الألفِ والياءِ، أو (A et Ω)، أو (א و ת) اللَّذَينِ تشيرُ إليهما سهامُ الاتجاهاتِ كافَّةً، كما تعودُ لتنطلقَ منهما، بعدَ أن تكونَ قد خضعت، إمّا للاستحالةِ في الجوهرِ (transsubstantiation) وإمّا فقط للتحوُّلِ (transmutation) والتجدُّد.[835]

تلك النُقطةُ، الصغيرةُ إلى درجةٍ لا يدركُها خيالٌ، بما أنّها نُقطةُ الدائرةِ، هي أيضًا كبيرةٌ بما يفوقُ التصوُّرَ، هي نفسُها ذروةُ التقاطعِ الذي سبقَ ذكرُه. ولا يمكنُها إلّا أن تكونَ نقطةَ تكثُّفِ الطاقةِ، موضوعَ نظريّةِ 'الانفجارِ الكبيرِ'، والنورِ، موضوعَ سفرِ التكوينِ، وبالتالي، لكلِّ أنواعِ الكمِّ موضوعِ بحثِنا. إنّها بؤرةُ التقاءِ شُعَعِ حبِّ اللهِ وتباعُدِها، أي تمدُّدِها، المسبِّبِ الأساسِ 'لزَمكانِ' الخَلقِ، كما أيضًا مركزُ الجاذبيّةِ الكونيّةِ التي ما زالت، حتى اليوم، تحيِّرُ العلماءَ.

يكفي أن نُدخِلَ أحدَ مخاريطِ الزمانِ المذكورةِ أعلاه، أو أحدَ المخاريطِ بحركتِه اللوليَّبةِ، إلى كُرةٍ تمثِّلُ ما يُرى وما لا يُرى، وأيضًا ما يتجاوزُ ما لا يُرى، حتى نقرَّ بأنَّ الأمورَ هي على هذا النحو، حيثُ التماثلُ والتناغمُ متواجدَينِ وبأنّ كلماتِ سفرِ التكوينِ: "ورأى اللهُ أنَّ ذٰلِكَ حَسَنًا" تلتقي بصداها.

---

834 ألموقع الأكثر إفادة بخصوص هذا النوع من الرسوم الخاصة بنظرية المخاريط هو:
http://physics.syr.edu/courses/modules/LIGHTCONE/minkowski.html

835 ملفت شكلَ حرف "التاو" من الأبجديّة الكنعانيّة الأولى ✝. أليست مصادفة مدهشة؟ (راجع الرسم 90)؟

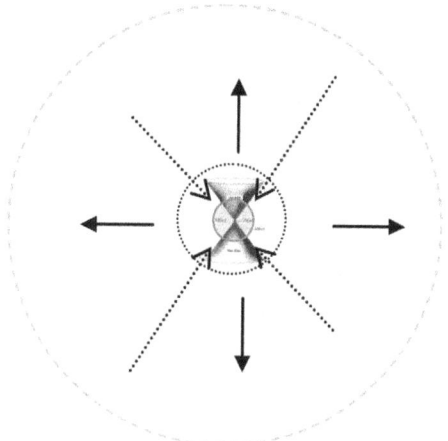

رسم 70: انخراط "الزَّمَكانُ"

كلُّ شيءٍ يدورُ! وهكذا يملأُ "الزَّمَكانُ" كاملَ الكرةِ التي حرَّرها الإخلاءُ إلى الدرجةِ التي تراها الحِكمةُ الإلهيَّةُ كافيةً لقيامِ فاصلٍ شبيهٍ بغشاءٍ مساميٍّ (porous membrane) ما بينَ الخَليقةِ والخالقِ، بينَ الجنينِ والأمِّ (Khôra)،[836] يسمح بألاّ يتعطَّلَ التناضحُ أبدًا بينَ الإلهيِّ وما قد يصيرُ إليه الإلهيُّ، في حالِ رغبَ بألاّ يكونَ بعدُ إلهيًّا. لا شيءَ، بحَسَبِ التعبيرِ: 'تعالَ أيُّها الربُّ' (ܡܪܢ ܐܬܐ مَران آتا)، يُمكنُ اعتبارُه حصَلَ مرَّةً في ماضٍ يبتعدُ إلى ما لا نهايةٍ، في حينِ أن إلهَ التكوينِ لا يزال يمرُّ كلَّ يومٍ، بـ'عدنَ' ينتظرُ عودةَ آدمَ وحوَّاءَ. فالحبُّ لا يتلاءمُ معَ ما مضى. يستمرُّ الإخلاءُ الإلهيُّ، أكانَ الأوَّلُ أم الثاني، إلى ما لا نهايةٍ، في التعبيرِ عن ذاتِه، في حاضرٍ دائمٍ، يُحدِثُ زمنًا-توترًّيا (time-tension)، حيويَّةً، بدونها ينهارُ الكَونُ ويغيبُ الألوهيُّ. أجل، يغيبُ الألوهي، كالحبِّ الذي يفقِدُ عِلَّتَه، مركزَ حرارتِه ونورِه.

عند هذا المفصلِ، ما الذي يمكنُ قولُه بخصوصِ 'الغَزلِ' (spin) الذي يصفُه القاموسُ Farles Free Encyclopedia بما معناه: "العزمُ الحركيُّ الزاوي لوحداتِ الكمِّ"؟ هل هوَ ما يقفُ خلفَ كلِّ عزمٍ زاويٍّ (the intrinsic angular moment) يتسبَّبُ بدورانِ كلِّ شيءٍ: الكمِّ، الأرضِ، النجومِ، الكَونِ؟ أينَ مصدرُه وما هي حدودُه؟ هذا ما سنقاربُه تحتَ العنوانِ التالي، مُعتمدينَ على مراجعَ يُركَنُ إليها، ومكتفين باستعمالِ لفظةِ 'سبين' للتعبيرِ عن الكلمةِ الإجنبيَّةِ (spin) بدلَ، الترجماتِ العربيَّةِ لها، تبسيطًا للنصِّ وتسهيلًا على القارئ.

---

836 (Khôra (also chôra; Ancien Grec: χώρα)...
راجع: [الإنترنت] URL: https://fr.wikipedia.org/wiki/Chôra تمّ تفحّصه خلال كانون الأوّل 2016

2.4. مَصدرُ 'السْـبِـنْ' المُنتِجِ لِحَركةِ الدَّوَران

نعتزمُ، أوّلًا، توضيحَ ماهيَّةِ ''السبِن'، ثمّ البحثَ في مصدرِه.

1.2.4. ماهيَّةُ 'السْـبِـنْ'

رسم 71: في مكانٍ ما، بطريقةٍ أو بأخرى، بدأ 'الغَزل'

يفيدُنا العالم بروس شوم بما يلي:

> 'السبِن'، بحسَبِ ما نستخلصُ من عِلمِ مِكانيكا الكمّ، هوَ أمرٌ نوعيٌّ جدٌّ مميَّز. إنّه خاصيَّةٌ أساسٌ (رقمٌ كمّيٌّ)، تُلازمُ كلَّ نوعٍ من أنواعِ الجُزَيئات. هوَ كميَّةُ 'العَزمِ الزاويِّ' (angular momentum)، الضمنيِّ، الذي يملِكُه كلُّ جُزيءٍ، من أيِّ صنفٍ كانَ، إلكترون، نوترون، بوزون إلخ، حتّى ولو كانت قيمتُه لاغيَةً. في بعضِ الجزيئاتِ، تكونُ قيمتُه واحدةً وغير قابلةٍ للتغيير. طالما أن الجزيءَ موجودٌ، يمتلكُ كميَّةً خاصّةً من 'العزمِ الحركيِّ الزاويِّ' لا تزيدُ ولا تَنقصُ. وبحسَب الظروفِ، قد يتمتَّع 'السبِن' بمقدارٍ من 'العزمِ الزاويِّ' المميَّزِ من الصنفِ المداريِّ (القابلِ للتغيير) كي يدورَ حول أجسامٍ أخرى. وبصرفِ النظرِ عن وجودِ هذا النمطِ الأخيرِ من الدورانِ أو عدمِه، فإنَّ 'السبِن' يستمرُّ بحدِّ ذاتِه، داعمًا بـ'عزمِه الزاويِّ' الخاصِّ، ذي الكميَّةِ الثابتةِ، أيِّ نظامٍ يحتويه.[837]

837 راجع: Schumm, Bruce A. *Deep Down Things, The Breathing Beauty of Particle Physics; John Hopkins University Press; Baltimore and London. 2004. p. 178*

العالِـمُ 'كلان' يتعمَّقُ أكثرَ بهذا التحليلِ ويؤكِّدُ قائلًا: "السبِن هوَ ميزةٌ داخليَّةٌ للجزيئاتِ، متناسقةٌ، ولٰكن غيرُ متطابقةٍ مع المفهومِ التقليديِّ للدورانِ على الذاتِ". ويضيفُ:

> إذا ما قِسنا دائرةَ غزلِ إلكترونةٍ ما، في أيِّ اتجاهٍ كانَ، لا يمكنُ للنتيجةِ إلَّا أن تكونَ واحدةً من اثنتَين: إمَّا ($h/4\pi$) أو ناقصًا ($h-/4\pi$). حيــث 'h' هي ثابتةُ 'بلانك'. وإن تصوَّرنا الإلكترونةَ 'كُرةً' صغيرةً ذات شعاعٍ بقياس (10^{-15} م) [الشعاعِ الضروريِّ كيما تساوي الطاقةُ الكهروستاتيَّةُ للكُرةِ المشحونةِ طاقةَ الكُتلةِ (mc^2)]؛ وإن تطابقت غَزلَةٌ واحدةٌ لها مع دورةٍ كاملةٍ للإلكترونة، فمنَ المفترَض أن تكونَ السرعةُ على وجهِ الكرةِ قد تخطَّت سرعةَ الضوء. عليه، إن مجرّدَ وجودِ عاملِ الغَزل هذا يُرغِمُنا على التخلّي عن بناء نموذجٍ عن الإلكترونة، وما يزعج أكثرُ، هوَ القبولُ بعزمٍ حركيٍّ (kinetic moment) لا يتناسبُ ودورةً كاملةً للمادة.[838]

هذه الشروحاتُ تعطي فكرةً عن مدى الأهميَّةِ التي يوليها العلماءُ لهذا العُنصُرِ الأساس منَ المادةِ، المؤثِّرِ في حركةِ الدورانِ، من المستوى الكمّيِّ إلى المستوى الكَونيّ. فضلًا عن أنَّ ذٰلكَ كانَ مصدرَ إلهامٍ لنا، وما زالَ يُلهِمُ مؤلّفين كثيرين ينتمون إلى قطاعاتٍ عِلميَّةٍ، بخاصّةٍ فيزيائيِّين من خيرةِ مراجعِنا، وفلاسفةٍ مثل 'غيتون'، ولاهوتيين إصلاحيين مثل 'مولتمان' و'دايفس'، منَ المفترضِ فيها أن تبدأَ بإلهامِ لاهوتيينَ كاثوليك. واحدٌ من أفضلِ المراجعِ لموضوعِنا، الذي أُتيحَت لنا فرصةُ الاطلاعِ عليهِ يحملُ عنوان: *Symmetry and the Beautiful Universe*.[839] لقد جعلَ الكاتبُ من مؤلّفه هذا مختبرًا حقيقيًّا لشرحِ اختبارٍ أسماه *Rotating The God Particle*، ما معناه: 'جعلُ الجُزَيءِ الإلٰهِ يدور'، ولتسليطِ الضوءِ على ظاهرةِ التماثُل.[840]

نكتفي بهذا القدرِ منَ المعلوماتِ في ما يخصُّ ظاهرةَ 'السبِن' لأنّه يتّضحُ ممَّا سبقَ قولُه، لغايةِ الآنَ، أن هدفَنا الأوَّلَ ليسَ التوسُّعُ في جزءٍ من تحاليلِ عِلمِ الفيزياءِ النظريِّ، بل بالحَري، الإجابةُ عن السؤالِ: أينَ يقعُ مصدرُ 'السبِن'؟

838 راجع: Klein p.199 (ترجمة المؤلّف

839 راجع: Lederman, Leon M.; Christopher T. Hill, *Symmetry and the Beautiful Universe*. Prometheus Books. NY, 2004

840 المرجع نفسه ص. 303

4.2.2. مَصدرُ ’السّبِن‘ وأنواعُ الدّوَرانِ كافّة: الثالوثُ الأقدَس

فلنعُد إلى المفهومِ الرابيني من نظريّةِ ’زِم زُم‘. مهمَّتُنا، الآنَ، تقومُ على ’تصوُّر‘ أيِّ نوعٍ من ’إلٰهٍ‘ هوَ الذي سيُجلي عن ذاتِه من خلالِ مفهومِ التكوينِ هذا، وكيفَ يساعدُ، في واقعِ الأمرِ، على حلِّ ’مفارقةِ السـبِن‘ كما أحبَّ الكاتبُ ’شومُ‘ تسميتَها.[841]

ينضمُّ ’مولتمان‘ إلى هذهِ المهمَّةِ من خلالِ سؤالٍ واضحٍ ودقيقٍ: ’أيُّ صورةٍ عنِ الداخلِ الثالوثيِّ تكشفُ عن ذاتِها، من خلالِ فكرةِ التكوينِ من اللهِ في اللهِ‘؟[842] يلي هذا السؤالَ جوابٌ جدُّ معبِّرٍ يمتَدُّ على ما يقاربُ الصفحتينِ والنصف من كتابٍ عددُ صفحاتِه مئةٌ وخمسون. نواةُ ذاك الجوابِ مفصَّلةٌ بدقَّةٍ من خلالِ كلماتِ ’مولتمان‘ التالية:

> إن فَهِمنا التكوينَ، ببساطةٍ، كعملٍ ثالوثيّ، غيرِ منقسمٍ، نحوَ الخارجِ، (*opus trinitatis indivisum ad extra*) لا يمكنُنا أن ننطلقَ سوى من قرارٍ، من إرادةِ اللهِ الواحدِ - الأحدِ، ولن يكونَ بإمكانِنا تحديدُ الفعلِ الخالقِ بدقّةٍ أكبرَ.[843]

من الواضحِ أنّه، عندما يتعاطى العِلمُ معَ اللهِ كمفهومٍ أولَ، معترَفٍ به منَ الفلاسفة، يقاربُه باعتبارِه المحرّكَ الأرسطيَّ الذي يحرّكُ الكلَّ (يجعلُه يدورُ) ولا يحرّكُه شيءٌ. بعدَ ذٰلك بكثيرٍ بدأت تظهرُ لهجةٌ تُشيرُ إلى إلٰهٍ ثالوثٍ وأوحت، بحسَبِ ’مولتمان‘، بنوعٍ من حركةٍ في الداخلِ الثالوثيِّ، في صميمِ ’الوَسَطِ‘ الإلٰهيّ.[844]

وللمناسبة، نودُّ أن نلفُتَ إلى أنّنا منَ المتعبِّدينَ للثالوثِ الأقدسِ، في ضوءِ إيقونةِ ’روبليف‘ الشهيرةِ. ومن البديهيِّ أيضًا، أنَّ نُقّادَ الفنِ الإيقونوغرافيِّ يُجمعون على الإشارةِ إلى أهميَّةِ حركةِ الرؤوسِ الثلاثةِ المصوَّرةِ فيها. إن تلكَ الحركةَ البسيطةَ تساعدُ في التمييزِ، ولو قليلًا، بينَ الأقانيمِ الثلاثةِ، والتحديدِ، بحميميّة، من هوَ الآبُ ومن هوَ الابنُ، وبالتالي، من هوَ الروحُ القدس.

---

841 راجع: Schumm, Bruce A.Op. Cit. ص. 177.

842 *Moltmann*، ص. 60

843 المرجع نفسه.

844 كثيرون هم العلماء الذين تحدثوا عن أهمية الثالوث منهم John O'Donnell في كتابه *Trinity and Temporality*؛ John Polkinghorne في كتابه *Science and the Trinity* بعد أن كان أطلق فكرته في كتابه *Science and Providence*، صص. 87 - 88. وبالمناسبة نلفت بكل اعتزاز بأننا من المتعبدين للثالوث الأقدس من خلال أيقونة روبليف.

رسم 72: نسخة عن إيقونةِ 'روبليف'

لم يأتِ 'مولتمان' على ذكرِ هذه الإيقونةِ، ولكن، في المقابلِ، وصفَها بطريقةٍ جديرةٍ بالكشفِ عمّا بقيَ خفيًّا من المعطياتِ الأساس للاهوتِ الطبيعةِ. واستنادًا إلى جدليَّةٍ معرفيَّةٍ معيّنةٍ، فهو يرى أن اعتبارَ اللهِ وحدةً صرفًا (صمد)، لا يخدُم المقاربةَ الكميّةَ للطبيعةِ وللواقع بشيء.

ولما ثبُتَ أن المادةَ المخلوقةَ مكوّنةٌ مِن كمّاتِ الطاقةِ (quanta) التي هي بحالةِ 'غزلٍ' ودورانٍ دائمين، كانَ لا بدَّ من أن يقبلَ 'مثالُ' اللهِ (God's paradigme)، بعضَ التحوُّلِ فيجعلُه أكثرَ انفتاحًا على التحدّياتِ الجديدة، فتصبح الوحدةُ في التعدُّدِ شرطًا لا بدَّ منه (*sine qua non* condition) لأيِّ نوعٍ من سيرورةٍ وتطوُّرٍ، ولا سيَّما لفهمِ الدورانِ الخاصِّ، كما العامِّ، للكائناتِ، من أصغرِها إلى الكَونِ بأسرِه، غزلِها وكلِّ حركةٍ دائريّةٍ لها.

ما كنّا لِنُقدِمَ يومًا على طرحِ هذه الإشكاليّةِ لو لم نجد تشجيعًا، لتصميمِنا، كمتزهّدين، من مراجعَ غايةٍ في الأهمّيّةِ مثلَ البابا يوحنّا-بولس الثاني في رسالتِه '**العقل والإيمان**'، ومن 'دايفس' عن طريقِ كتابِه *Mystical Knowledge*،[845] من خلالِ تعليقاتِ العالِمِ 'لِدرمان'

---

845 راجع: Davies, Paul. Mind of God p. 231-232. يقول الكاتب: " نجد أنفسنا مكبلين أمام إمكانية الوصول إلى المعرفة القصوى والتفسيرات القصوى، بالقوانين والشروط نفسها التي لطريقة تفكيرنا، والتي تنذرنا هي نفسها بالبحث عنها بدرجة اولى. لو رغبنا باختراق تلك الحواجز علينا ان نتبنى مفهوما جديدا للفهم والإدراك غير الذي للتحليل المنطقي. من المحتمل جدا أن يكون الأسلوب التصوُّفي وجه من تلك القدرة". (ترجمة المؤلِّف)

الفلسفيّة،[846] وتأمّلاتِ 'هِربِرت'،[847] وتعليقاتِ 'بولكِنغهورن'،[848] وَوِليَم وورثِنغ[849] الذين أجمعوا على أن المتزهّدين-المتصوّفين يجب أن يكونَ لديهم ما يقولونَه في الموضوع. جميعهُم يحترمونَ المسارَ النوعيَّ الذي يدورُ عليه اولئكَ المتزهِّدون، كما يدورُ الدراويشُ على ذواتِهم وفي حلقاتِهم. يُشبهُ هذا المسارُ 'الشاطئَ الصخريَّ' (reef) المذكورَ عند يوحنّا-بولسَ الثاني، حيثُ يمكنُ للعقلِ والإيمانِ أن يلتقيا ليتحاورا لا ليتبادلا الدينونة. نستدعي العنايَةَ الإلٰهيّةَ كي تساعدَنا في متابعةِ تحاليلِنا.

وصف 'مولتمان' حركةَ الداخلِ الثالوثيِّ كما يلي:

> أمّا إذا انطَلَقنا منَ العلاقاتِ التي داخلَ الثالوثِ، وبينَ أقانيمِه، يتّضحُ أن الآبَ يخلُقُ ما هوَ مُختلِفٌ عنه بمقتضى حُبِّه للابنِ وأن الخَلقَ، نتيجةً لذٰلك، لا يتطابقُ فقط معَ الإرادةِ، بل أيضًا معَ الحُبِّ الأبديِّ لله... الخَلقُ هو، بالعكسِ، (خلافًا لنظريّة القديسِ أوغوسطينوس)، نتاجُ الحُبِّ الأبويِّ، ومن ثمَّ، يُنسبُ إلى الثالوثِ بكلِّيتِه.[850]

وفي ما يختصُّ بالروحِ القدسِ، يضيفُ قائلًا:

> هو (الآبُ) يخلقُ بقوّةِ الروحِ القدسِ... يخلقُ، أيًّا كانَ فهمُنا لهذا القولِ، انطلاقًا من 'قِوى' روحِهِ القدّوسِ وطاقاتِه. وبفضل 'قِوى' الروحِ القدسِ وطاقاتِه، يتمّ تخطّي كلِّ فارقٍ بين الخالقِ والمخلوقِ، بينَ الفاعلِ والفِعل، بينَ الفنانِ وعملِه.[851]

ولكي يُبعِدَ عن وصفِه كلَّ ظلِّ حلوليَّةٍ (ألوهيَّةِ الكَونِ)، وبهدفِ التعبيرِ عن وجهةِ نظرِه بطريقةٍ ثالوثيّةٍ، يقول:

> منَ المؤكَّدِ، بهذا المعنى، أنَ الخَليقةَ لا تكتسبُ بذاتِها صفةَ الألوهةِ، بل تنضوي في حقلِ قوى الروحِ، وتحظى بالمشاركةِ في الحياةِ الداخليَّةِ للثالوثِ... الخَلقُ منَ اللهِ، في اللهِ، يستلزمُ الترتيبَ التاليَ في الثالوثِ: يخلقُ اللهُ العالـمَ، بالابنِ، انطلاقًا من حُبِّه الأزليِّ،

---

846 راجع: Lederman and Hill. p.287

847 راجع: *Herbert*. p.250

848 راجع: Polkinghorne, John. *Science and The Trinity, The Christian Encounter With Reality*. Yale University, New Haven and London, 2004. pp. 94, 176

849 راجع: Worthing M. William, *God, Creation and Contemporary Physics*,Theology and sciences series, Fortress press, Minneapolis, USA, 1996, p. 1

850 راجع: *Moltmann*, p. 60

851 .Ibid. p. 61

بهدفِ تجاوبٍ زمنيٍّ معَ حُبِّه بقوّةِ الروحِ القدسِ الذي يوحِّدُ ما هوَ مُختلِفٌ... ويُنسبُ الخَلقُ حكمًا لوحدةِ اللهِ الثالوثِ. وبحُبٍّ 'خلّاقٍ' يتّحدُ اللهُ بذاتِه الأخرى التي في الخَليقةِ ويمنحُها 'مكانًا'، 'زمانًا' و'حريَّةً' داخلَ حياتِه اللامتناهيةِ.[852]

صحيحٌ أن هذه الاقتباساتِ المتتاليةَ التي نقلناها عنِ اللاهوتيّ مولتمانَ طويلةٌ بعضَ الشيءِ، وتُخطِئ قليلًا بحقّ أحكامِ احترافِ الكتابةِ، إلّا أنّنا فضَّلنا أن نلتحقَ بالخطيئةِ السعيدةِ (*felix culpa*) للقديسِ أوغسطينوس، على أن نرتكبَ خطيئةً سيِّئةً (*inscitus culpa*) بتفسيرِنا لما هوَ واضحٌ ودقيقٌ، ويؤسِّسُ لقواعدَ أمثلَ في الحوارِ مع عُلومِ اليوم.

هذه التأكيداتُ التي أرادَها 'مولتمان' غيرُ قابلةٍ للجدَلِ، تزرعُ أفضلَ التوقُّعاتِ واليقينيّاتِ في ما يخصُّ 'الحاضرَ الدائمَ' لحالتِنا البشريَّةِ وخلاصِها، وذلك في الواقعِ الكمّيِّ كما في الواقعِ الرازائيِّ. وبالصفةِ الزُّهديّةِ، العابدةِ للهِ الثالوثِ، نؤكّدُ أنَّ هذا الوصف، الغايةَ في التماثُلِ والتلاؤمِ مع معطياتِ الواقعِ الكمّيِّ، كما مع الخفيِّ الذي يُجليه، يرفعُنا إلى 'سماءٍ' أسمى من التي اعتقدنا أنّنا كنّا قد استقرَّينا فيها. نجدُ هنا، في إيقونةِ 'روبليف'، إثباتًا مُقنعًا على تلكَ الحركةِ التكوينيَّةِ للداخلِ الثالوثيّ حيث وُجهةُ 'السبِن' المعاكسةُ لحركةِ عقاربِ الساعةِ، تبدو واضحةً بفضلِ انحناءةِ رؤوسِ الأقانيمِ الثلاثةِ الذين يَبدون، هم أيضًا، في حالةِ دورانٍ حولَ مِحورٍ شديدِ الدقَّة، المحورِ الذي يعبرُ بكأسِ 'خمرِ الحُب'.

رسم 73: انطلاقة 'السبِن»'

852 Ibid

يبدو أن الحركةَ الداخليّةَ للثالوثِ المعبَّرِ عنها في الإيقونةِ لا تخصُّ سوى الثالوثِ الأقدسِ في ذاتِه، ولا تُنقَلُ إلى الخَليقةِ. في الواقعِ، لا يُبرزُ قانونُ الإيمانِ النيقاويُّ هذا البعدَ منَ 'الحُبِّ' على أنّه واحدٌ من الأبعادِ الثلاثةِ الإلٰهيّةِ: الإيلادِ، الانبثاقِ، النفح.[853] لا نقرأ فيه على سبيل المثال كلماتٍ مثل: "حُبٌّ حقٌّ من حُبٍّ حقٍّ". هذا أقلَّه ما يوحي به قانونُ الإيمانِ، بينما توحي إيقونةُ 'روبليف'، بنظرِنا، بمشهدٍ سابقٍ للخلقِ، عاينَه كاتبُ الإيقونةِ المُتزهِّدُ، والذي يُقومُ خلالَه الأقانيمُ الثلاثةُ بتقييمِ ما سيَلي قرارَهم من خلال الأمر: 'فليكُن'. في تلكَ اللحظةِ، بالضبطِ، من التشاورِ والقلقِ حولَ 'كأسِ الحُبِّ القربانيِّ'، نشعرُ بهم في حالةِ أتّخاذِ القرارِ، ما يعني، في استعمالِ تعابيرِنا البشريّةِ، في حالةِ الإقدامِ، بجرأةٍ، معًا، على القولِ "نعم" 'للإخلاءِ التكوينيِّ'. إن الحُبَّ المرموزَ له بـ'كأسِ الخَلاصِ'، والذي يبدو أنّه مركزُ الجاذبيّةِ بينَهم، هوَ حُبٌّ 'مزعجٌ' إذ يَقتضي نقلَ ما هوَ 'للداخلِ'، إلى 'خارجٍ ما' لا يمكنُه أبدًا، بدورِه، أن يكونَ خارجَ مركزِ الجاذبيّةِ نفسِه، خارجَ الحُبِّ ذاتِه.[854]

تشابُهيًّا، نستنتجُ، من نُقطةِ المشاركةِ والتأمُّلِ هذه حولَ كأسِ الحُبِّ، والتي تُترجَمُ إيلادًا، نفحًا وانبثاقًا على المستوى الثالوثيِّ الإلٰهيِّ، وبالتالي إخلاءً للذاتِ، خلقًا، وتجسّدًا على المستوى البشريِّ، وانطلاقَ بِدايةِ 'السبنِّ الإلٰهيِّ' نحوَ الداخلِ كما نحو الخارجِ. هي ظاهرةٌ عُبِّرَ عنها في الصلاةِ الربيّةِ بالذاتِ بالكلمات: "كما في السماءِ، كذلك على الأرضِ". انطلقَ 'الغَزلُ'، معَ 'انفجارٍ' أو بدونِه، كما تمَّ وصفُه أعلاه، وتسبَّب في تكوينِ حَلَزونيّاتِ الأبد والزمن ومخروطياتِهما، كما أيضًا 'الانبعاجاتِ الكَونيّةِ' (spatial fluctuation). كل هذا انطلقَ، بحسَبِ النظريّةِ الرازائيّةِ، منَ النُقطةِ المركزيّةِ ذاتِها، بكلِّ الاتجاهاتِ التي يُمكنُ تصوُّرُها، متسبّبًا بدورانِ كلِّ شيءٍ، جاعلًا كلَّ شيءٍ كُرويٍّ، ولو تقريبيًّا، يتحرّكُ لولبيًّا، حلزونيًّا،

---

853 النفح: هنا نجد أنفسنا أما إشكالية "انبثاق الروح القدس" المعروفة باللاتينية باسم (*Filioque*)، والتي لا تزال تثقل، لغاية اليوم، على وحدة الكنيسة بخاصة الغرب اللاتيني والشرق الأرثوذكسي. بحسب اللاهوتي القديس بونافنتورا (Bonaventure) الأقنومين، الآب والابن ينفحان الروح القدس (حُبٌّ، عطاء ورابط) ويجعلون منه أقنوما. أما من جهة القديس الملائكي توما الأكويني، الانبثاق هو فيض عقلاني كما الكلمة المفهومة تفيض من الذي ينطق بها وتبقى، بالوقت نفسه، في داخله.

راجع: (La Sainte Trinité; Ictus Win, version 2.7, Procession).

إن نظرة الأكويني التي تؤيد أيضا رأي القديس أوغسطينوس تتناسب أكثر مع تفسيرنا لموضوع " السبن والثالوث". سنكرّس، بإذن الله، عملا خاصّا لمناقشة هذه الجدلية في ضوء ما توصّلنا إليه مع النظرية الرازائية. نعتبر أنه آن الأوان لإعادة النظر بهذه الإشكالية بعد حوالي أثني عشر قرنا على بروزها. إن وحدة الكنيسة وكرامة جسد المسيح الرازائي يفرضان ذلك.

854 قال المسيح ليعقوب ويوحنا ابنَي زبدا: " الكأس التي أشرب منها سوف تشربانها..." لكي يفهمهما بأن ما يتأتى عن فعل الحُبّ لا مهرب منه. (مت 20، 20 - 28 و10، 35 - 40)

منَ الزمانِ، إلى التاريخ،[855] إلى 'شجرةِ' الحَمضِ النَوَويِّ للكائناتِ كافّةً، في 'فضاءٍ' مُدبَّرٍ (وليسَ مسيَّرٍ) منَ 'الحُبِّ' في حالتِه الإخلائيّةِ المستمرَّةِ لذاتِه، والمتجاذبةِ أبديًّا بينَ الجُزيءِ 'الرازائيِّ' المركزيِّ و'التخومِ' المحافظةِ على سكينتِها. وهذه الحركةُ، لا يمكن إلّا أن تكونَ 'دورةً' يصفُها الإنسانُ بتوسّلِه أفعالَ الخَصبِ، أفعالًا أبويَّةً-أموميَّةً، عاطفيَّةً-عقليَّةً، فيضيَّةً-إراديَّةً، تُختصَرُ كلُّها بفعلِ أمرٍ واحدٍ لا غير: '**أَحبِب**'.[856]

رسم 74: لَولبُ المَخروطِ الأزلي السابق «للإخلاء الكبير»

لكن، ودائمًا بكلامٍ تشبيهيٍّ، إذا اعتَبرنا أفعالَ 'التوليدِ'، و'النفحِ'[857] و'الانبثاقِ'، كما حركةَ 'الغَزلِ' العامةَ للحُبِّ الإلٰهيِّ، كلَّها، من خصائصِ 'الجُزَيءِ الإلٰهيِّ'، فإن هذا يَقتضي منها، بحسَبِ 'مخطَّطِ' العالِمِ 'فاينمان' (Feynman Diagram)، إصدارَ جُزيءٍ جديدٍ كنتيجةٍ للتحوّلِ الحاصلِ عنِ الإخلاءِ. ('فاينمان' يَستعملُ عبارةَ: تقهقُر decay).

855 راجع كتابنا المذكور أعلاه: تحوُّل المفاهيم في بناء الجمهورية...، صص. 24 - 26

856 نكرّر قول القديس أغوسطينوس: "أحِبِب وافعل ما تشاء"

857 راجع: General Audience of John-Paul II, Wed. Nov 7, 1990: "The Spirit Who procedes from the Father and the Son".

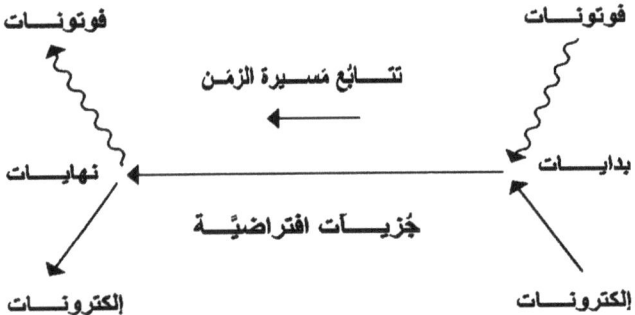

رسم 75: مخطّطُ 'فاينمان'

يُفسِّر 'فاينمان' مخطَّطَه، بعدَ تعديلِه على الشكلِ التالي:

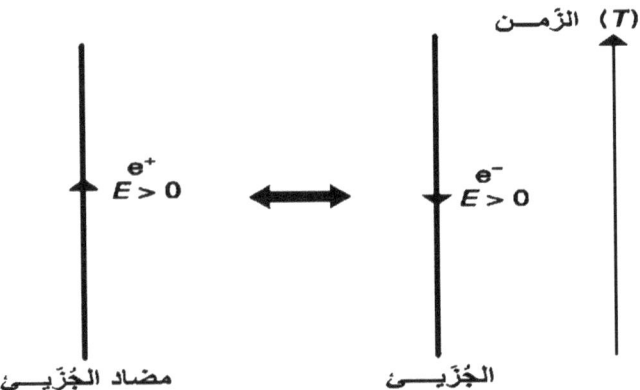

رسم 76: التخطيطُ المستحدَثُ

يقولُ:

> جُزيءٌ مضادٌّ (antiparticle) من الطاقةِ الإيجابيَّةِ ينتشرُ بالاتِّجاهِ نفسِه للزمانِ، يُقابلُهُ، بالتساوي، جُزيءٌ منَ الطاقةِ السلبيَّةِ يعودُ أدراجَه على خطِّ الزمانِ'. و'العودةُ أدراجَ الزمانِ' تعني لنا، نحنُ البشَرَ، الذين لا يفقهون حركةَ الزمانِ سوى باتجاهِ المستقبلِ، العودةَ إلى الماضي.[858]

يدفعُ بنا هذا القولُ، معَ الأخذِ بعينِ الاعتِبارِ، بشمولِ، حركتَي الجُزيءِ ومضادِّه، لارتقابِ **جُزيءٍ**، بالخطِّ العريضِ، قادرٍ على الحركةِ ضِمنَ مخاريطِ الزمانِ المذكورةِ أعلاه، من جهتَي الوقتِ الحاضرِ، أي الوقتِ 'صِفر'.

858 راجع: *E.U.*, Quantique (Mécanique) - Propriétés fondamentales, article written by Alain Laverne, Jean-Marc Lévy-Leblond

هذا الإسهامُ، الفائقُ الوصفِ، للعالِـم ’فاينمان‘، والذي له انعكاساتُه على مِكانيكا الكمّ بأسرِها، يُثيرُ دهشةً أكبرَ، في حالِ تطبيقِه على مشهدِ قبرِ المسيحِ، كما وصفناه في نهايةِ الفصلِ السادسِ. منذُ ذٰلك الحينِ، يجول ثمَّةَ سؤالٌ في خاطرِنا، وهوَ السؤالُ عينُهُ الذي شغلَ بالَ الفيلسوفِ ’غيتون‘ الذي شاءَ أن يَعرِفَ ما الذي سبقَ ’الانفجارَ الكبيرَ‘ في المخروطِ المُتماثل لمخروطِ زمانِ الخَليقةِ.[859]

أن يُطلَق على هذا الجُزيءِ المرتقب تسمية: كلمة، كمٌّ، ’فوتون‘، وترِ الألِف، وترِ الياء (استنادًا إلى نظريَّةِ الأوتار String theory)، أو يعرَّفُ عنه بمُصطلَحِ ’الميزةِ المُفرَدة‘ (Singularity) أو ’السحابة‘ (Cloud) ليسَ الأهمّ. الأهمّ هوَ أنَّ حدوثَ ’الانفجارِ الكبيرِ‘ كانَ ممكنًا، انطلاقًا من أيٍّ من هذهِ التسمياتِ أو المصطلحاتِ،[860] وربَّما منها جميعًا، بصفة كونه كامنًا بشموليَّته في أيٍّ منها، على مثال لؤلؤة أفرام. في الحالتين، كان على شرارةِ ذاك الانفجار، التي من المفترض أن تكونَ الخَليقةُ قد خرجت منها لتصلَ إلى ما هي عليه اليوم، أن تحتفظَ بزخَمِ ’السبِنْ‘ الأوَّليِّ خاصَّتِها، طوالَ فترةِ تطوُّرِ الكَونِ واستمرارِه، نعني ’السبِنْ‘ الإلٰهيّ. بالتالي، تبدو الجاذبيَّةُ الكَونيَّةُ وكأنَّها الاشتياقُ الكاملُ الحاصلُ بالفعلِ (entelechic nostalgy)، أو كمالُ الاشتياقِ (nostalgic entelechy) من وَسطٍ تجاه آخرَ، من وَسطِ ’كأس‘ الإيقونة تُجاه وَسطِ كأس ’العَشاء الفِصحي‘، وَسطٍ من الطبيعةِ ذاتها إنَّما، فقط، ’مُختألف‘.[861] أما ’السبنْ‘ فيبدو أنّه ذاكَ النشاطُ الناتجُ عنِ الترابطِ (correlation) بينَ الجُزيءِ ’أ‘ والجُزيءِ ’ب‘ اللذين يزاولانِ نشاطَيهما من جهتَي الوقتِ ’صِفر‘، بحسَبِ ما تصفُه نظريّةُ ’مُفارقةِ EPR‘، معَ احترام، في آنٍ معًا، إسهامَي العالِمَين ’بوم‘، (Böhm) و’بِل‘ (Bell). هذا ما يؤمِّن النشاطَ الموجَّهَ إلى عودةٍ صالحةٍ نحو الكَينونةِ الأوليَّةِ المتروكةِ خلفَ ’سيفِ عدنِ المتلهِّبِ‘، نحو ’مشكنزبنا‘ البداياتِ.[862]

---

859 راجع: *Dieu et la Science*, p. 45-48.

860 المرجع نفسه، صص. 29 و51. يقول الكاتب: "رويدا رويدا بدأنا نفهم أن ما هو حقيقي هو مغشّى، بعيد عن متناولنا، وبأننا بالكاد نلمس ظل امتداده تحت شكلٍ مقنّع، عابر، وكأنه سراب. ولكن ما الموجود فعلا خلف الغشاء؟ ... وأعتقد بأن "برغسون" قد اكتشف، من زمن بعيد قبل العلماء، شيئا من "سرّ" الخَليقة ألا وهو أن العالم الذي نعرفه اليوم هو التعبير عن تماثلٍ (symmetry) مكسور. ولو كان برغسون لا يزال معنا اليوم، لتأكّدَ لنا بأن اكتشافات العِلم الأخيرة سدفعه لإضافة أنه من عدم الكمال هذا نفسه، انبعثت الحياة".

861 لقد استعمل يسوع المسيح هذا الفعل ليعبّر عن عاطفة الاشتياق فقال لتلاميذه : "لكم اشتهيت أن آكل الفصح معكم" (لو 22، 15)... إنما لا هو ولا النصّ الإنجيلي قد حدّدا الوقت الذي فيه بدأ هذا الشوق ينمو في وجدان المسيح. هل هو من بداية العشاء المرسوم في أيقونة روبليف أم ابتداء من عرس قانا الجليل؟

862 هذا التصوّر يدفع للقول، مسيحانيّا، بأن توقنا الجامح إلى الـ’ياء‘ هو أصيل وبأنه متواجد كميزة خاصة للكون كله.

مجدّدًا، نسألُ: أين يقعُ ذاك الوَسَطُ ’الكاملُ‘ الذي يستقبلُ ’جُزيءَ اللهِ‘، وحيثُ يتّخذ ’السبنُ البدئيُّ‘ للمخلوقِ انطلاقتَه بالتكامُلِ مع ’سبنِ‘ الإخلاءِ الذاتيِّ الخَلّاقِ؟ ومجدَّدًا نُجيبُ أنّه، بحسَبِ تفسيرِنا نظريّةَ ’زِم زُم‘، يقعُ في ’رَحِمِ‘ اللهِ. وهذا الجوابُ يتنافى معَ أيِّ ظلٍّ تناقضٍ في التدبيرِ الإلٰهيِّ، بخاصّةٍ التناقضِ الذي وقعَت فيه نظريَّة الكبَالة.

رسم 77 :ناتجُ ’الغَزلِ‘ الثالوثيّ

هذا الرسمُ يمثِّلُ نوعًا من ’السبنِ‘ في الوَسَطِ الإلٰهيِّ. بدايةً، بينَ الأقانيمِ الثلاثةِ الذين لا يُمكنُ اعتبارُهُم ’واحدًا‘ إلّا متى ابتدأت حركةُ وهبِ الحياةِ، أي حركةُ التَوليدِ والنَفحِ والحُبِّ... لا كينونةَ لشيءٍ، كما ذكرنا أعلاه، سوى بالحُبِّ، تلك الشُّعلةِ الإلٰهيَّةِ التي تُدفئُ، تُلهِبُ، تُنيرُ، تُزوِّدُ بالطّاقةِ من دونِ أن تُحرِقَ أبدًا، وفي الوقتِ نفسِه، تَجذُبُ الكلَّ، كالمَغنَطيسِ، نحوَ النُقطةِ ’ياء‘. كلُّ هذا يرتسِمُ في ’كأسِ الخَلاصِ‘ الموضوعةِ في وسطِ الوَسَطِ المُعَدِّ بالزَمزَمةِ الطاردَةِ للثالوثِ، والمتأمِّلِ بها من قِبَلِ الأقنومِ الرَّسيلِ (المضحّي والمضحّى به). إنّها كأسُ الإخلاءِ المُستمِرِّ للذاتِ الذي يرافقُ استمراريَّةَ الخَلق، وبالتالي، التدبيرُ المُستمِرُّ الذي يُرافقُ تمدُّدَ الكَونِ، وحِفظَه، ووُجهتَه، وبخاصّةٍ افتداءَه.

كلُّ هذا، من الصعوبةِ بمكانٍ أن يستوعبَه غيرُ المسيحيين. لذٰلكَ، ولمقتضياتٍ جامعةٍ تخدُم حوارَ الحضاراتِ والأديانِ، مع الاحترامِ الدائمِ لعلاقةِ العِلمِ بالدينِ، رُحنا نبحثُ عن رموزٍ ودلالاتٍ مِنَ العالَـمِ الزُّهديِّ لدى الآخرين، تدعمُ فكرةَ وجودِ الكَونِ في وسط خالقِه، أي في ’رَحِمِه‘، وبالتالي، تكوينَ وعيٍ جامعٍ إزاءَ ’مكانِ‘ تواجدِنا، ومن حيثُ وجَّهَ بطليـموس رسالتَه الشهيرةَ لنا. بذٰلكَ، تجدُ الجاذبيَّةُ الكَونيَّةُ، وكذٰلكَ مصدرُ الحركةِ السائدةِ للغَزل والدورانِ، مخرجًا أكثرَ انفتاحًا على ’الحقيقةِ الوحيدةِ‘ التي فيهما يتجذَّران، والتي، إليها، يُفترضُ بهما أن يوجِّها البشريّةَ بأسرِها. فما الذي وجدناه؟

5. ‘ألسْبِنْ‘ والثالوثُ الكَونيّ

بعد اطِّلاعِنا، منذُ عشراتِ السنينِ، على مختلفِ فلسفاتِ الشرقِ الأقصى، نقتبسُ منها الرمزَ الشهيرَ الذي يبدو، لأوّلِ وهلةٍ، إزدواجيَّةً مُتضادّةً والتي، وفقَ التفسيرات الجَمَّةِ التي ترافقُها، ليست سوى نسخةٍ خاصّةٍ بتلك الحضاراتِ عن ’اختئلافِ‘ الفيلسوفِ دريدا. والـ’اختئلاف‘ في هذه الحالِ، يوجبُ أن يكونَ الأسوَدُ، ببساطةٍ، لا - أبيضَ، والعكسُ صحيحٌ؛ لا النقيضُ ولا الضِّدُّ.[863]

رسم 78: ’أليين - يان‘: نسخةٌ عن ’الاختئلافِ‘ الدِريدانيِّ

يتَّضِحُ أن هذا الرمزَ يعودُ إلى حضارةٍ سابقةٍ لحضاراتِ الشرقِ الأدنى، (أكثرَ من ألفَي عامٍ قبلَ المسيحِ)، مزامنًا، تقريبًا، للحضارةِ المصريَّة. نَجِدُه بينَ الرموزِ الأساس للمدرسةِ الكبّاليّةِ. وبالمعاني الحديثةِ المُعطاةِ له، أصبح نُقطةَ اهتمام أنصارِ المذاهبِ الطبيعيّةِ كما أتباع حركاتِ الزُهدِ والتصوّفِ العامِّ، ومؤيِّدي الحوارِ بينَ الحضاراتِ والأديانِ. ونظرًا إلى شموليَّةِ هذا الرمزِ وقوّتِه، ألهَمَنا حدسُنا أنّه من المُمكِن أن يُرضيَ انفِتاحَنا على الحضاراتِ التي تدينُ بالمذهبِ الكَونيِّ، ومركزُهُ العقلُ، أي الحكمةُ، حيثُ يتجاوز عدد أتباعِه نصفَ البشريَّة.[864]

لقد سبقَ ورأينا أن تفسيرَ المُعطياتِ الدينيَّةِ المسيحيَّةِ قد تأثَّرَ بمفهومِ ’المكانِ‘ الذي حوَّله آينشتاين من النموذجِ النيوتُنيانيّ الجامدِ، إلى النموذجِ النسبيّ، وبالأحرى، ’الإحصائيّ‘ (statistical)، الرباعيِّ الأبعاد، غيرِ القابلِ للضبطِ من قِبَلِ الفِكرِ البشريِّ. عليه، لا بدَّ من أن يكونَ له أيضًا تَبِعاتٌ على الظواهرِ الدينيَّةِ الأُخرى التي صمدت، حتّى

---

863 راجع: *E.U., Chinoise (Civilisation) - La Pensée Chinoise*, article written by Claude Grégory

864 أعطى برغسون النفس (the spirit) تحديدا كالتالي: " علينا أن نفهم بكلمة ’نفس‘ واقعا قادرا أن يُخرج من ذاته أكثر ممَّا يحتويه". راجع: Esprit
URL: http://www.philagora.net/philo-agreg/corps-esprit.php. [Acessed Dec. 2017].

في وجهِ المسيحيَّة. ولكيما نجمَعَ بينَ المعلوماتِ المُشتركةِ بينَ الأديانِ، القادرةِ على إثباتِ وجهةِ نظرِنا حولَ عمليَّةِ الخَلقِ التي تمَّت من قِبَلِ اللهِ الثالوثِ، وفيه، أطلقنا عمليَّة البحثِ، من خلالِ محرِّكاتِ الشبكةِ العنكبوتيَّةِ الافتراضيَّةِ، فابتسَمَ لنا الحظُّ. فوقَعنا على ما يُمكِنُهُ أن يُساعِدَنا في دعمِ انفتاحِنا على الشمول.

بدايةً، ركَّزنا اهتمامَنا على رمزِ الـ'يين-يان'، في سياقَيه الدينيِّ والفلسفيِّ. يُشيرُ هذا الرمزُ، مبدئيًّا، إلى الوحدةِ في ثنائيَّةٍ مبنيَّةٍ على أساسين مُتباينَين، متَناسقَين، وفي الوقتِ نفسِه، مُتكامِلَين: 'الكذا' و'ضدّه' في تشابكٍ بلا إلغاء ولا مَزجٍ أو اختلاطٍ، أو حتّى انفصالٍ أو إقصاءٍ، ثنائيّةٍ مشترَكةٍ بقوّةٍ بين دياناتِ الشرقِ الأقصى. ولكن، يُلاحَظ من خلالِ هذا الرمزِ، أنّنا لسنا بَعدُ في صُلبِ الوَحدةِ في التعدُّدِ الذي يبدأُ أقلّه بثلاثةٍ. وقد يُمثِّلُ هذا الرمزُ أيضًا، ما إن يدورَ على نفسِه تحتَ 'سِنٍّ' كونيٍّ معيَّنٍ، الحركةَ الدائمةَ **للمحرِّكِ الأوّل**. وبما أنّه مؤسَّسٌ على ثنائيّةٍ، أي على قُطبَين فقط، مُعرَّفٍ عنهُما باللَّونَين الأسودِ والأبيضِ، شبيهةٍ، إلى حدٍّ ما، بواحدةٍ من ثنائياتِ الكتابِ المُقدَّسِ - ظلامُ سفرِ التكوينِ ونورُه، على سبيل المثال- يقعُ هذا الرمزُ في خانةِ النظريّاتِ الاختزاليَّةِ الحادّةِ التي لا تتركُ مجالًا لفكرٍ يَرضى بالتسامُحِ والغُفرانِ والفِداء. ميزةُ هذا الرمزِ، لأتباعِ الأديانِ التي تتبنّاه، أنّه يُغطّي، من خِلال لونَيه الفلسفيَّين وكمالِ شكلِه الكُرَويِّ، الواقعَ المحسوسَ كما هو، من دونِ أن يُشيرَ، كدالّةٍ جامعَةٍ، إلى رقصةِ المَوجاتِ وأهدابِ التداخُلاتِ التي يُظهِرُها اختبارُ 'يونغ' الذي يُثبِت، كما سبقَ وذكرنا، أن الأَسوَدَ هوَ مرادِفٌ لغيابِ الأبيضِ، فلا وجودَ له بحدِّ ذاتِه، وأن القاتِمَ ليس سوى الخَلفيَّةِ المَتروكةِ منَ النورِ عندَ حدِّهِ لذاتِه عنِ الإشعاع.

وباتَ تشابُكُ الموجاتِ وتشكُّلُ الأهدابِ يرمُزُ، بشكلٍ حسيٍّ، إلى الفرقِ بينَ دياناتِ الشرقِ الأقصى والديانَةِ المسيحيَّةِ القائمةِ على الوَحدةِ - الثالوثيَّةِ (Tri-Unity) فيجدُ فيها مبدأ 'عدمِ الانفِصالِ' و'الانتِفاءِ' خيرَ تطبيقٍ لهُما، و'مُفارقَة EPR' حلًّا لها.

إذًا، وعلى الرُّغمِ من الروحانيّةِ والحكمةِ والزُهدِ في دياناتِ الشرقِ الأقصى، فإننا نلفتُ إلى أن 'الكلّ'، بالمعنى الشاملِ، يعودُ إلى واقعٍ طبيعيٍّ (محسوسٍ)، كونيٍّ، ثلاثيِّ الأبعاد، تكراريٍّ على وقعِ صِيَغِ أفعالِ الصرفِ والنحوِ جميعِها. ومعَ ان هذا الرمزَ جميلٌ، متناسقٌ وكاملٌ، إلّا أن علاقتَه بالحاضرِ الدائمِ محدودةٌ جدًّا، وأكثرُ محدوديّةً بالحاضرِ الارتقائيِّ، وبنسبةٍ معدومةٍ بالماورائياتِ، بالمَعادِ، وبكلّ ما يمتُّ بصلةٍ إلى البُعدِ النُّهيَويِّ، 'ألياءِ' والأبديَّة.

رسم 79: ‹أليين-يان› الثلاثيُّ الأبعادِ

وعلى الرُّغمِ من هذا، استمرَّ حدسُنا يُلهِمُنا أنّ هذا الرمزَ ربما يُضيفُ جديدًا على ما نتقدَّم به، وسيكونُ له تأثيرٌ بالغٌ لو تبيَّنَ وجودُ صيغةٍ ثلاثيَّةِ الأقطابِ له. وبالفِعلِ، تفاجأنا، عندما وقَعنا على صيغةٍ منه، ثلاثيَّةِ الأقطابِ:

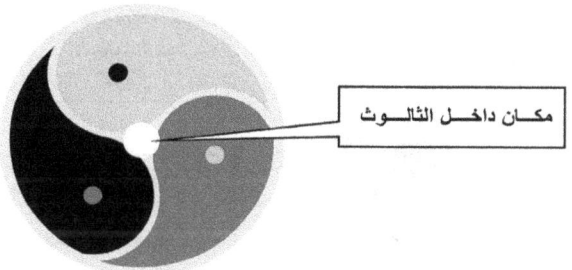

رسم 80: ثلاثةُ أقطابٍ، أبعادٌ أربعةٌ، و‹سبنٌ›

إن الألوانُ التي أدخلَها الرسّامُ المَجهولُ على هذا ‹اليين-يان› الثلاثيِّ الأقطابِ، هي الأزرقُ والأحمرُ والأصفرُ، وكأنّها ترمزُ إلى الفضائلِ الإنجيليّة: الرجاءِ والإيمانِ والمحبّة. هي أيضًا الألوانُ الرمزيَّةُ التي يُعطيها علماءُ الفيزياءِ لجُزَيئاتِ ‹الكواركِ› النظريَّة.

ثلاثيَّةُ الأقطابِ هذه، إذا ما عُشِّقَت بدوَّامةِ حركةِ دَورانٍ مضبوطةٍ في "الزَّمَكان"، من خلالِ ‹السبِن› خاصَّتِها، وقوّةِ الجاذبيَّةِ المحيطة به، قد تُعطي التفسيرَ المناسبَ لخلقِ مكانٍ داخلَ الثالوثِ وتمدُّدِه، من خلال ‹زَمزَمَةٍ› مُركِسَةٍ. يقوم ‹الكلُّ›، بحسَبِ الصورةِ، على خلفيَّةٍ من لونٍ مختلِفٍ (الأصفرِ الفاتحِ، على ما يبدو في الصورة)، وقد يُمثِّل، من جهةٍ، الجاذبيَّةَ

الكَونيَّةَ، ومن جهةٍ أخرى، الجاذبيّةَ التي تُحدِثُها 'الزمزمةُ'، والتي وصفناها 'بالتوتُّرِ التجاذُبيِّ' الذي يغلّفُ الكلَّ. على صعيدِ مفهومِ 'اللهِ'، قد يُمثِّلُ هذا اللّونُ 'الحُبَّ الشاملَ' الذي لا كينونةَ خارجَهُ، والذي يؤدّي دورَ الصُّمغِ (gluon)، الذي يجذُبُ الأجزاءَ إلى بعضِها بموجبِ حقلِ مسابرٍ صالحٍ لمَسكِ مكوِّناتِ الخَليقةِ بتَرتيبٍ كاملٍ منَ التوازُنِ، والتناغُمِ، والتماثُلِ الثالوثيِّ. وقد يصفُهُ الفلاسفةُ بـ'ما بعدَ الجاذبيَّة'، وبكلامٍ عِلميٍّ، في ما يخصّ الـ'مِكانيكا السماويَّةِ' الخاصّة بالعالِـمِ لابلاس، فلا يُمثِّلُ سوى الجاذبيَّةِ النيوتنيَّة. أمّا بالنسبةِ إلى مِكانيكا الكمّ، فقد يُمثِّلُ الجاذبيَّةَ 'اللُّغزَ' التي يستمرُّ البحثُ عنها حتّى اليومَ، والتي لن يتمَّ الكشفُ عنها إلّا عندما يَتَمكَّنُ العُلماءُ من رؤيةِ الجُزَيءِ ومَوجتِه، في الوقتِ نفسِه، واحتِسابِ أرقامِ حَيثيَّةِ وجودِهِ ذات الأبعادِ الأربعة. وأخيرًا، في ما يخصّ التَدبيرِ الخَلاصيِّ، الذي بلغَ أَوجَهُ معَ التجسُّدِ، فهو يُمثِّلُ الجاذبيَّةَ 'الرازائيَّةَ'.

وإذ نُعبِّرُ عن دهشتِنا وسرورِنا بهذا الاكتشافِ، لا يسعُنا إلّا أن نُهنِّئَ الفكرَ المدرِكَ الذي وصل إليه، إذ يَبدو أنّه كانَ يبحثُ عنِ الإلهاماتِ عينِها.

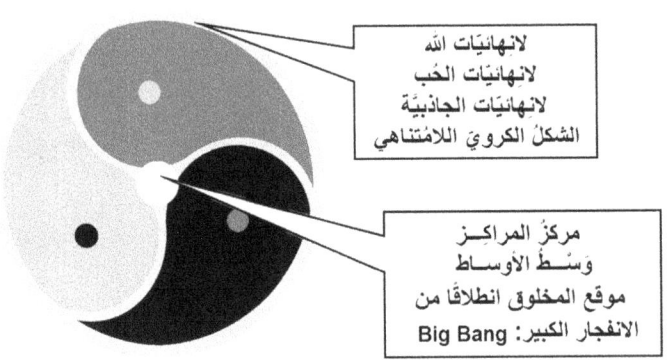

رسم 81: القطعُ النصفيُّ 'لليين - يان' الثلاثيُّ الأقطاب.
كان من الممكنِ أن تلوّنَ بالألوان الثلاثة لشخصيّات إيقونةِ 'روبليف'.
هل توحي بكأسِ الخَلاص؟

ولمزيدٍ منَ الدقَّةِ، نلفُتُ إلى أنّنا قد اكتَشفنا هذا الرمزَ على موقعٍ إلكترونيٍّ يُعنى بالجراحةِ التجميليَّةِ، مُرفَقًا بالكتابةِ التاليةِ العائدةِ للفلسفةِ التاويةِ: 'من الواحدِ يأتي الاثنَانِ، من الاثنَينِ يأتي الثلاثةُ، ومن الثلاثةِ تخرُجُ وتَتطوَّرُ أشكالُ الكَونِ كافّةً'.[865]

865 راجع: [الإنترنت] URL: http://www.iep.utm.edu/yinyang
راجع أيضا: Fibonacci code: https://www.google.com.lb/webhp?sourceid=chrome-instant&ion=1&espv=2&ie=UTF-8#q=fibonacci%20code

وكونُه أحد الرموزِ الشمسيَّةِ، فإنّ المقصودَ به تمثيلُ 'الطاقةِ' بأشكالِها المُتعدِّدَة، المتبدِّلةِ باستمرارٍ، الدائمةِ التوازُنِ والحركَة. ومع تساؤلِنا عن ماهيَّةِ العلاقةِ بينَ هذا الرمزِ والجراحةِ التجميليَّة، استَنتجنا أن الفكرَ المدرِكَ الذي استنبطَه قادرٌ وحدَه أن يعطيَنا الجواب. إنّما، بغضِّ النظرِ عن مغزاه، باتَ هذا الرمزُ يَعنينا، بحدِّ ذاتِه، أكثرَ ممّا رافقَهُ من شروحات. أصبحَ مصدرَ إلهامٍ لنا. ومن بينِ ما يرمُزُ إليه، هوَ الشكلُ الكاملُ لـ'شمسِ أفرامَ'، وجَمرتِه ولؤلؤَتِه. يرمزُ، أيضًا، إلى كلِّ ما هوَ ثالوثيٌّ، ويشيرُ، بطريقةٍ جِدَّ دقيقَةٍ، إلى الديناميَّةِ الخَلّاقةِ الخفيَّةِ خلفَ 'الشكلِ' (*Gestalt*). وما أن يُرى وهوَ يدورُ على نفسِه حتّى يبدوَ كأنَّه كتلةُ نارٍ، شَمسٌ، عُلَّيقةٌ شبيهةٌ بعُلَّيقَةِ جبلِ سيناءَ، مؤثِّرٌ إلى درجةٍ لا بأسَ بها.[866]

هذا الرمزُ هو، بالفعلِ، مبتكَرٌ وإبداعيٌّ معًا، ويعبِّرُ خيرَ تعبيرٍ عن جذورِ 'السبنِ' في اللهِ 'الثالوثِ'، وعن 'المكانِ' الذي أوجَدَه في 'رَحِمِهِ' للخليقةِ. وَسَطُ الخَلقِ يجدُ فيه مكانَه الطبيعيّ، على نحوِ ما تُظهِرُهُ الكرةُ البيضاءُ في الرَّسمِ ادناه، في أُلفَةِ الأجنحَةِ الثلاثةِ المتعانِقة.

رسم 82: وَسطٌ وَوَسط

866 يا للمصادفة! في السابع عشر من آذار 2017، بمناسبة عيد القديس باتريك شفيع إيرلندا الذي شعاره زهرة النّفل ذات الأوراق الثلاث، بشكل قلب (Trèfle)، استعمل البابا فرنسيس، القريب الروح من الأطفال، لعبة انتشرت مؤخرا على النمط التجاري العَولمي وباتت بين أيدي معظم أولاد العالم وحتى أهاليهم، اسمها "فيدجِت سبينِر" ليُعطي فكرةً عن الثالوث الأقدس كإله واحد. فتحوّلت اللعبة مباشرةً إلى درس في اللاهوت.

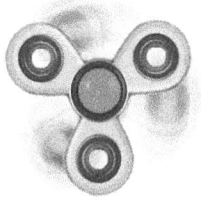

لا يُمكن فَهمُ وَسَطِ هذا الرمز الأُحاد - ثالوثي وإدراكُه طالما هو في حالة الجمود. ما إن يدخُل بكلّيتِه في حالة الدوران حتى يُجلي ذاتَه، تلقائيًا، للعَين المتأمّلةِ به رازائيا، ما يعني، تشبيهيًّا، دخولَ الديناميّةِ الألوهيّةِ في عمليّةِ التوليد، النَفحِ والانبثاقِ، وبالفعلِ ذاتِه، في عمليّةِ الإخلاءِ الأحشائيّةِ الخصبةِ بالخَلقِ. [867]

هذا الفعلُ الإلهيُّ والشامل، بين عناصرِ الثالوث وفيه، يُتَرجَمُ أوّلًا، كما ذكرنا أعلاه، بالزمزمةِ المُركِسَةِ وتحريرِ وَسَطِ الخَليقةِ، حيث شوقُ كمالِ الحُبِّ بالفعلِ إلى مِلئِه بالقوّةِ سَيَتسبَّبُ 'بالانفجارِ الكبير' الصامت. ارتداداتُه وموجاتُه التي لا تُسمَع ولا تُرى، إنّما هي مُحييةٌ لأنّها وسيلةُ التواصلِ وتبادُلِ المعلوماتِ بين المخلوقِ الذي يُرى، والمخلوقِ الذي لا يُرى، و'غيرِ المخلوقِ' الذي لا يُرى، الله، غيرِ المُدركِ ممَّن لا يتمتَّعُ بالعَينِ المُنيرةِ، سواءٌ في عقلِه أو في قلبِه (ܚܒܟ ܥܚܒܟ؛ ܠܚܟ ܐܚܒܟ).

بالنسبةِ إلى الأبديّةِ، فإنَّ تفعيلَ تبادلِ المعلوماتِ هذا، بين الحُبِّ المُجسَّمِ والحُبِّ الإلهيِّ، من خلالِ عامِلَي الكمالِ والتكاملِ (نارٍ ونورٍ وحرارةٍ)، والمُسمَّى بفضلِ التجسُّدِ، 'الحُبُّ الرازائيُّ'، يتيحُ للحِقبةِ الزمنيّةِ أن تتكوَّن، إذ يُشَغِّلُ 'الانفجارَ الكبيرَ' بالذاتِ، ساعةَ ميقاتِه (its chronometre)، وبالتالي، انطلاقَ الزَمَكان. وبدلَ أن يُعتبَرَ هذا التبادُلُ تجاوزيًّا (transcendental) من الطرفين، بما ان نُقطةَ انطلاقِه ليست سوى حركةِ الأقانيمِ الثالوثيةِ، يُعرَّفُ عنه بصفتِه حَيثيًّا (immanent) لانحصارِه بين وسطِ الأوساطِ نفسِه وتُخومِ 'اللامتناهي' (En-Sof)، غيرِ القابلةِ للوَصفِ، معَ احترامِ كلِّ تفاوتٍ بينَ الأوساطِ التي باتت، منذ دَقَّت ساعةُ الصفرِ، 'مختألفةً' وليس بعد مختلفة.

كلُّ تحديدٍ أو وصفٍ تعريفيٍّ، على هذا المستوى، يُصبحُ، كما قالَ أفرام، اختزاليًّا. فيمكنُ 'للنُقطةِ'، مركزِ الأوساطِ، المبيَّنةِ أعلاه، والتي تَعني، بحسَبِ مفهومِ المَخاريطِ، 'نُقطةَ' تجمُّعِ النورِ وإعادةِ إرسالِه مادةً، معَ أو بدونِ تَموضُعٍ (objectivation)، والعكس صحيح، أن تحتوي في ذاتِها، بأروعِ صورةٍ، الرمزَين المِفتاحَين: الألفَ والياءَ (الأولاف والتاو)، كما أحَبَّ 'ابنُ الإنسانِ' أن ينسِبَهُما إليه. تلك النُقطةُ تتضمَّنُ أيضًا، كأمرٍ واقعٍ، 'الحُبَّ المُحوِّلَ'، المرموزِ إليه بـ'الجَمرِ' الذي يحوِّلُ الخبزَ البشريَّ إلى خُبزٍ إلهيٍّ، والظلمةَ إلى نورٍ، والموتَ إلى حياة.

---

867 ما يجب ملاحظته هو أن عزل الحَمض النوَوي، كما أي نوع من أنواع التخصيب الجيني، يتطلَّب حكما العبور بمرحلة من الخضّ الدوراني، "سبيننغ". ويبقى السؤال عن ظاهرة "السبيننغ" التي هي من تكوين ذاك الحَمض بذاته، لماذا؟

هذه النُقطةُ المركزيَّةُ تشيرُ أيضًا إلى تلكَ الميزةِ المُفردةِ البدئيَّةِ، التي تُشكِّلُ هاجِسًا للعُلماءِ الجادّين في طلبِ المُعادَلاتِ والثوابتِ الخفيَّةِ خلفَ الواقعِ المَحسوس. إنّها الميزةُ المُفرَدة - الجزيءُ الرازائيُّ البدئيّ - التي يُعتقدُ أنّها في أساسِ كلِّ واقعٍ جامعٍ، والمُنبئةُ بتكوينِ عالـمِ 'الظواهرِ' (phenomenal). بالمعنى المسيحيِّ للكلامِ، هذا يتناسبُ، بشكلٍ كاملٍ، مع تأكيدِ يسوعَ المسيحِ الذي أعلَنَ أن كلَّ شيءٍ كانَ به، هوَ 'الكلمةُ'، الميزةُ المُفردةُ الإلٰه-إنسانيَّة، الذي لا يُمكن لأي شيءٍ أن يكونَ خارجًا عنه، لا 'السبِن' ولا الجاذبيَّةُ الكَونيَّةُ.

رسم 83: 'مصلوبُ' الفنانِ رودي رحمه. لنتأمّل ما يمكنُ لهذه المنحوتةِ أن توحيَ به، بمجرّدِ أن توضَع على كوكبِ الأميرِ الصغير.[868]

868 نحّاة ورسّام لبناني ذو شهرة عالميّة، اختصاصيٌّ في الخطوط واللمَسات المعبّرة عن جدليَّة التجسّد التَوحيدية بين الله الخالق والإنسان. نضفي على هذه التحفة الفنيّة من المنحوتات العنوان التالي: "موجبات الإخلاء الكبير". باللغة الإنجليزية (The must of the Big Kenosis)

نتساءلُ عمّا قد تكونُ ردَّةُ فعلِ العُلماءِ تُجاه 'الأميرِ الصغيرِ' لو أنّه أخفى الكَونَ، المُمثَّلَ بعدّادِ الدوراتِ (الجيرومترا)، التالي رسمُه، في الوَسَطِ المخصَّصِ للخلقِ منه، معَ كلمةِ 'اللهِ' في قلبِ الكُرَةِ التي تتوسّطَه.

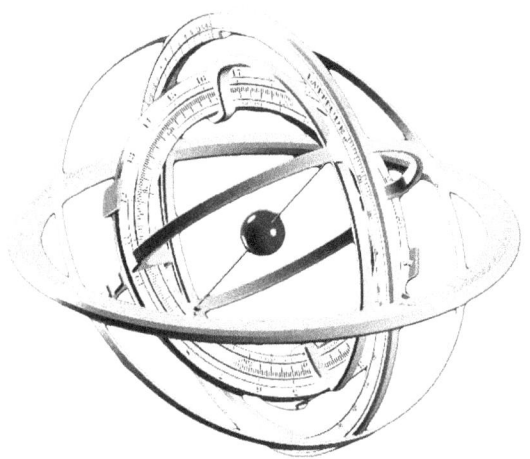

رسم 84: الجيرومترا[869]

لقد أطلنا، بما يكفي، البحثَ في جذورِ الجاذبيَّةِ الكَونيَّةِ و'السبِنِ' الذي يقفُ خلفَ كلِّ حركةٍ دورانيَّةٍ، تموُّجيَّةٍ ولولبيَّةٍ، ونعتقِدُ أنّنا نجحنا بدعمِ الفكرةِ الأساس (key idea) التي تَقضي بأنَّ الزمانَ والمكانَ ليسا بالضَّبط، أو أقلَّه ليسا ببَساطةٍ، مخلوقَين. يبقى علَينا، كي نُرضيَ شعورَنا بالمسؤوليةِ تُجاه الذي يهبُ كلَّ إلهامٍ، أن نُنهيَ بحثَنا بمُحاولةِ تشخيصِ طبيعةِ الجاذبيَّةِ الخاصّةِ 'بجُزيءِ-الإله الحُبِّ' ذاك، والطريقةِ التي تؤثِّرُ بها في البشر.

6. طَبيعَةُ الجاذبيَّةِ الكَونيَّةِ وعَلاقَتُها بالحُب

كما سَبَقَ ذكرُه، إن كانَ الله حُبًّا، فعلى كلِّ ما ينبثِقُ منه أو يصدرُ عنه أن يكونَه أيضًا أو، أقلَّه، أن يكونَ جزءًا من كلِّ ما ينبثِقُ من مفهومِ الحُبِّ، والأفعالِ التي يُصرِّفُ بها فِعلُهُ.[870] والأمرُ نفسُه ينطبقُ عليه في حالِ اعتبارِ كونِه نورًا، حياةً، إلخ. إذًا، ما الذي يجعلُ الجاذبيَّةَ الكَونيَّةَ التي تؤثِّرُ بشكلٍ عامٍّ في الخَليقةِ بكاملِها، ككُلٍّ، وكأجزاءٍ، تقفُ

869 بالإذنِ من 'مايك سيمز' من قبل برنامج Xara

870 في هذه المداخلة الخاصّة بنا، على فعل "انبثق" أن يؤخذ بمعناه 'المختألف'.

خلفَ عددٍ كبيرٍ منَ المعوِّقاتِ، منَ الآلامِ ومنَ الصعوباتِ؟ ما الذي يجعلُها تتسبَّبُ بالقُصورِ (entropy) الذي يشكو منه، من جهةٍ، العِلمُ والعالِمُ الفيزيائيُّ، ومن جهةٍ أخرى، الدِينُ بأدبيّاتِه وأخلاقيّاتِه، عندما يتعارضُ هذان الأخيرانِ، العِلمُ والدِينُ، مع تطبيقاتِها العمليّة؟

أجوبةٌ تقليديَّةٌ كثيرةٌ يُمكِنُ إدراجُها، على الفَورِ، مثل: الكَونُ في صَيرورةٍ، إذًا هوَ غيرُ كاملٍ، وعن عدمِ الكمالِ هذا، يصدُرُ القصورُ؛ أو: 'الحُبُّ' - بالمطلقِ - ليس محبوبًا في هذا العالـم،[871] والبشرُ يُحبّونَ السيرَ في الظُلماتِ أكثرَ منهُ في النورِ. علاوةً على ذٰلك، تأتي الأنويَّةُ ومركزيَّتُها لتُحطِّمُ كلَّ تناغُمٍ وتناسقٍ، وتحُطُّ الإنسانَ الذي خُلقَ بهدفِ الاعتناءِ بالكَونِ والمحافظةِ عليه عن المستوى المطلوبِ للقيامِ بمَهمَّتِه.[872]

وكما لَفَتنا إليه غيرَ مرّة، لم يعُد هذا النمط من الأجوبةُ شافيًا لأنّه يَعني شيئًا من الانهزاميّةِ، أو أقلَّه من التردُّدِ في تحمُّلِ المسؤوليَّةِ تجاهَ هذا الكَون. على الصعيدِ الدِينيِّ، تتسبَّبُ هذه الأجوبةُ الضاغِطَةُ بتبادُلِ الاتِّهامِ بالذنبِ المُتمحورِ بينَ تجسيمِ اللهِ من جهةِ البشرِ - باتهامِه هو -، وعلى تأليهِ الإنسانِ من جهةِ اللهِ، بحسب سفرِ التكوينِ - باتهامِ آدمَ وحوّاءَ... يُثبتُ كلُّ هذا جوابَ الربِّ يسوعَ للذين أرادوا أن يعرفوا مَن هوَ المُدانُ عن فَقدِ بَصَرِ الشابِّ الذي وُلدَ أعمى. ففسَّرَ لهمُ الأمرَ قائلًا: "لا هذا خَطِئَ ولا والِداه، ولكِن كانَ ذٰلكَ لِتَظهَرَ فيه أَعمالُ الله".[873]

العالِم برَيان غرين (Brian Green)، أحدُ معلّمي الدِين الكميّين الجدُدِ، يَعرُض في مؤلَّفِه *The Fabric of the Cosmos, Space, Time, and the Texture of Reality*، ما معناه: **نسيجُ الكوسموس، المكانِ، الزمانِ، وحَبكَةُ الواقعِ**، ما نعتبرُه خيوطًا لأجوبةٍ تلقائيَّةٍ وليسَ لأسئلةٍ جديدة. ينشر 'برَيان' رسومًا لا يُعرَف لها مدًى، نعتبرُها مُلهَمةً من سيّد كلِّ عِلمٍ وكلِّ ديانة.[874] هذه الرسومُ تؤيّد مفاهيمَنا، وقد نجرؤُ على القولِ بأنّها وُضِعَت خصّيصًا لخدمتِها، نستعيرُها منه بدافعِ التعاونِ الأكاديميِّ بما أنّنا، هو ونحن، في خدمةِ الحقيقةِ 'الرازائيَّةِ' ذاتِها، الحقيقةِ التكوينيّةِ عينها التي للحُبِّ المُكوِّن: فلنَستفِد منها إذًا على الفَور:

871 راجع: كريزوستوم، الشحيمة المارونية، زمن الفصح، منشورات جامعة الروح القدس - الكسليك، لبنان، 1978

872 تك 2، 15

873 يو 9، 3

874 راجع: Greene, Brian. *The Fabric of the Cosmos, Space, Time, and the Texture of Reality*; Knopf, Random House, NY, 2004; pp. 70-71

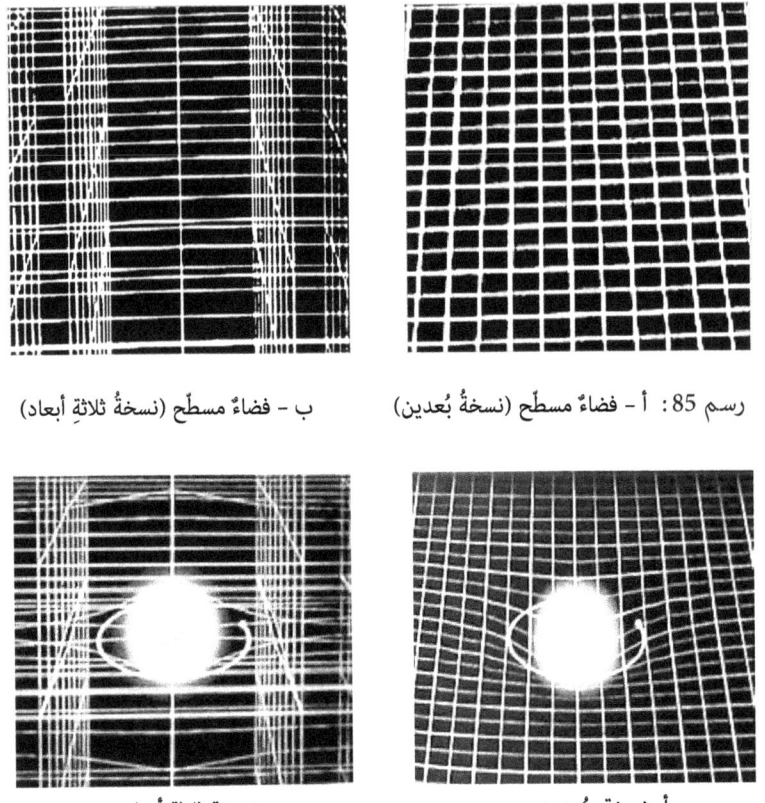

رسم 85: أ - فضاءٌ مسطّح (نسخةُ بُعدين) ب - فضاءٌ مسطّح (نسخةُ ثلاثةِ أبعاد)

أ- نسخة بُعدين ب - نسخة ثلاثةِ أبعاد

رسم 86: الأرضُ تحافظُ على مدارِها حولَ الشمسِ لأنّها تَتبَعُ الانبعاجاتِ التي يُسبِّبُها وجودُ الشمسِ في نسيجِ "الزَّمَكان" (spacetime warps):

ما عَسى أن يكونَ تعليقُ القارئِ المُدرِكِ، والمُدرِكِ أنّه مُدرِكٌ، في حالِ اعتَبرنا هذه الشباكَ بمثابةِ الشرائعِ الإلٰهيّةِ التي تتحكّمُ بإدارةِ الكَونِ، 'الانفجارِ الكبيرِ' ضِمنًا، والتي يأبى اللهُ ذاتُه الإخلالَ بها؟ أو ماذا يكونُ تعليقُه في ضوءِ الإلهاماتِ الأفراميّةِ وما أسهَمنا به لجهةِ موضعِ الكَونِ وطبيعةِ الجاذبيّةِ؟ ماذا تكونُ ردّةُ فعلِ القارئِ إذا ما اعتُبرَت هذه الخيوطُ التي تَنحني متعاطفةً (كذا) معَ الجاذبيّةِ كي تحضِنَ الكَونَ وكأنّها النسيجُ الإلٰهيُّ المنتشرُ في وَسَطِ الخَليقةِ كخيوطِ العنكبوت؟ إنّها شبكةٌ كرويّةٌ من خيوطٍ، مصدرُها التناضُحُ بين الوَسَطين، مُنبثقةٌ من جدارِ الرَّحِمِ الإلٰهيِّ المتكوِّنِ بحكم الإخلاءِ المستمرّ. أمّا غائيّةُ وجودِها فهي الحفاظُ على التماثُلِ والتناغمِ، وبالتالي إمكان توقُّعِ الأمورِ كما هي مكتوبةٌ في شرائعِ الخَلقِ الخفيّة. تلك الشرائعُ الإلٰهيّةُ المنقولةُ منَ الفكرِ الإلٰهيِّ إلى الفِكرِ البشريِّ، بواسطةِ ثوابتَ ومُسلّماتٍ، مبادئَ ونظريّاتٍ، سبَقَ أن أشرنا إليها والتي تؤكِّدُ، في الوقتِ نفسِه، وجودَ 'الساعاتيِّ' الأزليِّ وأبديّةَ 'ساعتِه'.

هذه الرسومُ التي أَلهمَتنا بالركائز والأوتادِ، وبخاصّةٍ، إذا سمَحنا لأنفُسِنا أن نقولَ، بـ'حقلِ مسابرِ' الجاذبيَّةِ الكَونيَّةِ، كما بمسابر اللُّغةِ البشريَّةِ، توحي أيضًا بأشعّة النورِ الإلٰهيِّ (النورِ اللاّمحدودِ *En Sof 'OR*) والتي فيها يُكمِلُ الكَونُ تمدُّدَه كالجَنينِ في الرحِم. وكما ألـمَحنا إليه سابقًا، إن كانت أحشاءُ الأمِّ محدودةً فأحشاءُ اللهِ، الأبِ-الأمِّ، ليسَت هكذا البتَّةَ. 'حِبالُ النجاةِ' (threads of Ariadne) هذه إنّما هي شُعُع الدوائرِ ومحاوِرُها وأقطارُها، ترسُمُ الشكلَ البيانيَّ للحُبِّ الخالق (diagrams of Love)، والهدفُ منها هوَ الحِفاظُ على مركزيَّةِ الطبقاتِ المِحوَريَّةِ التي تُمثِّلُ مُختلِفَ أنواعِ الواقعِ (مراجعةُ الرسم رقم 9)، وتَوجيهَ الكُلِّ نحوَ الغايَةِ التي من أجلِها خرجَت من اللّامُتناهي.

ماذا يُمكنُ أن يحصَلَ لو جاءت الخيوط في تلك الرسوم تعبيرًا عن إشعاعات النسيج الإلٰهيِّ، حتى بعد انكماشه والتي أسمَتها المدرسةُ الكبَّاليَّةُ 'رشيمو'؟ ما القولُ في حالِ مثَّلَت إشعاعاتِ الكُريات المتراكزَةِ للنورِ والحُبِّ و"الزَّمكانِ" ومحاورَها وأقطارَها، التي تُشبهُ طبقاتِ الرمادِ حولَ الجَمرةِ التي تحدَّثنا عنها في الفصلِ الرابع، والتي هي أيضًا من مكونِّاتِ الجُزيئاتِ والمَوجاتِ الخاضِعةِ بدورِها لثابتَةِ "بلانك"؟

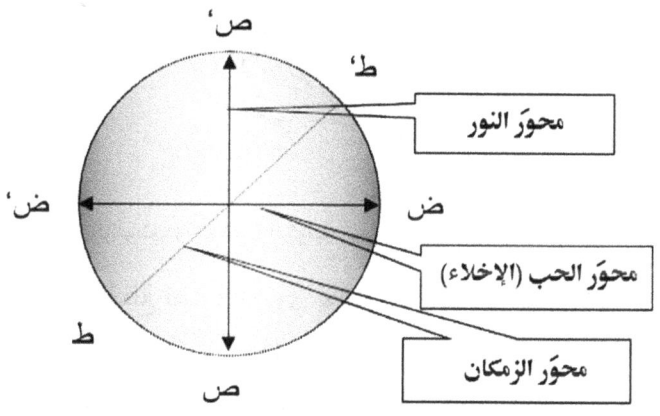

رسم 87: مَحاورُ الإخلاءِ الإلهيِّ

كلُّ شيءٍ يدورُ، بانتظامٍ وانسجامٍ كاملين، على ما يُظهرُه رمزُ الـ'يين-يان' الثلاثيُّ الأقطاب. وهكذا فإنَّ موجاتِ اللاّمتناهي، المنبثقةَ منَ الأقانيمِ الثلاثةِ، بقوَّةِ الإخلاءِ، وبالترابطِ، تُكوِّنُ الحشا الإلٰهيَّ الذي يشكِّل مكانًا مُعدًّا لـ 'الانفجارِ الكبيرِ'، معَ حقلِ مسابرَ مُخصَّصٍ لكلِّ واقع. مجموعُ حقولِ المسابرِ تلكَ هي التي ستحافظُ على التناغمِ والتماثُلِ، والتطوُّرِ والتمدُّدِ من دونِ أيِّ ارتباكٍ، أو أيِّ فعلٍ غيرِ مناسبٍ أو مُتناقضٍ، بينَ كلِّ 'ما يُرى' وكلِّ 'ما لا يُرى'. هذا ما ستَعنيه كلماتُ الصلاةِ الربيَّةِ: 'كما في السماءِ كذٰلكَ على الأرضِ'، والعكسُ صحيحٌ، على

الصعيدِ ‘الرازائيّ’. كلُّ هذا يدعونا إلى أن نستشفَّ رسمًا، يصعُب تخيُّلُهُ، للتداخلِ بينَ موجاتٍ خالقةٍ وموجاتٍ مخلوقةٍ، بينَ إرادةٍ إلٰهيَّةٍ وإرادةٍ بشريَّةٍ، من خلالِ الحفاظِ على الحياةِ في الكَونِ، كما من خلالِ حتميَّةِ الموتِ والتقهقُرِ المفروضِ على كلِّ الأشياء. فيَرتسِم تصوُّرٌ للتداخلِ بينَ الخصوصيَّاتِ الإلٰهيَّةِ والخصوصيَّاتِ البشريَّةِ. الحريَّةُ، في الفعلِ وفي ردَّةِ الفعلِ، ما بينَ الجاذبيَّةِ الإلٰهيَّةِ والجاذبيَّةِ البشريَّةِ، بينَ المكانِ والزّمانِ والحركةِ، منَ الجِهتَين، تبقى مُحترَمةً، بطريقةٍ تحفَظُ حُريَّةَ الضميرِ الإنسانيِّ إلى المُنتهى، حتّى لو اضطرَّ البشرُ إلى اتّخاذِ القرارِ، كونَهم كبارًا فقدوا الطفولةَ، بتدميرِ الموجاتِ وتداخُلِها، وترجمةُ ذٰلك تكونُ بالتقاتُلِ (الانتحارِ، الإباداتِ الجماعيَّةِ، المجازرِ ضدَّ البيئةِ)، وكلُّ هذا، معَ الاعتقادِ بأنّهم يقتُلونَ اللهَ، عزَّ وجلّ. بدونِ تلك الحُريَّةِ، ما كانت أفعالٌ ولا لُغةٌ ولا قواعدُ ولا افتداءٌ ولا مصالحةٌ مُمكنة.

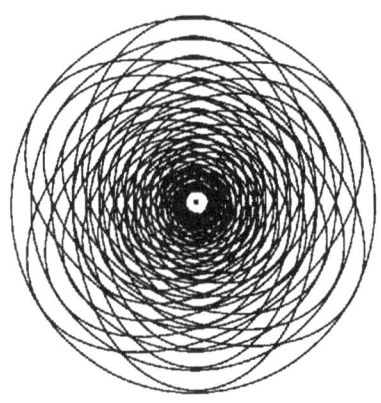

رسم 88: الترابط داخل الثالوث، والأهداب الكونية. رسمٌ مستوحى من رسومات العالِم بريان غريين.[875]

هذا الرسمُ يُمثِّلُ القطعَ نِصفَ الكُرَويِّ للحَرَمِ المُقدَّسِ، وسَطَ الخَليقةِ ونقطتِها المركزيَّة، من حيثُ انطلقَ الإنفجارُ الكبير. هذا الوَسَطُ الذي في توسُّعٍ مستمرٍّ، بتأثيرٍ منَ الإخلاءِ المُتواصلِ، بما أن الخَليقةَ بحاجةٍ إلى المزيدِ من "زَمكانٍ" يتكوّنُ من نسيجٍ ‘رازائيٍّ’ ثلاثيِّ الأبعادِ، كُرويِّ المحيطِ، مصنوعٍ من ثلاثةِ خيوطٍ، نُشبِّهُها بحبالِ النجاة (خيوطِ آريان): خيطِ الحُبِّ، خيطِ النورِ وخيطِ "الزَّمَكانِ" الأزليِّ، تؤمِّنُ جميعًا قاعدةَ التجاذُبِ والجاذبيَّةِ الضروريَّةِ لتطوُّرِ العمليَّةِ وغائيَّتِها. وكما ألمَحنا إليه أعلاه، فإنَّ هذه الخيوطَ تنبثقُ منَ التشابكِ الثالوثيِّ (التعانق) ومنَ الحركةِ الدائمةِ التي تنطلقُ منَ الإرادةِ الإلٰهيَّةِ وتسمحُ لفعلِ ‘خَلَقَ’ بأن يُكمِلَ سلسلةَ الأفعالِ: وَلَّد، نَفَخَ، وانبَثَقَ، مهما كلَّفَ الأمرُ من ‘إخلاء’. في هذا الوَسَطِ يستمرُّ الكَونُ بالتمدُّدِ، ضمنَ جدليَّةٍ توحيديَّةٍ لا تعرفُ حدودًا بينَ الخالقِ والمخلوقِ سوى ما فرضَه اللهُ

875 الرسم من تحقيق المؤلّف

على نفسِه من حدودٍ ’رازائيَّةٍ‘، وبالتالي على الخَليقةِ، معَ الوعدِ باحترامِ تلكَ ’الحدودِ‘ مهما كلَّفَ الأمرُ. يُثبتُ هذا، النَّدمُ الذي عبَّرَ عنه اللهُ تجاهَ فعلتِه، إثرَ الطوفانِ من سفرِ نوح.[876] تلكَ ’الحدودُ‘ التي فرَضَها اللاّمُتناهي، بقبولِه مبدأَ الإخلاءِ، تكشِفُ عن ذاتِها في العهدِ الجديدِ أيضًا، من خلالِ مَثَلِ لعازرَ والغنيّ، حيثُ يقولُ ’إبراهيم‘ للغنيّ: "بَيننا وبَينَكم هُوَّةٌ عَميقةٌ، لا يقدِرُ أحدٌ أم يجتازَها مِن عندِنا إلَيكُم ولا من عندِكم إلينا".[877] يُلاحَظُ أنَّ مكانَ وجودِ الغنيِّ لم يُعطِّلِ التواصُلَ معَ الذي لإبراهيمَ، وأنَّ تعابيرَ مثل: أبتِ، بُنيَّ، ارحَمني، ما زالت قيدَ التداوُل.

في هذا المناخِ الرازائي، الإلٰهيِّ واللّا-إلٰهيِّ في آنٍ، يتأرجحُ الكَونُ في تَناسقٍ وتَناغُمٍ كاملَين، نسبةً إلى المصادرِ الإلٰهيّةِ الثلاثةِ التي تؤمِّنُ له هذا الإمكان، تمامًا كما يتأرجحُ الجنينُ في أحشاءِ أمِّه. الألـمُ هو، من جهةٍ، تَبِعَةٌ طبيعيَّةٌ لعمليَّةِ الإخلاءِ، ومن الأخرى، لعمليَّةِ التمدُّد. وإذ ارتضى اللهُ مبدأَ التألُّمِ واحتملَه حتّى المَوتِ على الصليبِ، فلماذا يرفُضُه الإنسان، أعالِمًا كانَ أم لاهوتيًّا؟ لن نُقحِم هنا جدليَّةَ الألـمِ في اللهِ، بحدِّ ذاتِها، ما يعني مشاركةَ الآبِ والروحِ القدسِ بآلامِ الابنِ، قبلَ وخلالَ وبعدَ مَهمَّتِه الأرضيَّة. غيرَ أنّنا نكتفي بأن نُلمِحَ إلى أن ظاهرةَ القصورِ (entropy) ترافقُ ’الحُبَّ‘ في اختلافِ تجليَّاتِه: الجذبِ، الإخصابِ، الإيلادِ، الانفصالِ، النقصِ، الشوقِ، اللقاءِ، الاتحادِ، الخَلقِ، التفكّكِ، إلخ.[878] كلُّ هذا يكونُ باطلًا لو لم يكنِ اللهُ ثالوثًا. اللهُ، الكائنُ، ما كانَ، ولا يمكن أن يكون، وما مِن شيءٍ كانَ بإمكانِه أن يوجدَ، بما أن الكلامِ بحدِّ ذاته، وتاليًا الكتابة، ما كانا ليكونا.[879] حتّى أنّنا نسمحُ لأنفسِنا بالقولِ، عملًا بهذه الفصولِ السبعةِ التي نضعُها بتصرُّفِ اللاهوتيينَ والمتصوّفينَ - من مسيحيينَ وغيرِهِم -، كما أيضًا بتصرّفِ العلماءِ، أنَّ اللهَ، إمّا أن يكونَ ثالوثًا أو لا يكونَ البتّة.

لَمّا كانَ الألـمُ نتيجةً طبيعيّةً لفعلِ الخَلق، فإنّ كلمةَ ’شرّ‘ لا تعودُ تتعدّى كونَها تصوُّرًا يُفيدُ

876 تك 9، 11 - 17

877 لو 16، 26

878 راجع: *Dieu et la Science*, pp.98-99

مستشهدا ببرغسون القائل: " المعطيات المعروضة في أطروحتي *Matière et Mémoire* جعلتني ألمس لمس اليد حقيقة "الروح" [روح المادة]. ينتج عن هذا كلّه، طبيعيا، فكرة إله خالق ومُوَلِّد حرٍّ للمادة وللحياة على السواء".

كيف توصّل برغسون إلى هذه التأكيدات؟ ببساطة، باستناده على الفكرة القائلة أن هناك، في أساس الكون، دفعا وجدانيا خالص النقاوة، تصاعديةً نحو الأسمى توقفت و"هَوَت". هي تلك السقطة، ذاك التراجع الوجداني الإلهي ما ولّد المادة كما نعرفها عليه. لا غرابة إذا أن يكون لهذه المادة ذاكرة روحيّة متّصلة بجذورها.

879 كتب (Alain Émile Chartier) بخصوص التربية قائلا: "وسائل الفكر كافة مغلق عليها في اللغة. ومن لم يفكر في اللغة لم يفكر أبدا". راجع: *Dictionnaire numérique Bibliorum Larousse*, Esprit.

لوصفِ كلِّ ضروبِ إزالةِ النورِ والحُبِّ أو تغييبِهما، من خلالِ الأنشطةِ الأنويّة، والحصريّة،[880] إذ فيهما، بِحسَبِ 'الأميرِ الصغيرِ'، منطلقاتُ خسارةِ الطفولةِ. 'أفرامُ' يَدينُ كلَّ أنواعِ التحديدِ في الإيمانِ و'يان باربور'، مع غيرِهِ من نُقَّادِ العِلمِ يدينُ كلَّ اختزال. لا يمكنُ وصفُ الخَليقةِ وكلِّ ما يتولَّدُ منها إلّا بالمِفتاحَين الغالِيَينِ على قلبِ كلِّ المُبرمِجين في المَعلوماتيَّة وهما: "open source" (مصدرٌ مفتوحٌ)،[881] كيما يتمَكَّنَ آدمُ وحوّاءُ من إتمامِ المهمةِ الموكلةِ إليهما من قِبَلِ اللهِ، بِحسَبِ الفصلين الأوَّلَين من سفرِ التكوين.

إذًا، لا بدَّ من أن نتبيَّنَ، في داخلِ وَسَطِ الخَلقِ هذا، الوَسَطَين اللذَين بَرَزتهُما المُقدِّمةُ التي استعرناها منَ "الأمير الصغير": وَسَطَ "الكبارِ" أي الذين فَقدوا الطفولةَ؛ ووَسَطَ "الصِّغارِ"، الأطفال حقًّا، أي الطفولة. أمَا فضَّلَ السيّد المسيح الوَسَطَ الأخير؟ ما من شيءٍ يؤدّي إلى خلاصِ 'الصغارِ'، بعدَ أن يؤخذوا في أشراكِ 'الكبار'، سوى دفعِ حُبٍّ أموميٍّ، أي حُبٍّ غيرِ مشروطٍ، يشقُّ كلَّ سدٍّ، كلَّ بابٍ مقفَلٍ، كلَّ تحفُّظٍ، كلَّ سورٍ إلخ. ما يقتضي ولادةً جديدةً كجسرٍ وحيدٍ للعَودةِ إلى عدنِ 'الشَّوقِ الأنطولوجيِّ' الذي لكلِّ إنسان. هذا، برأينا، ما قصدَه المسيحُ بجوابِهِ لنيقوديموس.[882]

هذا الحُبُّ غيرُ المشروطِ الذي كَشَفَه لنا الابنُ على أنّه للآبِ، يجمعُ في ذاتِه الأبوَّةَ والأمومةَ وكلَّ 'العواطفِ' المتحدِّرةِ منه، هذا إذا ما جازَ، تشبيهيًّا، استعمالُ كلمةِ 'عواطفَ' لِما يحكمُ العلاقةَ بينَ الأقانيمِ الثلاثة.

هذا الحُبُّ الذي على الأرضِ كما في السماءِ، يُمثِّلُ 'الوَحدَةَ المُطلقَةَ' التي منها انطلقَت كلُّ أنواعِ الجاذبيَّةِ والغَزل. هذا، بكلِّ تواضُعٍ، ما كشفَته لنا العلاقةُ بينَ الغَزلِ والثالوثِ، كما أيضًا، بينَ الجاذبيَّةِ والحُبّ. عليهِ، نتساءَلُ معَ المُهتمّينَ بشؤونِ البيئةِ كافّةً، كما بلاهوتِ الطبيعةِ، عمّا يُمكنُ أن تكونَ الخطيئةُ سوى 'كسرِ' التماثُلِ والتناغمِ الطبيعيَّين، وبكلامٍ أدقَ، 'كسرِ' تناغمِ الطبيعةِ الأمِّ، 'الأرض'، وتناسقِها.

---

880 [الإنترنت]، قصيدة لطاغور عنوانها: "لماذا"؟
/http://claude-sanson.fr/2016/11/14/pourquoi-rabindranath-tagore

881 أفضل مثل يمكننا أن نعطيه عن هذا النوع من النشاط هو برنامج المكتبة الإلكترونية المفتوح KOHA والذي يتحوّل رويدا رويدا إلى مكتبة تحتوي كتب العالم أجمع.

882 يو 3، 1 - 9؛ راجع *Dieu et la Science*, p.90
يقول غيتون: "بعد سبعين عاما على الاكتشاف العظيم لنظرية الكم، هل باتت معتقداتنا بروحانية المادة' أو 'مادية الروح' مركّزة موضوعيّا؟". نجيب قائلين: إن القفزة هي قصوى، وكأنها تخصّ حقل الميتافيزيقا بما يعني أنها تتجاوز الملموس العقلي الإنساني. لا بد أن يكون هناك أمر ما بين سكّة الفلاّح التي لمستها يد تيار دو شاردان ويسوع المسيح الذي كانت تحدثه والدته عنه. لا محالة، هناك الوالدة التي أتى منها 'روح تيار' ويستمرّ بالمجيء. لقد وصف تلك الروح "بالأنثوية الخالدة" (The Eternal Feminine).

إن ابنَ لبنان المَحبوب، جبران خليل جبران، هوَ منَ الذينَ فهموا، ولو على طريقتِه الخاصّةِ، هذه الحقيقةَ الرازائيّة. نذكرُه هنا في ما كتبَه قائلًا: " أمّا أنت إذا أحبَبتَ فلا تقُل إنّ اللهَ في قلبي، بل قُل بالأحرى، أنا في قلبِ الله". [883]

رسم 89: الغَزلُ بين الخالق والمخلوق، بحسب جبران خليل جبران

7. "ذاتُ" الطُّفولَةِ (ياتُها *yât*) والأُمومَةُ السَّرمَديّة

تمنَّينا لو نطيلُ أكثرَ البحثَ في العلاقةِ بينَ الجاذبيَّةِ الكَونيَّةِ والحُبِّ. إلّا أن ذلكَ كانَ سيُضخِّمَ كتابَنا هذا إلى حدٍّ غيرِ عَمَليٍّ. عزاؤنا أنّنا نرى الحُبَّ وقد انسلَّ بينَ سطورِ هذا الفصلِ الخِتاميِّ بكاملِه. ولا عَجبَ، فهذا دومًا ما يقومُ به الحُبُّ ما أن يُفتحُ له الباب، بخاصّة بابُ القلبِ المُشغوفِ بالحَقيقةِ المُطلقةِ، سواءٌ أكان من بابِ العُلوم أم من بابِ الدِين أم من بابِ الطبيعة. معَ هذا الفصلِ، منَ المُفترض أن يكونَ القارئُ قد لـمَـس جيِّدًا العَلاقةَ بينَ الحُبِّ والجاذبيَّةِ الكَونيَّةِ، أكانت للكَونِ الكَبيرِ أم الصغير. يَبقى أنّه، إن كانَ من المستحيلِ تحديدُ الحُبِّ المطلقِ والتحكُّمُ به، أو التملُّصُ منه، لا يكونُ الأمرُ كذلك بالنسبةِ إلى 'ياته'، أي الطفولةِ. سنُتابعُ البحثَ، كأطفالٍ إلى أن نخرجَ من هذا الفصلِ بقناعةٍ تامّةٍ حولَ إلزاميَّةِ تلك الروحِ، روحِ الطفولةِ التي اعتمدناها 'خَيمةَ الموعد' (المشكنزبنا) للِّقاءِ بينَ اللهِ والعِلمِ والدِينِ، ولكيما يُصبحَ 'الجسرُ المنيرُ' سالِكًا بينهُم في الاتجاهاتِ كافّةً، ونكشِفَ أخيرًا عمّا، أو بالأحرى، عمَّن هوَ المقصود، عندما نتَّحدثُ عنِ 'الجسرِ المُنير'.

---

883 جبران خليل جبران، كتاب النبي، في المحبّة

"أللهُ محبّة"، بل قل هو الحُبّ، والطفولةُ، بحسَبِ تأكيدِ يسوعَ المسيح، هي أفضلُ تعبيرٍ عنه.[884] أما الحِرمانُ منَ الطفولةِ الذي تأتّى من 'خَلقِ' آدمَ وحوّاءَ، بالغَين، بحسَبِ سيرتَي خلقِهما في سِفرِ التكوينِ، عوّضَه المسيحُ، آدمُ الجديدُ، الذي بولادتِه من مريمَ، دخلَ العالمَ جَنينًا ثمّ طِفلًا، وعَرَفَ حَنانَ الأمِّ من خلالِ عائلةِ 'حوّاءَ الجديدةِ'، التي هي أيضًا تكوّنَت جنينًا ثمّ طِفلةً، وعَرَفت حنانَ الأمِّ، الشعورَ الذي حُرِمَت منه حوّاءُ القديمةُ. هذا ما يعنيه أيضًا التعبيرُ الإنجيليُّ 'ملءُ الزمنِ'، من زاويةِ اللاهوتِ الرازائيّ. إنّه الوقتُ الذي ستُخلي فيه البشريّةُ مكانًا لـ'مِلئها' وتَرى فيه اكتمالَ المرحلةِ الناقصةِ بالنسبةِ إلى كمالِ خَلقِها، بحسَبِ ما هوَ منصوصٌ عليه في سفرِ التكوينِ، والذي لا بدَّ منه لأنسنتِها: الطفولة.

هذا النمطُ في قراءةِ الواقعِ الذي نُبحِرُ فيه، بدونِ أن نكونَ مدركينَ جيِّدًا لِمَا نحنُ فيه، يؤيّدُه مقطعٌ مميّزٌ من صلاةِ الـترجّي 'بُاعوثُا'، للقديسِ يعقوبَ السروجي، مذكورٌ في الفصلِ الأولِ من هذا الكتابِ، كما يؤيّدُه أيضًا ما أبرزَه الإنجيليُّ متّى من شراسةِ هيرودوس، أحدِ 'المُعتدّين بِبُلوغِهم' (the fully-grown)، ضدَّ الطفلِ المولودِ في بيتَ لحمَ، والمجزرَةُ التي ارتكبَها، بسببِه، بحقِّ أطفالِـها.[885] هذا الفصلُ من الإنجيليِّ متّى ينتهي بما يلي: "عِندَئِذٍ تَمَّ مَا قِيلَ بِلِسَانِ النَّبِيِّ إِرمِيَا: صُرَاخٌ سُمِعَ مِنَ الرَّامَةِ: بُكَاءٌ وَنَحِيبٌ شَدِيدٌ! رَاحِيلُ تَبكِي عَلَى أَولَادِهَا، وَتَأبَى أَن تَتَعَزَّى، لأَنَّهُم قَد رَحَلُوا"، وكأنَّ الطفولةَ، بالمُطلقِ، التي يخشاها رجالُ السلطةِ والأنظمةِ، قد 'رَحلَت'، لا بل زالت منَ الوجود. ذلك أنّه بالنسبةِ إلى هذا النَّوعِ منَ البشرِ، على الطفولةِ ألّا تكونَ أبدًا. ألم يَرِد أيضًا في النبوءةِ ما أُعلِنَ يومًا، بحسَبِ سفرِ التكوينِ: "وَأُثِيرُ عَدَاوَةً دَائِمَةً بَينَكِ وَبَينَ المَرأَةِ، وَكَذَلِكَ بَينَ نَسلَيكُمَا. هُوَ يَسحَقُ رَأسَكِ وَأَنتِ تترقبين منهُ العَقِب". (تك 3: 15)؟ إذًا، بالطفولةِ التي سوفَ تهزُّ 'حواءُ الجديدةُ' سريرَها بيسارِها ستَنتصرَ على الثلّاب، وترمّمُ سمعةَ حوّاءَ وآدمَ الترابيَّينِ وشرَفَهُما... لذلك، يُمكنُ أن نفهمَ لماذا لم تُفسح بيتَ لحمَ، 'مدينةُ الملكِ'، مكانًا لولادَةِ ابنِها، ولماذا تعنَّتَ هيرودوسُ في القضاءِ عليه. ما كانَ لهذا الأخيرِ أن يُقدِمَ على فظاعةِ كتلكَ الإبادةِ لو لم يحِسَّ بأنَّ عرشَه قد اهتزَّ من مجرَّدِ سَماعِه أنَّ تلكَ الطفولةَ المَوعودةَ، 'يات' كلِّ طفولةٍ، قد حَلَّت في الزمنِ، وبأنّها ستُحقِّقُ ما أتى في نبوءَةِ سفرِ التكوينِ بحسَبِ ما أنشدَته 'مريمُ' أمامَ أليصاباتَ: "شَتَّتَ المُتَكَبِّرِينَ فِي نِيَّاتِ قُلُوبِهِم. أَنزَلَ المُقتَدِرِينَ عَن عُرُوشِهِم، وَرَفَعَ المُتَوَاضِعِينَ".

نُذكِّرُ هنا بما يميِّزُ مفهومَ 'يات' الآراميّةِ الأصلِ من مفهومِ 'الذاتِ' العربيّة. أن يُقالَ 'ياتُ الطفولةِ' ليسَ أبدًا كالقولِ 'ذاتَ الطفولةِ' كالتي عرفَتها البشريّةُ معَ قايينَ وهابيلَ، نسلِ حوّاءَ وآدمَ الذي جُبِلَ منَ الترابِ (الأديمِ) واشتُقَّ اسمُهُ من اسمِه. إنَّ الفرقَ بينهما يساوي ما ذكرناه

884 1يو 4: 16؛

885 متى 2: 16-18

أعلاه بينَ نظريَّتَي الخَلقِ من العَدمِ والخَلقِ من الحُبّ. فإن كانت ذاتُ طفولةِ قايينَ وهابيلَ تعودُ إلى 'العدمِ' وإلى 'التُّرابِ'، فإن 'ياتَ' الطفولةِ التي دخلت عالَـمنا مع التجسّدِ ترقى إلى الحُبِّ الإلٰهيِّ، بخاصّةٍ حُبِّ الابنِ ووالدتِه التأسيسيِّ، منذُ ما قبلَ الخَلقِ، منذُ أن كانتِ الخَليقةُ لا تزالُ "في ذاكرةِ الله الصامتة".[886] ما الذي نقصِدُه بقولِنا هذا؟

للإجابةِ عن هذا السؤالِ علينا أن نستبدلَ مفهومَ 'اللهِ' بمفهومِ 'الحُبّ' للدالّةِ، منَ الزاويةِ الرازائيّةِ، على الكائنِ الأول. في هذه الحالةِ فقط يمكنُنا القولُ إنَّ ما نقصدُه هوَ التالي:

1.7. كَينونَةُ الأبجَديَّةِ والمَقاطِعُ اللَّفظِيَّةِ الأولى

ما أن بدأت أحرفُ الأبجديّةِ التكوينيّةِ، المُعدَّةُ بالحكمةِ الإلٰهيَّةِ في 'ذاكرةِ الحُبِّ الصامتةِ' والتي تُعتبَرُ كالحَمضِ النوويِّ للعقلِ الخالقِ، بالتآلفِ والتعانُقِ لِتُشكِّلَ اللفظاتِ والكلماتِ الأولى، وبالتالي، الاسمَ الإلٰهيَّ الأوَّل 'حُبّ' (بالعبريّة: هَأهَبَه = האהֲבָה)، والذي، بعدَ استثناءِ حرفِ 'الهاء' منهُ العائدِ لنَفَسِ الحياةِ، 'الريحِ'، أي الروحَ والموجودَ في لفظِ 'إهيه'، كما 'يَهوه'، يُشكِّلُ الحرفانِ الأساس منه (أ) و(ب)، رأسَ الأبجديّةِ المتعارفِ عليها في معظمِ اللغاتِ الساميَّةِ والأوروبيَّة. ومن هذين الحرفين شُكِّلَ، بالتزامنِ، الإسمانِ الأكثرَ تعبيرًا عنِ الحُبِّ وهما: أبٌ وابنٌ (אב-אבנ) معَ كتمِ لفظِ 'الألفِ' في كلمةِ 'إبن'، على الرُّغمِ من وجودِها. لماذا الإصرارُ على التزامن؟

بَديهيٌّ أنّه في 'وَسَطِ' الحكمةِ الإلٰهيّةِ التي تعرفُ كلَّ شيء، والمدركةِ في الحالِ السرمديِّ لكلِّ شيءٍ، لا يُمكنُ لهذين الاسمين إلّا أن يكونا قد انجلَيا معًا، وفي الحينِ السرمديِّ نفسِه، إذ يستحيلُ تصوُّرُ مرورِ أيِّ 'حينٍ' منَ السرمدِ، بينَ جُلوِّهما، لأنَّ سببَ وجودِ الواحدِ (the cause) هوَ في معنى وجودِ الآخرِ (*raison d'être*). فليسَ ثمَّةَ سببٌ أو معنى وجودٍ لأيٍّ منهما خارجًا عن موضوعِ سببيّتِه الذي هوَ الآخرُ. فالاثنانِ، بالرُّغمِ منَ 'الاختئلافِ' بالاسمِ وليسَ الاختلاف، متَّحدَان بالحرفِ 'هاء' من فعلِ "أحَبَّ" العبريِّ، بالتساوي المطلقِ، في ثالوثِ اعتُلنَ في الدنحِ، يتشاركانِ السببَ نفسَه لوجودِهما، ألا وهوَ توضيعُ البُعدِ الأبويِّ-البَنويِّ الخَلّاقِ من الحُبِّ المطلقِ غيرِ الخاضعِ للوصفِ أو التحديدِ بحدِّ ذاتِه، وذٰلك بهدفِ خدمةِ الكمالِ الإلٰهي.

على فعلِ "أحَبَّ" (אָהֲבָה) أن يكونَ، بالروح 'ה-هاء'، أوّلَ فعلٍ مُحرِّكٍ يرتسمُ، ومعه 'بالتزامُن'، 'فعلِ بَرَأَ' (בָּרָא)، وذٰلك لخدمةِ الكمالِ نفسِه. لا يمكن لـ'الحُبِّ الإلٰهيِّ' إلّا أن يكونَ بارئًا (خالقًا). لا يمكنُ لأيِّ 'حينٍ' منَ السرمدِ أن يكونَ قد فصلَ بين فعلَي أحَبَّ وبَرَأَ (خلق). في

886 تعبير استعمله 'جبران' في كتابه النبي، ليشهد على أبدية رابط الزواج. أتى الوصف بالإنجليزية، لغة النص الأصليّة، على الشكل التالي: "You shall be together even in the silent memory of God".

ما يخصّ 'الوَسَطَ الإلٰهيّ'، لا تجري الأمورُ على نحو ما هوَ في وَسَطِنا الزمنيِّ، الأمرُ الذي أوحى لأرسطو ولتوما الأكويني بَعدَه، المبدأ الفلسفيَّ: 'القوّةُ والفعل'. أما بالنسبةِ إلى اللاهوت الرازائيّ فهو يتعاطى، كما سبقَ ذكرُه، مع وسطٍ واحدٍ ذي طبقاتٍ 'مُختالفة' تدور حول مركزيَّةٍ واحدة وتربطُ بينها جاذبيَّةُ الحُبُّ الواحد. في الواقع الإلٰهيّ لا وجودَ للترقُّب ولو لطرفَةِ عين. إن تعليم الكنيسةِ لا يحدّد للمؤمن بدقَّة، ويستحيلُ عليه أن يُحدَّد في المطلق، على ما لفتَ إليه 'أفرام'، وما لاحظناه في إيقونةِ 'روبليف'، أيًّا من الأقانيم الثلاثة هوَ الآب وأيًّا هوَ الابن، ومن منهما له الأولويَّةُ على الآخر إلَّا من خلال 'الحركة' وبعضِ الرموز الإيقونوغرافيَّة. وإذا كانَ لا بدَّ من أوَّليَّةٍ فللروحِ القدسِ الذي يؤدّي دور "الغلوون الكمّي" (gluon) الذي يوحِّد بين الاثنين، أي حُبُّ بعضهما بعضًا. لذا نجدُ القديسَ أوغسطينوسَ يوضِّحُ قائلًا: "لا انقسامَ البتَّةَ، بينَ الأقانيمِ الثلاثةِ في أعمالِ الثالوثِ الأقدس - نحوَ الخارج"، حتى ولو اختلفنا على مفهوم "خارج". فالأعمال هي من فعلِ الثلاثةِ متَّحدين. على أنَّه لا ينبغي لهذهِ الوحدةِ أن تنفيَ دورَ المحرِّكِ الأول الذي هوَ الحُبُّ الإلٰهيُّ، الذي منه الحُبُّ الأب-بَنوي. وبالتالي، يكون الأقنوم الوحيد من الثالوثِ الذي لم 'يتَّخذ اسمًا يضعهُ في صورةٍ مألوفةٍ، عائليَّةٍ، هوَ الروحُ (רוח)'. إنّه بذاتِه الحُبُّ الأب-بَنوي، كما وصفَه أيضًا القديسُ أوغسطينوس، والذي يسمحُ، بصفتِه جوهر الحُبِّ الإلٰهيِّ ذاته، بالقولِ: **إنَّ الآبَ والابنَ ينبثقانِ منه بقدرِ ما هوَ ينبثقٌ منهما، وليسَ فقط بأنَّه منبثقٌ منهما على طريقةِ انبثاقِ اسميهما من أبجديّةِ الحُبِّ الإلٰهيّ.**

بالمعنى الرازائيّ، الحُبُّ هوَ ما يُعطي للأبوةِ والبنوةِ كينونتَيهما، وليسَ العكس. يكفي أن نعودَ لبرهةٍ، إلى التأمّلِ، من هذهِ الزاويةِ، بمغزى مَثلِ 'الابنِ الضالّ'، لنتأكّدَ من هذه الحقيقة.

نجدُ في الليتورجيا المارونيَّةِ، في صلاةِ كسرِ الخبز، إثباتًا على 'حركيَّةِ' الروحِ القدسِ المتحكّمةِ بسببيَّةِ كلِّ فعلٍ ثالوثيٍّ، من بداياتِها (causative causes)، حتى خواتيمِها (final causes)، إذ تقولُ: '... الروحَ القدسُ، مبدأٌ وغايةُ وكمالُ كلِّ ما كانَ ويكونُ في السماءِ والأرض' (ܪܘܚܐ ܕܩܘܕܫܐ ܘܪܝܫܐ ܘܫܘܠܡܐ ܕܟܠ ܕܐܝܬ ܘܗܘܐ ܒܫܡܝܐ ܘܒܐܪܥܐ)، فلا يبقى منَ المستغرَب تشبيهُ المسيحِ للروحِ بالريح إذ يقول: 'الرِّيحُ تَهُبُّ حَيثُ تَشَاءُ وَتَسمَعُ صَفِيرَهَا، وَلٰكِنَّكَ لَا تَعلَمُ مِن أَينَ تَأتِي وَلَا إِلَى أَينَ تَذهَبُ'، (يو 3: 8) كما أنَّه أعطى الروحَ حصانةً لم يحفظها لذاتِه بقَوله: 'مَن قَالَ كَلِمَةً ضِدَّ ابنِ الإنسَانِ، يُغفَرُ لَهُ. وَأَمَّا مَن قَالَ كَلِمَةً ضِدَّ الرُّوحِ القُدُسِ، فَلَن يُغفَرَ لَهُ، لَا فِي هٰذَا الزَّمَانِ، وَلَا فِي الزَّمَانِ الآتِي'. (متى 12: 32)

إن الروحَ القدسَ الذي، من وجهةِ نظرِنا الرازائية هو في أساسِ الحُبِّ الأب-بنوي، وليس حَصرًا، سيؤدّي الأدوارَ المتعارَف عليها كافّةً، في الإنجيل، من دونِ أن يكفَّ عن تأديةِ الدور الذي لا جدالَ حَوله في الإلهامِ والوَحي، الذي أتمَّه طوال زمنِ التدبيرِ الخَلاصيِّ. لقد كانت

له تجليَّاته الخاصّةُ المختلفةُ والعديدةُ، والتي منها شكلُ اليمامةِ في الدنحِ، وألسنةُ النارِ في العنصرة. ولطالما تمتّعَ، في ما يخصُّ الإيمان، بأقصى درجاتِ المرجعيّةِ بشكل أنّه كلما وردَ في الكتابِ المقدّسِ أنَّ الروحَ 'حلَّ على' (1صم 19: 23) (لو 1: 35) أو 'تملَّكَ بـ...' (1صم 19: 23)، أو 'مَلأَ...' (أع 2: 4) نصبحُ أمامَ مرجعيّةٍ إيمانيّةٍ غيرِ قابلةٍ للجدل. إنّها قوّةُ امتيازِ الروحِ القدسِ، الراسخةُ تمامًا في وجدانِ الشعبِ اليهوديِّ، ما سيبرزُه المسيحُ بقوله لتلاميذِه: "خيرٌ لكم أن أنطلقَ (أي أصعدَ)، لأنّه إن لم أنطلق لا يأتيكمُ المُعزّى" (يو16: 7) ثم: "يعلمُكُم كلَّ شيءٍ ويذكُركم بكلِّ ما قلتُه لكم..."، (يو14: 26) و"يُرشِدُكُم إِلَى الحَقِّ كُلِّهِ... وَيُطلِعُكُم عَلَى مَا سَوفَ يَحدُثُ". (يو16 :13) على هذا الامتيازِ سيرتكزُ أيضًا بولسُ الرسولُ ليتساوى، بالمرجعيّةِ، بباقي الرسلِ، وبخاصّة برأسِ الرسلِ بطرس. (أع 9: 17)

وهكذا نجدُ ذواتَنا لغايةِ الآنَ في "صمتِ ذاكرةِ اللهِ"، ذاكرةِ الـحُبِّ، معَ ثنائيّةِ 'أب-ابن' تُوَضِّعُ ذاك 'الحُبَّ' بقدرِ ما يستمرُّ الروحُ القدسُ بضمانِ اللُّحمةِ والمساواةِ بينَ الأقنومين ووحدةِ الأداء (Action) المُتمِّم من ثالوثيَّتِهم باسمِ الحُبِّ الأوحدِ، المُطلقِ، غيرِ المُدرَكِ بحدِّ ذاتِه، وغيرِ القابلِ للتحديدِ إلّا بهذه الثالوثيّةِ، وبما سيَصدُرُ عنها من أمومةٍ وخَلقٍ وخَلاص. وهذا ما سيَنعكِسُ في المَخلوقِ، بكلِّ ما هوَ ثالوثيٌّ، بخاصّةٍ على مستوى فيزياءِ الكمِّ، بين الجُزَيءِ والمَوجةِ وما يَحفَظُهما مُتلازمَين، بين الجُزَيئات و'الصَّمغ' (gluon) الذي يحميها منَ التفلُّتِ، بالترابُطِ (correlation)، بالتشابكِ (entanglement)، بمكوّناتِ الكَونِ والجاذبيّةِ الكَونيّةِ التي تحافظُ عليها، بنظامٍ وتناغُمٍ كما بيّنّاه في الفصولِ السابقة.

بصراحةٍ، لا نخفي قناعتنا بأنّ الروحَ القدسَ، المفقِّهَ، هو، باديءَ الأمرِ، مَن يكشفُ هذه الأمورَ لعينِ الطفولةِ الرازائيّةِ المتبحّرةِ في العِلمِ، ليأتيَ بعدَها تَعليمُ الكنيسةِ ويؤيِّدَ صِحَّتَها معَ 'اختلافٍ' بسيطٍ بالنسبةِ إلى اللّاهوتِ التقليديِّ، ألا وهوَ تَقَدُّمُ مفهومِ 'الحُبِّ المُطلق' بالصفةِ الإلٰهيّةِ على مفهومِ 'اللهِ'، وما يليه من مفاهيمَ، مثلَ الأبوّةِ، البُنوّةِ، الحُبِّ الأب-بَنوي، التثليث، إلخ. منَ المُمكنِ لهذهِ المفاهيمِ الاسميّةِ الأخيرةِ أن تشكِّلَ حُجُبًا، طبقاتٍ منَ الرّمادِ، تمنعُ المؤمنَ من صحةِ الرؤيا والرأيِ، الأمرُ الذي يعذرهُ التقليدُ بالمُسَلَّمَةِ السائدةِ منذ العهدِ القديمِ، والتي ردَّدها بولسُ للكورنثيين: "... مَن عَرَفَ فِكرَ الرَّبِّ؟ وَمَن يُعَلِّمُهُ؟". (1كور 2: 16) وهذا ما يثيرُ الحفيظة على طريقةِ 'مريمَ' أمامَ بشارةِ الملاكِ فنتساءلُ: "وكيفَ يُمكنُنا أن نُحبَّهُ؟". على أن بولسَ، ومن خلالِ الحديثِ نفسِه، يستَعجِلُ فتحَ البابِ لذاتِه وللآخرين بقوله: "... وَأَمَّا نَحنُ، فَلَنَا فِكرُ المَسِيحِ!". يحاولُ بولسُ، من خلالِ هذهِ الجدليَّةِ، أن يدعمَ كلَّ مؤمنٍ بلغَ النضوجَ الإيمانيَّ المطلوب بقولِه: 'أَمَّا الإِنسَانُ الرُّوحِيُّ، فَهُوَ يُمَيِّزُ كُلَّ شَيءٍ، وَلاَ يُحكَمُ فِيهِ مِن أَحَدٍ'،(1كور 2: 15) ما يعني أنّه بإمكانِ

كلِّ مولودٍ من الماءِ والروحِ، أو منَ النارِ والروحِ، أن يصلَ إلى المعرفة التي يؤدّي إليها 'فكرُ المسيحِ'، أي إلى عمقِ الحُبِّ (المحبّةِ)، بحسَبِ ما وصفَها في الرسالةِ نفسِها. (1 كور 13)

وبما ان 'اللهَ محبّةٌ'، أو بالأحرى 'الحُبّ' بذاته (وياتِه)، بحسَبِ ما يشهدُ له الإرثُ المسيحيُّ العامُّ، ومؤخّرًا البابوان، القديس يوحنّا-بولس الثاني وبنديكتُس السادس عشر، من خلالِ رسالتِهما العامةِ 'اللهَ محبّةٌ'، فَلنحاول، أقلّه، التخفيفَ من كلِّ ما يحجُبنا عنها و'نحيا الحُبَّ' معَ القديسةِ تيريزا الطفلِ يسوع. أَوَلَيسَ أن هذا 'الطفلَ' قد قامَ منَ الموتِ ليُخَلِّدَ الطفولةَ، التي بإمكانِها ان تَرى خلفَ جلدِ أَصَلةِ 'الأميرِ الصغير'؟

فلنُواصل، كأطفالٍ، ومن الزاويةِ نفسِها، قراءةَ مشهدِ الخَلقِ السابقِ الذي صوّرَتهُ لنا صلاةُ السروجي، وذلك بحثًا عن 'يات' الطفولةِ التي اعتمدناها 'خيمةَ الموعدِ' (المشكنزبنا)، والتي يدعو 'الحُبُّ' العِلمَ والدِينَ إلى اللقاءِ تحت سقفِها، ونستوضح بشكل أدق، ماهيَّةَ الجسرِ المُنيرِ المؤدّي إليها. ولكي نسهِّلَ تعاملَنا معَ النصِ، نوردُه، حالًا، ليكونَ نُصبَ عينَينا.

2.7. نُضوجُ الأبجَديَّة وبَواكيرُ التَواصُلِ والإخلاء

أخذ الآبُ بيَدَيه المُقدسَّتَين تُرابَ آدمَ
نادى **ابنَه**، وهاكم ما قالَهُ له:
'هذا هوَ الذي على الصليبِ سيرفعُك ويسخرُ منك.
هذا هوَ الذي سيُدخلُكَ القبرَ ويَحتقرُك ويَرذُلك.
إن شئتَ خلقتُه. إن لم تشأ لا أخلقُه.
فأجابَه: اخلُقه، لأني من 'مريمَ' سألبَسُه وأحتمِلُ الآلامَ وأُخلِّصُ العالم.

لقد نَضَجت أبجديَّةُ حِكمَةِ الحُبِّ الإلٰهيِّ بشكلٍ باتَ يسمحُ للآبِ والابنِ بالتواصل. وكان 'الكلمةُ' قد أصبحَ 'حاضرًا' في صمتِ الذاكرةِ الإلٰهيةِ ذاتِها التي للحُبّ. منَ الضروريِّ هنا توضيحُ نُقطةٍ أساسيَّةٍ قد تُعيقُ إيمانَ طِفلٍ يريد، باندفاعٍ، كشفَ الرابطِ بينَ الابنِ والآبِ المُفترضِ فيه أن يَشبَهَ الرَّابطَ الذي بينَه وبينَ أبيه، وعلاقةِ الابنِ بأمِّه 'مريمَ'، المفترضِ فيها أن تشبهَ علاقتَه بأمِّه. هل أن 'والدةَ الابنِ' كانت موجودةً في مكانٍ ما وتحظى باسمِ 'مريمَ'؟ هل من المُمكنِ أن يكونَ للهِ عائلةٌ مثلَ عائلته؟

بالفعلِ، وعلى الرُّغمِ من كلِّ ذكوريّةِ العهدِ القديمِ، الذي لم يعترف إلّا بـ'إسرائيل' ابنًا لإلٰهٍ من نوعِه، ذكرًا، من دونِ أن يؤهِّلَهُ إلى لفظِ اسمِه البتّةَ، فإننا نلاحظُ أن ذاكَ الإلٰهَ قد وَضعَ على فمِ الأنبياءِ صِفاتٍ أموميّةً، قد أتينا على ذكرِها سابقًا، تعود إليه، بصفتِه أمًّا 'والدة'.

يتَّضحُ من هذا أن العقلَ الجماعيَّ للشعبِ العبرانيِّ، من خلالِ كلِّ ما كُتِبَ في النصوصِ المقدّسةِ، لم يقتنع باستبدالِ الأمومةِ الإلٰهيّةِ، الواسعةِ الانتشارِ في محيطِه، بخاصّةٍ في شخصيّةِ 'عشتروتَ' التي تعبَّدَ لها الملكُ سليمانُ، في ذروةِ مجدِه (1 ملوك 11 : 5)، لا بالحكمةِ (החומה) ولا بالكلمة (הכילמה)، وكلتاهما مؤنَّثٌ في اللُّغاتِ الساميَّةِ كافّةً. فمن تشوّقِه لطفولةٍ لم يذُقها أبدًا، كانَ الشعبُ يتوقُ إلى 'أمّ'. من هذه النُقطةِ بالذاتِ، من ذٰلكَ التشوُّقِ، من تلكَ الرغبةِ بمخلِّصٍ يُحطِّمُ حلقةَ الذكوريَّةِ المتشدِّدةِ، يُخصّبُ عُقمَ الشريعةِ والتقاليدِ، يَنشرُ، في كلِّ مكانٍ الحنانَ الأموميَّ الذي نلمُسُه في قلبِ 'الأبِ' من إنجيلِ 'الابنِ الضالِّ' الذي كانت تنقُصُه الأمُّ، يستمدُّ المقطعُ من صلاةِ مار يعقوبَ السروجيِّ قوَّتَه الإلهاميَّةَ.

هذا المشهدُ السابقُ للخلقِ يفرضُ، من زاويةِ الرؤيةِ الرازائيّةِ، التحليلَ التالي:

أ. بما أنَّ فعلَ الخَلقِ هوَ واجبٌ، لكمالِ صفاتِ الحُبِّ الإلٰهيِّ، كانَ على 'الثالوثِ' الذي هوَ 'التجسيدُ' الأولُ المعبِّرُ عن ذاكَ الحُبِّ المطلقِ، المتمتّعُ بالإرادةِ والحكمةِ الذاتيَّتين، وبأبجديَّةٍ مفتوحةٍ على كلِّ أنواعِ الأحرفِ والكلماتِ التي يحتاجُها، أن يحدِّدَ الرؤية ويضعَ المخطَّطَ لتنفيذِ ما يوجبُه الخَلق. هذا ما ألهمَ كاتبَ الصلاةِ تصوُّرَ المشهدِ الذي نحنُ بصددِه. فلنسلّم إذًا بإخلاءٍ بدئيٍّ منَ الحُبِّ المُطلقِ لصالحِ ثالوثِ أب - بَنوي، ثمّ بتوافقٍ إخلائيٍّ، ضمنَ الثالوثِ يتمُّ من خلالِه الاتفاقُ، بموجبِ تراتبيَّةِ أحرفِ الأبجديَّةِ، على أن يكونَ أحدُ الأقانيمِ هوَ الآبُ، والآخرُ الابنُ، و'الروحُ'، بالطبعِ، الحُبُّ بينَهما، لتَخدُمَ هذه التسمياتُ الثلاثُ اللّغةَ، خلالَ التكوينِ، وفي ما بعد، لغةَ البشرِ. ولنواصل تحليلَنا.

ب. المسألةُ الأساسُ، من جهةِ الآبِ، تنحصرُ في خلقِ الإنسانِ الذكرِ (آدمَ) وجنسِه، أو عدمِ خلقِه البتّة، وذٰلك نظرًا لما سيَلحقُ بالابنِ من جرّاءِ هذا الخَلقِ، على ما تمَّ وصفُه. وكأنّنا بالنصِّ يضمرُ محاولةً من جهةِ الآبِ للبحثِ عن ذريعةٍ لرفعِ مسؤوليةِ خلقِ آدمَ عن نفسِه، وهذا ما يجبُ ألّا يُفهمَ بهذا السياقِ، إطلاقًا. إن ما يجبُ فهمُه من هذا العَرضِ هوَ الشركةُ الكاملةُ بالمسؤوليَّةِ، في الآنِ والمكانِ الأزليَّين، بكلِّ ما هوَ إلٰهيّ. يُثبتُ ذٰلك أن الابنَ لم يُجِبِ الآبَ بالتسليمِ نفسِه الذي نراه يجيبُه به في الجسمانيةِ: "أَبًا، يَا أَبِي، كُلُّ شَيءٍ مُستَطَاعٌ لَدَيكَ. فَأَبعِد عَنِّي هَذِهِ الكَأسَ، وَلكِن لِيَكُن لاَ مَا أُرِيدُ أَنَا، بَل مَا تُرِيدُ أَنتَ". (مر 14 : 36) كما أنّه لم يباشر على الفورِ بدراسةِ الجدوى الاقتصاديةِ للمشروعِ ككُلٍّ، إنّما فاجأ شريكَه الآبَ، المُساويَ له في الجوهرِ، كمدركٍ ومدركٍ أنه مدركٌ له بالنسبةِ لدورِه، بقولِ كلمتِه، 'مريم'، الأمُّ، الشريكُ المختألفُ، التي شكّلت، على الفورِ، مفتاحَ المشروعِ: "اخلُقهُ، **لأني من 'مريمَ' سألبَسُه**، واحتملُ الآلامَ وأخلِّصُ العالم".

ج. إن كانتِ المسألةُ بالنسبةِ إلى الآبِ هي 'آدم'، الأبوةُ الزمنيّةُ، فبالنسبةِ إلى الابنِ هي 'مريم'، الأمومةُ الأزليةُ، وليسَ فقط الزمنيَّةُ التي سوفَ تتألَّهُ، من الحَملِ الإلهي، لتصبحَ أزليَّةً. يسلِّط النصُّ الضوءَ على فعلِ أمرٍ بكلِّ ما للكلمةِ من معنًى، منَ الابنِ للآبِ: 'اخلُقه'، وهذا ما تَهتزُّ له قلوبُ البشريِّن لأنّه يُشكِّلُ ضمانةً لكرامةِ كلِّ 'ابنٍ'، كما لكلِّ أمٍّ في وجدانِ كلٍّ من أولادِها. قد تكونُ الحاجةُ الشعريةُ هي ما دفعَ بالمؤلِّفِ ليكتبَ الأمورَ بهذا الشكلِ، ربّما، لا يمنعُ، فلطالما اعتمدَ الروحُ القدسُ وسائلَ كهذه كي يمرِّرَ رسالةً ما. ما هي تلك الرسالةُ في حالتِنا هذه؟

د. إن توسُّلَ التجسيمِ، أي تشبيهِ الله بالإنسان، للإجابةِ عن هذا السؤالِ هو، هنا، أكثرُ من شيِّقٍ، إنّه مفصليّ. فهو يقدِّمُ لنا اسمَ 'مريمَ' كثالثِ توضيعٍ للحُبِّ الإلٰهيِّ الكلّيِّ الصفاتِ، بعدَ الثالوثِ، ومن خلالِ الثالوثِ، ويجعلُها شرطًا أساسًا بينَ الثالوثِ الأبويِّ، الذكوريّ، والخَلقِ، من دون المساسِ بتراتبيةِ أحرفِ الأبجديةِ الإلٰهية. سيرتبطُ 'توضيعُ' الأمومةِ "الإلٰهيةِ السرمديّةِ" بهذا الاسمِ، ثمّ بتجسيدُها على الأرضِ بمريمَ الإنجيلِ، العذراءِ المذكورةِ في نبوءةِ أشعيا، كي يتجسّدَ منها الابنُ الكلمة. بهذا الموقفِ يلفتُ الابنُ الآبَ إلى أن الأبوَّةَ السرمديةَ غيرُ كافيةٍ بحدِّ ذاتِها لكمالِ الخَلقِ، وأنَّ هناكَ ضرورةً لتضافرِ الأقانيمِ الثلاثةِ، يُخلي للأمومةِ السرمديَّةِ دورًا فاعلًا، يبرزُ كنتيجةٍ حتميَّةٍ لحُبِّهما لبعضِهما، خدمةً للخلقِ وكمالِه.

أليسَ من أجلِ هذا الكمالِ، بالنتيجةِ، سيتجسَّدُ الابنُ ليخلّصَ العالـمَ، أي ليكمِّلَه، بإعادتِه الأمومةَ العدنيةَ المفقودةَ للبشرِ، بواسطةِ 'حبلِ سرّةِ مريم' التي سيولَدُ منها، وبالطفولةِ التي ما عرفَها البشرُ قبلَه؟ وكلُّ ذٰلكَ بالروحِ القدسِ ذاتِه "مبدأ كلِّ ما كانَ ويكونُ في السماءِ والأرضِ وغايتِه وكمالِه". هذا ما نراه، منَ المنظارِ الرازائيِّ، يقفُ خلفَ عقيدةِ "الحَبَلِ بمريم العذراء بلا دنس الخطيئة الأصلية"، لأنّه لو لم يكن هكذا، منذُ البدءِ، لَـما كانَ حلَّ في ملءِ الزمن. هذهِ هي الرسالةُ المتوقّعةُ: **العلاقةُ بينَ الابنِ والأمِّ المُبرَأةِ من أيِّ خطيئةٍ بهدفِ بَرءِ الخَليقة بالفداء.**

أما بما يخصُّ مسألةَ إخلاءِ الحُبِّ الإلهي لذاته، كما تصوَّرناه من خلال نظريّة "زِم زُم"، هو الذي منه كلُّ تأليهٍ وخَلق ووجود وتجسُّد وخلاص، وتطبيقِ 'حدود' الأبوَّة والبنوَّة عليه، فيختلف الوضعُ بالتأكيد بحُكم أن الحُبَّ المُطلق لا يعرف حدودًا. بجاذبيَّته اللامحدودة يخترق الحب كلَّ العوائق، ولَو فقط بالتناضح (osmosis). وطالما أن شقوقًا وثقوبًا، نعني مسامَّ، تتواجدُ في جِلد الكائنات المخلوقة، كما بين الأغشية المُغلَّفةِ لمُختلَف أوساطِها، فإن حُبَّ الله يخترقُها بالسياق نفسِه الذي أوضحَه اختبارُ شَقَّي 'يونغ'.

وكما أن فعل الخَلق هو تعبيرٌ عن كمال الله، هكذا يكون أيضًا فعل توضيع الحُبِّ بالأبوَّة والأمومة والبنوَّة والأخوَّة والصداقة وحتى بالحُب الشهواني. كل هذه المشاعر هي وجوهٌ للكمال نفسه. على هذا الأساس نعودُ إلى كلمات "نبيِّ جبران" لنؤكد أن الحُبَّ لا يُعطي إلا ذاتَه ولا يأخُذُ إلاّ من ذاتِهِ. الحُبُ لا يملكُ شيئًا، ولا يرضى بأن يملكَه أحد. فالحُب مكتفٍ بالحُب. هو لا يملك لأن كل ملكيَّة تقيّد وتَحدّ. هو مُكتفٍ بِـ'ياتِه' الشمولية (جوهره) لأنَّ لا وجود لشيءٍ قبله، ولا بعده، ولا خارجَه لينقُص عنه. هذا ما عَنت وسوفَ تَعني أبدًا عبارة الكمال (إنتليخِيا). بالتالي كلُّ توضيع منظور لهذا الحُب (الإله بالمُطلق بحسب المَفهوم الفلسفي) هو، بالمَعنى الرازائي، تجلّي، لا يحدَّد ولا يحدِّده شيء، إنَّما أيضًا لا يُلغي إمكان التعرُّف على الاختلاف بين الأوساط على ما أظهرناه في الفصل الرابع من خلال رمز الجَمرة.

هـ. ولكنَّ هذا الإخلاءَ المستجدَّ، المختألف، الذي جاءَ هذهِ المرَّةَ من جانبِ الثالوثِ الأبْ - بنوي ككُلٍّ، والذي يجعلُ من 'مريمَ'، على ما يُستنتجُ، شريكةً في الخَلق، كما في الخَلاصِ، إن لم يكن كسببٍ أوَّل (causative cause)، أقلَّه، كسببٍ وسيطٍ (intermediary cause)، يتطلّبُ توضيحًا يحفظ قدسيةَ التثليث. من واجبِنا تجنّبُ خطرِ تهمةِ الوقوعِ في بدعةِ التربيعِ الأقنوميِّ التي طالتها بعضُ النظرياتِ السالفةِ، مع أنّها دارت حولَ ابنٍ رابعٍ، يسوعَ الإنسانِ، وليسَ حولَ شخصِ 'مريمَ' بصفتِها الأمومةَ الأزليةَ التي سبقَ ذكرُها. بهدفِ هذا التوضيحِ نعودُ إلى نظريةِ المهندس Fuller المذكورةِ في الفصلِ الأولِ ومقاربتِها معَ إيقونةِ 'روبليف' لنقول:

إذا ما اعتمدنا 'مريمَ' شريكةً في الخَلقِ، كما هي شريكةٌ في الخَلاصِ فيكونُ هذا من بابِ المثلثِ الرابعِ، غيرِ المتوقّعِ وجودُه. فلنستَعِد تلكَ الرسومَ وما استنتجناه منها:

رسم 90: الروح + الآب والابن = 3 + 'مريم'

الاختلاف هنا للمنطقِ العلميِّ، بشكلٍ عامّ، وللرياضياتِ، بشكلٍ خاصّ، هوَ أنّه لا مجالَ لبروزِ مثلثِ القاعدةِ إلّا كنتيجةِ الاتحادِ والسينرجيا بينَ المثلثاتِ الثلاثةِ المستقلةِ، المتساويةِ

في الجوهر. على أنّنا، في ما سبقَ، في الفصلِ الأولِ، اعتبرنا المثلثَ الرابعَ هوَ مباشرةُ الخَلقِ، أو الخَليقة. أما الآنَ، ونحنُ في صددِ وضعِ اللمساتِ الأخيرةِ على اللاهوتِ الرازائيِّ، فيجبُ اعتبارُه أوّلًا، ’مريمَ‘. أما الرسمُ الذي سيمثّلُ الخَلقَ والبشريةَ ضمنًا، بعدَ أن احتلّت مريمُ مكانها في الهرمِ الأب - بنوي، فسيكونُ هرمًا كاملًا، أقانيمُهُ الروحُ القدس (بصفتِه الحُبَّ الأم-بنوي هذه المرّة)، ’مريم‘، وابنُ الإنسان، ورابعًا القاعدة الجديدة غير المتوقّعة، الفداء.

رسم 91: الروح القدس + الأم ’مريم‘ والابن = 3 + الفداء

إنّه هَرَمُ التجسُّد. واعتمادُ الحركةِ نفسِها التي لفتنا إليها بقراءتِنا لإيقونةِ ’روبليف‘، هوَ حيويٌّ لهذا الهرمِ الجديدِ كي تتكاملَ الحركتان في ما بعد، في ملءِ الزمنِ، بالتقاءِ مَركَزَي ثقلِ الهرمينِ في المركزِ الوحيد لثقلِ الحُبِّ الإلٰهيّ. إنّها الرَّقصةُ الإلٰهيةُ (Perichoresis) التي يُمثِّلُها رمزُ ’اليين - يان‘ المثلَّثُ الأقطابِ خيرَ تمثيل.

يبقى علينا أن ننهيَ بتوضيحِ ’ما‘ أو ’مَن‘ نعني بالجسرِ المنيرِ الذي يؤمّنُ التواصلَ وحركةَ الانتقالِ للعلمِ والدِينِ إلى خيمةِ الموعدِ، إلى ’المشكنزبنًا‘ الذي هوَ الطفولة. **إنّها ’مريمُ‘، الأمومةُ الأزليّةُ**،[887] والتي كانت ’هنا‘، حاضرةً منذ ما قبلِ التكوينِ، في ’صمتِ ذاكرةِ الحُبِّ الإلٰهيّ‘. نؤكّدُ هذا على الفورِ، بقناعةٍ تامّةٍ، رازائيًّا وواقعيًّا، من دونِ أن نتركَ أيَّ فرصَةٍ لاختبار ’هرّ شرودِنغر‘ ليفاجئَنا باحتمالاته. إنّها ’مريمُ‘ قانا الجليل، مع كلِّ ما يعنيه **هذا الإسم**.[888]

لا خوفَ علينا من أيِّ ابتداعٍ، إذ إنّ تعليمَ الكنيسةِ الرسوليةِ، شرقًا وغربًا، يؤكِّدُ أنّه قد تمَّ اصطفاءُ ’مريمَ‘، معنًى ومبنًى، منذُ الأزل، كما الشخصُ الذي سيجسّدُها في ملءِ الزمنِ. والتعليمُ نفسُه يمدحُ البتوليّةَ والعذرية بحكمِ ارتباطِهما بغِشاءِ البكارةِ، أي بكمالِ خلقِ حوّاءَ، كما ذكرنا في الفصل الثالث. إنما هذا التصوّرُ الذي تقومُ على أساسِه إشكاليةُ ’عذريّةِ مريمَ‘، قبلَ الميلادِ وفيهِ وبعدَه، على ما علّمَ القديس القدّيس أفرام، إلى ماذا يؤدّي بنا؟ إنّه يؤدّي إلى إعادةِ النظرِ بثلاثِ عقائدَ مريميَّةٍ أساسيَّةٍ لإيمانِنا:

887 تيار دو شاردان تَقدَّم من الإنسانية بنمط الأنثويّة الخالدة "The Eternal Feminine"

888 راجع الحاشية رقم 229 من هذا الكتاب

1. سيرتَي خلقِ آدمَ وحوّاءَ والوعدِ بالمخلّصِ،
2. براءةِ مريمَ من الخطيئةِ الأصليةِ،
3. نياحِ مريمَ - أي عَدَمِ موتِها

وثلاثتُها متجذِّرةٌ في الرسالةِ المذكورةِ أعلاه.

1.2.7. في ما يَخُصُّ سيرتَي خَلقِ آدمَ وحَوّاءَ والوَعدَ بالخَلاص

يضعُ هذا التصوّرُ حدًّا للجدليَّةِ المثارةِ تاريخيًّا حولَ سيرتَي خلقِ آدمَ وحوّاءَ، معَ فتحِ البابِ واسعًا لإمكان توحيدِ السيرتينِ والميلِ إلى تفضيلِ السيرةِ الأولى (تك 1: 27) بدعمِها بـ'أصلٍ' أكثرَ مطابقةً للصورةِ والمثالِ ممّا أتى في الآيةِ المذكورةِ: "فَخَلَقَ اللهُ الإنسانَ على صُورَتِه، على صُورَةِ اللهِ خَلَقَه، ذَكَرًا وأُنثى خَلَقَهم"، لتُقرأ في ما بعد:... "على صورةِ الابنِ وأمه 'مريمَ' خلقَه، ذكرًا وأنثًى خلقَهم...".

إن هذا الأصلَ للصورةِ والمثالِ يقرِّبُنا منَ سيرةِ الخلقِ الثانيةِ حيثُ نعاينُ استخراجَ صورةِ مريمَ ومثالِها من جنبِ صورةِ الابنِ ومثالِه للسببِ نفسِه الذي أدّى إلى 'خروجِ الأصلِ، مريمَ، من خلودِ جرحِ جنبِ الابنِ إلى 'صمتِ ذاكرةِ اللهِ'، ذاكرةِ الحُبِّ الإلٰهيّ.

نقرأُ في سفرِ التكوينِ: 'لَيسَ مُستَحسَناً أَن يَبقَى آدَمُ وَحِيدًا...' (تك 2: 18) وبالتالي، لا يصحُّ أن تبقى الذكورةُ من دونِ أنوثةٍ، ولا الأبوَّةُ من دونِ أمومةٍ، ولا الألوهةُ الذكوريةُ من دونِ إنسانيةٍ أنثويَّةٍ هي صورة خالقِها، وكمثالِه، وليست بعد ألوهة. وهذا ما سيجليه التجسُّدُ، معَ التبديلِ في الأدوارِ، حيثُ يخرجُ الابنُ من رَحِمِ التي خرجَت من خلودِ جُرحِ عِشقِه لها. هذا ما عنيناه بوضعِ حدٍّ لسيرتَي خلقِ آدمَ وحوّاءَ، إذ في الحالتين، سواءُ 'خُلق الإنسانُ على صورةِ اللهِ كمثالِه... ذكرًا وأنثى...'، أم تمَّ 'تحويلُ الضلعِ الذي أُخذَ من آدمَ، إلى حوّاء...'، تعودُ السيرتان إلى الأصلِ ذاتِه. بهذا ينجلي أن سيرتَي تكوينِ الإنسانِ تمثّلان المرحلةَ ذاتَها من انتظارِ التجسُّدِ كي يتمَّ إمكان فهمُهما، وهذا ما ينعكسُ، بشكلٍ جيّدٍ على 'راز' العلاقةِ بينَ 'مريمَ' و'الثالوثِ الأقدسِ'، في الخَلقِ، كما في التدبيرِ الخَلاصي.

2.2.7. في ما يَخُصُّ بَراءةَ 'مَريمَ' من الخَطيئةِ الأصليَّة

إذًا، منذُ الأزلِ، تمّ إعدادُ كينونةِ مريمَ، أمِّ كلِّ حيٍّ (تك 3: 20)، وذلك بـإخلاءِ الأبوَّةِ الإلٰهيةِ لذاتِها فاسحةً المجالِ، بطلبٍ منَ الابنِ، كي يُصارَ في ملءِ الزمنِ تجسُّدُ الأمومةِ الإلٰهيةِ في البشرِ، فيتجسَّدَ منها، ويتمّمَ ما وردَ في صلاةِ السروجيِّ. هكذا إذا، من أشواقِ الابنِ لأمِّ

خرجَت 'مريمُ'، ومن إخلاءٍ إلى إخلاءٍ في الحُبِّ الشاملِ، يُخلي الابنُ نفسَه الإخلاءَ الكاملَ عن مجدٍ يتمتّعُ به 'بالفعلِ' في المدارِ الأبويّ، ليتجسَّدَ بمريم، ومنها، ويدخل، أُسوَةً بكلِّ بشريٍّ مخلوقٍ على صورتهما كمثالهما، مدارَ الحُبِّ الأموميِّ، ليتمتّعَ بالفعلِ، ولو معَ الصليبِ، بما كانَ متمتّعًا به بـ 'القوّةِ'، وذلكَ بهدفِ الوصولِ بالإنسانيةِ إلى الكمال. هذا ما نتبيّنُه، رازائيًا، خلفَ عقيدةِ 'الحُبلَ بها بلا دنس' **لأنّه لو لم تكن 'مريمُ' الأمومةِ الأزليّةُ، معصومةً من أيِّ خطيئةٍ منذُ البدءِ، لَـما أمكنَ حدوثُ ذلك في ملءِ الزمنِ.** وكلُّ ذلكَ بالروحِ القدسِ نفسِه، وباتحادٍ كاملٍ في الحُبِّ الإلهيِّ الكلّيِّ الشمول.

لقدِ احتارَ اللاهوتيّون في وصفِ كيفيَّةِ عُصمةِ مريمَ من الخطيئةِ الأصليَّةِ، أكانَ من جهةِ الزمنِ أم من جهةِ الحدث: هل ما أن تمَّ الحملُ بها في حشا والدتِها أم معَ حلولِ الروحِ القدسِ عليها؟ لن نتوسّعَ باستعادةِ كلِّ ما قيلَ وكُتبَ في هذه العقيدةِ إذ، بالنسبةِ إلى الأصلِ الذي اقترحناه، قد يعكّرُ صَفوَ كمال إنسانيةِ 'مريمَ'، الأمرُ الذي يؤثّر في كمالِ ابنِها البشريِّ. نفضّلُ الادلاءَ مباشرةً برأينا من المنظارِ الرازائي:

إذا ما عدنا إلى تصوُّرِنا لخلقِ الإنسانِ، كما لتكوُّنِ 'مريمَ' الأمومةِ الأزليةِ، التي على صورتِها خُلقت حوّاءُ، سَهُلتِ المقارنةُ بينَ 'مريم' الأمِّ وابنِها الذي تقولُ فيه الليتورجيا المارونيةُ: "إنّ واحدًا ظهرَ على الأرضِ بلا خطيئةٍ، وهوَ ربُّنا يسوعُ المسيحُ...".[889] يبقى هذا القولُ ناقصًا ما لم يُنسَب أيضًا إلى مريمَ، لأنّ لها الحقُّ بكلِّ ما هوَ لابنِها، كما كانَ لابنِها الحقُّ بكلِّ ما هوَ لأبيه: ما له يجبُ أن يكونَ لوالدتِه، كما أن ما للآبِ هوَ له، وما هوَ له هوَ للآب. (يو 17: 10). وكما أن الآبَ والابنَ هما واحدٌ (يو 10: 30)، كذلكَ الأمُّ والابنُ هما واحد، مع احترامِ 'الاختئلاف' الأنطولوجيِّ المتأتّي عن تكوُّنِ الأمومةِ الأزليةِ، برغبةٍ من الابنِ، وإخلاءِ الأبوةِ السرمديَّةِ لذاتِها بهدفِ الخَلقِ والفداءِ، وليسَ من الحُبِّ الإلهيِّ مباشرةً، أي لم تكُن الأمومةُ الأزليَّةُ لتتوازى لا معَ الأبوّةِ السرمديَّةِ ولا مع الأمومة المحتواة فيها، لأنها من تلك الأبوَّة انطلقت. وهذه التراتبيةُ تثبتُها، كما ذكرنا، أحرفُ الأبجديّةِ الإلهيةِ وتتلاءمُ أكثرَ معَ حالةِ العائلةِ البشريةِ. من هنا نلفتُ إلى أنّه من الحقِّ والواجبِ أن تعنيَ 'براءةُ مريمَ' بأنّها ظهرت على الأرضِ من دونِ أيِّ خطيئةٍ، لأنّها منذُ تكوُّنِها تمتَّعت بصفاتِ ابنِها، ما عدا الأقنوميَّةِ المستقلّةِ التي يتمتَّعُ بها فقط الأقانيمُ الثلاثةُ، الأمرُ الذي سينعكسُ على براءةِ حوّاءَ وآدمَ صورتِهما ومثالِهما. **فكما أنَ آدمُ العدنيُّ، عندما 'جُبِل'، أتى منزَّهًا عن أيِّ خطيئةٍ، على مثال الابنِ، كذلكَ على حوّاءِ ان تكونَ منزَّهةً على مثالِ 'مريمَ'، الكائنةِ مع**

---

889 كتاب القداس الماروني، نافور مار بطرس هامة الرسل، بكركي 2005، ص. 759

ابنِها، منذُ ما قبلَ الخَلقِ. عليه، نستنتجُ أنّه منَ الحقِّ والواجبِ أن تَنسُبَ الليتورجيا لمريمَ، والدةِ اللهِ، ما نسبَته لابنِها من خلاءٍ من أيِّ خطيئةٍ، منذ ’ظهورِها على الأرض‘.

بهذا تصبحُ رموزُ العهدِ القديمِ التي تشيرُ إلى ’مريمَ‘ أكثرَ وضوحًا، بخاصّةٍ ’سُلَّمُ يعقوبَ‘ الذي يُذكِّرُ بحَبلِ السُرَّة. وحَبلُ السُرَّةِ هذا هوَ ما سيربطُ بينَ الوَسَطِ الإلهيِّ والوَسَطِ البشريِّ، ليُصبحا وَسَطًا واحدًا بطبقاتٍ ’مختألفة‘، مركزيَّتُها ’الطفولةُ‘ التي كانت تنقصُ آدمَ وحوّاءَ اللذَين، منذُ ’ظهورِهما‘ بهدفِ تحمُّلِ مسؤوليةِ الكَونِ، ظهرا بالغِين، أي من دونِ سُرّةٍ ومن دونِ طفولة. فبِأمومة التجسُّدِ وطفولتِه ستدخل البشريةُ ’ملكوتَ الكمال‘.

لذلكَ نكرِّر أنّه لو لم تكن مريمُ – ابنةُ البشرِ الكاملةُ – التي تجسَّدتِ الأمومةُ الأزليَّةُ فيها، أصلَ صورةِ حوّاءَ قبلَ السقوطِ – بريئةً، منذُ البدءِ، من أيِّ خطيئةٍ، وقبلَ تصوُّرِها في حشا والدتِها حنّةَ، لَـما آلت إلى تلك البراءةِ مطلقًا، ولما تمكَّنَت منَ المحافظةِ على عذريَّتِها إبّانَ حبلِها، وبعدَ ولادةِ ابنِها، ولَـمَا كانَ تمَّ انتقالُها بلا موتٍ، مهما تعبتِ الكلماتُ بمحاولةِ وصفِ براءتِها في الزمن. وهذا، باعتقادنا، ما ألهمَ آباءَ الكنيسةِ أصلًا، أن يعلنوها، منذُ مجمعِ أفسُسَ (سنة431) "والدةَ اللهِ"، كما ألهمَ قداسةَ البابا بولسَ السادسَ الذي كاد يعلنها "شريكةً كاملةً في الفداء"، في ختامِ المجمع الفاتيكانيِّ الثاني.

3.2.7. حَولَ "نياحِ" مَريمَ، أي عَدَمِ مَوتِها، وانتِقالِها العَجائبيّ إلى الوَسَطِ الإلهي

يُسمَّى هذا الحدثُ أيضًا، لدى الكنائسِ الأرثوذكسية، "رقادَ مريمَ". أما كلمة "نياح" السريانية الأصل، فتعني الاستراحة. وفي الحالاتِ الثلاثِ، المقصود هو صعود مريم بالروحِ والجسدِ إلى ’السماء‘، وَسَطِ الثالوثِ الأقدسِ. أمّا نصُّ إعلانِ العقيدةِ في الكنيسةِ الكاثوليكيَّةِ من قبلِ البابا بيوس الثاني عشرَ، عام 1950، فأتى على الشكلِ التالي:

> إنّها لَحقيقةٌ إيمانيةٌ أوحى اللهُ بها، أنَّ مريمَ والدةَ الإلهِ الدائمةَ البتوليةِ والمنزَّهةَ عن كلِّ عيبٍ، بعد إتمامِها مسيرةَ حياتِها على الأرضِ، نُقِلَت بجسدِها وروحِها إلى المجدِ السماوي[890].

ثمّ استعادَ الدستورُ العقائديُّ ’نورُ الأمم‘ من المجمعِ الفاتيكانيِّ الثاني، عام 1964، هذه العقيدةَ ليقول فيها:

> أخيراً إنَّ العذراءَ البريئةَ، وقد وقاها اللهُ من كلِّ دنسِ الخطيئةِ الأصليةِ،

890 دستور عقائدي *Munificentissimus Deus*، (4§).

بعد أن كَمَّلت مجرى حياتِها الزمنيةِ، صَعِدت بالنفسِ والجسدِ إلى مجدِ السماءِ، وعظَّمها الربُّ كملكةِ الكَونِ، حتّى تكونَ أكثرَ مشابهةً لابنِها، ربِّ الأربابِ والمنتصرِ على الخطيئةِ والموت.[891]

تختلفُ رؤيةُ الشرقيين عن رؤيةِ الغربيينَ بما يخصُّ عبورَ مريمَ إلى المجد السماوي؟ هل كان منَ الضروريِّ أن تعَبُر بالموتِ الجسديِّ، ولو لطرفةِ عينٍ، لتعودَ وتقومَ بقوَّةِ قيامةِ ابنِها وتصعد إلى السماء بكليَّة تكوينها؟

العقيدةُ الكاثوليكيةُ ترفضُ كليًّا أيَّ فكرةِ موتٍ لها، ما يُترجَم بصعودِها على طريقةِ النبيِّ إيليا. (2مل 2: 11) أمّا الشرقيون الأورثوذكسُ فيصرُّون على ضرورةِ الاختلافِ بينَ صعودِها وصعودِ ابنها. صلواتُ الكنيسةِ المارونيةِ تحاول إرضاءَ الطرفينِ بوصفِها هذا العيدِ وشرحِ أبعادِه. فغالبًا ما يطغى الأسلوبُ الأسطوريُّ، أو أقلَّه الرؤيويُّ، بالاستنادِ إلى نشيدِ الأناشيدِ أو سفرِ الرؤيا، لإضفاءِ بعضِ العُمق الكتابيِّ عليه، كمحاولةٍ لإنقاذِ الموقف.

على الصعيدِ الشخصي، نعلنُ إيمانَنا بهذهِ العقيدةِ ومثابرتَنا، كطفلٍ لمريمَ، باحترامِها والاستمرارِ بالالتزامِ بها. إنّما لا نخفي أنّ المعطياتِ العِلميَّةِ التي أتينا على ذكرِها، خلالَ صفحاتنا، هي أعانتنا على فهمِها بشكلٍ أفضل. بصراحةٍ، لقد ساعدَتنا على تأييدِ وجهةِ نظرِ الكنيسةِ الكاثوليكيَّة. وقد أثبَتنا ذلك من خلالِ مقاربتِنا لمسألةِ حَبلِ الخَلاصِ والسُرَّة، في أواخرِ الفصلِ الثالثِ، إنّما المُعطى العلميُّ الأهمُّ هوَ التناسقُ مع مشهدِ 'القبرِ' في الفصلِ الخامسِ ومفارقةِ 'هرّ شرودنغر' التي استفَدنا منها لتِبيان أهميَّةِ قواعدِ فيزياءِ الكمِّ في تأكيدِ قيامةِ المسيحِ، والتي تثبت، في السياقِ نفسِه، موضوعيةَ موقفِ الكنيسةِ الكاثوليكية، ما يعني **الحياةَ بدونِ أيِّ توقّفٍ عندَ مريمَ خلالَ انتقالِها من وَسَطِنا إلى وَسَطِ الثالوثِ الأقدسِ الذي منه خرجَ 'يات' أمومَتِها الأزليةِ، لتصبحَ حواء الجديدة، والدة الإنسان-الإله، الشريكة فعليًّا بالفداء كما تمَّ تصوُّره منذ البدء، ثمّ لتعودَ إلى مكانِها، كما لو أنّها لم تخرج منه أبدًا.**

لا يجوزُ أن يبقى ولَو واحدٌ بالمئةِ من الشكِّ حول الحياةِ الدائمةِ التي تمثّلُها أمومةُ مريمَ الأزليّة، أو أن يُسلَّمَ بظلٍّ من الدفنِ بهذا المعنى، لأنّه ما إن تصلَ الأمورُ إلى ما هوَ خلفَ 'الحائطِ'، أكانَ حائطَ ماكس بلانك أم حائطَ القبرِ، حتّى تتشابكَ الأمورُ بقيامةِ الابنِ. ولا يصحّ الحديث عن قيامتين لحوّاءَ و'نسلِها'. كانَ الابنُ يملكُ قوَّةَ القيامةِ بذاتِه، (يو 5: 26) بينما 'مريمُ'، بحسَبِ تتابعِ مجرياتِ المشهدِ السروجيِّ، ما كانت تملكُ في ذاتِها سوى الحياةِ

891 المجمع الفاتيكاني الثاني، الدستور العقائدي نور الأمم، (59 §).

والنورِ، أي ابنِها. لذا، يكونُ من المغالطةِ الإيمانيَّةِ أن تُنسبَ الحالةُ ذاتُها التي عَبَرَ بها الابنُ عائدًا إلى أبيه، إلى والدتِه العائدةِ إلى الثالوث. فقيامةٌ واحدةٌ حسيَّةٌ من الموتِ البشريِّ، كما وَعَدَ بها سفرُ التكوينِ، كافيةٌ وغيرُ قابلةٍ للتكرار.

أمّا ذكرُ 'مريمَ' كمالكةٍ للنورِ في ذاتِها فيثيرُ مجدَّدًا صورةَ الطاقةِ المكوَّنةِ من جُزيءٍ ومَوجةٍ، والذي ينطبق على مريم ويسوع. فإن كانَ الثنائيُّ 'جُزيءٌ- موجةٌ' غيرَ قابلٍ للانفصالِ على المستوى الفيزيائيِّ، كيفَ نسمحُ بالتفكيرِ بانفصاله على مستوى الواقعِ الذي صُنِعَتِ المادةُ انطلاقًا من حُبِّه، وبحُبّ؟

بالاستنادِ إلى هذهِ المعطياتِ العلميَّةِ نسمحُ لأنفسِنا بتبنِّي المثالِ الذي 'رُفع' النبيُّ إيليا على أساسِه، طالما أنّ الخيالَ، مخصَّبًا بإلهاماتِ الروحِ القدسِ، وهبَ الحدسَ البشريَّ ظاهرةً مثلَه، والعِلمُ ليس بغريبٍ عن ظواهرَ شبيهة. عليه، يكونُ رأيُنا الرازائيُّ كالتالي:

لا حاجةَ أن تعبُرَ مريمُ، بالموتِ الجسدي، مثلَ ابنِها. لقد انتصرَ ابنُها على الموتِ، محوّلًا إياه، حسبَ أفرام إلى 'بابٍ' للحياةِ الأبدية. معَ ذلك، وحسبَ تصوُّرِ السروجيِّ ذاتِه، كانَ لا بدَّ لـ'مريمَ' التي 'ظَهَرت' كحاجةٍ أساسٍ للابنِ وللآبِ، وبالفعلِ نفسِه "شريكةً بالخَلقِ"، و"بالفداءِ"، أن تُجاريَ ابنَها مصيرَه كاملًا. وهذا يعني من منظارِ معطياتِ مِكانيكا الكمّ، أنّ تكون 'مريمَ' قد عَبَرَت بما يلي:

3.2.7أ - ماتت مريم معَ ابنِها باللحظةِ ذاتِها لموتِه

منَ المفترضِ، بالمعنى الرازائيِّ، أن تكونَ 'مريمُ' قد سلَّمَت روحَها معَ روحِ ابنها، للآبِ الذي من إخلائِه لذاتِه اتّخذت وجودَها، والذي معه تتشاركُ 'العلاقةَ' مباشرةً معَ الابنِ. فما أن 'تمَّ كلُّ شيءٍ' على حدِّ قولِ ابنِها، (يو 19: 30) واكتملت مَهَمَّةُ فداء الإنسانِ التي هي خيرُ ممثِّلةٍ أصليَّةٍ له، حتّى كانَ عليها، إمّا أن تترُكَ العالـمَ نهائيًّا وتختفيَ كما حدثَ معَ إيليا النبي، وإمّا أن تحيا بحياةٍ أخرى تُعطى لها منَ المصدرِ عينِه لهدفٍ جديد. وهذا ما منحَها إياهُ ابنُها، هذه المرّةَ، من خلالِ 'وصيتِه' على الصليب. وبالسلطةِ ذاتِها التي أمرَ بها، لأيامٍ خَلَت، أليعازرَ، بأن يخرجَ منَ القبرِ، هوَ الذي باتحادِه، بالحُبِّ، بأبيه، لا تقبل سلطتهُ الاحتمالاتِ ولا الشكَّ، عهدَ إلى والدتِه بمَهمَّةٍ جديدةٍ، مع وَهبِها الحياةَ الضرورية لإتمامِها: '**يَا امرَأَةُ، هذَا ابنُك**'؛ **وللتلميذِ الذي كانَ يحبُّه: 'هَذه أُمُّكَ'**، (يو 19: 26-27)

3.2.7 ب – استمرّت في الحياةِ لإتمامِ المهمةِ التي ائتمنَها عليها ابنُها

بالمعنى الرازائيِّ نفسِه، من حُبٍّ لحبٍّ، ما يعني مباشرةً، من إخلاءٍ لإخلاءٍ، أتتِ المَهمَّةُ الجديدةُ للأمومةِ الأزليَّةِ لازمةً (corollary) لفعلِ 'أحَبَّ' الإلٰهي: '... **هذا ابنُك**'؛ '**هذه أُمُّكَ**'، الحُبُّ الأم-بَنويُّ. على اننا نصرُّ على التأكيدِ أنّه ما من شيءٍ من كلِّ هذا كان بإمكانِه أن يحدثَ خارجًا عنِ الحُبِّ الشموليِّ، خارجًا عن أحشاءِ الحُبِّ الثالوثي، بالروح القدس.

هكذا، وتبعًا لنظريةِ الجُزيءِ والموجةِ الصادرةِ عن اختبارِ 'يونغ' ونظرياتِ مِكانيكا الكمّ بشكلٍ عامٍّ، كانَ على 'مريمَ'، من جهةٍ، أن تحتملَ كلَّ ما يحتملُه ابنُها: تموتُ معه، تزورُ معه 'الجحيمَ' حيثُ، مستمدَّةً القوَّة منه، ماسكةً يمينَه بيُسراها، تُخرجُ بيُمناها آدمَ وحوّاءَ، أبَوَي البشريةِ،[892] متمّمةً بذٰلك معه، في ذاك السبتِ البهيجِ، خدمةَ عرسِ كلِّ الذين كانوا ينتظرونه في ذاك المكانِ، والذينَ هم جزءٌ لا يتجزّأُ من موكبِ 'العروس'، أي الكنيسة. ثمّ تقومُ معَه وتدخل المجد السماوي بصفتِها والدةَ الله. ومن جهةٍ ثانيةٍ، أن تبقى في العالـمِ لتُنجزَ المهمةَ الجديدةَ الموكلةَ إليها من خلالِ وصيَّة ابنِها على الصليبِ، وكأنّها مدعوّة إلى أنَ تحملَ ببشريَّةِ ما بعدَ القيامةِ وتُنجبَ، في العالـمِ وللعالـمِ، باتحادٍ كاملٍ معَ الروحِ القدس، الكنيسةَ، لتُكملَ الأخيرة رسالةَ ابنِها ورسالتَها معًا من خلالِ خدمةِ الخَلاص. فالبرُّغم من أن الفداء قد تمّ، يبقى الخَلاصُ، خلاص الأفراد كما خلاص الجماعة، حسبَ مفهوم دعاءِ 'بولسَ': 'مارانا تا' (1 كور 16:22)، أو نداءِ الرؤيا: 'تعالَ أيها الرب يسوع' (رؤ 22: 17–21) مشروعًا في صَيرورةٍ قائمة على التجاوب الحرّ والإرادي للإنسان، وبخاصّة المؤمن.

في هذا السياقِ، نفهمُ وجودَ مريمَ مع التلاميذِ في العنصرةِ، في حينِ لم تشاركهُمُ «العشاءَ الأخير». وإلّا ما الداعي من حلولِ الروحِ القدسِ مرّةً ثانيةً عليها، هي المملوءةُ نعمةً، إن لم يكن للحَملِ مجدّدًا بجسدِ ابنِها، الرازائي، هذه المرَّة. لا ننسينَّ أنّ 'الراز'، بحسَبِ الليتورجيا المارونيةِ، هوَ 'القربانُ' بامتيازٍ، ما يعني المسيحَ تحتَ شكلَي الخبزِ والخمر. لهذا السببِ، نعتبرُ أن تعليمَ الكنيسةِ بما يخصُّ تحوُّلَ خُبزِ وخمرِ «العشاءِ» من حالةِ جسدِ المسيحِ ودمِه بالقوَّة، إلى جسدِه ودمِه بالفعلِ، ينطبقُ بالتمام على 'مريمَ' ما قبلَ الصليبِ وما بعدَه. إن الخبزَ والخمرَ اللذَين أعطاهما المسيحُ لتلاميذِه، مسمّيًا إياهما 'جسده' و'دمه'، سيكونانهما بالقوَّةِ إلى أن يصيرانهما بالفعلِ، لحظةَ 'الذبحِ' النهائيِّ على الصليب. كذٰلك بالنسبةِ إلى مريم، فالكلماتُ التي وجّهها يسوعُ لها وللتلميذِ الذي كانَ يحبُّه تكتسبُ كاملَ معناها الفعليِّ، إثرَ تسليمِ الابنِ لروحِه. ففي تلك اللحظةِ انكشف 'راز' 'مريم' الخالدة، الأمومة الإلهية التي لا تموت، والدةَ الكلمة الإله بالفعل.

---

892 يمكننا أن نفترض 'مريم' تقوم بإنقاذ حواء ويسوع بإنقاذ آدم، والعكس بالعكس، إنما ليس الاثنين من قبل يسوع المسيح من دون 'مريم'.

3.2.7. ج - أن تحمل في أحشائها جسدَ ابنها الرازائي، الكنيسة، وتضعَه في العالم

أمّا وقد باتت تحظى، منَ الآنَ فصاعدًا، بصفاتٍ تفوقُ تلك التي للبشرِ وحتّى التي للملائكةِ، فسيكونُ عليها أن تحمِلَ بأحشائِها، يومَ العنصرةِ، جسدَ ابنِها الرازائي، الكنيسةَ، ومعَ الروحِ القدسِ، بصفتِه الحُبَّ الأموميَّ، تلدُ هذا 'الجسد الرازائي'، تُغذّيه، تُمنِّعُه، وترافقُه إلى زمنِ فطامِه. وما أن تكتملَ فصولُ مَهمَّتِها الجديدةِ هذه، على شخصِها المحسوسِ، الذي كان يحيا بحياة 'رازائية' لهذه المَهمةِ، بصفتِه ميتًا - حيًّا في الوقتِ نفسِه، حتى ينتقلَ تلقائيًّا إلى المكانِ المُعَدِّ له منذ البدءِ، بالطريقةِ ذاتِها التي ترَكَ فيها ابنُها عالمنا الطبيعي. هكذا نفهمُ عقيدةَ 'انتقالِ' مريم. لَكَم من القيمة يضفي هذا الاحتمال على مفارقة 'هرّ شرودنجر'.

وهذا ما نفهمه أيضًا بـ'يات' الطفولة. إنّها الطفولةُ الأزليةُ التي من خلالِها نفهمُ الأمومةَ الأزليةَ التي تُوَلِّدُها على النمطِ الكمّيِّ، وباستمرار. ومن لا يرى تلكَ الأمومةَ خلفَ هذهِ الطفولةِ لا يرى لا فيلَ "الأمير الصغير" داخل الأصَلَةِ، ولا الحَمضَ النوَويَّ الذي لمريمَ خلفَ ابنِها يسوعَ المسيح.

هكذا، ما إن تُعتمدَ **'يات' الطفولة** 'خيمةَ الموعدِ' (المشكنزبنا) حيثُ يتحاور العلمُ والدينُ والحقيقةُ المطلقة، طلبًا للكمال، حتّى تكونَ **'مريمُ'، مُجسِّدةَ الأمومَةِ الأزليَّةِ، الجسرَ المنيرَ** المؤدّيَ إليه. هذا ما أجلاه **التجسّدُ، كما أجلى أيضًا الحُبَّ الإلٰهيَّ الثالوثيّ.**

وقبل ان ننتقلَ إلى ختامِ هذا الفصلِ، نرغبُ في أن نتشاركَ هذه الأقصوصةَ الأفراميةَ المعبِّرةَ أفضلَ تعبيرٍ عن دورِ 'مريمَ' كجسرِ عبورٍ للمسيح، وعن أهمّيّةِ الروحِ الطفوليِّ في الاعترافِ بحقيقةِ أمومتِها - الأزليَّةِ، من دونِ المسّ بمركزيَّةِ ابنِها الخَلاصيَّةِ المُطلَقَة:

> تمَّ تنبيهُ 'أفرامَ' من قِبَلِ أسقفِه بأنّهُ يبالغُ في التوجّهِ بصلواتِه للعذراءِ مريمَ، الأمرُ الذي بات يسبّبُ الشكَّ، وأمره بألّا يعودَ يفتتحُ الصلواتِ بدعائِها، أو حتّى بذكرِ اسمها. فرضخ القديسُ المُلهَم لأوامرِ أسقفِه. وفي اليومِ التالي، ما إن حانَ دورُه في افتتاحِ الصلاة، حتّى بادرَ بالتوجُّهِ مباشرةً إلى المسيحِ قائلًا: "يا بهاءَ وجهِ أُمِّك"...

هل يوجدُ تعبيرٌ مميَّزٌ يُرضي العلميَّ واللاهوتيَّ، البنويَّ والأموميَّ والأبويَّ، في آنٍ، أفضلَ من هذا؟

خاتمـــة

"أَمَا كَانَ قَلْبُنَا يَلْتَهِبُ فِي صُدُورِنَا فِيمَا كَانَ يُحَدِّثُنَا فِي الطَّرِيقِ وَيَشْرَحُ لَنَا الْكُتُبَ؟". (لو 24، 32)

"ألسبن والثالوث: العلاقة بين الجاذبية الكونية والحبّ" هو عنوان الفصل الأخير. وانطلاقا منه تمّ الكشفُ عن الأمومة الأزليّة كنُواة لكلّ جاذبية. أما بما يخصّ السبن، فلا يكفي توصيفه على أنه العَزم الزاوي لحركة الحُبّ الإلهي بين الآب والابن والروح القدس، بحسب التعبير التقليدي، إذ قد فرض نفسه كنتيجة تلقائية لعلاقة الابن والأم والروح القدس أيضا، لينتهي بالتعبير السينرجي عن حركة لا يُمكن تخطيها بين الما-بعد والهنا، الميتافيزيقا والفيزيقا، الحُبّ الأب-بَنوي والحُبّ الأم-بَنوي، بعد أن 'أرّزَ' التجسُّدُ الكلَّ في حُبٍّ واحدٍ ووحيد، إنسان-إلهي، على الأرض كما في السماء.

تلهّبَ قلبُنا بشعورٍ يُفيد بأن بدءًا 'مختالفًا' سبقَ "البدءِ البيبلي" (بـ - ريش - إيت) وهو بدءُ الأبجدية الفينيقية - الآرامية التي لُقِّنت للكلمة المتجسّد بواسطة والدته مريم، والتي استعملها طوال إقامته في المخلوق للتواصل مع الإنساني كما مع الإلهي. "كينونةُ" تلك الأبجدية سبقَت، من دون أي شك، كينونةَ حائطِ ماكس بلانك، والوقتَ "صفر" الذي للانفجار الكبير، لكيما يتمكّن من هو "الكلمةُ الإله" و"كلمةُ الله" في آن، من اتخاذ "شكل" ويبدأ التواصل. ها هي تلك الأبجدية:

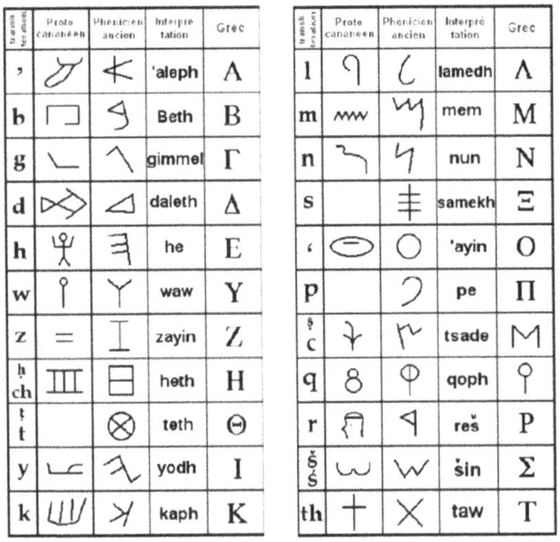

	Proto cananéen	Phénicien ancien	Interprétation	Grec
ʾ			ʾaleph	A
b			Beth	B
g			gimmel	Γ
d			daleth	Δ
h			he	E
w			waw	Y
z			zayin	Z
ḥ/ch			heth	H
ṭ			teth	Θ
y			yodh	I
k			kaph	K

	Proto cananéen	Phénicien ancien	Interprétation	Grec
l			lamedh	Λ
m			mem	M
n			nun	N
s			samekh	Ξ
ʿ			ʿayin	O
p			pe	Π
ç			tsade	M
q			qoph	Ϙ
r			reš	P
š/ś			šin	Σ
th			taw	T

رسم 92: هل هي مَخلوقة أم مُتجليَّة وحسب؟

على صورة الإنسان ومثاله، لو لم تكُن هذه الأبجدية (كما أي أبجدية) على ما هي عليه، منذ الأزل، بهدف التعبير والتواصل والكتابة، لما كانت أبدًا، لا هي ولا الإنسان وبالتالي، لا الحُبّ ولا الإله. على صورة الأمومة الأزليّة ومثالها، الأبجدية هي في الأساس، في اللغات الساميَّة، "مؤنّث". وهي تُمثّل 'رحِمِ' الكلمات الشفهيَّةِ والمكتوبَة كافّة.

وعلى الشاكلة التي تمّت فيها كتابةُ الوصايا العشر، أُمِّ كلّ الشرائع والقوانين، رُسِمَت حروفُها في زمكانٍ من التأثر الخَلاق في ذاكرة الحُبّ الإلهي، بهدف التواصُل الأبدي مع صورتِه ومثالِه في الزّمَكان 'المختألف' المذكور أعلاه، حيثُ الذاكرة قصيرة المدى. مع الأبجديَّة تمَّ اختراعُ الكتابة وحفظُها لتكون بتصرُّف "ملءِ الزمن" المتكرّر والإخلاءات الذاتيّة التابعة لها، والتي على أساسِها سَيُبنى "مكانُ" الأراشيف. ومن أجل ان يتمكَّن الإنسانُ من إدراك هذا، والتوصُّلِ للاستيعاب والفهم والكلام والكتابةِ وبناءِ الجسرِ بين الـ "هنا" الذي يلي حائط ماكس بلانك، والـ "هناك" الذي يسبَقُه، على أساس الجاذبيَّة التي تجمَعُ الكلَّ في وحدةٍ 'مختألفة'، كان لا بد له من استعادة طفولَتِه والسُرَّةِ وحَبلِها اللذين افتقدهُما منذ التكوين.

لم يسعنا، ما إن ارتاح قلبُنا، إلا أن نشكرَ الحُبَّ الإلهي الذي وافانا على طريق عمّاوسَ الخاصّة بنا. وتعبيرًا عن امتناننا رأينا من الواجب أن نُجلِيَ بوضوحٍ إلهاماتِنا الرازائيّة، نكتُبها ونتشاركها مع الإنسانيّة ونُبشِّرَ بقناعاتِنا تحتَ سقفِ الكنيسةِ الأم، وبالتأكيد لا خارجَ حُضنِها، ولا حضنِ الحُبّ الثالوثي.

ننهي هذا الختام ببضعةِ آياتٍ من سفر نشيد الأناشيد التي لا يُضاهيها آياتٌ بالتعبير عن جدليَّة الحُبّ هذه، التي لا تصِلُ إلى مشتهاها في الكمال إلا في الاحترامِ المتبادَل، الأخويّ، القلبيّ، وبخاصَّةٍ في الطفولة التي تَرى بشمول:

اجعَلني كخاتَمٍ على قَلبِكَ، كخاتَمٍ على ذِراعِكَ، فإِنَّ الحُبَّ قَوِيٌّ
كالمَوت، والهَوى قاسٍ كمَثوى الأموات، سِهامهُ سِهامُ نارٍ ولَهيبُ الرَّبّ.

بِمَريَم، الجسر المنير، يتوجّه الدِين والعِلم لملاقاة بعضهما في خيمة الطفولة، "خيمة الخباء" بالمطلق، (المَشكَنزَبنا)، الخاضعة لجاذبية الحُبّ الثالوثي، الأساس لكلِّ كائنٍ ووجود، وبِها أيضًا، يتعرّفُ الواحدُ إلى ذاته في الآخر، في تجسّد النور، في خدمة الحقيقة الوحيدة، الحُبّ.

رسم 93: المركز الأوروبي للأبحاث النوَوية: = مركز الأبحاث في طاقة الحُبّ

الـمُحصَّلةُ العامّة

المقصود بنظرّية "الخَلق من الحُبّ" ليس الوقوف بوَجه "عقيدة الكنيسة التي تعلّم أن الخَلق هو من العَدَم إنَّما الدفعَ بهذه العَقيدة إلى ما هو أكمَل لمَخزونها التعليميّ، وأصحُّ للإنسانية. إنَّ فعلَ خلقٍ من الحُبِّ، بحُبٍّ، وفي أحشاء الحُبِّ لا يُمكنه ان يتحقَّق إلا من خلال إلهٍ هو الحُبُّ بذاته وحسب. هذا التصوُّر يُسهم أيضًا في النظر، من خلال زاويةٍ مختلفة، إلى العقيدة التي أسّسها القديس أغوسطينوس القائل: "فعلُ الثالوث نحوَ الخارج واحدٌ لا يَنقسِم" وقد تمَّت إعادة مناقشتها من قبل اللاهوتي مولتمان من خلال تساؤله: "هل يُصحُّ الكلام عن خارجِ اللّه الكلّي القُدرَةِ والحُضور؟"، ما يَعني، هل هنالك، بالنهايَة، وجودٌ لخارجٍ ما عن الله يُتمُّ فيه أعمالَه؟

في ضوء هذا التساؤل، ومستندين إلى اللاهوت الأفرامي من جهة، وإلى عِلمِ فيزياء الكم من جهةٍ أخرى، تمكّنا من وضع هيكليةٍ لخطٍّ لاهوتيٍّ جديد، وصفناه بالرازائي، وفقَ مفهوم 'رازا' الأفرامي الذي بات مِفتاحَه. و'رازا' هذا، هو دالّةٌ استعارَها أفرام من اللُّغة الفارسيّة، من سِفر دانيال، لتفادى استعمال المفهوم اليوناني 'ميستاريون' المشير إلى "السرّ" الزمني، والذي وجدَه أفرام غيرَ مناسبٍ لتعليمه المسيحي. هذه الدالّة 'رازا'، تمامًا كما قرينتها 'مختألف' العائدة للفيلسوف الفرنسي جاك دِريدا، لا تدلُّ ولا تُشيرُ إلاّ على ذاتها، وذلك تفاديًا لإشكال تعدّديَّة المعاني، أو الفصلِ بين الأقانيم الثلاثة كما بين الابن والآب، سواء أكان الفاصل لمحةَ بصرٍ من الزمن أم طولَ موجةٍ مهما قصُرت من مكان، أو من زَمَكانٍ. بكلمة 'رازا' نتعرَّف إلى المسيح يسوع قائلا لتلميذه فيليبوس:"من رآني رأى الآب...". (يو 14، 9)

مِنَ 'الراز' الذي هو، بالروح القدس، واحدٌ مع أبيه، انبثقَت 'الرازاءات'، ما يَعني كلَّ الدلالات والرموز المُسمَّاة تقليديًّا أسرارًا، والتي ليست أسرارًا البتّة، إنما تجليّات مقدَّسة لما هو إلهي، تعابيرَ عن حضور الله في الواقع الزمني. ومن 'رازا' اشتقَقنا الفعل الرُباعي 'آرز' (ومنه 'أرّزَ') الذي وجدناه ضروريًّا للتَقريب بين 'الحقائق الماثِلةِ' (realities) المختلِفة، فكان الوجه الآخر لأيقونة فعلِ "أحبَّ" الذي يُرمِّم، يجدِّد، ويُوحّد بين الإلهي والإنساني. فانطلاقًا من تجسُّد الكلمة الإله، الابن، في عالمنا، كي يصلَ بالخَليقة إلى كمالها، بخاصّة نسلَ آدمَ وحوّاء، تمَّ ملاحظة 'اختئلافٍ' جوهري في المغاهيم وهو أنّ ما تمَّ خلقُه من الحُبِّ، وبحُبٍّ، لا يُمكن إكمالُه وإنقاذُه إلا بالحُبّ. لذا كان لا بدّ من "أمومَةٍ خالدة" منذ البدء، وقبل أي خلق. ففي اسمِ مريم، وتحتَ إصرار الابن بهدف افتداء آدم وحواء، تمَّ استيداع تلك الأمومة من قبل الأبوة الخالدة، بدفع ثالوثي، وبإخلاء ذاتي، كي "يتـمَّ كُلُّ برّ". بذلك اتَّضحَت لنا أُسُس الملكوت الذي تحدَّث عنه المسيح، خصوصًا عندما أعلن أن هذا الملكوت هو للأطفال، أي للطفولة، ومنذ البدء كان. أما آدم وحواء، على ما يخبرنا به الكتاب المقدس، فلم يعرفا الطفولة والأمومة.

بهذا تكمُنُ نُقطةُ التجسُّدِ القويّة: الوصولُ بالإنسانيةِ إلى الكمال بوهبها الأمومَة والطفولَة المفتقدتَين منذ الخلق، انطلاقًا من تجسُّدِ الألوهة في المخلوق، من رحِمِ مريمَ من جهةٍ، ومن رحِمِ مياهِ الأردُنِّ العماديّة من جهَةٍ أخرى. بهذا اتخذ الواقع الرازائي بدايته، واقعٌ يصعُب فيه الفصل بينَ الخالق والمخلوق، بين فكر الإنسان وفكر الله، بين حُبِّ الآخر وحُبِّ الآخرِ المُطلق، بما أنّ ذاك "المُطلق" يضُمُّ رقصةَ العشقِ على وقع الحُبِّ الثالوثي. ثالوثٌ أبٌ-بَنويٌّ في السماء، ثالوثٌ أُمٌ-بَنويٌّ على الأرض، والكلُّ بالروح القدُس نفسِه، بدايةٌ، كمالُ وخاتَمُ كلِّ ما كان، ما هو، وما سيكون، "كما في السماء كذلك على الأرض".

رسوم هامة جدًا رافقت اكتشافاتنا. اتَّبعنا في هذا سياق أكثر الشخصيات رمزيّة للطفولة ألا وهي شخصيّة "الأمير الصغير" للكاتب الفرنسي فرنسوا دو سانت-اكزوبيري.

يا لها من مغامرة أبحَرنا فيها انطلاقًا من الرصيف الذي تحدَّثَ عنه البابا القديس يوحنا-بولس الثاني قي رسالته العامة "الإيمان والعقل"، قاصدين التوفيق بين العِلم والدِين. أمَّا القاسم المشترك المدهش الذي حثّنا على القيام بذلك فهو الصيغة القائلة: "نورٌ من نور"، من قانون الإيمان غير القابلِ للجدَل، والمبنيّة على ما قاله السيد المسيح عن نفسه:"أنا هو نور العالم"، (يو8، 12) وعلى نشيد النور للقديس أفرام السرياني، والكلُّ مُدعَّمٌ بمعلومات من فيزياء الكمّ عن القوة الكهرومغناطيسية بشكل عام، عن طبيعة النور و'الفوتون'، بشكلٍ خاص، كما على 'المَوج-جُزَيء' للعالِم دو برْوي (De Broglie) بشكلٍ أخصّ.

كلمات المسيح الصادِمة التي جعلت منه نورَ العالم فرضَت ذاتها على اللاهوت التقليدي مسبقًا (*a priori*)، من دون أي إثبات، كما على الروحانيات وعلى الحالة التصوُّفية في مرحلة معيَّنة. وقد تمكّنا من الملاحظة بأن هذا الأمر ينطبق أيضًا على الاكتشافات العلميَّة الحديثة، فسمحنا لأنفسنا بأسقاط هذه الاكتشافات على شخصيَّة المسيح، مقارنين إنسانَه بالجزيئ، وألوهيَّته بالموجة. هذه المقارنة ليست الأولى من نوعها ولا ملكيَّتنا الفكرية. لقد استلهمناها من القديس أفرام نفسه الذي، في زمنه، قارن بين الشمس والثالوث الأقدَس، كما بين كلّ ما هو للطبيعة وما هو للنص المقدّس، للدِفاع عن الإيمان المسيحي بوَجه عُبّاد النار والشمس من الحضارات المحيطة بأبناء رعيَّته وبناتها. فكان، في هذا، إثباتٌ على أهميّة دور الخيال كأداةٍ موضوعةٍ بتصرّف الوَحيِ الإلهي، كما أيضًا على أهميّة دور التعاضد والتناغم (السينِرجيا) بين البشري والإلهي للوصول بالخَليقة إلى كمالها.

'أرِّز' يعني "أحبَّ" حتى أحدث تغييرًا في طبيعة فاعل الحُبِّ والمُنفعِل به. هذا برأينا ما اعتبرناه مُضمرًا في سفر الرؤيا الذي يقول:"لِأجعَل كلَّ شيءٍ جديدًا". الإنجيل واضحٌ جدًا بالنسبة إلى هذه النُقطة، خصوصًا وأن الذي صدر عنه هذا الكلام وقَّعَهُ بدمه، وشجَّعَنا على اتّباع مثالِه: "أحبّوا أعداءَكم، باركوا مُطَّهديكم، إلخ". (متى5، 44)

مقطعٌ من أنشودة للقديس يعقوب السروجي يصفُ الحوارَ الأخير بين الآب والابن قبل الشروع بعمليّة الخَلق دَفعت، إلى أقصى حدودِ الاستقراءِ، الاكتشافات الرازائية، وبإيجازٍ استطعنا، خطوةً خطوة، الإجابة عن أسئلة العُلماء المفصليّة. تمَكّنا من حلِّ عددٍ لا بأسَ به من المُعضلات، من تركيز منهجيَّةٍ لتخطّي الصعوبات المُستقبليّة بين العِلم والدِين، كما أيضا بين الإلحاد، العقلانية، العلمنة والإيمان، وذلك لأن الإيمان، بالمعنى الرازائي، إنما هو الحُبّ قيدَ الاكتمال.

هذا ما عنيناه، وقد قدمنا إثباتاتنا، بإعلاننا أن 'المشكنزبنا'، مسكِنَ الله في الزّمَكان، خيمةَ الموعد بينه وبين الأكثر تعمُّقًا من العُلماء والدِينيّين، أكانوا من المُلحدين أم من المؤمنين، هي الطفولة.

وما عنيناه بتأكيدنا أن الجسرَ الذي يوصِلُ إلى وَسطِ اللقاء هذا، هو الأمومةُ الخالدة، حبلُ السُرَّة الذي يربط رازائيًا بين وسطِ الخالق ووَسطِ المخلوق، بين الألوهَةِ والإنسانيّة، حبلُ السُرَّةِ الذي من خلاله اتّخذَ الكلمةُ الإله جسدًا ودمًا بَشريَّين برضى الأبوّة الإلهيّة وإخلاءٍ متكاملٍ من الثالوث الإلهي. إنها 'مريم'، المُصطفاة منذ الأزل، والتي وُلِدَت من سُلالة داود، والتي تمتَّعت منذ اللحظةِ الأولى من اصطفائها الأزليّ بالصفات الثلاث الما-بعد بشريّة وهي: ابنةُ الآب، أمُّ الابن وعروسُ الروح القدس. **ولو لم يكن هكذا منذ البدء لما صارَ إليه أبدًا.** قادنا هذا إلى تأكيد قناعتنا بالعقيدة التي تُثبتُ أن مريمَ هي "شريكة في الخَلاص"، كما إلى اقتراح عقيدةٍ جديدة تصفُ 'مريم' بالـ "شريكةِ في الخَلق" أيضًا، ليس كسبب أساس إنما كسبب وَسيط، اشتهاه الابن، آملين أن تتبنّاها الكنيسة الكاثوليكيّة لأنه، إذا ما أخذنا نشيدَ القديس يعقوب السروجي بعينِ الاعتبار، يتبيَّن واضحًا بأنه لَو لَم يتمّ التأكّد من "نَعَمِ" أمومتِها ذات يومٍ، لما كان الابنُ رضيَ بأن يتِمَّ الخَلق.

هل أجَبنا عن سؤال العُلماء المِفصَليّ: "أيُّ إلهٍ هوَ المَقصود؟".

نَعم. الحُبُّ هو المقصود. وأفضلُ تجليّاته في الخَليقة ليس السلامُ الذي يَبقى، بالنسبة إلى البَشر، نتيجةَ توازنِ القُوى، إنما الطفولةُ التي تَقودُ إلى السلام، بقوَّة قُبولِ الآخر، كما بالقُدرة على إخلاء الذّات (زم زُم) بشكلٍ يَسمحُ لـ'الآخر' بالنموِّ والتمتُّع بِحِصَّته من الحياة المُشتركة، تحتَ نظر العَينِ الساهرةِ للأُبوَّة الإلهيَّة التي تمثّل كلّ أبوَّةٍ بشريَّةٍ إنابة عنها لا غير، وعينِ الأمومةِ الرازائيَّةِ الخالدَةِ التي على صورة عينِ مريَم كمِثالها، والتي تتمتَّع كلُّ حوّاء، بالأصالة، بشرارةٍ من أمومَتها.

نارٌ، نورٌ، حرارةٌ، طاقةٌ، عِلمٌ كمّيّ، لاهوتٌ ثالوثيٌّ إخلائي، كريستولوجيا من عَلُ، من أسفَل، من اللُب، نظريَّةُ "زم زُم" الكبّاليَة، "يين-يان" الدِيانة التّاويَّة،الفلسفةُ البنّاءة، الفلسفةُ التفكيكيَّة، الألسُنيَّة، إلخ. اتَّحدَت جميعُها في كمّاتٍ من المَوجاتِ الإبيستمولوجيَّة المُنيرة كي تساعدَنا على الانتهاء من وَضعِ أداةِ اللاهوت الرازائي واستكشاف ظاهرة قَبر الإنسان-الإله، صندوقِ اختبار 'هرِّ شرودِنجر'، كما ذاكَ الجسمِ الأسود الذي تُرك عَمدًا، من قِبَل حِكمَة الحُبِّ

الإلهي كشاطئٍ صخريٍّ يرتَطِمُ به مُكابرو هذا العالم، فلا يدخلون الملكوتَ من دون استعدادات الطفولة التي تخوِّلُهم له. إن النُقطةَ البارزة في ما أتينا به هيَ المُقارنة بين المسيح يسوع في قَبرِه، و'هرِّ شرودِنجر' في صندوقِه، والتي أعدَدنا لها من خِلال وَقفةٍ مسرَحيَّةٍ في 'عالم الأموات' (post mortem)، تمَّ خلالها تشاورٌ نبويٌّ بين سبعةٍ تواجدوا معًا، على متن سفينة أبحاثنا، ألا وهم: النبي موسى، لابلاس، ماكس بلانك، آينشتاين، شرودنغر، غيتون، وأفرام. تمَّ التشاوُر على قاعدةٍ رازائيّة، استنادًا إلى الذُروة من معلومات العِلم، كما من التي للدِين. خرَجَت المَجموعةُ منه بقناعة، انطلاقًا من معادلة المهندس 'فوللر' (2+1=4)، بأن على الإنسان أن يرى، بشمول، وبأنه، بموجب مبدأَي "الترابُط" (correlation) و"عدم الانفِصال" (inseparability)، ما يحدُث خلفَ حائطِ القبر يجب أن يكون هوَ ذاتُه الذي يحدُث أمامَه: مَوت/مَوت، حياة/حياة. بالتالي، يناسب التفاؤل الشامل الذي قدَّمَتهُ قيامةُ 'الراز'، بشكل أفضل، العِلمَ كما الدِين، بما أن الذين يقفون خلفهما هم من البشر الذين يكتبون ويقرأون بالأبجدية ذاتها، وكلاهما يشكّل جناحَي الحقيقة المُطلقة. بغير ذلك يقعُ الكلّ في العبثيَّة.

من هنا، كانت أهميَّة الاعتراف بأن الخَليقةَ ليست خارجَ الله، إنما فيه، في وسطِه الذي أسماه، في العهد القديم، 'أحشاءَه'.

إننا إذ نبدي ارتياحنا لما آلت إليه أبحاثُنا، دعَونا كلَّ إنسانٍ لإبعاد أيِّ قَلقٍ عنه متأتٍّ عن انعِدام التوقُّع، كما عن شدَّة الارتيابِ تجاهَ الاكتشافات العلميَّة الحديثة، بخاصةٍ الذريَّةِ منها، القادرةِ على الدمار الشامل. إن ما تمَّ خلقُه بحُبٍّ، ومن الحُب، لا يُمكنه، أنطولوجيًّا، إلا أن يكون جيّدًا، ولا نهاية له إلا بالحُب. وإن الدمار الشامل وانعِدام استمراريَّة الكَون ليسا موضوع نقاش. كما إن مستقبلَ الإنسانيَّة المَمسوك بالنواميس والرسوم الطبيعية غير القابلة للتزَعزُع، وقد وُضِعَت بحُبٍّ بهدفِ حمايةِ الكَون واستمراريَّتِه، قادرة على صَون الطبيعة، خصوصًا الإنسانيَّة منها، من كلّ فناء وعبَثيَّة.

كلّ ما كَتبناهُ لغايةِ اليوم، على مرّ عشرين عامٍ من الأبحاث والتأمُّلات والمشاركة والتشاور، بخاصّةٍ بعد طبع اطروحتنا باللغة الفرنسية عام 2014 تحت عنوان:

La Création, de l'Ère Patristique à l'Ère Quantique

Essai en Théologie *Râzâtique*

ليسَ سوى خُطوةٍ صغيرة في مسيرَتِنا نحو "عمّاوس الرازائية". يَبقى البابُ مفتوحًا لكل فِكرٍ متبصِّر، لكُلِّ خيالٍ خلّاق، قد يشعُران بأنّهُما معنيّان بالإسهام، إذ إننا جميعًا، نحن البشر، أولادُ الأمومَةِ الخالدَة ذاتها، أيا يكُن الفرقُ بين أمهاتنا بالأصالة، وأولاد الأبوة الخالدة ذاتها التي منها آباؤنا الطبيعيّون، القيّمون علينا بالوكالة، تماما كما كان عليه القديس يوسف. هذا ما أسّسَه من هوَ "رازُ أبيه" مع حَضِّنا على عدم مُناداة أحدٍ "أبًا" في هذا العالم، إذ إن أبانا جميعًا واحد ووحيد وهو في السماء.

المُلحَق اللُغَويّ

Râzâ ܪܐܙܐ رازا

إتيمولوجيّةُ 'رازا' مبنًى ومعنًى:

اقتبَس العلّامة القديس أفرام السرياني (302 - 375)، أول آباء الكنيسة السريانيّة الأنطاكيّة، هذه المُفردة من سِفر النبي دانيال (2: 18) المكتوبِ خلال فَترة السبيِ البابلي، وهي من أصلٍ فارسيّ،[893] رغبة منه بعدم استعمال كلمة "سرّ" اليونانية. وبحسَبِ القاموس السرياني - الانجليزيّ[894] يَردُ الفعلُ من هذه المُفردة، كتابةً، تحت شكلَين: الأوّل يُشير إلى الماضي: ܪܐܙ، ܪܙܙ، ܐܪܙ، وتحريفُه بالعربيّة راز، ارَز، رَزز، (والزيحُ تحت الألفِ هوَ لإبطال لَفظِها)، والثاني، ويُشيرِ إلى الحاضرِ السرديّ: ܐܬܪܙ - ܐܬܐܪܙ، يُلفَظ بالإنغليزيّة 'eterez' وتحريفُه بالعربيّة (إِ تِ ا رِ ز - إِ تِ رِز). يتولَّد هذا الفعل من الاسم ܪܐܙܐ (رازا)، والذي يُكتب أيضًا مع الألفِ المُبطَلَةِ في أوّلِه ܐܪܐܙܐ وهذا لأن لفظة الهمزة القاطعة هي من الأصل الفارسي فتُكتب بالسريانيّة ولا تُلفظ.

أول من سلَّط الضوءَ على هذا المفهوم الأساس في اللاهوت الأفرامي هو العلّامة سيباستيان بروك إذ قال: "إن الهدفَ من اختيارِ 'أفرامَ' لِمُصطلحِ 'رَازَا' كان لتلافي كلِّ أشكَالِ التَّحديد (definition) لما هوَ مقدَّس". كان 'أفرامَ' يرتابُ من مُصطلحِ "تحديد" الذي يحتَوي ضِمنًا، من الناحيةِ اللغويّة، على حُدود (Fines باللّاتينيّة)، والتي توحي بدَورها بفِكرةِ المَحدوديّة، فتريَّبَ، بالتالي، من تحديدِ اللّامحدود. لذلِكَ، أضافَ بروك قائلاً: "إن أهمّ مُصطلحٍ استَخدَمهُ 'أفرامَ' بالسُّريانيّةِ هوَ 'رَازَا'". وقد رأينا في هذه النُّقطةِ مفتاحًا أساسيًّا من مفاتيح التّلاقي بين الدِّين والعِلم. (لقد استعدنا خلال النص أقوال العلامة 'بروك' وأشرنا إلى مراجعها).

إذًا، 'راز' و'إتِرز' (ܪܐܙ - ܐܬܐܪܙ) هما شكلا كتابةِ الفعل الأكثر استعمالًا والأوسَع تفسيرًا في القواميس المتخصِّصة. إنَّما، ما لاحظناه من المراجع المُختلفة هوَ أن الصِّيغة 'راز' هي لفعلٍ مُتعدٍّ، ويوازيها في العربيّة، على سبيل المثال، فعلُ جَلا، كشف، أعلن، علَّم، أسرَّ، بدَى (initiate). أما الصيغةُ الأخرى، 'إتِرز'، ففي حال التعدّي، قد يَعني فعلُها تآمرَ، وهذا ما استخلَصناه من القاموس الجامع السرياني - اللاتيني.[895]

---

893 هذا المقطع من سفر دانيال يدخل ضمن الكتب القانونيّة المُعتمدة في الكنيسة الكاثوليكيّة.

894 *Thesaurus Syriacus*, (Syriac Dictionary); R. Payne Smith; the Clarendon Press; Oxford, 1957

895 Dictionnaire Encyclopédique Syriaque-Latin, Colonne 3875.

أما كلمة 'رازا'، المُعرَّفة بالألفِ في آخرها، والتي تؤدّي دورَ 'ال' التعريف بالعربيّة، فإن الاسمَ المجرَّد منها هو أيضا 'راز'. لذا نلفُتُ إلى الطريقة التي اتَّبعناها بالتعامل مع هذا الاسم:

أولاً: أردناه اسمًا معرَّبًا خاضعًا للتحريك والتنوين بحسب موقعه في الجملة، الجمع منه 'أرواز' (على مثال ماء - أمواه أو داء - ادواء) والصفة رازائي وليس "رازي"، وذلك بحكم الاستعمال الشائع له تحت لفظة "رازا" المفتوحة شرقيا والمضمومة غربيا "رُازُا".

ثانيًا: عند استعمال 'ال' التعريف معه كتبنا: الـ'رَاز' من دون الألف في آخره، وبين معقَّفين مُفردَين فقط. وعند التحدّث عن المَفهوم بحدِّ ذاته، كمدلول إليه، تركناه مع الألف التعريفيّة في آخره، كما هوَ في الأصل السُرياني، محافظين على المعقفين المُفردَين، كأن نقول: لقد استعملَ 'أفرامَ' المفهوم 'رَازَا' لكذا وكذا. وعملاً بالمَـثَل القائل، الحاجة أمُّ الاختراع، اشتقينا له من اللُّغة العربيّة ما يحتاجُه من مُفردات للصرفِ والنَحوِ بهدف تسهيل استعماله والتآلُفِ معه بخاصةٍ الفعل الرباعي 'آرَزَ'.[896]

ثالثًا: بعد أن بيَّنَّا الأساس اللّغوي للجَذر 'راز' ومعناه، نلفُت إلى إشكاليّة لفظِه بين اللهجَة السريانيّة شرقيّ نهر الفرات وتلك التي غربَه. فبينما يُلفظ في اللهجة الشرقيّة كما تُلفَظ *raza* بالفرنسيّة، يُلفظ في اللهجة الغربيّة (كالمارونيَّة مثلا) *rozo*. وعملًا بالأصول الأكاديميّة اعتمدنا اللفظَ الشرقيّ، على مثال حرف (a) الفرنسيّ، لأنّه أمينٌ على اللّهجة الآراميّة المحكيّة من الرب يسوعَ المسيح والتي كانت سائدةً في مُجتمع القديس أفرام. ولقد أضفنا بالفرنسية رمزَ التطويل فوقَ الحرف a، على الشكل التالي (â)، للدّلالة على هذا التمييز، وللتأكيد على أننا نعتبرُ استعمالَ (*râzâ*' رَازَا) بلفظِه المفتوح الرابطَ بين اللُّغات الساميّة والأجنبيّة.

رابعًا: يبقى من المُهمّ أن نلفُت إلى المعنى السلوكي (behavioral meaning) لمفهوم 'رَازَا'، كرمزٍ ودالّة، بالمُقارنة بين ماهية 'الرَاز' السرياني وماهية 'السِرّ' اليوناني:

لما كان القولُ المأثورُ، منذ أيام قُدماء اليونان، يؤكّد "أن مُجرَّدَ التَّحدُّثِ عن 'السرّ' يُدنِّسه"، أي، بِمعنًى آخر، "يُقوِّضُه"، وهذا ما جعلَ الصَّمتَ، أي التَّكتُّمَ، سيِّدَ الـمَوقِف والقاعِدةَ الأساس في الدِّياناتِ الغنوصيَّة، يأتي مفهومُ 'راز' ليعكِسَ الصورةَ تمامًا فيزدادَ "الرازُ المسيحيُّ" مَنعةً وقداسةً كلَّما ازداد الحديث عنه وتفسيرُه، ويصبح التبشير به إلزامًا على كلِّ من تعرَّف إليه وآمن به: "الوَيلُ لي إن لم أبشِّر"، قالها بولس الرسول. (1قور 9: 16) فهل يجوز الاستمرار بالتحدُّث عن سرٍّ وأسرار في الديانة المسيحية؟ هل 'رازا' تعني المسيح؟

896 - في الطبعة الأولى اقترحنا أفعالا تبيَّنَ لنا فيما بعد أنها موجودة باللغة العربية ولها استعمالاتها الواسعة. لذا فضلنا، بعد البحث والتدقيق، بأن نطلق فعلا رباعيًّا غير مسبوق "آرز"، الذي باعتماد تطبيقات فعل "آثر" عليه يلبي مطلب اللاهوت الرازائي خاصَّتنا. (راجع القاموس الإلكتروني "الجامع")

بالنسبة إلى السرِّ الزمني، فإن سِترَ دلائلِه ورموزِه وجلوَّها هما في قلب حاملِه. أما سِترُ 'الراز' وجلوُّهُ كدليلٍ ورمزٍ، فهُما في عينٍ وأذُنٍ من يسمعُ به ويراه إذ إنه، بحدّ ذاته، جليّ الوجود في الطبيعة كما في 'الكتاب'. ليست المُشكلة إذًا في مصدر المعلومة إنما عند مُتلقّيها إذ لا يُمكن أن تَنجليَ المعلومة لسامِعِها وناظرها إلّا بقوّة الروح حاضنها، أي بنور النِعمة الإلٰهيّة المجانيّة التي تشتهيها النفس بكلّ جوارحها، والتي تُكسِبُ الإنسانَ 'العينَ النيِّرة'. و«العَينُ مِصباحُ الجَسَدِ»، قال السيِّد المسيح، "فَإِن كَانَت عَينُكَ سَلِيمَةً، كان جَسَدُكَ كُلُّهُ نَيِّرًا". (مت 6، 22 ولو 11، 34) أما في التطبيق، وكما سنبيّنه لاحقا، ندعوا لاستبدال تسميةِ 'سرّ' المُتَّبعة في الكنيسة (Mysteries of faith)، كـ'سرّ الخَلاص' مثلا (*Mysterium Salutis*)، والتي لطالما شكّلت عائقًا للكنيسة في علاقاتها مع المذاهب والديانات والحركات الإيزوتيريّة ذات الأسرار الزمنيّة، كالماسونيّة وغيرها، بتسميةٍ 'راز' التي لا تترك لَغطًا، تمامًا كما فعلَ 'أفرامَ' في زمنه. فمثالًا على ذلك، يَستعمل مُعرِّب المزمور الخمسين عبارتَي 'مَستورات' و'غَوامض'، وهذه الأخيرة تستعملُها المعاجِمُ للدلالة على ما يُسمّى الأسرارُ العِلميّة، لأنّه، عَمَليًّا، ليس في العلوم أسرارٌ بالمعنى الحصريّ المذكور أعلاه. هناك غوامض تتّضحُ لعَالِمٍ دون آخر، وذلك بحسَبِ المواهب التي وُلِدت معه من ذكاءٍ وذاكرةٍ وخيالٍ واندفاعٍ لمعرِفة الحقيقة محبّةً بها. يُضاف إليها الجهدُ والتنوُّر بالتعاون مع العُلماء الآخرين، وبخاصةٍ العباقرةِ منهم. ولا شكّ عندنا في أنّ لإلهام روح الخلق المُتأتّي، في الوقت نفسه، من التّضاد (contrast) بين كمالِ وجمالِ الخَلقِ ومحدوديّتِه، ومن الإيمان الشخصيّ للعالِم، دورًا هامًا، حتّى ولو كان العالِمُ مُلحِدًا أو تصرّفَ كمُلحِد. هذا ما بيناه أعلاه، مع التأكيد بأن "الخلق هو من الحب"، كيف أن حبَّ العالِمِ لعِلمه هو وجه من وجوه الإيمان بالروح الخالق.

بناءً عليه، يُشكّلُ ما أوردناه أقصى ما يُمكن من التوضيح عن مفهوم 'رَازًا'، ونؤمن بأن ديناميَّتَه قد مَسّت قلب القارئ، كما مسَّت قلبَنا، فيجدُه يُطوِّرُ في ذِهنه وخَياله أبعادًا جديدةً خاصّة لم يعهَدها من قبل...

مُختألف، اختِئلاف "*DifferAnce*": [897]

بطلبٍ من أتباع فِكر الفيلسوف جاك دريدا المُتوفَّى عام 2004 ومؤيّديه، دخلت العبارة الفرنسيّة *différAnce* منذ مُدّةٍ لا بأس بها في القاموس الفلسفيِّ الفرنسيّ. لقد سُكب على توضيحِها وتفسيرِها حِبرٌ افتراضيٌّ كثيرٌ مَلَءَ آلاف الصفحات الإلكترونيّة بالإضافة

897 نستعمل عمدًا الشكل الكبير للحرف A لمساعدة النظر على تمييز الفرق مع كلمة difference المألوفة، وهو يرمز بالنسخة الفرنسية إلى كلمة حب (Amour) موضوع كتابنا، والذي ليس هو سوى الخالق الذي بتدخله يحدث كل الفرق الذي يجعل من الاختلاف اختئلافا، فتوازيَ الـ "همزة" حرف A الفرنسي.

إلى الورقيَّة. فقد اختَرعَها هذا الفيلسوف لحاجةٍ مُلحَّة في المدرسة اللغويّة 'التفكيكيّة' (deconstructionnist) وهذا ما أسهمَ في ربط الفكرِ الأفراميّ به وسهَّل، في الوقت عينه، ربطَ المفاهيمِ اللاهوتيّة الكلاسيكيّة بمفاهيمِ عِلمِ الفيزياء الكَمّي (Quantum physics).

فالمفهوم 'رازا' يؤدّي إلى الدورِ نفسه الذي لـ*differAnce*، وقد اشتقّينا لتعريب الأخير عبارة 'مختألف' و 'اختئلاف' بإضافة "همزة القطع" على كرسيّها المناسب في وسط كلمتي مختلف واختلاف، لنعني بها بالإنغليزية (*differAnce - differAnt*) وليسَ فَقط مُختَلِف (different) والمقصودُ بهما سدُّ حاجةٍ لغويّةٍ يفرُضُها مبدأ "الوضوح والتمييز" الديكارتي، بخاصّة عندما تكون الدالّة (sign) والمدلول إليه(signified) من واقعٍ معيَّن، والمشارُ إليه (what is refered to) من واقعٍ ذي طبيعةٍ مختلفةٍ عنه جوهريًّا، لذلك كان المطلوب من العبارة *differAnce* أن تفيَ بتقريب الدالّةِ من المَدلولِ إليه ومن المشار إليه (sign, signified and what is refered to)، إلى حدّ اتحادٍ لا يَخلُّ به زمانٌ أو مَكان أو طبيعة جوهريّة.

واجهَ 'أفرامَ' هذه المُعضلة حينَ حاول إقناعَ عُبّاد الشمس بأنّهم لا يعرفونَ ماذا يَعبُدون. فصحيحٌ أن كلمةَ 'شمس' تدلُّ على المدلول إليه الظاهر للعَيان، إنّما تُشيرُ إلى خالِقها الذي يفترض بهم أن يعبُدوه من خِلال من قالَ عن نفسه إنّه هوَ 'نورُ العالم'، 'رازُ' أبيه، والذي هو من طبيعة 'مُختألفة' لما يرَون ويلمسون. وعلى هذا الأساس أسس 'أفرامَ' لنظريّةَ "كتابِ الطبيعة" الذي يُشاركُ برموزِهِ الوَحيَ المتأتّي من رموز الكتاب المقدّس.

نَختتِمُ القولَ بأنَّ أكمَلَ وصفٍ لمفهوم "الاختئلاف" (*differAnce*) وأبعادِه نجدُه في جواب المسيح على طلب تلميذه فيليبُس عندما سأله أن يُريَه الآب وكفى". فيجيبه المسيح: "من رآني فقد رأى الآب". (يو 14، 10-8) فمتى كان وجهُ يسوعَ الناصريّ الدالّة، وكان شخصُهُ، أي المدلول إليه، هوَ المسيح المُنتظَر، كان المشار إليه وجهَ الآب حتمًا. والفرق بين الوجهين مبنيٌّ على 'المُختألِف' و'الاِختِئلاف'، وليس المُختَلِف والاِختلاف. (راجع النُقطة 1 .2. من الفصل الثاني). ونلفت إلى إننا سوف نكتب كلمة *différAnce* الفرنسية خلال النص مع (e) عادية.

إثنائيّة، ثنائيّة وازدواجيّة Dichotomy, duality and dualism

اشتهرَ القديس أفرام، ملفانَ البيعة، بربط المفاهيم المتقابِلة والمُتكاملة dichotomies، والتي كانت تُعتبر، عمومًا، مُتضادّة مثل: 'نور وظلام'، 'ليل ونهار'، 'مساء وصباح' إلخ. والتي أرخَت على مفهوم الديانة الإبراهيميّة، بشكلٍ عام، ثقلَ الاعتقاد بأن الشرَّ إلهٌ بحدِّ ذاته يُحاربُه إله الخير، والظلامَ شرٌّ قائمٌ بذاته يُحاربُه إله الخير بالنور، وبخاصة، بالنسبة لموضوعنا، العُقمُ - اللعنة الرهيبة - التي يمحوها إله الخير بالخصب إلخ.

بدا هذا الأمرُ مرفوضًا تمامًا بالنسبة لـ'أفرام'، فقام بتصحيح هذا النَمطِ من التفكير من خلال نظريّة "الخَفيّ والجَليّ" (كَسيًا وجَليًا ܟܣܝܐ ܘ ܓܠܝܐ) ليؤكّد التكامل (complementarity) بين ما هوَ مُعتبَرٌ، في سيرة التكوين، تضادًا أو تنافيًا، ويُصِرّ، بنظريّته هذه، على أن ما اعتُبر قائمًا على تضادٍّ إنما اعتُبر بالخطأ هكذا، أوّلًا لأن مُكوّنيه يرتبطان بواقعَين 'مُختألفَين' وليس حصرًا مُختلفَين، وثانيًا لأن 'العَين النيّرة' لم تكُن بعد قد أُعطِيَت للبشر، الأمر الذي أتى به التجسّد. فاعتمدَ 'أفرام' أن يفسّر رموزَ 'الكتاب' و'الطبيعةِ' على أن الجليّ في الطبيعة قد يشير إلى خفيٍّ عند الخالق، والخفيُّ على الإنسان مما هوَ من مَدار الخالق يصبح جليًّا بمُجرّد استنارةِ 'العَين' -عين القلب- بالإيمان بالابن المُتجسِّد المُتمثِّل بالشخصِ الرابع الذي ظهر مع الفِتيان الثلاثة في أتونِ النار، كما وَردَ في سفر النبيِّ دانيال.

لذا، عَمِلنا على التمييز بين العِبارات الأجنبيّة: dichotomy, duality and dualism بإعطائها المعاني المناسبة: إثنائيّة، ثنائيّة وازدواجيّة، ولا يَخفى على أحدٍ أن المَعنى الأخير هوَ سلبيٌّ، أكان لغويًّا أم أدبيًّا.

نظريَّة التكاؤن Synesseration والفعل كَأنَّ

كان من المُمكن أن نكتفي بتفسير هذه النظريّة باختصار، عند ورودها في النصّ، ولكن، بما أنّها نظريّةٌ فلسفيّةٌ في صَيرورة، رأينا من المستحسن تسليطَ الضوء عليها بشكل كافٍ منذ الآن:

هي نظريّةٌ نهدفُ من خلالها إلى تطوير فعل كانَ، الماضي الناقص، الأساس في اللغة العربيّة، والموازي لفعل "esse, sum" اللاتيني، والمشتق منه في الإيطالية فعل (essere) والذي يوازيه فعلَي "Sein" و"to be" باللغات الأنغلوسَكسونيّة، وذلك باشتقاق صيغةٍ منه تسمحُ بترجمةٍ أدقَّ لمُعادلة الفيلسوف ديكارت: "I think therefore I am"، "Cogito ergo sum"، المُترجَمَة حاليًّا: أنا أفكر إذًا أنا موجود، فأتينا بالفعل "كَأنَّ" ومنه "التكاؤن".

بنظرنا، الفرق شاسِعٌ بين الوجود والكينونة. وبه يرتبط أيضًا تعريب الاسم العِبريّ لله، عزَّ وجلَّ، الذي بحسَبِ سفر الخروج، يُكتب "إهيِه أشير إهيِه"، والذي منه اشتُقّ اسمُ "يَهوَه"، المعرَّب "أنا هوَ من هوَ" أو "أنا الكائن" أو "أنا الذي كان، وهو، وسيكون".

لحلِّ معضلة هذا الفارق، توصَّلنا إلى الفعل "كَأنَّ - يكأنُّ" والذي، بحسَبِ معجم "المعاني"، يَعني اشتدَّ وصَعُبَ، وهوَ نادرُ الاستعمال في اللغة العربيّة، وأضفنا إليه المعنى الذي يحتاجُه التطوير المذكور أعلاه خدمةً لخير اللّغة العربيّة. بهذا نكون قد قُمنا بخطوة جديدة في عمليّة 'تحويل المفاهيم' shifting paradigm الذي بدأه الغَربُ منذ زمن طويل، والذي في سياقه كان التحويلُ الذي أدخلَه الفيلسوف جاك دريدا على المفهوم الفرنسي différence "اختلاف" ليوَلِّدَ منه المفهوم différAnce الذي عرّبناه "اختلاف" وكتبناه كما ذكرناه سابقا.

لقد استمدَّينا الشجَّاعة للإقدام على هذا التحويل من مؤسِّس الفلسفة اللبنانيّة، كمال الحاج، الذي أتمَّ خطواتٍ من هذا النوع، وذلك تحت ضغط حاجَة اللُّغة العَربيّة للتطوُّر، لتُواكِبَ الحداثةَ من دون أن تَتفقَّد الجذور. ومن نتاجه الخاص سنستعملُ عبارةَ "زَمَكان"، التي اعتمَدَها بدَغمِه مُصطَلحَي زمان ومكان ببَعضهما ليأتيا مُعبِّرَين عن مفهوم Raumzeit الألماني للعالِم آينشتاين.

أما المعنى الذي أردناهُ لـفعل "كَأنَ"، مُنطلقينَ من مُتَوازيتيه السُريانيّتين المبنيّتين على فِعلَي "هوُا" و"كاين" (ܗܘܐ ܘ ܟܐܢ) الأكثر تركيزًا على مفهومَي "أنا هوَ" و"كائن"، والمعبِّرَين بشكلٍ أدقّ عن الإدراكِ الذاتي للأنا وللآخر في آن، واللتَين استُعملتا لترجمةِ اسم اللهِ بِـ"أنا هوَ من هو" وكأنَّه يقول "أنا من هوَ أنا" وبمعنًى آخر "أنا من يدرك ذاته ويدرك أنّه مدرِكٌ لذاته، ومدركٌ أنّه مدركٌ لإدراكِه لذاته"، ولا يحتاج لآخر لكي يجعلَه يدركُ ذاتَه...

لقد صُغنا من الثُلاثي "كَأنَ" اسمَ الفاعل "كائنٌ"، ومن الخُماسي "تكاءَنَ" اسمَ الفعل "متكائن"، للوصول بتَرجمةٍ مرضيةٍ لمعادلة الفيلسوف ديكارت بما يلي: "انا أفكر، إذًا أنا كائن" وليس بعد "أنا أفكِّر إذًا أنا موجود". وعبارة "كائن" هنا ليست اسمًا جامدًا من فعل كانَ —الماضي الناقص—، إنّما هي صفةٌ ديناميّةٌ من 'كَأنَ'، أي أدرك ذاتَه في صَيرورةٍ مُرتبطَةٍ بآخَرَ هو، لبني آدم، ضرورة غير قابلة للجدل، يَتمُّ إدراكُ الذاتِ في ضوء كَينونته هو، وبغير ذلك يكون فعلُ الإدراك، وبالتالي الكينونة، أمرًا مَحالًا، لا علاقةَ له بصَيرورةٍ لامتناهية نحو الكائن المثال.

مفهوم 'التكاؤن' في ضوء فلسفة هايدغر عن حتمية "الأخرَويّة" (Mitsein) لدى الإنسان لكمال العلاقة مع الآخر، يعني إذًا أن أكون مدركًا كينونتي الشخصيّةِ المُشتركَةِ مع العاقل الآخر، والمتماهية به ومعه في الكائن المثال القائم بذاته. من دون التكاؤن هذا لا كينونة لأحد، وهذا، بحسب سفر التكوين، من خصوصيّة الإنسان المخلوق على صورة خالقه، كمثاله، أي صورة "الكائن الثالوثي" المتكائن بذاته، الله، الكلِّي المعرفةِ والقدرة، والضابطُ الكُل.

قد يكون العاقل موجودًا، إنّما غيرَ مدرِكٍ أنّه كائنٌ، وغيرَ مدرِكٍ لعدم إدراكِه كينونته وسببيّاتها، فيكون في الحالة هذه موجودًا نسبةً لغيره، إنّما ليس كائنا لذاته. وبمعنى آخر يفي البعدَ الاجتماعيّ - السياسيّ حقّه، تقتضي "فلسفة التكاؤن" إدراكَ الذات إدراكًا كاملًا في ضوء كَينونةِ الآخر وإدراكها، وتاليًا أن نكونَ معًا أو ألا يكونَ أحد. وأما في اللاهوت، فإن هذا الأمر ينطبقُ عليه القول: "كما في السماء، كذلك على الأرض" وكذلك "بين السماء والأرض"، وهذا ما أكّدهُ الكلمةُ الإله المتجسّد. بهذا يَنجَلي الفرقُ بين الكينونة الإراديّة المدركة التي تتكاثر توليدًا، والوجودِ العَرضيّ المتكاثر تخليفًا، والفرق شاسعٌ بين فعل ولَّد وفعل خَلَّف.

'بالقُوّة' و'بالفِعل': In potency and in act

نظريَّةٌ فلسفيّةٌ أرِسطيّة أدخلَها القديسُ توما الأكويني في لُبِّ فلسفة القُرون الوسطى إثرَ اطّلاعِه المباشَر على مؤلّفات أرِسطو التي كان قد تمَّ العثورُ عليها في حينه، في أثينا... أما المَغزى منها فهوَ ليسَ بغريبٍ عن معادلةِ "الخَفيّ والجَليّ" لمَلفانِنا القديس أفرام، إذ هي تطالُ كلَّ ما كان كائنا "بالقوّة" (أي ماقبليًّا)، ليكون يومًا ما كائنًا "بالفعل" (أي في الواقع الملموس (الفيزيائي) الخاضع لمفاهيم البشر. أما الكائنُ بالقوّة فهو، إما يكونُ في مدار عالَمِ المُثُلِ الأفلاطوني وإما في العالم الميتافيزيقي الأرِسطيّ... على هذا الأساس بُني التمييزُ بين المدرسةِ الأفلاطونيّة والمدرسةِ الأرِسطيّة، ولا يزال، حتّى يومِنا هذا، مهما تعدَّدت تسمياتُه...

الأهمّ في هذه النظريّة أنّها تخدمُ قضيَّتَنا في المُصالحة بين العِلمِ والدِين إذ قد باتَ للعِلم اليوم، كما للدِين، أمورٌ من الصعب إحصاؤها، موجودةٌ بـ'القوة' بانتظار أن يترقّى العقلُ البشريّ ويتوصَّلَ إلى اكتِشافها ويُدخِلَها تحت تَصانيفه فتصبحَ كائنةً بـ'الفعل'. الفرق بين الدِينِ والعِلم هوَ أن الدِينَ يبني على ما هوَ بـ'القوة' وكأنّه موجودٌ بـ'الفعل'، مستندًا بشكلٍ موضوعيٍّ إلى ظَواهِر الرؤيا والإلهام والوَحي، مع أن كل ما هو لهذا 'الفعل' يبقى نظريًّا... بينما العِلمُ لا يَعتبرُ شيئًا ما كائنًا بـ'الفعل' إلا متى عَقَلَهُ العقلُ وأدخلَهُ في تصنيفاته الخاضعة لاختباراته. أما ما فسح لنا في المجال لموضوعِ كتابنا هذا فهوَ أنَّه في عِلم الفيزياء الكَمّي، بات بعضُ الأمور يَجري كما في الدِين، إذ يَرتَضي العُلماء بتأسيس نظريّاتهم واكتشافاتهم على مُعطيات ليست بعد في متناوَلِ مُختبراتهم وآلاتهم، أي، بالمعنى العِلميِّ الحصريّ، يَبنون عليها وهي لا تزال بـ'القوة'، كالرياضيات مثلا، إلى أن تُسهم هيَ معهُم لتكشِفَ لهم عن مُعادلاتها بـ'الفعل' من خلال "ذكاءٍ" خاصٍّ بها، ما دَفَعَ ببعض الفلاسفة والعُلماء للحديث عن "روحٍ" للمادة، ولدقَّة أكثر نقول عن "نَفْسٍ" للمادة (spirit of the mater) وكأن للمادة ذكاءً فطريًّا. فلنتركْ للنصِّ توضيح أبعادِ هذه النظريَّةِ الهامَّةِ التي لا فَلسفةَ، لا لاهوتَ ولا عِلمَ من دونها.

نكتفي بهذا القدرِ من التمهيد اللُّغوي لأننا نعتبرُ أنّ لدى قارئاتنا وقُرّائنا ما يَكفي من الاِطّلاع والثقافة حتى يتوصَّلوا إلى فهمِ ما نرغَبُ بإيصاله لهُنَّ ولهُم، والكمال فقط لله. ولِلحاجة القصوى وتبادُلِ الآراء أوردنا عنوان البريد الإلكتروني في الصفحة التعريفية، مَطلَع الكتاب. وكان الله وليَّ التآلف والتوفيق.

المراجــــــع

Actes du Colloque XI-Alep 2006; ensemble de Conférences données au 17ème centenaire d'Éphrem. Alep; CERO, 2007.

Babu, Paul. Veni, Vidi, Vici. Trivandrum, India: Rabban Benjamin Joseph Publisher, 1982.

Bachelard, Gaston. La Psychanalyse du Feu. Folio/essays, 25. [Paris]: Gallimard, 2008.

Barbour, Ian G. When Science Meets Religion. [San Francisco]: HarperSanFrancisco, 2000.

_____. Religion and Science: Historical and Contemporary Issues. A Rev. and Expanded Ed. of Religion in an Age of Science. [San Francisco]: HarperSanFrancisco, 1997.

_____. Myths, Models and Paradigms In Science and Religion. N.Y.: Associated Press, 1960.

Beck, Edmund. Des Heiligen Ephraem des Syrers Carmina Nisibena. CSCO, Corpus Scriptorum Christianorum Orientalium, Vol. 218; Scriptores Syri, Tomus 92. Louvain: Secrétariat du Corpus SCO, 1961.

_____. Des Heiligen Ephraem des Syrers Hymnen contra Hæreses. CSCO, Corpus Scriptorum Christianorum Orientalium, Vol. 169; Scriptores Syri, Tomus 76. Louvain: Imprimerie Orientaliste L. Durbecq, 1957.

_____. Des Heiligen Ephraem des Syrers Hymnen de Ecclesia. CSCO, Corpus Scriptorum Christianorum Orientalium, Vol. 198; Scriptores Syri, Tomus 84. Louvain: Secrétariat du CorpusSCO, 1960.

_____. Des Heiligen Ephraem des Syrers Hymnen de Fides. CSCO, Corpus Scriptorum Christianorum Orientalium, Vol. 154; Scriptores Syri, Tomus 73. Louvain: Imprimerie Orientaliste L. Durbecq, 1955.

_____. Des Heiligen Ephraem des Syrers Hymnen de Nativitate (Epiphania). CSCO, Corpus Scriptorum Christianorum Orientalium, Vol. 186; Scriptores Syri, Tomus 82. Louvain: Secrétariat du CorpusSCO, 1959.

_____. Des Heiligen Ephraem des Syrers Hymnen de Sermo de Domino Nostro. CSCO, Corpus Scriptorum Christianorum Orientalium, Vol. 270; Scriptores Syri, Tomus 116. Louvain: Secrétariat du CorpusSCO, 1966.

_____. Des Heiligen Ephraem des Syrers Hymnen de Paradiso und Contra Julianum. CSCO, Corpus Scriptorum Christianorum Orientalium, Vol. 174, 175; Scriptores Syri, Tomus 78, 79. Louvain: Secrétariat du CorpusSCO, 1957.

_____. Des Heiligen Ephraem des Syrers Hymnen de Pascha: de Azymis, de Crucifixone, de

Resurrctione. CSCO, Corpus Scriptorum Christianorum Orientalium, Vol. 223; Scriptores Syri, Tomus 94. Louvain : Secrétariat du CorpusSCO, 1962

_____. Des Heiligen Ephraem des Syrers Hymnen de Virginitate. CSCO, Corpus Scriptorum Christianorum Orientalium, Vol. 248; Scriptores Syri, Tomus 108. Louvain : Secrétariat du CorpusSCO, 1964.

Bennington, Geoffrey et Jacques Derrida. Jacques Derrida.Série les Contemporains. Paris : Seuil, 1991.

Blondel. Les Exigences de la Pensée Contemporaine. Œuvres Complètes, Tome II. PUF, 1997.

Benoît XVI [Joseph Ratzinger]. Jésus de Nazareth, Deuxième partie. Rocher, Groupe Parole et Silence. Librairie éditrice vaticane, 2011.

Böhm, David; Stanislav Grof, préf. et Tchalaï Unger, trad. La Plénitude de l'Univers. [Monaco] : Le Rocher, 1987.

Bou Mansour, Tanios. La Pensée Symbolique de Saint Éphrem le Syrien. Kaslik, Liban : PUSEK, 1988.

_____. La Théologie de St. Éphrem. Kaslik, Liban : PUSEK, 1993.

Brock, Sebastian. The Luminous Eye : The Spiritual World Vision of St. Éphrem. Kalamazoo : Cistercian publications, 1992. [Rev. Ed.].

_____. Syriac Studies : A Classified Bibliography (1960-1990). Kaslik, Liban : Parole de l'Orient, 1996.

_____. L'Œil de Lumière. La Vision Spirituelle de Saint Éphrem, suivie de La Harpe de l'Esprit, Florilège de Poèmes de Saint Éphrem. Trad. de l'anglais et du syriaque par Didier Rance et Dom Louis Leloir; Préf. de Dom Louis Leloir. Spiritualité Orientale, N° 50. Godewaersvelde : Abbaye de Bellefontaine, 1991.

Capra, Fritjof. The Tao of Physics : An Exploration of the Parallels Between Modern Physics and Eastern Mysticism. 4th ed., updated. Boston : Shambhala, 2000.

_____. David Steindl-Rast and Thomas Matus. Belonging to the Universe : Exploration on the Frontiers of Science & Spirituality. N.Y. : HarperSanFrancisco. 1992

_____. The Turning Point : Science, Society, and the Rising Culture. USA : Bantam Book; Canada : Simon and Schuster, 1983-1988.

Caputo, John D. et Michael Scalon J.; eds. Augustine and Postmodernism : Confessions and Circumfession. Bloomington, Ind. : Indiana University Press, 2005.

Cauvin, Patrick. E=MC2, mon amour : roman. Paris : J. C. Lattès, [1977].

Collins, Francis S. The Language of God : a Scientist Presents Evidence for Belief. New York : Free Press, 2006.

Davies, Paul. God and the New Physics. New York : Simon and Schuster, 1983.

_____. The Mind of God : The Scientific Basis for a Rational World. New York : Simon &

Schuster, 1993.

_____. The Fifth Miracle: The Search for the Origin and Meaning of Life. New York: Simon & Schuster, 1999.

De Lubac, Henri. Teilhard et Notre Temps. Aubier, Série Foi Vivante. Paris: Aubier, 1971.

Derrida, Jacques. Circumfession. London: The University of Chicago Press Ltd, 1993.

Den Biesen, K. Bibliography of Éphrem the Syrian. Giove in Umbria, 2002

De Chardin, Pierre Teilhard. Le Phénomène Humain. Série Points, Essais. Paris: Seuil 1955.

_____. Le Milieu Divin. Série Points-Sagesse, 1. Paris: Seuil, 2003.

_____. Mystique Savant. Série Points-Sagesse. Paris: Seuil, 2003.

Eliade, Mircea. Le Sacré et le Profane. Paris: Gallimard, 2008.

Éphrem, de Nisibe. Les Chants de Nisibe. Trad. de Paul Feghali et de Claude de Navarre. Antioche Chrétienne III. Paris: Cariscript, 1989.

_____. Célébrons La Pâque. Les Pères de la Foi, Migne. Paris, 1995.

_____. Hymnes sur le Paradis. Ed. et Tr. En français par Lavenant, René, Sources Chrétiennes N° 137. Paris: Cerf, 1968.

_____. Saint Éphrem: un Poète pour notre temps. Patrimoine syriaque; Actes du colloque XI. Paris: CERO.

Éphrem (saint). Hymnes sur la Nativité. Trad. du syriaque par François Cassingena-Trévedy. Paris: Éd. du Cerf, 2001.

Éphrem le Syrien. Hymnes sur l'Épiphanie: Hymnes Baptismales de l'Orient syrien. Intr. Trad. Du texte syriaque, notes et index par François Cassingena. Spiritualité, n° 70. Godewaersvelde: Abbaye de Bellefontaine.

Feghali, Paul. Les Origines du Monde et de l'Homme dans l'Œuvre de Saint Éphrem. Paris: Cariscript, 1997.

_____. et C. Navarre; trad. de Paul Féghali et Claude Navarre. Saint Éphrem, les Chants de Nisibe. Antioche Chrétienne, 3. Paris: Cariscript, 1989.

_____. «Commentaire de l'Exode de l'Orient par Saint Éphrem. Introduction, traduction et notes», in Parole de l'Orient 12 (1984-1985) 91-131 [→ § 123, § 260, § 274].

_____. «Les premiers jours de la création. Commentaire de Gn1, 1-2,4 par saint Éphrem», in Parole de l'Orient 13 (1986) 3-30 [→ §121, § 260].

_____. «Un commentaire de la Genèse attribué à Saint Éphrem», in Kh. Samir (ed.), Deuxième Congrès International d'Études Arabes Chrétiennes [Orientations Christiana Analecta 226], Roma, 1986, 159-175 [cf. Tabet, title 154, and Samir, titles 901 & 907 → § 13].

_____. «Influence des Targums sur la pensée exégétique d'Éphrem?», in H.J.W. Drijvers, R. Lavenant, C. Molenberg & G.J. Reinink (eds.), IV Symposium Syriacum 1984. Literary

Genres in Syriac literature (Groningen-Oosterhesselen 10-12 September) [Orientalia Christiana Analecta 229], Roma, 1987, 71-82 [→ § 259].

Ford, Kenneth W. The Quantum World: Quantum Physics for Everyone. Cambridge, Mass.: Harvard University Press, 2004.

Gibran, Kahlil. The Prophet. New York: Alfred A. Knopf Inc., 2001.

_____. Le Prophète. Trad. Jean-Pierre Dahdah. Paris: J'ai Lu, 1993.

Girard, René. La Violence et le Sacré. Paris: Hachette littérature, 1998.

Greene, Brian. The Fabric of the Cosmos: Space, Time, and the Texture of Reality. New York: A. A. Knopf, 2004.

Guitton, Jean. Mon Testament Philosophique. Collection Petite Renaissance. Paris: Presse de la Renaissance, 2007.

_____. et Igor et Grichka Bogdanov. Dieu et la Science: vers le Matérialisme. Paris: B. Grasset, 1991.

Haight, Roger. Jesus Symbol of God. Maryknoll, N.Y.: Orbis Books, 1999.

Harrison, Edward R. Cosmology. London: Cambridge University Press, 1981.

Haught, John F. Science and Religion from Conflict to Conversation. New York: Paulist Press, 1995.

Hawking, Stephen William. A brief History of Time: from the Big Bang to Black Holes. Toronto, New York: Bantam Books, 1988.

_____. Une Brève Histoire du Temps: du Big Bang aux Trous Noirs. Trad. de l'anglais par Isabelle Noddeo-Souriau. Paris: Flammarion, 1991, 2004.

Herbert, Nick. Quantum Reality: beyond the New Physics. Garden City, N.Y: Anchor Press; Doubleday, 1987.

Jaki, Stanley L. Road of Science and Ways to God. Chicago; London: The University of Chicago Press, 1978.

Jean-Paul II. La Foi et la Raison, Lettre Encyclique Fides et Ratio. Prés. par Michel Sales, s.j. Ed. Paris: CERF/Bayard, 1998.

Jung, Carl Gustav. Psychological Types. A revision by R.F.C. Hull of the translation by Helton Godwin Barnes. (Collected Works of C.G. Jung Vol.6); Bollingen Series XX. Princeton (N.J.): Princeton University press, 1990.

Klein. Petit Voyage Dans Le Monde Des Quanta. Paris: Flammarion, 2004.

Lalande, André. Vocabulaire technique et critique de la Philosophie. Paris: PUF, 1988.

Lederman, Leon Max et Christopher T. Hill. Symmetry and the Beautiful Universe. Amherst, N.Y.: Prometheus Books, 2004.

_____. et Dick Teresi. The God particle: if the Universe is the Answer, what is the Question?

New York: Dell publishing, 1993.

Lewandowski, Raymond C. The Imprint of God: Secrets in Our Genetic Code. New York: Morgan James Pub., 2008.

Mathews E.G. and J.P. Amar. Saint Éphrem the Syrian, Selected Prose Works: Commentary on Genesis; Commentary on Exodus; Homily on Our Lord; Letter to Publius. Translated by E. G. Mathews Jr. and J.P. Amar; Edited by K. McVey. The Fathers of the Church, 91. Washington (DC), 1994.

Moltmann, Jürgen. Le Rire de l'Univers. Paris: les Éd. du Cerf, 2004.

Noujaim, G. Anthropologie et Économie de Salut chez S. Éphrem autour des Notions de 'Ghalyata'. Thèse non publiée. [Rome, 1980].

Olthuis, James H. The Beautiful Risk: a New Psychology of Loving and Being Loved. Grand Rapids, Mich.: Zondervan, 2001.

Otto, Rudolf. Mystique d'Orient et Mystique d'Occident (Distinction et Unité). Traduction et préface de Jean Guillard. 278, Petite Bibliothèque Payot. Paris: Payot et Rivages, 1996.

Polkinghorne, John Charlton. Science and The Trinity: The Christian Encounter With Reality. New Haven; London: Yale University Press, 2004.

Rahme, Georges. Teilhard De Chardin: Mystique Savant. Beyrouth: Publishing and Marketing House, 1984.

Rahner, Karl. Foundations of Christian Faith: an Introduction to the Idea of Christianity. Translated by William V. Ditch. New York: Crossroad, 1978.

«Revue internationale de philosophie». La Mécanique quantique, n°2, juin 2000.

Robertson, Donald W. Mind's Eye of Richard Buckminster Fuller, New York, St. Martin's Press, 1974.

Shumm, Bruce. Deep Down Things: The Breathing Beauty of Particle Physics. London: John Hopkins University Press, Baltimore, 2004.

Smith, R. Payne. Thesaurus Syriacus. Oxford: Clarendon Press, 1957.

Vico, Giambattista. A cura di Nicola Abbagnano: La Scienza Nuova e Altri Scritti. Torino, Italie: Unione Tipografico-Editrice torinese, 1952.

Vorreux, Damien. Un Symbole Franciscain, le Tau: histoire, théologie et iconographie. Paris: Éditions Franciscaines, 1977.

Worthing, Mark William. God, Creation and Contemporary Physics. Minneapolis: Fortress press, 1996.

(Origène, Traité des Principes, Sources Chrétiennes NN 252, 253, 268, 269; par Henri Crouzel et Manlio Simonetti; Editions du Cerf.)

أوريجانس، في المبادئ. تعريب الأب جورج خوام البولسي. منشورات المكتبة البولسية، 2003. العنوان الأصيل بالفرنسية:

أفرام السرياني (مار). منظومة الفردوس. ترجمة الأب روفائيل مطر. مجموعة أقدم النصوص المسيحية. الكسليك: جامعة الروح القدس، 1980.

______. أناشيد الصوم والفطير والصلب والقيامة. قدم لها ونقلها إلى العربية وكتب حواشيها الخوري بولس الفغالي. سلسلة ينابيع الإيمان، 8. الحدث، بعبدا: منشورات الجامعة الأنطونية، 2004.

______. بين مائدة وبين مائدة. ينابيع الإيمان، 12. تعريب الخوري بولس الفغالي. الحدث، بعبدا: منشورات الجامعة الأنطونية، 2007.

______. في الكنيسة أو الجهاد المسيحي. تعريب الخوري بولس الفغالي. ينابيع الإيمان، 14. الحدث، بعبدا: منشورات الجامعة الأنطونية، 2007.

______. أناشيد في الإيمان، الجزء الأوّل 40-1. تعريب الخوري بولس الفغالي. ينابيع الإيمان، 15. الحدث، بعبدا: منشورات الجامعة الأنطونية، 2007.

______. أناشيد في الإيمان، الجزء الثاني، 80-41. تعريب الخوري بولس الفغالي. ينابيع الإيمان، 16. الحدث، بعبدا: منشورات الجامعة الأنطونية، 2007.

بسترس، فاخوري عبسي. تاريخ الفكر المسيحي عند آباء الكنيسة. جونية: المكتبة البولسية، 2001.

الشحيمة المارونية. بيروت: المطبعة الكاثوليكية، 1981.

الشحيمة المارونية، زمن الفصح، جامعة الروح القدس- الكسليك، لبنان، 1978

الجميِّل، بطرس. صلاة المؤمن: زمن الفصح. جونية: مطبعة الرسل، 1987.

ألحايك مارون. النار كان... ويليه هذياني، دار الفكر اللبناني، 1999.

رستم، أسد. آباء الكنيسة. ط. ثانية. جونية: المكتبة البولسية، 1990.

روحانا، ميخائيل. تحوّل المفاهيم في بناء الجمهورية، رسالة لبنان من أجل السلام في الشرق والعالم: نحو جمهورية لبنان الخامسة. بيروت: صادر الحقوقية، 2006.

السروجي، يعقوب. رؤى دانيال. قدّم لها ونقلها إلى العربية وكتب حواشيها الأب إميل أبي حبيب. الحدث، بعبدا: الجامعة الأنطونية، 2006.

طوق بولس. النار والنور في الفكر العالمي: مجموعة الوجدانيات وشخصية جبران. بيروت: دار نوبيلسي، 2000.

الفغالي، بولس. يعقوب السروجي: الأيام السبعة. مجموعة ينابيع الإيمان، 11. الحدث، بعبدا: منشورات الجامعة الأنطونية، 2005.

الفغالي، بولس. المحيط الجامع في الكتاب المقدس والشرق القديم. جونية، لبنان: جمعية الكتاب المقدس، المكتبة البولسية، 2003.

الفغالي، بولس. الإفخارستيّا وحضور المسيح، مقال منشور على الصفحة الإلكترونية التالية:

قرداحي جبرايل، اللباب، كتاب في اللغة الآرامية السريانية الكلدانية، الجزء الثاني، المطبعة الكاثوليكية، بيروت، 1891.

كامل المنجد أبجدي، مترجم قاسم بوستاني، إنتشارات فقيه، تهران، 1373ه. 1953م (قاموس فارسي - عربي).

كتاب القداس الماروني. بكركي: [د.ن.]، 2005.

كتاب رتبة المعمودية. بكركي: [د.ن.]، 2003.

كتاب التشمشت، الليتورجية المارونية، أحد الموتى، صلاة الصباح، باعوت مار يعقوب (مخطوط سرياني).

كتاب زمن الدنح المجيد، جامعة الروح القدس- الكسليك، لبنان 1978.

Electronic References

Encyclopædia Universalis, 2009, (DVD)

Kostaz, dictionnaire syriac- english -syriac (File) 2008 (PDF)

Bouchez, Arnaud. Ictus Win, version 2.7, 1994-1999 (CD)

Dictionnaire numérique Bibliorum Larousse (CD)

Petit Larousse des Symboles, Larousse, 2006 (CD)

Internet

Barbour, Ian G. Christianity and the Scientist. Site: Religion Online by Ted and Winnie Brock.

http://www.religion-online.org/showchapter.asp?title=2239&C=2089

Jean-Paul II, Pape; Fides et Ratio, (Vatican: 14 Sept. 1998), 1. Disponible
à: http://www.vatican.va/edocs/FRA0075/__P2.HTM

Benoît XVI, Pape, Deus Caritas Est; 2005;

http://www.vatican.va/holy_father/benedict_xvi/encyclicals/documents/
hf_ben-xvi_enc_20051225_deus-caritas-est_en.html

Bible; Logos Library System, Ver 2.1, DVD, The New Revised
Standard Version, 1997; URL http://www.logos.com

Fiddes, Paul S. The Creative Suffering of God [book on-line] (Oxford:
Clarendon Press, 1992), [Accessed Dec. 2005]. Available also from
Questia, http://www.questia.com/PM.qst?a=o&d=13914671

Schaeffer, John D. Sensus Communis: Vico, Rhetoric, and the Limits of Relativism [book on-line]
(Durham: Duke University Press, 1990). [Accessed Dec. 2005], iii; available from Questia,

http://www.questia.com/PM.qst?a=o&d=97538681

Saint-Exupéry, Antoine de, Le Petit Prince; disponible à

http://wikilivres.info/wiki/Le_Petit_Prince#I;

http://gutenberg.net.au/ebooks03/0300771h.html#ppchap1

Rabindranath Tagore, Poème intitulé «Pourquoi?» http://francais.
agonia.net/index.php/poetry/69527/Pourquoi_...

Audience Générale de Jean-Paul II, Mercredi 7 Novembre 1990:

L'Esprit qui «procède du Père et du Fils».

http://v.i.v.free.fr/spip/spip.php?article3067;

Minkowski, Light Cones,

http://physics.syr.edu/courses/modules/LIGHTCONE/minkowski.html;

Éphrem: "My bones shout from the grave that Mary has given birth to
the son of God"; http://www.urhoy.info/kahale.html;

Derrida, Jacques. Déconstruction et 'différAnce'

http://www.signosemio.com/derrida/deconstruction.asp; Déconstruction et
'différAnce', Art, écrit par Lucie Guillemette et Josiane Cossette

http://www.iep.utm.edu/d/derrida.htm) comme élément constructif d'une philosophie déconstructive.

http://www.signosemio.com/derrida/deconstruction.asp.)
Yin and Yang (Tri).
http://www.qi.com/talk/viewtopic.php?t=5576&start=0&sid=2d8cf59e538d42027ad4d1a8364bc900
Zimzum.http://islamport.com/d/1/ser/1/19/212.html?zoom_highlightsub= %D2%E3%D2%E3
http://www.zamazemah.com/index.php?pid=20;
http://www.baheth.info/all.jsp?term=
http://www.aawsat.com/details.asp?section=4&issueno=9193&article=215150&feature=
http://www.encyclopedia.com/doc/1O101-Zimzum.html;
http://boulosfeghali.org/home/index.php?

Autres ressources

http://www.astronomynotes.com/gravappl/s7.htm#A6.2
http://leb.net/~mira/works/prophet/prophet5.html
www.combat-diaries.co.uk/diary29/Link%2014%20Einstein.PDF
http://philosophyfaculty.ucsd.edu/faculty/ccallender/index_files/Phil%20146/PHIL%20146%20Fall%202005.htm
http://en.allexperts.com/q/Physics-1358/2009/9/quantum-8.htm
http://www.falstad.com/coupled/
http://www.spaceandmotion.com/physics-quantum-bohmian-mechanics.htm,
http://www-history.mcs.st-andrews.ac.uk/Quotations/Ptolemy.html.
http://media4.obspm.fr/public/fsu/temperature/rayonnement/corps-noir/absorbant/OBSERVER_4.html
http://www.religion-online.org/showchapter.asp?title=2239&C=2089
http://www.albishara.org/ dictionary. php?op=bGV0dGVyPU1UQXdNdz09J mt3b- 3JkPU1nPT0.&libro =ff4d5fbbafdf976c3fdc032e3bde78de5
http://boulosfeghali.org/home/index.php?option=com_content&view=category&id=477:les-chants-de-Nisibe&Itemid=133&layout=default
http://www.kheper.net/topics/Kabbalah/Tzimtzum-ET.htm.
http://www. swarthmore. edu/news/commencement/2000/barbour.html
http://www.library.cornell.edu/colldev/mideast/propht.htm#Love.
http://www.vatican.va/holy_father/john_paul_ii/messages/urbi/documents/hf_jp-ii_mes_20001225_urbi_fr.html
http://www.inhabitatiodei.com/2008/06/16/trinity-and-temporality/
http://remacle.org/bloodwolf/philosophes/platon/rep7.htm
http://www.naacp.org/programs/legal.html
http://www. kheper. net/topics/Kabbalah/Tzimtzum-ET.htm.
http://www.stcharbel.com.
http://www.egglescliffe.org.uk/physics/astronomy/blackbody/bbody.html
http://istp.gsfc.nasa.gov/stargaze/FQ4.htm/http://remacle.orglbloodwolflphilo- sophes/julienl soleil.htm
http://www.abbc.com/garaudy/french/avenir/RGavenir8a.html

www.ingramcontent.com/pod-product-compliance
Lightning Source LLC
Chambersburg PA
CBHW080606170426
43209CB00007B/1342
9781778123474